Imperial Japanese Navy Super Submarine I-14

潜水空母

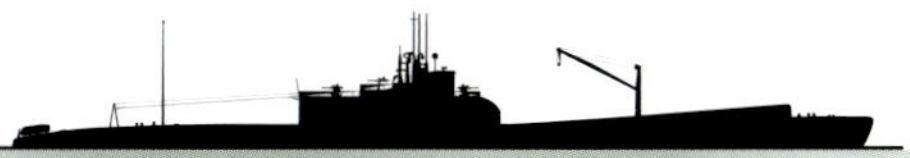

伊号第14潜水艦

パナマ運河攻撃と彩雲輸送「光」作戦

"I-Go-Dai 14-Sensuikan"

吉野泰貴 著

大日本絵画

〔イラスト・解説／佐藤邦彦〕

九二式航空兵器観察筐番外篇

まぼろしの潜水空母 伊14潜を検証する

潜水空母の真打ちともいうべき伊 400 潜型に比べ、伊号第 14 潜水艦（伊 13 潜型）は日陰の存在だ。その姿を佐藤邦彦氏のイラストと解説により浮かび上がらせる。

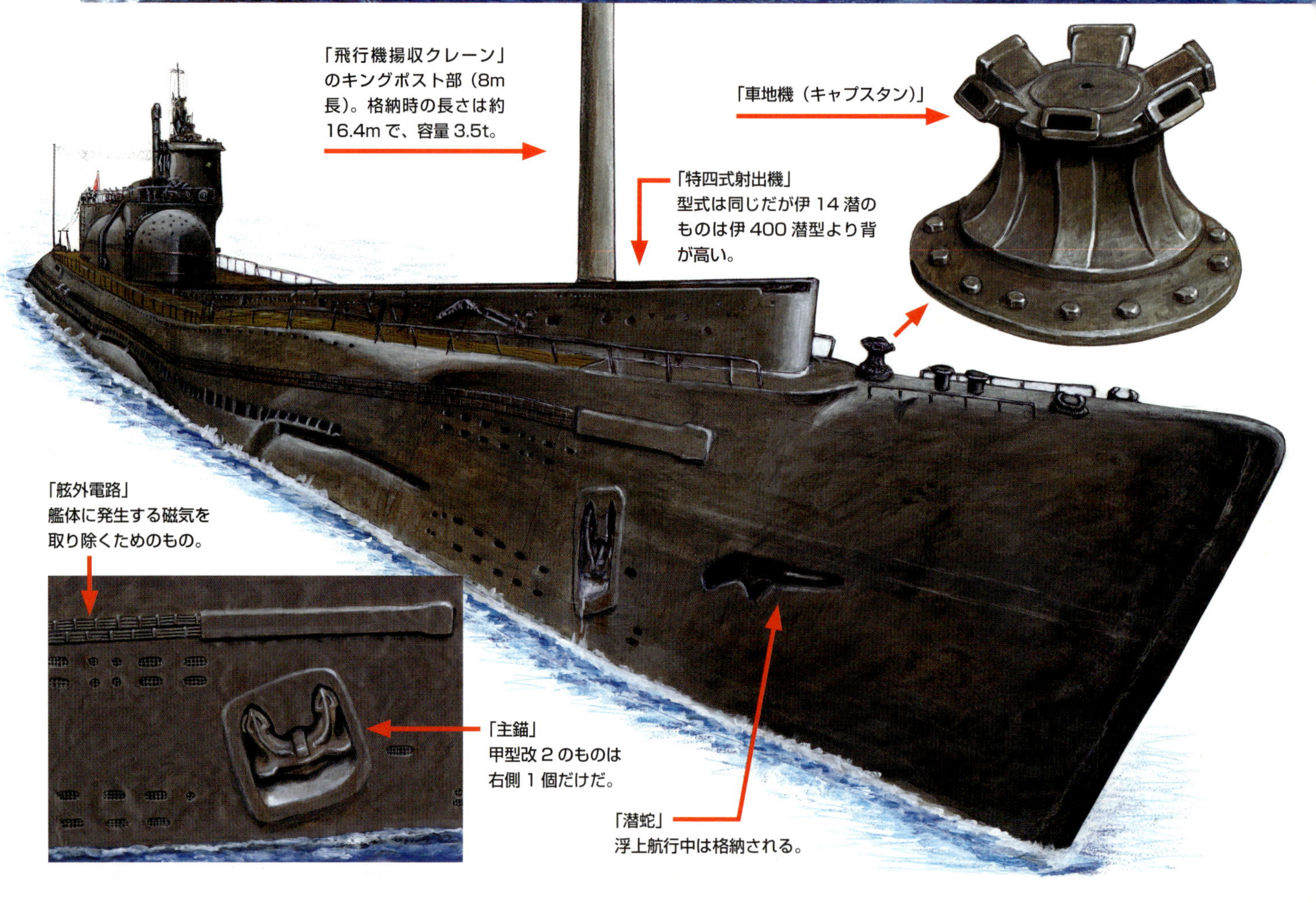

「排気筒」

「特殊充電装置（シュノーケル）」油圧により 1.5m の行程で昇降できた。

「吸気筒」
浮子弁を内蔵する。

重厚な面構えの「水密扉」を右舷前方から見る。

「水密扉」を開けた状態を左舷から見る。

彫り込まれた「足掛け」

扉の開閉仕様が分かる。

銃口にはスリットと穴が明けられていた。

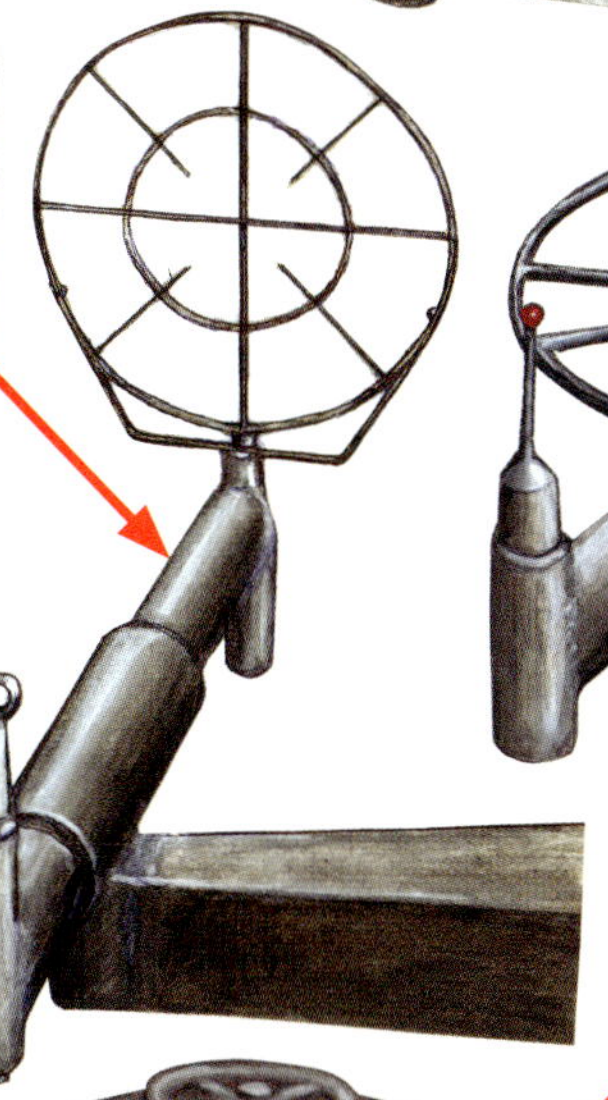

環型照準器の別例

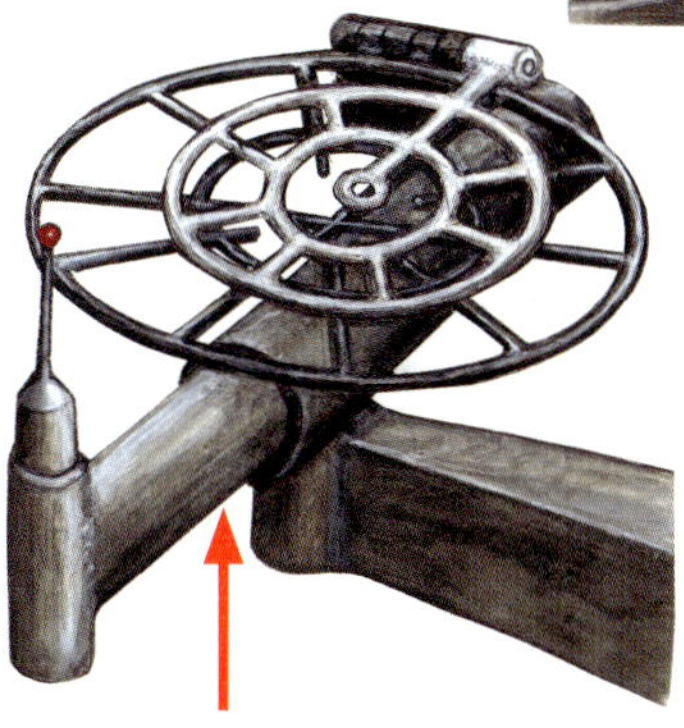

一番機銃に装備された照準器の例。起倒式で、的に合わせて環種を選択できる

「水密弾薬包筒」
210 発入りで、設置場所によって木甲板へ沈ませたり、斜めに装備した。

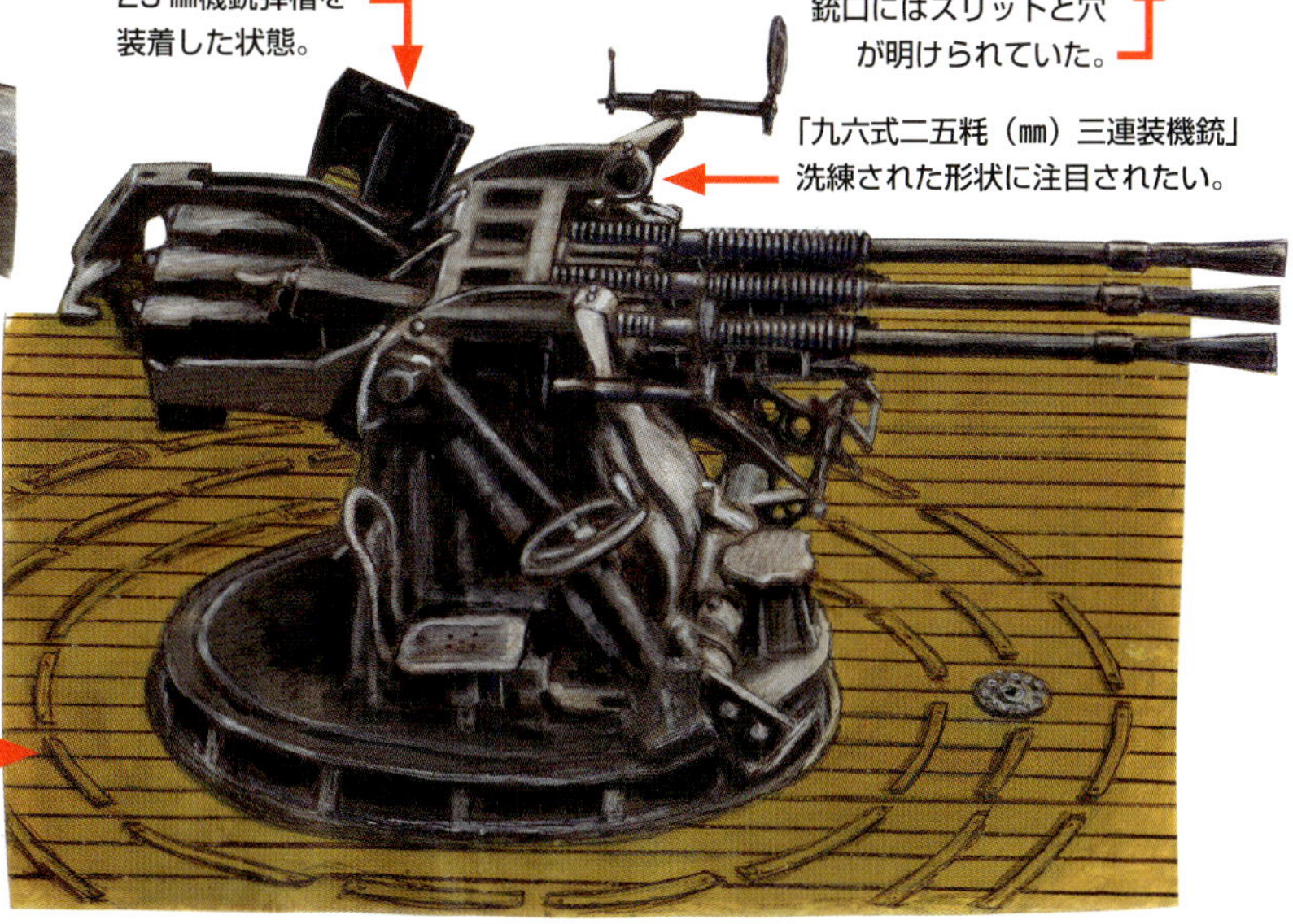

25 ㎜機銃弾槽を装着した状態。

「九六式二五粍（㎜）三連装機銃」
洗練された形状に注目されたい。

円周状に「足掛け」が取り付けられていた。

伊14潜の艦橋を検証する

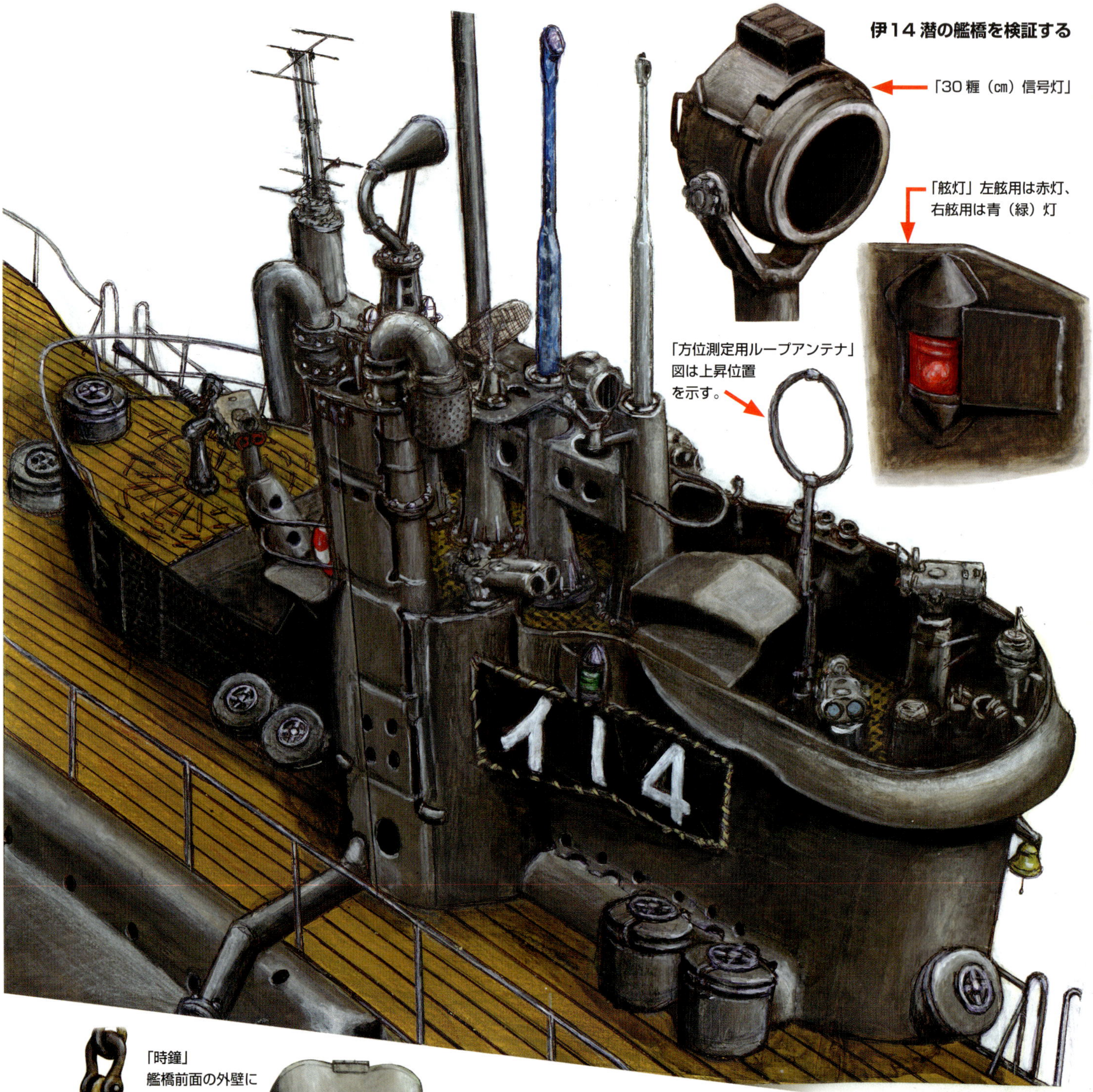

「30 糎（cm）信号灯」

「舷灯」左舷用は赤灯、
右舷用は青（緑）灯

「方位測定用ループアンテナ」
図は上昇位置
を示す。

「時鐘」
艦橋前面の外壁に
吊るされた。

「水防式十二糎
双眼望遠鏡」
倍率は 20 倍という。潜航時には上に跳ね上げてある
耐圧キャップを降ろして接眼レンズを保護する。

艦橋両舷に掲示する艦名の大きさ・位置は海軍艦政本部より指定されていた。伊 14 潜ではキャンバスに描いてジャッキステーに紐で取付けたようだ。なお、規定では文字に影が在るものとなって居るが、黒地に白文字のみとした。

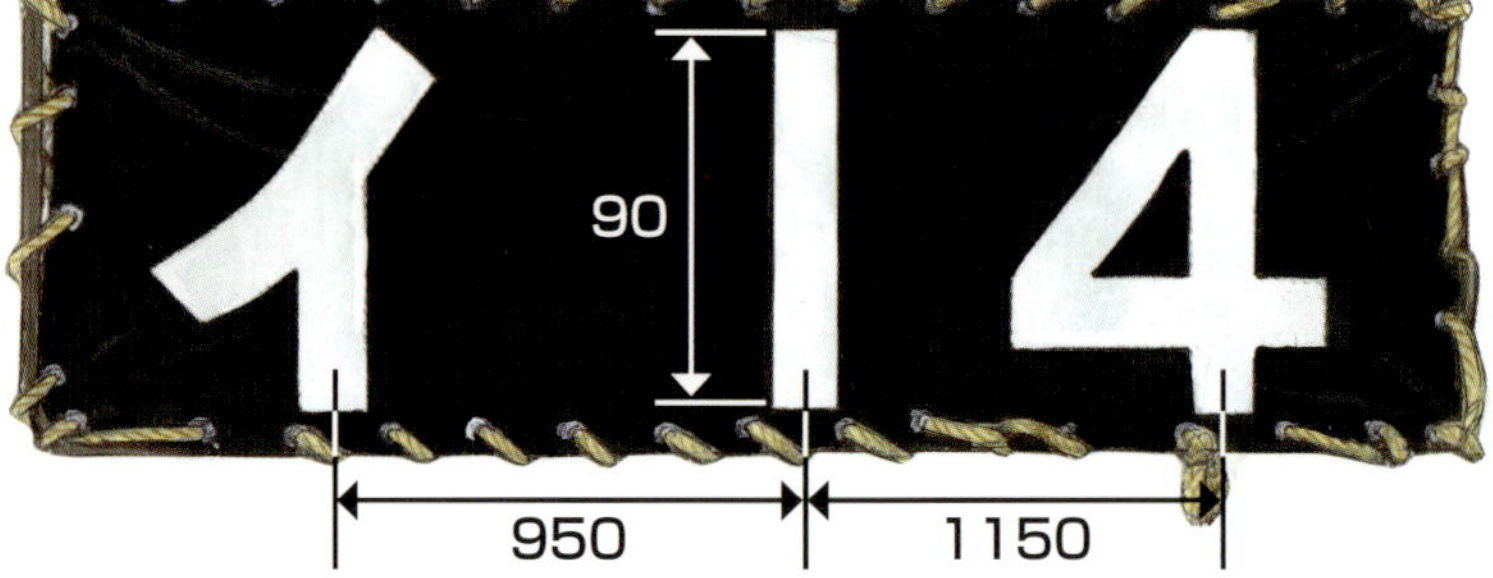

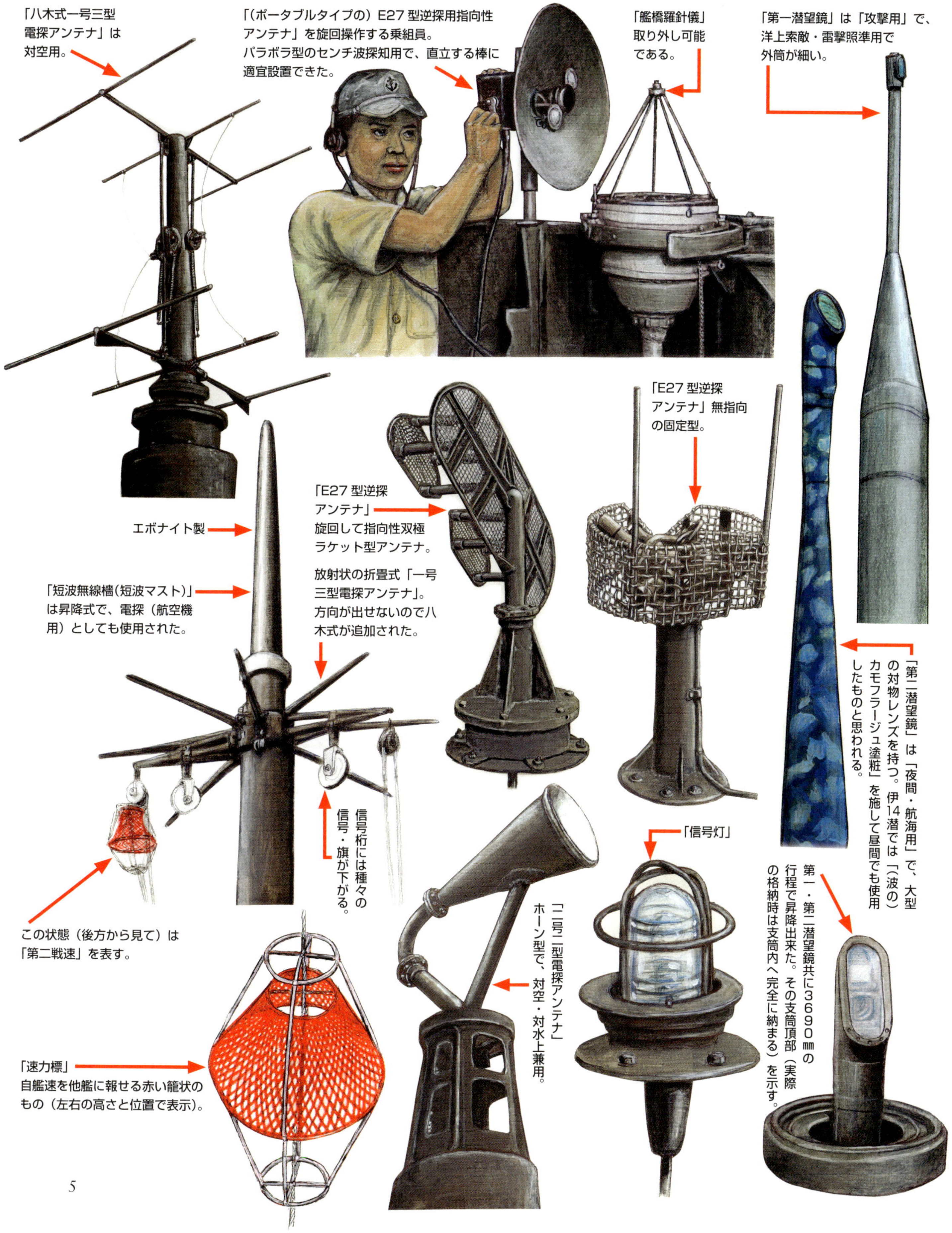

「八木式一号三型電探アンテナ」は対空用。

「（ポータブルタイプの）E27 型逆探用指向性アンテナ」を旋回操作する乗組員。パラボラ型のセンチ波探知用で、直立する棒に適宜設置できた。

「艦橋羅針儀」取り外し可能である。

「第一潜望鏡」は「攻撃用」で、洋上索敵・雷撃照準用で外筒が細い。

エボナイト製
「短波無線檣(短波マスト)」は昇降式で、電探（航空機用）としても使用された。

「E27 型逆探アンテナ」旋回して指向性双極ラケット型アンテナ。

放射状の折畳式「一号三型電探アンテナ」。方向が出せないので八木式が追加された。

「E27 型逆探アンテナ」無指向の固定型。

「第二潜望鏡」は「夜間・航海用」で、大型の対物レンズを持つ。伊14潜では「(波の)カモフラージュ塗粧」を施して昼間でも使用したものと思われる。

信号桁には種々の信号・旗が下がる。

この状態（後方から見て）は「第二戦速」を表す。

「二号二型電探アンテナ」ホーン型で、対空・対水上兼用。

「信号灯」

第一・第二潜望鏡共に3690㎜の行程で昇降出来た。その支筒頂部（実際の格納時は支筒内へ完全に納まる）を示す。

「速力標」自艦速を他艦に報せる赤い籠状のもの（左右の高さと位置で表示）。

「光」作戦では伊 14 潜は 2 機の『彩雲（全長 11.15m）』を輸送した。内径 3.6m、全長 20m という格納筒に如何に格納したのかを検証する

『彩雲』の分解法はスミソニアン（ポール・E・ガーバー）に現存する機体の状態がここでは絶好の資料となる。配置を上から見た図（想像図）

側面から見た図。

『彩雲』のプロペラ（直径 3.5m）も外せば悠々と格納できる。

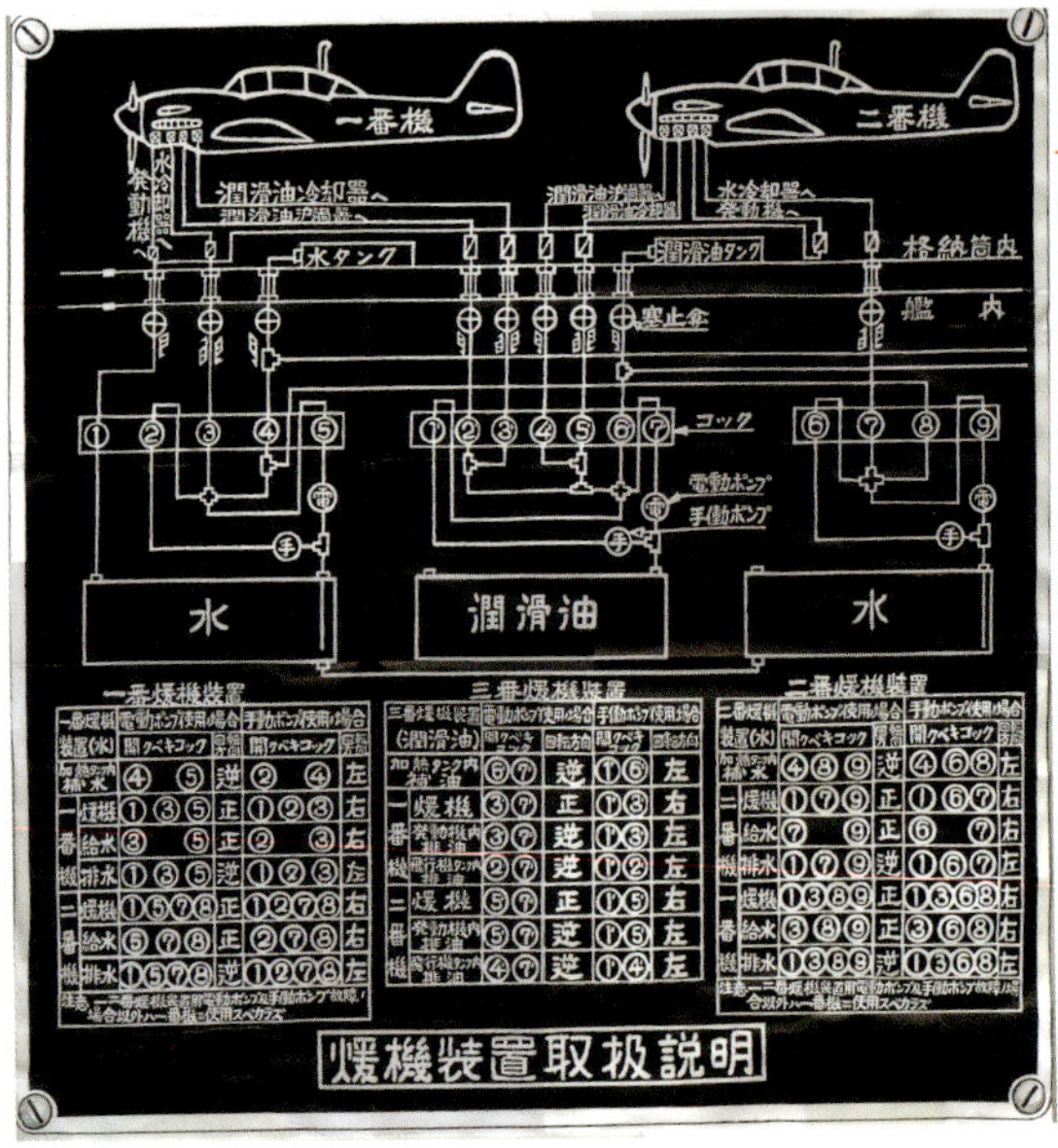

伊 14 潜は 2 機の『晴嵐』を格納することを目的に建造された。伊 14 潜用「暖機装置取扱説明」の銘板を推定図示する。浮上前にあらかじめ 2 機の『晴嵐』用に潤滑油と冷却水を暖ためておくことで、発艦までの時間短縮を狙った。

『彩雲』の格納の様子を正面から見る。

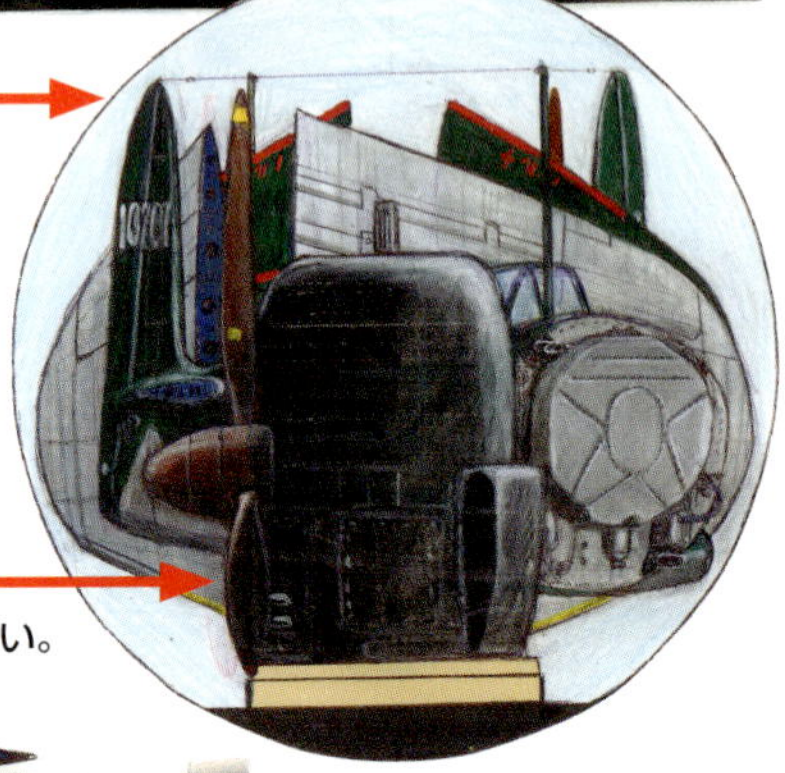

重いエンジン（『誉』二一型重量 835 ㎏）は中央に載せたい。

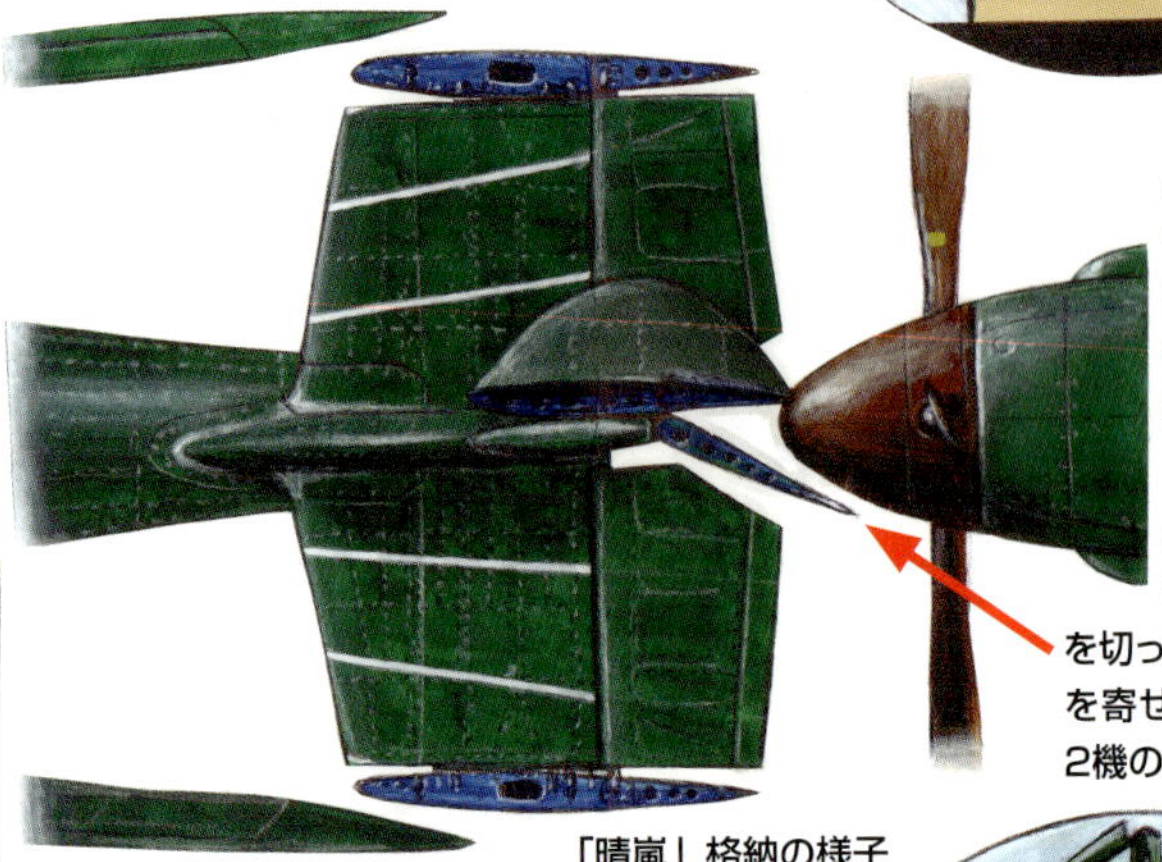

長さが 10.255m の『晴嵐』。そのままでは全長 20m の格納筒に 2 機格納は出来ない。

伊400潜の手法で有名だが、方向舵を切って、そこにスピナーを寄せた。これだけでは 2機の格納が出来ない。

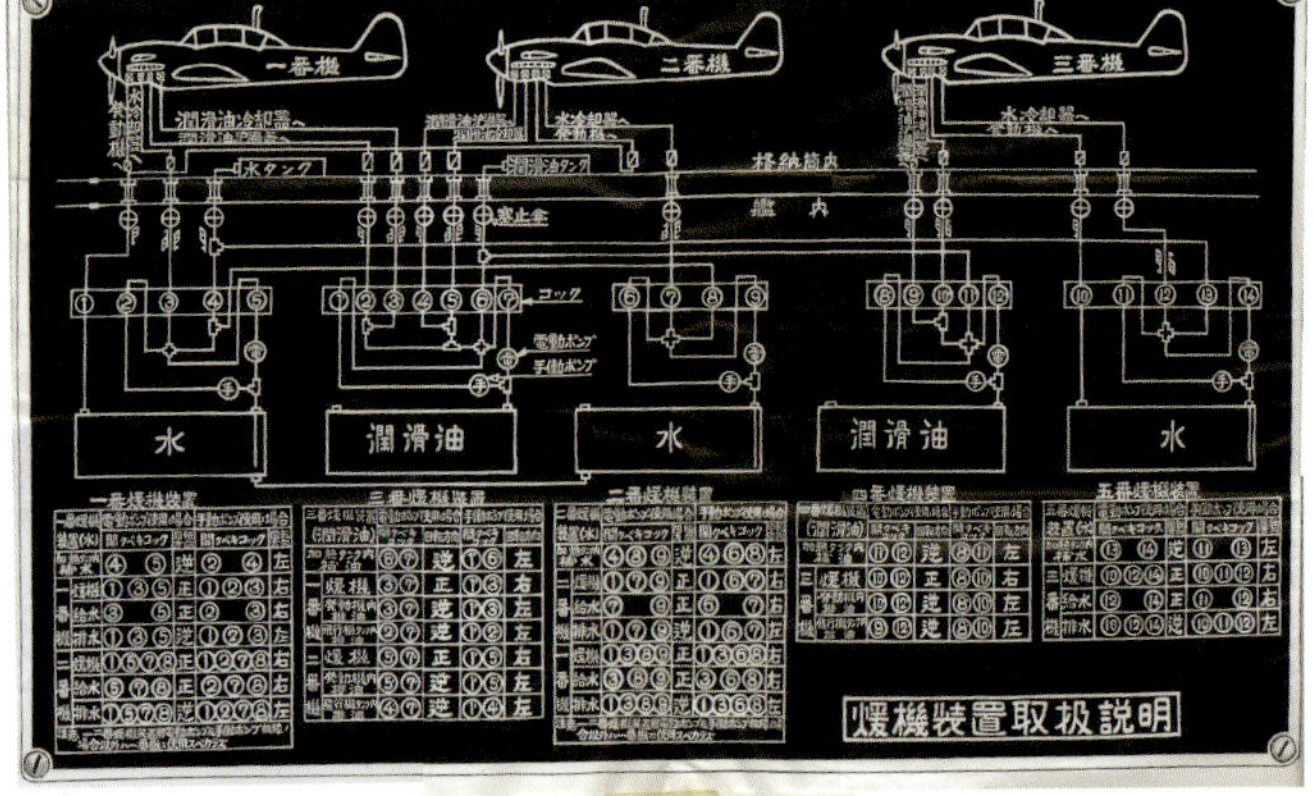

上の銘板を再現するための資料とした伊 400 潜（『晴嵐』3 機用）の「暖機装置取扱説明」銘板。ヘンリー境田氏提供の資料を清書したもの。

「晴嵐」格納の様子を正面から見る。

水密扉の裏面中央に大きな穴が空いている。ここに一番機のスピナが入ることで 2 機格納がクリアできる。

幅約5㎝のゴムパッキンが防水性を確保する。

アンテナの「碍子」
の拡大
機銃甲板後部の
「アンテナ支柱」
右舷：水中無線
空中線用
左舷：方位測定用
補助空中線用
「艦尾信号灯」
上から500㎜間隔で緑・赤・白・赤の
4灯と左右に緑灯の6灯の色と数の組み
合わせで後続艦に作戦内容を伝えた。
少し離れた
この灯は不明
ハッチ表面
の例
速力標がこの状況の場合、「両舷前進原速」を
表す。速力の分類は（大型艦では）微速、半速、
原速、強速、一戦速、二戦速、三戦速、四戦速、
五戦速、最大戦速、一杯となっている。
このアングルから見ると、低い位置からのカ
タパルト発進はレールの傾斜を大きく（約4
度）している。それでも、800 kgの魚雷搭
載を想定して（砂詰め）
の射出試験では海面す
れすれまで降下したと
思われる。
ハッチ裏面の例。「開」
「閉」の文字と矢印が
記されている。
開
閉
「ボラード」
「長波用空中線」
「短波用副空中線」
「フェアリーダー」
「艦尾灯」
「無線マスト」
起倒式で、全長 13.1m
「上部縦舵」
潜水艦特有のもの。
下部にある「縦舵」
と繋がっている。
「後部旗竿」
「足掛け」
「プロペラガード
兼横舵ガード」

潜水空母 伊号第14潜水艦

搭載機【晴嵐／彩雲】の塗装とマーキング

Painting Schemes and Markings of I.J.N. 〝Seiran〟 & 〝Saiun〟

カラーイラスト＆解説 / 吉野泰貴　text by Yasutaka YOSHINO

伊14潜ほか第1潜水隊の潜水空母に搭載された『晴嵐』は試作機を含めた製作機数も28機と少なく、その姿はいまだに謎に包まれた部分が多い。ここでは残された数少ない写真や史料から復元したいくつかの塗装例と、同潜にとってゆかり深い2例の『彩雲』を紹介する。

■ 試製『晴嵐』試作第1号機
海軍航空技術廠所属　追浜　昭和18年12月

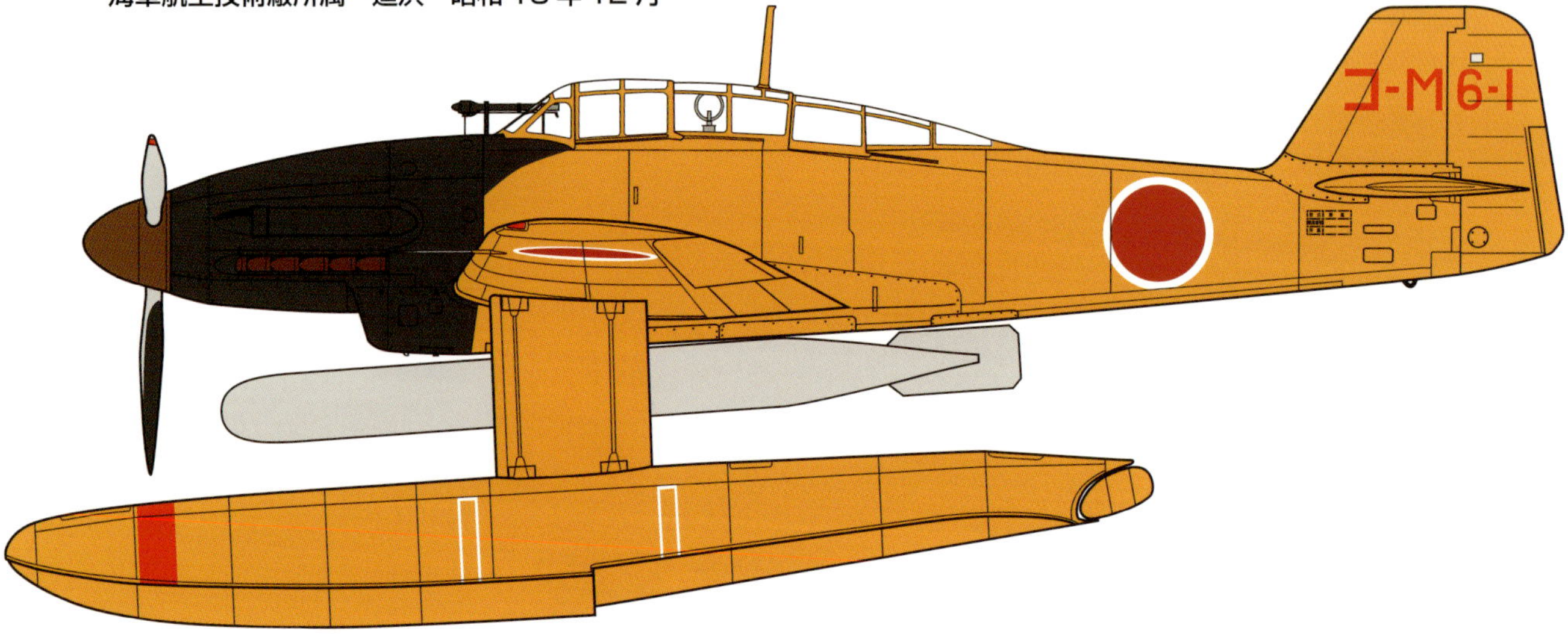

■ 試製『晴嵐』試作第2号機
海軍航空技術廠所属　追浜　昭和19年1月

▲昭和18年11月に愛知航空機で完成した『晴嵐』試作第1号機は早速空技廠飛行審査部、（のち横空審査部となる）に納入され、飛行実験に供されることとなった。図は機体全体に独特のオレンジ塗装を施した様子（胴体下には九一式魚雷のダミーを懸吊）を推測したもので、赤で記入された尾翼の機番号のうち「コ」は空技廠を、「M6」は『晴嵐』試作機を、「1」はその1号機を表す。愛知航空機製作の機体は主翼下面の日の丸にも丁寧に白フチを付与しているのが特徴だ。比較的若い番号の試作機はプロペラブレード前面が銀のまま（裏側は黒）だった。機首の反射除け黒塗装は、当時同じく愛知航空機で試作されていた『彗星』三三型と同じようなパターンであったことが、試作中の写真で判明している。

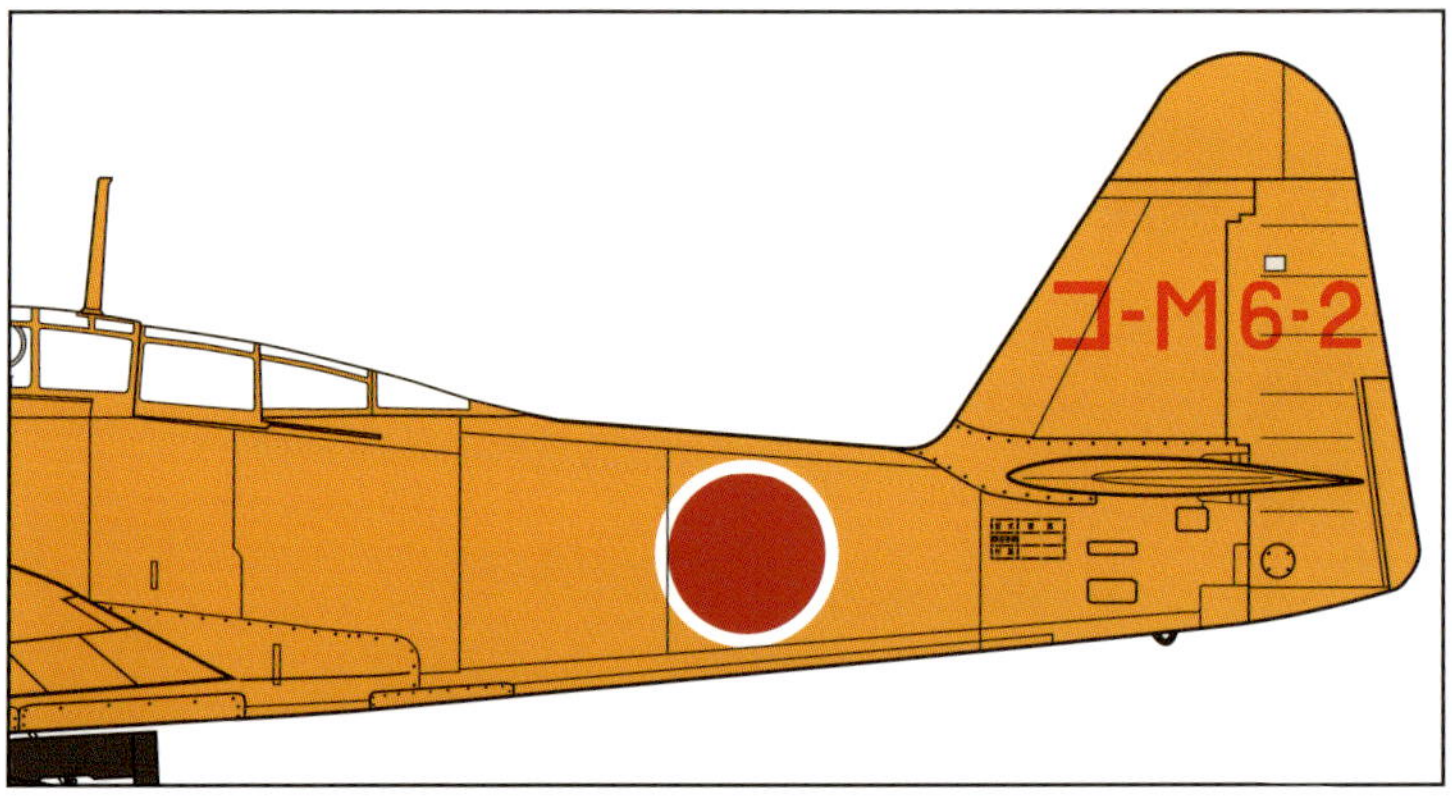

▲垂直尾翼上端を増積した試作第2号機（海軍に領収された第1号機も同様に改修された）の胴体後部を表す。その他の部分は上図と同様と推測する。

■ 試製『晴嵐』通算第 15 号機（量産第 7 号機）
横須賀海軍航空隊審査部所属　追浜　昭和 20 年 3 月

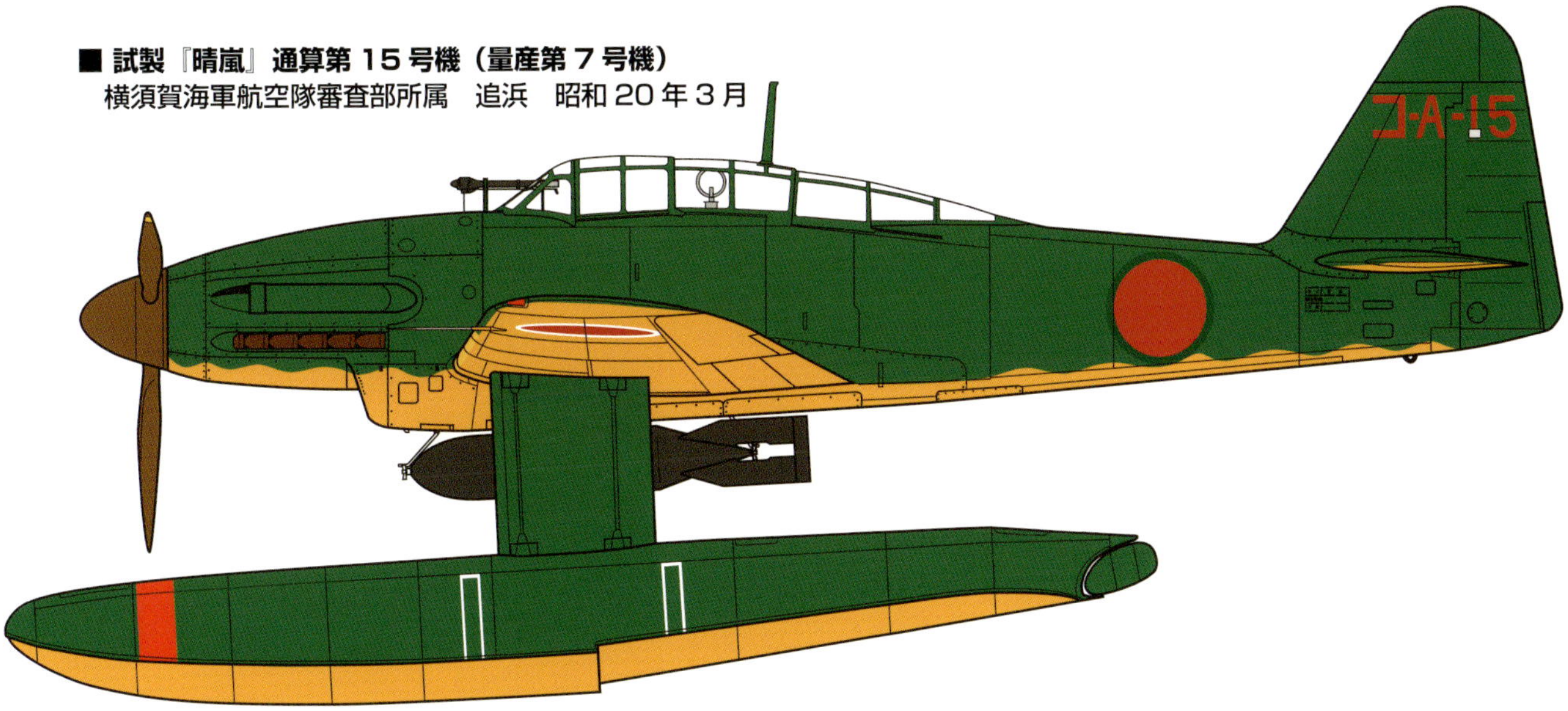

▲全面、左側面、右後方から撮影された写真が現存する本機は尾翼に記入された機番号から『晴嵐』通算第 15 号機と推定される機体。機体下面は試作機を表すオレンジ色であり、胴体上面とフロート上面、並びにその支柱は濃緑色の迷彩塗装を施した状態を表している。尾翼の機番号「コ」は海軍航空技術廠（空技廠と略）で運用されている機体を表し、「A」は本来艦上戦闘機を表す記号だが、暫定的に「愛知航空機」製の機体を示すため使われたらしい。プロペラスピナー、ブレード（プロペラブレード裏面も）は赤茶色となった。なお、塗装図としての便宜上、本図では 80 番爆弾を懸吊しているが、この場合はフロートを装着しないのが正しい（魚雷懸吊の時も同様）。

■ 試製『晴嵐改』通算第 6 号機（『晴嵐』増加試作第 4 号機）
横須賀海軍航空隊審査部所属　昭和 20 年 8 月

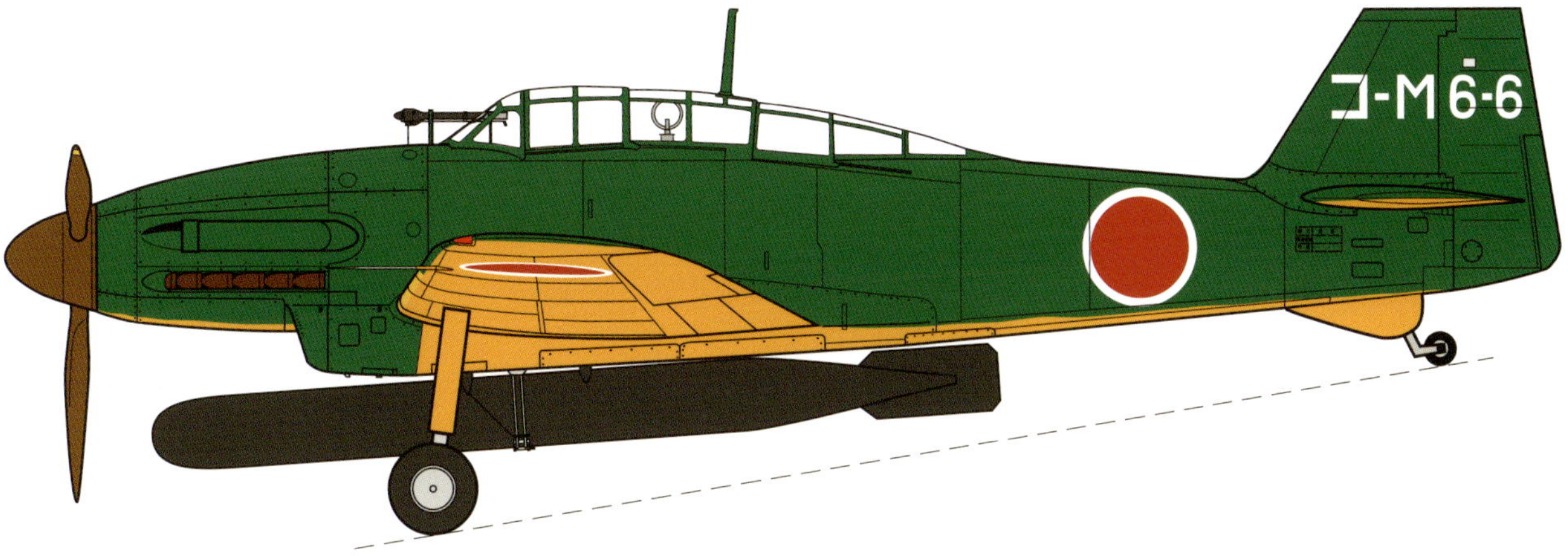

▲フロートを装着しない状態で魚雷や 80 番クラスの大型爆弾を懸吊した『晴嵐』の飛行データを収集するために製作されたのが『晴嵐』陸上機型こと『晴嵐改』であり、図で掲げた通算第 6 号機と第 7、第 8 号機がこれにあたる（ただし 8 号機は海軍に受領されなかったようだ）。第 6 号機は終戦時健在で、終戦直後のアメリカ軍のサンプル収集の際には保護塗装を施されて、護衛空母『バーンズ』によりアメリカ本国へ輸送された。機体全面は本来、試作機を表すオレンジ色で塗装されていたが、昭和 19 年中に濃緑色で上面の迷彩塗装が追加され、図のような状態になった。主翼上下面、並びに胴体の日の丸には鮮やかな白フチが付けられたまま。白で記入された尾翼の機番号のうち「コ」は空技廠所属を、「M6」は『晴嵐』試作機を、「6」はその 6 号機であることを表している。

■ 試製『晴嵐』生産機
第631海軍航空隊所属機　七尾湾　昭和20年6月

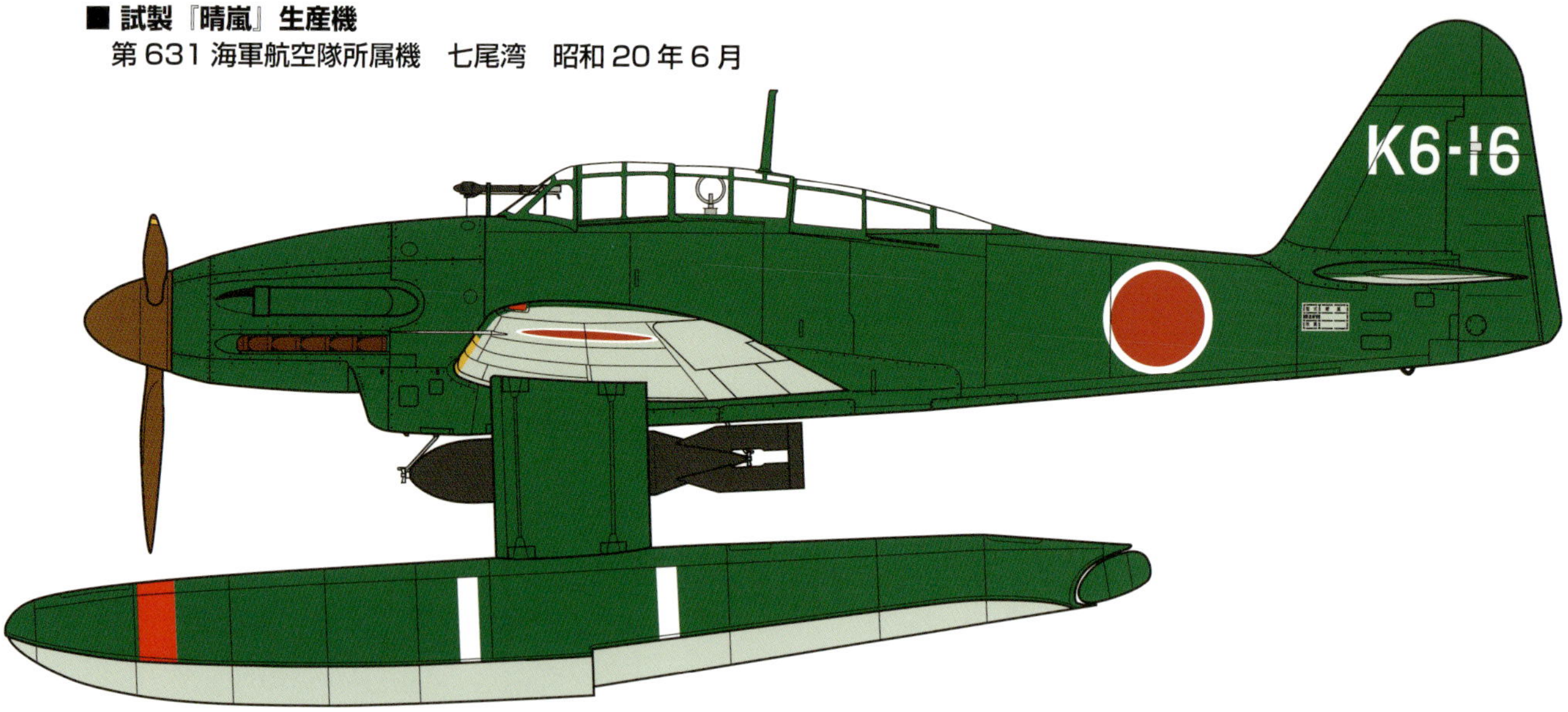

▲第1潜水隊の潜水空母に搭載するために編成された631空は昭和19年11月頃から順次、愛知航空機でロールアウトした『晴嵐』を受領しはじめ、昭和20年6月には七尾湾へ回航された各潜水艦へ搭載されての訓練を実施するまでになった。図はそのうちの1機で、白で記入された「K6」が631空を表す部隊記号、機番号は「16」のほか「15」「17」「18」「19」号機の存在が確認されている。本図から機番号を除いたものが『晴嵐』生産機のオリジナル状態といえ、胴体とフロート支柱は全面濃緑色、フロート上面も濃緑色のベタ塗りで、胴体左後部の機体銘板部分は下地の灰緑色が塗り残されている。

■ 試製『晴嵐』通算第28号機
愛知航空機工場内　昭和20年8月

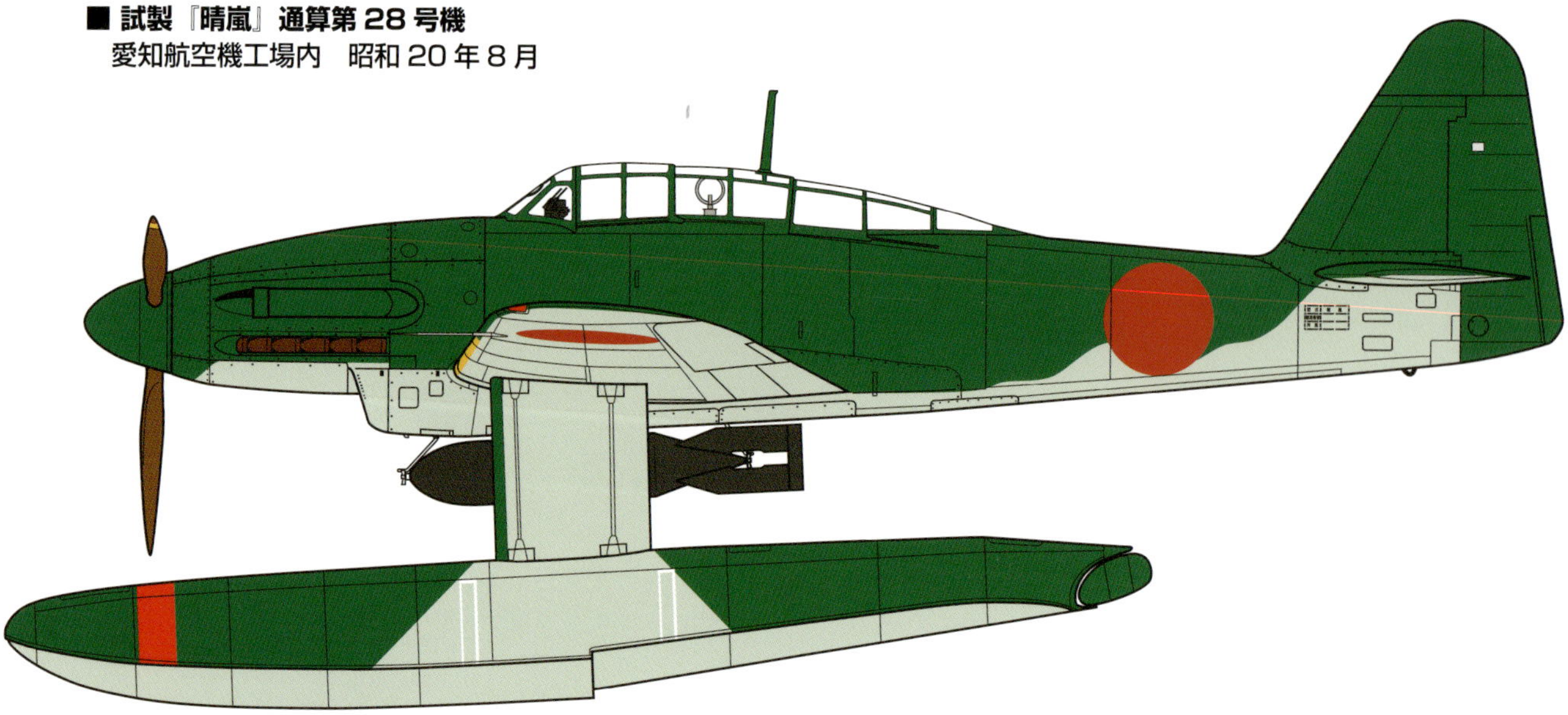

▲『晴嵐』といえばアメリカ航空宇宙博物館ウドバー・ハージ・センターに現存する復元機でお馴染みの本図の塗装例。ところが、オリジナル状態を撮影した数少ない当時の写真から、じつはこのパターンは異例であるのがわかる。胴体、あるいはフロートやその支柱の迷彩の塗り分けは、同じく愛知で生産されていた『瑞雲』と類似したものとなっており、また復元作業中の第28号機の一部は濃緑色の上から灰緑色をオーバースプレーされているのが確認された（日の丸の白フチも最初からなかったようだ）。昭和20年秋にアメリカへ引き渡す修復作業を行なった際に、本来の『晴嵐』の仕上げとは異なった状態にされた可能性がある。

■『彩雲』一一型　名古屋海軍航空隊陸偵隊
荒澤辰雄飛曹長 - 泉山 裕中尉 - 山内博厚１飛曹搭乗機　昭和 20 年６月

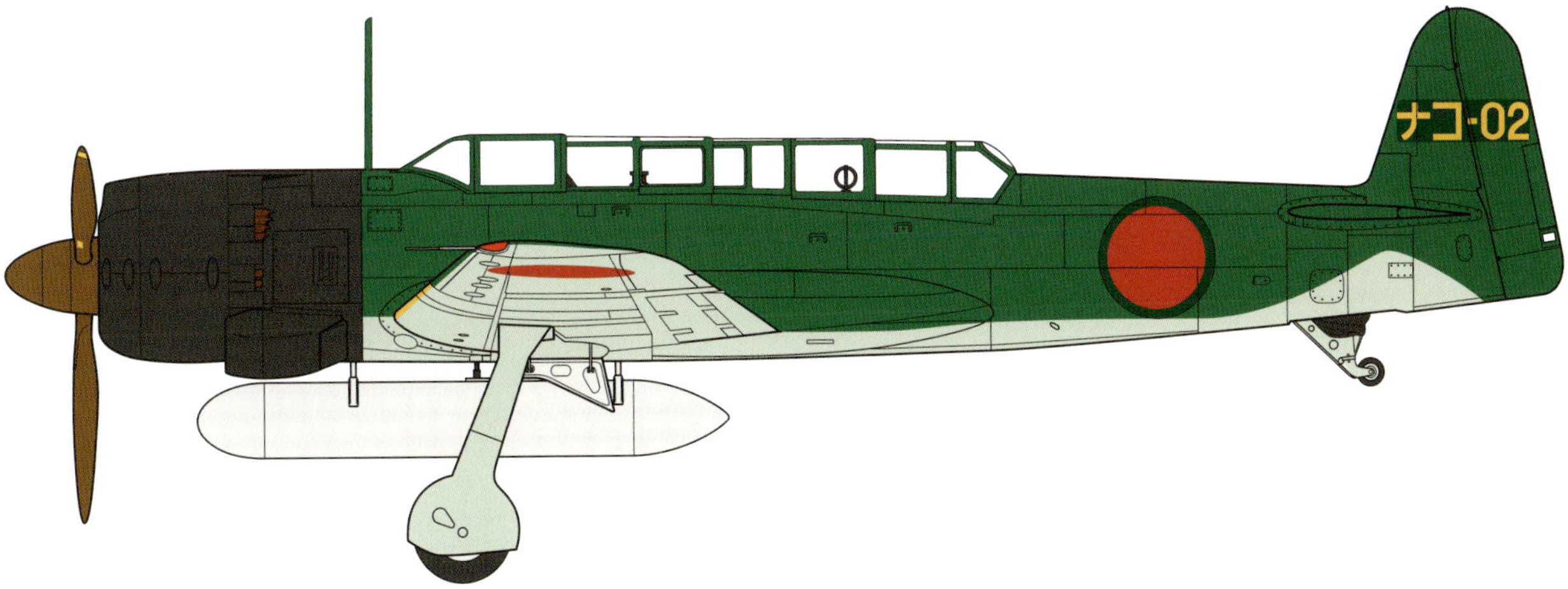

▲名古屋空陸偵隊（詳細は P.14 からの本書のプロローグを参照）が、昭和 20 年６月 26 日に挙母から大湊へ空輸した２機の『彩雲』のうちの１番機を、その操縦員であった荒澤辰雄氏の航空記録を元に再現したのが本図。名古屋空には昭和 20 年５月以降、210 空にあった陸偵隊が編入されたが、基地移動も落ち着いた５月中旬に機番号の書き換え作業が行なわれ、部隊記号が「210」から「ナコ」に変わっただけでなく、それまで 90 番台を付与されていた機番も「01」から始まる二桁の数字に変更されている。図では機番号付近の濃緑色のトーンを変えて、旧機番を塗りつぶした状態とした。主翼、胴体の日の丸の白フチはともに濃緑色で塗りつぶされている。残念ながら空輸２番機の機番号は今のところ不明。

■『彩雲』一一型　東カロリン海軍航空隊所属機
トラック諸島春島　昭和 20 年８月

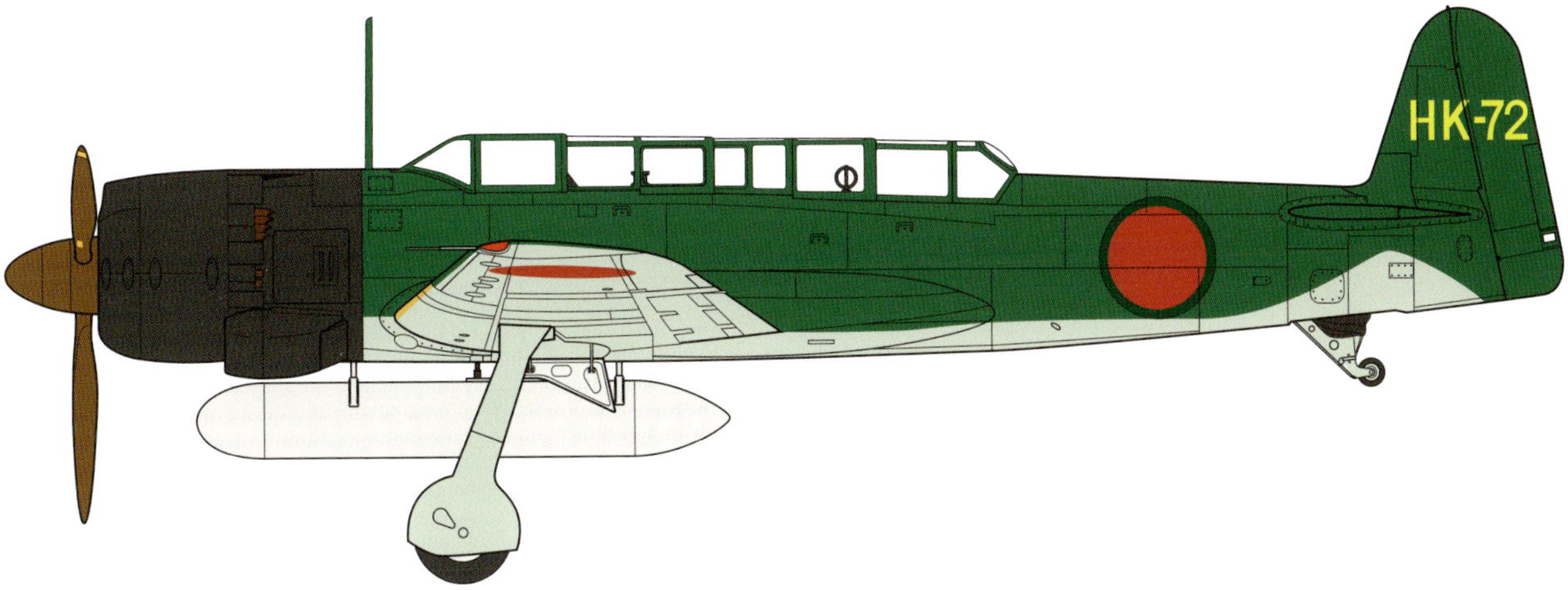

▲東カロリン空は航空基地の整備や運営を司る、いわゆる乙航空隊であったが、トラック島が孤立して以降、ラバウルから後退してきた戦闘第 901 飛行隊の『月光』や、本土から進出してきた『彩雲』をその指揮下において航空作戦を行なっている。図は終戦直後にトラック島へ進駐してきたアメリカ軍によって撮影された同航空隊の『彩雲』を再現したもので、尾翼に記入された「HK」は Higashi-Karorin の頭文字。伊藤國男氏や岩野定一氏の証言により、終戦時には都合４機の『彩雲』が可動状態だったことがわかるが、図の機体が伊 14 潜が運んだものなのか、それまでに島伝いでトラック島へ進出したものだったのかは不明。写真により胴体の日の丸の白フチが濃緑色で塗りつぶされていることがわかり、主翼上面の日の丸も同様と思われる。

伊14潜と日本海軍潜水艦の形見

敗戦により日本陸海軍の艦艇や航空機、搭載兵器の多くはその姿を消したが、その忘れ形見ともいうべき一部が現存している。

ここで、伊14潜が第一潜望鏡へ掲げたという「非理法権天」の幟（のぼり）と日本海軍の潜水艦の多くが搭載した「九七式十二糎双眼望遠鏡」を紹介しよう。

◀非理法権天旗の全容。巾 90 ㎝、長さ 6m30 ㎝あまりの巨大さは、第 1 潜望鏡に掲げられてもそうとうの存在感を放ったことだろう。

伊 14 潜「非理法権天」幟

竣工以来、伊 14 潜の第 1 潜望鏡に翻った「非理法権天」の幟。終戦直後、米軍の監視下にあった艦内から平本庫次 2 曹により密かに持ち出された実物が現存する。楠木正成公ゆかりの湊川神社宮司の書による、由緒正しいものだ。

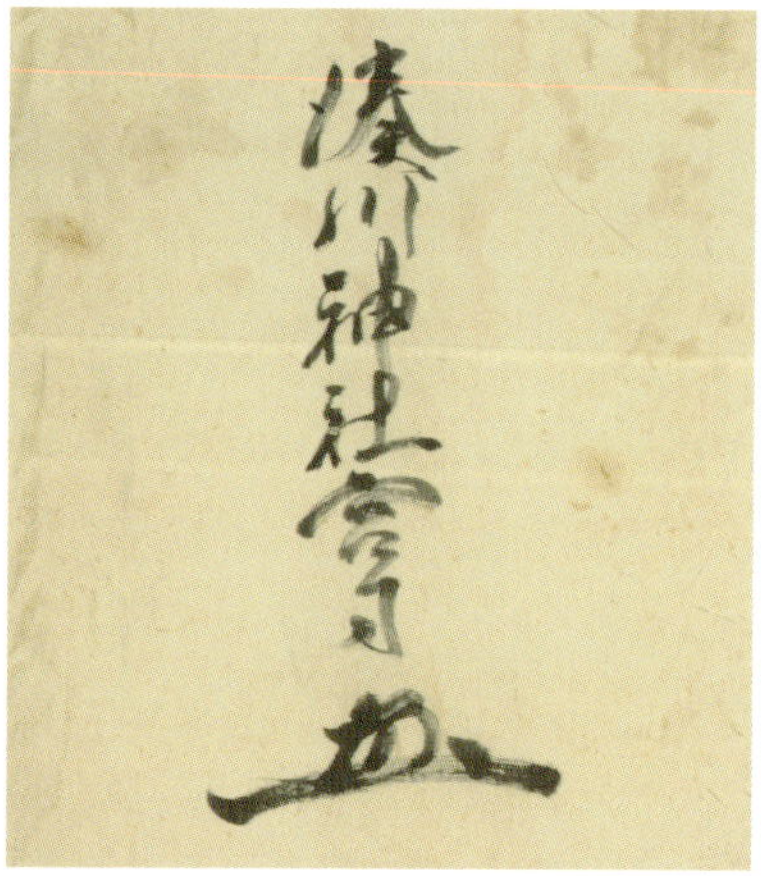

◀墨痕あざやかな「非理法権天」旗には湊川神社宮司の花押が記されている。伊 14 潜の魂ともいえるこの幟は、乗員の平本庫次氏が横須賀帰港後に伊 14 潜の艦内から自身の腹に“さらし”として巻き付けて密かに持ち出されたという。現在はその御令息である平本 閣氏の手で大事に保管されている。（撮影／インタニヤ）

※個人蔵の資料だが、毎年夏に平本氏自身が主催する朗読会で披露される。ご覧になりたい方は氏のツィッターをチェックされたい。

■平本 閣氏ツィッター【https://twitter.com/kaku_kaku_kaku】

九七式十二糎双眼望遠鏡

一般的な全ての日本海軍潜水艦が搭載したのがこの「九七式十二糎双眼望遠鏡」。現存個体は数えるほどしかないが、その貴重なひとつが静岡県清水のフェルケール博物館に収蔵されている。そのディテールを見てみよう。

▶収蔵室に保管されている 12 ㎝双眼鏡。伊 14 潜が搭載していたのも同じタイプだ。艦橋に搭載され、潜航する際にもそのまま水に浸かるので、鏡体は耐圧製の鋳物でできており、重量は 82 ㎏もある。

▲上方から見た双眼鏡の本体。潜航の際には右側に見える耐圧キャップを閉め、接眼レンズを保護する。

▼耐圧キャップの裏側に着いた銘板。日本光学製。製造年月、製造番号に注意。

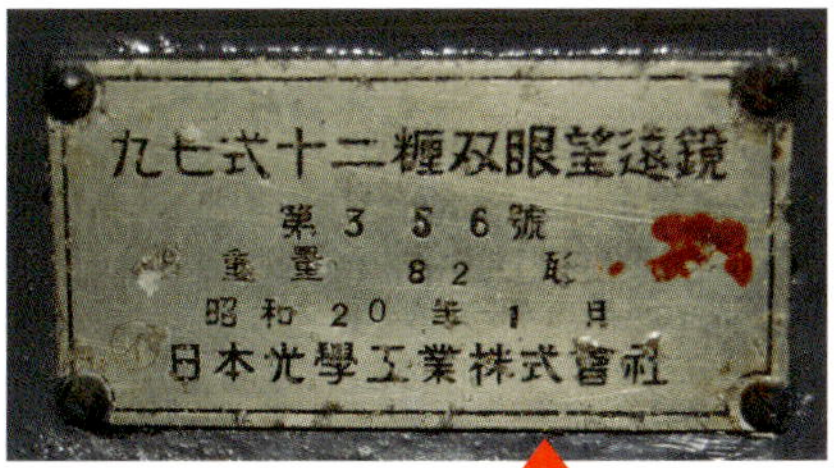

▲接眼レンズ部と耐圧保護キャップの裏側。接眼部にはゴムの保護材が着いた。そのまわりにはゴムパッキンが設けられている。

接眼レンズの耐圧保護キャップの装着方法

③耐圧キャップを回転させて手前へ降ろし、接眼レンズ部を保護する。

①キャップを止めているロックの把手を上へつまみ上げ、爪Ａを解除（左側から見た所）。

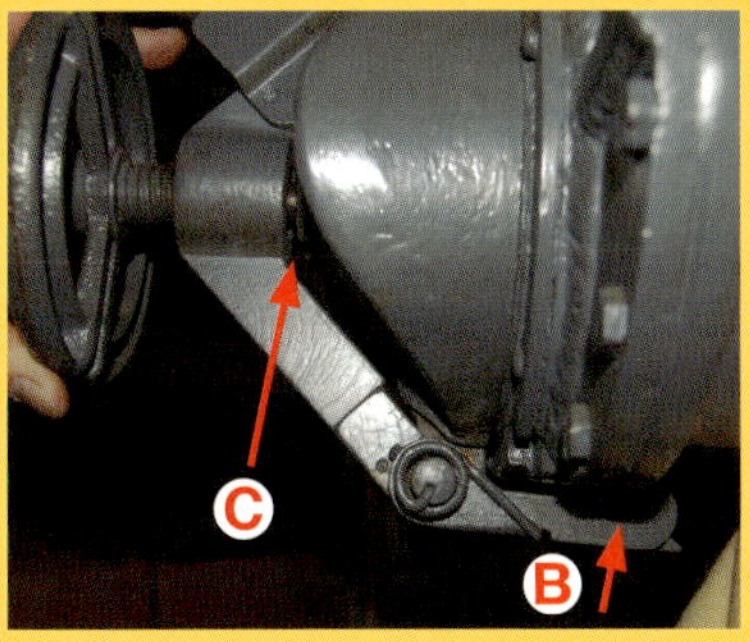

④爪Ｂを鏡体へかませ、ハンドルを回すとネジＣとキャップが突っ張り、水密を保つ。

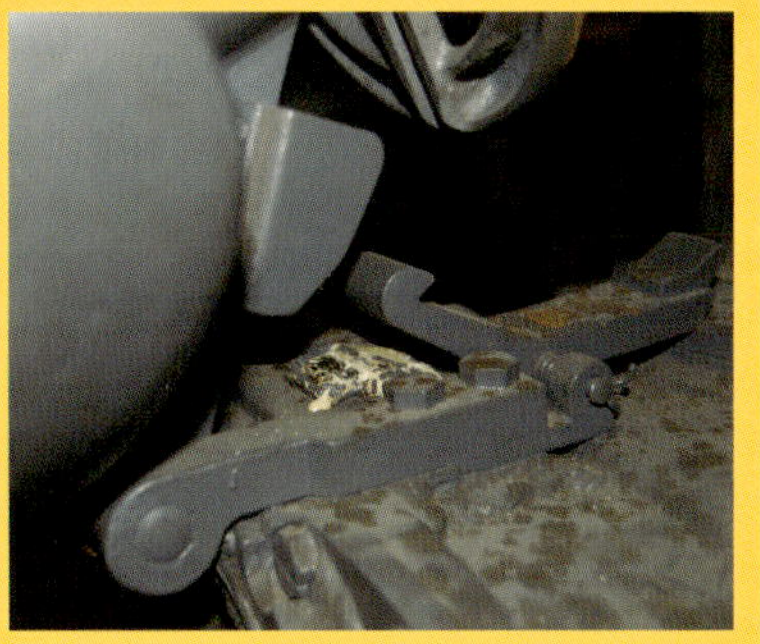

②外れたロックを写真①とは反対側（筐体の右側）から見たところ。簡単な爪の形だ。

※「12 ㎝双眼鏡」は常設展示ではありません。企画展などで展示されることがあります。下記公式サイトでチェックしてください。
■フェルケール博物館（静岡県静岡市清水区港町 2-8-11）公式サイト【http://www.suzuyo.co.jp/suzuyo/verkehr】

プロローグ 『彩雲』、北へ飛ぶ

その名は名古屋空彩雲隊

昭和20年6月23日、愛知県の挙母（ころも）基地に展開する名古屋海軍航空隊から2機の『彩雲』が離陸、旋回しながら高度をとると一路、北上を開始した。

目指すは本州最北端に位置する、青森県の大湊基地。

名古屋空彩雲隊は、第２１０海軍航空隊陸偵隊を前身とする部隊だ。昭和19年9月15日付けで新編された２１０空は、練習航空隊において飛行学生（士官搭乗員）や飛行練習生（下士官兵搭乗員）の実用機教程を終えた者に対して、実戦部隊へ補充する前にさらに追加訓練を行なうための錬成航空隊であったのだが、昭和20年4月に始まった沖縄航空作戦では枯渇する海軍航空戦力の一翼を担って奮戦。ひと月ほどが経った5月5日付けで海軍航空部隊が大規模な改編、再編成に取りかかった際に甲戦隊（艦上機の昼間戦闘機隊）のみに整理されることとなった。

この時、他機種の各飛行隊が解隊されて隊員たちが全国の実施部隊に転属していく中にあって、陸偵隊のみは名古屋空に母屋を求め、部隊ごと編入されたのである。飛行隊長は佐久間 武少佐（海兵66期）であった。

東北出身の6名の隊員が大湊への「軍機空輸」を申し渡されたのは6月下旬のこと。『彩雲』2機を空輸したのちは短期休暇を許すとのことだった。

1番機操縦員の荒澤辰雄飛曹長は操練39期の艦攻出身者。日華事変期には大陸の戦いで大活躍し、実戦飛行１１８回、うち爆撃飛行１１０回、投下爆弾も60kg爆弾５００発、70kg焼夷弾１６０発を記録、ここまでの飛行時間も2,７７０時間を越えている大ベテラン。練習航空隊の教員配置を経て、19年夏以降は厚木基地の３０２空陸偵隊に勤務し、錬成員たちの指導に当たるほか、11月以降は『彗星』に3号爆弾を搭載して関東地方に来襲する『Ｂ－29』の邀撃に参加するなど多彩な経験の持ち主である。

1番機機長の泉山 裕中尉もこれまた乙飛3期の大ベテランにして、かつては水上機母艦『千歳』飛行機隊の、次いでR方面航空部隊『零観』隊の分隊士となり、のち９３８空に移って昭和18年7月に負傷し内地に送還されるまで活躍。「あ」号作戦後の昭和19年7月には重巡『筑摩』飛行長に就任して『零式水偵』に搭乗し捷1号作戦に参加し、その後、３０２空陸偵隊附となり、19年12月に３０２空から陸偵隊が切り離された際に荒澤飛曹長や今回2番機操縦員に選ばれた木元義男1飛曹（丙飛14期。当時は2飛曹。20年5月1日進級）ら基幹員とともに２１０空へやってきた。

2番機機長の尾形誠次中尉（海兵73期）は第42期飛行学生を終えて昭和20年3月に２１０空へ、山内博厚1飛曹と加藤久寿1飛曹の2人の電信員（ともに甲飛12期）は第37期飛行練習生を終えて２１０空へ配属され、しばらく経験をつんだ若手である。

6月23日０８００、搭乗員整列。当日の天候は曇り。

帽振れの見送りを受けて離陸するとすでに前方には真っ黒な雲が待ち構えていた。雲高は3,０００ｍ。名古屋上空を過ぎて伊吹山へやってきたが、山上と雲が接していて突破は無理。大垣～岐阜と遠回りしてみたがやっぱりダメ。

この空輸は諜報上の理由や敵機との遭遇を懸念したこともあってか太平洋岸の飛行を避け、名古屋を離陸後、西北西に針路を取り、長浜で北へ変針、敦賀～小松を経て日本海沿岸を北上し、大湊へ至るルートが取られていた。ちょっとした山岳地帯を突破して日本海へ出る形である。

そのため、天候が一番懸念されていたのだが、あいにくと季節は梅雨の

■ 艦上偵察機『彩雲』一一型

▲『彩雲』は昭和 19 年 6 月のマリアナ決戦の事前偵察でマーシャル諸島メジュロ環礁の米機動部隊泊地偵察を実施したのをはじめとして、聯合艦隊の目となって活躍した機体。600 ㎞ /h を超える日本海軍機随一の最高速度と、生き残りの古参搭乗員たちとの組み合わせは、とかく暗い大戦後期の海軍航空史に胸のすくような数々のエピソードを刻み込んでいる。写真は 1001 空岡崎派遣隊（艦攻・陸偵空輸部隊）の手により空輸中の『彩雲』一一型。操縦員、偵察員、電信員の 3 人乗り。

▶昭和20年6月、名古屋空陸偵隊に大湊基地への『彩雲』空輸が命ぜられた。写真はその前身の210空陸偵隊時代の幹部たち（名古屋空に来なかった面々も含まれている)。前列左から泉山 裕中尉（1番機機長)、芦川秀夫大尉（偵練21期)、西山良平大尉（海兵67期)、長谷川宣大尉（偵練15期)、森 勇中尉（予学12期)、小林義照中尉（乙飛5期)。2列目左から下田辰一少尉（操練42期)、梶原輝正少尉（偵練40期)、門脇廣明少尉（偵練39期)、上熊須常雄飛曹長（甲飛6期)、木崎義丸少尉（偵練24期)。3列目左から荒澤辰雄飛曹長（1番機操縦員)、清 飛曹長、西原章飛曹長（偵練36期)、森迫 一飛曹長（偵練39期)、山本信市飛曹長（操練6期)。「海軍偵察隊の至宝」といえるベテランばかりが集っている。

▶空輸2番機の機長を勤めた尾形誠次中尉。海兵73期出身、この2月末に第42期飛行学生を終えたばかりであったが、機上では自分よりも飛行時間の長い木元1飛曹をリードする剛胆さをみせた。海兵出は臆してはいけないのだ。飛行服の左腕に縫い付けているのは中尉を現す階級章で、紺色の第1種軍装の袖口のモールを図案化したのが由来。わかりづらいが、下側の1線が上のΩ状のモールより細いのが中尉、同じ太さであれば大尉を現す。飛行服の右腕に縫い付けられ、またカポック（救命胴衣）の右胸に記入されている日の丸は、昭和20年2月下旬から導入された、地上での敵味方識別標識である（本土防空戦で落下傘降下した搭乗員が警防団員に味方討ちされたための措置)。

〔名古屋空陸偵隊大湊空輸隊員〕

機番	配置	氏名	階級	期別
	操縦	荒澤辰雄	飛曹長	操練39期
1番機	偵察	泉山 裕	中尉	乙飛3期
	電信	山内博厚	1飛曹	甲飛12期
	操縦	木元義男	1飛曹	丙飛14期
2番機	偵察	尾形誠次	中尉	海兵73期
	電信	加藤久寿	1飛曹	甲飛12期

※昭和20年6月末に突然、本州最北端の基地である大湊への『彩雲』空輸を命ぜられたのが上記の面々。1番機操縦員の荒澤飛曹長は日華事変で活躍した艦攻乗り、偵察員の泉山中尉は草創期の予科練（のちの乙種飛行予科練）を卒業した逸材であった。

『彩雲』空輸コース図
昭和20年6月26日、出直しを図った名古屋空陸偵隊の彩雲2機は0800過ぎに挙母基地を離陸、日本海側を海岸線沿いに北上して大湊に向かった。途中、2番機の潤滑油漏洩で小松基地に不時着するハプニングもあったが、梅雨空の悪天候を突破して見事、空輸を成功させている。このほかにも2機の彩雲が前後した時期に大湊へもたらされたようで、そのうちの1機は千葉県木更津基地にいた752空偵察102の搭乗員によって空輸されたことがわかっている。
1500 大湊基地降着
1700 引き渡し完了
大湊
青森
艫作崎
天候悪化。
雲下飛行へ移行
八郎潟
※戦前は日本第2位の大きさを誇る湖であった（戦後、大規模に干拓された）
秋田
鳥海山（標高 2,236m）
最上川
酒田
鶴岡
粟島
挙母基地はもともと名古屋海軍航空隊の置かれていた場所で、名古屋空、名古屋基地とも呼ばれていた。愛知航空機の工場もあり、愛知側では伊保飛行場、伊保工場と呼ぶ。3つの呼び名を有するわけだ。
佐渡
新潟飛行場（民間）
新潟
1315 新潟上空通過
高度 3,000m で巡航
能登半島
七尾湾
富山湾
2番機滑油漏洩のため不時着
1200 整備完了
1230 離陸
金沢
小松基地
北アルプス
※日本アルプスは北アルプス（飛騨山脈）、中央アルプス（木曽山脈）、南アルプス（赤石山脈）の総称。尾形中尉が機上から眺めたのは北アルプスと中央アルプスであろう
中央アルプス
南アルプス
別途、偵察第102
飛行隊も彩雲空輸
第2変針点
敦賀
伊吹山（標高 1,377m）
大垣
岐阜
長浜
名古屋市街
挙母基地／名古屋基地
木更津基地
第1変針点
高度 1500m へ上昇
半田
0800 搭乗員整列
彩雲2機離陸
木更津基地は海軍偵察機隊と縁深く、偵察11、偵察12の新編成の地であるほか、偵察3も展開していた時期もあり、昭和20年中は偵察102がここにあって、第3航空艦隊の目となり活躍していた。

空模様。結局、再挙を期すこととなり、この日の空輸は断念された。

再び空輸が実施されたのは3日ほどたった26日のこと。０８００に整列した一行は準備を整え出発。この日もおよそ23日と似たような天候であったが、幸いにして雲は断雲となっていた。しかし伊吹山付近には相変わらず山頂から高度２，０００m程度にまで密雲がかかっている。２機は関ケ原付近の谷間を見つけ、這うように進んでいく。両側に自機の高度よりも高く山が聳え立っているのが不気味だ。

やがて前方に鉛色に横たわる琵琶湖が見えてくると、すぐに長浜の上空に差しかかる。まずは第1変針地点である。針路は北北西に変わり第２変針地点の敦賀へ向かう。高度は１，５００mに上昇。前方にはうすぼんやりと日本海が見えている。すぐに敦賀湾が見えてきた。ここで針路を小松に向ける。

右側には白い雪をかぶった日本アルプスの山々が見えている。尾形中尉が機長を務める2番機は潤滑油が漏れ、右側の風防を曇らせていたのだが、この頃になるといよいよその漏洩が甚だしくなってきた。小松への不時着を打電すると前方を飛ぶ1番機、基地ともに了解電がすぐに来た。

すでに小松を通り過ぎていたので機首を翻してここへ向かう。木元1飛曹はドンピシャリの降着を決めて愛機を中島の分工場があるという付近に誘導する。先行していて一瞬見えなくなった1番機もすぐに降着してきた。時間は名古屋（挙母）を離陸して丁度1時間が経過していた。

当時、小松基地には721空神雷部隊が居を構えていたが、今日は訓練が休みということで指揮所はもぬけの殻。整備をしてもらう間に航空弁当を広げ、昼食をここで済ませる。

待ち構える梅雨空

１２００過ぎ、だいたい3時間程度の飛行には差しつかえないとのことで潤滑油を補充してもらい整備完了。お礼にカルピス1本を渡して１２３０に小松を離陸する。

松林をかすめて日本海へ出ると針路を北西に取る。再び海岸線を進んでいくと富山湾、七尾湾などが機上から認められた。兵学校生徒時代、休暇が終わって日本海側を進む大阪行き急行に乗ると金沢あたりに来たところで「休暇も終わりか」と、ちょっと嫌な気分になった尾形中尉だが、今はその町並みもあっという間に飛び越えた。

時々、白い煙が機体の右側をぱっぱっと通り過ぎていくがエンジン自体は快調なのが幸いであった。先ほどから高度は３，０００mで巡航中。能登半島を左に、右に日本アルプスを見て機は進んでいる。しばらくすると左前方に佐渡島らしきものが見えてくる。右には新潟港も見える。信濃川河口にはあまり整備はされていないようだが、かなり大きい新潟飛行場が見えている。尾形中尉の故郷酒田市はもうすぐそばだ。１３１５、新潟上空を通過。

粟島が見える。弁天島も見えてきた。鶴岡の町が、酒田が、最上川も見えてきた。風防をあけた尾形中尉は「俺の家は!?」と機上からその姿を捜し求めたが、あいにくと松林の陰に隠れて見えなかった。

２機の『彩雲』は鳥海山の西側を飛んでいく。標高２，２３０mの鳥海山はすぐ足元にそびえている。雪渓を流れゆく渓流の姿に絶景かな、と見とれているのも束の間、前方の秋田を見ると高度８００m付近に雲が見え始め、みるみるうちにそれは積乱雲となって成長し、見通しが利かなくなってきた。

雲下に出ようと、次第に高度を下げながら海岸線を進む。雲も次第に低くなる。だがなんと、雲は海面までべったりと貼り付いていた。いよいよ高度は50m。海岸線の防風林が赤く立ち枯れている様子が手に取るようにわかる高さだ。少し前を飛ぶ1番機をややもすれば見失いそうな空模様。とうとう雨まで振り出す始末。

前席は、と見ると木元1飛曹も風防を開いて必死に見張りを行なっている。対気速度をプラスして吹き込んでくる雨は実際地上で当たる比ではなく痛い。風圧でゴーグルも吹き飛ばされそうになりながら必死に1番機に喰らいつくように飛行を続ける。

一瞬、見え隠れしていた1番機の姿が視界から見えなくなった。はっとして前方に見えた黒い点に向かって進んでいくとそれは海上を航行する民間船舶の船橋であった。

いよいよここから単機行動だ。若き機長は雲上飛行を決意。

「高度を上げ～！」

と前席の木元1飛曹に伝えるが、どうも伝声管の調子が悪いようだ。その前席からは

「尾形分隊士、大丈夫ですか？　いいですか？　機位がわかりますか？」

と心配そうに聞いてくる。これはなんとか落ち着かせてやらなければならない。

「只今から航法をやる。俺の言う通りにもっていけ。針路○○度宜候～」

◀P.15の上段写真と同じ日に撮影された210空陸偵隊の下士官搭乗員たちで、基幹員として錬成員を指導する立場の中堅どころ。前列左から飯村誠司上飛曹（乙飛16期）、小林上飛曹、千野兵平上飛曹（丙飛6期）、柴岡直治上飛曹（操練49期）、与猶 実上飛曹（乙飛12期）、下小薗義丸上飛曹（甲飛10期）。2列目左から今西上飛曹、坂越上飛曹、坂里上飛曹、秋山春雄上飛曹（丙飛14期）、黒澤益良上飛曹（乙飛16期）、福澤藤雄上飛曹（甲飛10期）、白水上飛曹、石黒幸三1飛曹（丙飛14期）、林上飛曹、木元義男1飛曹（2番機操縦員）、井上上飛曹。

発動点は八郎潟南端の岬だ。直線で大湊へ向かうコースを取る。しかし向かう針路上にはまたしても積乱雲が発達し始めている。やはり雲状突破は無理。それでは、と雲下飛行に切り替える旨、紙に書いて木元1飛曹に伝えたところへ電信席から『アツマレ、ハチロウガタ』の電報紙が手渡された。

反転して見ると八郎潟上空はわずかに晴れていた。高度3，000mで旋回しつつ1番機を探す。すると左45度に黒点を発見。1番機だ。再び編隊を組み、針路を大湊へ取ると、海面までの曇り空。2機は雲下に出ようと30度ほどの角度で高度を下げる。

しかし、いくら降下しても雲が切れないため、再び高度を取り始めた。3，000m、3，500m、4，000m……、そろそろ酸素マスクが必要な高度だが、あいにく今日は酸素を準備していない。高度計の針が4，200mを指したところで再び急降下に転じる。急速に高度を下げたため耳がキーンとなった。

高度50mまで高度を下げた。視界が利かない状況のまま、海岸線を這うようにして北上していく。先ほどから風防は明けっぱなしで1番機を食い入るように見張っている。距離は20mほど。

やがて海岸線が凹凸のある岩場に変わった。針路は北西、北、北西とめまぐるしく変わる。2機は超低空をドッグファイトのような機動をしながら駆け抜けていく。

一瞬、前方に岩山が現れたため左折して針路は西となる。その先端付近を迂回するときに我が編隊を見下ろす灯台の姿が見えた。艫作崎だ。雲高が少し上がったようで、自機の高度も上げる。高度100m。急に青空も増えてきて、日の光が雲間から海面を照らすようになった。このあたりに無数に点在する湖沼は空の青さを反映して実に美しかった。海岸に見える駅で汽車を待っている人々の様子がはっきり見える。

次第に高度を上げていくと前方に青森湾がかすかに見え始めてきた。高度は巡航に最適な3，000m。夏とはいえ青森の空は身にしみる寒さだ。左手遠方には北海道が煙霧の向こうに横たわっている。

穏やかな陸奥湾を眺めて飛行する愛機のエンジンは快調。眼下に望む恐山の山頂付近にこの時期にいたっても白雪が残っているのが、北国育ちの尾形中尉にとっては懐かしさを呼び起こさせる。

と、もう大湊の町が見えてきた。要港部と飛行場はその対岸に位置している。分離した1番機は飛行場上空を航過直進し、下北半島を横切り太平洋に向かったのち洋上で大きく旋回して誘導コースに乗った。2番機もこれに続く。

　１５００ちょうど、2機は無事、大湊に降着した。小松を発進して3時間半あまりの飛行時間であった。1番機の操縦員であった荒澤辰雄氏の航空記録には「3時間40分」と飛行時間が記録されている。

　それからの飛行機引渡しの事務処理に思いのほか時間がかかり、ようやく任務を終えたのは１７００のこと。大湊のガンルームで夕食を取り、３食分のお弁当をもらってトラックに乗って駅まで急ぐと、ぎりぎりで列車に間に合った。途中駅で1泊し、青森駅を経由して27日１３００頃に秋田着。尾形中尉が故郷酒田の町に着いたのはその日の夕刻になってから。わずか24時間ばかりの休暇を実家で羽を伸ばし、翌28日酒田を出発。名古屋空に帰隊したのは31日のことであった。

　こうして名古屋空から2機の『彩雲』が空輸されたほか、同じ時期に別の部隊の手でもう2機が大湊へ空輸され、その数は合計4機となった。

　正確な期日は不明なるもそのうちの1機は、千葉県木更津基地に展開していた第７５２海軍航空隊偵察第１０２飛行隊の狩谷謙治少尉(甲飛2期)－加藤孝二大尉（海兵72期）－小国 勉上飛曹（普電55期）のペアが空輸したことがわかっている。

　いわゆる大戦末期とひとくくりされるこの時期に北へ飛んだ『彩雲』４機。その目的は何であったか？　そしてその後、これらの機体はどうなったのであろうか？

　それは、意外な形となって戦史の1ページに登場していた。■

▲名古屋空といえば長らく中練教程の練習航空隊がおかれた場所で、大戦後期には艦爆の実用機教程が併設され、沖縄作戦時に特攻編制となったことが有名だが、終戦直前のこの時期に陸偵隊があったことはあまり知られていない。写真はその名古屋空陸偵隊（通称、彩雲隊）で撮影された『彩雲』の貴重な１葉で、画面左下に「ナコ」と記入した機体の姿も見える。手前に写る搭乗員は甲飛 13 期出身で、昭和３年生まれの若き電信員、森 康夫２飛曹。

大湊警備府の概要

大湊警備府／要港は本州最北端の下北半島に設置された北方の要で、かつては第５艦隊が母港とした場所であった。陸奥湾北部の大湊湾の、さらに西に位置する自然の良港といえる（右下地図参照）。彩雲が空輸された大湊航空基地は同警備府麾下の組織で、写真のように大湊要港の南側に位置していた。

◀大湊航空基地はかつて大湊航空隊が展開していた場所であったが、水上機隊が有名な一方、陸上機の離発着ができる滑走路があったことを知らない海軍関係者も意外に多い。写真は終戦直後に米軍により撮影されたもの。画面中央が港湾施設で、四角く陸地が切り欠かれたような部分はドック。（写真提供／国土地理院）

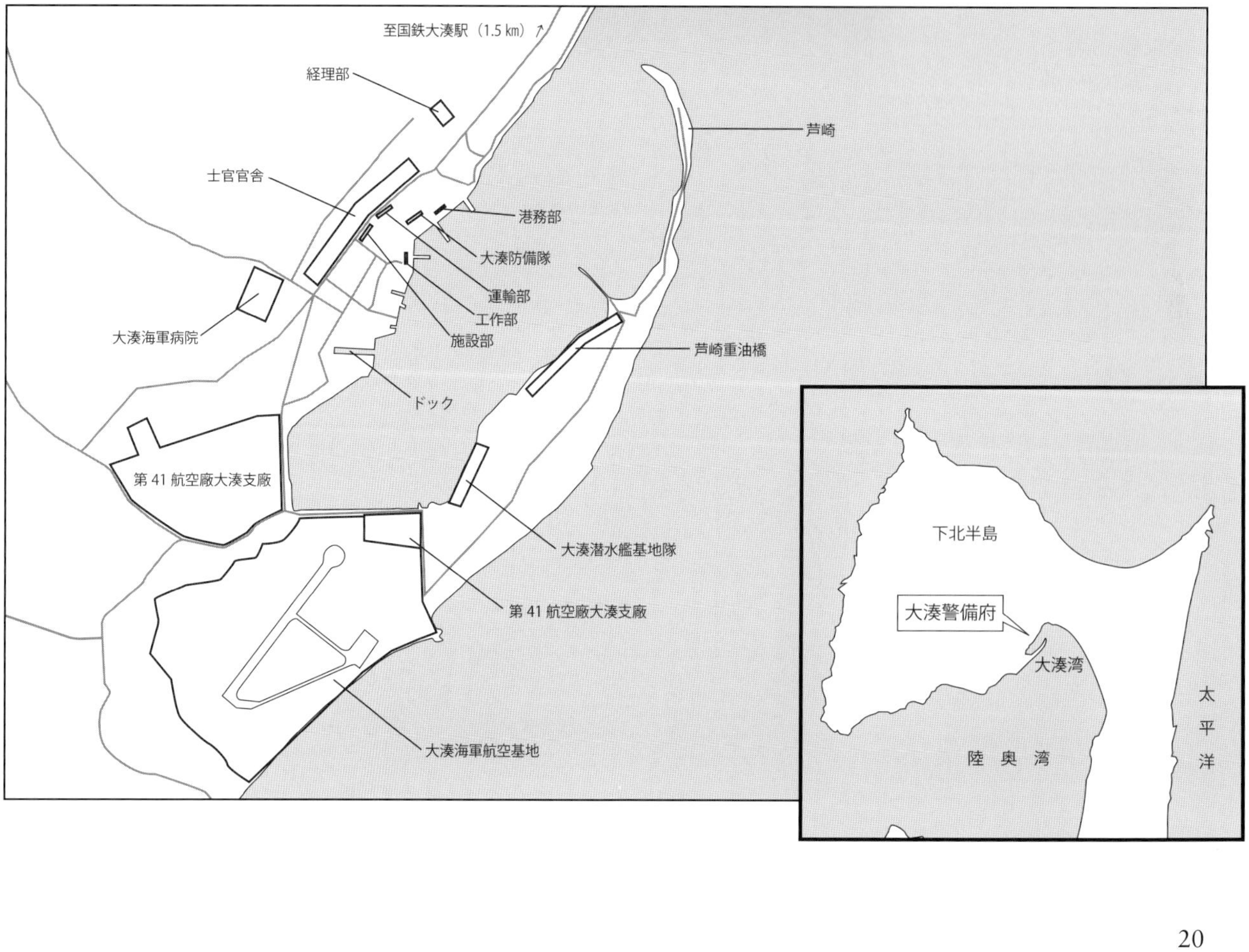

目次

〔特記なき本文中の地図、線図は著者作成によるもの〕

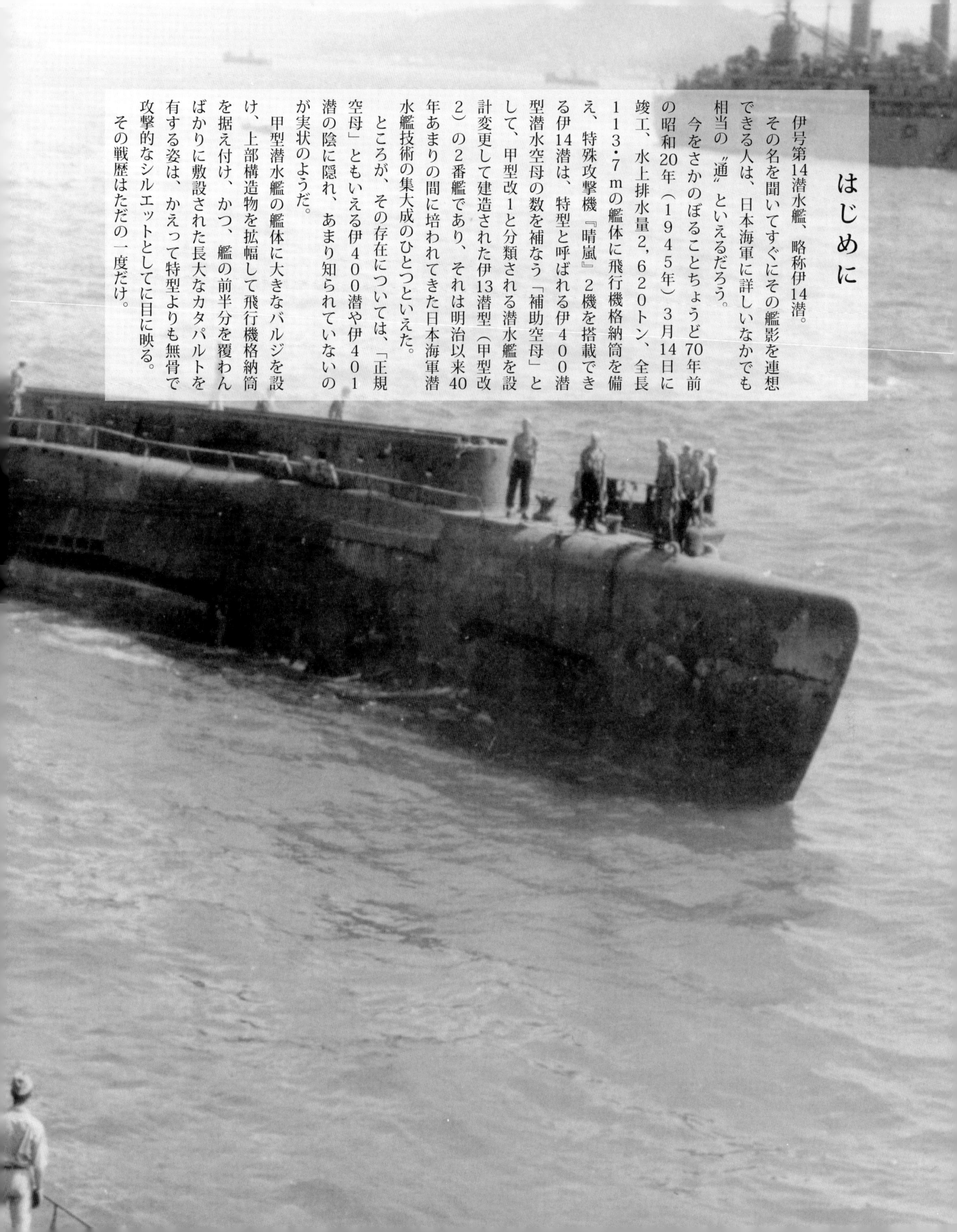

はじめに

伊号第14潜水艦、略称伊14潜。

その名を聞いてすぐにその艦影を連想できる人は、日本海軍に詳しいなかでも相当の〝通〟といえるだろう。

今をさかのぼることちょうど70年前の昭和20年（１９４５年）３月14日に竣工、水上排水量２，６２０トン、全長１１３・７ｍの艦体に飛行機格納筒を備え、特殊攻撃機『晴嵐』２機を搭載できる伊14潜は、特型と呼ばれる伊４００潜型潜水空母の数を補なう「補助空母」として、甲型改１と分類される潜水艦を設計変更して建造された伊13潜型（甲型改２）の２番艦であり、それは明治以来40年あまりの間に培われてきた日本海軍潜水艦技術の集大成のひとつといえた。

ところが、その存在については、「正規空母」ともいえる伊４００潜や伊４０１潜の陰に隠れ、あまり知られていないのが実状のようだ。

甲型潜水艦の艦体に大きなバルジを設け、上部構造物を拡幅して飛行機格納筒を据え付け、かつ、艦の前半分を覆わんばかりに敷設された長大なカタパルトを有する姿は、かえって特型よりも無骨で攻撃的なシルエットとしてに目に映る。

その戦歴はただの一度だけ。

昭和20年7月、太平洋のど真ん中に忘れられたように残っていた日本海軍のかつての要衝トラック島へ、艦上偵察機『彩雲』2機を輸送する任務を帯びて密かに青森県大湊要港を出撃し、途中厳重な米軍の警戒網を突破して8月4日に無事に入港、作戦を成功させたことである。

それは大戦末期の暗然とした日本陸海軍の動向のなか、数少ない明るい出来事として戦史の1ページに燦然と輝くべきエピソードだが、その功績についても充分に語られていないというのが事実だ。

本書はこの伊号第14潜水艦と乗員を軸としつつ、それら取り巻く背景を復元し、大戦末期の日本海軍潜水艦隊の終焉を記述しようと試みるものである。

とくに、潜水艦という特殊な艦種の艦内、艦上で行なわれていた作業についてはできるだけ、そのディテールを描くことに努めた。潜水艦の乗員が飛行靴を履いていた理由などをご覧いただき、「なるほど！」と納得していただけるお手伝いができれば幸いだ。

そして幸運にも生還した伊号第14潜水艦の乗員たちの証言を借りて、帰りえなかった多くの日本海軍潜水艦乗員たちの雄叫びを代弁することができれば幸甚である。

吉野泰貴

用語の解説

潜水艦は水上艦艇などと異なり、独特な艦体構造をしているだけでなく各部の呼称もまた独特だ。本書の冒頭にあたり基本的なものを説明しておく。なお、重要なものについては再度本文中で解説している。左ページの図も併せてご覧いただきたい。

内殻（ないこく）……複殻式潜水艦において「艦内」となる水密区画（耐圧区画とも）のこと。水圧に対抗するため、断面は真円で、およそ2階建て構造となり、上部が居住、戦闘スペース、下部が電池室や倉庫、艦内タンクなどにあてられた。

外殻（がいこく）……複殻式潜水艦において内殻の外側に設けられ、メインタンクや重油タンクなどに利用される区画と上部構造物を併せた部分の総称。非防水区画。

上部構造物（じょうぶこうぞうぶつ）……潜水艦にあっては内殻とメインタンクなどを覆う部分で、浮上航行時には船として航行しやすいよう、潜航時には水中抵抗を減らすよう工夫されていた。木甲板は隙間の空いた簀の子状。

司令塔（しれいとう）……戦艦にもあるが、潜水艦のものは内殻の外、発令所の上部に設けられた戦闘用の指揮所で、潜航時にここで潜望鏡の操作を行なうほか、襲撃（魚雷攻撃）用の機器などが設置されている。電信室や電探室が併設されていた。呂号潜水艦などでは司令塔がないタイプもある。

メインタンク……海水の注排水により潜水艦を潜航、浮上させるためのもの。外殻に設置される。バラストタンクともいう。上部にはベント弁が、底部には金氏弁が設置されている。「メンタンク」とも。

常備重油タンク……メインタンクと同様、主に外殻に設けられた燃料タンクで、重油を使用すると同時に海水を取入れ、タンク内の重量をなるべく変化させないように（重油の方が水より比重が軽いが）した。内殻内に設置されたタンクは「艦内タンク」とも呼ばれる。常備燃料タンクは重油搭載専用。

満載燃料タンク……常備燃料タンクと異なり、メインタンクとしても使用できるように配管されているもので、「応急タンク」とも称した。

浮力タンク……潜水艦の上部構造物はほぼ非水防区画になっているが、艦首の上部だけは水防の浮力タンクになっていた。潜航中に被弾などで急にダウンツリムとなった時に高圧空気でブローしてツリムを上向きにするために使う。元々は浮上航行時の艦首の突っ込みを軽減するために設置されたもの。

負浮力タンク（ふふりょくたんく）……急速潜航の際、メインタンクに注水しただけでは全没に時間がかかるため、あらかじめ計画量より30トン程度多く注水しておいて「重石」代わりに使用するタンク。ダウンツリムがかかるよう、艦の中央よりやや前方に設置されており、全没する直前（あるいはそれと同時に）高圧空気でブローして身軽になる。「ネガチブタンク」ともいう。

金氏弁（きんしべん）……メインタンクの底部（艦底）に設けられた弁で、潜水艦はここから海水を出し入れして潜航、浮上する。日本海軍では水上航行時には高速発揮のため金氏弁を閉じるのがセオリーだったが、次第に急速潜航に備えて開きっぱなしにするようになった。「キングストンバルブ」ともいう。

ベント弁……メインタンクの頂部に装着された空気抜きの弁で、開くとここから空気が抜け、金氏弁からメインタンクへ海水が注水される。

ツリム……潜水艦が海中で水平姿勢を取ることは非常に重要で、そのために艦内の重量を区画ごと、あるいはそれ以上に細かく把握してバランスを取っておく。これをツリムを取るという。語源は「トリミング」で、「トリム」がなまったもの。

ツリムタンク……海水を注排水してツリムを取るために使用するタンクで「釣合タンク」「調整タンク（トリミングタンク）」とも称する。艦の前部、後部、中央部の3ヶ所にあり、中央部のものは「補助タンク」と称されるのが一般的。■

伊号潜水艦の構造と各部の呼称：甲型改２の場合

■ 側面図

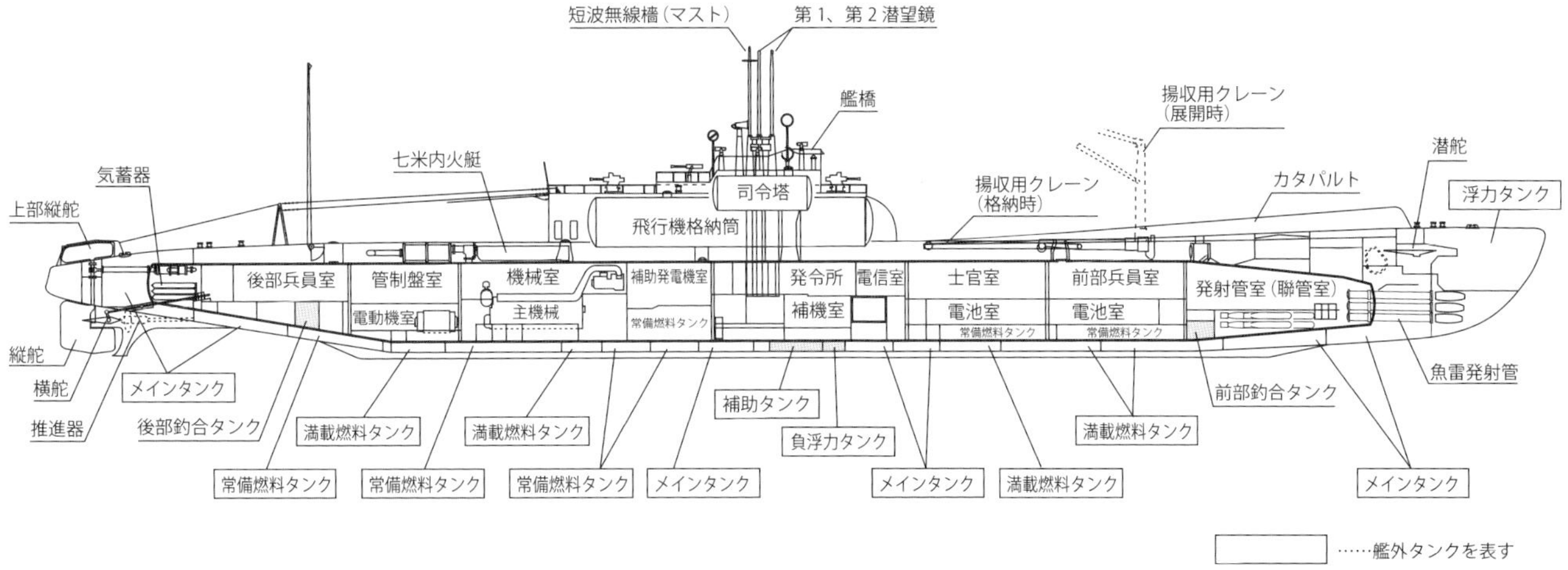

短波無線檣（マスト）
第1、第2潜望鏡
艦橋
揚収用クレーン
（展開時）
潜舵
浮力タンク
カタパルト
揚収用クレーン
（格納時）
七米内火艇
司令塔
飛行機格納筒
気蓄器
上部縦舵
後部兵員室
管制盤室
機械室
補助発電機室
発令所
電信室
士官室
前部兵員室
発射管室（聯管室）
電動機室
主機械
常備燃料タンク
補機室
電池室
電池室
常備燃料タンク
常備燃料タンク
縦舵
横舵
推進器
メインタンク
後部釣合タンク
満載燃料タンク
満載燃料タンク
補助タンク
負浮力タンク
満載燃料タンク
前部釣合タンク
魚雷発射管
常備燃料タンク
常備燃料タンク
常備燃料タンク
メインタンク
メインタンク
満載燃料タンク
メインタンク
……艦外タンクを表す

■ 断面図（中央部分）

上に掲げたような側面図ではわかりづらいが、複殻式潜水艦は内殻を覆うように外殻メインタンクを設ける二重構造となっている。断面図によりそのイメージを補っておこう。

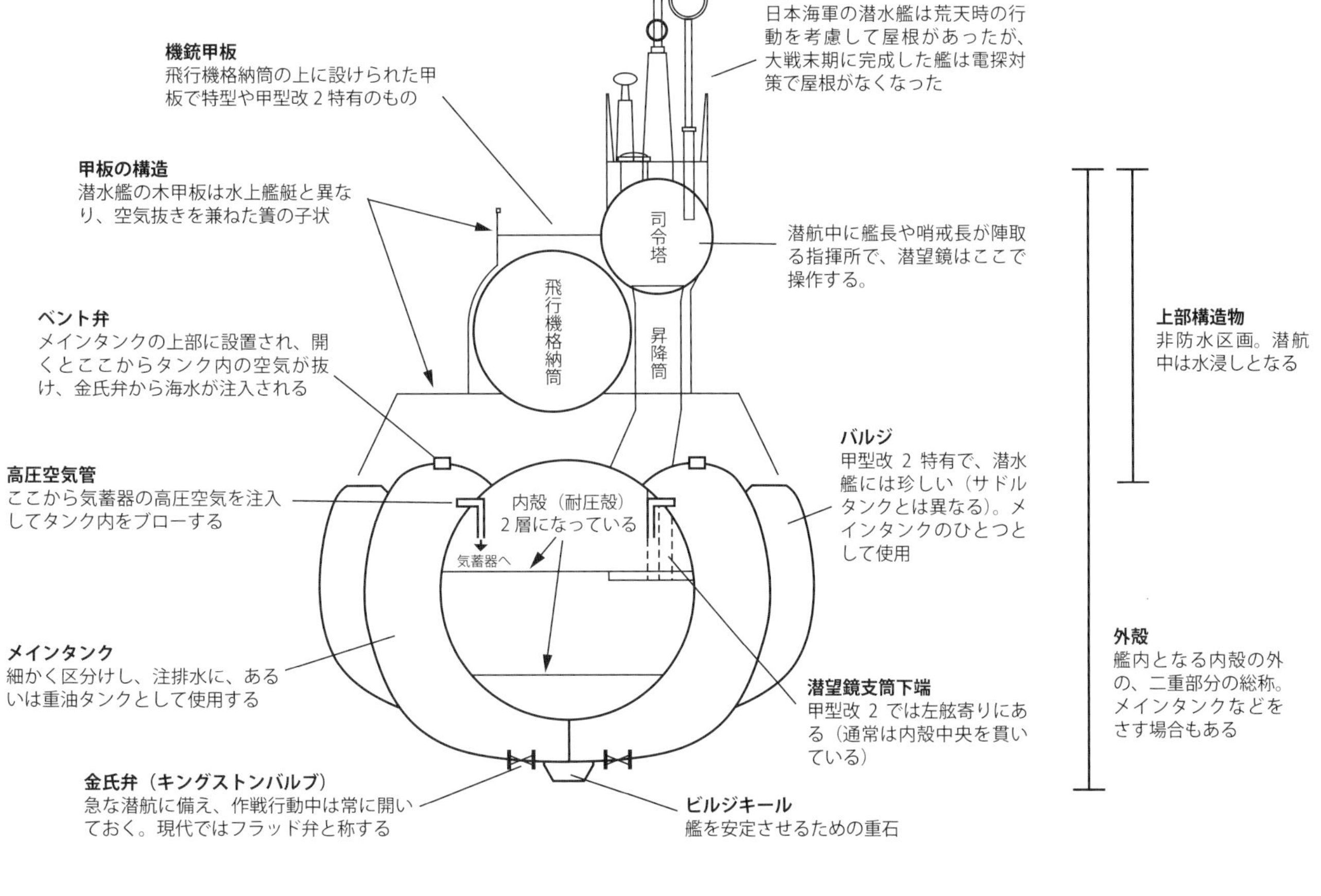

艦橋
日本海軍の潜水艦は荒天時の行動を考慮して屋根があったが、大戦末期に完成した艦は電探対策で屋根がなくなった
機銃甲板
飛行機格納筒の上に設けられた甲板で特型や甲型改２特有のもの
甲板の構造
潜水艦の木甲板は水上艦艇と異なり、空気抜きを兼ねた簀の子状
司令塔
潜航中に艦長や哨戒長が陣取る指揮所で、潜望鏡はここで操作する。
飛行機格納筒
昇降筒
ベント弁
メインタンクの上部に設置され、開くとここからタンク内の空気が抜け、金氏弁から海水が注入される
上部構造物
非防水区画。潜航中は水浸しとなる
バルジ
甲型改２特有で、潜水艦には珍しい（サドルタンクとは異なる）。メインタンクのひとつとして使用
高圧空気管
ここから気蓄器の高圧空気を注入してタンク内をブローする
内殻（耐圧殻）
２層になっている
気蓄器へ
外殻
艦内となる内殻の外の、二重部分の総称。メインタンクなどをさす場合もある
メインタンク
細かく区分けし、注排水に、あるいは重油タンクとして使用する
潜望鏡支筒下端
甲型改２では左舷寄りにある（通常は内殻中央を貫いている）
金氏弁（キングストンバルブ）
急な潜航に備え、作戦行動中は常に開いておく。現代ではフラッド弁と称する
ビルジキール
艦を安定させるための重石

日本海軍の階級章：准士官以上

日本海軍の階級は慶応4年／明治元年（1968年）から段階をおって整備され、我々がよく知るような形になったのは大正9年4月に四等水兵にいたるまでの下士官兵の官階が定められてからだ。准士官以上は第1種軍装（紺色の冬服）に図示したようなデザインの襟章と袖口のモールが配される。第2種軍装（白の夏服）では同じデザインの肩章を付けた。第3種軍装（緑色の陸戦服）では下襟に襟章のみ付けた。
ここでは本書に関係の深い海軍大佐以下の階級章を図示する。
准士官以上の飛行機搭乗員が飛行服の上腕に付けている階級章は、この袖章を金モールで表したものである。

[襟章]　[袖章]

海軍大佐

海軍中佐

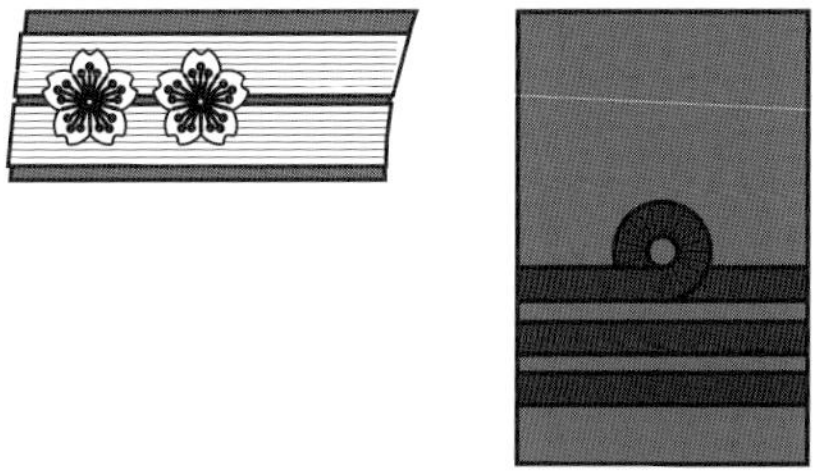

海軍少佐

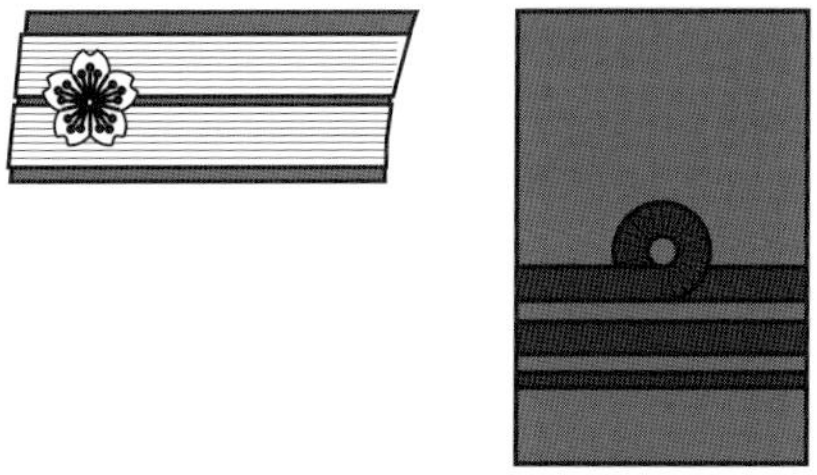

海軍大尉

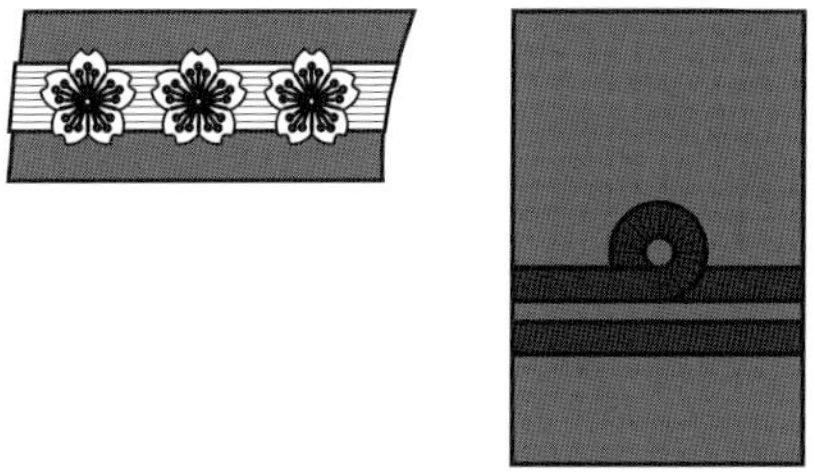

海軍中尉

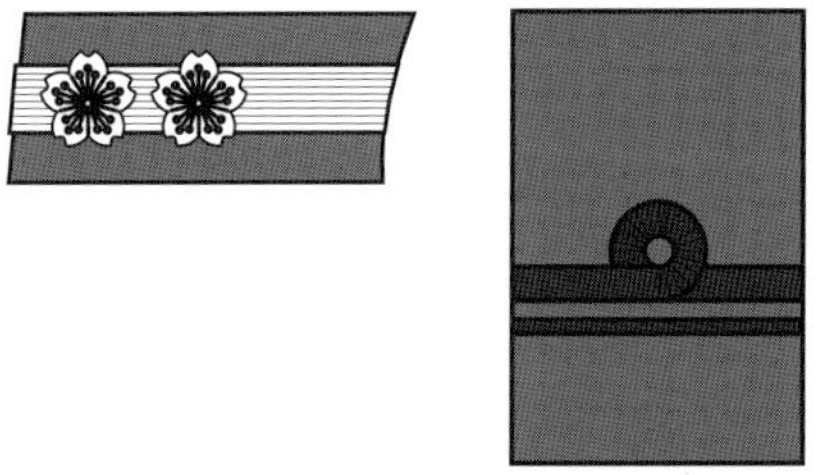

海軍少尉

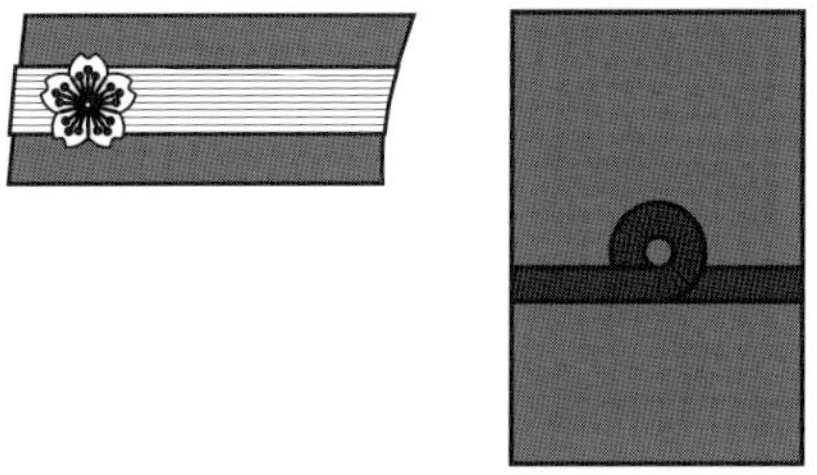

● 階級と定員（役職）の対比

海軍大佐は潜水隊司令級の階級。海軍では大佐を「だいさ」と発音するが、このクラスになると役職名で呼ぶ場合がとくに多くなるので、元海軍関係者の間でも意外とこのことが知られていない。同じく海軍では大尉を「だいい」と発音する（これはよく知られている）。一般的には馴染みがない言い方だが、慣れるとこの方がしっくりくるようになる。なお、大将だけは「たいしょう」で濁らない。これは便宜上、大佐などが将官の任務を遂行する「代将（だいしょう）」という役職があったためといわれる。

海軍中佐はもともと伊号潜水艦など大型潜水艦の艦長の定員であったが、開戦後の消耗で次第に少佐艦長の占める割合が増えていき、昭和18年には早くも大尉の伊号潜艦長が出現した（著名な板倉光馬氏などがこれにあたる）。昭和19年以降になると、中佐艦長は特殊な場合を除いて少数派となっていた。

海軍大尉は潜水艦では先任将校たる水雷長以下、航海長、通信長の定員で、書類上は砲術長と定められる「乗組み尉官」は海軍中尉か海軍少尉であった。

● 特務士官・准士官の階級章

特務士官とは水兵として海軍に入り、永年の勤務を経て下士官、そして准士官たる兵曹長となり、さらに出世した“叩き上げ”のことで、いずれも一芸に秀でた猛者たちであった。

ただし、兵学校や機関学校、経理学校などいわゆる3校出身者に比べ待遇面では差をつけられた。

特務大尉、特務中尉、特務少尉の場合、それぞれ右に図示した袖のモールの下に兵曹長と同じ桜の花を3つを追加して付けて、上記3校出身者と区別されていた。

[襟章]　[袖章]

海軍兵曹長

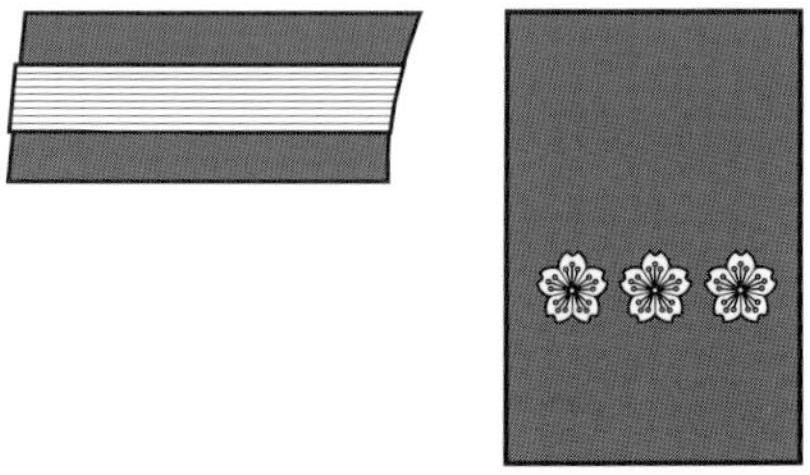

日本海軍の階級章：下士官兵

ここでは昭和 17 年 11 月 1 日改訂以降（※）の日本海軍下士官兵の階級章ほかを図示する。下士官兵は軍服の右上腕部へ階級章を、左上腕部に特技章を縫い付ける。階級章の桜の色を変えて各兵種を表した。
※それまでの階級章は各兵科ごとにデザインが異なった。

階級章の桜の色

兵　科：黄	機関科：紫	飛行科：水色	整備科：緑
主計科：白	衛生科：赤	工作科：桜	

〔善行章〕

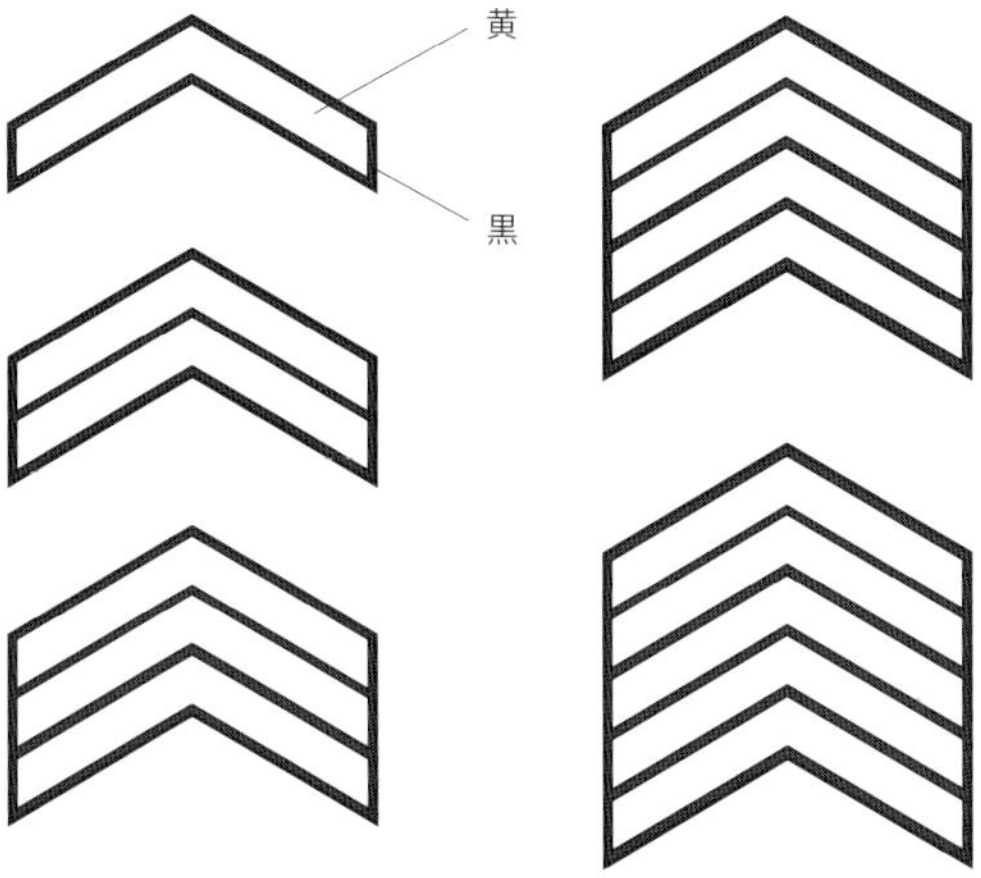

下士官兵は入団から３年経過するごとに右腕の階級章の上へ善行章を付与され､これで軍歴の程度がうかがい知れた。善行章は１線、２線と数え、最高５線（15 年以上）まで。旧デザインでは紺地に赤（第２種軍装では白地に紺）であったが、昭和 17 年 11 月以降は第１種、第２種、第３種のいずれの軍装も黒地に黄の配色となった。

〔特技章〕

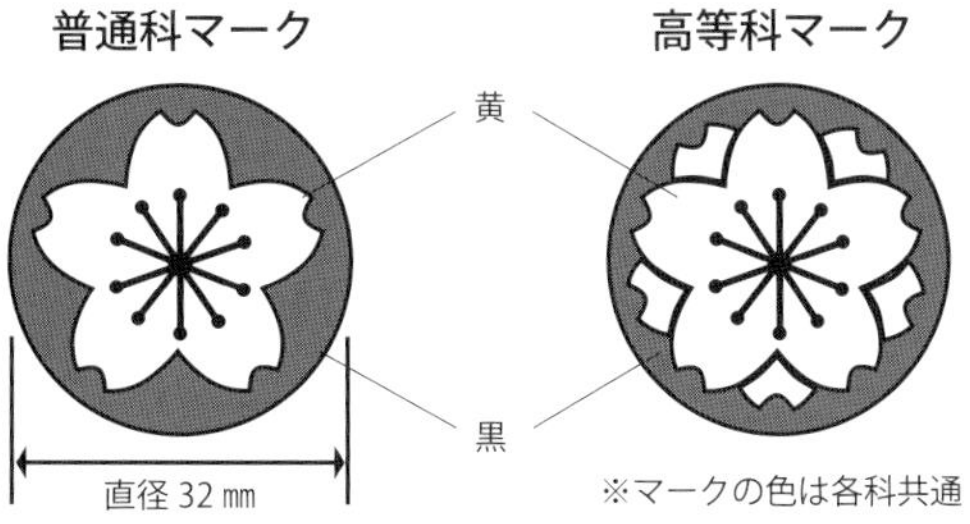

下士官兵が潜水学校などの各種学校を卒業すると左腕に特技章を付ける。彼らのことを「マーク持ち」などと称した。昭和 17 年 11 月にデザインが上記のものに統一されたが、それまでは各兵科を表すデザインとなっていた。普通科は桜、高等科は八重桜で、飛行機搭乗員は全て高等科マーク持ちとなる。

〔階級章〕

上等兵曹・上等機関兵曹

下士官の最上級が上等兵曹で、一番古い兵科の上曹のことを「先任伍長」といい、潜水艦では一番古い上機曹を「特務下士官」と称した。昭和 17 年 11 月 1 日までの「一等兵曹」で、陸軍での「曹長」にあたる。

一等兵曹・一等機関兵曹

昭和17年11月1日までの「二等兵曹」で、陸軍での「軍曹」にあたる階級。

二等兵曹・二等機関兵曹

昭和17年11月1日までの「三等兵曹」で、陸軍での「伍長」にあたる階級。

水兵長・機関兵長

ここから下が兵となる。潜水艦乗員としてはマーク持ちの兵長、上水が最も多かった。昭和 17 年 11 月 1 日までの「一等水兵」。

上等水兵・上等機関兵

昭和 17 年 11 月 1 日までの「二等水兵」。

一等水兵・一等機関兵

艦隊や実施部隊における一番下の階級といえ（二等水兵は新兵教育期間中の兵隊）、水上艦艇では一番人数が多い兵隊だが、ことマーク持ちの多い潜水艦乗員としては少ない。昭和 17 年 11 月 1 日までの「三等水兵」。

複殻式潜水艦の潜航と浮上の原理

潜水艦の潜航と浮上はメインタンクを注排水して人工的に浮力を調節することで実現する。図は伊号潜水艦では一般的な複殻式構造の乙型潜水艦の断面（P25の甲型改2のものと比べていただきたい）を用いてその要領を簡略化して示したもの。

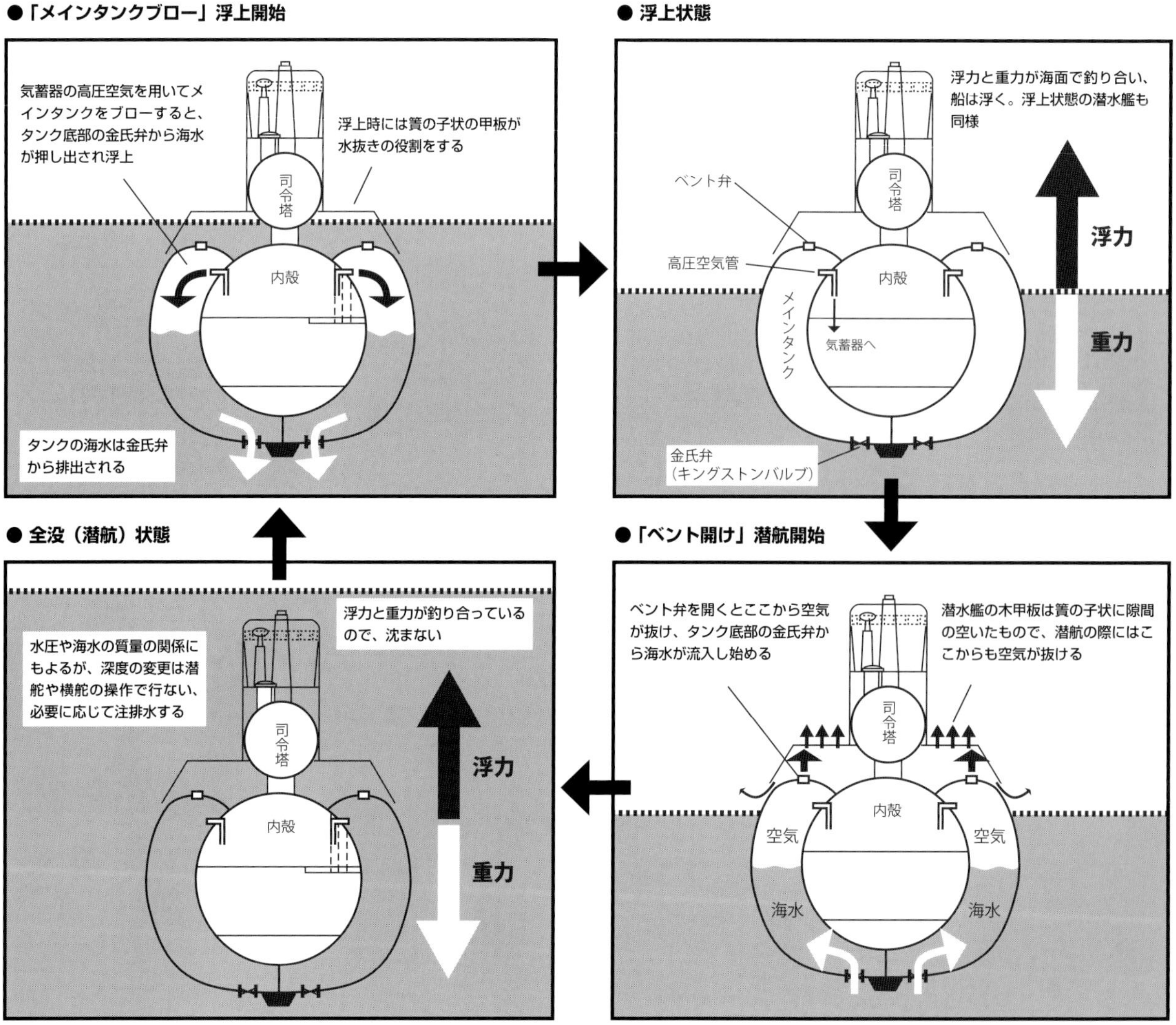

第一章

伊号第14潜水艦の建造

日本海軍の主力潜水艦、巡潜型

本篇の主人公となる伊号第14潜水艦は、日本海軍において1，０００トン以上の排水量により1等潜水艦と類別されて「伊号潜水艦」と称される中でも、「巡潜」系列の「甲型」の、さらに「改2」と分類される「伊号第13潜水艦型」の「2番艦」として昭和20年3月14日に竣工した。

本稿を読み進めていただくにあたり、まずはその建造にいたるまでの日本海軍潜水艦の系譜について整理しておきたい。

日本海軍の潜水艦の歴史は、明治37年（１９０４年）にアメリカからホランド型潜水艇を購入したことに端を発する。

時あたかも日露戦争中であった同年の5月、虎の子の戦艦『初瀬』『八島』の2艦が作戦行動中に触雷し突如として轟沈、これをロシア海軍の潜水艦の雷撃によるものと判断した日本海軍は、自軍への潜水艦の迅速な導入、整備の必要性を感得し、近代的な潜水艇として実用化されていたアメリカのホランド艇の購入を決定した。同年末に船積みされた部品の状態で日本へ到着した5隻の潜水艇は半年がかりで組み立てられ、明治38年7月以降順次完成するが、それ以前の5月27日の日本海海戦の勝利で海上の覇権をその手のうちに握り、さらに9月には講和条約が成立したため、日本海軍初の潜水兵力は日露戦争には間に合わずに終わった。

以後、より実用性の高い潜水艦を取得するためにイギリス、フランス、イタリアなどの外国艦を購入し、またそれを独自に改良発展するなど、雲をつかむような試行錯誤が繰りかえされた結果、大正中期には味方艦隊に随伴することのできる速力を持ち、艦隊決戦に際してはその前程に進出して敵艦隊を迎え撃ち、兵力の漸減を画策する大型潜水艦、いわゆる「海大型」の出現を見た。

ところが、大正3年（１９１４年）に第1次世界大戦が勃発するとドイツ海軍の潜水艦、いわゆるUボートが通商破壊、無制限潜水艦戦という分野で大きな戦果を上げ、連合国側もその行動に大きく目を見張ることとなった。とくにこの第1次世界大戦中はレーダーはもちろんのこと、現在ではソナー（あるいはソーナー、イギリスではアスディックというのが一般的）の名で知られている水中聴音機すら満足に実用化されておらず、潜航中の潜水艦を発見することは全くといって不可能だったこと、また攻撃手段も急造の爆雷（しかもこれはもともと潜水艦を攻撃するために開発されたものではなく、敵の碇泊艦に忍び寄って投下し、水線下を攻撃する目的で作られたものであった）があるだけという状況だったため水上艦艇が抗する術はなく、被害は拡大する一方であった。

こうした状況下に活躍したのが〝U Kreuzer〟、いわゆる「巡洋潜水艦」、「巡潜型」と呼ばれるタイプのドイツ潜水艦である。これは、本国を出撃して洋上はるかを隠密行動し、時には敵国の領海奥深くにまで侵入してその商船や艦艇を撃沈することを目途とする艦種で、そのため長大な航続力と長期作戦能力を有するものであった。

日本海軍の潜水艦は第1次世界大戦後、「海大型」とこの「巡潜型」の2つの系統が柱となって整備され、大きく発展していくこととなる（ドイツから導入されたもうひとつのタイプである「機雷潜型」も主力となるはずだったが、建艦の際の改良設計に失敗し、その運用は日本海軍では醸成されてゆかず、結局最初に建造された伊１２１潜以下4隻のみの建造で終わった）。

この巡潜型潜水艦の記念すべき第1艦となるのが伊号第1潜水艦だ。

ドイツの第1次世界大戦型Uボート「U‐１４２」の設計図を購入し、ほぼそのままコピーした形で大正12年度計画により神戸に所在する株式会社川崎造船所で建造された巡潜Ⅰ型は、伊号第1潜水艦から第5潜水艦までの5隻が大正15年から昭和7年にかけて竣工した。なかでも特筆されるのは伊5潜で、船体後部外殻に飛行機搭載設備を装備していたことである。

潜水艦は潜航した際に、海中での抵抗を極力少なくするためセイル（艦橋）は小さく作られている。そのため、浮上中の可視による索敵能力は限られており、これを克服するために飛行機を搭載し、上空から敵の艦船を探してはどうかという考えが第1次世界大戦中のドイツを始め、イギリス、フランスなど潜水艦先進国で現れた。

日本海軍もこれに追随する形で敗戦国ドイツから技術導入を果たし、海大Ⅰ型の伊号第51潜水艦で実験を行なったのちに伊5潜へ飛行機格納筒を装備したもので、しばらくして発艦用のカタパルトが実用化されると、これも追加搭載した。

昭和6年（１９３１年）の①計画により、当初から飛行機格納筒とカタパルトを装備する形で設計されたのが巡潜Ⅱ型の伊号第6潜水艦である。伊5潜と同様、船体外殻後方位置に装備された格納筒の形は大きく変わり、昇降式となって水中抵抗の減少が図られていた。

ついで昭和9年の②計画により建造された巡潜Ⅲ型もやはり船体後部に飛行機搭載設備とカタパルトを装備した潜水艦であったが、これらに加えて旗艦設備を備えたことがこれまでの巡潜型と異なり、またそれまでドイ

日本海軍潜水艦の類別

日本海軍における潜水艦の扱い（艦種類別）は、明治 38 年の導入以後、艦そのものの発展や、規模の拡大に伴って変更されていったが、そのポイントは下表の 4 つの区切りといえる。

時期	明治 38 年 12 月〜 （1905 年）	大正 5 年〜 （1916 年）	大正 8 年 3 月〜 （1919 年）	大正 13 年〜 （1924 年）
類別 （呼称）	潜水艇	潜水艇	潜水艦	潜水艦
等級別	なし（※）	水上排水量により 2 等級に分類	水上排水量により 3 等級に分類	等級呼称変更
		1 等：水上排水量 600t 以上	1 等：水上排水量 1,000t 以上	伊号：等級呼称変更
		2 等：水上排水量 600t 未満	2 等：水上排水量 1,000t 未満〜 500t 以上	呂号：等級呼称変更
			3 等：水上排水量 500t 未満	波号：等級呼称変更
記事	艦種として独立		艦名は従来同様、通し番号で表記 例：第 44 潜水艦	艦名表記も変更 例：伊号第 51 潜水艦

※：明治 38 年 1 月の導入当初は潜水艇は水雷艇の一種との扱いであり、「特号水雷艇」や「潜航水雷艇」などと呼ばれた時期があった。なお、この当時、水雷艇自体は 4 等級に分類されていた。

伊号潜水艦の主系統

第一次世界大戦後、ドイツからの技術導入もあり日本海軍の大型潜水艦は 3 つを柱に整備され、そのうちの 2 系統が主流となっていった。

■海大型

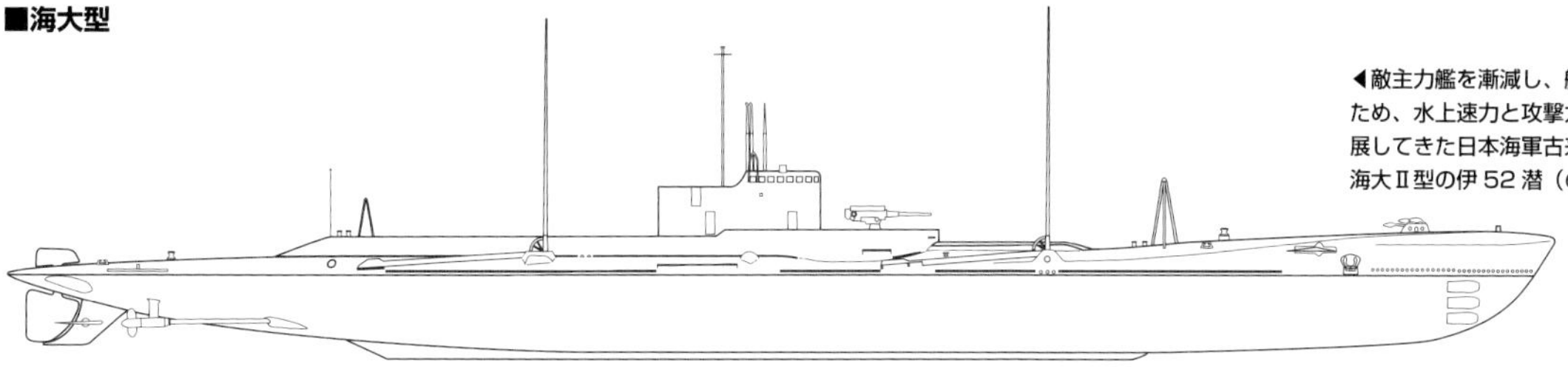

◀敵主力艦を漸減し、艦隊決戦を有利に運ぶため、水上速力と攻撃力を重視して開発、発展してきた日本海軍古来の潜水艦形式。図は海大Ⅱ型の伊 52 潜（のちの伊 152 潜）。

■巡潜型

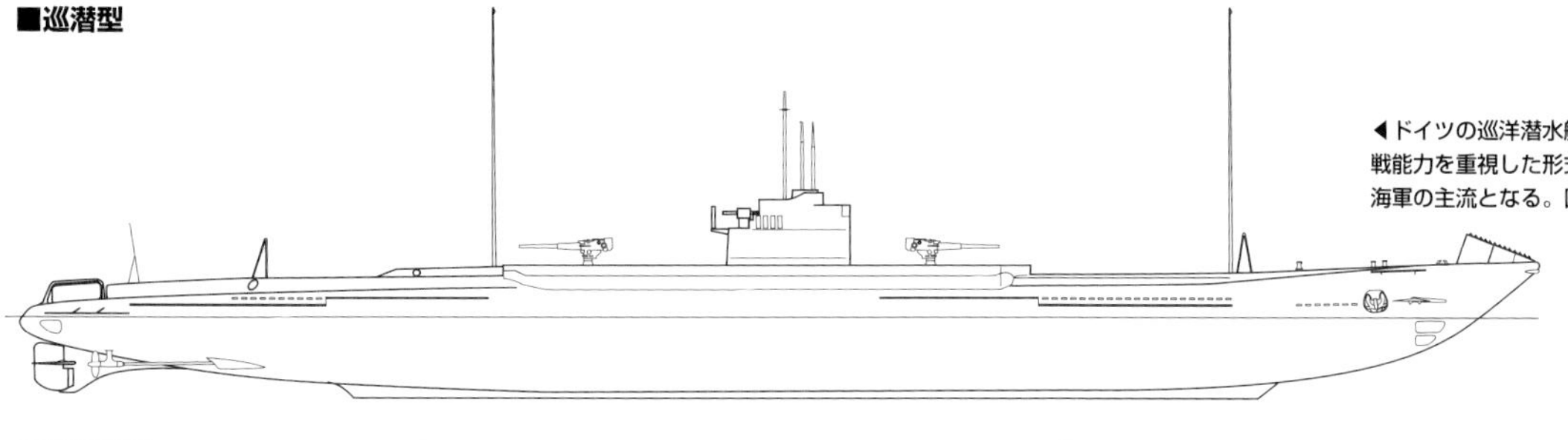

◀ドイツの巡洋潜水艦をコピーした、長期作戦能力を重視した形式。海大型と併せて日本海軍の主流となる。図は巡潜Ⅰ型の伊 1 潜。

■機雷潜型

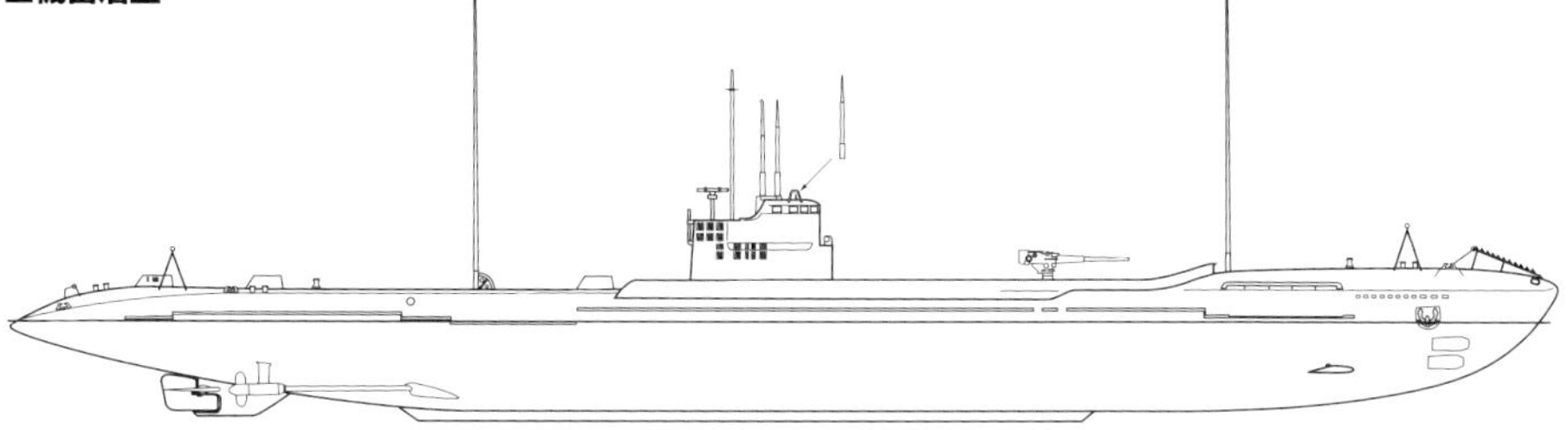

◀これも第一次世界大戦後のドイツからの技術導入で建造された機雷敷設用の潜水艦。この系統は日本海軍では醸成されず終わる。図は伊 21 潜（のちの伊 121 潜）。

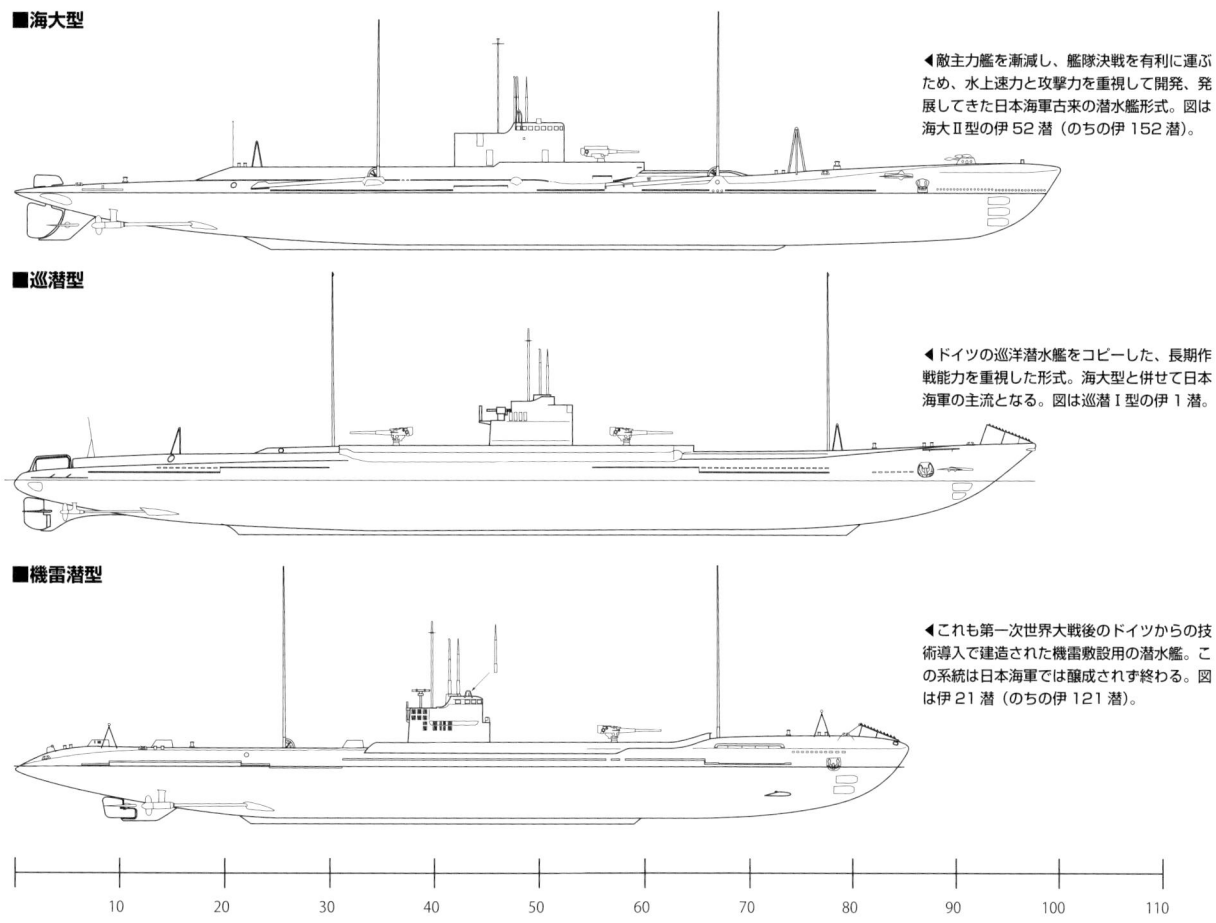

ツ潜水艦の流れを色濃く汲んでいた艦容も、海大型に類似した、より洗練された日本潜水艦らしいものとなった。伊号第7潜水艦と伊号第8潜水艦の2艦がそれである。

５，６００馬力の艦本式1号10型ディーゼル機関の開発により、最高速度も本型になって23ノットを発揮し、速力に特化して設計された海大型と肩を並べることとなった。巡潜型は戦線よりもさらに奥深くの敵領域を長い間作戦するため、その行動期間を2～3ヶ月として設計されており、それは海大型の行動期間1ヶ月に比べても格段に長いものであったが、加えて海大型並の高速力を得たことで一気にその色を失わせた形だ。こうした行動日数などの特長はあまりカタログデータには現れてこないが、潜水艦を語る上では非常に重要なファクターである。

そして昭和12年（１９３７年）、③計画における巡潜の建造は新たな動きを見せる。

そのカテゴリーを旗艦設備と飛行機搭載設備を持つ「甲型」、飛行機搭載設備をもって偵察を重視する「乙型」、飛行機搭載設備を持たずに攻撃力を強化した「丙型」の3つに分けて整備されることとなったのである。当然、それぞれの型式は航続力・長期作戦能力を重視して建造されていたが、機関の改良により巡潜Ⅲ型以来の高速力はそのまま継承されている。

この計画により整備された巡潜型の伊号潜水艦を主力として、日本海軍潜水艦隊は太平洋戦争に臨んだといって過言ではない。

甲型潜水艦の血統

先に述べた通り、昭和12年の③計画に基づいて建造された甲型潜水艦は、巡潜Ⅲ型の系統を継いで旗艦潜水艦としての機能と小型水上偵察機の搭載設備を持った大型艦で、全長１１３・７m、水上排水量2，４３４トン、水中排水量4，１５０トンの威容は、のちに特型の伊号第４００潜水艦が建造されるまで日本海軍最大を誇った。文字通り、太平洋戦争時の伊号潜水艦のフラッグシップであったと言えるだろう。

船体内殻は巡潜Ⅲ型と同様20㎜のDS鋼でできており、全体の構造もおおむね同じであったが、内殻最前部となる魚雷発射管室の構造が変わり、これを縦長の楕円形にして発射管6門を搭載、巡潜Ⅲ型において6門の発射管の上部に設けられていた魚雷格納筒（必要があればこれを発射管に換装し、8門に強化することができるよう設計されていた）は廃止された。

当初から飛行機搭載能力を持つ潜水艦として初めて建造された伊５潜（左ページ図を併せて参照されたい）は巡潜Ⅰ型改と分類される。画面中央に見えるのが飛行機格納筒。まだカタパルトは搭載されておらず、艦橋後部の１４㎝砲も搭載されたまま。
（写真提供／大和ミュージアム）

飛行機搭載法の発展

世界で唯一、潜水艦での飛行機運用を実用化した日本海軍。当初は格納筒と作業甲板を設けただけだったが、やがてカタパルトも装備された。

■海大Ⅰ型〔伊51潜〕

※建造当初の名称は第44潜水艦

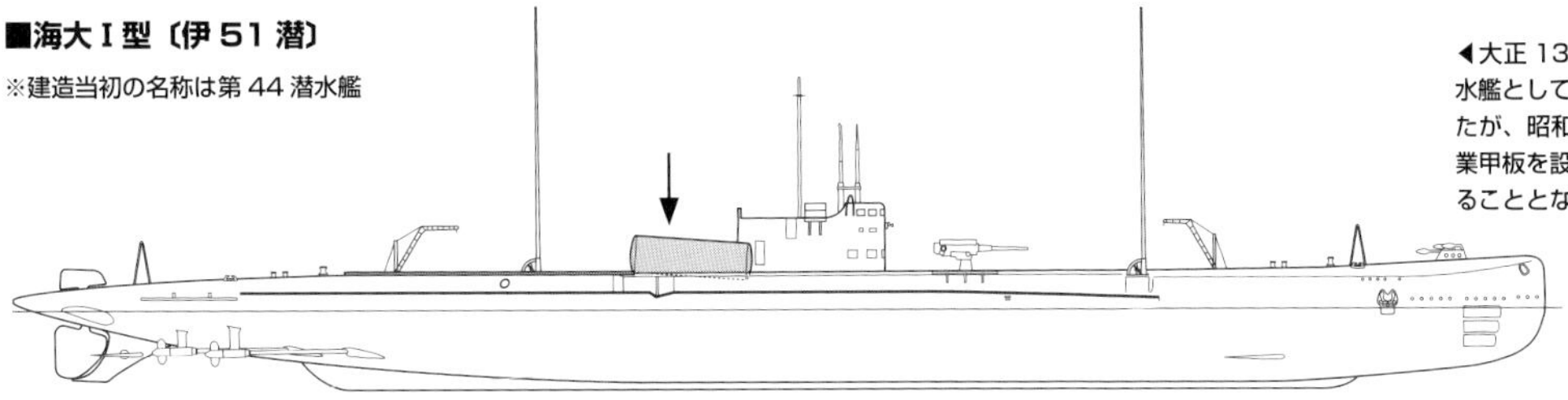

◀大正13年6月に竣工した伊51潜は最初の一等潜水艦として建造された。もともと実験艦的要素が高かったが、昭和6年9月には艦橋後方へ飛行機格納筒と作業甲板を設置し、潜水艦での飛行機運用データを収集することとなった。

■巡潜Ⅰ型改〔伊5潜〕

※新造時

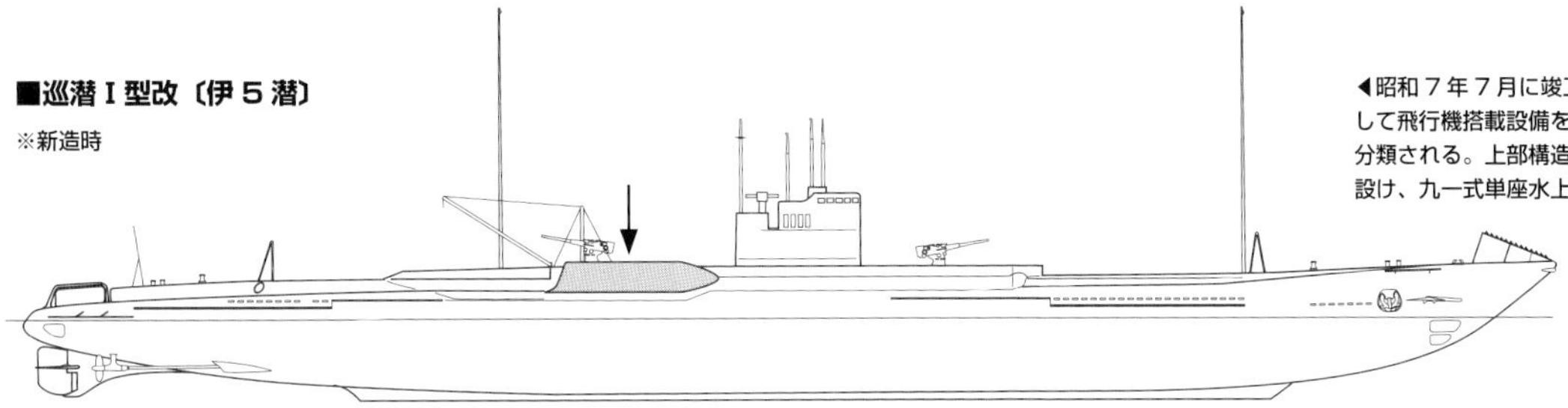

◀昭和7年7月に竣工した伊5潜は巡潜Ⅰ型を改設計して飛行機搭載設備を加えたもので、このためⅠ型改と分類される。上部構造物の左右側面に水密式の格納筒を設け、九一式単座水上偵察機を分解格納した。

■巡潜Ⅰ型改〔伊5潜〕

※昭和8年（カタパルト搭載後）

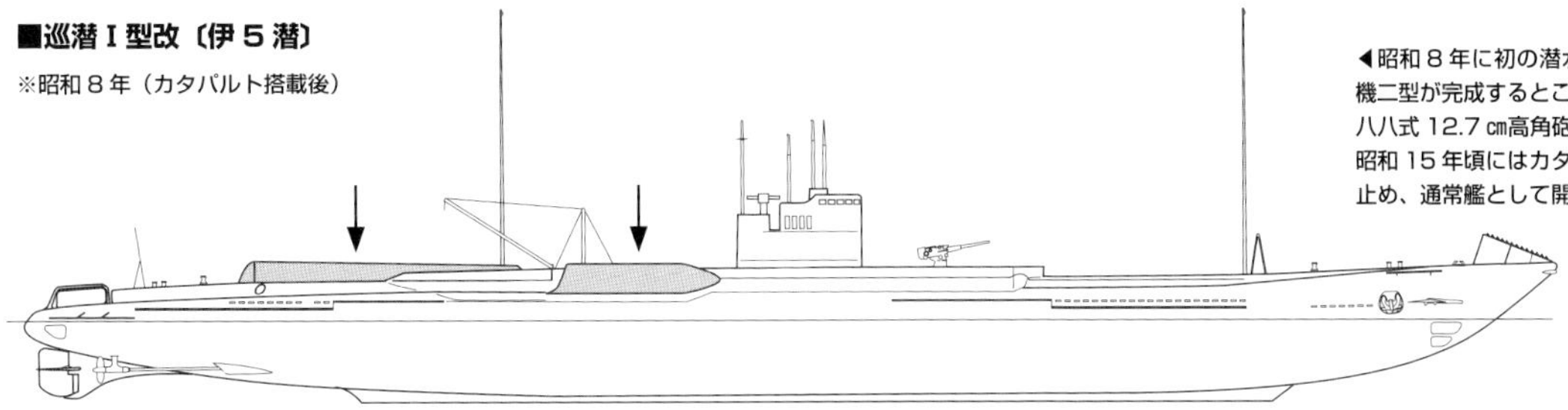

◀昭和8年に初の潜水艦用カタパルトの呉式一号射出機二型が完成するとこれを後部外殻に搭載、また後部の八八式12.7㎝高角砲を撤去した。なお、老朽化もあり昭和15年頃にはカタパルトを降ろして飛行機の運用も止め、通常艦として開戦を迎えた。

■巡潜Ⅱ型〔伊6潜〕

※搭載機は九一式水上偵察機

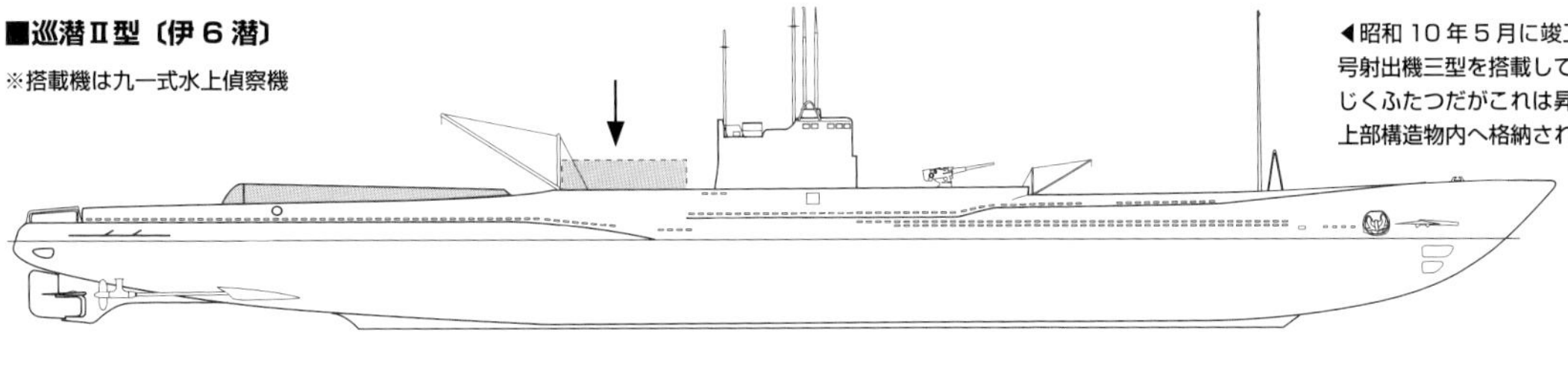

◀昭和10年5月に竣工した伊6潜は当初から呉式一号射出機三型を搭載していた。水密格納筒はⅠ型改と同じくふたつだがこれは昇降式となり、使用しない時には上部構造物内へ格納された。

■巡潜Ⅲ型〔伊7潜・伊8潜〕

※射出機は呉式一号三型改と四型

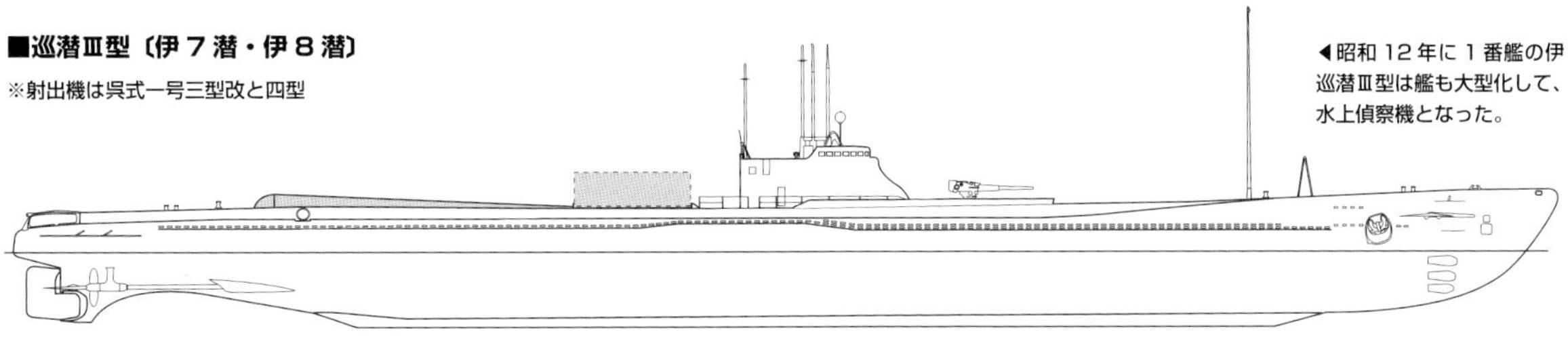

◀昭和12年に1番艦の伊7潜が竣工した巡潜Ⅲ型は艦も大型化して、搭載機は九六式水上偵察機となった。

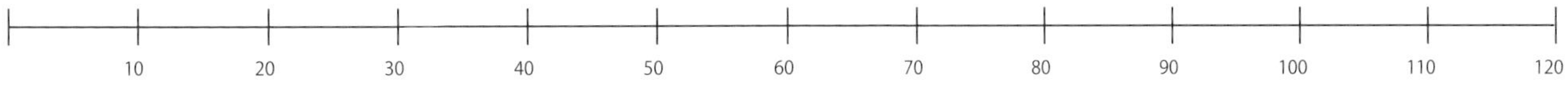

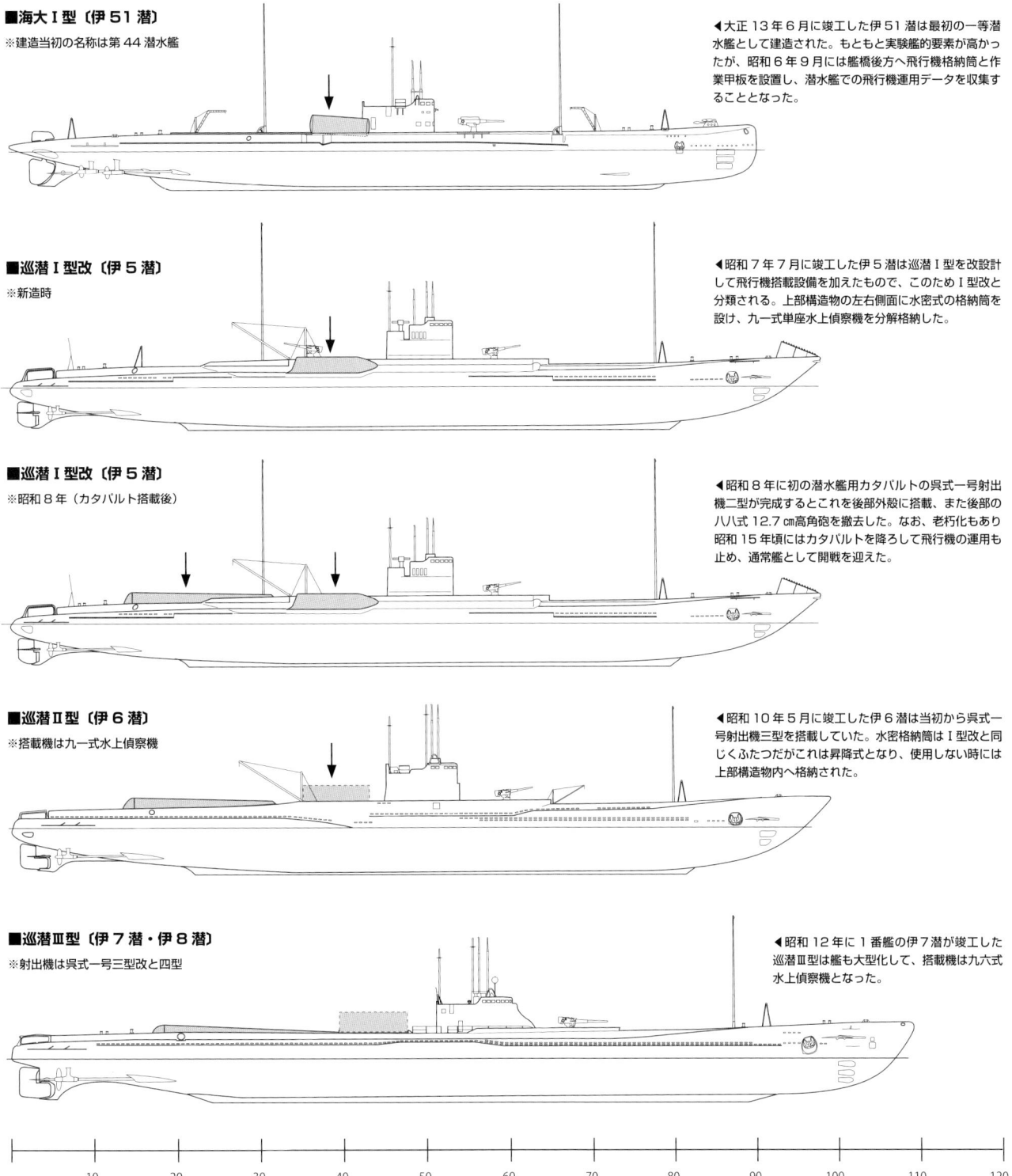

主機には1基で６，２００馬力を発揮する艦本式2号10型ディーゼル機関2基を搭載し、その大きな艦体を最大23ノットの高速で航走、巡航速度16ノットで1万６，０００浬の航続距離を発揮する。電動機は１，２００馬力の特6型が2基、蓄電池は2号6型を４８０個搭載、水中最高速力８ノット、水中航続距離は3ノットで90浬である。

乗員数は艦長以下１００名で、旗艦潜水艦として潜水戦隊司令部が乗り組んだ場合は１１４名の定員となる（潜水戦隊司令部については後述）。

そして、飛行機格納筒、カタパルトを艦の前方に装備したことが巡潜Ⅲ型までの飛行機搭載艦と大きく異なる部分である。格納筒やカタパルトは水上航走時に波浪の影響を受けるだけでなく潜航時には水中抵抗を大きくするとの理由で、潜水艦への導入以来、艦の後部に搭載されてきたのだが、そのため飛行機を発艦させる際にはわざわざ後進をかけて風に立つ（向かい風に正対すること）必要があった。こうした配置の変更は、実際に潜水艦での飛行機運用をした上での教訓が活かされた形だ。

搭載するカタパルトは呉式1号射出機4型で、甲型や乙型など新たな飛行機搭載潜水艦のために新開発された『零式小型水上偵察機』を圧搾空気の力で射出発進させる。

潜水艦の命ともいうべき魚雷兵装は九五式53㎝潜水艦発射管を艦首に6門全て装備し、九五式魚雷18本を携行する。また、艦上後甲板には40口径14㎝単装砲1基を据え付け、艦橋上の見張所と艦橋前部の飛行機格納筒上に九六式25㎜連装機銃をそれぞれ1基搭載していた。

この甲型潜の1番艦、伊号第9潜水艦は昭和16年2月13日に呉工廠で竣工し、開戦直前の同年10月31日には2番艦の伊号第10潜水艦が川崎重工業神戸造船所（株式会社川崎造船所が昭和14年に社名変更したもの）で、さらに昭和14年の④計画により開戦後、半年を経た昭和17年5月16日に3番艦の伊号第11潜水艦が同じく川崎重工で竣工して、潜水戦隊旗艦潜水艦として機能するだけでなく、太平洋をはるかアメリカ西岸で、あるいはインド洋アフリカ東岸での各種任務、通商破壊戦に奮闘する。

なかでも伊号第10潜水艦の活躍は目ざましく、海戦直前の昭和16年11月30日（竣工からわずか1ヵ月後である）には日本海軍潜水艦で初めて実戦で搭載水上偵察機を使ってフィージーのスバ港の航空偵察を実施し、ハワイ方面へ移動、12月10日にはハワイ南方でパナマ船籍の貨物船『ドネレール』を撃沈し、先遣部隊に編入されて以後、アメリカ西海岸における通商破壊を行なった。翌年3月10日には第8潜水戦隊に編入されインド洋へ展開、6月からはモザンビーク海峡の通商破壊戦に従事し、わずか1ヶ月の間に商船8隻を撃沈する偉功を立てている。8月上旬に横須賀に帰港して整備を行なった伊10潜は10月にソロモン方面へと出撃し、翌18年1月30日から3月1日までの1ヶ月で商船1隻を撃沈、1隻を撃破し3月下旬に佐世保へ帰着。さらに6月にはインド洋通商破壊戦のためペナンに進出、以後同所を根拠に10月末までに5隻の商船を撃沈し、撃破1隻を記録する。これら戦果と共に特筆すべきは遣独任務に向かう伊8潜への2度にわたるインド洋上での給油の実施であろう。

また、伊10潜の戦歴で大書されるべきは、日本海軍潜水艦の戦史の中で総計58回と数えられる航空偵察のうち、実に7回を同潜とその搭載機が実施していることである。先述した海戦直前のフィージーのスバ航空偵察では飛行機は未帰還となったが、以後、都合6回の航空偵察は全て成功させ、乗員も無事生還しており、その中でも特殊潜航艇第2次攻撃隊によるディエゴスワレス襲撃の事前偵察（昭和17年5月30日）や戦果確認（同5月31日）、あ号作戦直前の昭和19年6月12日に実施されたメジュロ夜間航空偵察などが注目されるものである。このメジュロ偵察は潜水艦搭載機による最後の作戦となり、「日本海軍潜水艦の航空偵察は伊10潜に始まり伊10潜で終わる」と言われる所以ともなっている。

そして、開戦直前の昭和16年に策定された(追)計画でも甲型2隻の建造が盛り込まれていた。

この際に配慮されたのは戦時における建造を視野に入れたこと。このため、製造時の量産性が高く、運用時の整備性も向上させた艦本式22号10型ディーゼル（過吸器付）２，３５０馬力2基に主機を変更したのが前3艦との大きな違いである。馬力が低下したため水上最高速力は17・7ノットに低下したが、主機自体の大きさ、重量がともに減少したことで機関室前部にできた空きスペースを利用して燃料搭載量を増やすことができ、航続距離は2万２，０００浬にまで増大した。電動機（モーター）は６００馬力特6型2基で、蓄電池は1個当たりを大型化した1号13型２４０個に変更、水中最高速力も6・2ノットへ低下し、水中航続距離は３ノットで75浬とこちらも減少している。また内殻は重量に余裕ができたため軟鋼とし、その厚さを増すことができたが、安全潜航深度はそのままであった。

このような違いから、本型式は「甲型改1」と呼称され、先の3艦と区別される。その1番艦、伊号第12潜水艦は昭和19年5月25日に川崎重工で竣工、第11潜水戦隊での錬成ののち第6艦隊直率艦となり同年10月4日から戦列に加わっているが、函館沖を出撃後、一切の連絡がなく初陣で未帰還となっている。このあたりについては後述する。

甲型・乙型・丙型の登場

巡潜の成功をみた日本海軍は昭和 12 年にこれを任務別に特化させた 3 種に分岐させて建造するようになる。なお、型式名に“巡潜”の文言はつかない。

■甲型〔旗艦能力付加〕

伊 9 潜、伊 10 潜、
伊 11 潜

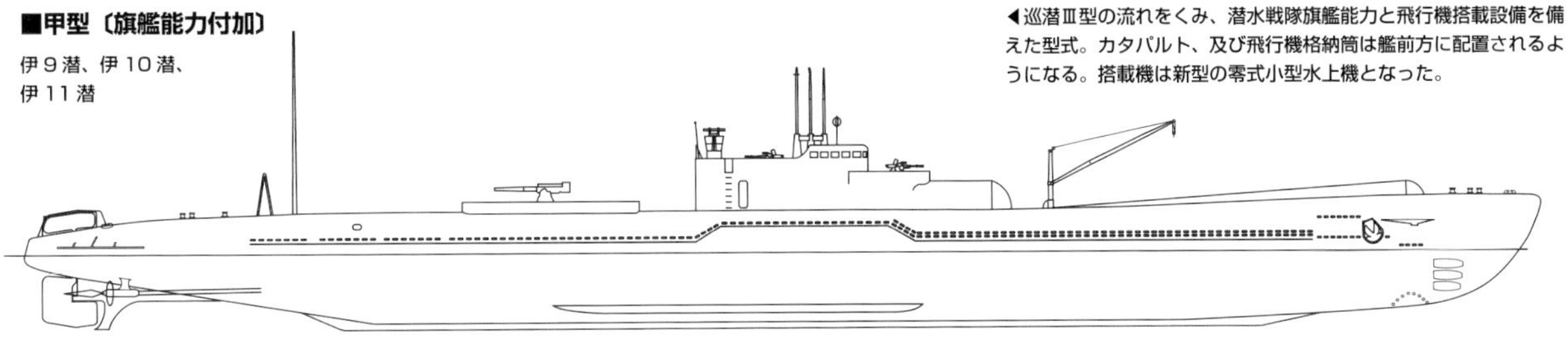

◀巡潜Ⅲ型の流れをくみ、潜水戦隊旗艦能力と飛行機搭載設備を備えた型式。カタパルト、及び飛行機格納筒は艦前方に配置されるようになる。搭載機は新型の零式小型水上機となった。

■乙型〔偵察重視〕

伊 15 潜〜伊 25 潜までの奇数艦、
伊 25 潜〜伊 39 潜

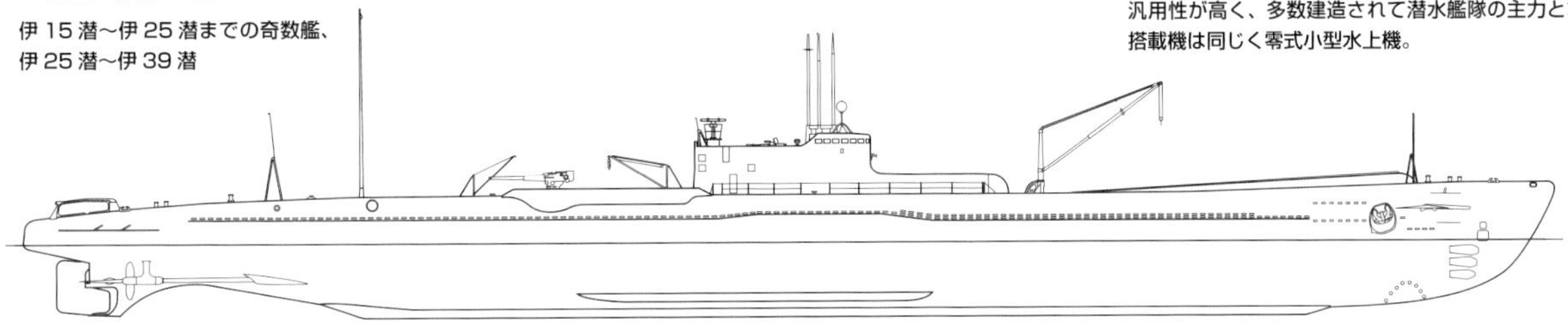

◀飛行機搭載設備を持ち、偵察能力を重視したのが乙型で、汎用性が高く、多数建造されて潜水艦隊の主力となった。搭載機は同じく零式小型水上機。

■丙型〔攻撃重視〕

伊 16 潜〜伊 24 潜までの偶数艦、
伊 46 潜、伊 47 潜、伊 48 潜

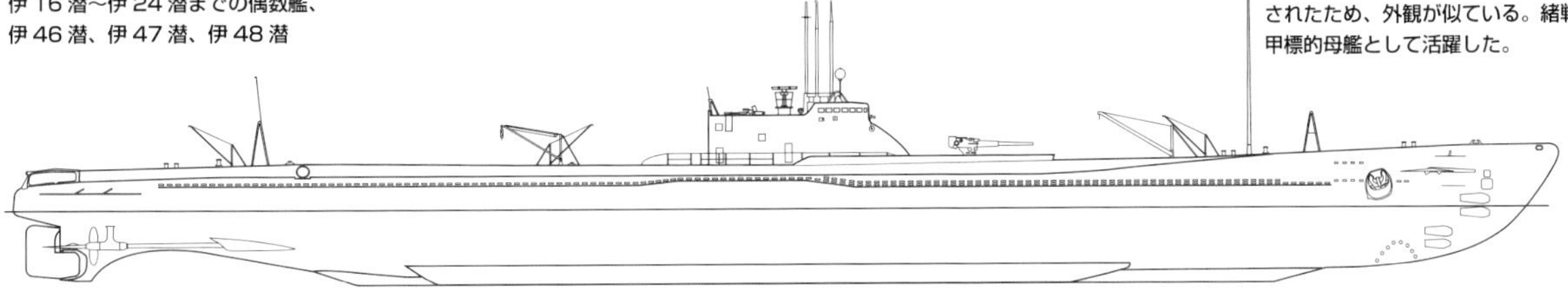

◀前部発射管を８門として攻撃力を重視した型式。巡潜Ⅲ型の線図を踏襲して建造されたため、外観が似ている。緒戦期には甲標的母艦として活躍した。

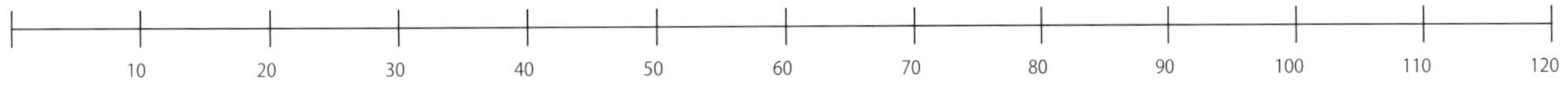

▶巡潜Ⅲ型における飛行機運用の例（写真左が艦首方向）。艦橋後方に搭載された２つの昇降式格納筒から九六式小型水偵を引き出して組み立てた状態と同様で、これをカタパルトで射出する際には艦を後進させて風に立つ（風上を向く）必要があった。甲型、乙型ではこの点が改善された。

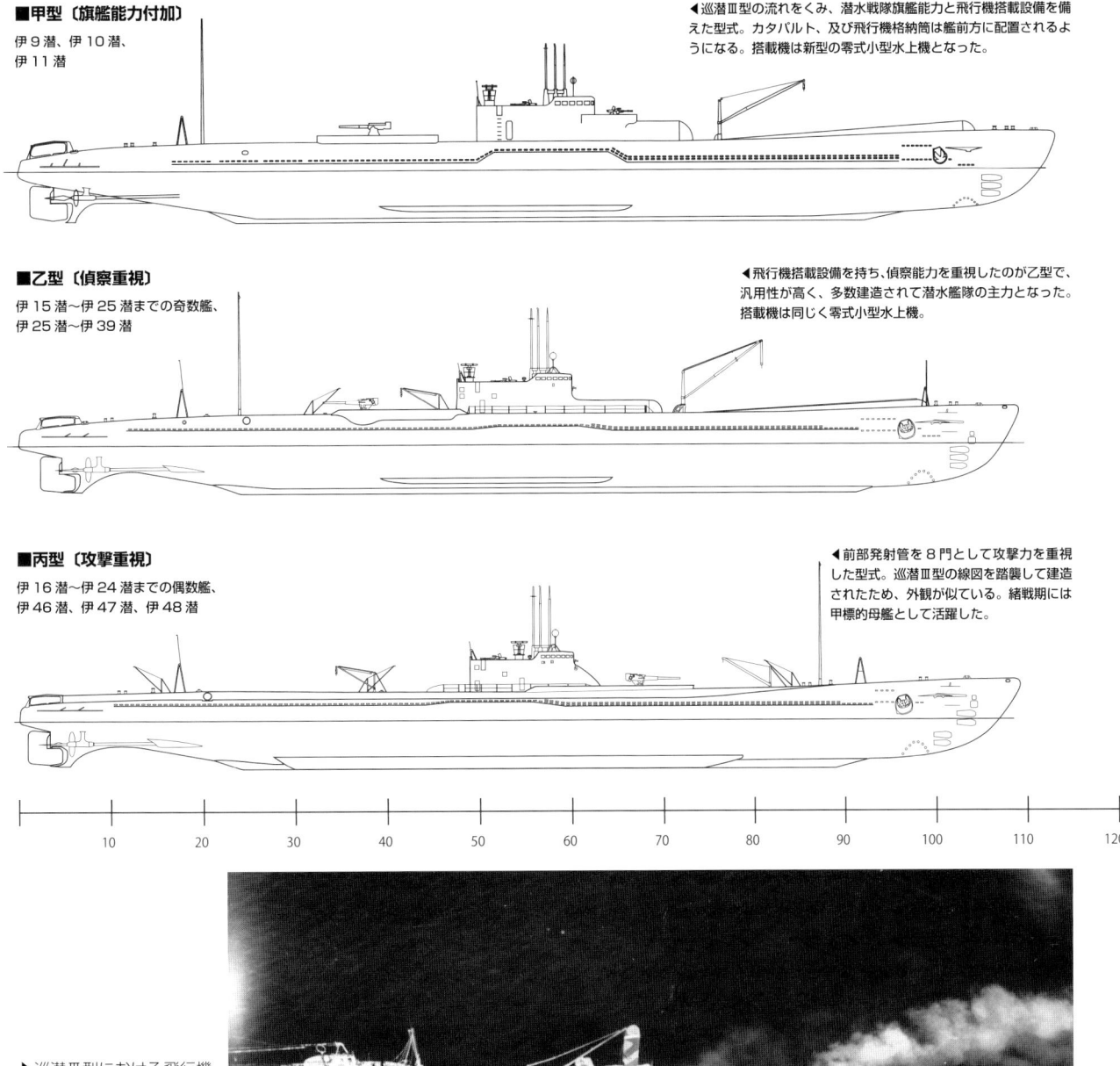

特型の出現

伊号第12潜水艦が戦列に加わったちょうどその頃、日本最大の潜水艦が呉海軍工廠で艤装の最終段階に入っていた。これがいわゆる「特型」、あるいは「潜特型」と称される攻撃機搭載潜水艦、伊号第４００潜水艦である。

昭和17年度の改⑤計画により建造された特型は基準排水量３，５３０トン、全長１２２ｍという巨艦。単純比較はできないが、『秋月』などの乙型駆逐艦を飛び超えて軽巡洋艦『夕張』に匹敵する規模のものと例えればその大きさのほどがおわかりいただけるだろう。

特型１番艦の伊号第４００潜水艦は呉海軍工廠で建造され昭和19年12月30日竣工、２番艦の伊号第４０１潜水艦は佐世保海軍工廠で建造され昭和20年１月８日に竣工し、さらに３番艦の伊号第４０２潜水艦はやや遅れて建造に着手されたこともあり昭和20年７月24日に竣工するが、呉海軍工廠で建造されていた４番艦の伊号第４０４潜水艦は昭和19年７月７日に進水したものの昭和20年６月４日に工程95％で工事中止、５番艦の伊号第４０５潜水艦は川崎重工泉州工場で昭和19年９月27日に起工されたが、やはりその直後に工事中止となり解体されている。

特型潜水艦は特殊攻撃機『晴嵐』３機を搭載して地球上のどこへでも無補給で攻撃に赴ける３万７，５００浬という航続力を有する、俗に〝潜水空母〟とも称されるものだが、これぞまさしく長期間行動し、敵陣深く忍びよって鎧袖一触を果たす、巡洋潜水艦の最終進化形ともいえるものだ。

艦体内殻は横に２列並んだメガネ型構造（これは海大I型の伊51潜以来となる）で材質は甲型と同じく20㎜のＤＳ鋼。その上に飛行機格納筒が乗る形であり、機関は甲型改１の伊号第12潜水艦と同じ艦本式22号10型ディーゼルエンジンだったが、低過吸仕様のため出力は１，９２５馬力となっていた。これを４基搭載して、フルカンギヤにより２軸にまとめるもの。最高速度は18・７ノットであった。電動機には１，２００馬力の特６型２基、蓄電池に１号４型を２４０個搭載し水中最高速力は６・５ノット、水中航続距離は３ノットで60浬であった。

魚雷兵装は九五式53㎝潜水艦発射管８門を全て艦首に装備して魚雷20本を携行、後甲板に14㎝砲を１門搭載する。

もちろん、特型の建造成功いかんはその搭載機の実用化なくしては考えられない。そのため、双方の建造・製作に当たっては艦政本部と航空本部とで両者のディテールを並行して煮詰めていきながら具体的な設計作業を進めるという手はずがとられた。とくに気を使われたのは搭載機数が複数となったことによる連続発進をどのように成し遂げるかということで、これはカタパルトと射出架台、また格納法を工夫して、組み立てから射出まで時間をかけずにできる仕組みが考案された（その搭載機、特殊攻撃機『晴嵐』に関する機体説明は後述する）。

航空魚雷、あるいは80番爆弾を懸吊した攻撃機を連続発艦させるため、搭載カタパルトは特別なものが開発された。当初は「仮称特Ｓ射出機」と呼ばれた本カタパルトは呉式１号射出機４型と同様、空気式であったが、５トンの重量を射出する能力を持ち、射出速度は68ノット、次発間隔は４分で、のちに「四式１号射出機」として制式化された。

格納筒（格納庫）は飛行機が水に浸からないよう、当然のこととして水密式となっていたが、潜水艦として通常持つ内殻と司令塔以外に飛行機３機をも搭載する大きさには前例がない。また、これまでの飛行機搭載潜水艦は潜航中に艦内から格納筒へ行くことはできなかったが、特型ではこれが可能で、潜航中であっても各種整備作業ができるだけでなく、浮上後速やかに発進できるよう温めておいたオイル、冷却液を発動機へ送り込んで、すでに暖機運転を終えた状態にしておくことも可能であった（ただし、オイル温め循環機構は『零式小型水上偵察機』を搭載する甲型、乙型潜水艦でも実用化されていた）。

ところが、完成したこの格納筒はひとつ問題を抱えていた。

当初計画されていた特型の建艦数が戦術的な理由と資材面の問題により18隻から９隻（あるいは10隻）へと大幅に削減されたため、１艦あたり２機で設計されていた搭載機数を３機へ増やして攻撃力の不足を補う必用性にかられたからである。

生粋の潜り屋である井浦祥二郎中佐（海兵51期）が、三輪茂義少将（海兵39期）率いる第３潜水戦隊の先任参謀としてハワイ作戦に参加、引き続き第１段作戦に従事してのち軍令部出仕となったのは昭和17年３月のこと。短いながらも米本土西岸海域を行動するなど、濃密な実体験を戦訓として携えて軍令部へ着任した井浦中佐は、第１部部員として潜水艦作戦や、大きく水雷関係の教育訓練事項を担当することを本務とし、第２部部員として潜水艦及び水雷関係の戦備についてを兼務することとなった。

そしてこの当時、軍令部ただひとりの潜水艦担当者として軍中央の複雑な仕組みを把握するのに手間取った中佐がようやく仕事内容に慣れてくると、開戦からこれまでの潜水艦作戦の検証やその後の展望、潜水艦隊の編制の改編、並びに建艦計画の見直しに取り掛かったのだが、とくに最後の

特型の建造と設計の変更

伊400潜の名で知られる特型の存在は有名で、それは日本海軍の飛行機搭載潜水艦の集大成とも言うべきものだったが、その設計当初の姿はあまり知られていない。

■初期設計時

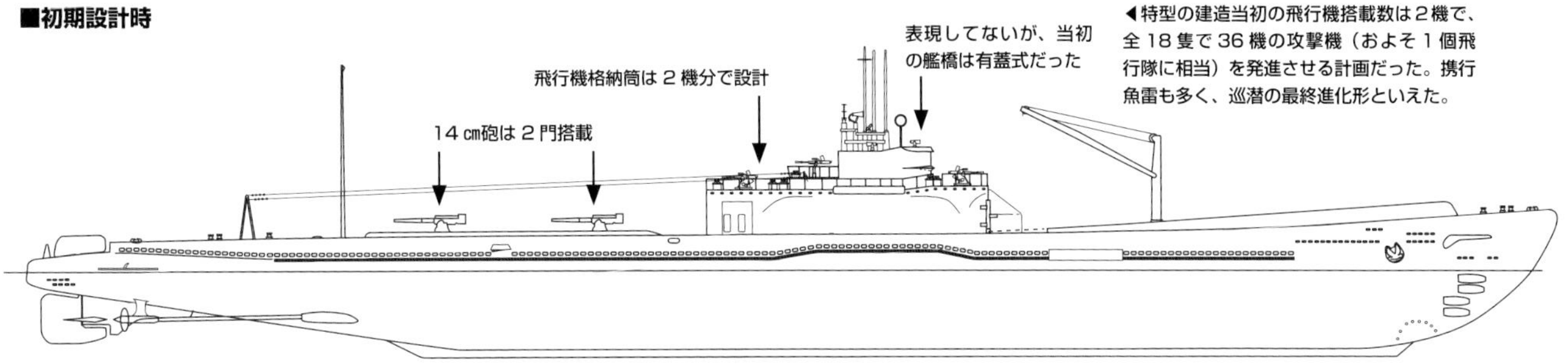

表現してないが、当初の艦橋は有蓋式だった
飛行機格納筒は2機分で設計
14㎝砲は2門搭載

◀特型の建造当初の飛行機搭載数は2機で、全18隻で36機の攻撃機（およそ1個飛行隊に相当）を発進させる計画だった。携行魚雷も多く、巡潜の最終進化形といえた。

■設計変更後（新造時）

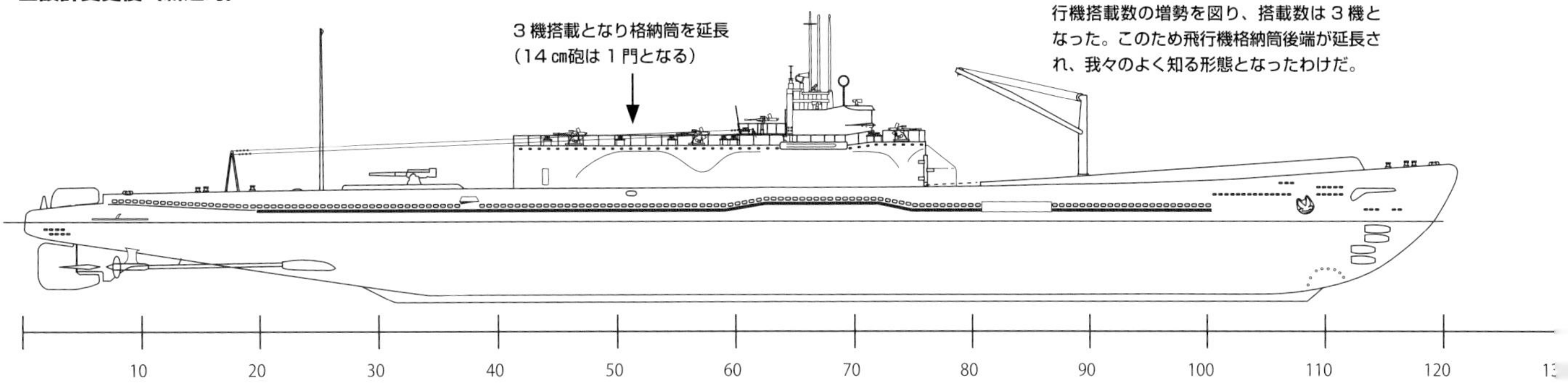

3機搭載となり格納筒を延長
（14㎝砲は1門となる）
10
20
30
40
50
60
70
80
90
100
110
120

◀建造数が削減されたため1艦あたりの飛行機搭載数の増勢を図り、搭載数は3機となった。このため飛行機格納筒後端が延長され、我々のよく知る形態となったわけだ。

特型の内殻構造

特型の艦体中央部の内殻は円筒を2つ繋ぎあわせた眼鏡形をしていた（その前後は通常構造）。これは飛行機を搭載する巨大な艦体を作り上げるための工夫だったが、壁の向こうにもうひと部屋ある様子は乗員たちに「おやっ？」という違和感を抱かせたという。また、搭載機用の浮舟（フロート）格納筒は飛行機格納筒と内殻・外殻との上部構造物内のスペースをうまく利用して設けられており、左右で2機分の浮舟を収納できた。

■特型の中央部の断面図

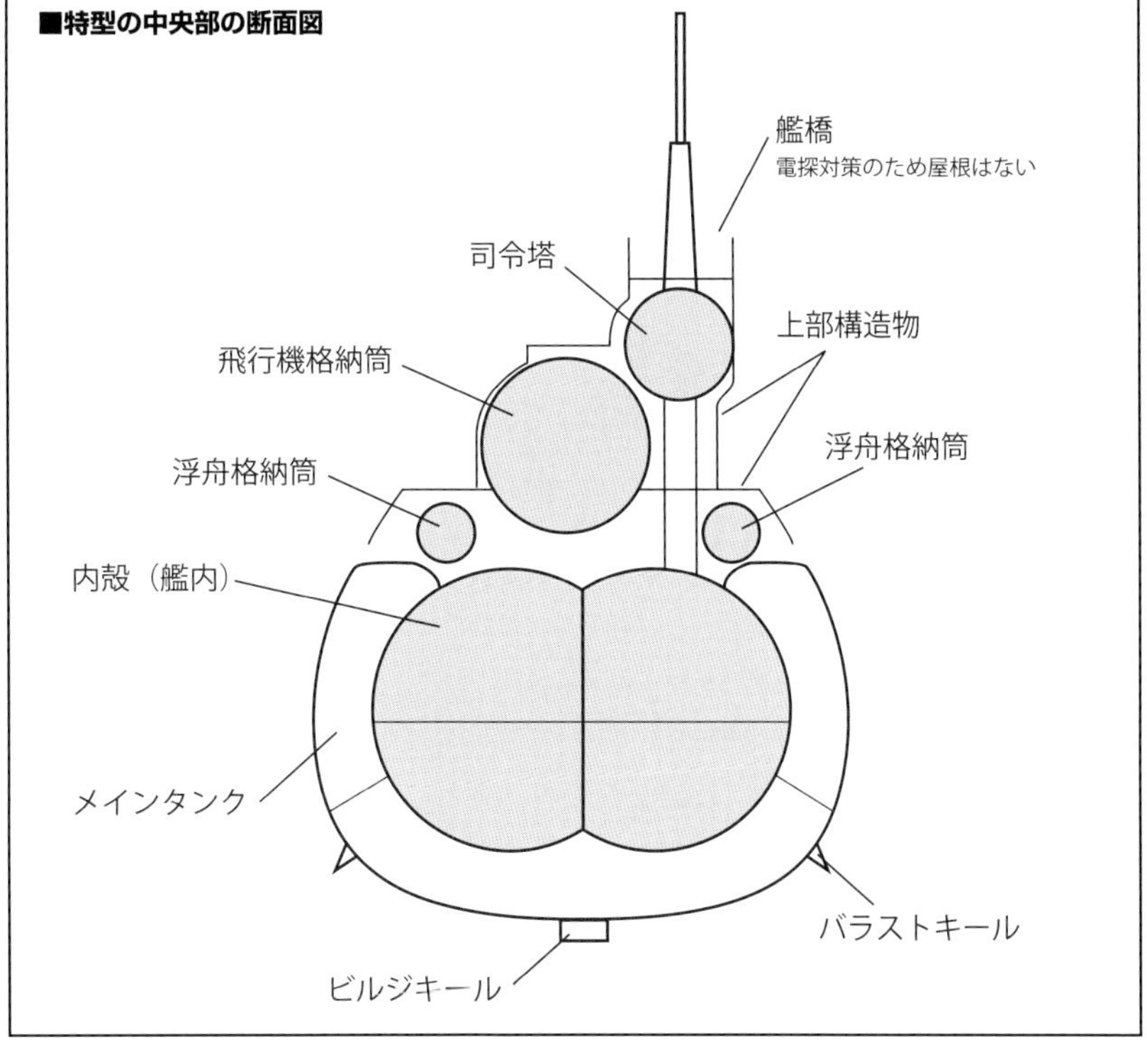

艦橋
電探対策のため屋根はない
司令塔
上部構造物
飛行機格納筒
浮舟格納筒
浮舟格納筒
内殻（艦内）
メインタンク
バラストキール
ビルジキール

▶飛行機格納筒に浸水すると220トンもの浮力が失われると試算されており、その水密には充分に注意されていたが、万が一の際には燃料タンクの重油を220トン放出して浮力を保つ手はずであった。ただ、図体が大きな割に潜航に要する時間が1分を切ったのは「この飛行機格納筒が重石となったからでは？」と伊400潜の初代航海長であった蒲田久男氏（海兵70期）は回想している。実際に飛行機格納筒が浸水した話は伝わっていない。

特型の飛行機搭載要領

搭載数を1機増やすことには何とか成功したが、連続射出に対する問題には根本的な対策がとれず、整備員が作業に熟練するしか方法はなかった。

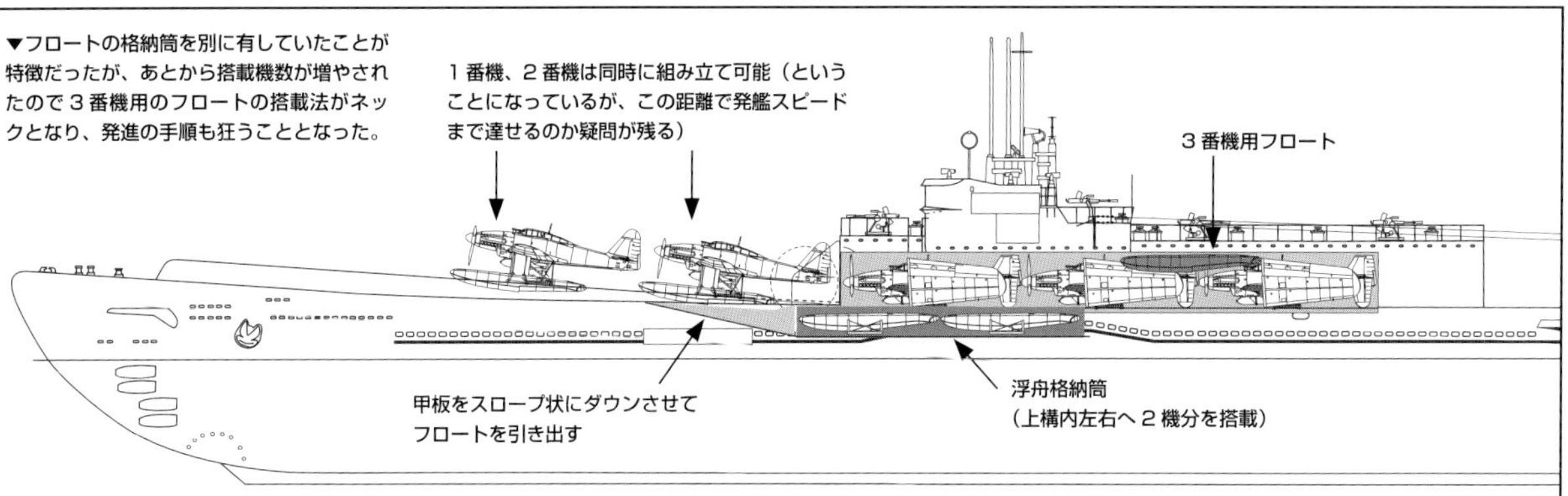
▼フロートの格納筒を別に有していたことが特徴だったが、あとから搭載機数が増やされたので3番機用のフロートの搭載法がネックとなり、発進の手順も狂うこととなった。
1番機、2番機は同時に組み立て可能（ということになっているが、この距離で発艦スピードまで達せるのか疑問が残る）
3番機用フロート
甲板をスロープ状にダウンさせてフロートを引き出す
浮舟格納筒（上構内左右へ2機分を搭載）

■格納筒内の様子

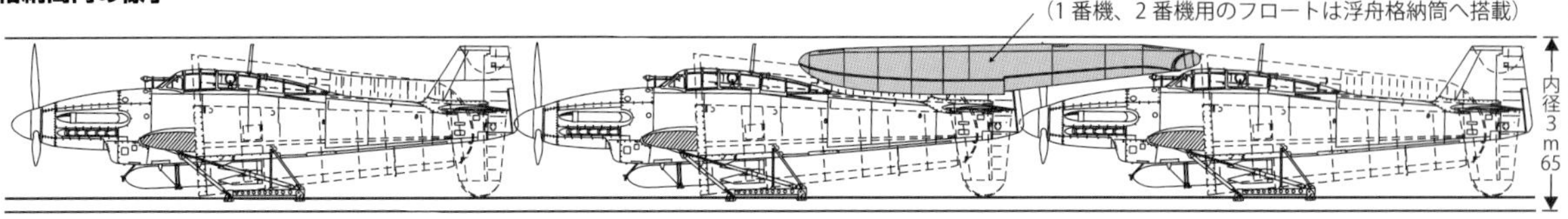
3番機用フロート。機体を挟むように天井から吊るす（1番機、2番機用のフロートは浮舟格納筒へ搭載）
内径3m65

項目についてのひとつとして提言したのが〝潜水空母〟として計画が進められていた特型潜水艦の廃止であった。

井浦氏の著書『潜水艦隊』によれば、中佐が建艦計画の見直しについて、艦政本部の潜水艦設計主任であった片山有樹造船少将に相談に赴いた時には、特型潜水艦はすでに18隻建造が決定しており、設計も終わってあとは起工するばかりの状況であったという。

今から建造にかかるのであれば、どう見積もっても1番艦の竣工は約2年後と考えられ、搭載機の開発にも困難が予想された。それらが完成した頃に彼我の戦力差がどうなっているかはネガティブな見方が強く、おそらく米本土に手をかけることが何ら戦局に与える有用性が見出せなかった。こういった〝突拍子〟もない潜水艦を造るよりも、航続力の長い新型巡潜（いわゆる甲・乙・丙型）を建艦整備し、また通商破壊戦に使用することのできる中型潜水艦の建造に力を入れたほうがはるかに現実的であるというのが井浦中佐の意見であった。なるほど、生え抜きのドン亀乗りの目に、こうした攻撃機搭載潜水艦が非現実的なものとして映るのは当然といえた。

ところが、片山造船少将の答えは、およそ4隻分の建艦資材は発注済であり、その全廃はもはや難しいとのものであった。

この回答を踏まえて軍令部、軍務局、艦政本部の各部に井浦中佐が自身で作成した潜水艦建艦見直し案を提出し、検討の打ち合わせを依頼すると、その建艦数は9隻と変更されたが、のちさらに削減され、最終的には5隻となっている。それが伊400潜から伊405潜までの各艦である（伊403潜は建造自体が取止め）。

こうした建艦数の削減により1艦あたりの搭載数を増やす必要に迫られたため、特型の搭載機は2機から3機へと増やされたのである。つまり、現在よく知られる『晴嵐』3機搭載はあとから決まったものだった。

特型の飛行機格納法の特徴のひとつに、船体前方に装備されたカタパルトの両脇にフロートの格納筒を有していたことが上げられる。『晴嵐』は射出架台を兼ねた運搬台車に乗せられたまま格納庫内のレールとカタパルトを行き来するが、発進の際には架台ごとカタパルトにセットされ、その両主翼下に格納筒から引き出されたフロートが装着される。ここには2機分のフロートが格納されていたが、追加された3番機用のフロートを収納するスペースは確保できなかった。

このため、3番機用のフロート2本は飛行機格納筒へ搭載されて2番機と3番機の『晴嵐』との間に収納されることになっており、連続発進の際にはフロートをまず引き出し、次いで3番機を引き出さねばならなかった。

主翼ほか機体折り畳み部については、1番機をカタパルトにセットし、2番機をカタパルトと格納筒の間の位置に置いた状態で、ともに射出架台に乗せたまま油圧ホースを接続し、一度に2機を展張することができたが、3番機についてはこれら2機が発進したあとの作業となった。

こうした理由から、2番機まで約4分で連続発進（これはほぼ射出機が次発準備でき次第打てることを意味する）できる作業が、3番機の射出の際には15分と長くなってしまった。つまり、全機が発進を終えるまで、カタログデータでは約20分が必要だったのである。この時間短縮についてはその後、伊401潜、伊400潜の乗員たちの並々ならぬ努力の結果、最短10分での全機発進を実現することとなる。

しかし、増勢された搭載機数も、特型5隻が3機ずつ搭載したとしても総計は15機にしかならない。

そこで、すでに建造に入っている甲型潜水艦を急遽、『晴嵐』搭載艦に大手術し、不足する攻撃力を補うことが試みられた。

これが「甲型改2」潜水艦である。

甲型改2の建造

(追)計画によって建造されることとなった甲型改1の2番艦の伊号第13潜水艦と、昭和17年度の改⑤計画によって建造が決まった甲型改1の伊号第14潜水艦、伊号第15潜水艦（2代目）、伊号第1潜水艦（2代目）の4隻が、減少した特型の建艦数を補うために建造途中で特殊攻撃機『晴嵐』2機を搭載する〝準特型〟へ設計変更されることになった潜水艦である。

甲型は特型が出現するまでは潜水艦として日本最大の艦容を誇っていたが、とはいえ軽飛行機のような『零式小型水上偵察機』1機と本格的な攻撃機である『晴嵐』2機とでは荷が違い過ぎる。『晴嵐』2機というのはもともと計画時の特型の搭載機数と同様なのである。

そのため、浮力を稼ぐ必要から船体の両舷に大きなバルジを装着し、排水量も230トン増加して2,620トンとなったが、機関は甲型改1と同様、艦本式22号10型ディーゼル2基で出力が2,200馬力であったため、最高速力は16・7ノットにまで低下している。カタログデータでは16ノットで2万1,000浬の航続距離となっているが、はたせるかな最高速度とほぼ同じ速度で巡航する計算である。電動機は特8型300馬力が2基で、電池は1号蓄電池13型を搭載、水中最高速度は5・5ノットとなっ

甲型改１と甲型改２

特型の削減により急遽浮上したのが建造中であった甲型改１の設計変更だ。大きなバルジを追加し、飛行機格納筒を設けた姿はアンバランスで、それがかえって特型より獰猛な印象を受ける。

■甲型改１

伊12潜

◀甲型改１は戦時急造型といえ、水上速度は低下したが航続力が伸びていた。なお、伊12潜の写真や図面は見つかっておらず、この図は甲型に電探を増備した推定図であるのをお断りしておく。

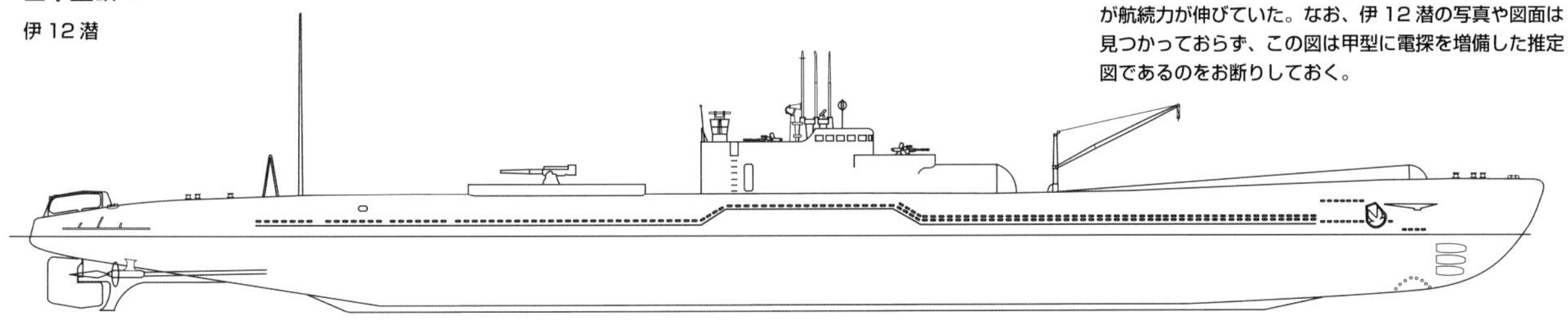

■甲型改２

伊13潜、伊14潜、伊15潜（2代目）、伊1潜（2代目）

◀艦体の形状はそのまま、側面にバルジを設けて上構を大きく改設計し、特型に準じた飛行機格納筒とセイルを搭載した。機関は甲型改１と同じなため、水上速力はさらに低下した。

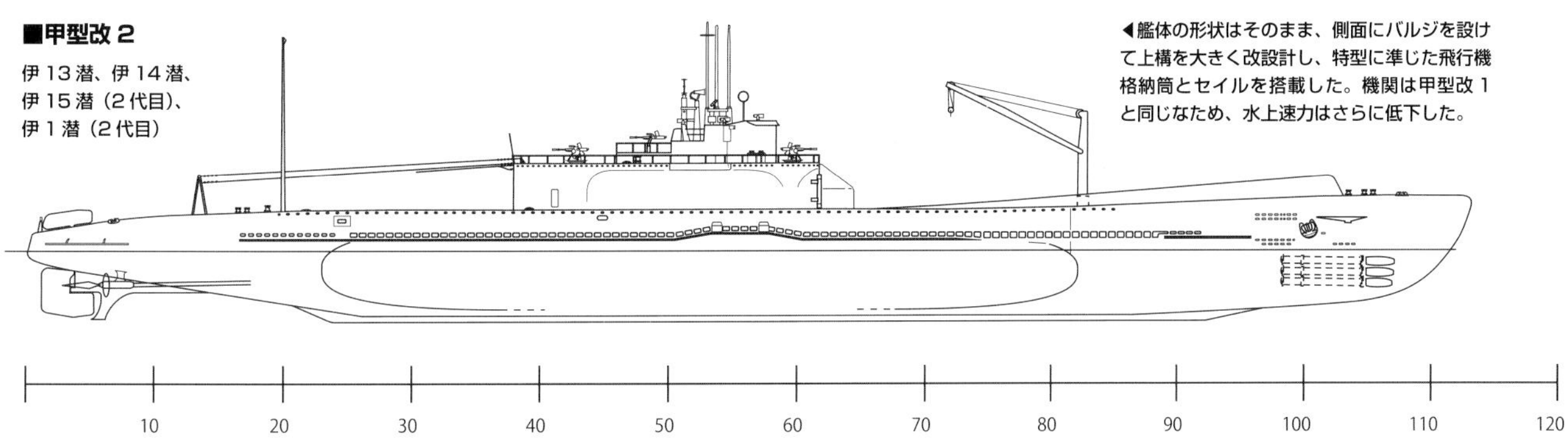

大戦末期の伊号潜水艦の艦橋装備（伊 401 潜の例）

13 号電探は当初、短波無線檣に放射状のアンテナを取っていたがこれは方向を得ることができないため、指向性の八木式アンテナが追加で装備された。特型、甲型改 2 の装備した 22 号電探用のアンテナは 1 つのラッパを送受に切り替えて使用する型式のもの。水中充電装置（シュノーケル）は昭和 20 年 4 月以降、追加装備された。

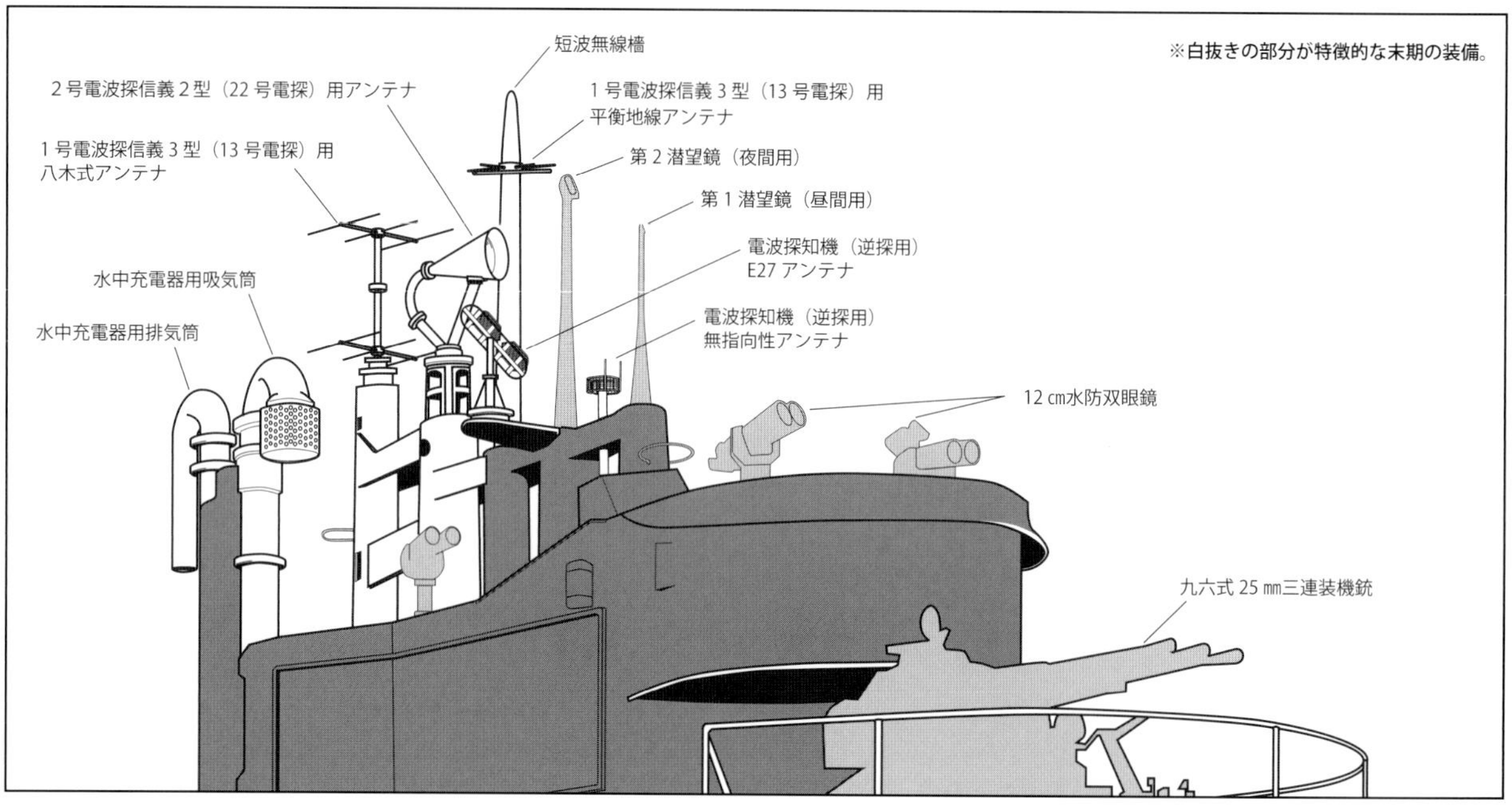
※白抜きの部分が特徴的な末期の装備。
短波無線檣
2 号電波探信義 2 型（22 号電探）用アンテナ
1 号電波探信義 3 型（13 号電探）用
平衡地線アンテナ
1 号電波探信義 3 型（13 号電探）用
八木式アンテナ
第 2 潜望鏡（夜間用）
第 1 潜望鏡（昼間用）
電波探知機（逆探用）
E27 アンテナ
水中充電器用吸気筒
水中充電器用排気筒
電波探知機（逆探用）
無指向性アンテナ
12 ㎝水防双眼鏡
九六式 25 ㎜三連装機銃

た。水中航続力は3ノットで60浬である。

兵装は九五式53㎝潜水艦発射管1型6門を艦首部に据付け、九五式魚雷2型12本を携行、飛行機格納筒上に九六式25㎜3連装機銃を2基と25㎜単装機銃1挺を搭載する。計画時には14㎝砲を1門装備することとなっていたが、これは改設計の際に廃止されている。

水密格納筒への搭載機数は『晴嵐』2機で、この兵装として九一式改3魚雷3本と80番通常爆弾を2発、九九式25番爆弾8発を搭載する。

射出機は特型と同じ四式1号射出機が艦の前方に装備され、その後方には『晴嵐』2機を収める飛行機格納筒と艦橋が据えられている。遠めに見た時だけでなく、近くでよく観察しても特型と見まごうばかりのその艦容は「甲型改2」と分類され、まさしくその減数を補ってあまりある攻撃力を持ち合わせていた。

なお、電子兵装は当時の潜水艦としては一般的な水上見張り用の22号電探と対空見張り用の13号電探、及び逆探を持っていた。電探は電波によって対象物を探す（探信する）、あるいは見張る「電波探信儀」の略で、現代でいうレーダーのことである。まれに電探を「電波探知機」の略称と書く文献に出くわすことがあるが、これは誤りだ。

22号電探は「2号電波探信儀2型」の略称で、水上見張り用の波長10㎝のもの。電磁ラッパと呼ばれる2つのラッパ状のアンテナを有しているのが外観の特徴で、ミッドウェー海戦直前の昭和17年5月にその試作型が戦艦『日向』に搭載され（この時『伊勢』には21号電探が搭載された）、その後1年あまりの熟成を経て大小艦艇に搭載されはじめたもの。この2つのラッパは通常はひとつを送信用、もうひとつを受信用として使用するのだが、甲型改2が装備したのはひとつのラッパを発信・受信に切り替えて使うタイプで、もともと水中での抵抗現象を狙った潜高型（後述）用に開発された。これは潜水艦の狭い艦上スペースにも搭載できるため、特型なども同じく1個式のものを搭載している。乙型や丙型、丁型潜水艦などに搭載されたのは通常のラッパ2個のタイプである。

13号電探は「三式1号電波探信儀3型（艦艇用）」の略称で、「1号」の名が示すように元々は地上設置用の対空見張電探として開発されたものだ。先に開発された11号（1号1型。地上設置用）、21号（2号1型。11号を艦上搭載用に改良したもの）両電探の簡素版などと書かれることがあるが、技術が進歩したために簡易軽量化することに成功したタイプと評するとまたイメージが違ってくる。実際に性能も安定し、昭和19年に入り、急速に大小艦艇に普及したスグレモノだった。

2号電波探信義2型
(略称：22 号電探)
用アンテナのバリエーション

22 号電探は昭和 17 年 6 月のミッドウェー作戦に参加した戦艦『日向』に搭載されてデビューした水上見張用レーダーだ（ただし、この当時の性能は必ずしもはかばかしいものではなかった）。その後、実用実験をくり返し、昭和 19 年 3 月にスーパーヘテロダイン受信機の開発に成功すると性能が安定、急速に普及していった。水上艦艇用も潜水艦用も、通常の型式は電磁ラッパと呼ばれるアンテナを投射用（送信用）、受信用にふたつ装備するものだったが、特型、甲型改 2、あるいは潜高型の各潜水艦が搭載したものはひとつのアンテナを投射・受信に切り替えるもので、艦橋甲板の潜望鏡支基の後部にもうひとつ支基を追加し、その頂部に設置された（開発の端緒は、潜高型に装備する際の水中抵抗を抑えるためだったという）。波長：10 ㎝。

※陸軍ではレーダーのことを「電波警戒機」といった。なお、レーダーを「電波探知機」と称する例は戦中の雑誌などにも見られ、こと海軍に限らなければ、そう呼んでも間違いとは言えない。

■潜水艦用電磁ラッパ　その 1

電磁ラッパ 1 個式の特殊な例といえる。
搭載例：特型、甲型改 2、潜高型

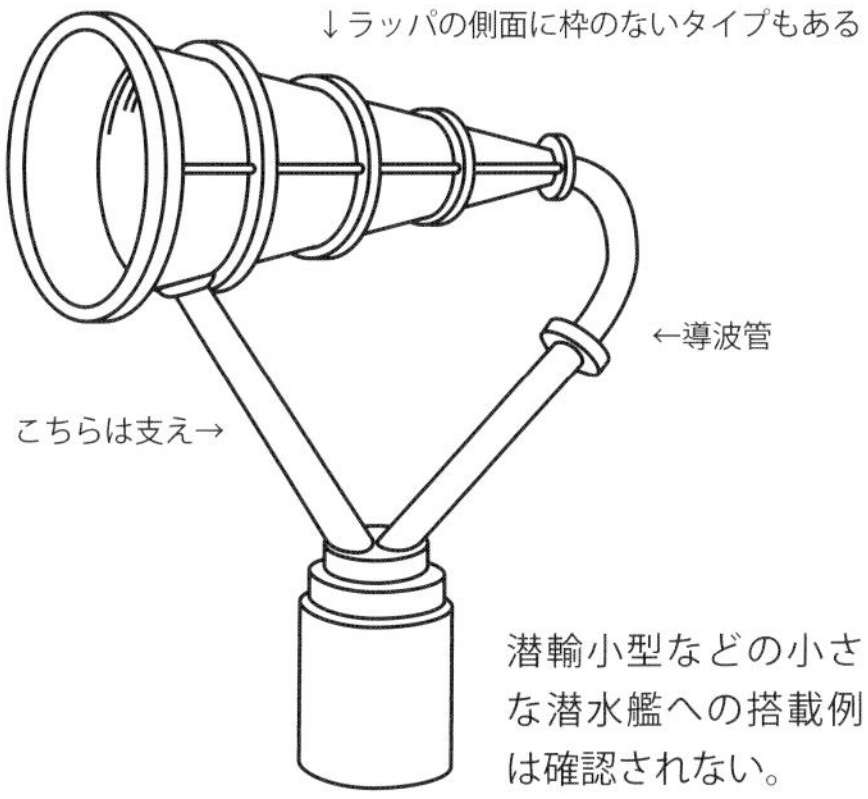

↓ラッパの側面に枠のないタイプもある
←導波管
こちらは支え→

潜輸小型などの小さな潜水艦への搭載例は確認されない。

▶伊 400 潜の艦橋後部に搭載された 22 号電探用の電磁ラッパと 13 号電探用の八木式アンテナ。電波兵器の実用化に立ち後れた日本海軍ではあったが、昭和 19 年以降はこうした電探の搭載が実現し、早期に敵機や敵艦を捕捉できるようになり「余裕を持って急速潜航をかけることができるようになった」と語る古老もいる。

■潜水艦用電磁ラッパ　その 2

電磁ラッパ 2 個式のオーソドックスなタイプ。
搭載例：乙型、丙型、丁型、海大型ほか

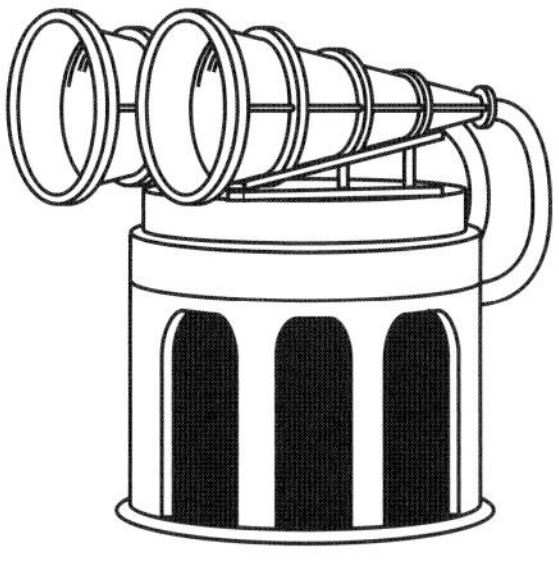

■水上艦艇用電磁ラッパ　その 1

水上艦艇用の一般的な例。大は戦艦から、小は駆逐艦、海防艦まで搭載された。戦艦や重巡洋艦の場合、艦橋部左右へ 1 個ずつ搭載していた。

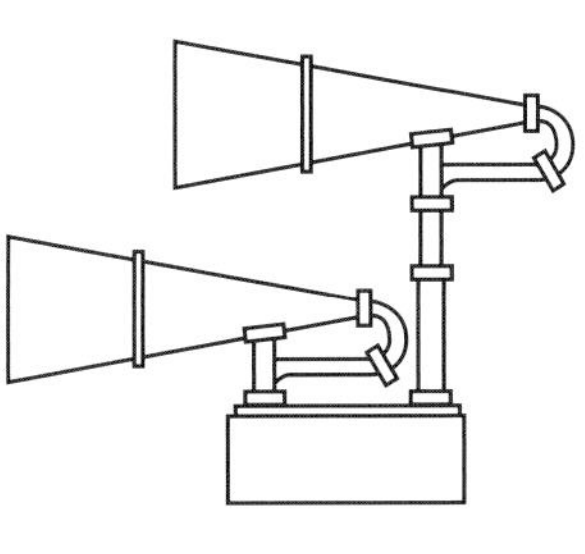

■水上艦艇用電磁ラッパ　その 2

下方のラッパが大きいタイプで、戦艦長門への搭載例が確認できる。

逆探用アンテナの例

逆探の制式名称は電波探知機。敵の電探（レーダー）から発信される電波を捉え、警戒するためのもので、日本海軍ではドイツからの技術導入により電探に先駆けて実用化された。下に掲げる２種のアンテナがよく見られるが、昭和20年頃には㎝（センチ）波に対応したパラボラ型アンテナの搭載例もみられる。

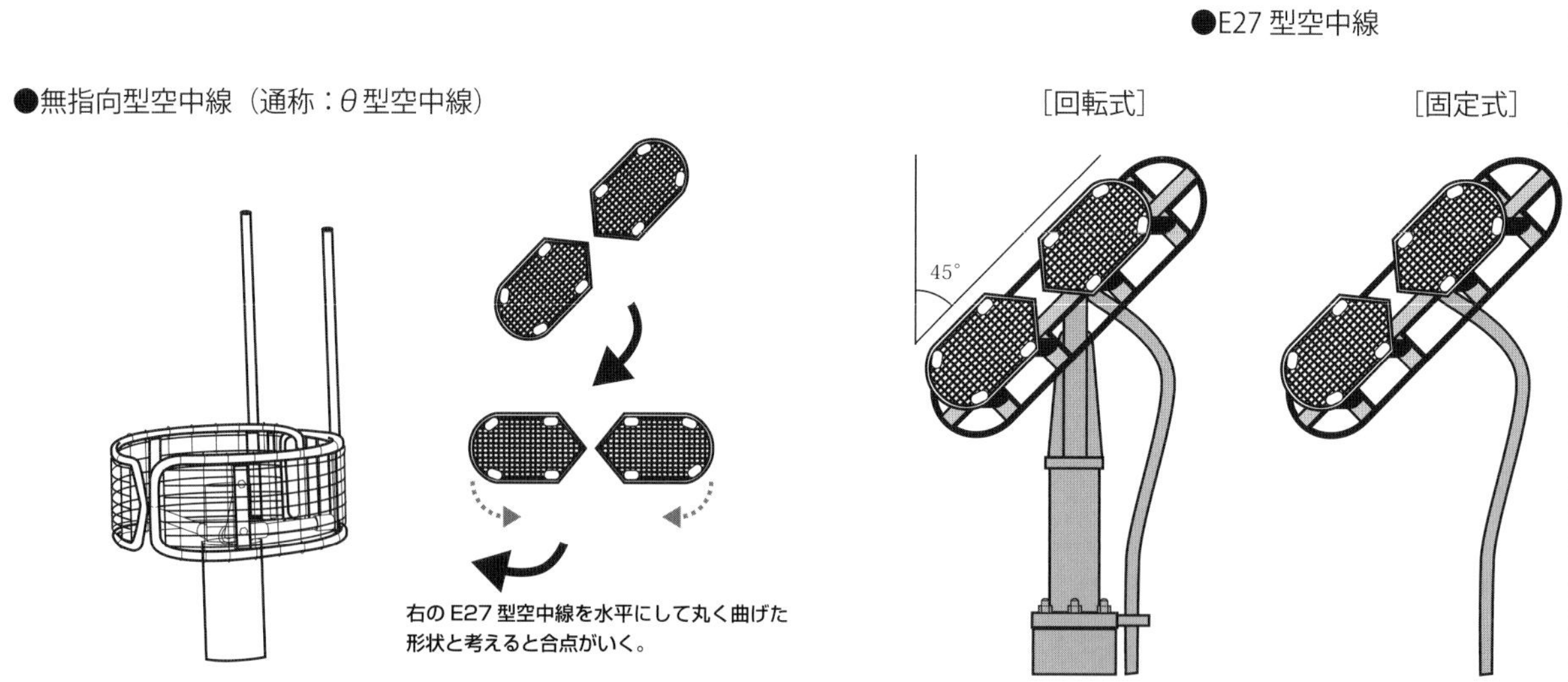
●無指向型空中線（通称：θ型空中線）
●E27型空中線
[回転式]
[固定式]
45°
右のE27型空中線を水平にして丸く曲げた形状と考えると合点がいく。

▲ドイツの電波探知機FuMB-8/9“WANZE”が使用していたFuMB空中線３型を国産化したもの。直径200㎜、高さ100㎜のメッシュ枠に２本のアンテナを有する。全方向からの電波を拾うことができる一方、方向をつかむことはできない。4mから75㎝までの波長に対応でき、大戦末期の日本潜水艦の潜望鏡支筒頂部への装備例がみられる。

▲よく知られるラケット状のふたつのアンテナを45°に傾けて装備したタイプ。伊号潜水艦では回転軸を装備して艦橋後部などに搭載しており、適宜回転させて電波のくる方向を探ることができた。潜輪小型の波号潜水艦や水上艦艇では右の固定式のタイプを艦橋周囲に搭載して、全周囲をカバーしていた。

柱状の構造物の前後に発信用（投射器）と受信用（反射器）のH型の空中線素子（アンテナ）を有しているのが外観上の特徴だが、潜水艦用としてはまず短波無線檣頂部に無指向性のアンテナが搭載され、横須賀海軍工廠造兵部により、それまでにも潜水艦で装備されていた「テ一」式４号または５号方位測定機の主軸管（取り付け部）を利用して方位を出せる八木式アンテナが搭載できるよう昭和19年３月に実験が行なわれ、良好な成績を示している。

波長は２ｍと大きかったが３００㎞先を飛行する航空機を捕捉することができ、見張り用の警戒レーダーとしては充分な性能を有していた。レーダースクリーンとなるブラウン管上には横軸に15本の目盛りが表示され、その１目盛りが20㎞を表す計算である。

また、当初はアンテナやその周囲が水に浸かることによる絶縁不良の傾向が見られたが、これは潜水艦の潜望鏡面が曇らないように設けられていた乾燥装置（ドライヤーのように温風を吹き付けて水気を乾燥させる装置）を応用することで解決し、実用性は格段に向上したという。

逆探は敵機、あるいは敵艦のレーダーが発する探信波（レーダー波）をアンテナによって逆探知し、敵の所在を察知する（自分からは電波を発しない）超短波受信機である。いわゆる「電波探知機」と呼ばれるのはこちらのこと。ラケット型の２つのアンテナを有したものがよく知られるが、潜水艦の写真をじっくりと観察すると無指向性の双極子アンテナも潜望鏡支筒に搭載されているのがわかる。アリューシャン方面での戦訓から我が潜水艦へは昭和18年５月の伊37潜への配備を皮切りに同年秋以降優先的に搭載された。当初は波長４ｍから75㎝までが探知可能であったが、やがて敵の電探の波長が10㎝程度となるにおよび、75㎝から３㎝の波長に対応できる改良型が開発され、昭和19年秋頃から潜水艦に搭載されていった。

なお、外観上の特徴でもあるシュノーケル（水中充電装置）は、計画時、また竣工時の特型も、甲型改２も装備していなかった。その搭載については竣工後しばらくの時間経過を見なくてはならない。

甲型改２の１番艦、伊号第13潜水艦は昭和18年２月４日付けで川崎重工神戸造船所において起工され、途中こうした設計変更を施されて特型の１番艦である伊４００潜よりも２週間ほど早く昭和19年12月16日に竣工、伊号４０１潜水艦、伊号第４００潜水艦と共に第１潜水隊を編成し、錬成訓練に入る。艦長には歴戦の大橋勝夫中佐（海兵53期）が補されている。

伊14潜、艤装員の着任は機関科から

甲型改2の2番艦となる伊号第14潜水艦は昭和18年5月18日に伊13潜と同じ川崎重工神戸造船所で起工され、翌昭和19年3月14日、晴れて進水式を迎え、引き続き艤装作業が進められることとなった。

川崎重工は、明治39年にその前身である株式会社川崎造船所として第6潜水艇を建造して以来、日本海軍の潜水艦史とともに歩んできた会社といえ、国策もありその規模は順次拡大して業種は造船業以外にも橋梁建設などへと多角化していき、昭和14年に川崎重工業株式会社と社名変更したものである。陸軍航空機の製造で知られる川崎航空機はやはりここから分社独立したものだ。海軍では神戸の川崎造船所、転じて神戸川崎造船所の通り名で知られていたので、本書でも以後の表記をこれに倣いたい。

さて、伊14潜の進水から4ヶ月後の7月18日、艤装員長兼機関長職務執行として着任したのが釘宮 一大尉であった。

釘宮大尉は海軍機関学校第46期の出身。海機46期は海兵65期、海経26期とコレスであり、昭和9年4月に舞鶴の海軍機関学校に入校、昭和13年3月に卒業して中国大陸から南洋方面の遠洋航海を経験している。開戦時は水上機母艦『千歳』分隊長職にあり、その後、潜水学校機関学生を経て伊122潜機関長、伊45潜機関長、第11潜水戦隊参謀を歴任した釘宮大尉は、伊45潜乗組み時には敵駆逐艦や航空機の執拗な爆雷攻撃の洗礼を受けた潜水艦乗り。機関長予定者として艤装の最終段階に入った伊14潜の艦内整備、並びに数少なくなった優秀な機関科の乗員をかき集めるため、多くの艤装員の中でも一番はじめに着任したのである。

「千葉少尉は新型潜水艦の艤装員に決まったからその心算で……」

歴戦の潜水艦乗りであり、兵から叩きあげの千葉忠行少尉が昭和19年7

神戸川崎造船所での建造潜水艦

第6潜水艇の建造以来、日本海軍潜水艦の歴史とともにあったのが「神戸川崎造船所」だ。以来、同所で建造された潜水艦は下表の通りで、意外や海大型や乙型、丙型の建造数が少ない（表記した建造時期はおよその竣工時期）。なお、戦艦では『榛名』『伊勢』『加賀』、空母では『瑞鶴』『大鳳』など、大艦を建造する能力も持っていた。

型式	建造時期	艦名
ホランド改	明治39年	第6潜水艇、第7潜水艇
川崎型	大正元年	波6潜（第13潜水艇）
F1型	大正9年	呂1潜(第18潜水艦)、呂2潜(第21潜水艦)
F2型	大正11年	呂3潜(第31潜水艦)、呂4潜(第32潜水艦)、呂5潜（第33潜水艦）
特中型	大正12年	呂29潜、呂30潜、呂31潜、呂32潜
巡潜Ⅰ型	大正15年	伊1潜、伊2潜、伊3潜、伊4潜、伊5潜
巡潜Ⅱ型	昭和10年	伊6潜
海大Ⅵ型a	昭和10年	伊71潜、伊73潜、
巡潜Ⅲ型	昭和12年	伊8潜
甲型	昭和16年	伊10潜、伊11潜
乙型	昭和16年	伊21潜
丙型	昭和16年	伊22潜
小型	昭和17年	呂101潜、呂102潜、呂104潜、呂105潜、呂106潜、呂108潜、呂109潜、呂110潜、呂111潜、呂112潜、呂113潜、呂114潜、呂115潜、呂116潜、呂117潜
海大Ⅶ型	昭和18年	伊177潜、伊179潜、伊183潜
甲型改1	昭和19年	伊12潜
甲型改2	昭和19年	伊13潜、伊14潜、伊15潜（2代目）、伊1潜（2代目）
潜輸小型	昭和19年	波101潜、波102潜、波103潜、波105潜、波106潜、波107潜、波108潜、波110潜、波111潜

▲川崎造船所は三菱と並び、大艦を建造できる数少ない民間の造船所だった。写真は同造船所で建造中の戦艦『榛名』。明治29年（1896年）10月に既存の「川崎造船所」が株式会社化。この時の社名は「株式会社川崎造船所」で、昭和14年（1939年）12月1日に「川崎重工業株式会社」と改称している。（写真／大和ミュージアム）

月28日に横須賀鎮守府の人事部からの呼び出しにより出向くと、人事部副官から告げられた言葉はこんな内容だった。

伊7潜乗組みでアリューシャン作戦に赴き、伊26潜でインド洋通商破壊作戦に参加、その後は横須賀鎮守府附となり海軍工廠潜水艦部においてＳＳ金物（のちの『海龍』）の試験潜航立会いや在泊潜水艦の修理、建造中の第１１０号艦（空母『信濃』）の巡回などに携わっていた千葉少尉にとっては寝耳に水の話であった。

「副官！　自分は第1線勤務を希望しております。先輩や同僚の中には艤装を希望している者が沢山おりますから交代させてください」

「どうして？　お前の考えているような艦を造るんじゃない。お前が最適であると人事部で決めたのだ」

「しかし、前線から還った者の中には健康上しばらく休養したい者もあります。また疎開や家族の病気のために1ヶ月ほど休暇をほしい者もおります。是非！」

「なぜお前が交代しなければならないんだ、わがままは許さん！」

こんな押し問答をしていると衝立の向こうから人事部長の秋山勝三少将（海兵40期。千葉氏の回想では秋山勝之進とある）が「どうしたのか」と現れた。

「はっ、ちょっと。艤装員ならみんな喜ぶんですが……、こいつ、出撃する艦に乗りたいといいます」

副官がそう告げると秋山部長は千葉少尉を部長室に招きいれ、おもむろにこう口を開いた。

「あれからどうした、元気そうで結構だな……」

「はっ、伊の26潜でインド洋の行動を致しました。5月15日に呉へ還りまして只今は工廠の潜水艦部におります。キスカでは大変お世話様でありました。」

千葉少尉が伊7潜乗組みだったころ、秋山少将は第51警備隊司令としてやはりアリューシャンにおり、その顔を見知っていてくれたのである。

こうした関係はかたくなだった千葉少尉の態度を軟化させるのには充分で、さらに戦局について、伊14潜の特殊性、艤装中の部下教育について、その竣工促進などなど重要な役割であることの説明を秋山部長から直々に受けた少尉は艤装員の発令を快く請けることにした。

とくに航空関係の経験者も多く必要であることを諭され、霞ヶ浦航空隊と横須賀航空隊の整備班での4年半の勤務経験を思い出し決意を新たにしたという。

一方、同じ頃のある日、横須賀潜水艦基地隊に勤務していた袴田徳次機関兵曹長は伊14潜の艤装員長となっていた釘宮大尉にこう告げられた。

「現在横須賀海軍工廠に勤務中の千葉少尉に電機長としてくるように了解を得てきた。電機長が古いから機械長は若い方が良い。お前来い」

袴田機曹長は昭和8年の志願兵。4等機関兵として横須賀海兵団で新兵教育を受け戦艦『比叡』に配乗、その後、昭和12年に呉の潜水学校を卒業し、善行章1線を付けた1等機関兵として伊号第4潜水艦に乗組んだのが潜水艦乗りとしての第一歩だという古参。ちょうどこの昭和19年5月1日付けで機関兵曹長に任官、准士官学生を終えて横潜基附となったばかりであった。昭和10年代前半の横鎮所属の潜水艦はまだ少なく、また潜水艦乗りの世界は狭い。千葉少尉とは伊14潜で初めて一緒に勤務する袴田機曹長だったが、その噂はかねがね耳にしていた。古武士同士は相手の力量を推し量るすべも持ち合わせているものだ。

こうして釘宮大尉を介して初対面を果たした千葉少尉と袴田機曹長は、8月2日にそろって神戸川崎造船所で艤装中の伊14潜へ着任した。

ところが、出迎えてくれたのは先般2人をスカウトした釘宮機関長ただひとり。聞けばこれから優秀な機関員を揃えなければならないという。隣はと見ると艤装の進んでいる伊13潜では艦長予定の大橋勝夫中佐がすでに艤装員長として着任し、幹部以下乗員の陣容も整い始めたところである。伊14潜も早く乗員の編成を急がねばならない。

その手始めとして2人とも釘宮機関長の網に早速かかったわけだが、ここで電機長と機械長という役職について簡単に説明しておきたい。

潜水艦というとずっと潜航しているように思われがちだが、第2次世界大戦当時の潜水艦が潜っていられる時間は驚くほど限られており、まずは浮上したまま洋上をディーゼルエンジンで作戦海面まで航走し、いよいよ会敵の可能性が高くなると敵の目を逃れるため、あるいは偵察や攻撃を実施するときなど必要に応じて潜航する。例えば艦隊決戦用の海大型の場合、高速で敵艦隊の来攻海面に進出し、目標を発見するや潜ってじっとその接近を待ち構える。敵を見つけてから潜航したのでは遅いのではないかとも思えるが、セイル（艦橋）を含めた潜水艦の艦影はどの艦艇よりも小さいため、目視による被発見率は意外なほど低かった。おおよそ、洋上での会敵は敵のマストを水平線に発見することが端緒となるからである。もし潜航中に目標を見失った場合には浮上して追躡し、再び潜航する。

また、哨区や敵の勢力圏では昼間は潜航して過ごし、夜間に浮上してディーゼルエンジンを運転し、航走しつつ充電するというのも当時の潜水

▶伊 14 潜の艤装員長兼機関長職務執行として真っ先に発令された釘宮 一大尉。のちに艦長予定者の清水鶴造中佐が着任するまで、艤装員の責任者として、特に有能な機関科員たちを集めることに邁進する。千葉電機長も袴田機械長もそのお眼鏡にかなった形だ。

艦の行動様式のひとつであった。

潜航中は混合気を燃焼させるディーゼルエンジンは使えないので充電しておいた蓄電池により電動機（モーター）を動かし航走する。つまり潜水艦はディーゼルエンジンとモーターという2つの動力を持っていた。これがその構造上、潜水艦が多くの水上艦艇と大きく異なる部分である。

一般に機関科や機関員とひと括りにされる艦内配置の中でも、潜水艦ではディーゼルエンジンを取り扱う部門を「機械部（あるいは単に『機械』）」、モーターを扱う部門を「電機部（同じく『電機』）と称し二分している。機械長、電機長は機関長の下に位置して、それぞれの実務を管理する役職で、老練な特務士官や准士官が配されるというのがならわしであった。

なお、蒸気タービン式の水上艦艇の場合、機関科は機械部（エンジン担当）、缶部（ボイラー担当）、電機部（艦内の各種発電機、モーターや照明ほかの電力供給担当）、補機部（艦内の冷暖房や揚錨機などの操作担当）の4つに分かれていたが、その電気部の意味するところは潜水艦とはまた違ったものであった（昭和18年の改定で水上艦艇の機関科も機械部、缶部のみとなり、電気部、補機部は内務科へ編入されている）。

昭和17年の志願兵で、潜水学校を卒業後に横須賀鎮守府潜水艦基地隊に所属して、入港する潜水艦の整備や防空壕掘りに毎日励んでいた三田十四二機関兵長は、ちょうどこうした昭和19年8月に伊14潜艤装員予定者の発表を目にした。その際、〝伊14潜が最後、あとは艦がないらしい〟との噂がまことしやかにささやかれるのを聞くにつけ、「なんとしてでも伊14潜に乗らなければ」と同潜艤装員を志願する旨、所属の分隊長に直訴した。潜水学校、その前の工機学校での成績も振るわなかった様子を自己分析していた三田機兵長はそのことがちょっと気がかりであったが、何とか熱意が通じ、翌日に艤装員予定者に加えられた。身体検査を受けた結果、晴れて艤装員として発令された時には〝天にも昇る気持ち〟だったという。

同じく横須賀潜水艦基地隊で分隊下士をしていた富樫雅平2等機関兵曹も伊14潜艤装員に発令された。伊2潜乗組み経験を持ち、重巡『愛宕』乗組みだった頃、潜水学校高等科に入校するため比島からわざわざ駆逐艦に便乗して横須賀基地隊にやってきた富樫2機曹であったが、あいにくと1期はすでに始まっており、「2期を待て」との指示。

しばらくお客様扱いでこれといった配置のなかった昭和19年春のある日、「敵のフロッグマンによる上陸攻撃からの火薬庫の防衛」と称して3交代の警備小隊が潜水艦基地隊の下士官兵の有志から編成され、富樫2機曹がそのうちの1個小隊の小隊長に補されたことがあった。軍刀や拳銃を携行し、あるいは銃剣を着けた小銃を担いで夜間警備にあたるのである。その名も「富樫小隊」と称された。

映画さながらにゴムボートなどで隠密裏に敵の勢力圏へ上陸し、撹乱作戦を行なうことは早い時期に日本海軍でも研究され、そういった部隊を搭載して上陸予定点沖合いまで運ぶ潜水艦も計画された。丁型潜水艦がそれである（結局これは輸送潜水艦として完成したが）。

こちらが考えることは敵も考えるだろうと予想して戦備を整えるのが兵法の常道だ。実際、昭和17年8月17日、米潜水艦『ノーチラス』、『アルゴノート』の2艦から222名の海兵隊レンジャー部隊が中部太平洋ギルバート諸島のマキン島に突如として上陸を敢行、73名の我が海軍守備隊員が全滅に近い被害を出しながらもこれを撃退するという出来事があった。この時の戦利品であるゴムボートが、その後の我が方の開発に大いに役立つこととなる。こうした作戦は昭和18年11月21日にも同じギルバート諸島のアパママ島で実施され、この時は第3特別根拠地隊派遣の24名の見張所員は全員戦死している。

日本海軍でも昭和19年2月に第8根拠地隊から選抜された1個中隊が伊169潜、伊185潜に便乗して、米軍が上陸してきたニューブリテン島ラバウル近くのグリーン島への逆上陸に成功している。さらに横須賀第1特別陸戦隊、通称〝S特陸（Sは佐世保ではなくSubmarine の略）〟の第2小隊が伊号第43潜水艦に搭載され、再びグリーン島への上陸を目指して出撃したことがあった（これは作戦実施直前に伊43潜が米潜水艦により撃沈されたため、未決行に終わる）。

それはさておき、この時の富樫小隊のメンバーがのちにほぼ全員、機関科機械部員として伊14潜艤装員になり、引き続き富樫2機曹の部下となる巡りあわせとなった。前掲の三田機兵長もそのひとりであり、ほか菅原金次郎機兵長、臼井至男機兵長、宮了2機曹、星野良信2機曹、小谷野倍次2機曹、岡田梅吉2機曹、野地文蔵2機曹、高橋行雄2機曹、和田京一2機曹、鈴木重吉2機曹といった面々がそれである。

なお、潜水艦基地隊とは、日米開戦に向けて潜水艦が増勢されていく状況で、自艦での船体兵器、機関の整備補修能力や軍需品一般の保管、医療衛生、会計管理に限界のある同艦種を支援し、また円滑な乗員補充を司る専門的な機関として昭和16年3月の「潜水艦基地隊令（軍令海第5号）」の決裁により翌4月1日付けでまず横須賀と呉に設置されたもので、10月1日に佐世保、昭和18年9月1日に大湊、同年10月1日には舞鶴の潜水艦基地隊が開隊、必要に応じて外地にも設置されていった。

特殊部隊作戦用に建造された丁型

丁型といえば輸送潜水艦としてお馴染みだ。じつはそれは特殊部隊の上陸作戦に使用するために建造が進められたものだった。

■丁型〔伊 361 潜〕

◀戦中に計画、建造された丁型は、戦訓を受けて離島への物資輸送任務に特化した潜水艦へと変貌を遂げた。「朝顔形」と呼ばれる艦橋形状は電探対策のため。ちょうど戦局が絶望的となった昭和 19 年から物資輸送、人員還送任務につき、攻撃用潜水艦の不足から同年後半より『回天』搭載艦へ改造されている。

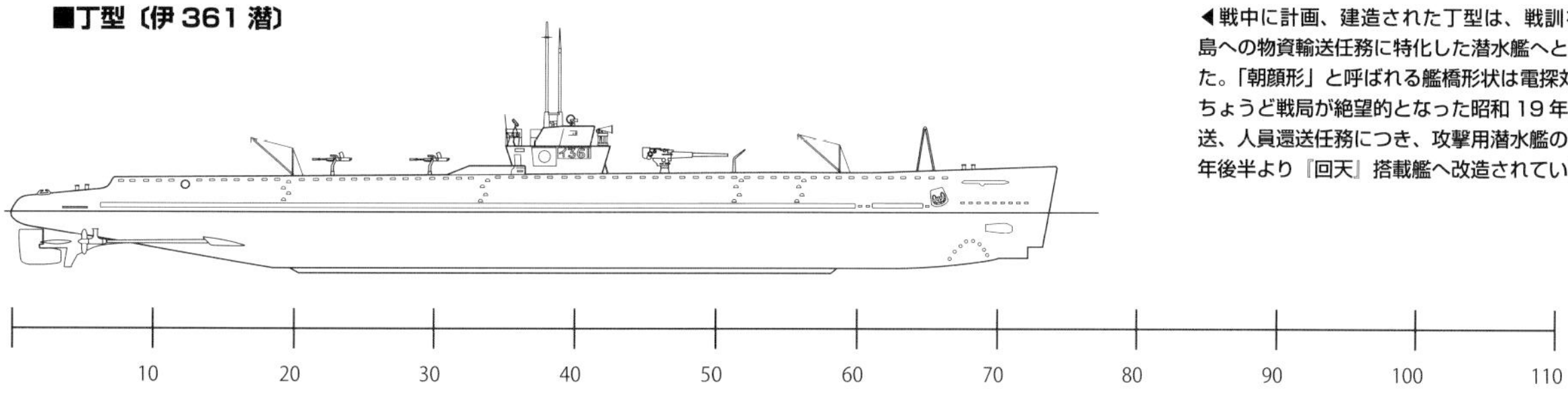
10
20
30
40
50
60
70
80
90
100
110

■丁型潜水艦の艦内配置

▼特殊部隊上陸作戦用に設計されていた丁型は、輸送用に改造された際に輸送兵員用の部屋をそのまま倉庫に転用することができた。前後の倉庫ハッチにはベルトコンベアが設けられ、艦内からの迅速な荷揚げを可能とする。

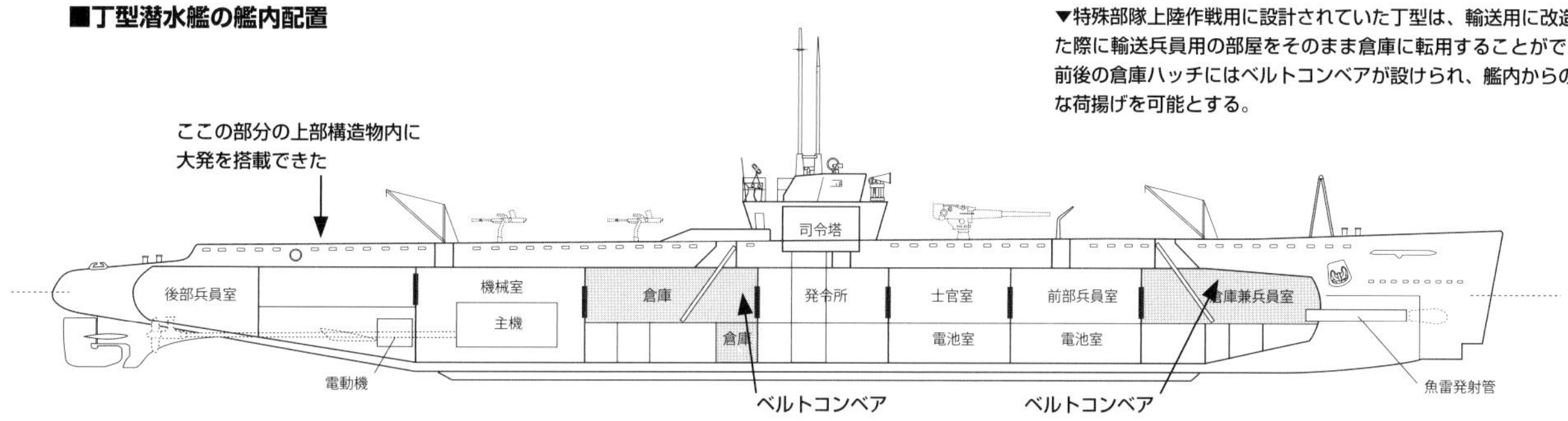
ここの部分の上部構造物内に
大発を搭載できた
司令塔
後部兵員室
機械室
主機
倉庫
倉庫
発令所
士官室
電池室
前部兵員室
電池室
倉庫兼兵員室
電動機
ベルトコンベア
ベルトコンベア
魚雷発射管

イ365
5
4
3

▶丁型潜水艦の 5 番艦、伊 365 潜の艦橋部分（左方向が艦首となる）。独特な形状は電探対策の研究の賜物だ。電磁ラッパ 2 個式の 22 号電探の後側や艦橋後部に装備された逆探支基のディテールが興味深い。真ん中に見える「3.4.5」などと書かれた筒はやはり丁型独自の第二潜望鏡支基で、その頂部脇に無指向型逆探アンテナが見えている。
（写真提供／
大和ミュージアム）

作戦を終えて入港した潜水艦の整備や出撃直前の調整のほか、補充員を基地隊員としてプールしておき、こうして随時転勤させるのも大きな役割だったのである。

　このほか、当時は練習潜水艦となっていた旧式のL3型潜水艦、呂号第58潜水艦に勤務していた進藤庫治1等機関兵曹も8月12日付けで伊14潜艤装員を命じられ、翌日神戸へ出発、川崎造船所にやってきた。進藤1機曹も機械部員に配される。

　造船所の粗末な食事に驚きながらも（それでも世間一般よりはだいぶましであった）、釘宮機関長、千葉電機長、袴田機械長の3人の幹部で進められた優秀なる機関科員の選抜作業はこうして順調に進み、8月中には14〜15名程度の優秀な人員が集まった。

兵科の艤装員も集まる

　日本海軍の潜水艦幹部の編制は艦長を筆頭に水雷長、航海長、通信長、砲術長という軍令承行令に定める将校の他に、戦術的な指揮権を持たない機関長を加えて構成されていた。菊の御紋章を艦首にいただかない潜水艦は艦種類別上の「軍艦」ではない（ではなんなのかといわれれば、「潜水艦」という括りである）ので、正式に文書などに役職を表記する際にはその艦長を「潜水艦長」とするのだが、当の潜水艦ではただ単に「艦長」と呼称するのが慣例である。

　潜水艦水雷長は大型の水上艦艇とは異なり、副長配置がない潜水艦では潜水艦長に次ぐ「次席指揮官」たる重要なポストであり、一般的に「先任将校」と呼ばれ、総員配置時の「潜航指揮官」を兼ねていた（通常配置の潜航では哨戒長たる当直将校が潜航指揮官となる）。

　昭和19年8月31日に海軍潜水学校高等科学生を終えて、水雷長予定の艤装員として伊14潜へやってきた岡田安麿大尉は海兵69期出身。

　昭和16年3月25日に海軍兵学校を卒業、少尉候補生として戦艦『山城』へ乗組み内海巡航を体験、4月21日には戦艦『比叡』へ乗組んでおよそ5ヶ月間の遠洋航海へ出かけている。とはいえ当時ヨーロッパではすでに第2次世界大戦の戦端が開かれており、遠洋航海といっても行き先は中国大陸の東側と内南洋ぐらいのもの。香港で中華料理のフルコースを出された際に食べきれないほどの料理がテーブルに並ぶ有様に目を回したのがいい思い出となった。

　昭和16年9月20日には竣工したばかりの新鋭空母『翔鶴』乗組みとなり航海士を拝命し、11月1日付けで海軍少尉に任官、12月8日のハワイ作戦、ついでラバウル攻略、北豪空襲、印度洋作戦に参加、快進撃を続ける空母機動部隊の栄光と共に戦歴を重ねていく。翌昭和17年5月の珊瑚海海戦では『翔鶴』も敵急降下爆撃機の爆弾を3発被弾する被害を出し、艦橋にいた岡田少尉も顔面に軽傷を負った。

　同年7月にはドックで修理中の『翔鶴』をあとにして重巡『愛宕』に転勤、同じく航海士として艦橋に詰める毎日が始まった。当時の『愛宕』は第2艦隊兼南遣艦隊旗艦であり、第1次から第3次までのソロモン海戦に参加。この間の11月1日付けで海兵69期生は海軍中尉に任官している。その後、昭和18年5月15日に駆逐艦『呉竹』航海長、9月30日に一時、呉鎮守府附となり10月5日付けで駆逐艦『電』水雷長兼分隊長を拝命、それから半年ほどの間は門司と台湾を行き来する輸送船団の護衛に従事した。『電』乗組み時代、ちょうど岡田中尉が艦橋当直の時に敵潜水艦による魚雷攻撃を受けた際には〝もはやこれまで〟と覚悟を決めたが幸運にもこの魚雷は艦底を通過、九死に一生を得る体験もしている。

　そして、昭和19年5月1日に潜水学校高等科学生となった歴戦の岡田大尉（19年3月15日付け海軍大尉任官）はここで初めて潜水艦に携わることとなった。

　戦前の海軍士官は海軍兵学校を卒業、少尉候補生として遠洋航海を終えてから何隻かの水上艦艇へ乗組み、その中で潜水艦を経験、やがて砲術学校や航海学校、通信学校などの各術科学校へ進んで自分の専門性に磨きをかけた。潜水艦乗りの場合は潜水学校普通科学生を終えると航海長や通信長という〝科長〟になり、さらに潜水学校乙種学生を終えると潜航指揮官たる水雷長（先任将校）になることができる。さらに経験をつみ、潜水学校甲種学生として襲撃法をマスターするとまず練習潜水艦（旧式となった伊号潜水艦を利用）や呂号潜水艦などの艦長に発令され、やがて第1線の伊号潜水艦長になることができた。

　また、戦前の日本海軍ではとくに潜水艦乗りが軽視されてなり手がいなかったため、砲術や航海の普通科学生を終えてしばらく水上艦艇勤務での経験をつんだ分隊長クラスのオフィサーを潜水艦特修学生としてスカウトし、所定の教育を実施して潜水艦水雷長に登用することがあった。水上艦艇での実戦経験の多い岡田水雷長の場合は、このケースである。

　なお、機関長の釘宮大尉（海機46期。海兵65期相当）の方が岡田大尉（海兵69期）よりも4期も先任だが、前記したように機関科の士官は飛行科に

日本海軍艦艇の類別

日本海軍の艦種類別は大正５年に制定された「艦船令」に基づく（それ以前は「艦船条例」というもので規定されていた)。類別や種別は海軍艦艇を取り巻く状況により改訂されるものであり、ここに掲げる表は大正９年４月に改訂されたものを骨組みに、その後に創設された艦種や類別の変更を加味した、昭和19年頃の様子を現したものである。

<table>
<tr><th>総　称</th><th>種　別</th><th colspan="2">類別</th><th>等　級</th><th>規定、あるいは変更された時期（※１）</th><th>内容／備考</th></tr>
<tr><td rowspan="21">艦　艇</td><td rowspan="7">軍　艦</td><td colspan="2">戦艦</td><td>（等級廃止）</td><td></td><td>敵主力艦との戦闘を第１儀とする主力艦</td></tr>
<tr><td colspan="2" rowspan="2">巡洋艦（※２）</td><td>一等巡洋艦</td><td></td><td>基準排水量１万ｔ・主砲口径８吋までの主力艦</td></tr>
<tr><td>二等巡洋艦</td><td></td><td>主砲口径８吋以下のもの</td></tr>
<tr><td colspan="2">航空母艦</td><td>ー</td><td>大正９年４月、「特務艦」より転入</td><td>航空機（陸上機）運用能力を持つ水上艦</td></tr>
<tr><td colspan="2">水上機母艦</td><td>ー</td><td>昭和９年、「特務艦」より転入</td><td>航空機（水上機）運用能力を持つ水上艦</td></tr>
<tr><td colspan="2">潜水母艦</td><td>ー</td><td>大正９年４月、「特務艦」より転入</td><td>潜水戦隊旗艦能力を備えた潜水艦用補助艦</td></tr>
<tr><td colspan="2">敷設艦</td><td>ー</td><td></td><td>機雷敷設用の水上艦で明治時代からある古い艦種</td></tr>
<tr><td colspan="3" rowspan="2">駆逐艦</td><td>一等駆逐艦</td><td></td><td>艦隊随伴用の1000t以上のもの</td></tr>
<tr><td>二等駆逐艦</td><td></td><td>沿岸用の1000t未満のもの</td></tr>
<tr><td colspan="3" rowspan="3">潜水艦</td><td>一等潜水艦</td><td></td><td>水上排水量1000t以上のもの</td></tr>
<tr><td>二等潜水艦</td><td></td><td>水上排水量1000t未満～500t以上のもの</td></tr>
<tr><td>三等潜水艦</td><td></td><td>水上排水量500t未満のもの</td></tr>
<tr><td colspan="3">海防艦</td><td>（等級廃止）</td><td>昭和17年７月、「軍艦」より種別変更</td><td>船団護衛（対潜・対空）に特化した艦</td></tr>
<tr><td colspan="3" rowspan="2">輸送艦</td><td>一等輸送艦</td><td rowspan="2">昭和19年２月、新設</td><td>大発や水陸両用戦車を揚陸可能な高速艦</td></tr>
<tr><td>二等輸送艦</td><td>戦車揚陸艦（米軍のLSTに類似）</td></tr>
<tr><td colspan="3">砲　艦</td><td>ー</td><td>昭和19年10月、「軍艦」より種別変更</td><td>大陸の大型河川で行動可能な浅吃水艦</td></tr>
<tr><td colspan="3">水雷艇</td><td>（等級廃止）</td><td>大正13年１月廃止。昭和６年５月再設</td><td>魚雷を主兵装とする小型艦艇</td></tr>
<tr><td colspan="3">掃海艇</td><td>ー</td><td>大正12年６月、「特務艇」の1類別より昇格</td><td>パラベーンによる繋維機雷の掃海用小型艇</td></tr>
<tr><td colspan="3">駆潜艇</td><td>ー</td><td>昭和15年４月、「特務艇」の1類別より昇格</td><td>沿岸部で行動する対潜用の小型艇</td></tr>
<tr><td colspan="3">敷設艇</td><td>ー</td><td>昭和19年２月、「特務艇」の1類別より昇格</td><td>機雷・防潜網敷設用の小型艇</td></tr>
<tr><td colspan="3">哨戒艇</td><td>ー</td><td>昭和18年２月、「特務艇」の1類別より昇格</td><td>旧式駆逐艦の二次利用（昭和15年４月新設）</td></tr>
<tr><td rowspan="14">特務艦艇</td><td rowspan="9">特務艦
（※３）</td><td colspan="2">工作艦</td><td>ー</td><td>大正９年４月、「特務艦」より転入</td><td>艦艇補修能力を有する水上艦</td></tr>
<tr><td rowspan="4">運送艦</td><td>給油艦</td><td>ー</td><td rowspan="4">大正９年４月、「特務艦」より転入</td><td>艦隊行動に随伴することが可能な油槽船</td></tr>
<tr><td>給糧艦</td><td>ー</td><td>海軍艦艇への糧食補給用</td></tr>
<tr><td>給兵艦</td><td>ー</td><td>大和型戦艦の主砲塔輸送専門艦。「樫野」のみ</td></tr>
<tr><td>その他</td><td>ー</td><td>運送艦「宗谷」のみ</td></tr>
<tr><td colspan="2">砕氷艦</td><td>ー</td><td>大正10年８月、新設</td><td>北方防衛用。</td></tr>
<tr><td colspan="2">測量艦</td><td>ー</td><td>大正11年３月、新設</td><td>港湾部や洋上の水深を計測するためもの</td></tr>
<tr><td colspan="2">標的艦</td><td>ー</td><td>大正12年９月、新設</td><td>航空機の演習弾による爆撃の弾着に耐えうる艦</td></tr>
<tr><td colspan="2">練習特務艦</td><td>ー</td><td>大正11年11月、新設</td><td>明治時代の老朽戦艦・装甲巡洋艦の二次利用</td></tr>
<tr><td rowspan="5">特務艇</td><td colspan="2">駆潜特務艇</td><td>ー</td><td></td><td>「駆潜艇」の艦艇昇格により残留した小型のもの</td></tr>
<tr><td colspan="2">掃海特務艇</td><td>ー</td><td></td><td>漁船型掃海艇と呼ばれた沿岸用小型艇</td></tr>
<tr><td colspan="2">哨戒特務艇</td><td>ー</td><td>昭和18年４月、新設</td><td>徴用漁船の特設監視艇を置き換える小型艇</td></tr>
<tr><td colspan="2">敷設特務艇</td><td>ー</td><td>昭和19年２月、新設</td><td>漁船型敷設艇と呼ばれた沿岸用小型艇</td></tr>
<tr><td colspan="2">海防艇</td><td>ー</td><td>昭和20年１月、新設</td><td>「回天」運搬・攻撃用の小型艇（すべて未完成）</td></tr>
<tr><td rowspan="3"></td><td rowspan="3">雑役船</td><td colspan="2">（軍港用務船舶）</td><td>ー</td><td></td><td>軍港や工廠で使用される曳船、起重機船など</td></tr>
<tr><td colspan="2">（特務用船舶）</td><td>ー</td><td></td><td>海洋観測船、救難船、標的船（非自走）など</td></tr>
<tr><td colspan="2">（特務艇的船舶）</td><td>ー</td><td></td><td>港湾防備用の小型船舶など（※４）</td></tr>
</table>

※１：特記なきものは大正９年４月以前から存在する「種別」。
※２：ここに掲げる巡洋艦の等級はワシントン条約で規定されたもの。
※３：大正９年４月の改訂で「特務艦」が制式の種別名に設定された（従来は慣例的に艦艇以外を特務艦と呼称)。その当時は工作艦と運送艦の２艦種のみだった。
※４：魚雷艇は「魚雷攻撃用内火艇」との認識で、雑役船（特務艇的船舶）に類別されていた。
★この他に民間の船舶を徴用して各種別に使用する「特設艦船」がある。

転科した場合などの特別なケースを除いて戦術的な指揮権を有する〝将校〟……兵科士官ではないため、艦内の指揮権は艦長の次に水雷長の岡田大尉に従属するのである。なお、制度上は昭和17年11月1日の軍令承行令の改訂で機関科将校も兵科将校に一元化されているのだが、実際には終戦まで従前の慣例どおり、機関長には戦術的な指揮権を与えられなかったというのが事実である。

海兵71期の隅田一美中尉と海兵72期の高松道雄中尉のふたりが着任してきたのはこの岡田大尉の赴任から2週間ほど経ってからのこと。

高松中尉は昭和18年に海軍兵学校を卒業してのち、少尉候補生として軽巡洋艦『龍田』に乗組み、同年12月からの重巡洋艦『鈴谷』乗組みを経て、昭和19年5月から潜水学校第11期普通科学生となり、かねてから熱望していたドン亀乗りの道へと進んだ。

9月15日付けで潜校を卒業、同じく第11期普通科学生を卒業した隅田中尉とともに伊14潜艤装員に発令されて神戸川崎造船所にやってくると、伊14潜はちょうどドックに入って艤装作業中であった。

「伊14潜を初めて見た時の印象？ ……昔からの潜水艦乗りだったらその大きさや、飛行機を2機搭載することに驚いたりしたのでしょうが、潜水学校を卒業したとはいっても私自身は潜水艦勤務は伊14潜が初めて。比較対象がないんです。ですからこれといった印象がなかったですね。これが伊14潜かと思っただけで。」

高松道雄氏は筆者の質問に、その意図を見透かしたかのようにこう答えてくれた。

そして彼らの着任と前後したこの頃から兵科の士官や下士官・兵たちも次々と着任してくるようになった。

9月30日付けで伊14潜艤装員を命じられた内藤信太郎上等兵曹が川崎造船所へ着任したのは10月1日のこと。内藤上曹は昭和10年6月の志願兵で、翌11年には第6駆逐隊の駆逐艦『響』に乗艦、同年2月26日に東京で起きた二・二六事件では陸戦隊に加わり、舞鶴から東京へ向かったこともあった（鎮圧の報で、途中で引き返した）。盧溝橋事件により始まった大陸での戦いに引き続き『響』乗組みで参加し、昭和13年5月から水雷学校第8期普通科水雷術機雷練習生となって専門性に磨きをかけ、横須賀防備隊掃海分隊、続いて第5艦隊司令部附で機雷掃海などで陸軍作戦に協力。のち伊20潜艤装員として勤務中に伊16潜へ転勤したが、3等兵曹でありながら食卓番をさせられるほど、この頃から潜水艦の乗員の層は厚かった。その後、対潜学校の教員を経て第1期特修科水測練習生となり、卒業と同時に

潜水艦乗りが艦長になるまで（士官の場合）

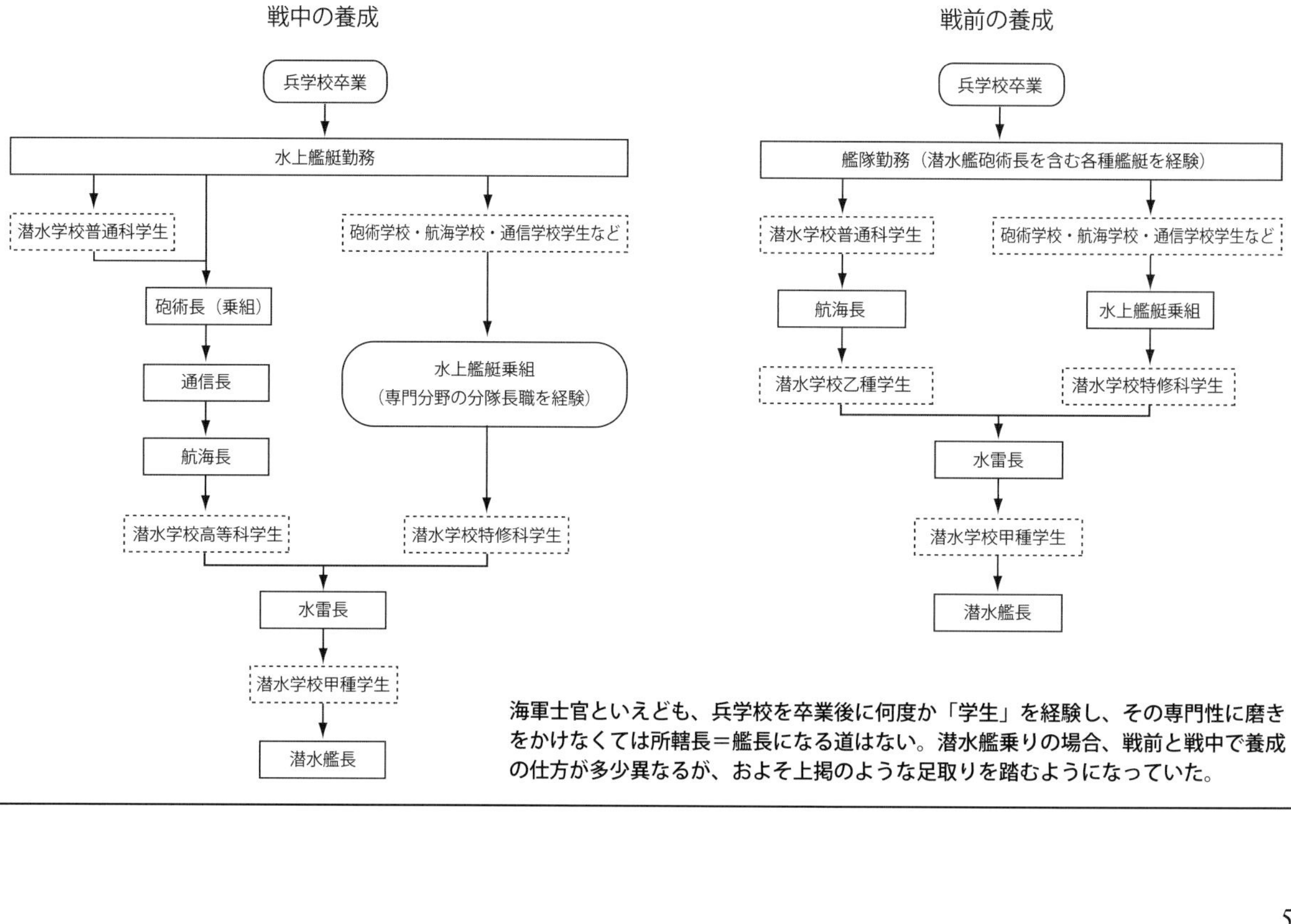

戦中の養成
兵学校卒業
水上艦艇勤務
潜水学校普通科学生
砲術学校・航海学校・通信学校学生など
砲術長（乗組）
通信長
航海長
水上艦艇乗組
（専門分野の分隊長職を経験）
潜水学校高等科学生
潜水学校特修科学生
水雷長
潜水学校甲種学生
潜水艦長
戦前の養成
兵学校卒業
艦隊勤務（潜水艦砲術長を含む各種艦艇を経験）
潜水学校普通科学生
砲術学校・航海学校・通信学校学生など
航海長
水上艦艇乗組
潜水学校乙種学生
潜水学校特修科学生
水雷長
潜水学校甲種学生
潜水艦長

海軍士官といえども、兵学校を卒業後に何度か「学生」を経験し、その専門性に磨きをかけなくては所轄長＝艦長になる道はない。潜水艦乗りの場合、戦前と戦中で養成の仕方が多少異なるが、およそ上掲のような足取りを踏むようになっていた。

▲高松道雄中尉は海軍兵学校第 72 期出身。海兵生徒時代から潜水艦を熱望していた彼は、重巡『鈴谷』乗組みなどの艦隊勤務経験を経て潜水学校第 11 期普通科学生を修業、念願の潜水艦乗りとなった。写真は海兵 1 号生徒（3 年生）時代のもので、前列右端が高松生徒。

伊14潜艤装員を命ぜられたのである。

内藤上曹がやってきたこの日はちょうど日曜日で艤装員たちは半舷上陸で外出しており、宿舎には5～6人の下士官がいる程度。それでも早速、当直将校の金森兵曹長から

「内藤兵曹か、君は先任伍長だよ、頼むぜ。あとで岸壁に行ってみればわかるが今までの潜水艦とは違い、ちょっとばかりでなく馬鹿でっかいというよりほかはないな。それに爆撃機を2機も搭載する」

と告げられた。金森兵曹長は掌水雷長予定者。掌水雷長とは水雷長の下にあってそれを補佐しつつ下士官・兵を統率する役職で、これもまた老練な特務士官・准士官が補されるものである。「掌水」と略す場合もある。

「兵科では鈴木兵曹がただひとりの経験者で他は全員素人ばかり。機関科のほうは機械長が潜水学校教員の経歴の関係で着任早々から電機長と2人で潜水艦経験者を主要配置の長から次席三席くらいまで集めているからいいようなものの、士官はというと、水雷長は潜水艦は初めてだそうだ。」

とその金森兵曹長が続ける言葉はちょっと不服そう。

「あとで岸壁に行って見てくれ、馬鹿でっかいのがいるから。飛行機が2機だぜ。しかも爆撃機だ。素人ばかりであんな馬鹿でっかいのが満足に潜航できるのかどうか。下手したら訓練中に〝沈（ちん。沈没の意）〟だな。」

掌水雷長がわざわざ2度も言うほど大きな艦らしい。居合わせた主計科の杉本貫太郎2主曹に

「掌水はあんなことを言ってるが本当かね？」

と聞いてみると

「ハイ、私は潜水艦は初めてですからわかりませんが、馬鹿でっかいそうです」

と言って乗員の名簿を出してくれた。目を通してみるとなるほど言われたとおり、潜水艦経験者は見事に少なかった。

内藤上曹が岸壁に行ってみると、そこにいたのは驚くほど大きな格納庫が船体の上に亀の子のように載った潜水艦であった。

内心、「こんな大きなものが満足に潜航できるのだろうか。飛行機では伊6潜でさんざん苦労したなぁ。また飛行機の発進、収容作業か、大変な艦に来たわい」と感じつつも艦内に入ってみると今までの艦と大差はない様子。なるほど、艦内配置は甲型潜水艦（乙型も似たようなもの）と大差はないのだ。

「そのうちなんとかなるだろう。出撃すれば太平洋の埋め立て工事に使われるだけ。この艦が自分の棺桶なのだから」

▲内藤信太郎上曹は十志の大ベテラン。機雷掃海のエキスパートでもあり、防備衛所での勤務経験のほか潜水艦乗りとしてのキャリアも長かった。伊14潜では最も古い下士官で、先任伍長の職名で呼ばれる。
主なキャリアは以下の通り。
・第8期普通科水雷術機雷練習生（水雷学校）
・第2回水中測的講習員
・第40期普通科潜航術練習生（潜水学校）
・第7期高等科機雷術水測練習生（水雷学校）
・第1期特修科水測練習生（対潜学校）

そう思いながら艤装員宿舎に帰り、早速外出したのが伊14潜と内藤先任との初対面であった。

同じ9月30日付けで上原 覚兵曹長も伊14潜艤装員附と発令。上原兵曹長もやはり袴田機械長と同じく昭和19年5月1日付けで准士官に任官したばかりの〝新准〟であり、伊14潜では「潜航長（予定者）」として兵科下士官兵をまとめる立場となる。

横須賀潜水艦基地隊に勤務していた野地文蔵2機曹が基地隊の先任下士官から伊14潜艤装員として転勤であることを告げられたのは11月15日。一日も早く潜水艦に乗組むことを希望していた野地2機曹にとってはまさにわたりに船で、喜び勇んで衣嚢（いのう）を担いで横潜基をあとにして川崎造船所へ向かっている。

こうして順次、人員は集まり始めたが神戸川崎造船所における工事はまだ竣工までの期日があり、だいぶ工程を残していた。艤装員だといっても艦内を出たり入ったりするのは、狭い艦内にもぐりこんで作業している工員たちにとって邪魔な存在そのもの。また呉や横須賀などのパリパリの軍港と違いここは川崎重工という民間企業の一角であり、比較的のんびりとしたムードで過ごしていたというのが実状だ。

のちに艤装員長として艦長予定者の清水鶴造中佐が着任するまでの間は岡田水雷長がこうした士官や下士官・兵たちを率先引率して体操競技などを実施、時には松茸狩りなどへ繰り出して、刺激がなく、とかく目標を失いがちな艤装員生活を引き締め、リフレッシュさせていた様子が伝えられている。

名和航海長と伊8潜

昭和19年10月14日付けで伊14潜艤装員に発令された名和友哉（なわ・ともや）大尉は海軍兵学校第70期出身。父上は有名な海軍技術中将の名和武（なわ・たけし）氏で、そのまた父上は名和又八郎海軍大将（海兵10期）という、当時としては非常に珍しい、親子3代に渡る海軍一家だった（親子2代は多かった）。なお、東京大学卒の技術士官として活躍してきた父上は大正年間から潜水艦の二次電池開発に携わっており、大正14年には第1次世界大戦終戦直後のフランスへ出張してその製造技術の習得・発展に大きく貢献している。特A型の設計に始まり、それ以降に研究・実用化された潜水艦用電池はほぼこの名和技術中将の開発によるものである。昭和17年当時は海軍技術研究所電波部の部長として、陸上用、艦上用の電探の研究開発に再び多大な功績を残した人物だ。

海兵70期生は昭和16年11月15日に海軍兵学校を卒業、少尉候補生となったが、遠洋航海や練習艦隊乗組みはおろか宮中拝謁、伊勢神宮参拝などの恒例行事もなく、すぐさま艦隊配乗となって12月8日の開戦を実戦配置で迎えている。

▲名和航海長は親子三代にわたる海軍一家で、実父である名和 武技術中将は大正年間から我が海軍の潜水艦の発展に貢献してきた人物だ。写真は中佐時代の父上。戦中は電波兵器の開発を統括する要職にあった。

▶伊 14 潜にやってきた航海長予定者の名和友哉大尉は、すでにいく度かの潜水艦作戦を経験していた。写真は一号生徒時代の海兵70 期第４分隊員で、前列右端が名和生徒。ほかは前列左から三浦 節、澤田 満、新葉一郎、２列目左から檜垣邦夫、村岡繁一、畠山清秀、3 列目左、樋口豊彦、右、倉井有信の各一号生徒。

日本海軍の潜水艦による遣独作戦は都合５回実施され、伊８潜のみが無事に帰還した。写真は昭和 18 年８月 30 日にフランスのブレスト軍港へ入港する伊８潜。飛行機格納筒が上昇状態にあるのが興味深い。名和大尉はドイツから帰還してきたばかりの伊8潜へ乗組み、インド洋交通破壊戦を戦った。

遣独潜水艦の動向一覧

遣独任務に就いた伊号潜水艦５隻の内訳は表の通り。ガダルカナル戦の始まった昭和17年８月以降に潜水艦が引っ張りだこになったためか、第２陣の伊８潜が出発するまで１年間は空白期間となっていることがわかる。

艦　名	型　式	発動日（※１）	ロリアン着日	ロリアン発日	帰着日（※２）	備考
伊30潜	乙　型	S17.06.18	S17.08.06	S17.08.22	S17.10.08	S17.10.13 シンガポール沖触雷沈没
伊８潜	巡潜Ⅲ型	S18.07.06	S18.08.31	S18.10.05	S18.12.05	S18.12.21 呉入港（唯一の往復成功）
伊34潜	乙　型	S18.11.11	未着	―	―	S18.11.13 英潜により往路撃沈さる
伊29潜	乙　型	S18.11.15	S19.03.21	S19.04.16	S19.07.14	S19.07.26 バリンタン海峡にて撃沈さる
伊52潜	乙型改	S19.04.23	未着	―	―	S19.06.24 大西洋にて往路撃沈さる

※１：伊30潜、伊８潜の発動日はインド洋西方洋上、それ以外はシンガポール出港時。
※２：伊30潜はペナンに、それ以外はシンガポールへの入港時。

◀伊８潜は帰還にあたりドイツの２㎝四連装高射機関銃を艦橋後方の上甲板に搭載した。写真はその四連装機銃を背にした伊８潜の艦長以下、同潜の機銃員や機銃の取り扱い指導に当たったドイツ側の講師、そして通訳などの面々。２列目に立つ右端は名和航海長の同期生である大竹寿一中尉（海兵70期、当時砲術長）。その左が内野信二艦長（双眼鏡を首掛けている）。奥の艦橋上に、メトックス逆探用の十字架のようなアンテナが立っているのがかすかにわかる。

名和候補生は馬来（マレー）部隊の重巡『鳥海』乗組みとなって南方侵攻作戦に参加、昭和17年５月には新鋭戦艦『武蔵』艤装員に、そして12月の竣工と同時に同乗組みとなったが、昭和18年１月には呉鎮附となり「潜水艦講習員」を受講、ドン亀乗りへの道を歩む。

戦中の彼ら海兵出身の潜水艦乗組み若手士官は、前述した戦前の教育形態といささか異なり、水上艦艇での満足な勤務期間を経ずにいきなり潜水艦配乗となるケースと、潜水学校で１～２ヶ月の短期間の講習を受けたのち配乗されるこの潜水艦講習員というケースの２つに分かれるが、後者は第６回で閉鎖され、昭和18年６月以降は５ヶ月程度の、より長い講習を受ける「潜水艦普通科学生」へと発展していく。

なお、海兵70期生の場合は兵学校卒業わずか５ヶ月後の昭和17年４月に第１回講習員７名が教育を開始したのと同時に、〝いきなり発令組〟の９名が潜水艦乗組みとなったのがドン亀乗りの第１陣であった。

さて、昭和18年５月、講習修了と同時に伊１７５潜（海大６型ｂ）乗組み、砲術長となった名和中尉は、８月に横鎮附となったのち、昭和19年１月からは伊８潜の通信長兼分隊長に補されている。その後、伊１７５潜は９月に呉を出港し、トラックを経て11月19日以降ギルバート諸島方面へ配備されて11月24日に米空母『リスカム・ベイ（CVE-56 Liscome Bay）』を撃沈、日本海軍潜水艦の中でも数例しかない敵空母撃沈の栄誉に浴しているが、惜しくもこのときには名和中尉は乗艦していなかった。もっとも同潜は翌19年２月17日に撃沈されているので、その後も乗り合わせていれば艦と運命を共にしていた可能性も高かったわけではあるのだが。

名和通信長が着任したときには伊８潜はちょうど遣独任務という一大壮挙を終えて無事に日本に帰還してきたばかりであった。大戦中、日本潜水艦によるドイツとの交流は５次に及んでいるが、ヨーロッパの戦局が絶望的なさなかに大西洋に到達して撃沈された伊52潜をのぞき、往路で１隻（伊34潜）が沈没、２隻（伊30潜・伊29潜）が復路で撃沈され、無事に日本へたどり着いたのはこの伊８潜１隻のみである。当時は艦橋後方の甲板、ちょうど飛行機格納筒直前にドイツで装備された20㎜四連装機銃（ドイツ式でいうと「2cmFlak38 Vierling」。Vierlingとは四連装の意）１基を搭載していたのが特徴のひとつで、日本帰還後に艦長は有泉龍之助中佐（海兵51期）に交代。艦体整備を実施したのち、３月初頭にマレー半島のペナンに進出し、以後インド洋通商破壊戦に従事する予定となっていた。

このインド洋通商破壊戦はとかく不振といわれる日本海軍潜水艦にとって昭和17年以来、唯一華やかな潜水艦戦を展開できた戦場であったが、激

昭和 18 年春の第 8 潜水戦隊の編制

第 8 潜水戦隊、略称 8 潜戦は昭和 17 年にインド洋方面の潜水艦作戦を担当するために編成され、特殊潜航艇によるディエゴスワレス湾襲撃やインド洋を発動する遣独潜水艦の支援を行なった栄えある部隊だ。とかく不振といわれた日本海軍潜水艦作戦のなか、通商破壊（あるいは交通破壊ともいう）を展開したが、昭和 19 年春には太平洋方面へ戦力を引き抜かれ、この 4 隻があるのみとなっていた。

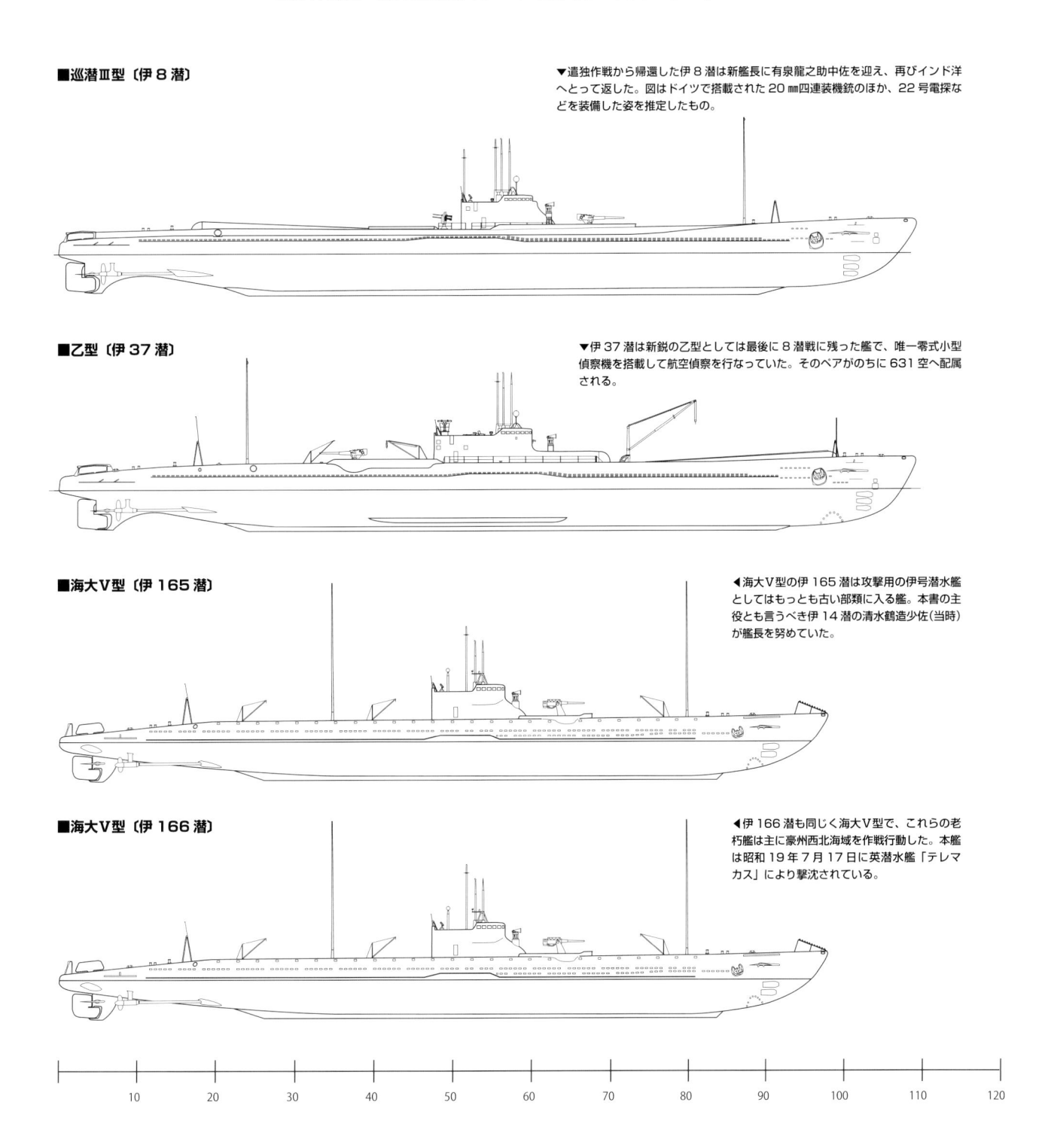

■巡潜Ⅲ型〔伊 8 潜〕

▼遣独作戦から帰還した伊 8 潜は新艦長に有泉龍之助中佐を迎え、再びインド洋へとって返した。図はドイツで搭載された 20 ㎜四連装機銃のほか、22 号電探などを装備した姿を推定したもの。

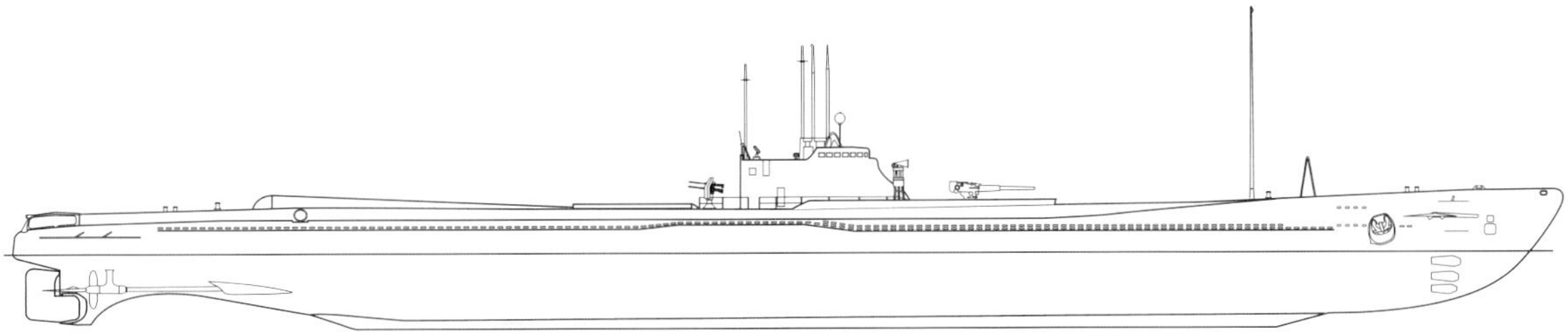

■乙型〔伊 37 潜〕

▼伊 37 潜は新鋭の乙型としては最後に 8 潜戦に残った艦で、唯一零式小型偵察機を搭載して航空偵察を行なっていた。そのペアがのちに 631 空へ配属される。

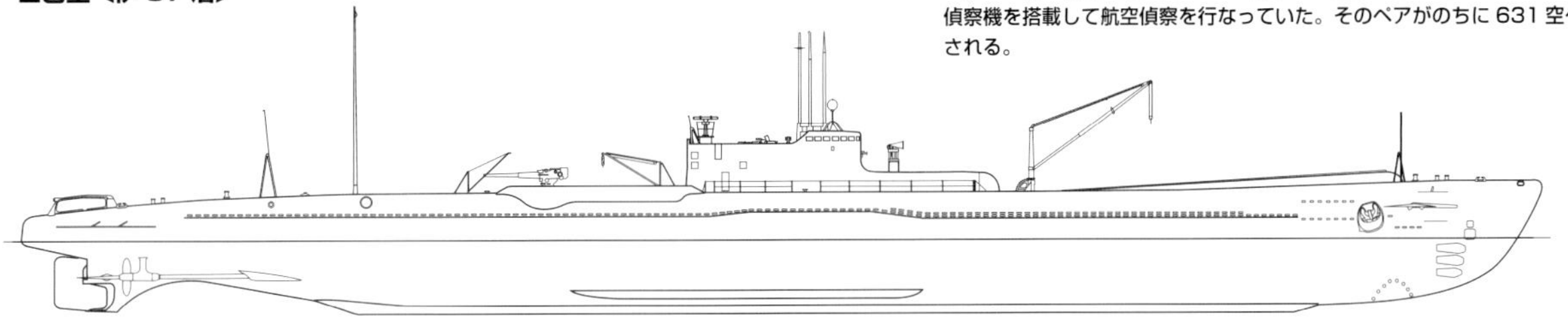

■海大Ⅴ型〔伊 165 潜〕

◀海大Ⅴ型の伊 165 潜は攻撃用の伊号潜水艦としてはもっとも古い部類に入る艦。本書の主役とも言うべき伊 14 潜の清水鶴造少佐（当時）が艦長を努めていた。

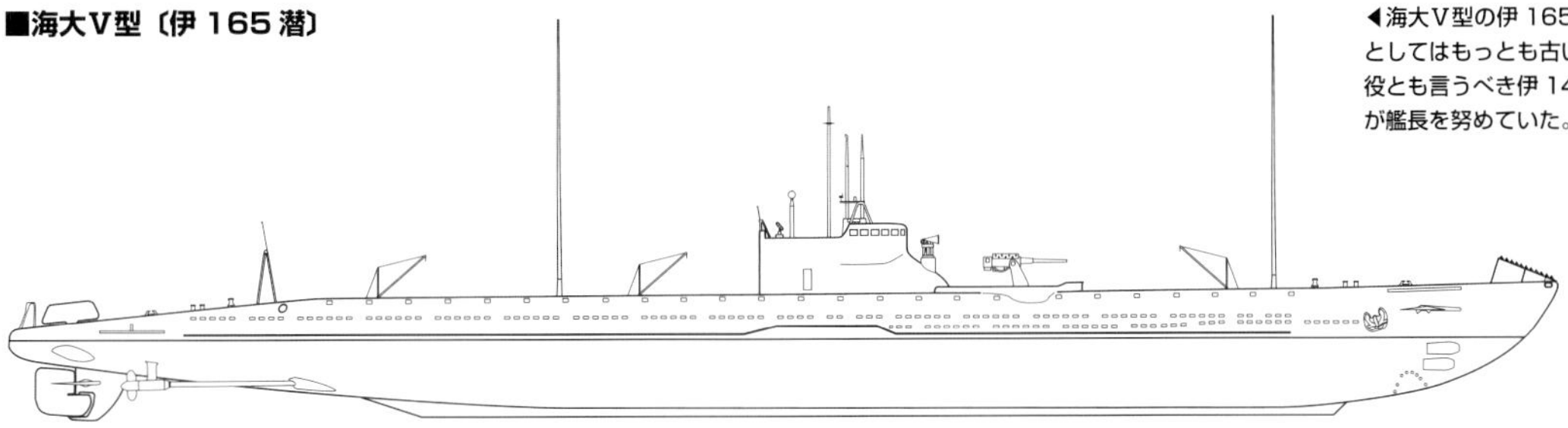

■海大Ⅴ型〔伊 166 潜〕

◀伊 166 潜も同じく海大Ⅴ型で、これらの老朽艦は主に豪州西北海域を作戦行動した。本艦は昭和 19 年 7 月 17 日に英潜水艦「テレマカス」により撃沈されている。

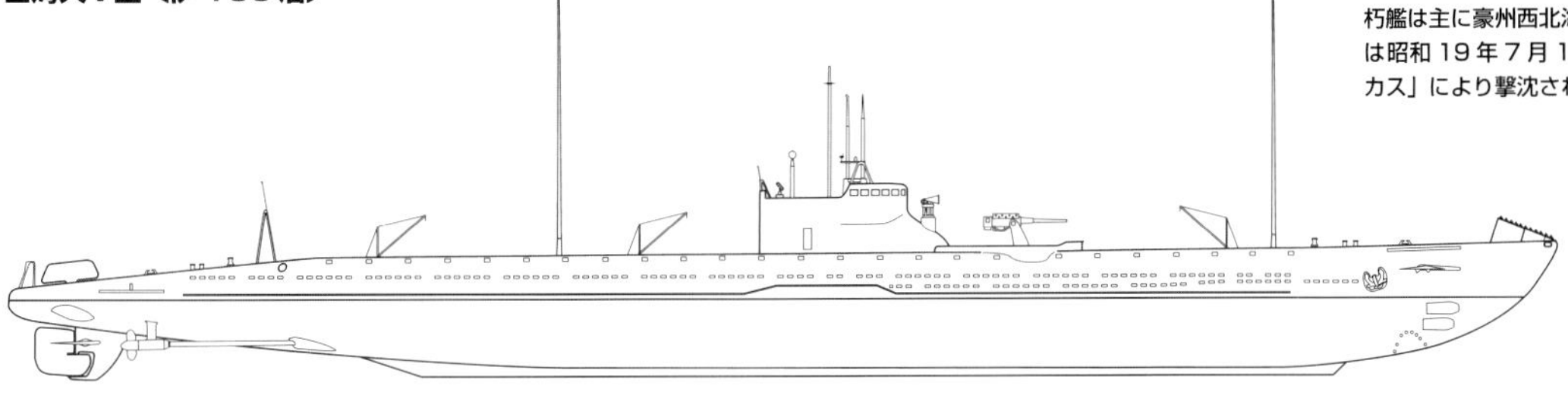

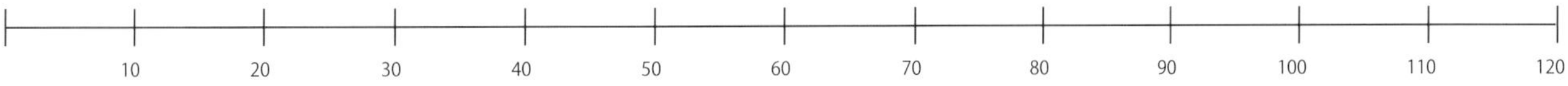

戦続く太平洋方面への兵力の配備変更や喪失によって昭和19年3月下旬にいたり、その作戦を担当する第8潜水戦隊の稼動戦力は伊8潜以下、伊37潜、伊165潜、伊166潜の4隻のみという状況になっていた。伊165潜、伊166潜はともに海大5型の旧式艦であり、昭和18年3月10日に竣工した伊37潜が最新鋭の乙型潜水艦、巡潜3型の伊8潜はやや旧式の部類に入る艦といえたが、それでもいまだ大きな攻撃力を有する潜水艦であったといえる。本艦にとっては遣独任務につぐ、もうひとつのハイライトがこのインド洋作戦であった。

こうした背景のなか作戦出撃した伊8潜は昭和19年3月26日、南緯2度30分、東経78度40分でオランダ商船『チサラク』5,787トンを雷撃により撃沈、続いて30日には南緯12度1分、東経80度27分でイギリス商船『シティ・オブ・アデレイド』6,589トンを砲撃と雷撃で撃沈する戦果を挙げる。その一方、4月中旬に伊37潜がペナン水道で触雷し、シンガポールで仮修理ののち8月中旬に内地に回航となったため、ただでさえ少ないインド洋方面の潜水艦戦力は3隻となる。

この間にも伊8潜は6月29日に南緯7度51分、東経75度20分でイギリス商船『ネロア』6,942トンを雷撃で、7月2日には南緯3度28分、東経74度30分において米船『ジーンニコレット』7,176トンを砲雷撃で撃沈したが（合計2万6,494トン）、伊165潜がビアク輸送作戦中に損傷を受けて9月中旬にスラバヤ経由で内地へ回航（これについては後述）、伊166潜は修理のため内地へ回航中の7月17日にシンガポール付近でイギリス潜『テレマカス』の雷撃を受けて沈没したため、一時はインド洋で作戦する潜水艦はこの伊8潜のみとなってしまった。

こうした状況を受けて8月15日付けで「小型」と分類される呂100潜型の呂113潜と呂115潜が増援されることとなるのだが、伊8潜も9月末にその作戦行動を終え、大修理を実施するため10月9日に横須賀へ帰着、整備作業に従事することとなった。そして、比島方面の戦局が激化するに及び11月5日付けで伊8潜は8潜戦から除かれて第6艦隊直率となる。さらに、最後までインド洋に残っていた呂113潜と呂115潜も昭和20年2月に第34潜水隊へ編入され、ここに幾多の戦功に輝く栄光の第8潜水戦隊は消滅する。

なお、このインド洋通商破壊作戦において伊8潜が取った行動が戦時中すでに国際問題となり中立国スウェーデン経由で抗議を受け、終戦後、さらに名和氏自身を戦犯容疑とすることに至るのだが、これについては本書の最後で記述したい。

さて、この名和大尉の着任で、艦長以外の伊14潜の幹部はひととおりそろったこととなる。まず先任将校であり、潜航指揮官たる水雷長が岡田安麿大尉（海兵69期）、航海長に名和友哉大尉（海兵70期）、通信長に隅田一美中尉（海兵71期）、そして砲術長に高松道雄中尉（海兵72期）という陣容である（もっとも、正式には翌昭和20年3月14日の竣工時の発令を待たねばならない）。

ご覧のようにちょうど海軍兵学校のクラスが1期ずつ違って配置されており、これが当時の日本海軍潜水艦の幹部の建制（先任順）をそのまま表している。伊175潜での名和中尉（当時）のように砲術長は若手士官の登竜門といえ、伊14潜では高松中尉がその職に着く予定である。

先任将校の岡田水雷長はすでに豊富な実戦経験をもっていたが潜水艦勤務は伊14潜が初めてということで、それを補佐する次席の名和航海長の職務は重責であったといえる。水中という"3次元"で戦う潜水艦の操艦は水上艦艇などと異なり、潜舵・横舵の扱いや各タンクへの注排水管理、ツリム調整などデリケートな判断が常に必要で、そのため気を配る箇所や下令すべき指示も数倍多いのである。前述した掌水雷長の心配ももっともなことであり、そういった意味で、若いながらも歴戦の名和航海長の着任は歓迎されるもので、古い下士官・兵たちからも全幅の信頼を得るに充分であった。

伊14潜艦長、清水鶴造中佐着任

昭和19年12月5日、暮れも近くなった寒空の下、伊14潜艤装員長に補された清水鶴造中佐が神戸川崎造船所へ赴任した。これまでは便宜上、機関長の釘宮少佐（11月1日進級）が艤装員長を務めていたが、艦長予定者の清水中佐が着任したことでいよいよ幹部が勢ぞろいしたこととなる。

清水中佐は海軍兵学校第58期出身。軽巡洋艦や駆逐艦での水上艦艇勤務のほか、これまでに呂63潜（L4型）水雷長、伊3潜（巡潜I型）水雷長、伊54潜（初代となる海大3型a。のちの伊154潜）水雷長などの配置で7隻の潜水艦を乗りつぎ、すでに艦長経験もある人物である。開戦直前には伊19潜（乙型）水雷長の職にあり、ついで潜水艦長を養成するための潜水学校甲種学生を経て伊32潜（乙型）艤装員長となったが、さらにその後潜水学校教官、潜水学校専攻学生を修業し、昭和17年12月15日付けで当時練習潜水艦となっていた伊153潜（海大3型a）の艦長に補されて半年

▲老朽潜水艦ながら清水艦長の指揮により戦果を重ねていった伊 165 潜。写真は竣工後まもない昭和 7 年 11 月、広島湾において公試運転中の姿で、当時の艦名は伊号第 65 潜水艦。海大型潜水艦は伊 51 潜を筆頭に建造されたが、のちに登場した甲型、乙型、丙型の建造数増大により艦名が 50 番以上になることが予想されたため、昭和 17 年 5 月 20 日付けで 100 番台の数字を艦名に追加する措置がとられた。（写真／大和ミュージアム）

ほど訓練に従事、昭和18年５月25日付けで伊１６５潜の艦長に就任した。名和航海長の項で述べた第８潜水戦隊４隻の潜水艦のうちの１艦がこの伊１６５潜だ。

海大５型の１番艦として昭和７年12月１日に竣工した伊１６５潜は、マレー沖海戦前日の昭和16年12月９日に北上する英東洋艦隊を発見し「敵発見」の第一報を報じた殊勲艦である。当初の艦名は伊号第65潜水艦であり、昭和17年５月20日付けで１００番代の番号を追加され、伊号第１６５潜水艦と改称された。

昭和18年３月５日にインド洋作戦から佐世保に帰投してきたばかりの同潜は半年ほどの艦体整備作業と訓練を終えて、清水新艦長の指揮の下、南西方面艦隊付属第30潜水隊の１艦として８月26日に呉を出港、９月に再びペナンへ進出した。これにより第８潜水部隊（第８潜水戦隊主体）と第30潜水隊をもって南西方面潜水部隊が編成され、８潜戦司令官 市岡 壽少将（海兵42期）がその指揮官となった。

この頃の第30潜水隊は伊１６２潜、伊１６５潜、伊１６６潜のいずれも海大型の旧式潜水艦３艦からなっており、これら各艦はベンガル湾、ビルマ海、ならびに豪州北西海面を主な行動海域とされ、８潜戦がドイツ海軍モンスーン戦隊のUボートとともにインド洋での作戦を担当していた。

進出後早速、豪州西岸での１ヶ月あまりの作戦に従事して10月８日にペナンに入港した伊１６５潜は10月24日に再びペナンを出港、作戦行動を開始し、昭和19年１月16日に北緯12度、東経80度14分で英商船『ペルセウス（英読みでパーシューズ）』１０，２８６トンを雷撃により撃沈、ペナンに一時帰投してのちの２月18日には北緯２度14分、東経78度25分で英商船『ナンシーモラー』３，９１６トンを雷撃により撃沈する快挙を上げている。

３月25日、伊１６５潜は第８潜水戦隊に編入され、この当時わずか４隻となっていた同戦隊の１艦となった。なお、同日付けで第30潜水隊の僚艦である伊１６２潜は老朽化を理由に呉防備戦隊に編入され、内地へ帰還していった。海大４型の２番艦として昭和５年４月24日に竣工した伊１６２潜は以後、練習潜水艦としての任務につき、無事に終戦を迎えている。

一方、５月25日にスラバヤを出撃、豪州方面からの敵の反攻に備えて小スンダ列島南方海面、アラフラ海方面での敵状偵察を行ない、ひと月あまりの作戦行動を終えて７月５日にスラバヤに帰着した伊１６５潜は簡単な整備ののちビアク島への輸送の任を受けた。ゴム袋やドラム缶に糧食・医薬品などを詰めた貨物を後甲板に積載（清水氏の回想によればドラム缶80本とのこと）、帰路は司令官や人員を救出する心算で、７月24日にスラバ

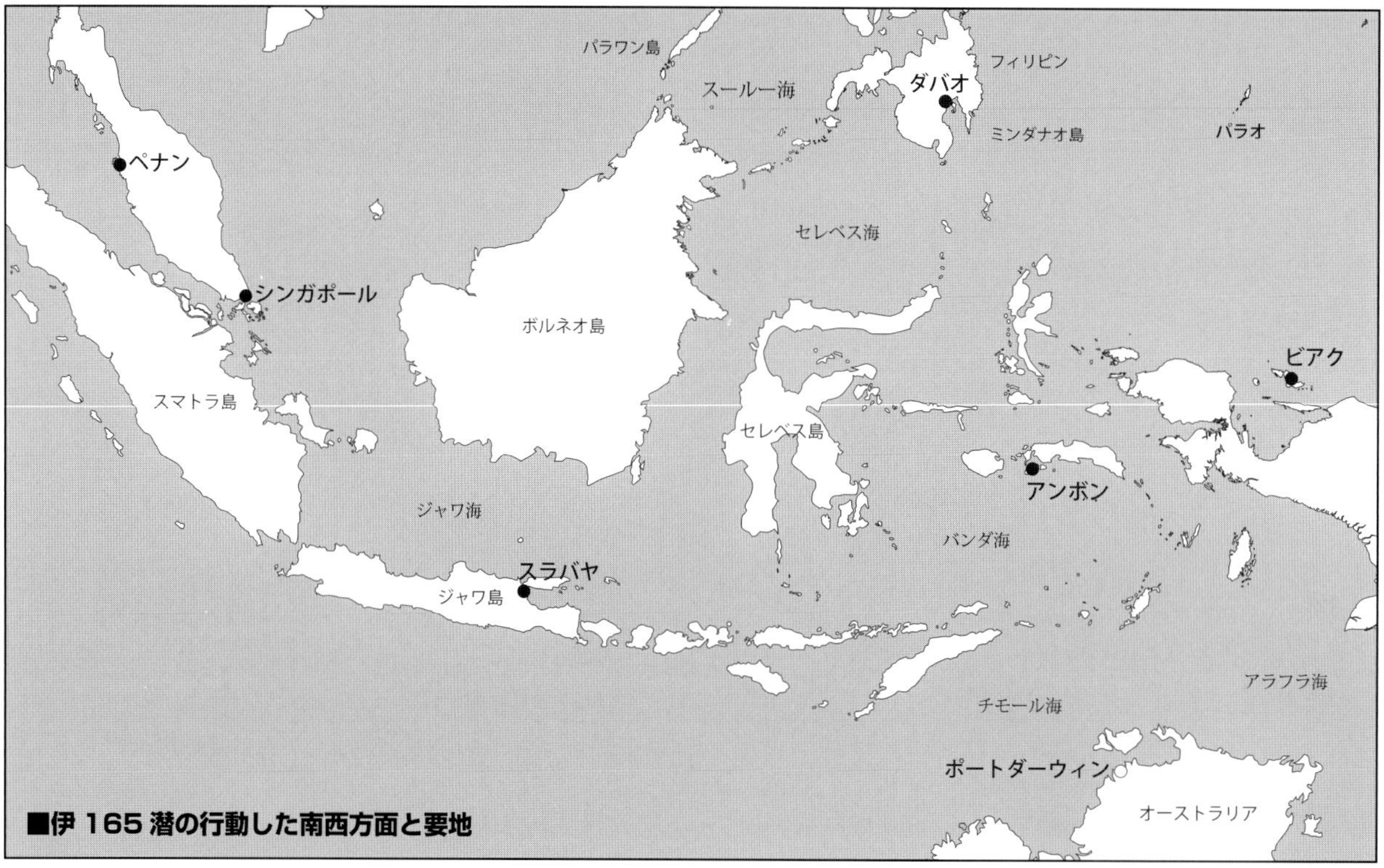

■伊 165 潜の行動した南西方面と要地

ヤを出港したがこの時は機関故障のため再挙を期して引き返し、改めて8月12日にアンボンを出撃した。

ニューギニア北西部に位置するビアク島は連合軍の一大反攻の矛先となった所で、マリアナ~硫黄島を結ぶ線とは別にここからパラオ、フィリピン、沖縄へと駒が進められていく。昭和19年5月27日、艦砲射撃と航空攻撃を実施した米軍はビアク島への上陸を開始、米軍1万2,000名と日本陸海軍1万1,000名による苛烈な陸上戦闘が生起していた。海軍部隊の司令官は千田貞敏少将（海兵40期）。それまで中部太平洋の島々を短時間で攻略してきた米軍は日本側兵力を侮り、戦いは思わぬ長期化を見せていて、6月26日には第4南遣艦隊司令部は生存者救出のため潜水艦3隻程度のコリム湾派遣を要望したが、この方面の潜水艦にはその余裕はなく、やっと都合がついたのが伊165潜の派遣であった。

しかし、上陸から2ヶ月あまりが過ぎてすでに米軍の警戒厳重となっているビアク島へは簡単に近付けるはずがない。揚陸地点も当初予定されていたコリム湾から北西10浬のワルサ湾へ変更され、突入予定当日の日の出1時間前に潜航して接近、日没1時間前の薄暮を利用して数珠繋ぎとなったドラム缶を艦内ハンドルの操作により潜航したまま切り離し、あとは大発などを使って揚陸させる手はずであった。

ところが、ワルサ湾北方海面に到達し、潜航開始まであと1時間ほどに迫った8月18日黎明時に清水艦長は艦首方向水平線にピカピカと明滅する光を確認。双眼鏡で確認すると2隻の駆逐艦が発光信号で交信しながらこちらへ艦首を向けてやってくるところだ。

清水艦長はただちに

「潜航急げ」

「取り舵一杯」

「深度60（60mの意）」

と下令、針路を北にして離脱を図る。すぐに敵艦は頭上に迫り爆雷攻撃を実施。2隻の駆逐艦のうち1隻が伊165潜の後方でソナー探知し、1隻が爆雷攻撃をしてはまた元の位置に戻るという、日本の対潜学校でも教えていたやり方と同様の攻撃法で執拗に攻撃してきた。これは当時のソナーが近距離（艦から300mほど）に対する探知能力が低かったためだ（探信担当艦をハンター、攻撃担当艦をキラーという）。

その間にも伊165潜は後部から浸水しはじめ、アップツリム（艦首に仰角がついて上を向いている状態）23度で傾斜していた。清水艦長は深度90mと指示。これは艦齢が古く安全潜航深度を67mに限定されている同潜

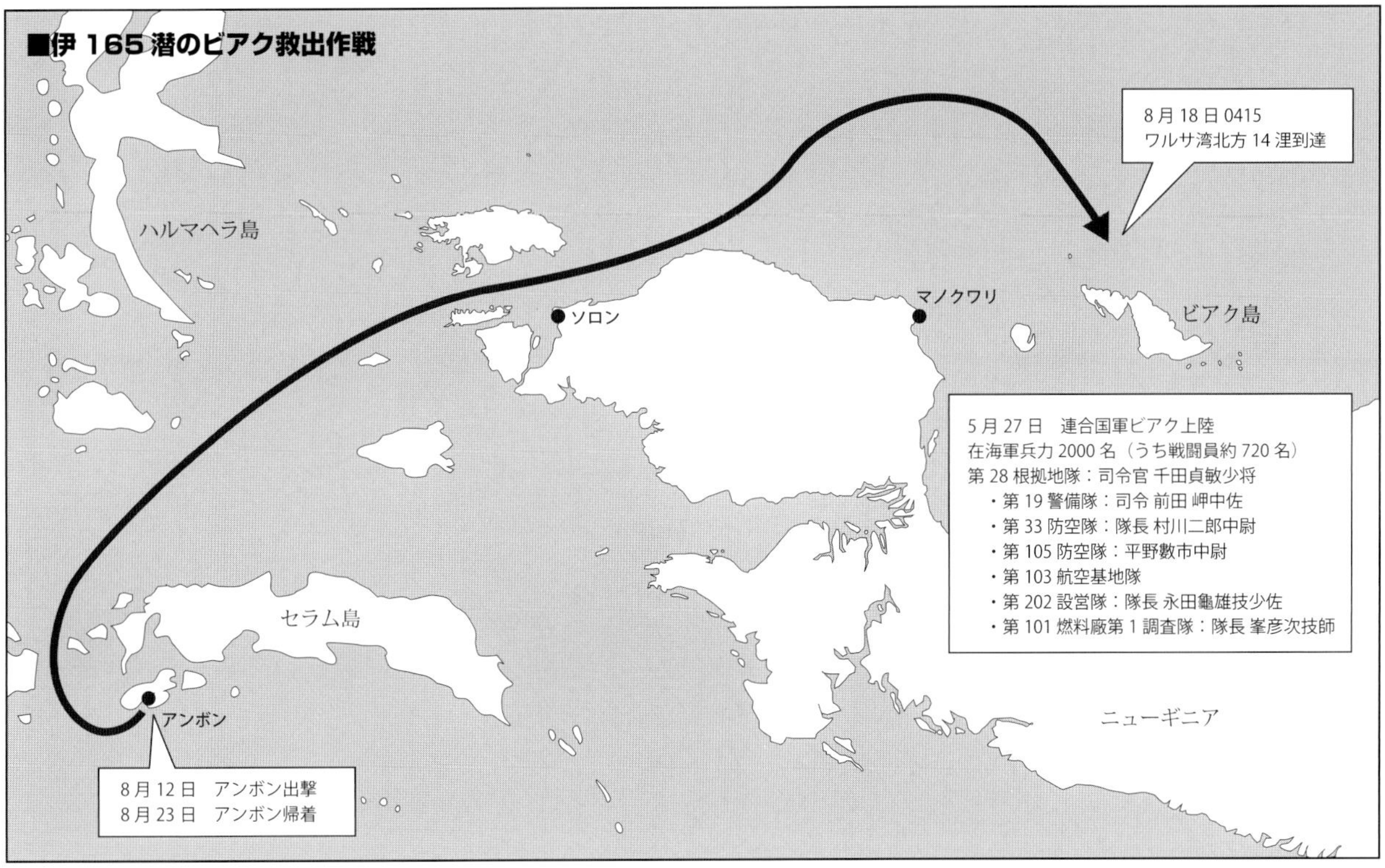

■伊 165 潜のビアク救出作戦
8月18日 0415
ワルサ湾北方 14 浬到達
ハルマヘラ島
ソロン
マノクワリ
ビアク島
5月27日　連合国軍ビアク上陸
在海軍兵力 2000 名（うち戦闘員約 720 名）
第 28 根拠地隊：司令官 千田貞敏少将
・第 19 警備隊：司令 前田 岬中佐
・第 33 防空隊：隊長 村川二郎中尉
・第 105 防空隊：平野數市中尉
・第 103 航空基地隊
・第 202 設営隊：隊長 永田龜雄技少佐
・第 101 燃料廠第 1 調査隊：隊長 峯彦次技師
セラム島
アンボン
ニューギニア
8月12日　アンボン出撃
8月23日　アンボン帰着

にとってきわめて危険な領域に足を踏み入れることを意味していた。だが、背に腹は代えられない。艦内はあちこちから海水が噴水のように噴き出し始める。さらに２ｍきざみで深度を下げ１００ｍまで潜る。

もともと潜航中の潜水艦の艦内というのは絶えずチョロチョロとあちこちから浸水しているもので、これを「ビルジ（汚水）ひけ」の号令で一ヶ所に集め、油分と水に分離したのちまとめて捨てるのが日課のひとつにはなっていた。しかし、安全潜航深度をはるかに超えたこの時の老艦の内部には針のような勢いで海水が噴出、とくに内殻貫通部のスクリューシャフトからは滝のような浸水である。

ちょうどこの時、聴音員が「海面で炸裂する機銃音あり」と報告してきた。はて……、一瞬疑問に思った清水艦長、これは度重なる爆雷攻撃で艦上に固縛しておいたドラム缶のうち何本かが外れて海面へと浮き上がり、これを浮遊機雷などの爆発物と誤認した敵艦が銃撃しているものと推測する。見ると深度計は１２０ｍにも達していた。

もはや任務の遂行は不可能と判断した清水艦長、ドラム缶全部の切り離しと同時に発射管から空気やボロ布を、重油タンクから油を放出する準備を命じ、やがて敵艦の爆雷が最も至近で炸裂した際に一気にそれらを艦外へと解き放った。水上艦艇や飛行機が潜水艦を攻撃した際にその効果大、撃沈確実と判断するのは搭載燃料や浮遊物を確認した時だ。もっとも、中途半端な油紋は効果小と見られてそれを目印にさらなる攻撃を受ける恐れがあったのだが。

これが功を奏したものか聴音から駆逐艦のスクリュー音は消え、おそるおそる伊１６５潜が潜望鏡深度まで浮上、潜望鏡で観測すると敵艦の姿は周囲にはなかった。しかし、潜水艦にとって大事な命綱ともいえる潜舵と横舵はすでに動かなくなっており、もはや満足な潜航は不可能。

こうした状況から、警戒厳重なビアクへ突入することは困難と判断した清水艦長は作戦中止を決定、水上航走でアンボンへと艦を向け、8月23日にからくも帰着、次いで大修理を実施するためスラバヤへ向かった。ここで改めて被害を調査してみると艦尾の構造物は「く」の字に曲がり、潜横舵の上下の鉄板は貝が１８０度口を開けたようにめくれ上がっていたが、幸いにして内殻への浸水がなかったために助かったのがわかった。

南西方面艦隊司令部は8月24日をもって潜水艦によるビアク輸送中止を決定、8月下旬に同島との通信は途絶し、所在の海軍部隊は全滅、千田司令官は12月15日付けで戦死と認定されている。

9月15日にスラバヤを発した同潜はシンガポールを経由して香港で簡単

な修理を実施、10月17日に佐世保に帰投した。途中、病気のため各地の病院に入院中の乗組員たちを帰港地で便乗させ、一緒に内地を出撃してきた乗員全員を連れて帰ることができたのが清水艦長の自慢だ。

この間の10月10日付けで伊１６５潜新艦長に大野保四大尉（海兵65期。11月1日付け少佐進級）が補され、清水艦長は呉鎮守府附となっているが、実際に清水少佐が退艦したのはこの佐世保入港後のことと思われる。伊１６５潜は12月15日付けで第19潜水隊に編入され、以後は練習潜水艦となった。

その後、清水少佐は11月1日付けで海軍中佐に進級。「海軍省辞令公報」によれば11月5日付けで伊14潜艤装員長に補されているのがわかるが、清水氏本人の記憶によれば神戸川崎造船所にやってきたのは12月5日のことという。

さて、清水中佐が艤装員事務所へやってくると、ちょうど伊14潜乗員全員のマラソン競技が行なわれていたところだった。彼ら一人一人を見るにつけ、そのいずれの顔にもあふれる若さと元気が満ちている様子を感じ取った清水中佐は内心〝これはいける！〟とひと安心した。

「平時の艦隊訓練演習と実戦とを通じ、勝敗の決は敵側にあるのではなく、自らの側に在る、というのが私の結論である。即ち最高の錬度、士気、戦術を保持するものが勝つという簡単な哲理であるが、その為には己に克った者が勝つと云うことを申したいのであります。」

▲伊14潜艤装員長に発令された清水鶴造中佐は、インド洋通商破壊作戦での商船撃沈経験を持っていた。昭和19年12月に川崎造船所へやってきた中佐は、艤装員たちの行き足のよさに「これはいける！」との手応えを感じたという。

と後年、伊14潜の艦長として心がけたこと、艦長としての指針を述べるに触れて、こう清水氏が回想しているが、こうした信念のもと、最高の戦闘艦を築き上げるための乗員一人一人の資質が当初から備わっていたことは幸いといえた。

大戦中期以降の厳しい戦場から帰還してきたばかりの清水艦長はその経験とあらゆる戦訓を参考に、最良と思われる短期速成の教育訓練計画を立てて実践していくこととなる。

第1潜水隊の編成と第1潜水戦隊編成準備

昭和19年12月16日、同じ神戸川崎造船所で艤装中であった甲型改２の1番艦、伊号第13潜水艦が竣工した。造船所の人々や伊14潜艤装員たちの盛大な見送りを受けて呉へと出港していった同艦は19日付けで第11潜水戦隊に編入され、完熟訓練を開始する（ただし、「第十一潜水戦隊戦時日誌」によれば翌20年1月7日までは呉にあり、伊予灘に移動して本格的な訓練を実施するのは8日以後となっている）。

そして同月30日に呉海軍工廠で特型の1番艦となる伊号第４００潜水艦が竣工すると、翌31日付けで第1潜水隊が編成された。これにより第11潜水戦隊に属していた伊13潜は同戦隊から除かれて伊４００潜と共に第1潜水隊に編入され、その第1潜水隊は第11潜水戦隊へ編入された。つまり、単艦で隷下となっていたものが潜水隊単位での隷下となったものである。

第1潜水隊司令には内令されていた有泉龍之助大佐が正式に補された。有泉大佐は伊14潜の名和航海長がかつて通信長として乗組んでいた伊8潜の艦長だった人物であり、潜水艦乗りの先輩として清水艦長が敬愛する上官のひとりでもあった。開戦時は大本営海軍部の潜水艦担当参謀を努めており、その後、第8潜水戦隊参謀を経て伊8潜艦長を歴任したものである。

続いて昭和20年1月8日には佐世保工廠で艤装中であった伊４０１潜が竣工し、佐伯湾で伊４００潜と伊13潜に合流。以後、第11潜水戦隊の指揮の下、内海西部での組織的な訓練に移行した。

ところで、日本海軍の潜水艦は昭和に入って長らくの間は戦艦を主力とする第1艦隊、重巡洋艦を主力とする第2艦隊に1個潜水戦隊が配備されるほか、必要に応じて各艦隊へ適宜分散配置されており、文字通り艦隊決戦を有利に導くための補助艦として醸成されてきた。しかし、開戦1年前の昭和15年11月になってようやくこれを統一指揮する第6艦隊が編成さ

第６艦隊の編制

昭和15年11月15日付けで編成された第６艦隊は、それまで各艦隊へ分散配置されていた潜水戦隊を集束し、組織的な潜水艦作戦を行なうためのものだ（同様に空母は第１航空艦隊が編成されている）。当初は他の水上艦艇部隊と同様、潜水戦隊－潜水隊という縦割りの組織であったが、実際に対米戦争が始まってみるといろいろと齟齬を発症して順次改正され、昭和20年５月には第２章で掲げる表のように第６艦隊司令部が直接各艦を指揮するような形になっていた。

▲練習巡洋艦として建造された『香取』は、もっぱら第６艦隊旗艦として使用された。写真は昭和15年の竣工時。（写真提供／大和ミュージアム）

■昭和16年12月８日現在（開戦時）

艦隊編制			所属艦
第６艦隊			香取
	第１潜水戦隊		伊９潜
		第１潜水隊	伊15潜、伊16潜、伊17潜
		第２潜水隊	伊18潜、伊19潜、伊20潜
		第３潜水隊	伊21潜、伊22潜、伊23潜
		第４潜水隊	伊24潜、伊25潜、伊26潜
		附属	靖国丸
	第２潜水戦隊		伊７潜、伊10潜
		第７潜水隊	伊１潜、伊２潜、伊３潜
		第８潜水隊	伊４潜、伊５潜、伊６潜
		附属	さんとす丸
	第３潜水戦隊		伊８潜
		第11潜水隊	伊74潜、伊75潜
		第12潜水隊	伊66潜、伊69潜、伊70潜
		第20潜水隊	伊71潜、伊72潜、伊73潜
		附属	大鯨

▲開戦時の第６艦隊の編制。このほか聯合艦隊直率の兵力に第４、第５潜水戦隊、第３艦隊麾下に第６潜水戦隊、第４艦隊麾下に第７潜水戦隊があった。ただし、水上艦艇然としたこうした編制は次第に崩れていく。

れ、近代的な潜水艦隊がここに誕生したのである。

この当時の潜水艦は3隻で1個潜水隊を編成し、これを海軍大佐たる潜水隊司令が指揮していた。

潜水隊2個以上で編成されるのが潜水戦隊であり、これには、魚雷や燃料、食糧などを補給するほか、司令部施設、作戦会議などのスペースを有し、乗員たちの休養、入浴などのサービスをする潜水母艦が付随し、作戦にあたっては海軍少将たる潜水戦隊司令官が旗艦潜水艦に座乗して指揮をとる。潜水戦隊司令部は司令官のほか作戦参謀、通信参謀、機関参謀、戦隊機関長の4人の幕僚（戦時には作戦参謀の次席が追加された）と、司令部附の電信員など10名あまりの下士官兵で構成されていた。

そして第6艦隊はこの複数の潜水戦隊を指揮下におくという縦割りの編制というのが開戦当時の〝潜水艦隊〟のあり方である。それは水上艦艇の艦隊編制と似通った形態であり、開戦時は第1、第2、第3潜水戦隊がその指揮下にあったほか、第4、第5潜水戦隊が聯合艦隊直率、第6潜水戦隊が第3艦隊麾下に、第7潜水戦隊が第4艦隊麾下にあった。

開戦当初は旗艦先頭の精神に則り、潜水戦隊司令部が直々に巡潜Ⅲ型、甲型などの旗艦潜水艦に乗組んで作戦指揮を行なっていた。ところが、潜航、浮上をくり返し、電文を適宜にしか発受信できない潜水艦を、これまた潜水艦で指揮することは困難で（深く潜航していれば電波は拾えないし発信もできない。敵艦の制圧下において長時間爆雷攻撃を受けている状況ではなおのことである）、あるいは潜水隊司令が座乗しての麾下潜水隊指揮も非効率極まりないものであることがわかってきた。とくに船頭多くして船山に登るの故事の通り、潜水隊の中でも司令潜水艦だけが未帰還となるケースも散見されるようになった。

こうした数々の戦訓から潜水艦作戦は第6艦隊が個艦、あるいは潜水隊を直接機動的に指揮した方がより実戦に則していると分析され、まずは1個潜水隊が6隻で編成されるようになった。やがて南東方面の作戦を担当する第7潜水戦隊が呂号潜水艦を主体とした編成となり、司令部が乗込むことが物理的に無理となるに及び、ラバウルの陸上へ将旗を移したことを先例として各潜水戦隊司令部も逐次陸上からの指揮に移行し、その後、段階を経て潜水戦隊という組織構造は解隊されていった。

そして昭和19年暮には横須賀に司令部を置いて輸送潜水艦を指揮する第7潜水戦隊と、内海西部で新造艦の錬成を指揮する第11潜水戦隊（旧呉潜水戦隊）、そして呂号潜水艦2隻からなる第8潜水戦隊がペナンにあるのみで、その8潜戦も先述したように昭和20年2月に、7潜戦も同年3月に

第１潜水戦隊編成要領作成時（昭和 19 年 11 月1日現在）の『晴嵐』搭載潜水艦竣工見込

軍令部の土肥中佐により「第１潜水戦隊編成要領」が作成された時点での『晴嵐』搭載潜水艦の竣工予定は表に掲げる通りであった。これを実際の竣工時期と比較すると、伊 401 潜を除く各艦の工期は１ヶ月から３ヶ月以上の遅れを見せていたことがわかる。

艦名	型式	竣工予定	実際の竣工時期
伊 13 潜	甲型改２	S19.11.15	S19.12.16
伊 400 潜	特型	S19.11.25	S19.12.30
伊 14 潜	甲型改２	S19.11.30	S20.03.14
伊 401 潜	特型	S19.12.31	S20.01.08
伊 15 潜（２代目）	甲型改２	S20.02.28	未完成
伊１潜（２代目）	甲型改２	S20.03.31	未完成
伊 402 潜	特型	S20.04.30	S20.07.24
伊 405 潜	特型	S20.06.30	未完成
伊 404 潜	特型	S20.07.30	未完成

※我が伊 14 潜の工期はとくに遅れ、ついに伊 401 潜に追い抜かれてしまったわけだ。

▲第１潜水隊司令に発令された有泉龍之助大佐。かつて軍令部参謀や第８潜水戦隊参謀を経験としており、予定通り第１潜水戦隊が編制されていれば首席参謀として大いに腕を振るったことだろう。

解隊され（第16潜水隊と改編）、さらに回天作戦を実施するに当たり第6艦隊が直々に各艦を指揮するようになったのである（編制上は第15潜水隊や第34潜水隊などの形態をとってはいたが）。また、戦局も立て割りの作戦指揮を困難なものとしていた。

ところがこの一方で、軍令部第1部では捷1号作戦後、『晴嵐』を搭載する特型及び甲型改2潜水艦をもってする「第1潜水戦隊」の編成準備にとりかかっていた。事実、軍令部第1部第1課で編成を担当していた土肥一夫中佐（海兵54期）は昭和19年11月1日、「第1潜水戦隊編成要領」を起案、同月8日までに軍令部総長並びに海軍大臣の決裁を得ている。

起案作成時の『晴嵐』搭載各艦の竣工予定は別表の通りであった。この第1潜水戦隊編成の下準備として、まず同潜水戦隊への編入を予定されている潜水艦が竣工次第、第1潜水隊を編成、これを第6艦隊に編入することとし、またこれら潜水艦は従来の艦と異なり第11潜水戦隊に編入して就役訓練を行なうのではなく、直接第1潜水隊に編入して同隊司令の下に錬成を実施することとしていた。伊13潜が竣工当初に単艦で第11潜水戦隊に編入され、第1潜水隊編成と同時にここへ編成替えとなったのはこのあたりの事情によるものである。

前記編成要領によれば、はじめに竣工する4艦で第1潜水隊を編成、昭和20年1月中旬に『晴嵐』飛行隊（状況によっては航空隊規模に拡大する予定）の編成ができたところで第1潜水隊とこの飛行隊とで第1潜水戦隊を編成する、第1潜水隊司令は第1潜水戦隊が編成された際に、その首席参謀たるべき人物を充てる予定としている。このあたりの人事も、参謀としての経験豊かな有泉大佐が適任であったことをうかがわせている。

しかし、前掲表の通り各艦の竣工は予定期日よりも大幅に遅れ、また後述するように『晴嵐』飛行隊の編成も思うように進まなかったため、結局、終戦に至るまで第1潜水戦隊は編成されることはなく終わるのである。

こうした背景のなか、第1潜水隊は各艦当初の建造計画の通り、水上攻撃機『晴嵐』を用いて敵の勢力圏深くに忍びこんで楔（くさび）を打つ作戦を実現するための錬成に邁進することとなった。

なお、第1潜水隊が一時的に編入された第11潜水戦隊は、新造艦の完熟錬成訓練を行なうために昭和18年4月1日付けで呉潜水戦隊が改編された部隊であり、以後、竣工なった各艦は一時ここへ編入されて半年程度の訓練を実施し、また艦内外の調整を行なって実戦投入される流れとなっていた。例えば艦内機械の初期不良の改善、振動共鳴などの騒音対策、電探の精度調整などを実施するのがこの期間である。

昭和19年12月当時の11潜戦司令官は、昭和17年に第8潜水戦隊が新編された際にその初代司令官を努め、特殊潜航艇によるディエゴスワレス攻撃、シドニー攻撃を指揮した石崎 昇少将（海兵42期）であったが、12月23日付けで仁科宏造少将（海兵44期）と交代する。首席参謀は長らく第1線の伊号潜水艦長として活躍してきた横田 稔大佐（海兵51期）が努めていた。

横田大佐は伊26潜艦長時代の昭和17年8月に米空母『サラトガ』撃破、同年11月には米軽巡『ジュノー』撃沈の偉功を立てた名艦長のひとりとして知られるが、実はその際の『サラトガ』攻撃の効果というのは戦中は不明であり、そのため日本海軍としてそのような戦功があったことは把握しておらず、戦後になってのアメリカ側の資料との突き合せではじめて判明した、という裏話がある。つまり、この時点では横田大佐が『サラトガ』を撃破したことは日本海軍の誰も知らなかった訳だ。

伊４００潜艦長の日下中佐も伊26潜の艦長を努めているが、それはこの横田艦長の後任としてであった。

なお、この第11潜水戦隊と同じような組織に昭和18年12月1日に編成された呉潜水戦隊（2代目）があるが、これは旧式になった海大型の伊号潜や呂号潜を練習潜水艦として運用し、潜水学校の学生や同練習生の教育を行なう組織である。

さて、前述のように12月30日に竣工した伊４００潜は翌31日には伊予灘へ進出して完熟訓練に入り、昭和20年1月7日に一時呉へと帰投、11日から12日に再度伊予灘へ出たのち再び呉での調整作業に入った。同1月7日、竣工後に呉で調整中であった伊13潜がこれと入れ代わるように伊予灘へと進出、25日まで完熟訓練を実施する。その間の1月19日には駆逐艦『野風』『神風』の対潜訓練に協力している。

一方、1月8日に佐世保で竣工した伊４０１潜は有泉司令座乗のもと9日に伊予灘へ到着し、佐伯湾に仮泊しての完熟訓練に移行した。

こうした各艦の行動を見てもわかるように竣工直後の艦艇、とくに潜水艦には初期不良が多発するわけで、訓練中に問題が発生するとその都度、呉へと戻って各部の調整、整備作業を実施し、再び伊予灘で訓練という作業を繰り返して第1線の戦闘艦に仕上げられていったのである。

古武士たちの戦歴

ここで、我が伊14潜以外の第1潜水隊各艦の潜水艦長について簡単に紹介しておきたい。

第1潜水隊旗艦、いわゆる司令潜水艦となる伊４０１潜の艦長、南部伸清少佐は海兵61期の出身で、日華事変では陸戦隊の小隊長として地上戦に参加するという珍しい経験の持ち主である。開戦時は伊17潜の先任将校たる水雷長の職にあり、米本土西岸のエルウッド油田砲撃の際にも同艦に乗り組んでいた。内地帰還後、潜水学校甲種学生を経て昭和17年10月15日付けで旧式のＬ４型潜水艦の呂63潜艦長となり、4ヶ月ほどこの練習潜水艦で経験をつんだのち、昭和18年3月16日付けで伊１７４潜艦長に補されている。

伊１７４潜は海大6型bの、当時としてはやや旧式な部類に入る潜水艦で、伊14潜の名和航海長の乗艦していた伊１７５潜の2隻しかない同型艦である。5月に呉を出撃した伊１７４潜はトラックを経て豪州東岸の通商破壊戦を行ない、6月16日に雷撃により米船『ポートマー』を撃沈、ＬＳＴ４６９を撃破する。さらに8月からはニューギニアのラエに4回、さらにフィンシュハーフェン、シオへの輸送を実施する活躍を見せている。

昭和19年2月に伊１７４潜を退艦したのち、丁型潜水艦2番艦の伊３６２潜艤装員長となり、5月25日の竣工と同時に同艦長に補されてトラック及びナウルへの補給物資輸送作戦を成功させた。この作戦からの帰還後、潜補型の1番艦である伊３５１潜艤装員長として呉海軍工廠でその

▲第1潜水隊旗艦である第401潜の艦長の南部伸清少佐。4艦のなかでは一番若い艦長だった。潜補型と呼ばれた伊351潜の艤装員長時代、隣で艤装中の伊400潜をうらやましく思った少佐にとっては願ったり叶ったりの配置であった。高名な板倉光馬、坂本金美両艦長も同期生にあたる。

▶伊400潜艦長の日下敏夫中佐は戦前から潜水艦長を勤める老練なドン亀乗り。伊180潜、伊26潜艦長を歴任して豪州東岸やインド洋での交通破壊戦で商船6隻を撃沈、また軽巡『神通』の生存者救助やグァム島から搭乗員を救出するなどの経験を持っていた。

▲伊13潜艦長の大橋勝夫中佐は日下中佐の同期生でもある。インド洋などで商船5隻を撃沈したほか、ニューギニアに対する潜水艦輸送を成功させるなど経験豊かな潜水艦長であった。

竣工準備に当たったが、昭和19年12月1日付けで竣工直前の伊４０１潜の艤装員長となり佐世保へ赴任、竣工とともに同潜艦長に就任したのである。先の伊３５１潜艤装員長時代、ちょうど竣工直前であった伊４００潜が試運転のために連日出入港する様子を羨望に似た眼差しで見ていた南部少佐にとってはまさに願ったりかなったりの配置だ。そして第1潜水隊4隻の潜水艦の中では彼が1番若い艦長となる。

伊４００潜の艦長、日下敏夫中佐は海兵53期出身。戦前の昭和14年3月以降、機雷潜型の伊１２１潜艦長、Ｌ３型の呂58潜艦長を経て昭和15年10月に呂63潜艦長となり（南部伸清氏の2代前の艦長に当たる）、その配置で開戦を迎えた。昭和17年3月、伊74潜の艦長となりミッドウェー作戦に参加。伊74潜は同年5月20日付けで伊１７４潜と改称されているが、ここでも南部氏の2代前の艦長が日下氏である。

昭和17年12月1日付けで新鋭海大7型の伊１８０潜の艤装員長に就任していた日下少佐は昭和18年1月15日の竣工と同時に同潜艦長に補されたが、ここで目覚しい活躍を見せる。3月に呉を出港、トラックを経て豪州東岸の通商破壊に従事した伊１８０潜は4月29日に豪船『ウオロンバー』を、5月5日にはノルウェー船『フィンガル』を撃沈、5月12日には豪船『オーミストン』と『カラデール』を撃破した。一度トラックに帰投した伊１８０潜は再びソロモンの戦場へ向かい、7月13日にはコロンバンガラ夜戦で撃沈された軽巡『神通』の乗員21名を救助している。

同年9月には米空母『サラトガ』撃破や米巡『ジュノー』撃沈の武勲艦でもある伊26潜艦長に就任。11月に海軍中佐に進級した日下艦長はペナンを経てインド洋の通商破壊戦に従事し、12月28日に米船『ロバート・Ｔ・ホーク』を撃破、ついで31日には英船『トーンズ』を撃破し、昭和19年1月1日には米船『アルバート・ギャランチン』を撃沈。さらに3月13日に米船『Ｈ・Ｄ・コリアー』を、21日にノルウェー船『グレナ』を、29日には米船『リチャード・ホベイ』をと立て続けに3隻撃沈する快挙を上げた。

その間の2月には日本陸軍の「光」機関で養成されたインド人秘密工作員をパキスタンに揚陸する「よ作戦」を成功させ、6月には風雲急を告げるマリアナ方面へ戦いの場を転じてサイパン島への特型運荷筒輸送に成功、また孤立したグァム島からの搭乗員１２０名の救出にも成功するなど、日下中佐については伊４００潜の艦長であったという以外はあまりその経歴がクローズアップされることはないのだが、実はこのように日本海軍を代表する潜水艦長として大活躍をした人物なのである。

伊13潜の艦長、大橋勝夫中佐もまた海兵53期出身のベテラン潜水艦長で

第1潜水隊各艦幹部の陣容

各艦の幹部を右表に表す（伊14潜については後述）。／は異動があったことを現すが、ほとんどが竣工時の配置のままであることがわかる。下表は参考までに海兵、海機、海経各学校の「コレス」を現したもの。昭和19年10月に機関学校は兵学校舞鶴分校と改編されたため、海機55期生は海兵74期生として卒業した。

海軍兵学校	海軍機関学校	海軍経理学校
第58期	第39期	第19期
第59期	第40期	第20期
第60期	第41期	第21期
第61期	第42期	第22期
第62期	第43期	第23期
第63期	第44期	第24期
第64期	第45期	第25期
第65期	第46期	第26期
第66期	第47期	第27期
第67期	第48期	第28期
第68期	第49期	第29期
第69期	第50期	第30期
第70期	第51期	第31期
第71期	第52期	第32期
第72期	第53期	第33期
第73期	第54期	第34期

伊号第401潜水艦（旗艦）	
艦長	南部　伸清　少佐（海兵61期）
機関長	竹田　武晴　少佐（海機46期）／大沢　重憲　少佐（海機47期）
水雷長	倉科　康介　大尉（海兵68期）／伊藤　年典　大尉（海兵69期）
航海長	坂東　宗雄　大尉（海兵70期）
通信長	片山　伍一　大尉（海兵70期）
砲術長	矢田　次夫　大尉（海兵72期）
機関長附	畊野　輝夫　大尉（海機52期）／福島　弘　大尉（海機53期）

伊号第400潜水艦	
艦長	日下　敏夫　中佐（海兵53期）
機関長	横田　正茂　少佐（海機44期）／在塚　喜久　少佐（海機47期）
水雷長	斉藤　一好　大尉（海兵69期）
航海長	蒲田　久男　大尉（海兵70期）／西島　和夫　大尉（海兵71期）
通信長	西島　和夫　大尉（海兵71期）／名村　英俊　大尉（海兵72期）
砲術長	名村　英俊　大尉（海兵72期）／成合　正義　中尉（海兵73期）
機関長附	森川　恭男　大尉（海機53期）

伊号第13潜水艦	
艦長	大橋　勝夫　中佐（海兵53期）
機関長	大道　清紀　少佐（海機45期）／内元　忠男　少佐（海機47期）
水雷長	重村　道夫　大尉（海兵69期）
航海長	兼築　光寿　大尉（海兵70期）／東　俊男　大尉（海兵71期）／大曲　昂介　大尉（海兵71期）
通信長	柏屋　憲治　大尉（海兵71期）
砲術長	鈴木　脩　大尉（海兵72期）／松田　幸夫　中尉（海兵73期）
機関長附	林　清之介　大尉（海機53期）

あった。昭和16年7月に海大3型bの伊56潜（のちの伊156潜）の艦長に就任した大橋少佐はそのまま開戦を迎え、12月11日にコタバル沖で蘭船『ヘイチング』を撃沈、カムラン湾に帰投したのち再出撃し昭和17年1月5日にチラチャップ沖で英船『クワンタン』を撃沈、翌6日には蘭船『タニンバー』を撃破し、さらに8日には蘭船『バン・リース』と『バン・リービーク』を撃沈、13日には同じく蘭船『パトラス』を撃破。アナンバスで補給ののち2月4日には蘭船『トギアン』を撃沈している。

昭和18年2月には新鋭海大7型の伊181潜艤装員長となり、5月24日の竣工と同時に同潜艦長に補されて完熟訓練ののちトラック進出、やがてラバウルに前進し、ソロモン方面を行動、12月9日には敵の空襲をかいくぐってニューギニアのシオへの兵器・弾薬・糧秣の揚陸に成功、16日にもブカ輸送を実施した。

さらに昭和19年2月、乙型改2となる伊54潜の艤装員長となった大橋中佐は3月31日の竣工とともに同潜艦長に補され、訓練ののち7月にテニアン島への運砲筒輸送の任についたが、この時は固縛していたロープが切断されて運砲筒が脱落したため作戦を中止して横須賀に帰投している。その後、すぐに伊13潜艤装員長に発令されたものであった。

こうしてみると清水艦長を含めた第1潜水隊の4人の艦長はいずれも敵艦船の撃沈経験を持ち、警戒厳重な敵中を突破して輸送作戦を成功させたことのある（あるいは虎口を脱して生還することのできた）海千山千の猛者たちばかりであったと評することができる。

各艦の先任将校以下の幹部についてはここで詳述しないが、勇将の下に弱卒なしという布陣であった。（上表：第1潜水隊各艦幹部の陣容参照）

パナマ運河攻撃はあとづけ？

特型潜水艦、あるいは伊400潜について語る時、パナマ運河攻撃はその枕詞のように持ち上がってくるが、もともと特型は同運河を攻撃するためだけに建造されたものではない。建造当初の大きな目標は大航続力を活かして米本土東岸など敵国近くに神出鬼没、搭載機をもって適宜航空攻撃を実施することであった。

実際には米本土でも西岸を行動しての主要都市や軍事施設の攻撃が現実的で、開戦直後の第3潜水戦隊の米本土西岸行動、その後の伊17潜、伊25潜（いずれも乙型）による沿岸砲撃や、同じく伊25潜搭載機により昭和17

年9月に実施された米本土爆撃の拡大版と考えれば合点がいく。

そして、その後も状況が刻々と変化し、一時は特型の建造中止も取りざたされる中、パナマ運河攻撃に使用する案が浮上してきたのである。

パナマ運河は北米大陸と南米大陸の中間に位置し、大西洋と太平洋を結ぶ64㎞ほどの人工建造物として一般的に知られるが、米国の国策としてそれが完成したのは20世紀初頭の1914年のこと。これによる経済効果は計り知れないものがあり、また軍事的戦略上、一大転換をもたらした。

例えば、国土を大西洋と太平洋に面する米国は艦隊を二分して双方へ配備する必要があるわけで、ワシントン軍縮条約で主力艦の米日比率を10対6に抑えたりとはいえ、兵力を均等に5対5に分けて配備すれば5対6となり、戦力は劣勢となる。それが、必要に応じてパナマ運河を利用してそれを回航、対処することができるのである。ただし、そのため米国の主力艦は常に同運河の幅に合わせて建造しなければならず（このサイズをパナマックスという）、それが大きな足枷となっていたことは否めなかった。

パナマ運河の特徴は中間に位置する海抜26ｍの人工湖「ガトゥン湖」へのアプローチを、閘門（こうもん）と呼ばれる2個1組の水門をドックのように注排水して徐々に水位を上昇、あるいは下降させることでクリアーし、艦船を通行させる点にある。大西洋から回航される艦船はリモン湾から運河に入り、まずガトゥン・ロックの3つの閘門で水位を一気に26ｍ上昇させてガトゥン湖に入る。ついでキュレブラカットと呼ばれる山岳地帯を通り抜け、ペドロ・ミゲル・ロックの1閘門で水位を9ｍ下げてミラフローレス湖に入り、一番太平洋側に位置するミラフローレス・ロックの2閘門でさらに水位を16ｍ下げて太平洋へと至る。閘門は総計6ヶ所である。

ただ、この閘門を個別に破壊しただけでは修理復旧は時間の問題だ。だから、コロン側のガトゥンロックを破壊し、標高差を利用してガトゥン湖の湖水を一気にリモン湾へと放出させてしまえば、もう一度運河として機能するまでに湖水をためるのは容易ではなく、半永久的に使用不能にすることができる。パナマ運河の攻撃とはそういう意味であった。

この破壊については戦前、あるいは開戦直後から潜水艦関係者だけでなく日本海軍の各所で“パナマ運河をなんとかしなければ”という程度で話題にはなっていたようだが、戦局が急激に悪化するに伴って特型潜水艦を用いた作戦が軍令部で急速に浮上し、本格的に研究されるようになった。

この当時、欧州戦線の戦勢はすでに枢軸側の不利に推移してドイツの降伏も視野に入れなければならない状況であり、近い将来、大西洋に配備されている連合国軍艦隊が太平洋に回航されてくるのは必至といえた。だが、

パナマ運河の仕組み

▲▶パナマ運河の最大の特徴は閘門での水位の調節で山岳地帯をクリアする点だ。写真はガトゥンロックを通過中の様子で、閘門での水位の上げ下げがよくわかる。

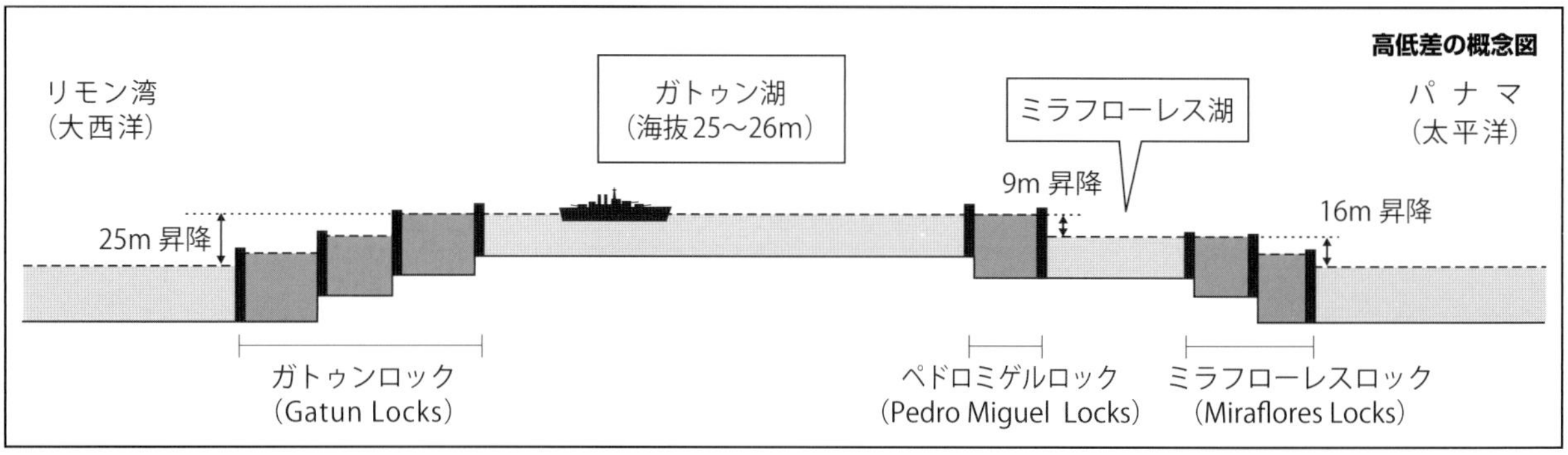
高低差の概念図
リモン湾
（大西洋）
ガトゥン湖
（海抜25～26m）
ミラフローレス湖
パナマ
（太平洋）
25m 昇降
9m 昇降
16m 昇降
ガトゥンロック
（Gatun Locks）
ペドロミゲルロック
（Pedro Miguel Locks）
ミラフローレスロック
（Miraflores Locks）

パナマ運河

パナマ運河の建設は大航海時代の真っ最中である16世紀（日本では戦国時代）に計画されたが当時の土木技術では無理で、アメリカ西海岸の開拓の影響を受けて19世紀になり再び必要性が浮上し、フランスにより着工したが頓挫。その後アメリカの国策事業として10年の歳月をかけて1914年に完成した。したがって、その管理（運航や防衛）は永らくアメリカの手で行なわれていた（1999年12月にパナマへ移管）。第1潜水隊が狙うのは、カリブ海側にあるガトゥンロックで、この破壊によりガトゥン湖の湖水を放出させ、半永久的に運河としての機能を喪失させることだった。

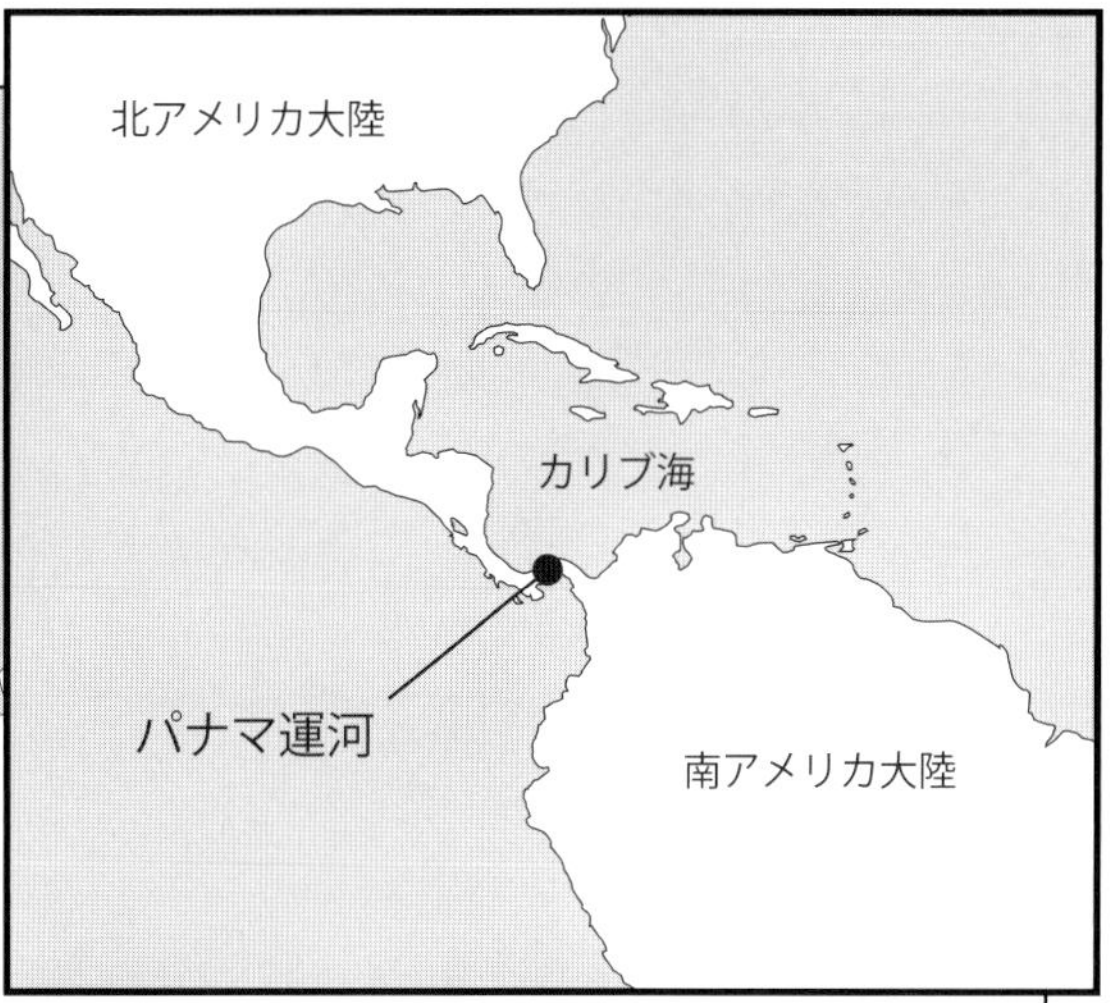

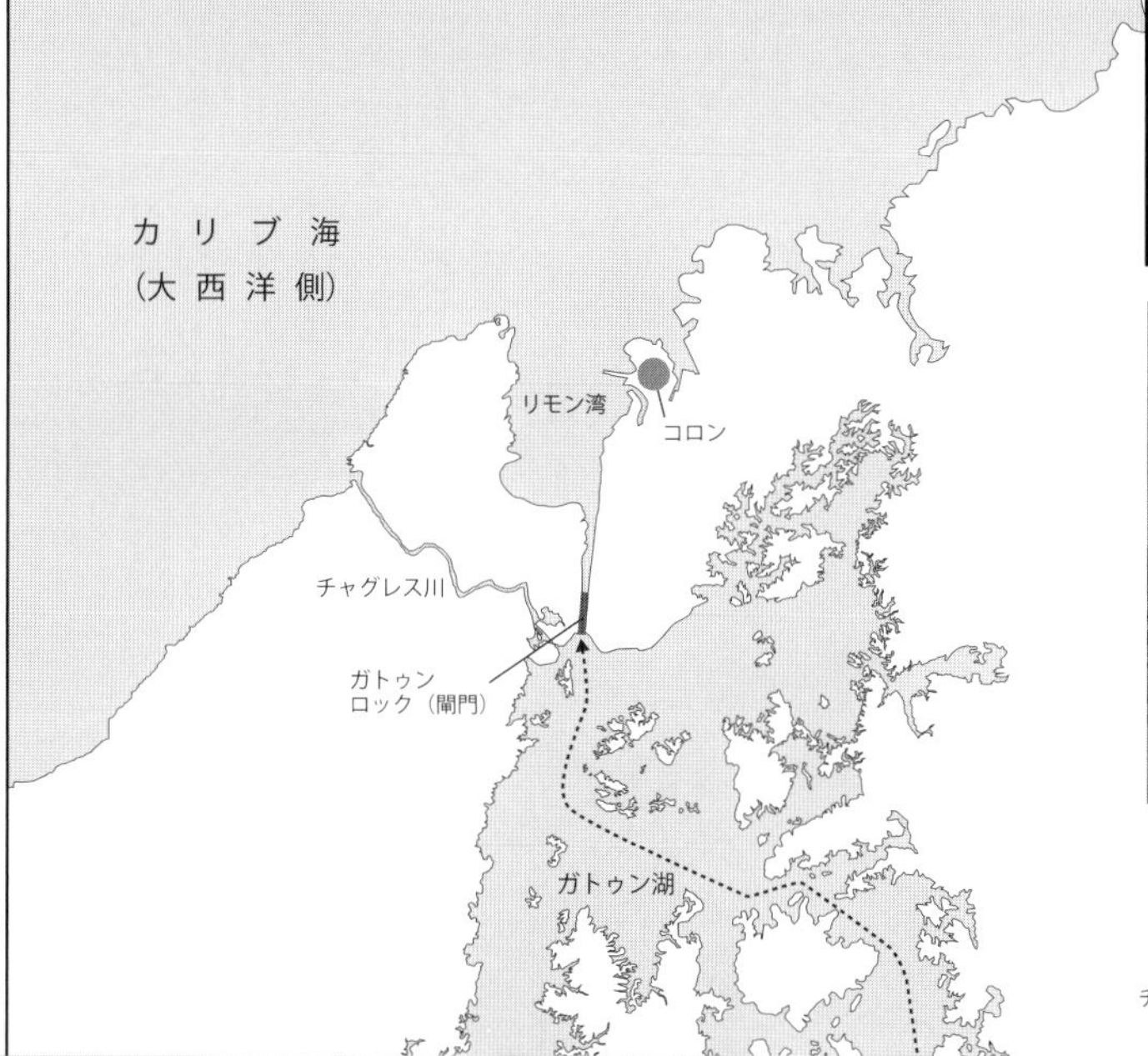

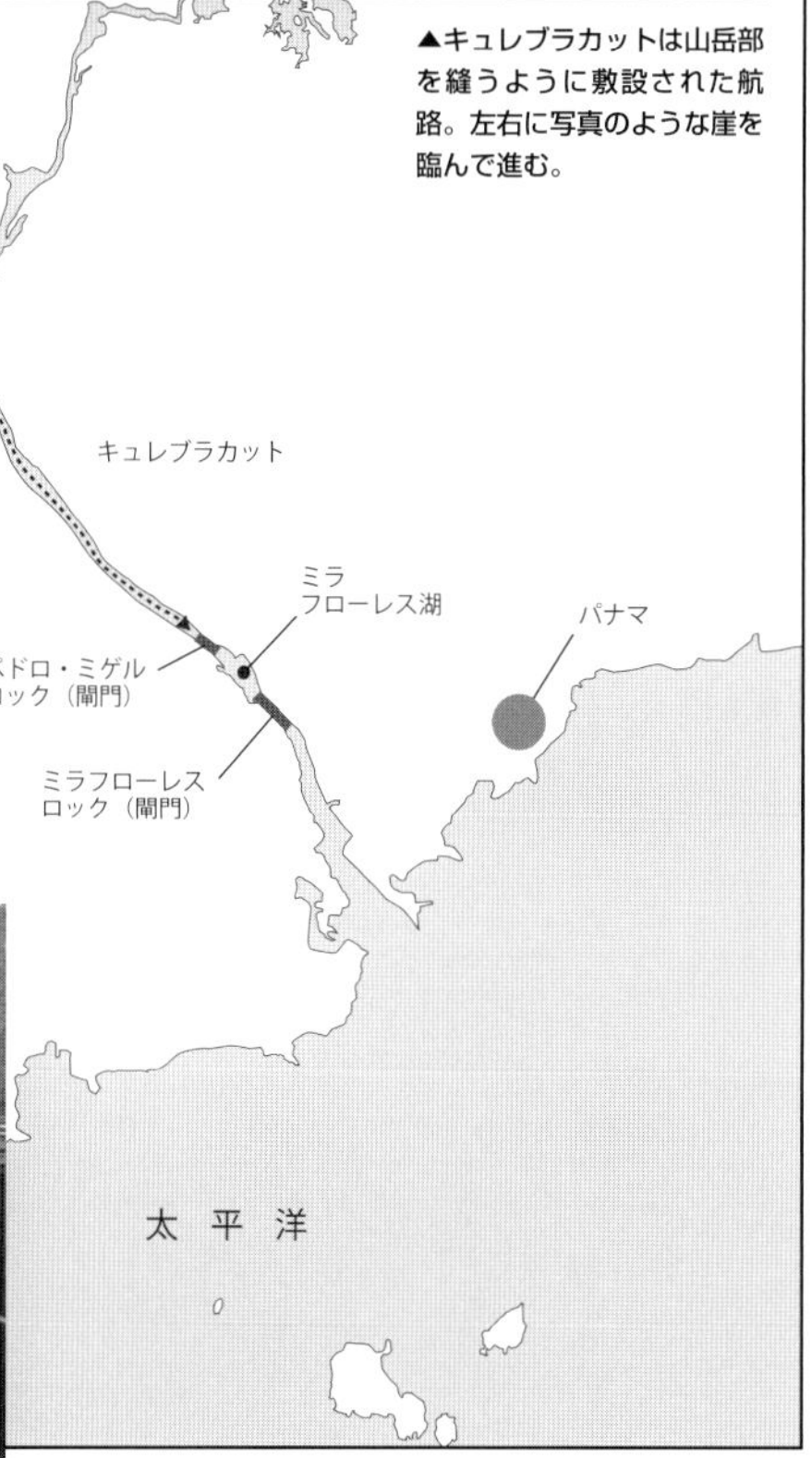

▲キュレブラカットは山岳部を縫うように敷設された航路。左右に写真のような崖を臨んで進む。

▲ガトゥン湖は運河通航用の人口の湖だ。写真はガトゥン湖を通過中の様子。狭い航路だが自力で航行する。

▶ミラフローレスロックの閘門を湖側から見る。写真中央の段差を見ればわかるように、閘門は前後で高さが異なっている。

もしパナマ運河を破壊し、その機能を麻痺させれば大西洋配備の敵艦隊は南米の最南端、マゼラン海峡を経て太平洋へ出なければならず、長い航海でくたびれた艦体の整備を米国西岸で行なう期間を考慮すれば戦列に加わる時期を2ヶ月から3ヶ月は遅らせることが可能と見積もられていた。

　軍令部で練られていたこの作戦計画が、潜水艦担当参謀の藤森康男少佐（海兵56期）により最初に聯合艦隊司令部に伝えられたのは昭和19年3月下旬のことと言われている。特型潜水空母建造を推進した山本五十六聯合艦隊司令長官はすでに昭和18年4月18日に戦死し、司令部の陣容が代替わりしたため、その使用法を新しい司令部に逆提案した形だ。

　しかし、その直後の3月31日に古賀峰一司令長官以下、聯合艦隊司令部職員の大多数が海軍乙事件で遭難、戦死し、さらに新司令部の構築や6月以降のマリアナ方面の作戦、戦力再建に忙殺され、一時は沙汰止みの状況となってしまう。そうして再び藤森参謀によって聯合艦隊司令部にその作戦構想が説明されたのは9月になってからのことだった。

　昭和19年10月、伊8潜艦長としてインド洋を戦った有泉大佐が内地に帰還した際にはすでにパナマ運河に関する資料は軍令部で整えられており、大佐が第1潜水隊司令に内令されると同時にその手に託されたようだ。

　ちょうどその頃、第11潜水戦隊における錬成訓練を終えた甲型改1の伊12潜は10月4日に内海西部を抜錨、日本海を北上し、函館沖での仮泊を経て東航していった。米本土西岸を行動したのち南下し、タヒチやフィージー方面の通商破壊を行なうためだ。すでにマリアナが敵手に落ち、フィリピン決戦も視野に入れられていたこの時、敵の後方撹乱を企図した潜水艦作戦が実施されていたのである。本来ならば伊13潜がこの伊12潜の同型艦になるはずだったところ、建造途中で『晴嵐』搭載の甲型改2へと改造されたことは度々述べてきたとおりである。

　ところが、この伊12潜は出撃後そのまま消息不明となり、昭和20年1月30日付けで喪失と認定されるに至る。艦長 工藤兼男中佐（海兵56期）以下総員戦死。通信情報により10月30日に米本土に近い海域で敵輸送船2隻を撃沈したのが同潜の戦果と推測されたのだが、実際、戦後になって米船『ジョン・A・ジョンソン』が撃沈されていることが確認できた。そして11月3日に米本土西岸で沿岸警備船『ロック・フォード』と敷設駆逐艦『アーデン』が発見、撃沈と報告した潜水艦が伊12潜であったと推定されている。この時期、こうして単艦、米本土沿岸近くにまで入り込んで戦っていた日本潜水艦がいたことを忘れてはならない。

　さて、パナマ運河の情報収集を行なっていたのは軍令部第3部で、対米情報を担当する第5課がその主務課となり今井信彦少佐（海兵60期）が専属でその任務に携わっていた。

　今井少佐は、明治36年から8年間、パナマ運河の建設に日本人技師として設計に携わった青山士（あおやま・あきら）氏が東京に住んでいることを探し当て、氏の所蔵していた閘門の設計図をはじめとする各種資料や氏自身の説明により、閘門の大きさ、形状、鉄板の厚さなどその構造に関するほとんどのデータを入手することに成功した。

　肝心の防備状況については米軍捕虜からの情報収集により、昭和19年秋ごろには次のような推定をするまでに至っていた。

・阻塞気球、飛行機哨戒ともに開戦当初に比較して警戒が若干緩和されているらしい。
・陸上砲台は開戦と同時に相当強化された模様。
・付近水路は多数の機雷原により航路制限が行なわれている。
・沿岸警備隊は常時パトロールを行ない、運河を中心に東西両側とも、相当の距離を警戒している。

（『戦史叢書 大本営海軍部・連合艦隊 戦争最終期』より）

もちろん、これらはあくまで推測の域を出ないものであり、実際にどのような警戒態勢が敷かれているかは攻撃決行時になってみないとわからないという泥縄的な要素を孕んでいたのは紛れもない。

　こうした背景と実績もあり、パナマ運河計画は昭和20年初頭になっても第6艦隊、並びに第1潜水隊では現実的な作戦のひとつとして準備が続けられていた。それはまた、隠密行動を取ることのできる潜水艦だからこそ可能な作戦であったともいえるだろう。

　そして、この頃の攻撃実行時期は昭和20年8月頃と概算されていた。これは各艦の竣工状況から完熟訓練の期間を半年と見積もって6月に出撃、太平洋に敷かれた敵警戒網を突破してパナマ運河沖合まで進出するのに約2ヶ月と考えられたためである。

　竣工すると第11潜水戦隊で4ヶ月〜6ヶ月の完熟訓練を行ない実戦投入というのがこの頃の伊号潜水艦の通り相場となっていることを考えれば、昭和20年6月の出撃というのは第1潜水隊にとって決して時間的な余裕のある話ではない。潜水艦としての通常の訓練のほか、世界の潜水艦史上でも始まって以来の攻撃機を3機、あるいは2機も連続発艦させる作戦を実施なければならないのである。

　ところが、第1潜水隊が抱えていた問題は、実はこれだけではなかった。

愛知航空機の実績〔3 つの柱〕

大正 9 年に『横廠式ロ号水上偵察機』のライセンス生産を請け負って以来、航空機に携わってきた愛知航空機株式会社（明治 26 年創業。明治 45 年「愛知時計電機株式会社」と、昭和 18 年 2 月に航空機部門が独立して上記へと社名変更）は機体だけでなく、エンジンの開発・生産能力を併せ持つ数少ないメーカーであった。『零式水上偵察機』などの傑作水上機のほか、『九四式艦上爆撃機』『九六式艦上爆撃機』『九九式艦上爆撃機』と急降下爆撃機の開発にも秀でており、『晴嵐』の開発が始まった頃には「十六試水上偵察機」や「十六試艦上攻撃機」の開発、「十三試艦上爆撃機」の生産も予定されていた。また、ドイツのダイムラーベンツ DB601 エンジンのライセンス生産である「アツタ」エンジンは、同社の強力な切り札であった。

▲愛知航空機船方工場。精密機器の製造から始まった同社は、海軍系飛行機メーカーの要になるまで成長した。（写真提供／愛知時計電機株式会社）

● 水上偵察機

▲傑作機の呼び声高い零式水偵。

● 艦上爆撃機

▲急降下爆撃機として大成した九六艦爆。

● 航空機用液冷式エンジン

▲ DB601 を国産化した「アツタ」エンジン

搭載機『晴嵐』の開発状況

特型潜水艦の建造が搭載攻撃機の開発と並行して行なわれていたことはすでに述べた。当然、この搭載機の実用化なくしては本型の効果的な作戦行動は成り立たない。

愛知時計電機株式会社（昭和18年2月、航空機部門が独立して愛知航空機株式会社となる）が海軍航空本部からの正式な命令を受け、尾崎紀男技師を主務として新鋭潜水艦搭載機「十七試特殊攻撃機（実用機試製計画番号：Ａ80）」を社内呼称ＡＭ－24として試作にとりかかったのは昭和17年5月のことだが、そうした飛行機を作りたいとの内示は半年ほど前の昭和16年12月頃にはなされていたようで、この頃から尾崎技師は後記するような搭載エンジン選定の検討に入っている。ＡＭ－22がのちに『瑞雲』、ＡＭ－23がのちに『流星』となる飛行機の、愛知社内呼称である。

なお、『晴嵐』開発に関するまとまった文献は今のところ刊行されていないようだが、記事としてはタミヤニュースの２００４年５月号（Vol.４２０）から連載されていた渡辺哲国氏の「十七試攻撃機 晴嵐の謎を探る」があり、これが現在、一番信頼のおける記述と見られる。これは、残されている愛知航空機の資料や関係者らのメモひとつひとつにあたり、丹念な聴き取り調査を行なって裏づけをとり、これまでに定説や通説となっていた事柄についての真偽のほどを明らかにした研究論文で、是非一読をお勧めする。以下、本書の記述も筆者自身の拙い調査に加え、渡辺哲国氏の記述に倣うこととしたい。

まず渡辺氏が提唱するのは『晴嵐』開発の取りかかりについて。これは「迅速な戦力化を狙うため、空技廠で設計されて愛知社で製造が始まった艦上爆撃機『彗星』（当時は試作機の「十三試艦爆」）の必要な部分にのみ手を加えるという方針で試作が始まった。ところが、事前検討が重ねられた結果、この方法ではかえって手間がかかり実用化の見込みがないことが明らかとなり、基本的な機体配置を踏襲して一から設計がやり直されることとなった」

というのが今日の定説となっているのだが、尾崎氏のメモや愛知航空機の資料ではそうした形跡が見られないという。

実際には、魚雷あるいは80番クラスの大型爆弾を懸吊した攻撃機を潜水艦からカタパルト発進させて乾坤一擲の攻撃を行ない、帰還時には艦のそばに着水、機体は放棄して搭乗員のみ回収するという使用法を説明された

晴嵐と彗星の側面比較

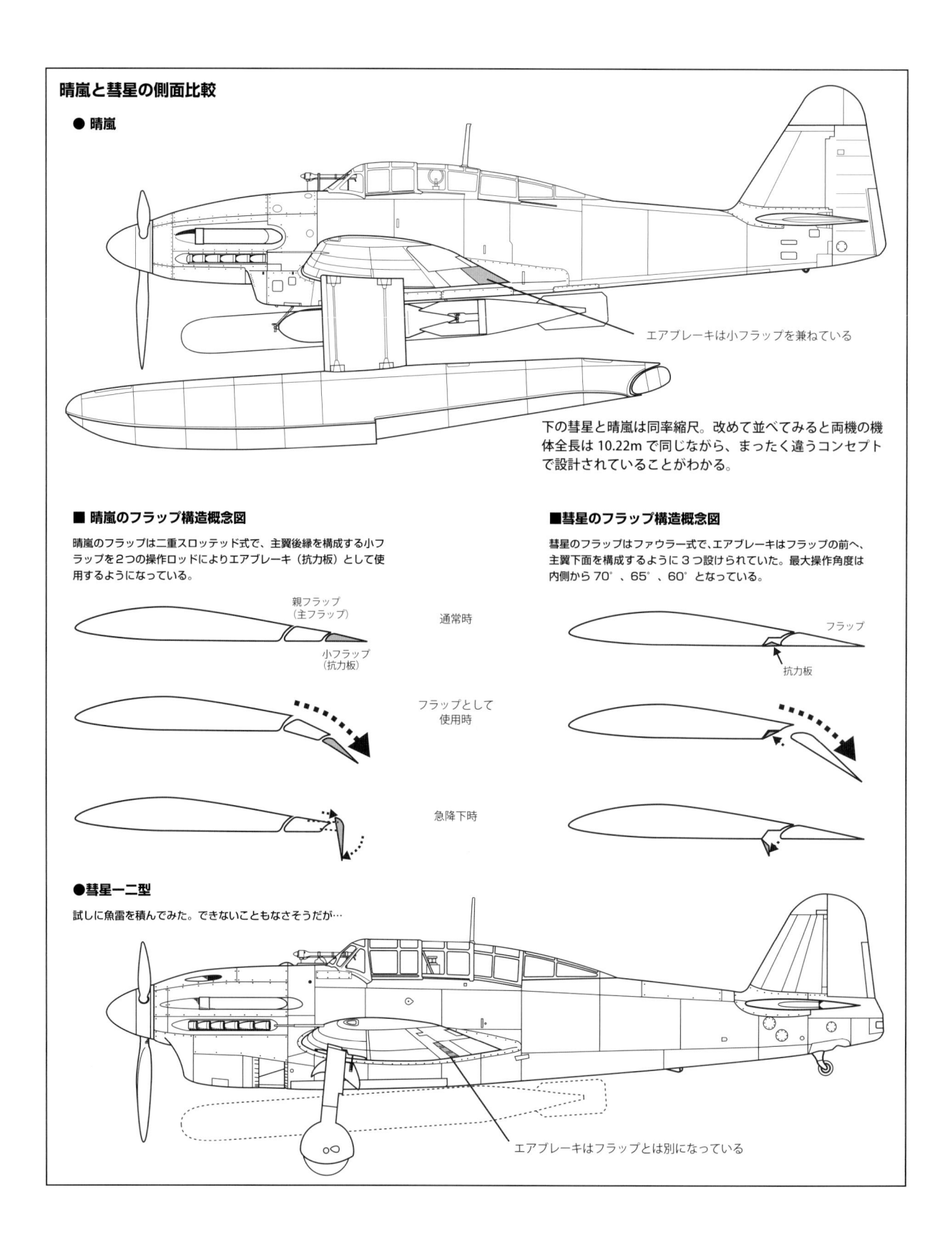

● 晴嵐

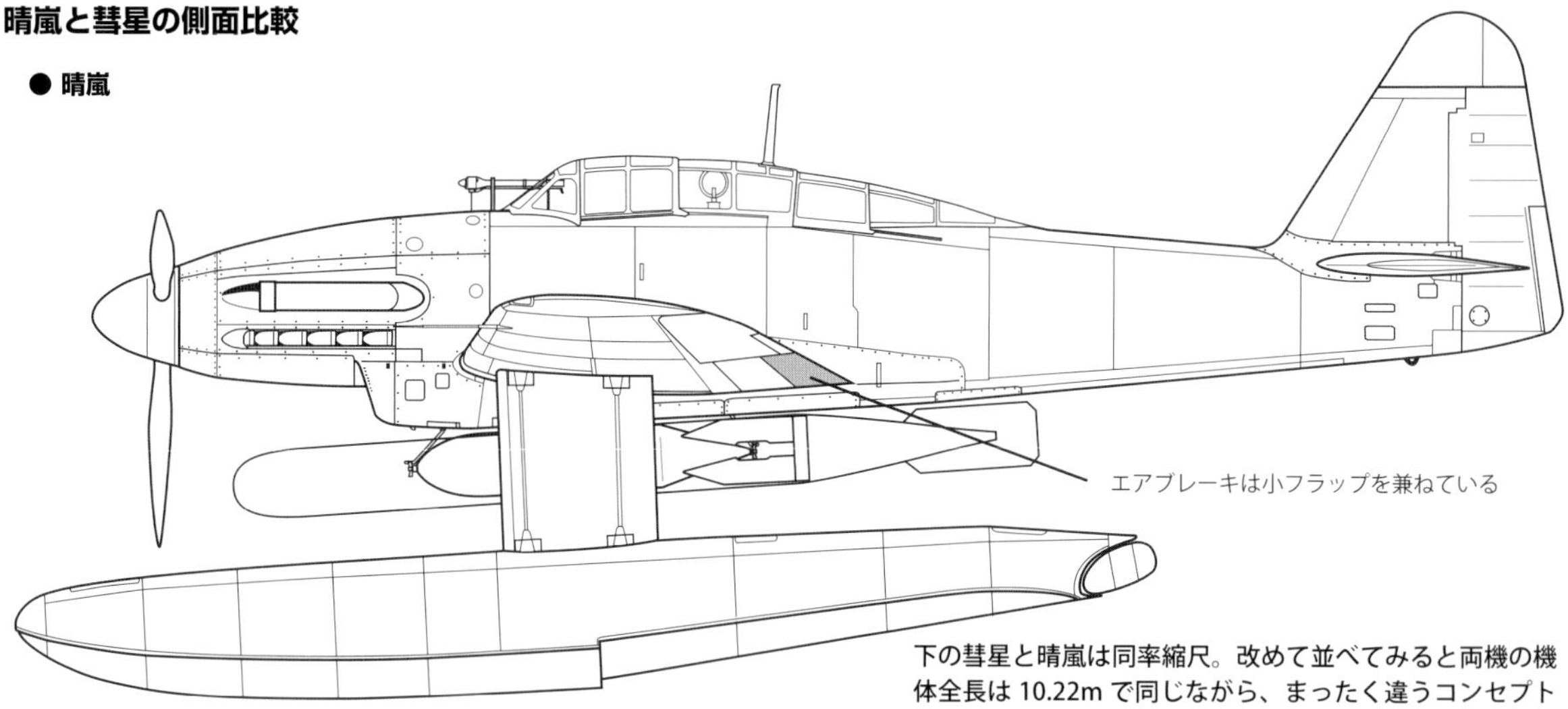
エアブレーキは小フラップを兼ねている

下の彗星と晴嵐は同率縮尺。改めて並べてみると両機の機体全長は 10.22m で同じながら、まったく違うコンセプトで設計されていることがわかる。

■ 晴嵐のフラップ構造概念図

晴嵐のフラップは二重スロッテッド式で、主翼後縁を構成する小フラップを2つの操作ロッドによりエアブレーキ（抗力板）として使用するようになっている。

■彗星のフラップ構造概念図

彗星のフラップはファウラー式で、エアブレーキはフラップの前へ、主翼下面を構成するように３つ設けられていた。最大操作角度は内側から 70°、65°、60°となっている。

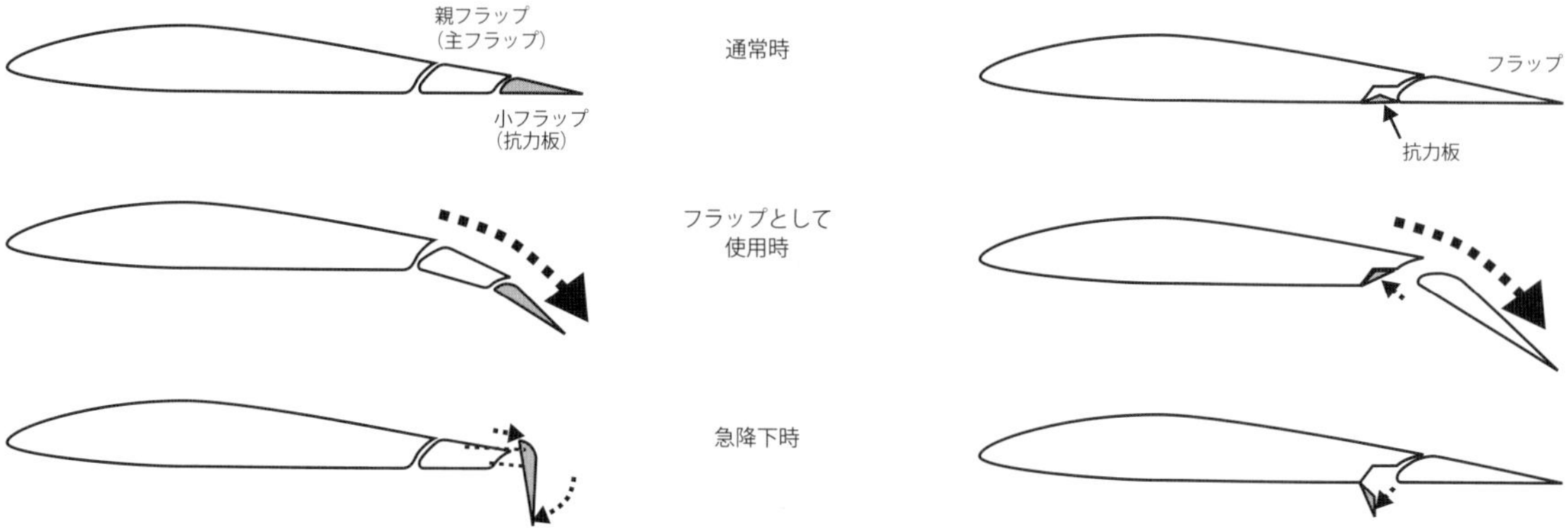
親フラップ
（主フラップ）
小フラップ
（抗力板）
通常時
フラップ
抗力板
フラップとして
使用時
急降下時

●彗星一二型

試しに魚雷を積んでみた。できないこともなさそうだが…

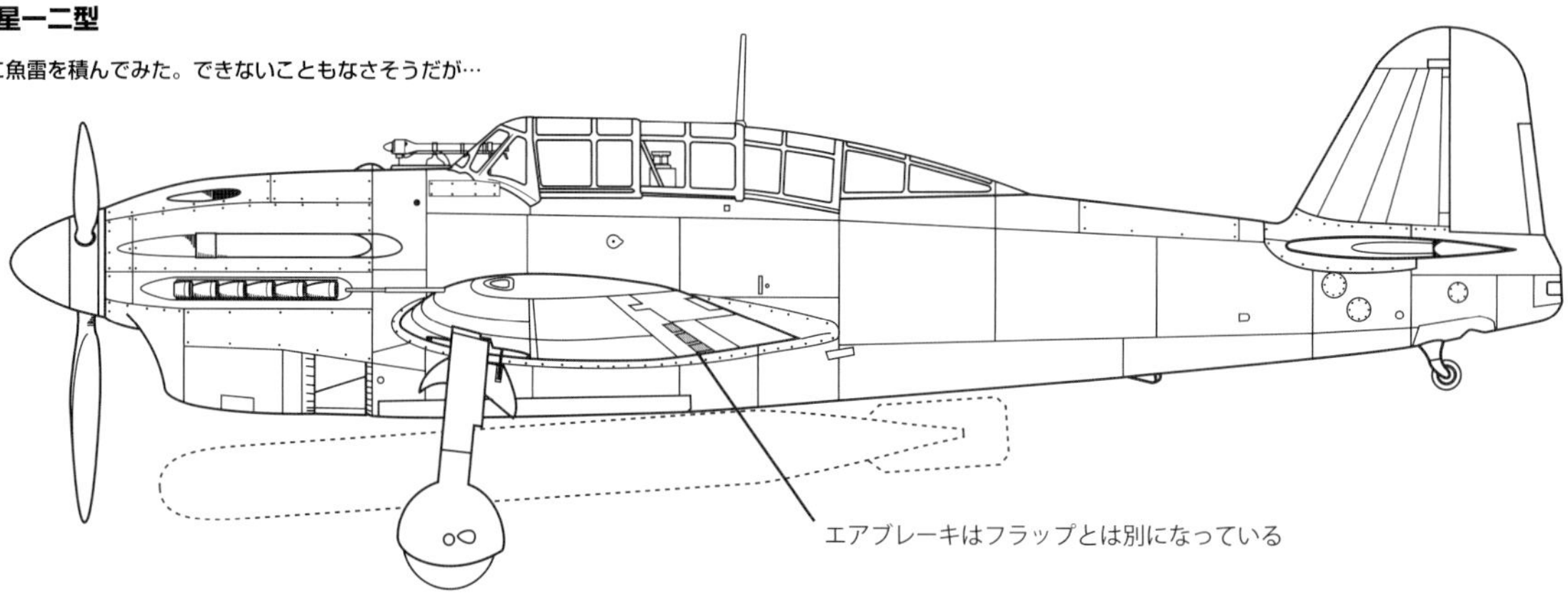
エアブレーキはフラップとは別になっている

上で、潜水艦格納筒については直径3・5mというかなり具体的なサイズを提示され、エンジン選定からの下準備を開始したようだ。

尾崎技師が機体の基本設計を進める上で検討したのは自社で開発中の水冷エンジンAE1P（アツタ三〇型：1，350馬力）、三菱のMK8A（のちの金星五一型：1，400馬力）、中島のNK9B（のちの誉一一型：1，820馬力）の3つ。この時点ではいずれも開発中のエンジンであった。それぞれの寸法、重量、性能には一長一短があったが、全長5・27mという航空魚雷を懸吊したまま機体を折り畳んで格納筒へ納めることを第一として、昭和17年6月11日のAM24計画委員会において、全長が長いためプロペラと魚雷先端とのクリアランスが取れる水冷のアツタとすることが決定された。

このような経緯を踏まえ、

「魚雷搭載のできない彗星の改造検討は（当初から）なかったと考える」

というのが渡辺氏の結論だ。

なお、アツタ三〇型とは『晴嵐』用の三一型、『彗星』一二型用の三二型のふたつの型式の総称で、実際に三〇型という名のエンジンは存在しない。また、三一型、三二型ともにエンジン本体の基本構造は同じで、前者が充電用発電機に三型を装備して回転比を1・676と、後者が一一五型を装備して回転比を2・225とするだけの違いであり、第121号機以降は三二型に統一して生産されている。

当初、海軍側が要求した機体は、帰還時に安全に胴体着水ができるよう工夫された、無フロートで車輪などの降着装置も持たないものであったが、その後の研究会議で「フロートを付けて25番（250kg）爆弾1発が積めれば、輸送船など小物の反復攻撃に使用できるのでは」という話となり、昭和17年5月の正式な試作命令の際には「着脱式のフロートを有して水上機として使用できること」が要求に追加された。

飛行機の運用は重量計算との兼ね合いである。先に示された魚雷や80番爆弾を懸吊する場合は無フロート状態で、25番爆弾を懸吊する場合はフロートを装着しての作戦となる。

そして、こうした過荷重でのカタパルト発進時には、こと乾舷の低い潜水艦からの射出落下量0とすることが必須である。このため、主翼形もLB系、NACA系や彗星と同じ形のものなど7種が検討された結果、ハインケル式が採用された。これは外観がよく似ているといわれる『彗星』とは全く別の翼形だ。

他の水上機や艦攻・艦爆などと違い、その大きな特徴は潜水艦の狭い格納筒に搭載できるよう機体がコンパクトに折りたためることであるが、フロートを別としてこれら機体各所は極力〝分解されない〟というのが〝潜偵〟と呼ばれる従前の潜水艦搭載水偵とは最も異なるポイントといえる。分解、あるいは接合という動作がないのは作業の効率化を図るためであった。

その機体折り畳み要領は次の通り。

まず射出台架を兼ねた運搬台車に乗せられた機体は主翼下の左右ふたつのフロートを取り外される。機体とフロートとの脱着は、支柱1本あたり前後左右4箇所のロックを外すことで簡単に行なえた。これは大砲の尾栓のように、雌ネジを専用スパナで90度回転させると雄ネジをしっかりと固定できるというものが椎名敏夫技師により考案された。取り外されたフロートは同じ機構で支柱とフロート本体に分離することができた。

ついで水平安定板を含めた水平尾翼の2分の1ほどの位置から先の部分を下方へ、垂直尾翼上端部を右へと折り曲げられる。主翼は油圧により主桁の胴体への取付け部分を基点として前縁が下方向へ、後端が上方向へと90度回転したのち、胴体に添わせる形でさらに約90度後方へと折り畳まれる。他の日本機に例を見ない主翼の折り畳み法は、高橋清見技師が子供のおもちゃの折り畳み飛行機からヒントを得て考え出したものだ。紙面で要領を書くと簡単だが、補助翼やフラップの操作桿、片翼4個の燃料タンクから胴体集合タンクへの配管、翼灯の電線などもこうした動きに添わせなければならないから、技術上、クリアする問題は山積みであった。

これが大まかな段取りで、あとは運搬台車を前方に倒す形で降りたたんで上下嵩（かさ）をなくせばそのまま格納筒へ収容することができた。フロートは機体とは別に、飛行機格納筒両脇の甲板下に埋め込まれて設置されたフロート専用の格納筒に収容される。上甲板がこの格納筒の位置までスロープ状にダウンして、移動レールが連結される形である。

発進射出の際は逆の手順で主翼、尾翼と展帳され、フロートが装着される。魚雷や爆弾などは任務に応じてあらかじめ装着されている。

渡辺氏が提唱する通説の正誤のふたつ目がこのフロートについてだ。

戦後長らく、『晴嵐』のフロートは飛行中の離脱が可能として、敵機と遭遇した時はこれを投棄し増速する、などと解説されてきたが、そうした機構が搭載されたことも開発された形跡もないという。

「飛行目的や武装条件により浮舟（引用者註：フロート）の有無が選択される。投棄の意味を誤解したか、希望的解釈が原因と思われる」

というのが渡辺氏の解説である。当の渡辺氏自身が「離脱装置があったはず」という視点で調査をした結果、「なかった」という結論に至ったというから興味深い。同様に垂直尾翼上端を飛行中に離脱する機構もない。

　この他に特記されるのはジャイロコンパスの搭載である。これは陸上機水上機を含む単発機としては異例のことで、ただ潜水艦格納という特殊な条件下で運用される本機にとっては、磁気の影響を受けないジャイロコンパスは非常に有効な装備品といえた。大規模な装置となるジャイロ本体は操縦席と偵察席の中間に据え付けられていた。

　また、50度までの急降下爆撃を可能とするため、2重フラップの子フラップを制動板とする特殊な形式のものが考案されていた。このフラップも『彗星』や『流星』などと似て非なるものである。

　状況によって雷撃もできれば急降下爆撃もこなさなければならないため、操縦席前方には雷撃照準器と射爆照準器のいずれかが装備できるよう工夫されていたが、射爆照準機は筒型の「仮称一式一号射爆照準器（のちに二式一号射爆照準器として採用。『彗星』と同じもの）」が、前部固定風防を貫いて装備できるよう設計されていた。

　昭和18年1月の第1回木型審査を経て本格的な機体設計に入って細部が煮詰められ、同年8月に第1回構造審査、9月には呉工廠において第2木型による格納試験を受け「機体側としては何等改修の要なし」と好成績を収めている。

　この間にも実機製作は着々と進められており、昭和18年10月末には試作第1号機が完成、社内でのチェックを受け、11月19日、20日の両日には完成審査が行なわれた。翌21日に地上における振動試験を実施、12月はじめには愛知航空機の八ツ賀孝信飛行士による初飛行が行なわれている。八ツ賀飛行士は海軍搭乗員のＯＢで、その飛行経歴も第14期操縦練習生を水上機操縦専修で終えているというベテラン中のベテラン。このころ愛知で開発されていた『流星』のテストパイロットも勤めていた。

　同12月8日には海軍側による官領収初飛行が実施された。テストパイロットは飛行実験部の船田 正少佐（海兵61期）であった。

　昭和16年9月に横須賀海軍航空隊へ分隊長として着任していた船田少佐（当時は大尉）は、翌年に空技廠飛行実験部員を兼務することとなり、「十七試特殊攻撃機」の開発に最も初期の段階から携わったひとりだ。

「いつも下積の水上機搭乗者としては、ひそかに心の躍動を禁じ得なかった」

と搭乗員としての主務者となった時の感動を船田氏は書き残している。

　なお、第1回木型審査以来、機体安定性の向上を図って垂直尾翼上端の増積の改設計が進められていたのだが、この初飛行にはついに間に合わなかったという事実がある。他機とは違い、この改修を行なえば格納筒への収納に大きく干渉することとなる。そのため折り畳み式に設計変更するのは一朝一夕で済む問題ではなかったからである。すなわち、初飛行の結果を受けて垂直尾翼上端の増積を行なったというのは、やはり通説の誤りであると渡辺哲国氏は指摘する。

　もっとも、テストパイロットの船田氏が試作第1号機について
「方向安定性が不足で、縦鰭を20㎝高く継ぎ足した」

と主観的な回想をしていることが通説の根幹となっているようだ。なるほど、飛行実験により方向安定性の不足を船田大尉が指摘したことも事実であろうから、余計に事態をややこしくしている。

　そして以後、この試作第1号機や第2号機を使用しての基礎実験が行なわれ、昭和19年7月には続いて製作された増加試作機第1号機（通産第３号機）による兵装検査が行なわれるまでになっていた。

　さて、『晴嵐』の開発に際しては
「伊４００潜などの特型潜水艦、伊13潜などの甲型改2潜水艦が昭和19年末から20年初頭にかけて次々と竣工したにもかかわらず、肝心の搭載機の開発が難航し、戦力化が遅れた」

というような記述をした文献をよく見かけるが、これはどうにも正鵠を射た表現ではないようだ。確かに、愛知航空機の「航空機製作に関する資料」によれば、翌昭和19年6月の時点でもまだ試作第3号機、第4号機の主翼接合部（フィレット）の改修、尾翼後縁増積などの基本的な修正作業が行なわれていたことがわかる。

　ところが、こうして改めてその開発の推移を見てみると、設計開始から昭和18年11月の試作第1号機完成まで1年足らずという期間は決して余計に時間がかかっているわけではなく、その後、1年あまりを試作機の基礎実験に費やして昭和19年末に至ったと考えても、さほど〝実用化にもたついた〟とはいえない。むしろ「十三試艦爆」の『彗星』としての、また「十六試雷兼爆」の『流星』としての基礎実験終了、実用実験移行、あるいは実戦航空隊（飛行隊）への配備までの期間と比較すれば相当に優秀であったと評しても差し支えはない。『流星』よりも1年遅い開発であるにもかかわらず、量産機がロールアウトしはじめた時期は大差がないのである。

　そして事実、昭和19年夏には早くもその装備部隊の編成に取り掛かるまでになっていた。

　なお、こうしたなか、昭和18年に入って「十七試特殊攻撃機（Ｍ６Ａ１）」は他の海軍機と同様、皇紀に則った呼称を取り止め、機種別に定められた

晴嵐試作第１号機の完成時

昭和 18 年 10 月末に完成をみた試作第１号機の垂直尾翼は格納筒直径に合わせて低く設計されたままとなっていた。これによる飛行安定性への不安はモックアップ審査の段階で浮上、並行して製作されていた試作機の垂直安定板上端延長の設計変更を行なったが、初飛行までに改修が間に合わなかったのだ。

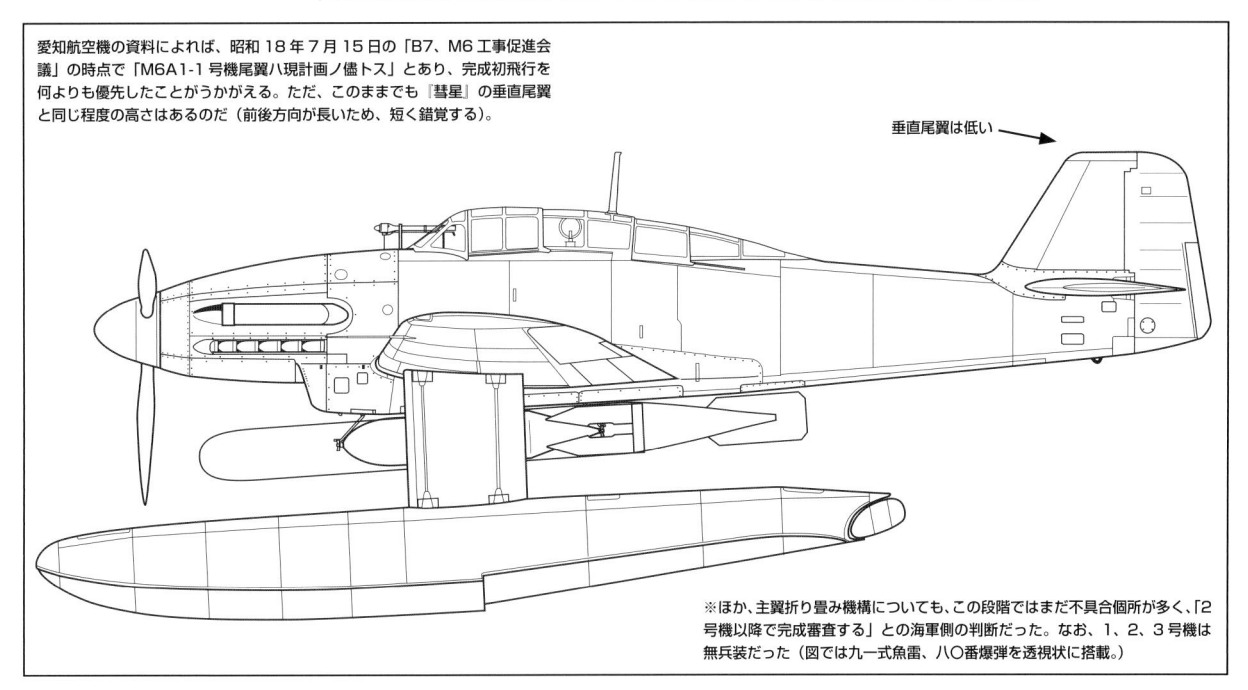

愛知航空機の資料によれば、昭和 18 年 7 月 15 日の「B7、M6 工事促進会議」の時点で「M6A1-1 号機尾翼ハ現計画ノ儘トス」とあり、完成初飛行を何よりも優先したことがうかがえる。ただ、このままでも『彗星』の垂直尾翼と同じ程度の高さはあるのだ（前後方向が長いため、短く錯覚する）。

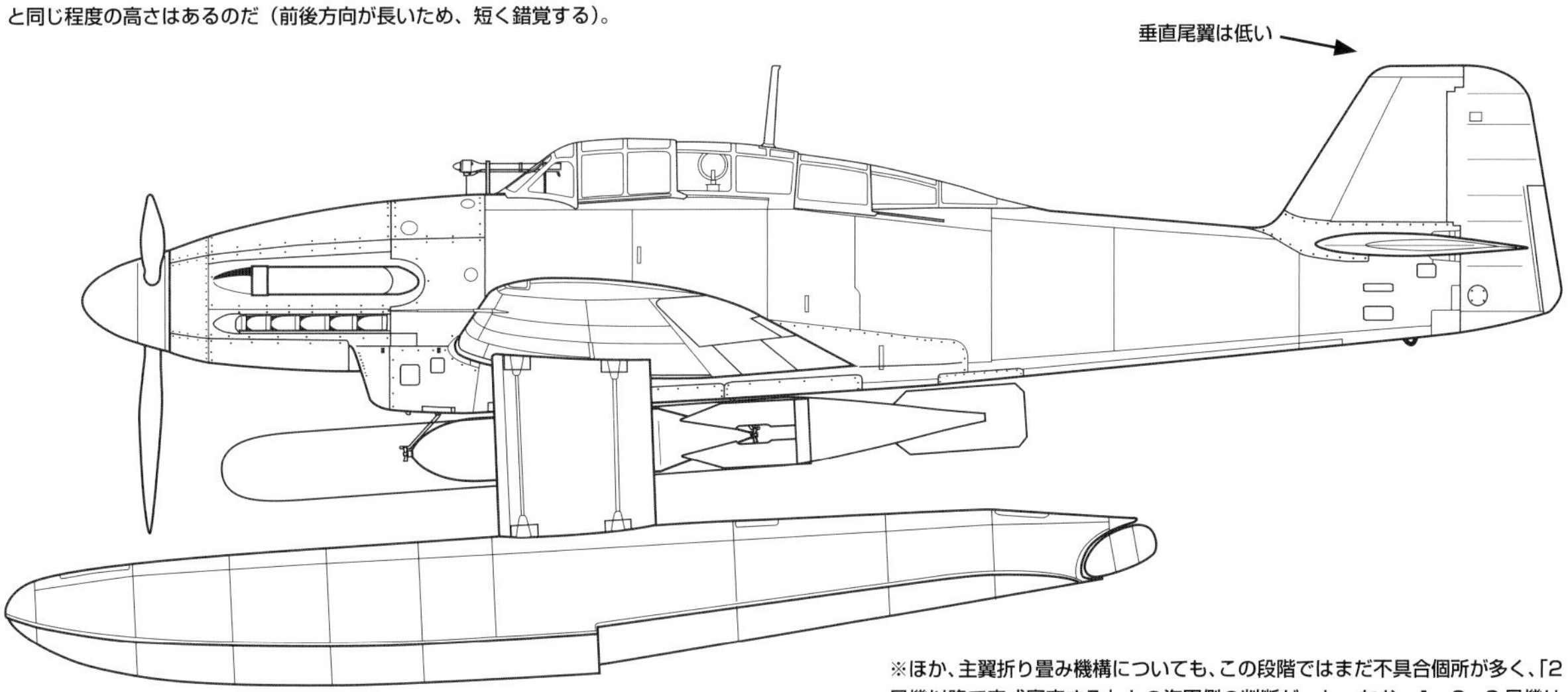

※ほか、主翼折り畳み機構についても、この段階ではまだ不具合個所が多く、「2号機以降で完成審査する」との海軍側の判断だった。なお、1、2、3 号機は無兵装だった（図では九一式魚雷、八〇番爆弾を透視状に搭載。）

▲『晴嵐』実機を左側面から見る。第 2 号機以降は垂直尾翼上端を延長して製作し、試作 1 号機も初飛行後に同じように改修された。『彗星』に比べ、第 1 固定風防からプロペラスピナーまでの機首上面のラインは格段にしぼりこまれている様子が読み取れる。胴体下の爆弾は二五番（250 kg）爆弾のようだ。

▲前方から見た『晴嵐』。水冷のアツタエンジンの幅だけの細い胴体がもっともよくわかるアングル。支柱を少なくまとめた本機のフロートは『瑞雲』などとともに非常に洗練された印象を受ける。

呼称法で命名されることとなり、一時は『試製南山』と呼ばれていたことが愛知航空機の資料でもわかるが、昭和19年2月頃から『試製晴嵐』という呼び名に切り替わった。攻撃機であれば『天山』『連山』などと同様、当然に山の名が付けられるべきところ、こうした変更がなされたのは「名称から機種名が割り出されることを秘匿する為だったのでは」と渡辺氏は推測する。

この『晴嵐』の呼称についてはやはり次のような船田氏の回想がある。

「試作機Ｍ６Ａ１の適当な機種名を考えよと海軍航空本部より要請があり、私が考えたのは、潜水艦の隠密性に水上機操縦者の狭視界行動能力（計器飛行能力）を加味し、忍者のように霞の中から突如出現するという意味で、粟津の晴嵐から晴嵐という名を考え、採用になった」

文中にある「粟津の晴嵐（あるいは粟津晴嵐・あわづせいらん）」とは「近江八景」に数えられる風景のひとつで、織豊時代後期（戦国時代末）に中国の「瀟湘八景」を模倣して琵琶湖畔の景勝地を8ヶ所選び、和歌として詠まれたのが始まりとされる。のち江戸時代には『東海道五十三次』の作者、歌川広重により浮世絵となり、広く一般にも知られるようになった。粟津晴嵐は粟津原から琵琶湖を臨んだ光景であり、かなたの山すそから立ち上る「山霞」を晴嵐と評する。粟津原というのは現在の滋賀県大津市で、ここにはその名もずばり晴嵐1丁目という地名が存在する。

関東圏にはやはりこの八景になぞらえた「金沢八景」というものが存在する。こちらは江戸時代前期に、現在の神奈川県横浜市金沢区周辺の景勝を詠ったもので、やはり歌川広重の浮世絵により知られ、このなかにも「洲崎晴嵐（すさきせいらん）」と呼ばれるものがあった。

注目したいのはこの金沢八景がちょうど横須賀海軍航空隊のあった追浜の北岸、目と鼻の先の位置関係（現在、八景島シーパラダイスのある周辺）にあったにもかかわらず、船田氏がこれに触れずに近江八景の粟津晴嵐を引き合いに出していること。金沢八景は江戸時代から始まっていた干拓事業でその景観を大きく失うこととなり、昭和初期にはすでに地名として形骸的に残るのみとなっていたことが大きな要因ではないかと思われる。

なお、終戦まで兵器として制式採用されなかった本機は『試製晴嵐』と呼称するよう定められていたが（採用されれば「晴嵐一一型」となったはずだ）、煩雑を避けるため、本書では以後も単に『晴嵐』と表記することとしたい。

横空『晴嵐』隊の発足

乙種第6期飛行予科練習生出身の高橋一雄飛曹長と、伊37潜でペアを組んでいた高橋武男飛曹長がともに横須賀海軍航空隊に転勤してきたのは昭和19年8月25日のこと。

昭和13年1月に予科練を卒業後、霞ヶ浦空での水上機操縦中練教程を7ヶ月あまりで終えて同年8月に館山空での二座水偵操縦専修実用機教程に進み、昭和14年1月に重巡『熊野』飛行機隊に配属され、ついで同年4月末には重巡『利根』飛行機隊の一員となった彼は（『熊野』改装により飛行機隊が総員『利根』へ転勤した）、昭和16年12月8日のハワイ作戦に参加。その後も機動部隊に随伴してラバウル攻略作戦やインド洋作戦に従事し、昭和17年4月から鹿島空で水上中間練習機の教員を、翌18年4月1日の飛行兵曹長任官とともに霞ヶ浦空へ転勤して第10期飛行予備学生の教官を努めた。同年11月に第6艦隊司令部附となりペナンの第8潜水戦隊へ着任、ここで伊37潜への乗艦を命じられ、以来、同潜の飛行長としてインド洋での潜水艦作戦に従事し、『零式小型水上機』を使用した3度の飛行偵察を実施して見事に成功させた、数少ない潜偵経験者のひとりである。

高橋飛曹長らが横空にやってきた時の水上機隊は名ばかりのもの。ちょうど居合わせた空技廠飛行実験部員の船田 正少佐の説明によると、現在、新鋭潜水艦搭載機〝M6〟こと『晴嵐』の実用実験中で、じきに横空内に『晴嵐』隊を編成する。M6はこれまで彼らが乗っていた『零式小型水偵』とは違い、魚雷や大型爆弾を抱いての攻撃作戦が可能ということだった。

この当時は、空技廠飛行実験部（解散後は横須賀空審査部）で飛行機としての基礎実験を行ない、それを終了したのちに横空の当該機種の飛行隊で兵器としての実用実験を実施するというのが新鋭機開発の道筋となっていた。前出の船田少佐はこの当時、空技廠飛行実験部部員のテストパイロットであるだけでなく、横空の第4飛行隊長も兼務していた。当時の横空は第1飛行隊が戦闘機隊、第2飛行隊が艦爆・艦攻・陸爆隊、第3飛行隊が陸攻隊、第4飛行隊は水上機隊という編成である。横空水上機隊は古くから横空水上機班と呼ばれ親しまれてきた存在だ。

昭和19年8月25日付けで横須賀空附兼伊400潜艤装員を発令されて追浜へやってきた福永正義少佐（海兵61期）は、新たに編成される『晴嵐』隊の指揮官たる立場の人物。テストパイロットの船田少佐とは海兵同期の間柄である。それまで福永少佐は第6艦隊司令部附としてペナンで潜偵搭

▶搭載機『晴嵐』の飛行機隊を編成するにあたっては、腕っこきの潜偵乗りたちが掻き集められた。高橋一雄飛曹長もそのひとりで、つい先ほどまで伊37潜飛行長としてインド洋での航空偵察に従事していたばかりであった。写真はその伊37潜飛行長時代の高橋飛曹長。バックは入渠中の同潜で、天幕が張られた画面左側には艦橋が見えている。

乗員たちの錬成、指導を行なっていたが、マリアナ決戦後の戦時編制改定の影響を受けて潜水艦搭載水偵が廃止されたため、これら潜偵搭乗員を率いて横空へ帰ってきたところであった。

もともと潜偵乗りである彼らを基幹員とすれば渡りに船だ。こうして福永少佐とともに横空へ着任したのが第12期飛行予備学生の江上益男中尉、徳永信夫中尉らである。そのほか、士官搭乗員は海兵71期の山本勝知中尉、同72期の吉峰 徹中尉（いずれも偵察専修）や、呉空水上機隊にいた第12期飛行予備学生の岸 康夫中尉が横空附水上機班配属となった。

下士官の方も佐伯空から第6艦隊司令部附となって呉基地に転勤したばかりの奥山周二上飛曹（乙飛15期）、園田 直上飛曹（甲飛9期）らが9月末に、さらに10月1日付けで、第6艦隊司令部附の潜偵乗りとして伊54潜に乗組んだ経験を持つ中原松之助上飛曹（甲飛8期）も着任。また、伊37潜とともに第8潜水戦隊の2隻しかない潜偵搭載艦であった伊8潜もインド洋での作戦を終え、10月上旬になって艦体整備のため内地へ帰投し、その搭乗員として乗組んでいた鷹野末男飛曹長（乙飛7期）と渡辺久雄上飛曹（丙飛3期）もやはり横空附となって追浜へやってきた。

こうして人的編成が進む一方、肝心の飛行機は旧来の『零式小型水上機』2機に、『晴嵐』と同じく二座の水上機である『瑞雲』を借り受けての訓練をする状況であった。この時点では空技廠飛行実験部のオレンジ色の2機しか『晴嵐』はなく、そしてこれは前述の船田少佐らが飛行実験をくり返している最中であり、横空で使用できる機体がなかったからである。

こうした状況を見た主観的な感想が、その実態以上に『晴嵐』の実用化がもたついたと語られる一因といえよう。

その同じ頃に『晴嵐』試作第6号機、7号機（8号機も陸上機型として製作）を改造した陸上機型も飛行実験部へ供給されていた。これはフロートを外した状態での『晴嵐』の飛行性能を確認するために製作されたものであり、主翼前桁の燃料タンクを撤去し、このスペースに『彗星』のパーツを流用した引き込み式主脚を搭載したもの。その上げ下げは人力で、偵察員がハンドルを１００回転させて行なうという実験機であった。俗に練習機として使うことを視野に入れていたといわれるのだが、飛行特性がかなり異なるので訓練の意味をなさず、また陸上攻撃機として使うことも、やはり通説の誤りだ。昭和19年9月に愛知航空機により初飛行、11月12日に海軍側での初飛行が行なわれたばかりであった。

なお、この『晴嵐』陸上機型は、本来は『試製晴嵐改』あるいはそのまま『晴嵐陸上機』と呼ぶのが正しいのだが、審査部の船田少佐も横空の隊員たちも、もっぱら『南山』と呼んで親しんでいた。このあたりが現在「陸上機型は『南山』」という認識が定着する主因となっているようだ。前記したように、『南山』は元々「十七試特殊攻撃機」に付与されていた呼称である。

昭和19年11月19日に横須賀海軍航空隊にやってきた浅村 敦（あさむら・あつし）大尉は海軍兵学校第70期出身の二座水偵操縦専修士官。伊14潜の名和航海長とは同期生の間柄だ。

昭和16年11月15日に兵学校を卒業、戦艦『陸奥』乗組みを経て昭和17年6月1日付けで第38期飛行学生となった彼は、霞ヶ浦空で中練操縦を経験し、翌18年9月15日に博多空で『九五水偵』を使った実用機教程を卒業すると即日、鹿島空附兼教官配置となった。なお、第38期飛行学生はのち水上機専修に進んだ者や偵察専修に進んだ者とを含め、全員が中練教程で陸上機型の赤トンボ『九三式中間練習機』操縦を経験している。

それからほぼ1年がたった19年9月1日付けで第16戦隊司令部附兼『青葉』飛行長を発令された浅村大尉は、大日本航空の旅客機に乗ってシンガポールへ赴任。当時の16戦隊は重巡『青葉』を旗艦として軽巡『鬼怒』、駆逐艦『浦波』の3隻で編成されており、南西方面艦隊の指揮下にあった。戦隊司令官は左近允尚正中将（海兵40期）である。

この頃、『青葉』には『零式観測機』が2機配備されており、『鬼怒』はカタパルトが故障していたためこれが16戦隊の航空兵力の総数であった。浅村大尉はその空中指揮官として来たるべくフィリピン決戦へ備えていたが、折りしも10月18日にレイテ島へ米地上軍が上陸と報じられる（実際には20日に上陸）や捷1号作戦が発動、リンガ泊地で訓練を実施していた16戦隊は陸軍上陸部隊を支援するため、マニラ湾へ進出することとなった。

この時、浅村大尉は陸軍参謀を『零観』の後席に乗せ、サンフェルナンドへこれを空輸したのちに単身レイテ島の偵察を実施し、『青葉』へ帰投するよう命を受けていた。『零観』1機で警戒厳重であろうレイテ湾へ突入することは自殺行為に近い。低空で島陰を這うようにして敵レーダーを避けていこうか、この高度なら上空の戦闘機からも見つからないだろうなどと頭の中で対策を練りながら仮眠をとり、ちょうど発艦直前となった10月20日０４００、敵潜水艦の放った魚雷1本を突如として右舷中央部に受けた乗艦『青葉』は中破、なんとか左舷への注水で艦の均衡は保ったものの、僚艦『鬼怒』の曳航を受けつつマニラ湾へ向かうこととなった。

やがて整備の下士官に呼ばれ、愛機を見に出かけた浅村大尉、パッと見わからないが、魚雷命中の衝撃により胴体や主翼が取り付け部から歪み、傾いてしまっているとの説明を受けた。当然飛行は不可能である。これに

晴嵐陸上機型の製作

『晴嵐改』とも称される陸上機型は3機が製作された（第8号機は海軍に未納入。陸上機型のサンプルとして手元に置いた？）。主脚は『彗星』のパーツを流用したもので、上げ下げは偵察員が手動で行なうという、およそ実用的ではない構造であったが、フロートを装着しない状態の飛行特性を知るための貴重な素体であった。

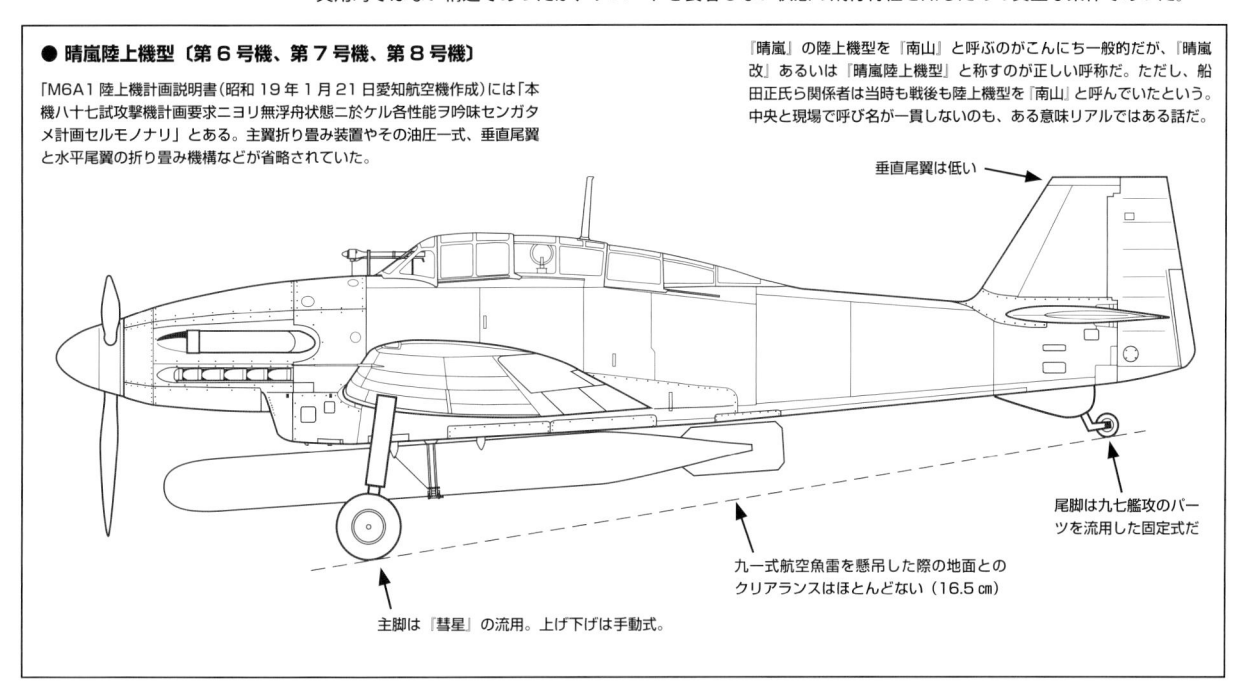

● 晴嵐陸上機型〔第6号機、第7号機、第8号機〕

「M6A1 陸上機計画説明書(昭和19年1月21日愛知航空機作成)には「本機ハ十七試攻撃機計画要求ニヨリ無浮舟状態ニ於ケル各性能ヲ吟味センガタメ計画セルモノナリ」とある。主翼折り畳み装置やその油圧一式、垂直尾翼と水平尾翼の折り畳み機構などが省略されていた。

『晴嵐』の陸上機型を『南山』と呼ぶのがこんにち一般的だが、『晴嵐改』あるいは『晴嵐陸上機型』と称すのが正しい呼称だ。ただし、船田正氏ら関係者は当時も戦後も陸上機型を『南山』と呼んでいたという。中央と現場で呼び名が一貫しないのも、ある意味リアルではある話だ。

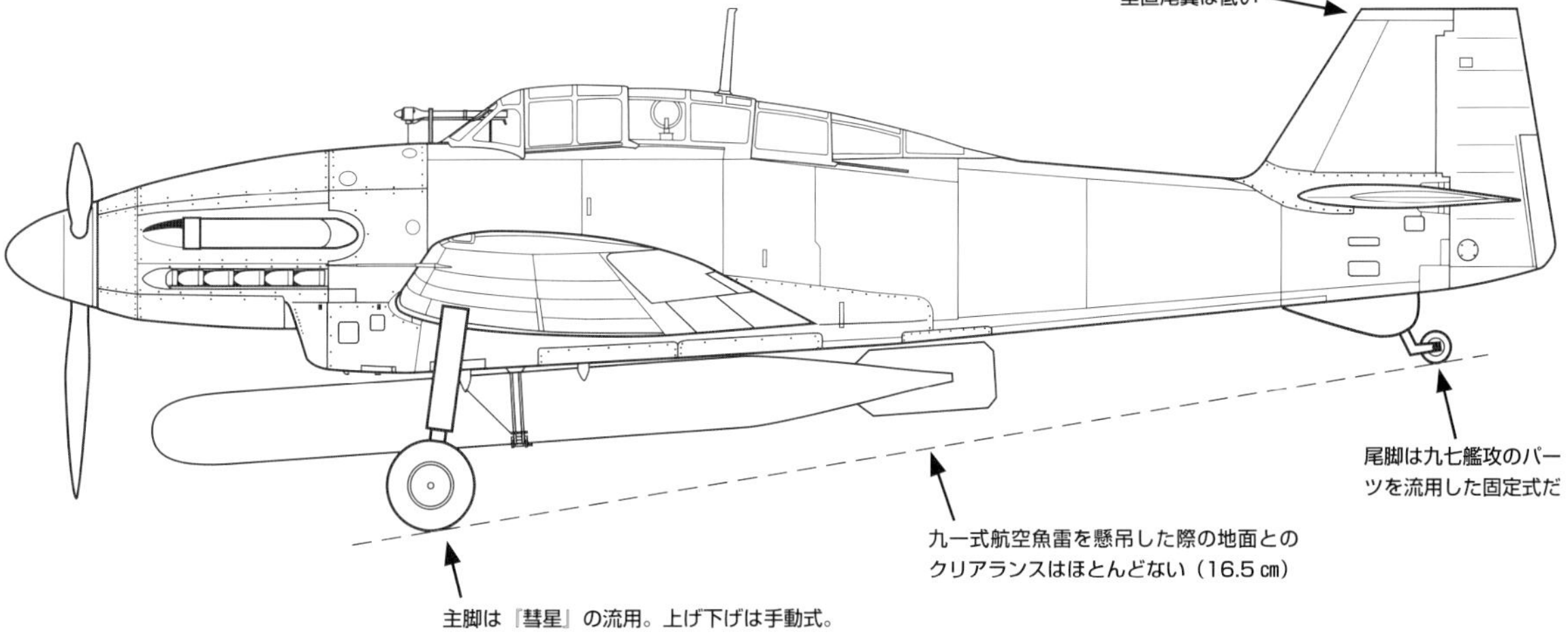
垂直尾翼は低い
尾脚は九七艦攻のパーツを流用した固定式だ
九一式航空魚雷を懸吊した際の地面とのクリアランスはほとんどない（16.5㎝）
主脚は『彗星』の流用。上げ下げは手動式。

コ-M6-6

▲『晴嵐』はフロートを外した場合の空力特性を研究するため、水上機としては珍しく陸上機型が製作された。写真は戦後アメリカに渡った晴嵐陸上機型（通算第6号機）で、なかなか精悍な姿。尾翼に記入されたカタカナの「コ」は空技廠（のち横空審査部）の所属を、「M6」は本機の試作機であることを現す。迷彩塗装の塗り分けがわかる写真は珍しい。主翼下面の日の丸に白フチを丁寧に付けるのは愛知航空機の特徴のひとつ。

▲昭和19年暮れになって横空水上機班へやってきた淺村敦大尉は伊14潜の名和航海長とは同期生の間柄。二座水上機専修の彼は重巡『青葉』飛行長職から横空へ転勤、晴嵐隊へ引き抜かれた形となった。写真は昭和18年夏、鹿島空教官時代。

よりレイテ行きは取止めとなり、23日にマニラ湾へ入港した『青葉』は飛行機を現地の航空廠へ還納、数日で艦体の応急修理を実施したのち、空襲と敵潜水艦の出現を警戒しつつ、そろそろと内地への回航の途についた。

ところが、やっとのことで台湾の高雄に入港すると同時に淺村大尉はデング熱を発症してしまう。マニラ湾滞在中に感染していたのだ。横空への転勤を告げられたのはそんななかでのこと。シンガポールへ赴任した時とは違って質素な海軍の輸送機に熱でうかされた身体を割りこませ、ようやく横須賀空へ降り立ったのが前述した11月19日だった。

着任早々、「対潜哨戒の戦技研究が君のおよその任務だよ」と伝えられた彼は、水上機班のスベリで飛行学生時代の教官である福永正義少佐とばったり出会う。

「現在、潜水艦に搭載されてパナマ運河を攻撃する新たな飛行機隊編成の下準備をしている。操縦の士官がまだいないから、よかったら来ないか？装備機はM6といって、ほら、あそこにいるヤツだ」

そう告げてスベリの沖を見やった福永少佐の視線の先には、水冷エンジンのスマートなオレンジ色の水上機が、バッバッバッと軽快な爆音を上げて水上滑走している姿があった。

「ぜひ御願いします」

こうして改めて横空水上機班晴嵐隊附となった淺村大尉。しかし、当の横空用の『晴嵐』はこの頃になってもまだ1機もなく、審査部の船田少佐と村上行賢大尉(予学6期)が2機の試作機の実験をくり返すのみで、ちょうどこの頃、船田少佐らが魚雷投下実験を行なっていたところだった。

『晴嵐』の魚雷発射については、船田少佐が同じ横空の北島一良少佐から浅海面雷撃のレクチャーを受けてまず『九七艦攻』で訓練を行なったのち、『晴嵐改（陸上機）』での投下実験が行なわれた。海兵61期の北島少佐はやはり船田少佐と同期生の間柄で、昭和16年12月のハワイ作戦真珠湾攻撃において空母『加賀』艦攻隊から第2中隊を率い、第1次攻撃隊雷撃隊に参加した雷撃のオーソリティだ。

良好な結果を受けて後日、軽荷重の『晴嵐』による雷撃実験も行なわれ、これもまた大きなトラブルなく好結果となった。水上滑走からの離水であったが、魚雷を搭載した水上機でも離水は可能というデータは、終戦直前の『零式水上偵察機』雷撃隊の編成へと発展していく。

こうしたなか、やっとのことで2機が完成したとの知らせでそれまでに操訓を進めていた高橋一雄少尉（11月1日進級）が名古屋に出かけ、11月25日に1機、同27日に1機を愛知航空機から空輸してきた。渡辺哲国氏の調査によればちょうど10月に『晴嵐』の量産1号機（通産9号機）が、11月に同2号機（通産10号機）がロールアウトしたことになっているから、最終調整を実施した上で海軍側に領収されたと考えればつじつまが合う。

これで横空『晴嵐』隊の保有機は『晴嵐』2機、『瑞雲』2機となり、ようやく『零式小型水上機』を還納、本格的な訓練が始まることとなる。

『晴嵐』と『瑞雲』を乗り比べた淺村氏の感想は

「それまで乗っていた『零観』に比べ、2機とも双フロートなので機体をよほど水平にして着水させないと左右に持っていかれます。操縦性などは両者ともに癖がなく同等。ただし、液冷エンジンの『晴嵐』は前方視界が『瑞雲』よりはるかによかった。

『晴嵐』は搭乗員冥利に尽きるいい機体でしたが、新機軸が多く、整備員たちは随分と苦労していたみたいです」

というもの。なるほど、陸上機であれば鼻の長い液冷エンジン機は三点姿勢での前方視界がどうしても悪くなるが、水上機であればほぼ姿勢は水平なままであるから側面積が少ない分だけ有利というわけだ。

横空晴嵐隊の補助機材

昭和19年夏頃から、第6艦隊より削除された“潜偵乗り”たちを基幹として横空晴嵐隊が編成されたが、肝心の『晴嵐』の生産ははかどらず、秋口になっても訓練に補助機材を使う有様だった。

▶十二試二座水偵での経験を経て愛知航空機が十六試水偵として開発し、実用化されたのが『瑞雲』一一型。25番爆弾を積んでの急降下爆撃が可能なことから水上爆撃機、略して“水爆”などと呼ばれた機体で、フロートの支柱が左右に開いてエアブレーキとなる。写真は横須賀空水上機班の機体（前期生産型）だが、晴嵐隊の使用機ではない。

◀甲型や乙型の潜水艦搭載機として海軍航空技術廠、略して空技廠で開発されたのが零式小型水上偵察機（のち零式小型水上機と改称）。数々の航空偵察を成功させた名機であり、高橋一雄飛曹長ら、潜偵乗りにとっては乗りなれた機体であったが、いかんせん軽量小型機にすぎず、いかに『晴嵐』が不足しているとはいえ訓練機として適当ではなかった。写真は第6艦隊附属の機体で、呉空におけるもの。機上の人物と比べれば、そのコンパクトなサイズがうかがい知れる。

第631海軍航空隊の編成

昭和19年12月15日、第1潜水隊の各潜水艦に搭載される第631海軍航空隊が開隊した。これは先に述べた横空水上機班『晴嵐』隊を主体として編成されたもので、新鋭機の新装備部隊ができる際にはこうして横空に一度、基幹となる搭乗員などの人員が集められて下準備をなし、ワンクッションおいて“きり”のよい日付けで開隊するのが慣わしであった。

開隊の同日付けで631空司令に補されたのは有泉龍之助大佐。これは第1潜水隊司令補任の辞令よりも実は約半月ほど早いものである。ただし、有泉司令が彼ら631空の搭乗員たちの前に姿を現すのは昭和20年1月11日になってからで、それまではもっぱら軍令部や第6艦隊を行き来しての第1潜水隊の編成調整や、攻撃目標であるパナマ運河についての資料収集を行なっていた姿が伝えられている。

飛行長は横空『晴嵐』隊のトップであった福永正義少佐で伊400潜艤装員を兼ね、当初は飛行隊長という配置はなく、第1分隊長が淺村大尉、第2分隊長が山本勝知中尉という陣容。吉峰 徹中尉や第12期飛行予備学生出身の士官たち、高橋少尉を含めた晴嵐隊の特務士官、下士官搭乗員たちもそのまま631空附となった。開隊にあたり、書類上は本隊を鹿島空に置く形で、第13期飛行予備学生出身の市吉頒介少尉のほか通信士の佐藤次男少尉（予兵4期）など一部の地上員は順次ここへ着任。ただ、飛行機隊は引き続き追浜にあって操訓など従前の任務に携わっている。

ところで、昭和初頭に日本海軍で潜水艦搭載機が実用化されて以来、その運用は各艦に固有の搭乗員、整備員が乗組員として発令されて行なわれてきた。

その編制は、搭乗員については操縦員1名、偵察員1名で交代人員はなく、そのどちらかが海兵出身士官、あるいは予備士官、特務士官、准士官で飛行長を兼務し、同じく特務士官または准士官の努める掌整備長1名に整備の下士官2～3名というもの。とはいえ、この人員だけで機体の組み立てから発進、揚収、分解格納をするのは無理で、他科の乗員たちから選抜された10名程度のメンバーが“本チャン”の整備員の指示により作業を手伝うというのが慣例となっていた。また、飛行機搭載設備を持った全ての艦が常にこうした飛行機、人員を乗せていたわけではなく、各艦の置かれた状況、任務に応じて適宜配乗されていたというのが実状である。

ところが、潜水艦作戦が多様化した昭和18年に入ると、これら潜水艦

▲都合58回という航空偵察を実施した日本海軍潜水艦とその搭載機。その運用はもちろん搭乗員と整備員が一体となってのものだが、これに協力する他科の乗員たちの支えも大きかった。写真は伊37潜に帰り着いた『零式水上機』をこれから揚収、格納しようとするところ。画面右に格納筒の半円形の扉が置かれているのが興味深い。右手前は運搬射出用の台架。

搭載水偵と搭乗員たちは各艦固有の乗組員としてではなく、第６艦隊司令部附として発令され、必要に応じて当該潜水艦に乗艦する方式に変わっていった。高橋一雄飛曹長（当時）が霞ヶ浦空教官配置から第６艦隊司令部附となったのち伊37潜乗組みを発令されたのはこのためである。

しかしこうした体制も長くは続かず、昭和19年６月のあ号作戦が終わったあとに、ほぼ全ての潜水艦搭載水偵は艦から降ろされるに至ったことはすでに説明した。

つまり、６３１空の編成はこうした日本海軍潜水艦隊の動向とは全く逆の方向へ歩を進めるものであったといえる。

さて、この当時、横空ではのちに偵察第３０２飛行隊（昭和19年12月25日開隊。６３４空所属部隊）となる『瑞雲』隊が、彼ら『晴嵐』隊と軒を並べて同じく新編成に取り掛かっていたが、こちらは人員だけでなく装備機の『瑞雲』もだいぶ数がそろっていた。そこで、６３１空はここからもう２機ほど『瑞雲』を借り受けてようやく『晴嵐』２機、『瑞雲』４機の編成となり、12月20日には本来の所在である鹿島基地へ移動、引き続き部隊編成と錬成訓練を続行することとなった。

鹿島は淺村大尉にとって３ヶ月ほど前まで教官配置でいた古巣であり、練習航空隊が置かれているだけあって横空とは比べものにならないくらい使い勝手のよい水上機基地だ。ちょうどこの頃、鹿島空には昭和17年９月に伊25潜搭載機で米本土爆撃を実施した藤田信雄少尉（偵練25期）が教官として勤務していた伏線がある（藤田少尉は６３１空の隊員ではない）。

この広い空域を利用して淺村大尉は横空ではできなかった『晴嵐』のスタントを一通り実施している。

「ここでようやく、ありとあらゆる特殊飛行を実施しました。クイックロール、スローロール、宙返りなど……。下で見ていた人たちは空中分解しないかとヒヤヒヤしていたそうですが。ただ、背面宙返りだけは危なくてやらなかった」

１月11日には初めて有泉司令が鹿島に顔を見せ、隊員たちを激励。改めて振り返ってみると司令は伊４０１潜の竣工とともに１月８日に佐世保を出港したばかりであり、非常に慌しく６３１空を訪れたことがわかる。

そうした１月中旬になって、高橋少尉が新たに完成したという『晴嵐』１機を愛知航空機へ受領に赴くと、建物は破壊され、工場の大きな厚い扉がレールから外れ落ちている光景に出くわした。

東海地方の工場群に対する『Ｂ－29』の空襲は12月13日から始まっていたが、これはそれによる被害ではない。東海大地震である。

名古屋を含む東海地方には昭和19年12月７日の東海地震、翌年１月13日の三河地震と、大戦末の年末年始に２度の大地震が起こった。これにより三菱重工や中島飛行機半田工場なども大きな被害を受けるに至った。

とくに愛知県に生産の拠点を置く愛知航空機にとっては深刻な影響をもたらし、ほかに第11航空廠岩国支廠で製作されていた『彗星』はさておき、同社でしか製作していない『晴嵐』については破損した製作治具の修整から行なわなくてはならなくなってしまった。

有泉司令の進言で、呉空へと移動を実施することとなったのはこの頃のことだ。呉空は横須賀空や館山空などと同様、陸上機用の飛行場と水上機用のスベリという両方の設備を持った古くからの海軍航空基地であり、また呉に近いこともあって潜水艦搭載機にとっては縁も深い場所である。今

631 空の展開基地：その 1

鹿島海軍航空基地

▲ 631 空と改編された晴嵐隊が転じた場所が鹿島基地。水上機教育を司る鹿島海軍航空隊の置かれていた場所で、淺村大尉にとっては古巣ともいえた。基地区域の南側（画面下方向）にコンクリート製の“すべり”が設けられている。水上機基地はこのように小ぢんまりとしたものだ。

▼▶海軍航空隊の総本山と言われた横須賀空の展開するのがこの追浜基地（横須賀基地とは言わない）。下写真は右写真の右下部分を時期を変えて撮影した拡大写真といえ、南側（画面下方向）に“すべり”と飛行艇さえ収容できる大型格納庫が判読できる。陸上機などさまざまな機種と同居する追浜は手狭な基地で、631 空の新編とともに鹿島へ移ることとなった。

追浜海軍航空基地
水上機班の“すべり”

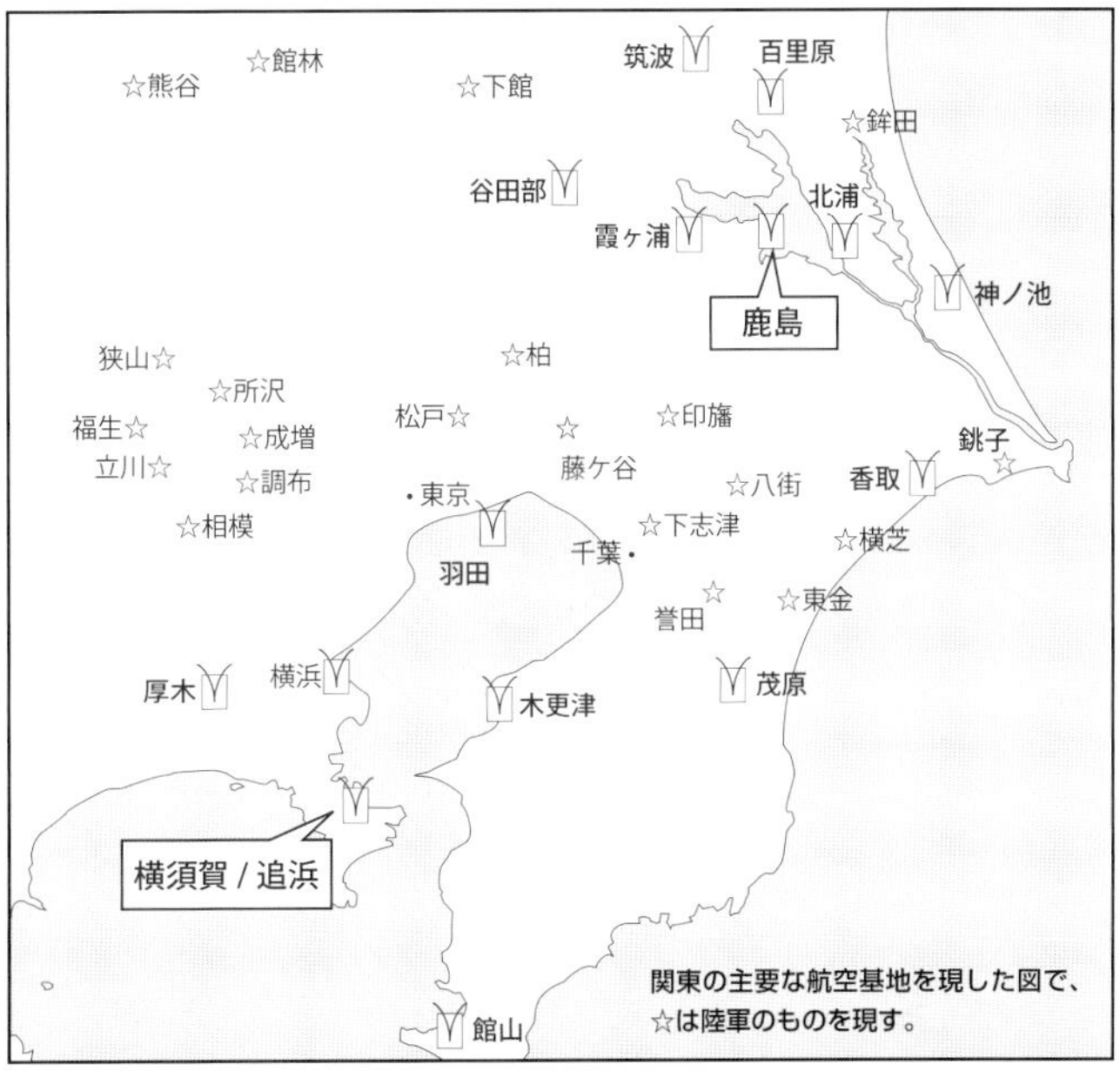
☆熊谷
☆館林
☆下館
筑波
百里原
☆鉾田
谷田部
霞ヶ浦
北浦
神ノ池
鹿島
狭山☆
☆所沢
☆柏
福生☆
☆成増
松戸☆
☆
☆印旛
立川☆
☆調布
藤ケ谷
☆八街
香取
銚子
☆
・東京
☆相模
☆下志津
☆横芝
千葉・
羽田
☆
誉田
☆東金
厚木
横浜
木更津
茂原
横須賀 / 追浜
館山
関東の主要な航空基地を現した図で、☆は陸軍のものを現す。

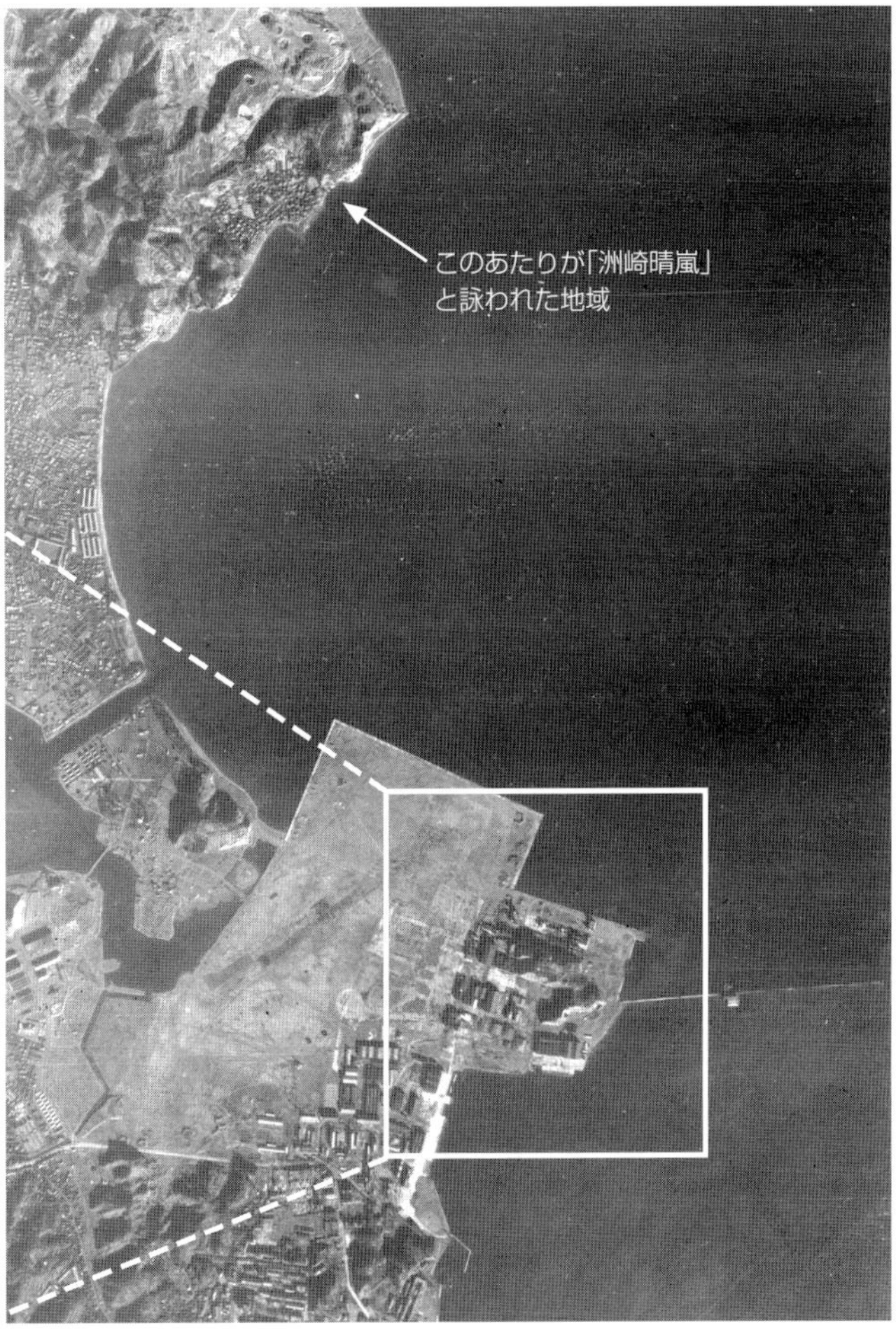
このあたりが「洲崎晴嵐」と詠われた地域

〔本ページ写真提供／国土地理院（撮影はいずれも終戦後、米軍によるもの）〕

後、第1潜水隊各艦の調整訓練が仕上がってくれれば、飛行機発進・揚収などの合同訓練を実施せねばならないからなおさら都合は良い。慌しく準備を済ませた631空は、20日を過ぎた頃までに呉空への移動を完了する。

その後、1月25日には震災後の廃墟の中から新たに『晴嵐』1機が組み上げられたとの知らせで高橋少尉が再び愛知航空機へ出張、空襲警報のたびに整備作業が中断するなか、2、3日して試飛行を済ませ呉へと空輸してきた。愛知航空機の執念ここにあり。これで2月1日の時点で『晴嵐』6機、『瑞雲』6機という保有数になった。

この頃になると隊員たちひとりひとりの操訓もだいぶ進み、寂しいながらも5機程度の編隊飛行、編隊擬襲訓練も可能となった。

そんな中の2月28日、通信訓練に発進した『瑞雲』1機が基地近くに墜落、操縦していた藤木昌一上飛曹（乙飛15期）と偵察員の園田 直上飛曹（甲飛9期）が殉職するという事故が起こった。園田上飛曹は結婚式を当日に控え、新婦や両親が基地近くの旅館で待機したなかでの、痛ましい限りの殉職であった。なお、高橋一雄氏の手記『神龍特別攻撃隊』(光人社刊)によるとこの事故は1月下旬ころの発生で、操縦員は乙飛14期の鈴木1飛曹、偵察は甲飛9期の佐々木1飛曹と書かれているが、これに該当する人物は両期にはいない（遺族感情を図り仮名としたものか）。

この事故により狭い呉空は訓練に不向きと判断され、浅村分隊長と福永飛行長が『晴嵐』に乗り込んで空中から適地を探索した結果、3月5日になって屋代島の和差海岸に急遽、水上機基地を設営することとなった。ここは浅村分隊長が少尉候補生として戦艦『陸奥』乗組み時代に弁当持参で訪れたことのある風光明媚なところで、また広い空域を確保できる場所でもあった。こうした砂浜を利用して急ごしらえに基地展開ができるのが水上機の真骨頂であったが、機体全体に多くの可動部を有する『晴嵐』がエンジンをちょっとでも吹かすと砂塵が舞い上がり、その各部へ入り込んで不具合を起こしてしまう欠点があった。

「これは誤算でした」

とは、正直な浅村氏の言。このため常時滞在しての訓練は困難で、都度、呉空と行き来しての飛行作業とあいなったようだ。

こうして3月上旬に至り、『晴嵐』はようやく6機を揃える仕上がりとなったが、伊401潜、伊400潜に3機ずつ、伊13潜と間もなく竣工する伊14潜に2機ずつ、合計10機という数にはまだ遠いといわねばならなかった。今後、訓練により消耗する機体も考えられ、また生産状況を鑑みるに大幅な増数も期待できず、関係者らの焦りは増すばかりであった。

伊14潜、艤装中の訓練

こうして第1潜水隊の僚艦が次々と竣工、搭載航空隊の631空も編成され、昭和20年6月前後の作戦出撃をもくろんで錬成訓練に邁進するなか、伊14潜の艤装作業は当初の予定を大幅に遅れ、かつ修正目標である昭和20年3月の竣工を目指して推移していた。

このため伊14潜は戦列に加わるまで3ヶ月しか錬成期間が取れないわけで、艤装中の期間をいかに効率よく訓練に充てられるかがその後の艦の運命を左右する重要なファクターとなっていた。

とはいえ、忙しく工員が走り回り、艤装作業をしている潜水艦の艦内では乗員たちの訓練などおぼつかない。

そこでまず清水艦長は哨戒長となる岡田水雷長、名和航海長、隅田通信長、高松砲術長の4人を中心に4直の艦内編制を整備し、机上における見張りや応急指示のシミュレーション訓練を実施した。

「哨戒長」とは、浮上航走中の潜水艦の艦橋において見張の指揮や操艦を行なう当直責任者の将校（兵科士官）のことで、実際に双眼鏡につく下士官兵の乗員を「哨戒員」と称した。通常、潜水艦を含めた日本海軍の艦艇では1日8時間ごとの3直勤務というのが通り相場で、艦によっては不公平にならないよう1日1時間ずつ交代時間をずらしていき、1週間で最初の時間に戻る形をとっていたが、哨戒長を4人として4直に艦内編制をすれば少し余裕のある当直配置となる。

機関長の釘宮少佐（11月1日進級）は狭いハッチで区画された潜水艦の艦内での細かな機関員の指揮やいざという時の応急措置はほぼ不可能と断じ、機関科は通常運転と急速潜航をスムーズに行なえるようにすることが信条として部下乗員たちの訓練に励んだ。

「数多い若い人の生命を預かっていた戦争末期の当時としてはむしろ気持ちの統一が大切であった。訓練に当たっては特に老練な電機長、常に意気盛んな機械長の2人が全く誠心誠意若い人の先頭に立って、本当によくやっていただいた。お陰で私は『大過なき上司』に過ぎなかったようだ。」

とは戦後の釘宮氏の回想であり、電機長であった千葉氏は

「機関科の訓練は甚だ厳しく機構の研究や公試の立会いは最も熱心であった。然し乍ら釘宮機関長が当初から優秀な下士官兵を集める事に努力された賜で其の成果が得られたのであると思う」

と語っているが、なるほど、釘宮機関長、千葉電機長（11月1日付け海軍

631 空の展開基地：その 2

母艦となる第 1 潜水隊の潜水艦の錬成が進むにつれ、631 空も呉軍港に近い呉基地へと移動したが、空域の狭さや空襲を懸念して屋代島の和佐海岸を利用し、最終的には同じ広島県の東のはずれにある福山基地へと落ち着いた。

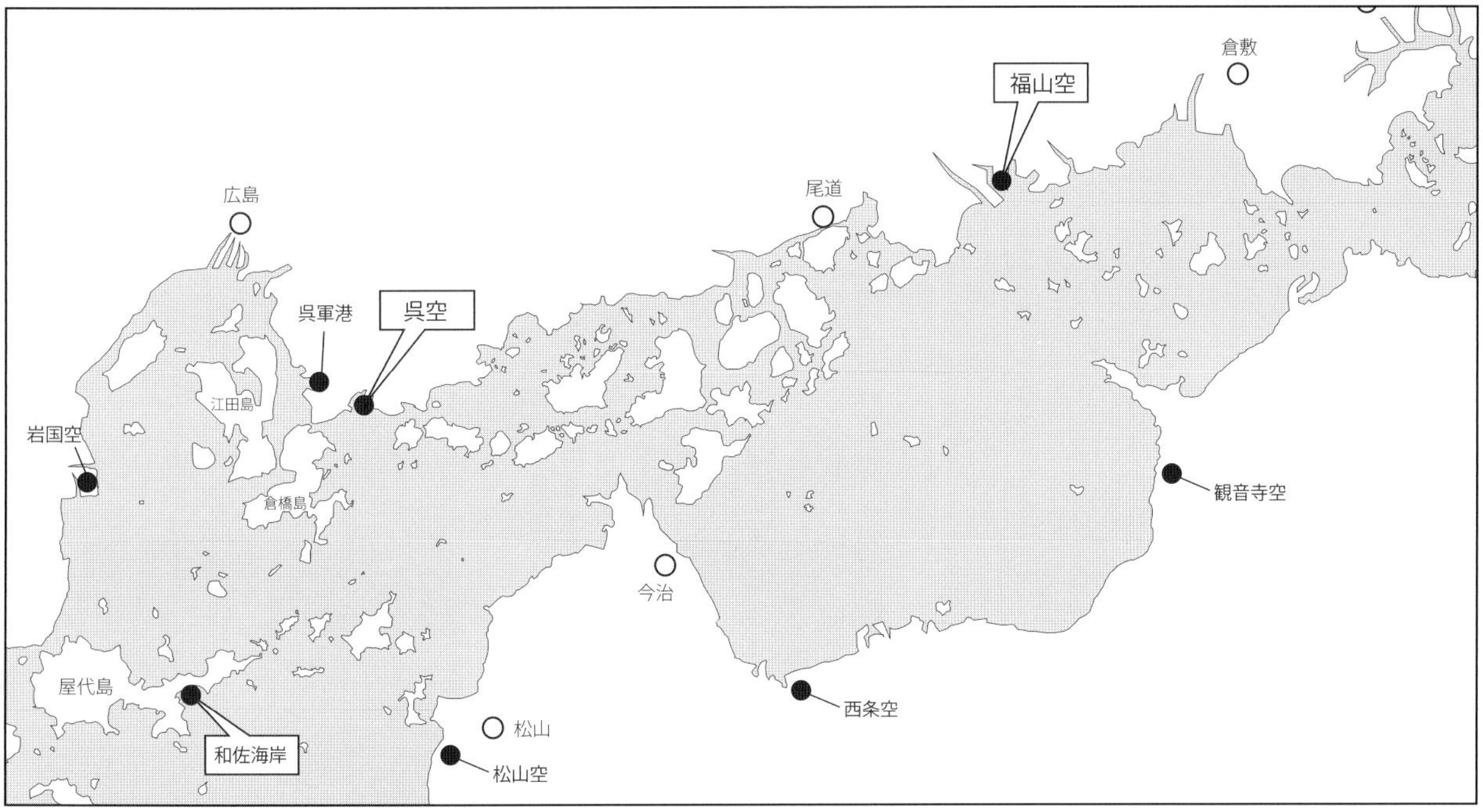

▲福山基地はもともと逓信省管轄の新聞郵便機のパイロットを養成する「福山地方乗員養成所」が設置されたところ。福山は水上機乗りを養成する海軍系の養成所で、戦時中はここを卒業後、甲種予備練習生として海軍航空隊で実用機の操縦をマスターし、予備下士官になった。631 空本隊はここで終戦を迎える。水上機基地なので米軍も見落としたのか、終戦後の空撮写真も大画像のものがないのは皮肉。

▼大正 14 年に佐世保空広（ひろ）分遣隊が設置されたことに端を発する呉空は、呉軍港とは休山をいただく半島を挟んだ東側にあり、631 空が第 1 潜水隊の母艦と連繋するには格好な場所であった。写真下の部分が航空隊で、左側に突出した下側が水上機用の“すべり”。

〔本ページ写真提供／国土地理院（撮影はいずれも終戦後、米軍によるもの）〕

中尉任官）、袴田機械長は上からも下からもよく慕われ、よく働いた。特に機関科は機械、電機とも実際に手に触れていないとなかなか訓練は難しいのだが、赤本や図面を用いて取りまわしや配管、配線を頭の中に叩きこみ、艦に乗った際にはすぐさま通常運転ができるよう工夫がなされた。

また機械長の袴田氏は

「潜水艦乗員としての有経験者はほんの一部に過ぎなかったので、各自の潜航配置で潜航時にはこれだけは第一番に行なえとの教育方法であった様に記憶している。未経験とはいえ回を重ねる毎に其の成績は向上し、短期間訓練で抜群とまではいかなくともまあまあの線には到達することが出来た様に思う」

と往時を回想する。

機関科の若手乗員のひとりであった三田十四二氏は

「潜校は出たといっても、初めての潜水艦、何んにも分からぬ私、今迄の『ズッコケ』兵長を返上、夢中で艦底または『メインタンク』内にもぐりこみ勉強しました。それに川橋（儔雄）、黒田と『十七志』といった同期の良きライバルがいたことも非常にプラスになりました」

と与えられた訓練だけでなく自ら必死になって勉強をした様子を語る。

航海科では潜航長として着任した上原 覚兵曹長、先任伍長の内藤上曹が中心となって、やはり艦内研究と称するシミュレーションを実施して下士官・兵乗員に気合を入れた。日本海軍の強さは下士官兵が支えている、の文字通り、艦の浮沈は彼らひとりひとりが持てる力を発揮できるか否かにかかっているのだ。

そんな中のある日、千葉電機長に呼び出された富樫雅平2機曹は

「潜水学校高等科への転勤が来ているが富樫兵曹どうするか？」

と尋ねられた。

普通科を卒業してから2年の間、重巡に乗組んでほとんど南方勤務で過ごしてきた富樫2機曹は、前述したように高等科に入るために横潜基に来たのだったが、ここへは少しの期間だけいただけで、すぐに伊14潜艤装員となった。この頃、同年兵は勿論、後輩にも高等科出身者が多くなっていた。自分もいつかは高等科を出なければならないとは思っていたが……。

「卒業は本艦の出撃までに間にあいますか？」

と電機長に質問すると

「いや、ちょっと無理だろう」

との答え。

「では、やめます。一緒に連れていって下さい、お願いします。」

電機長の親心はありがたかったが、今、艦を降りるつもりは毛頭ない。それでは……と、このように強く言い切った。電機長が無理に勧めるでもなかったことは幸いだった。

大湊潜水艦基地隊から伊14潜艤装員としてやってきた川橋儔雄2機曹は艤装作業がだいぶ終わりに近づいた頃、甲子園にあった海軍病院で内科適性検査を受けた。過酷な艦内環境で長期間生活し、戦わねばならない潜水艦乗りは作戦に出る前に必ず健康診断を受けるのだが、その際に、右肺に肋膜の直った痕が見られると診断されて、不適格の烙印を押されてしまった。とはいえ、自分自身では何とも身に覚えのないことである。

そこで、「直った痕ということは今なっているわけではないでしょう、体力的にも大丈夫だから」としばらく押し問答をし、何とか合格にしてもらったという。

ところが、今度は竣工1週間ほど前となった時期に袴田機械長に呼ばれた川橋2機曹、

「潜水学校高等科への転勤が来ているから、お前行け」

と指名された。これに即座に

「機械長、一緒に連れていって下さい」

と答えている。もともとは機械長がわざわざ指名して伊14潜へ引っ張ったという経緯があった。自分の死に場所は伊14潜に他なしと決めていた。

こうして艤装中に何人かが潜水学校へ転勤するなどで、ある者は残り、ある者は艦を去っていった。一億総特攻がささやかれていた当時、どちらが安全でどちらが危険であったかを論じるのは適当ではない。伊14潜は無事に終戦を迎えることとなるのだが、それは結果論でしかないのである。

機関長、航海長、転勤願い下げ運動

昭和20年初めともなると、いよいよ戦局は敗色濃厚となってきた。

この頃の名和航海長の胸中は、水上艦艇、潜水艦、航空機の同期生たちの多くがフィリピン決戦に、また敵艦隊邀撃作戦で散って行くなか、自分だけがのんびりと艤装員配置にいることに忸怩たる想いでいっぱいだった。レイテ沖海戦さなかの昭和19年10月25日に、神風特別攻撃隊「敷島隊」の隊長として戦死した関 行男大尉（戦死後中佐）は同期生である。

ちょうどその頃、先任伍長の内藤信太郎上曹が艤装員事務所の庶務に入っていくと、やおら杉本貫太郎2主曹から

潜高小型と海兵 70 期の艦長

本土決戦用の水中高速潜水艦として昭和 19 年末に急遽計画され、昭和 20 年 3 月から多量建造が開始された波 201 潜型こと「潜高小型」は、わずか 3 ヶ月の建造期間で 5 月末から順次竣工しはじめた。魚雷発射管 2 門と魚雷 4 本を主武装とする小型の潜水艦で、その艦長、あるいは艤装員長には潜水学校高等科学生を卒業した海兵 70 期生と 71 期生が発令されている。
伊 14 潜の名和航海長の転勤もそうした一連の流れを受けてのものだったようだ。実際、同じ海兵 70 期生で、伊 400 潜航海長を勤めていた蒲田久男大尉（名和大尉と潜水艦講習員の期が同じ）や伊 13 潜航海長だった兼築光寿大尉は潜水学校高等科学生を発令され、それぞれ乗艦を去っている。

● 潜高小型艦長一覧

艦名	艤装員長／艦長　（期別）	備考
波 201 潜☆	佐藤　嘉三　大尉（海兵 70 期）	
波 202 潜☆	菱谷　　清　大尉（海兵 70 期）	
波 203 潜☆	真山　真也　大尉（海兵 70 期）	
波 204 潜☆	重本　俊一　大尉（海兵 70 期）	
波 205 潜☆	武藤　敏雄　大尉（海兵 70 期）	
波 206 潜	蔭山　　弘　大尉（海兵 71 期）	S20.07.08 艤装員長発令
波 207 潜☆	小澤　孝基　大尉（海兵 70 期）	
波 208 潜☆	兼築　光寿　大尉（海兵 70 期）	
波 209 潜☆	常廣　栄一　大尉（海兵 71 期）	
波 210 潜☆	青木　　滋　大尉（海兵 71 期）	
波 211 潜	ー	
波 212 潜	木村　八郎　大尉（海兵 70 期）	S20.06.13 艤装員長発令
波 213 潜	清水　郁男　大尉（海兵 71 期）	S20.07.08 艤装員長発令
波 214 潜	吉川　弘俊　大尉（海兵 71 期）	S20.07.08 艤装員長発令
波 215 潜	稲葉　天洋　大尉（海兵 71 期）	
波 216 潜☆	八十島奎三　大尉（海兵 71 期）	
波 217 潜	久保　　猛　大尉（海兵 71 期）	S20.07.08 艤装員長発令
波 218 潜	細見　弘明　大尉（海兵 71 期）	S20.07.08 艤装員長発令
波 219 潜	工藤　淳一　大尉（海兵 71 期）	S20.07.08 艤装員長発令

▶潜高小型の艦長は、海兵 70 期と 71 期の潜水艦経験者が潜水学校高等科学生を終えた上で発令された。右の表はその一部で、蒲田久男大尉はまだ個艦の艤装員長に発令されておらず記載はないが、終戦時にはすでに乗員予定者 24 名を預けられていたという。艦名の後の☆は終戦までに竣工した艦を現す。

「先任伍長、機関長と航海長が退艦するらしいです。2人に退艦されても艦は大丈夫でしょうか？」

と尋ねられた。思わず

「何、そんな馬鹿なことがあるか！」

と大声で答えた内藤上曹であったが、杉本2主曹が口に指を当てるしぐさをしたので、小声で

「それは本当か、誰が話をしていたか」

と聞きなおすと

「ちょっと前に艦長と機関長が話をしておりました。なんでも機関長は大学へ、航海長は八号の艦長（筆者註：内藤氏の手記には漢数字の〝八〟と書かれているが、おそらくカタカナの〝ハ〟で、当時竣工間近であった潜高小型の波号潜水艦の艦長の意）とか申されていたようです」

との返事である。

竣工まであと少しというこの大事な時期に、潜水艦経験者としても歴戦の釘宮機関長と名和航海長が転勤することは伊14潜の戦力を半減させるに等しい。これは一大事と考えた内藤上曹は、まず気心の知れた吉田徳二郎上曹と2人だけで相談、ひとまず各科の上等兵曹だけに艤装員事務所2階の主計科倉庫へ集まってもらい、杉本2主曹が聞いた話を説明し、皆の意見を求めた。

彼らの反応は

「艤装がそろそろ終わりに近付いている今になって2人に退艦されたら、今でも乗員一同が内心不安感を持っているのになおさら不安になり、艦がどうなるかわからん」

「私もちょっと耳に挟んだがやはり本当なのだな」

と驚くやら納得するやらといった様々なものだった。

そんな中、増渕三郎上機曹が

「先任伍長、それが本当ならどんなことをしても止めなければ駄目だ、先任、どうするのだ」

と提案。内藤上曹、吉田上曹、増渕上機曹に、さらに2、3人の下士官が連れ添って、清水艦長の下へ真相の確認に行くこととなった。

早速艦長に

「機関長と航海長が退艦なさるようなお話を聞きましたが本当なのでしょうか？」

と質問すると、

「実は私も困っているのだ」

大戦末期に突然現れた潜高小型は、ブロック建造方式を取り入れるなどでわずか３ヶ月の建造期間でできあがった。写真は昭和20年5月29日、佐世保沖で公試運転中の波202潜（艦長は名和航海長と同期生の菱谷 清大尉）。水中抵抗を考慮して、上甲板が設置されていないのがわかる。（写真提供／大和ミュージアム）

鎧袖一触の水中高速艦！ ただし離脱は不可能？

本土近海で連合国軍艦隊を邀撃するために急遽建造された潜高小型は、従来の攻撃型潜水艦と甲標的丁型『蛟龍』の中間に位置付けされる決戦兵器のひとつであった。水中速力（最高 13.9 ノット）と水中操縦性（潜舵を艦中央部に装備）を重視して設計されたその姿は潜高型（伊 201 潜型）の縮小版ともいえたが、実際に露頂深度で 53 ㎝魚雷を発射すると艦首部が軽くなって海面上に浮き上がり、その後完全に潜航が不能となって所在を敵艦に暴露してしまう懸念があった。

そんなこともあり、実際に昭和 20 年 6 月以降、波 202 潜艦長としてその運用に携わった菱谷 清氏は「あれは特攻潜水艦だったよ」と、戦後、海兵 70 期同期生の蒲田久男氏に語ったという。その蒲田氏も、潜高小型の艦長予定者として潜水学校高等科学生になった際、「距離 800m まで敵艦に接近して魚雷発射を行なう射法を教わったが、避退する方法については一切教育がなかった」と回想している。

いかにせよ、正攻法の戦いであっても、その本質は特攻と変わりなかったというのが当時の実状であった。

● 潜高小型

▼潜高小型の特徴は潜舵を艦の中央部に設けたこと。これにより水中での運動性の向上を図った。

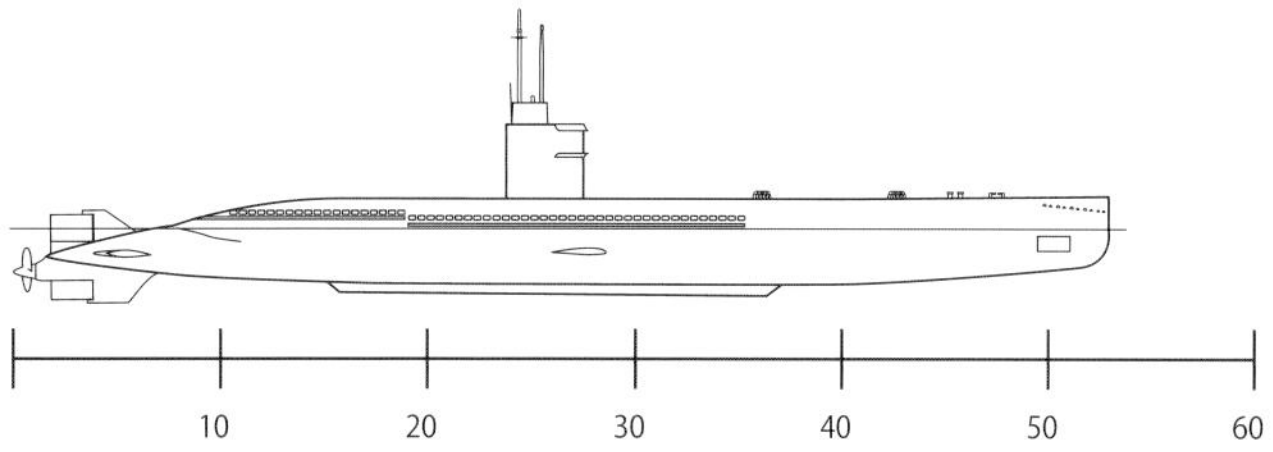

● 潜高小型要目

基準排水量	:	320t
潜航排水量	:	440t
全長	:	53m
最大幅	:	4m
水上速力	:	11.8kt
水中速力	:	13.9kt
安全潜航深度	:	100m
武装	:	53 ㎝発射管×２門（艦首）
	:	53 ㎝魚雷×４本
	:	7.7 ㎜機銃×１挺
乗員数	:	26 名

と寂しそうな顔をされていた。これを受けた下士官一同は、噂話を聞いた乗員が不安になっている旨を清水艦長に話し
「もうすぐ訓練に入るばかり、今になってこんな馬鹿なことはありません」

「艦長、困ることはありません。今すぐ海軍省に行って取り消しをして下さい。御願いします」

と陳情した。

　これを聞いた清水艦長が
「そうか、皆が、乗員がその様な意見であれば艦長はすぐ海軍省に行き、命令の取り消しをしてくる」

と出発の準備にとりかかる様子を見た一同は「艦長、では御願いします」と退室するやその足で庶務へ行き、東京行きのキップの手配をするという手際のよさ。

　こうして機関長と航海長の転勤騒ぎは一件落着をみた。こうした転勤願い下げは極めてまれなケースといえるものだが、時節やそれぞれの艦、部隊を取り巻く状況に応じてまま見受けられる事象ではある。この場合はやはり、竣工直前という大事な時期での転勤が与える負の影響を勘案してのものといえよう。

　艤装中の伊14潜におけるエピソードのひとつである。

神戸の町並み

　伊14潜が建造されていた神戸は呉や佐世保、横須賀などの工廠と違い、いわゆる軍港ではない。

　軍需産業とはいえ民間企業である神戸川崎造船所の一角に間借りする伊14潜艤装員事務所を取り巻く環境はのんびりしたもの。事務所にも2、3人の女子事務員が詰めており、ほんのりと娑婆の空気を漂わせていた。

　1日の日課が終わると造船所の外へ上陸するのは毎日のことで、これは艤装員の特権ともいうべきものであった。

　昭和19年暮れから20年春先までは神戸の町を狙った本格的な空襲はまだ実施されておらず、映画館、阪神電車、市電などは敬礼ひとつで〝海軍さん、ご苦労様です〟とタダ。

　ビアホールに行けば見ず知らずの人からまたまた〝海軍さんどうぞ〟、〝海軍さん一緒に呑みましょう〟とビールの差し入れがあった。これは当時一般の人々はひとり2杯までと決められていたものが軍人だけは制限がなく、彼らと一緒であればいくらでも呑むことができるからで、多少代金を負担してでもその恩恵に預かろうという心算からであった。

　川崎造船所だけでなく三菱の造船所もあり、古くから海軍艦艇の建造に関わりのある神戸の町には、呉や横須賀などの軍港のように海軍さんを下宿させる気風が醸成されていて、伊14潜の乗員たちもそれぞれに下宿を見つけ、温かい家庭のぬくもりを味わうこともできた。

　こうした中には休暇を利用して有馬温泉へ足を伸ばす面々も。富樫雅平2機曹はやはり休暇の際に淡路島まで足を伸ばしたが、嵐となって船が出ず、急遽漁船に頼みこんで明石へと渡り、さらにトラックを乗り継いで帰ったこともあった。

　もちろん、いい話ばかりではなく、なかにはこんなトラブルもあった。

　ある日、千葉忠行電機長は、駅で暴力事件を起こしたという機関科の下士官某氏に付き添って神戸憲兵隊へ出頭するよう、岡田水雷長から指示を受けた。これはつい先日、神戸駅の女子出札係（ど田舎でも自動券売機が完備されるようになった現代ではあまり馴染みのない言葉だが、駅の改札でキップを売る人のことをかつてはこう呼んだ）の理不尽な対応から口論となった我が伊14潜の機関科の某上等兵曹はついに憤激し、駅員室の扉を蹴破るや中へ入り込み、この女子駅員を椅子から引き立てると往復ビンタを数発食らわせたのだという。すぐに男子駅員たちに制止され、駅に立番中の憲兵に自首、所轄官氏名を明らかにした上で「後日呼び出しをする」旨、言い渡されて一時釈放となっていたものであった。

　ところが、先任衛兵伍長も加わって3人で恐る恐る決められた時間に湊川公園近くの憲兵隊へやってくると、受付の憲兵さんは意外にも丁重な対応。彼らが通された部屋に「お忙しいところお呼び出しいたしまして」と現れた、隊長だという藤原陸軍憲兵准尉（海軍でいう兵曹長と同等）も温顔に笑みを浮かべた、柔らかな物腰であった。

　正式に罪名を付けられたら大変なことになるとまずは下手に出てお詫びを告げた千葉電機長に対し、准尉は
「私は昨日、神戸駅の助役に会って忠告してきました」

と前置きして、次のように話し始めた。

「このところ駅の事務員が役目をかさに威張っていけません。相手は8年以上勤めて判任官になったばかりで優秀な娘だそうですが、最近失恋したそうです。なんでも最近、川崎でできた潜水艦（伊13潜のことか？）の下士官と一緒になる心算が、交際しているうちに男に振られたのだと同僚の事務員が話していました。その後、海軍の下士官に出札する（キップを売

川崎造船所と神戸の町並み

昭和 19 年夏以降、続々と艤装員たちが集まってきた川崎造船所は伊 14 潜にとって非常にゆかり深い土地といえる。前述したように戦艦や空母などの大型艦艇を建造することができる数少ない民間の造船所だが、そこで働く工員たちと結びついたアットホームな気風が神戸には漂っていたという。写真は川崎造船所とその周辺を撮影したもので、位置関係などがよくわかる好例といえる。

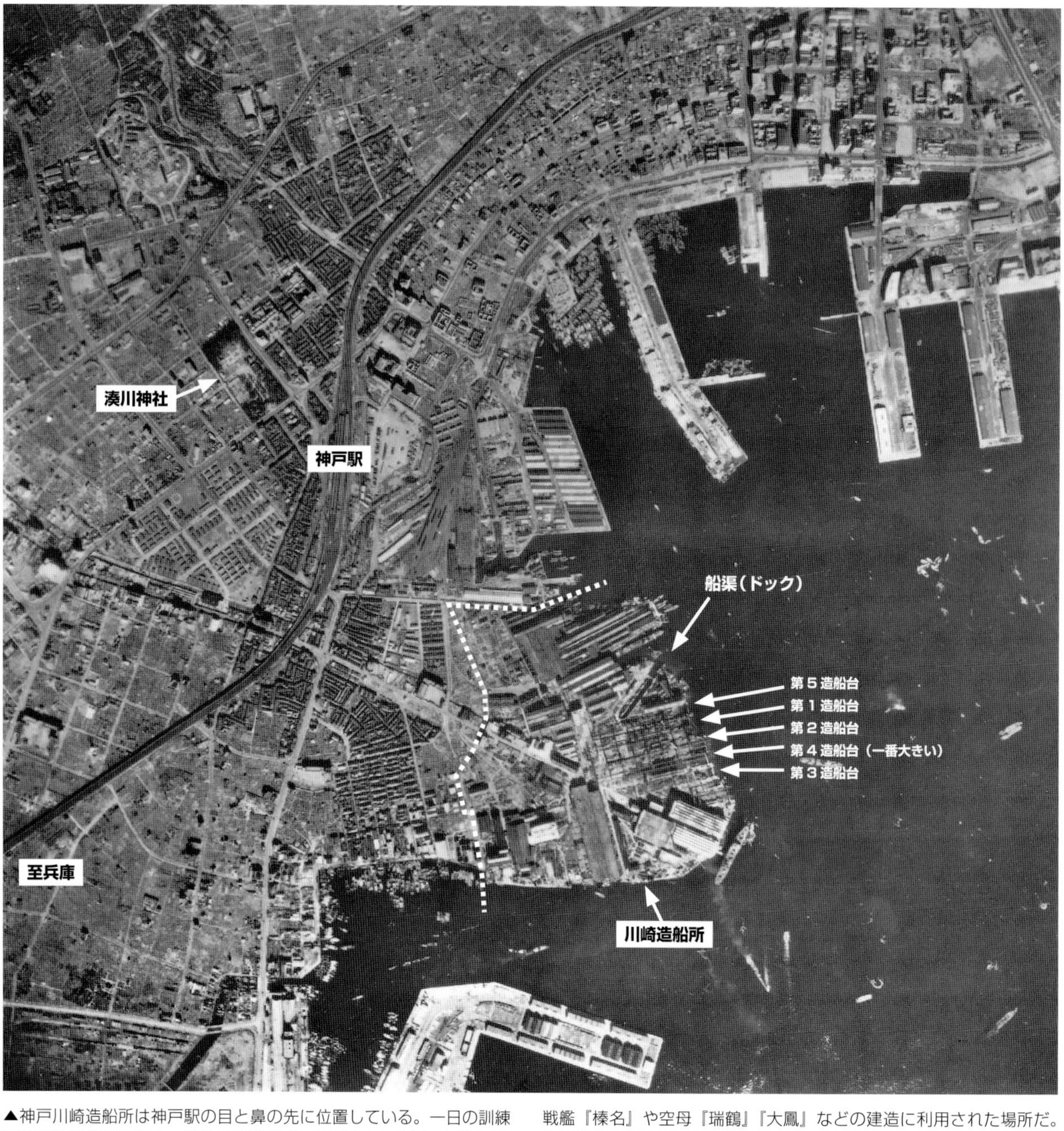

湊川神社
神戸駅
船渠（ドック）
第５造船台
第１造船台
第２造船台
第４造船台（一番大きい）
第３造船台
至兵庫
川崎造船所

▲神戸川崎造船所は神戸駅の目と鼻の先に位置している。一日の訓練を終えた艤装員たちは、退勤する造船所の工員たちに混じって神戸の町へと繰り出すことができ、なかにはここで生涯の伴侶となる女性と知り合った乗員もいた。造船所の東側に船台が並んで据え付けられているが、なかでもガントリークレーンを備えた300m 級の第４船台が、戦艦『榛名』や空母『瑞鶴』『大鳳』などの建造に利用された場所だ。神戸駅の西には君臣大楠公で知られる湊川神社が鎮座している。伊 14 潜の竣工後、訓練への出港時、また出撃時に第１潜望鏡へ掲げた「非理法権天」の幟旗は、この湊川神社の宮司に揮毫してもらった由緒正しいものだった。

〔本ページ写真提供／国土地理院（撮影はいずれも終戦後、米軍によるもの）〕

る）たびに意地悪をしたらしいです。」

昭和19年夏ごろから昭和20年3月の伊14潜竣工までの間に、厳しく変化する戦況や実際に『B‐29』の空襲を受けるにつけ、神戸の町にも徐々に殺伐とした空気が漂いはじめたのは事実である。

ところが、女子駅員の心ない対応のもとはこちらに非があるのではなく、とんだ八つ当たりだったのである。

「まぁしかし、今度のことを告訴されて正式に取り上げることになればいろいろの罪名が付きます。あなたがたは近く第一線に出られる身の上であるし慎重に行動するよう下士官兵の全員に通達してもらいたいです。それから駅の助役に会って一応謝罪してください。手土産でも持って行ったら、なおよいでしょう。駅長から告訴しなければ私の方は事件に致しませんから。」

さすが叩きあげのベテラン。藤原憲兵准尉の続ける言葉は、ことの真相を知った上での忠告とも、御願いともとれる、温情あふれるものであった。

千葉電機長ら3人は駅の助役を尋ね、出札係長を含めて丁重に謝罪。結局、相手側も事件として告訴しないことにしてくれた。幸か不幸か当の女子駅員はこの日不在であった。

伊14潜でもこの機関科兵曹に対する処分はとくにせず、自重するようにと説諭にとどめて終わりとなったという。

このほか、とにかく伊14潜にまつわるエピソードは酒がらみのものが多い。以下もそのひとつ。

神戸での艤装中、岡田水雷長はめでたく伴侶を得て結婚と相成った。

内藤信太郎先任伍長、吉田徳二郎上曹ら3人がそのお祝いにと日本酒2本をぶら下げて熊野神社の近くの水雷長の下宿を訪ねていくと、新郎新婦はちょうど清水艦長のところへ挨拶に出かけたあと。下宿の大家のおじさんの「間もなく帰ってくるでしょうからどうぞ」との勧めで上がらせてもらっても手持ち無沙汰。

見かねたおじさん、心得たもので酒の肴を用意してくれ「呑みながら待っていたらどうですか」と一言。これに気をよくした一同、チビリチビリとやり始めた。

次第にピッチも早くなり、ちょうど持参した2本目が空になる頃に帰ってきた水雷長夫妻、彼らの訪問をだいぶ喜んでくれ、3人がお祝いの挨拶をして、さぁ呑みましょう、となった時には酒がない。

その頃、統制配給されている酒類などが満足に町中になど売っているわけはない。

内藤先任が急いで造船所の兵舎に電話をすると、ちょうど腹心の部下のひとりである聴音の田口 正2曹が当直だった。

「しめた！」

と思ったのも束の間、あいにくと酒保長が不在とのこと。ほかに酒保に関係する面々もいないという。しかたがない、

「先任伍長室（つまり内藤氏の部屋）の扉を蹴破って、何とか酒を2本、大至急頼む」

と伝えると、委細承知と心得た田口2曹、依頼の品を工面して、岡田水雷長の自宅まで届けてくれたのでひと安心。こうして何とか体裁も整って、気を取り直して心ゆくまで呑むことができたのだという。

これはいささか極端な祝宴の例であろうが、この他にも何人かの下士官、兵の乗員たちがここ神戸の地で伴侶を得ており、より伊14潜との地縁を深めることとなった。

駆逐艦よりも小所帯となる潜水艦はとかくアットホームな雰囲気で、通常は士官食と下士官兵食と差が付けられる食事も艦長以下一兵卒に至るまで同じものを食べるという按配。しかしそれは決して安穏としたものではなく、文字通り一枚岩となって困難な任務に邁進する艦の気質を醸成する土壌となるものであり、その絆は他のどの艦種よりも強いものと自負し、改めて潜水艦乗りとなった誰もが実際に肌で感じえるものであった。

甲型、甲型改 1、甲型改 2、特型の諸元

	甲型		甲型改 1		甲型改 2		特型	
全長	113.7 m		113.7 m		113.7 m		122 m	
水上排水量	常備 2,919t ／基準 2,434t		常備 2,934t ／基準 2,390t		常備 3,603t ／基準 2,620t		常備 5,223t ／基準 3,530t	
水中排水量	4,130t		4,172t		4,762t		6,560t	
主機械	艦本式 2 号 10 型 ディーゼル 6,200 馬力	2 基	艦本式 22 号 10 型 ディーゼル（過吸） 2,350 馬力	2 基	艦本式 22 号 10 型 ディーゼル（過吸） 2,200 馬力	2 基	艦本式 22 号 10 型 ディーゼル（低過吸） 1,925 馬力	4 基
最高速	23 ノット		17.7 ノット		16.7 ノット		18.7 ノット	
航続力	16 ノット／ 16,000 浬		16 ノット／ 22,000 浬		16 ノット／ 21,000 浬		14 ノット／ 37,500 浬	
電動機	特 6 型 1200 馬力	2 基	特 6 型 600 馬力	2 基	特 8 型 300 馬力	2 基	特 6 型 1200 馬力	2 基
蓄電池	2 号 6 型	480 個	1 号 13 型	240 個	1 号 13 型	240 個	1 号 4 型	240 個
水中最高速	8 ノット		6.2 ノット		5.5 ノット		6.5 ノット	
水中航続力	3 ノット／ 90 浬		3 ノット／ 75 浬		3 ノット／ 60 浬		3 ノット／ 60 浬	
乗員	100 名＋司令部 14 名		98 名＋司令部 14 名		108 名		157 名	
水雷兵装	九五式 53 cm魚雷発射管	6 門	九五式 53 cm魚雷発射管	6 門	九五式 53 cm魚雷発射管	6 門	九五式 53 cm魚雷発射管	8 門
	九五式 53 cm魚雷	18 本	九五式 53 cm魚雷	18 本	九五式 53 cm魚雷	12 本	九五式 53 cm魚雷	20 本
	－	－	－	－	九一式航空魚雷	3 本		
砲熕兵装	40 口径 14 cm単装砲	1 門	40 口径 14 cm単装砲	1 門	－	－	40 口径 14 cm単装砲	1 門
	九六式 25 mm連装機銃	2 基	九六式 25 mm連装機銃	2 基	九六式 25 mm三連装機銃	2 基	九六式 25 mm三連装機銃	3 基
	－	－	－	－	九六式 25 mm単装機銃	1 挺	九六式 25 mm単装機銃	1 挺
搭載機	『零式小型水上機』	1 機	『零式小型水上機』	1 機	特殊攻撃機『晴嵐』	2 機	特殊攻撃機『晴嵐』	3 機
同型艦	伊 9 潜（③計画）		伊 12 潜（追計画）		伊 13 潜（追計画）		伊 400 潜（改⑤計画）	
	伊 10 潜（③計画）		伊 13 潜（追計画）［甲型改 2 に変更］		伊 14 潜（改⑤計画）		伊 401 潜（改⑤計画）	
	伊 11 潜（③計画）				伊 1 潜Ⅱ（改⑤計画）［未完成］		伊 402 潜（改⑤計画）	
					伊 15 潜Ⅱ（改⑤計画）［未完成］		伊 404 潜（改⑤計画）［未完成］	
							伊 405 潜（改⑤計画）［未完成］	

▶ 伊 400 潜（特型）の艦首

▼ 伊 14 潜（甲型改 2）の艦首

特型と甲型の側面形は飛行機格納筒の大きさ程度しか違いがなく見えるが、平面形を見ると、通常の伊号潜水艦の内殻を２つ繋ぎあわせたような特型の艦幅は大きく、その差が一目瞭然だ。写真左の伊 14 潜の艦首部分、くびれているところから先が従来の甲型と同じ部分で、無理矢理上部構造物を増大させて航空機用の作業スペースを確保している様子がうかがえる。

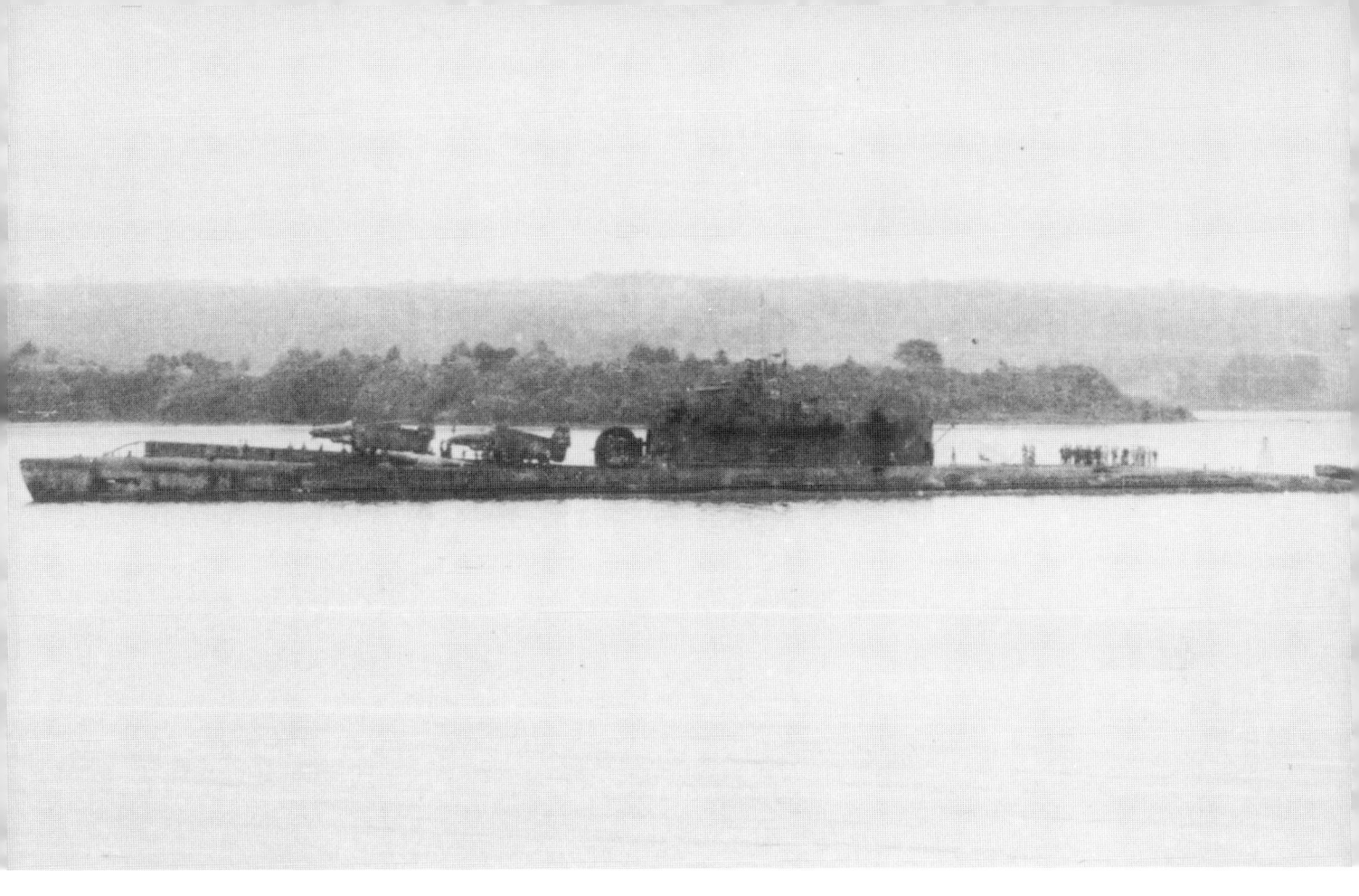

第二章

臥龍潜伏

～竣工から大湊出撃まで～

幸運艦の片鱗

昭和20年2月になると伊14潜の艤装作業も最終段階に入り、川崎造船所の岸壁を離れての試運転や試験潜航を実施できるようになった。

あいにくと伊14潜の竣工直前の様子を伝える資料は残されていないが、先に竣工した伊４０１潜については別表のような日程であったことが同艦艤装員長（のちの艦長）であった南部伸清氏のメモにより明らかであり、伊14潜の場合もほぼ同様な内容で調整が行なわれたものと思われる。

当初は3月11日予定で引渡しの最終作業は進められていたが、試験結果を受けての調整のため少し遅れ、いよいよ3月14日に竣工の運びとなった。

当日、神戸川崎造船所の関係者が居並ぶなか竣工式は厳粛に進み、「伊号第14潜水艦引渡書」が清水鶴造艦長に手渡された。やがて総員が乗艦すると岡田安麿水雷長の指揮により信号員が君が代のラッパを吹奏、軍艦旗を掲揚し出港用意となる。

「出港用意よし」

「出港、舫（モヤイ）離せ！」

の号令で静かに艦は艤装岸壁を離れはじめる。

旗旒信号を掲揚、続いて「非理法権天」の幟（のぼり）を第1潜望鏡へくくりつけ、マストとして上昇させる。「非理法権天」の幟はもともと君臣大楠公 楠木正成の故事にならい、その旗印の菊水マークとともに昭和19年末ごろから出撃する潜水艦で使用されはじめたもの。非道は道理に敵(かな)わず、道理は法には敵わず、法は権力には敵わないが、その権力も天には敵わない。理屈にそぐわないことは天には通じないという意味だ。

伊14潜の幟は湊川神社の宮司に揮毫してもらった由緒正しいもの。それは全幅90㎝、全長はじつに６ｍにも達する立派なものだった。

ところが、である。

するすると天に向かって伸びてゆく第1潜望鏡を、上甲板に並ぶ伊14潜乗員と岸壁で見送る一同が注視していると、括りつけられた幟はあろうことか上下がさかさまになってはためいている。慌てた下士官が再び結び直し……といった一幕を見せ、最初の目的地、呉軍港を目指した。

ここで竣工時の伊14潜幹部の陣容を別表に掲げておく。

このうち掌水雷長の石田 茂兵曹長は前年の11月1日付けで兵曹長に任官、准士官学生を終えて竣工直前の2月28日に伊14潜艤装員として着任したばかり。前任の金森掌水がベテランのあまり穏便派であったことに不満

▲昭和 20 年３月 14 日の竣工引き渡しを記念して川崎造船所艤装員事務所で撮影された伊 14 潜乗員一同。前列左から７人目が清水艦長。

伊号第 14 潜水艦幹部（准士官以上）

昭和 20 年 3 月に竣工した際の伊 14 潜の艦長以下、准士官以上の陣容はここに掲げる通り。掌水雷長は准士官に進級したばかりの張り切り屋、石田 茂兵曹長に代わった。このほかに軍医長の岡田輝夫軍医大尉が乗組んでいた。

昭和 20 年 3 月 14 日現在

職　名	呼　称	氏　名	階　級（期　別）
潜水艦長	艦　長	清水　鶴造	中　佐（海兵 58 期）
水雷長	先任将校	岡田　安麿	大　尉（海兵 69 期）
航海長	航海長	名和　友哉	大　尉（海兵 70 期）
通信長	通信長	隅田　一美	大　尉（海兵 71 期）
機関長	機関長	釘宮　　一	少　佐（海機 46 期）
乗組尉官	砲術長	高松　道雄	中　尉（海兵 72 期）
	機関長附	松田　　清	中　尉（海機 53 期）
	掌水雷長	石田　　茂	兵曹長
	電機長	千葉　忠行	中　尉
兵曹長	潜航長	上原　　覚	兵曹長
機関兵曹長	機械長	袴田　徳次	機曹長

▲期別を標示しない人物は特務士官。
※余談ながら海機 53 期とコレスの海兵 72 期にも「松田 清」という同姓同名、漢字も同じという人物がいる。こちらは戦艦『山城』や軽巡『大井』、駆逐艦『初霜』などで戦い、終戦を無事に迎えている。

潜水艦竣工前の試験日程（伊 401 潜の例）

年　月	日	記事
昭和 19 年 12 月	16 日	出渠
	17 日	主機械碇泊試験
		舷外電路試験
		磁気羅針儀試験
	18 日	水上、水中完成検査
	19 日	完成満載標準状態作成
	18 日～ 19 日	飛行機仮装備試験
		主電池容量試験
	20 日	飛行機ダミー射出
	21 日	電探、逆探公試
		方位測定機公試
		立舵自動操縦公試
	23 日～ 24 日	飛行機装備試験
		揚爆弾試験
	25 日	暖機装置試験
	26 日	飛行機射出公試
	27 日	終末潜航公試
		終末運転公試
	26 日～ 28 日	審議
	30 日	引渡
昭和 20 年 1 月	8 日	竣工

▲原資料は同艦艦長の南部伸清氏が書きとめていたメモで、竣工直前の潜水艦がどのような日程で公試を行なったかがうかがえる。

「楠公精神」と「非理法権天」の幟

戦前の日本での一番の英雄といえば君臣大楠公（くんしん・だいなんこう）こと楠木正成だ。鎌倉時代末に颯爽と現れた武将で、足利尊氏、新田義貞らとともに鎌倉幕府を打倒、南北朝の動乱期には南朝の後醍醐天皇方に付き、湊川の戦いで戦死する様子は、とくに明治期以降の近代日本で、武人の鑑として誉高かった。その旗印が菊水の御紋であり、幟（のぼり）に書かれていた言葉が「非理法権天」だった（ただし、これは江戸時代にあと付けされたともいわれる）。

▶出撃にあたり、乗員の士気高揚のため幟旗を掲げた潜水艦は稲葉通宗艦長（有泉司令、井浦参謀らと同期の海兵第 51 期生）の乗艦がはじめで、これには「八幡大菩薩」と揮毫されていたという。こうした行為は当初は上級司令部の許すところではなかったが、昭和 19 年頃には各艦へ普及していった。写真は回天攻撃のため出撃する伊 47 潜で、短波マストに括り付けられた長幟の様子がわかる。

◀昭和20年3月19日、呉軍港はアメリカ第58任務部隊の空母艦上機の空襲を受けたが、ちょうど内海西部で訓練に入っていた伊14潜はからくもその難を逃れる。写真は当日の呉を北側の上空から撮影したもの。上空には熾烈に対空砲火が炸裂している。この弾幕の下に、第1潜水隊の各艦が沈座していたわけだ。

だった下士官諸氏はこの張切り屋の若き掌水の着任に欣喜雀躍、なお一層の奮励を誓い合ったものだった。

明けて3月15日、呉に入港、第6艦隊司令部に竣工の顔見せをした伊14潜は同日付けで第11潜水戦隊（第11潜水部隊と軍隊区分）に編入され、以後、第1潜水隊の僚艦との3ヶ月の遅れを追いつけ追い越せと内海西部での猛訓練を開始する。「内海西部」とは瀬戸内海西部のこと。北部が周防灘、南部が伊予灘である。ここは豊後水道の北側の広い海域で、制海権を失った我が艦隊が敵潜水艦の出没を気にすることなく訓練に専念することのできる、数少ない場所のひとつとなっていた。

ところで、伊14潜が神戸を出港した直後の3月16日夜（正確には17日午前2時）、神戸は初めて『B－29』による夜間空襲を受けた。神戸川崎造船所だけでなく系列会社の川崎航空機や、やはり海軍向けの軍需会社である川西航空機とこれらの下請け工場などがあり、阪神工業地帯の中核となる神戸にはそれまでにも『B－29』による昼間高高度空襲が実施されたのだが、大きな被害を受けることなく推移していた。例えば2月4日の空襲では神戸川崎造船所を狙った爆撃はほとんど目標を捉えることができず、幸いにして艤装中の伊14潜は見るべき被害を受けることはなかった。

ところが3月9日夜半に始まった東京大空襲以降、日本の主要都市は戦略爆撃と称する『B－29』の夜間焼夷弾攻撃にさらされて多くの民間人が犠牲となるに至るのだが、これにより伊14潜に所縁深い神戸も甚大な被害を受け、乗員たちが下宿などでお世話になった関係者にも有形無形の悲しみをもたらした。つい先ごろ、夫たちの晴れの出港を見送った乗員の夫人たちも、燃え盛る神戸の町を逃げまどうこととなった。こうした家族に犠牲者が出なかったのは不幸中の幸いであった。

ついで3月18日、米空母機動部隊艦上機群が早朝から九州南部、四国方面の航空基地攻撃に来襲、その数延べ１，１４０機と観測された。来たる沖縄攻略を前にして、日本の航空兵力を漸減するためである。早朝に索敵機が発見した敵機動部隊は空母15隻からなる非常に有力なものであった。我が方はおよそ１１０機の戦闘機がこれを邀撃、さらに第5航空艦隊を主体とする第1機動基地航空部隊では80機に及ぶ兵力が敵機動部隊攻撃に赴き、正規空母1隻撃沈、戦艦もしくは巡洋艦1隻、特設空母または戦艦1隻、駆逐艦2隻及び空母1隻炎上との戦果を報じた。

翌19日、敵機動部隊艦上機はさらに奥地へと歩を進め、北九州の航空基地や呉軍港、阪神工業地帯に来襲、観測延べ機数は昨日とほぼ同様の1，１００機に登った。なかでも前日に戦艦『大和』以下、空母、巡洋艦など

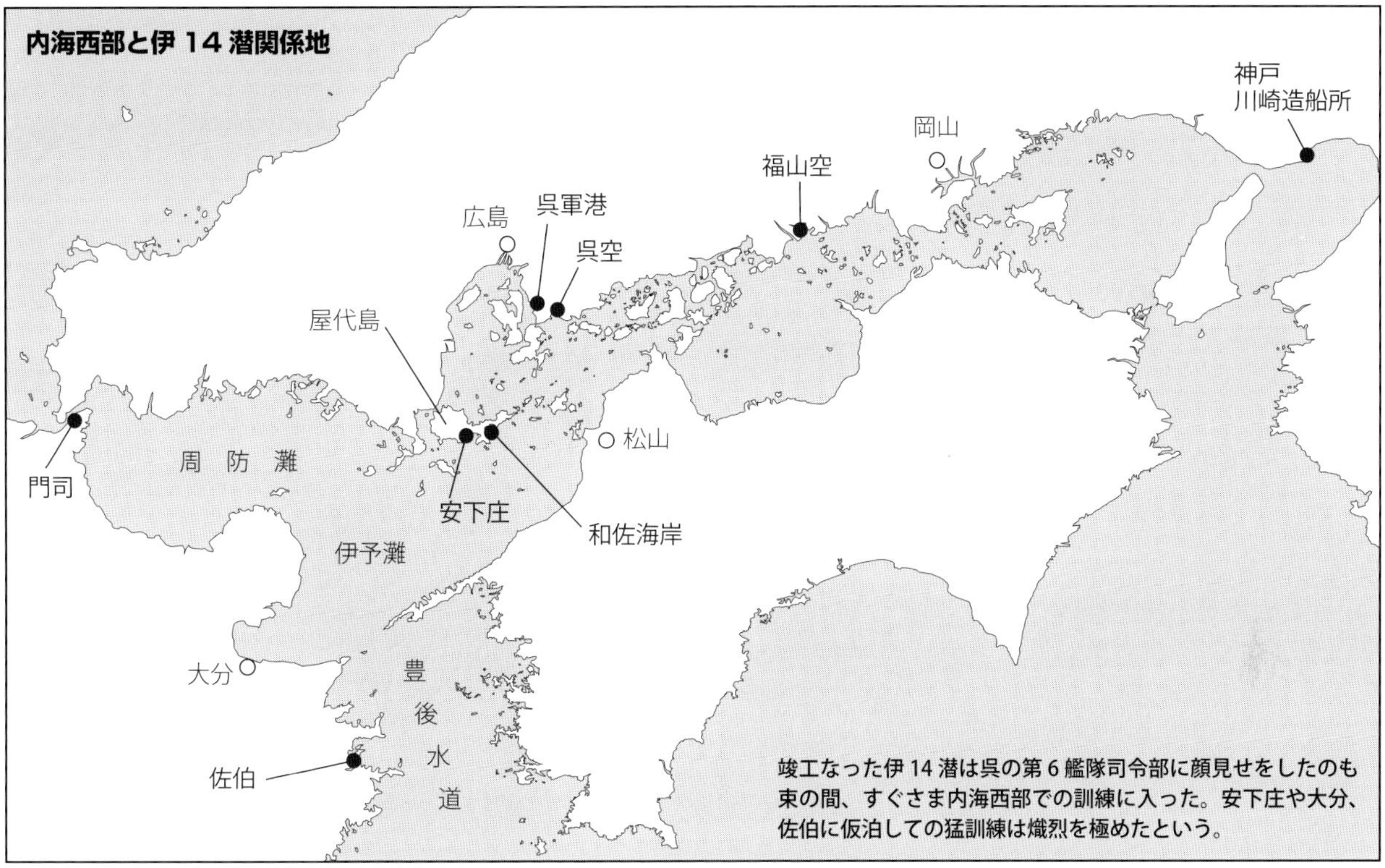

内海西部と伊14潜関係地

竣工なった伊14潜は呉の第6艦隊司令部に顔見せをしたのも束の間、すぐさま内海西部での訓練に入った。安下庄や大分、佐伯に仮泊しての猛訓練は熾烈を極めたという。

多数の大型艦の在泊が確認された呉は格好の攻撃目標となったようだ。

3月5日付けで第11潜水戦隊から除かれて第6艦隊直轄部隊となり、この日、呉に在泊していた第1潜水隊の伊401潜、伊400潜、伊13潜の各艦も空襲を受けることとなった。早朝の奇襲に際して伊401潜ではまず機銃で応戦しつつ出港準備をなし、空襲の合間を見て港外へ脱出、錨泊沈座を実施して難を逃れた。水とんの術は海の忍者である潜水艦の真骨頂だ。電池桟橋近くに停泊していた伊13潜もやはり港外への脱出を図ったが、運悪くスクリューにワイヤーを引っ掛けてしまい立ち往生。それでも何とか被害なく空襲をやり過ごしている。

しかし水上艦艇には少なからぬ損害が出て敷設艦2隻が沈没、軽巡『大淀』と敷設艦2隻が中破、戦艦『日向』、空母『天城』『龍鳳』『海鷹』と重巡『利根』が小破となっただけでなく火薬庫が爆発、地上施設でも第11航空廠、呉工廠、広工廠などが被害を受けた。また、伊400潜では奇襲直後の対空戦闘中に機銃員1名の戦死者を出している。

一方、631空では呉空にあった機体を含めて全機を屋代島の和佐海岸へ避退させて擬装し、万全の態勢でこの日の空襲を迎えたため大きな被害を出さずにすんだ。空襲時を呉空で過ごした地上員たちはあらかじめ用意しておいた囮機に敵機の銃撃が集中する様を防空壕から見るにつけ、拍手喝采であったという。

ちょうどこのころ、我が伊14潜は内海西部で猛訓練を始めたばかりで、前日の3月18日、空襲がひと段落した1845には第6艦隊参謀長から次のような指示が伊14潜に向けて発せられていた。

「6F機密第181605番電
空襲ニ備フル為、在呉空飛行不能ノ晴嵐1機搭載ノ為、今18日伊14潜広沖ニ回航セシメラレ度」（句読点筆者）

つまり第6艦隊としてもこの時点で翌日、あるいは近日中の空襲を予測していたわけで、飛行不能なため、空中退避のできない『晴嵐』を伊14潜の格納筒へ〝海中退避〟させようという魂胆であった。『晴嵐』が大事であったことの現われともいえようが、第11潜水戦隊司令部から追って出された

「11SS機密第182052番電
伊14潜ハ予定通、訓練ヲ續行スベシ」

との命令により、そのまま内海西部にあったため、事なきを得たのである。

竣工、出港したあとに神戸が空襲を受け、完熟訓練のため出港したあとに呉軍港が空襲を受けたのは全くの偶然であったとはいえ、幸運艦たる伊14潜の片鱗を見せるような巡り合わせであった。

伊号潜水艦の潜航要領

伊14潜を例として伊号潜水艦が急速潜航を行なう場合の手順を紹介する。保安上、一度に全部のメインタンクに注水せず、燃料用以外の各タンクはあらかじめ第1ベント系、第2ベント系のふたつに分けて運用される。

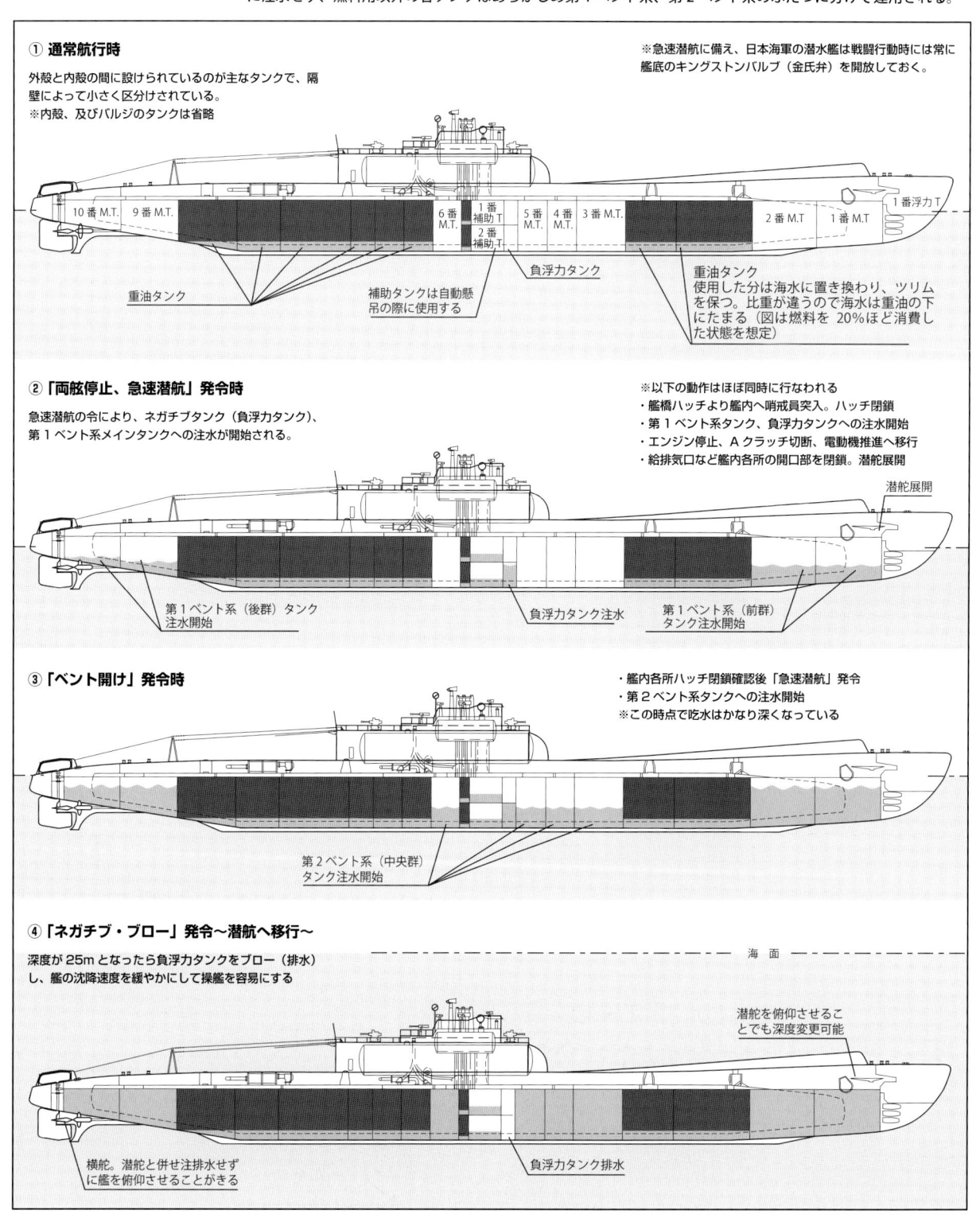

① 通常航行時

外殻と内殻の間に設けられているのが主なタンクで、隔壁によって小さく区分けされている。
※内殻、及びバルジのタンクは省略

※急速潜航に備え、日本海軍の潜水艦は戦闘行動時には常に艦底のキングストンバルブ（金氏弁）を開放しておく。

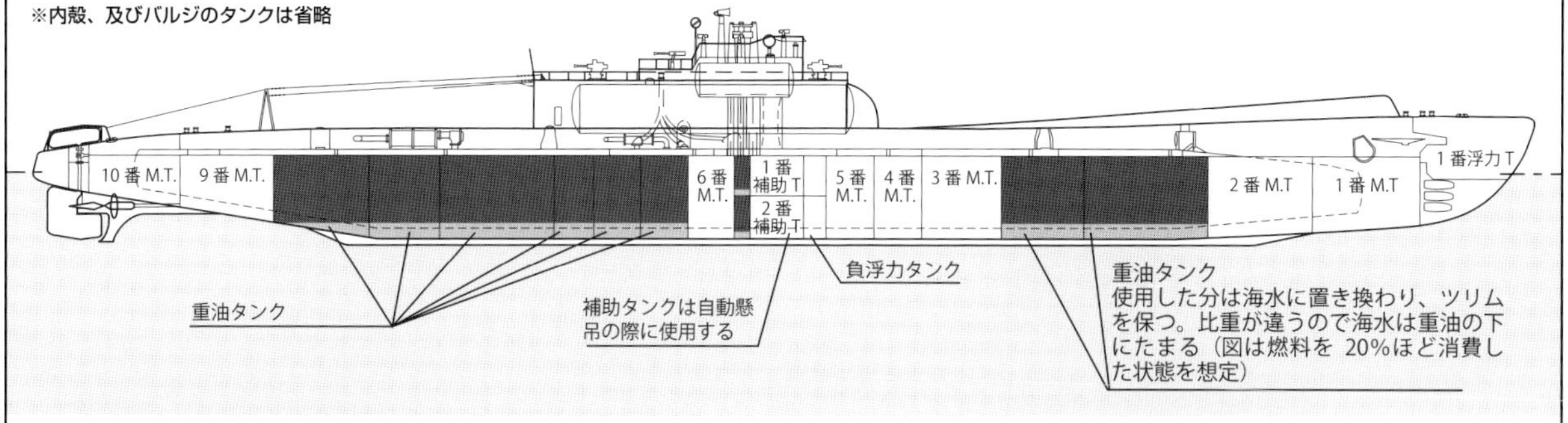

10番 M.T.
9番 M.T.
6番 M.T.
1番 補助T
2番 補助T
5番 M.T.
4番 M.T.
3番 M.T.
2番 M.T
1番 M.T
1番浮力T
重油タンク
補助タンクは自動懸吊の際に使用する
負浮力タンク
重油タンク
使用した分は海水に置き換わり、ツリムを保つ。比重が違うので海水は重油の下にたまる（図は燃料を 20%ほど消費した状態を想定）

②「両舷停止、急速潜航」発令時

急速潜航の令により、ネガチブタンク（負浮力タンク）、第1ベント系メインタンクへの注水が開始される。

※以下の動作はほぼ同時に行なわれる
- 艦橋ハッチより艦内へ哨戒員突入。ハッチ閉鎖
- 第1ベント系タンク、負浮力タンクへの注水開始
- エンジン停止、Aクラッチ切断、電動機推進へ移行
- 給排気口など艦内各所の開口部を閉鎖。潜舵展開

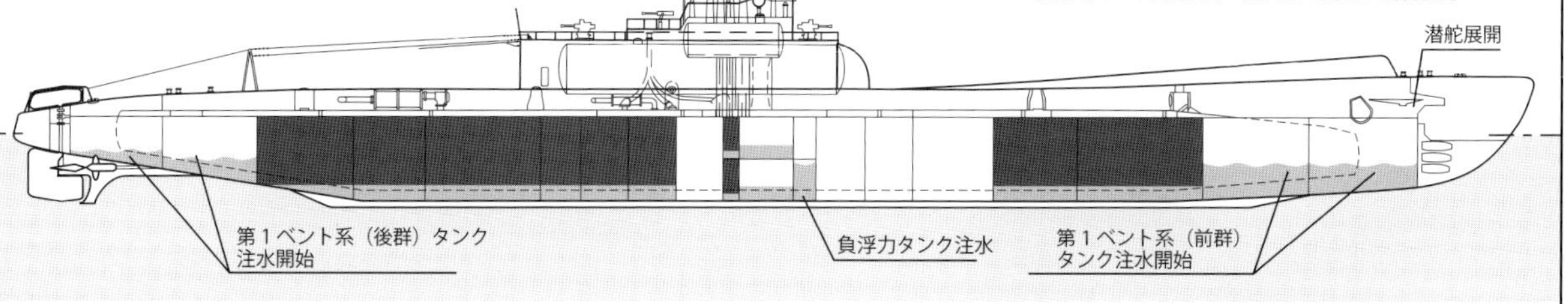

潜舵展開
第1ベント系（後群）タンク注水開始
負浮力タンク注水
第1ベント系（前群）タンク注水開始

③「ベント開け」発令時

- 艦内各所ハッチ閉鎖確認後「急速潜航」発令
- 第2ベント系タンクへの注水開始

※この時点で吃水はかなり深くなっている

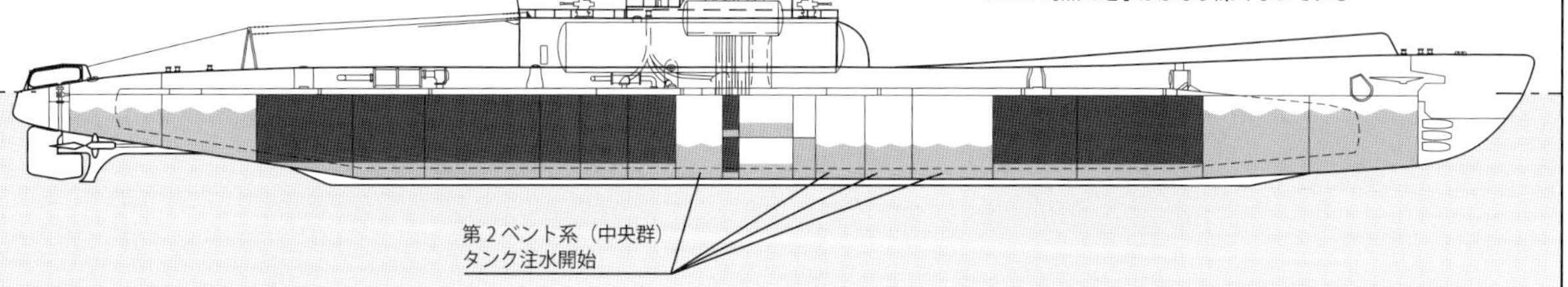

第2ベント系（中央群）タンク注水開始

④「ネガチブ・ブロー」発令～潜航へ移行～

深度が25mとなったら負浮力タンクをブロー（排水）し、艦の沈降速度を緩やかにして操艦を容易にする

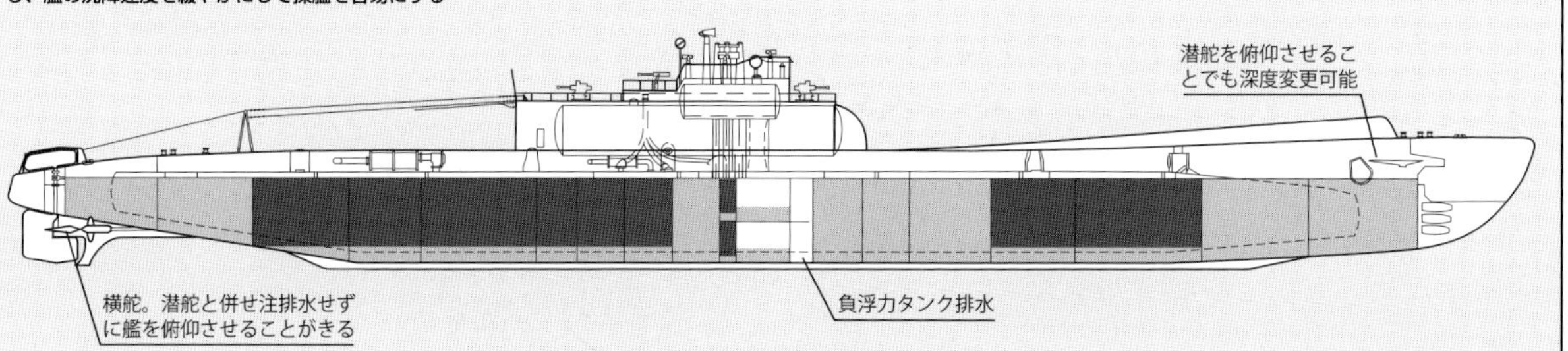

海 面
潜舵を俯仰させることでも深度変更可能
横舵。潜舵と併せ注排水せずに艦を俯仰させることがきる
負浮力タンク排水

伊予灘での訓練

竣工後、約2週間にわたって実施された伊14潜の完熟・調整訓練の首尾のほどは上々。艤装中の予習（シミュレーション）も利いたとみえ、清水艦長も乗員たちのキビキビした身のこなしに〝我が意を得たり〟といささかご満悦であったようだ。

艦の運命を左右する急速潜航訓練はどの潜水艦でも一番熱を入れて行なう訓練項目であったが、その手順は次のような通りだ。

艦橋で指揮をとる哨戒長が頃合いをみて発する

「敵機（敵艦）発見、距離×××、こちらへ向かってくる」

「両舷停止、潜航急げ！」

の号令で、まず哨戒長自身が真っ先に艦橋ハッチから艦内へ飛び込む。と同時に、操舵手、伝令を含む哨戒員は一斉に12㎝水防双眼鏡の接眼レンズに耐圧キャップを被せ、同じハッチから飛び込んでいく。正式名称を「九七式十二糎双眼望遠鏡」というこの双眼鏡は艦橋デッキに固定式で、潜航中の水圧に耐えられるよう鏡体は耐圧の鋳物でできており、前方の対物レンズの前には耐圧ガラスがはめ込まれている。甲型改2の艦橋には前後左右計5箇所に設置されていた。

伊14潜では艦橋ハッチから司令塔までは2mほどのラッタルになっているが、これは悠長に降りていられない。両手でラッタルの縦棒を掴み、うまくブレーキをかけながら一気に滑り落ちる。司令塔の床にドシンと足をついた痺れにジーンとなっている暇はなく、上からは次々と哨戒員たちが降りてくるからすぐに場所を空けなければならず、モタモタしていれば容赦なく頭上に〝飛行靴〟が降ってくる次第。なお、潜水艦では足音対策のため軍靴（鉄のスパイク付）、革底靴は厳禁で、ゴム底の飛行靴（半長靴）が使用されていたことはあまり知られていないようだ。なかには床にじゅうたんを敷いて足音を立てないように用心する艦もあったくらいだ。

潜航部署により発令所配置となっている者はさらに司令塔から下方へとラッタルを滑り降りていく。特型や伊14潜などの甲型改2の場合は直径4mの飛行機格納筒があるため、他の潜水艦に比べてこの司令塔から発令所までの距離がかなり遠くなっていたのが難点であった。

こうして哨戒員が艦内に入ると信号長により艦橋のハッチが閉められ、

「ハッチよろし」

のかけ声が発せられる。こうした一連の動作をくり返し行なうことを「艦内突入訓練」といい、3直に分けられた哨戒員たちはしのぎを削って「ハッチよろし」までの秒時を競い合うのが慣わしだった。停泊時には艦橋ハッチから司令塔、発令所へと降りた乗員が艦首方向に走り、前部ハッチから上甲板に躍り出て艦外から艦橋に駆け上がり、再び艦橋ハッチから艦内へ突入するエンドレスな訓練法も良く見られた光景だ。伊14潜では4直編制なので4人の哨戒長、4組の哨戒員たちが突入秒時短縮に邁進する。

こうして艦橋の哨戒員たちが艦内へ突入している間にも、発令所当直員は速力通信器（テレグラフ）で電動機（モーター）の両舷強速を指示、格納されていた艦首の潜舵を展張し、機械科では主機を停止して20数箇所にも及ぶ吸気ダクトや排気管などの開口部を閉鎖、主機と電動機を繋いでいたクラッチを切り、二次電池による電動機だけでの運転に移行する。同時に補機室の科員はネガチブタンクへの注水を実施、また令なくして第1ベント系に部類されるメインタンクのベントを開く。ネガチブタンク、あるいは負浮力タンクとは、潜水艦がより潜りやすくするために潜航前に注水し、重石（おもし）代わりに使用するものである。

注排水することにより潜水艦を浮沈させるメインタンクはあらかじめ第1ベント系と第2ベント系に分けられて運用されており、潜航の際には保安上、2段階で注水を行なうようになっていた。一度に注水することで負浮力が大きくなって思わぬ事故を招かないようにである。艦の形式により異なるが、およそ第1ベント系は前後群のタンクと、第2ベント系は真ん中のタンクとなっており、急速潜航の号令ですぐに第1ベント系のタンクへ注水を開始、浮力を潜航一歩手前ギリギリにしておく。哨戒長が艦外に通じる各部開口部、弁の閉鎖を発令所の計器ランプで確認すると

「ベント開け」

を下令し、第2ベント系のメインタンクのベントが開けられて注水、いよいよ艦は潜航へと移る。訓練中、または戦闘航海中の日本海軍潜水艦はこれらメインタンク下部に設けられたキングストンバルブ（金氏弁）を常に開放状態にしているのが特徴で、タンク上部に設置されたベントを開けばここから空気が抜け、海水がタンクに注水されるようになっていた。

この後、発令所当直員は集まってきた本来の配置員たちに潜舵、横舵、各バルブなどの操作を引き継いで自分の配置へと散らばっていく。深度25mほどまで潜ったら、ネガチブタンクをブローして艦を軽くし、水中での機動性を確保する。

以上が日本海軍潜水艦の急速潜航の段取りで、大きなバルジを装着している伊14潜は艤装中からとくに潜航までにかかる秒時が長くなることが懸

伊14潜の機銃甲板と水密格納筒

甲型改2の唯一の火力が九六式25粍機銃だ。三連装機銃2基、単装機銃1基はそれぞれ格納筒上部の機銃甲板に装備され、その周囲には水密格納筒が配置されて即応用の弾倉が納められていた。図は現存する「伊14潜機構説明書」を元にして作図したもの。実艦写真と見比べると若干の相違が見られる。

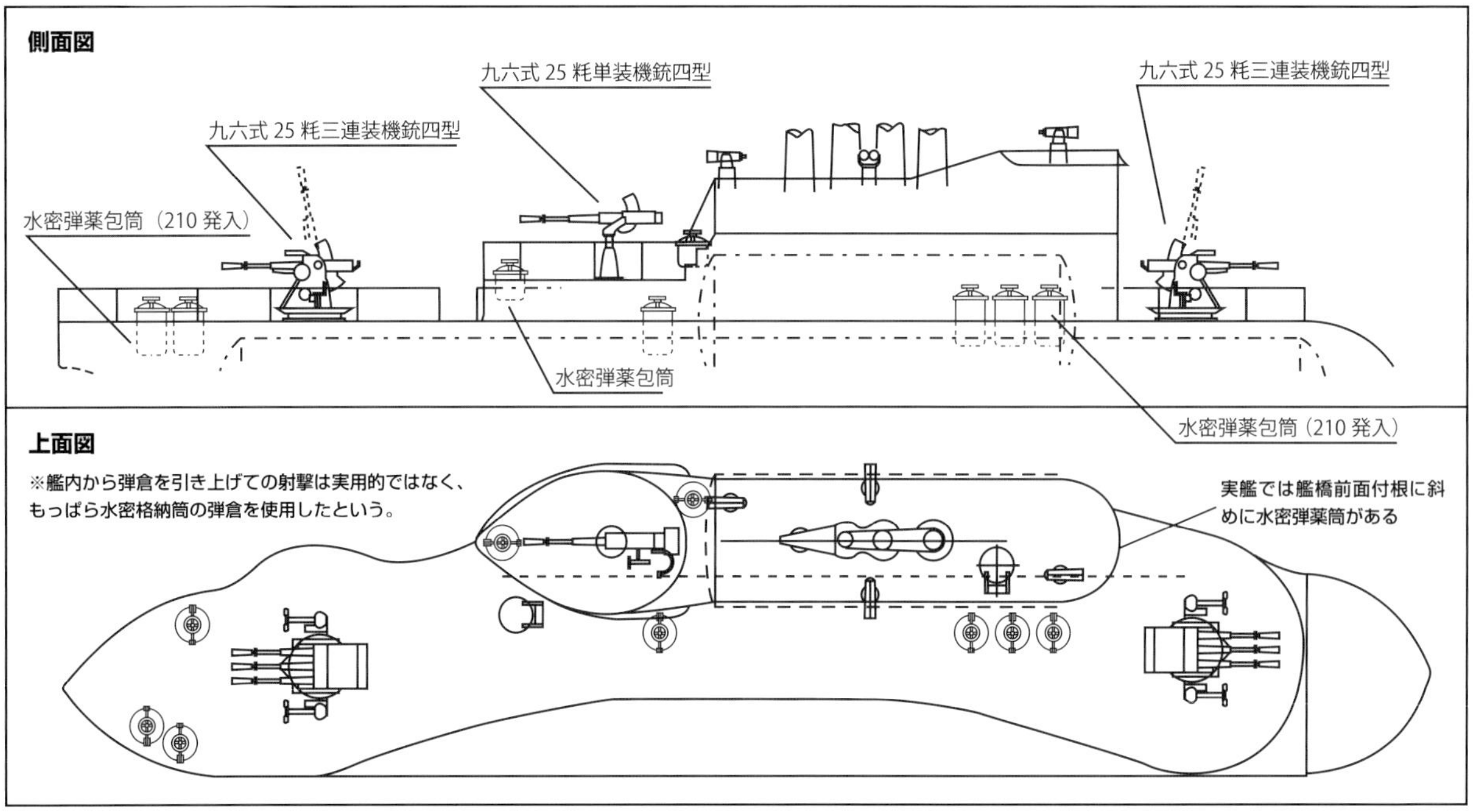
側面図
九六式25粍単装機銃四型
九六式25粍三連装機銃四型
九六式25粍三連装機銃四型
水密弾薬包筒（210発入）
水密弾薬包筒
水密弾薬包筒（210発入）
上面図
※艦内から弾倉を引き上げての射撃は実用的ではなく、もっぱら水密格納筒の弾倉を使用したという。
実艦では艦橋前面付根に斜めに水密弾薬筒がある

念されていたが、乗員たちの努力により50秒から60秒での全没が可能となったという（先任伍長を勤めた内藤信太郎氏は45秒まで短縮できたと回想する）。これは他の伊号潜水艦に決して引けをとらない数値といえた。

こうしたなか、砲術長の高松道雄中尉も張り切って飛行機格納筒上の艦橋前後部の機銃台に装備された九六式25㎜四型三連装機銃と同単装機銃の射撃訓練を指揮したが……

「実戦において艦内から次から次へと機銃弾倉を運びあげることは考えにくいな、というのが正直なところ。それに、運びだしている途中で、もし間違って弾倉を垂直落下させることがあったら部下に大怪我をさせてしまいます。そんなわけで、こうした連続射撃の訓練は2、3度実施しただけで、以後はもっぱら機銃座のかたわらに設置された水密格納筒の弾倉を使用するのみとしました。対空射撃で敵機を撃退するということも現実的ではなく、見張りを厳重にして敵発見と同時に即潜航するのが一番だったと思います」

と、その高松氏は搭載機銃の取り扱いの難しさを語ってくれた。

訓練も終盤に入った3月24日には第11潜水戦隊から碇泊艦襲撃訓練も指示され、実際に27日に実施されたようだ。

機関科ではこの訓練中、服装、精神面ともにだらしがないと袴田機械長が気合をかける場面もあり、艤装中とは違う引き締まった雰囲気を醸し出していた。精神面の緩みは時に大事故に繋がることもある。気を引き締めるに過ぎることはないのである。

それでもこうした訓練の合間には大分湾に仮泊しての別府上陸も許可され、乗員一同、大いにメーターを上げたのも懐かしい思い出となった。

艦内ガス爆発事故

4月1日、第11潜水戦隊から除かれた伊14潜は改めて第1潜水隊に編入され、同時に内海西部での訓練を終えて訓練中の泊地として利用していた屋代島の安下庄を発し、呉に帰港して各部の調整と艦体の整備作業に入った。わずか2週間あまりでの第11潜水戦隊からの転出は例がないが、あとは第1潜水隊の僚艦と足並みを揃えた訓練を実施することとなる。それまではほぼ陸上と隔絶された生活であったため、神戸空襲の詳細な情報を得ることができたのはこの時である。

電池桟橋に繋留して各種作業を実施するとともに二次電池への充電中で

二次電池の充電

大戦中の潜水艦がどのくらいの時間、潜っていられるかはもちろん艦内空気（酸素）とのかねあいもあるが、ひとえに潜航開始時の二次電池の蓄電状況にあると断言できる。そのため、いかに二次電池を充電しておくかが重要な任務のひとつとなっていた。主な充電方法は航走充電と漂泊充電のふたつである。

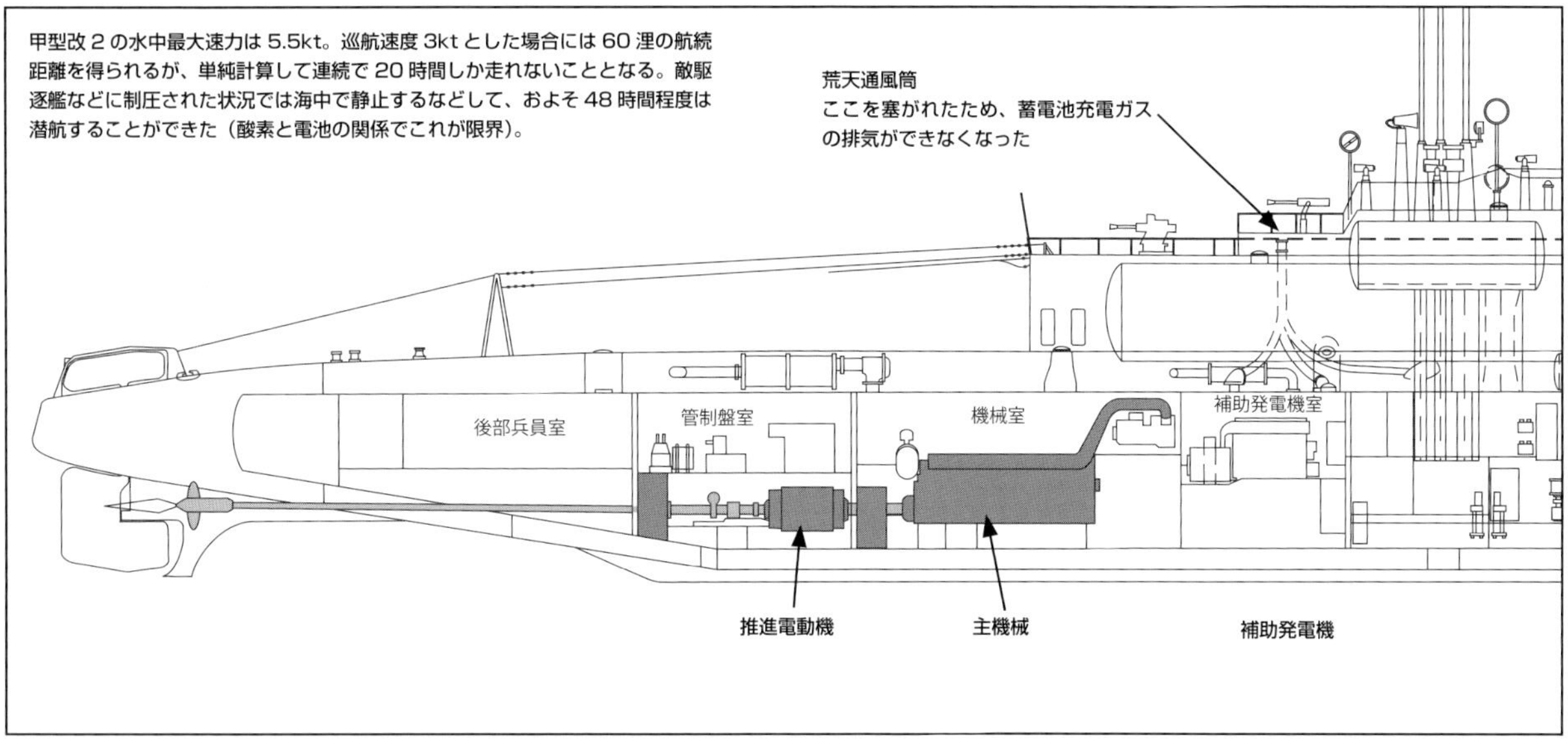

甲型改２の水中最大速力は5.5kt。巡航速度3ktとした場合には60浬の航続距離を得られるが、単純計算して連続で20時間しか走れないこととなる。敵駆逐艦などに制圧された状況では海中で静止するなどして、およそ48時間程度は潜航することができた（酸素と電池の関係でこれが限界）。
荒天通風筒
ここを塞がれたため、蓄電池充電ガスの排気ができなくなった
後部兵員室
管制盤室
機械室
補助発電機室
推進電動機
主機械
補助発電機

航走充電　主機、Ａクラッチ、電動機、Ｂクラッチ、推進軸（スクリュー軸）が１本につながった洋上航行時に充電をすること。電動機を発電機として運転するため、パワーロスが起こる。

漂泊充電　Ｂクラッチを切って推進軸（スクリュー軸）を切り離し、主機、Ａクラッチ、電動機をだけをつなげて浮上停止中に充電すること。燃費が悪くなる。

あった４月９日、士官室で遅い昼食をとっていた千葉電機長は、いつもより強い臭気を感じたため箸を置いて発令所に駆け込んだ。急いでガス排出弁の把柄を点検したところ艦内排出となっており、艦外への排出弁は閉まって臨時に木片が固縛してあった。

つまり、本来充電の際に発生するために排気筒から艦外へ放出されなければならない水素ガスが、艦内へどんどん溜め込まれているのだ。

とっさに危険を感じた電機長、補発室の防水扉から顔を出し、大声で当直員に「補助発電機を停止せよ」と命じ、すぐさまガス排出弁の位置まで取って返すべく防水扉から頭を引っ込めたその時、突如として補発の検爆コック附近から稲妻に似た一筋の閃光が目の前まで迫ってきた。その瞬間に大爆発が起こり、耳がガンと鳴った。ちょうど及び腰になっていた千葉電機長は２、３ｍほど後方へ吹き飛ばされ、尻餅をついてしまった。

爆発の瞬間、室内は火の海となったがガスが燃えただけで艦内の機器に延焼しなかったのは不幸中の幸い。それでも次の爆発を案じた電機長はくだんのガス排出弁を全開し、艦内排出を止めるよう居合わせた下士官たちに大声で指示するや上甲板へ駆け上がった。

すると艦橋の構造物の中で２人の造船工が吸気筒の手入れをしているところに出くわした。この２人、充電終期の水素ガスが生暖かく臭いのに耐えられず仕事にならないと、無断で電池ガス排出弁を閉めたのだという。

潜水艦の電池充電は主に航走充電と漂泊充電の２種類に分けられる。

航走充電は文字通り主機を運転しての水上航走中に充電を実施するもの。潜水艦の動力部は前方から主機↓Ａクラッチ↓電動機↓Ｂクラッチ↓スクリューシャフトの順で結合されているが、この場合は電動機を発電機として利用し充電する。エネルギーは電動機の発電にかかる分、ロスが発生するから、全力運転により速度を稼ぎたい時などには適当ではない。

艦が止まっている時に行なう漂泊充電（碇泊充電）の場合はＢクラッチを切って主機（あるいは補助発電機）を運転する。負荷がない分、充電効率は高くなるが、車でいうアイドリング状態と同じだから燃料消費率は悪くなり、無補給で長期間作戦を行なう際にはまた適当ではない方法だ。

いずれの場合も電池充電には水素ガスが発生するので、換気には古い時代から気が配られたものだったのだが……。

戦後になって千葉氏は

「電池工場の工員ならそのようなことはしないはずである」

と半ばあきれ気味にこの一件を回想しているが、電機部員ほか６名が火傷を負うという被害を出してしまった。

前後部の電池室を点検し、異常の無いことを確認した電機長が発令所に戻ると火傷を負った下士官兵は後部兵員室で治療を受けているとのこと。行ってみるとほとんどの者が眉毛を焦がし、艦内帽の下の露出部分の髪の毛を焼かれ、中には手の甲や頬、あごの辺りまで赤くなっている様子が見て取れたが、お互いの顔を見て笑いあうなど皆が比較的元気なので一安心。

そんな千葉電機長自身も居並ぶ下士官に指差され、眉毛と自慢のチョビ髭、そして艦内帽から下の髪の毛が焦げているのにようやく気がついた。爆発の勢いで吹き飛ばされたのか被っていた帽子も無くしてしまっていた。その頃からようやく耳の聞こえも正常に戻り、ただ目の中が少し熱く視力もおかしいので目薬を指してもらった。

その後、エボナイト製（エボナイトはプラスチックに似た天然ゴムの加工品）の排気管は割れやすいのでできるだけ詳細に調査するようにと受け持ちの電機部員に指示してこの一件は終わり。

「今にして思えば、その後数分間ガス排出弁を閉鎖したまま艦内にガスを放出し続けたら、水素と酸素の爆鳴気（筆者注：可燃ガス）を艦内に充満させて、火薬と同等の威力ある大爆発を起こしていたであろう。考えただけでぞーっとする。」

とは往時を回想した千葉氏の談。

なるほど、老練な千葉電機長にして適切な処置。一歩間違えたら……と、聞いている（書いている）こちらがゾーっとするような一件であった。

なお、潜水艦導入以来、日本海軍では空気中の水素ガスが3％以上の濃度になると爆発の危険ありと規定していたが、その確認実験を大正12年に行ない、その限度を大気圧、摂氏25度において7・8％であると確認したのは、名和航海長の父上である名和 武 造船大尉（当時）であった。

新たな乗員の配属

呉でドックへ入渠しては調整訓練へ出動する日々を過ごしていた4月から5月中旬の間は、また新たな乗員たちが発令されて伊14潜へ乗り込んでくる期間でもあった。

潜水学校で機械科の高等科を修業した大垣村三2機曹が伊14潜乗組みを命じられ、藤野慶一2機曹とともに勇んで呉へやってくると、くだんの潜水艦はさながら化け物のようにドックへ鎮座ましましていたという。

渡板を渡って艦内へ入ると顔見知りの関根武男2機曹が昼食の後片付けをしているところ。お互いの顔を見合わせて「おい」「おい」と再会を喜んでニヤリ。入渠中ということで艦内の乗員の姿はまばらで、大きな艦内が一層静かに感じられたという。これまでにもたびたび書いてきたが、潜水艦にはマーク持ちの古い下士官兵が配置されているので2等兵曹になっても食卓番があるのだ。関根2機曹が用意してくれた初めての潜水艦での銀メシは潜水学校の食事と比べて格段においしいものだった。

着任から数日後、補発（補助発動機室）に配された大垣2機曹は早速艦内の機械や電線、各種の配管の勉強に取り組むこととなった。

「途中（註：艤装時代からいる乗員に比べ）での乗艦なので夢中でやりました」

とは大垣氏の回想。

同じく潜水学校高等科練習生を卒業するや伊14潜乗組みを命ぜられた永田正勝2機曹が大竹の潜水学校から呉へとやってきて、衛兵詰所でその所在を尋ねると早速連絡をとってくれた。迎えにきた内火艇に乗せてもらい、やがて沖合いのブイに繋がれた伊14潜が見えてくるとそのあまりにもの大きさに驚かされた。

着任すると補機室配置となり冷却機を担当、戦闘配置は補助発電機と決まった。その後1ヶ月間は外出をせず、艦内外の電機関係をよく調べ頭に叩き込む毎日が続いた。大垣氏の話にもあるように途中乗艦者とはいえ高等科のマーク持ちに対する風当たりは強い。できて当たり前という扱いをされるので必死になって勉強に励んだ。ベテランの玉手上機曹が退艦したあとを引き継いでの担当ということで、なおさらのことであった。

冷却機担当は文字通り艦内の気温を保つのが主な仕事で、とくに温度は最高27度以上にならないように指示されていたという。また、潜水艦が長期行動を行なう際に重要となる冷蔵庫の保存食糧を腐らせないようにするなど細かな心配りが必要な配置であった。

呉桟橋に横付け中のある日、冷却機ガス注入弁を折損、補機室内が一気にガスで真っ白になった際には大慌てで木栓をして工作科へ駆け込み、急遽ナットを作ってもらい応急処置を実施して事なきを得たこともあった。

横須賀潜水艦基地隊に勤務していた堀井正男機兵長（十九志）は呉に入港中であるという伊14潜への転勤を申し伝えられるや、戸塚の実家に立ち寄った。当時、横潜基からの外出区域は大船までで、東海道線でもうひと駅先となる戸塚は外出禁止。これまで週1回の外出にも両親や知人に会いに行くことはかなわなかった。

分隊長からできるだけ早く現地につくようにとの指示を受け、横潜基の機関科員総員の見送りを受けて横須賀線の上り列車で大船駅までやってきた堀井機兵長､呉へ向かうにはここから東海道線に乗りかえねばならない。乗り換えの列車を待つ間、もうこれで最後かと思うとどうしても両親や友人たちに会いたくなり、次にきた横須賀線に乗って戸塚駅までやってきてしまった。ここからバスで20分、懐かしの実家へと帰り、友人との別れをすませ一晩両親と語り、翌朝さっぱりした気持ちで呉へと旅立った。

車中、軍律を犯した気まずさに少しでも早く着きたいと胸を痛めながら呉に着き、尋ね尋ねて伊14潜にたどり着いた時は「あぁ、よかった」という気持ちでいっぱいだったという。

初めて見た伊14潜の馬鹿デッカイ大きさに驚いた堀井機兵長。潜水学校での実習で乗った艦、横潜基での臨務で整備に携わった伊号、呂号の各艦で潜水艦がどんなものかわかったつもりでいた自分にとって、それは夢にも思わぬ大きさだった。

当直の下士官に転勤の報告をして前部兵員室に降りると、こんな大きな艦なのに乗員の少ないことに二度びっくり。あとでわかったが、これは半舷上陸中だったため。

三橋末吉上機曹の案内で機関長附の松田 清中尉の下へ参り、転勤の手続きを済ませると、中尉は道中のいきさつを知ってか知らずか

「着任がもう1日早ければ休暇がもらえたのに」

と一言。

「転勤の1日遅れをお見通しのような言われ方をされたので一瞬ドキリ。悪いことはできないとつくづく感じました。

それから出港前まで、決まった配置もないまま、先輩諸兄は艤装当時よりの方ばかりのようで艦の構造などにも詳しく、新参者の私は休暇のことなどとっくに忘れ、主に電気系統の配置構造に精進するため、毎日前部から後部まで、電池室は言うに及ばず（低圧排水、圧縮ポンプ、冷却機など）、一生懸命調べておりました。そして出港前に補助発電機部員の配置を与えられました」

とは堀井氏の回想だ。

5月5日付けで「六三一空附」から「伊十四潜乗組兼六三一空附」と発令された海原文雄中尉が、整備の下士官兵を率いて乗艦してきたのもこの時期のことだ。海原中尉は海兵72期とコレスの海機53期出身、つまり伊14潜の松田 清機関長附とは同期生だ。

エンジニアとしての色合いが濃い海機出身者は海軍艦艇の機関科に進むのが主で、やがて機関長などへステップアップするのが常だったが、海軍

▶海原整備長とともに下士官整備員たちも伊14潜に乗り込んできた。写真はそのひとり稲森又作二整曹の新兵時代（前列左から2番目）。帽子のペンネントには「横須賀海兵団」と記入されている。

航空が創設され、次第にそれが拡充されていくとこの整備を監督するオフィサーが必要になり、それを養成するための整備学生が創設された。

海原中尉は第32期整備学生を修了して飛行機整備の分野へ進み、設立間もない六三一空附となり、いよいよ潜水艦との合同訓練を始めるに当たり、伊14潜へやってきたのである。

機関学校卒業後も地上勤務の多かった海原中尉は、呉に入港した伊14潜に乗り込んでまず

「潜水艦乗りの小汚さにびっくりした」

と親しみをこめた第一印象を語っている。

海原中尉の艦内での役職は「飛行長」で、搭乗員と整備員を含めた飛行科全体の責任者ということになる。

潜水艦本来の主兵装である魚雷を差しおき、伊14潜の最大の打撃力ともいうべき『晴嵐』運用の成功いかんは、かれらの双肩にかかっていた。

シュノーケルを搭載する

ちょうどこの頃、第1潜水隊は深刻な燃料問題を抱えていた。

もっともそれは当時の日本陸海軍全体に共通する案件ではあり、4月6日に出撃した戦艦『大和』を旗艦とする第2艦隊選抜沖縄水上特攻隊の出撃以後は巡洋艦以上の大メシ喰らいの大型艦は江田島周辺において（戦艦『長門』は横須賀で、空母『隼鷹』は佐世保で）擬装繫留されたまま動けなくなり、僅かに残る駆逐艦、海防艦以下の小艦艇と潜水艦だけが本土近海における日本海軍の稼動兵力となっていた。

第1潜水隊の伊４０１潜、伊４００潜は3万7，０００浬という大航続力を誇るが、ゆえに重油を満載するには1，６００トンもの量が必要となる。甲型改2の伊13潜、伊14潜は正規７１５・6トン、余剰を含めると９８５・2トンの搭載量であった。つまり、ひとまず全艦の燃料タンクを腹いっぱいにするには約5，０００トンが必要な計算である。

ところが、現在呉軍港に備蓄されている重油はわずかに2，０００トンしかないという。

そこで、伊４０１潜と伊４００潜はその艦腹をいっぱいにするため、製油所がある満州の大連へ重油を受け取りに行くこととなった。

昭和20年4月の「第6艦隊戦時日誌」には

「8日１５２２　１sg司令発

終末期の聯合艦隊大型艦の動向

日本海軍の作戦は開戦時から石油備蓄量との兼ね合いで成り立っていた。マリアナ沖海戦後に第２艦隊がリンガ泊地へ追いやられたのはそのためで、フィリピン決戦以後、内地へ回航された大型艦艇の行動は全く不自由となり、第４予備艦として各軍港に繫留されて最後を迎えるにいたる。

▲▶戦艦『大和』の沖縄水上特攻作戦後、重油の枯渇から行動が制限されたりとはいえ呉軍港に健在であった海軍艦艇も、昭和 20 年 7 月 24 日〜28 日にかけての米空母機動部隊艦上機による空襲で、その多くがついに大破着底して終焉を迎えることとなる。写真上は江田島小用沖に繫留された戦艦『榛名』、写真右は同じく江田内に繫留された重巡洋艦『利根』。『榛名』の２番主砲塔が陸地を向いているのは、山あいをかすめて襲来する敵機を射撃するため。

特型や甲型改２の外観上の特徴のひとつがシュノーケルこと水中充電装置のマストだ。傘の柄を逆さまにしたような形は日本独特のもの。あとづけされたため、配管が艦体の外に見えているのが無骨さを強調している。機銃甲板に設置された水密格納筒に注意。なお、写真は終戦後に米軍によって撮影されたもの。

１sg機密第〇八一五二一番電

イ４０１四月十一日、イ４００四月十二日、日没頃下関海峡ヲ通過、朝鮮南岸西岸（概ネ接岸航路）ヲ経テ大連ニ往復（行動予定後報）以下略」

と、この大連行きに関する最初の記述が見られるが、その後

「十日２３１５　１sg司令発

１sg機密第一〇二三一五番電

１sg機密第〇九一六一七番電関聯ニ依ル行動ヲ繰下ゲ下関海峡出撃期日ヲイ４０１十二日、イ４００十四日ニ変更ス」

と予定は一日繰り下げられ、まず伊４０１潜が有泉司令乗艦の下、４月11日に呉を出港、翌12日夕刻に下関海峡を発動できるよう、沈船のマストが林立する瀬戸内海を西へと向かった。

３月27日から始まったマリアナを基地とする『Ｂ－29』の機雷投下作戦により、この頃すでに瀬戸内海も磁気機雷・音響機雷で封鎖寸前になっていた。３月30日には伊53潜（丙型改）が周防灘で触雷したばかりである。

このため、機雷原を警戒して通常は宮島周りで西航する針路を早瀬の瀬戸通過としたのだが、あいにくと当日は大潮の干潮時にあたり、ついに艦首部を座礁。満潮を待ってからくも自力離礁した伊４０１潜は、その日のうちに

「十一日二〇四三　イ４０１潜水艦長発

イ４０１機密第一一二〇四三番電

イ４０１潜早瀬ノ瀬戸ニテ座礁自力離礁、任務遂行ニ支障ナシト認ムルモ出来得レバ明十二日門司入港ノ際潜水検査方、御手配アリ度」

と報じてきた。

その後、伊４０１潜は気を取り直して警戒しながら航行していたが、翌12日、豊後水道の北に位置する姫島の北側を関門海峡に向かっていたその時、突然にドカンと腹の下からの衝撃を受けた。出港２日目、ついに磁気機雷に触れてしまったのである。損傷はキングストン弁開閉装置や計器類に若干の被害が出た程度で内殻への浸水もなく、沈没するほどの危険がなかったのは幸いであった。

当初は自力航行に支障なしとしてそのまま任務続行をもくろんでいた我らが旗艦は、有泉司令の判断により大連行きを取止めてヨタヨタと呉へ帰ってきた。このため伊４００潜だけが16日に下関を発動の予定で、有泉司令が乗り込んで14日に呉を出港、大連に向かうこととなった。

ところで、これまでに刊行されている文献のなかには伊４０１潜が触雷したため、代わりに伊４００潜が大連に向かったと書かれているものがあ

るが（当時、第6艦隊先任参謀であった井浦祥二郎氏でさえ、その著書『潜水艦隊』のなかでそう書いている）、伊４０１潜の元艦長、南部伸清氏が『伊号４０１潜史』に寄せた手記でははじめから伊４０１潜が11日発、伊４００潜が12日発の順で大連へ向かう手筈であったと書かれており、当初から2隻ともが大連へ向かう予定であったことは前掲の「第6艦隊戦時日誌」にも記載されていて間違いはない。なお、そこには伊４００潜は4月14日日没ごろ下関海峡を通過の予定と書かれているが、伊４０１潜の触雷の影響（機雷掃海と有泉司令移乗のため？）か、実際には前記したように下関出撃日を16日に遅らせているのがわかる。

この4月12日は沖縄方面での大規模航空作戦「菊水2号作戦」が発動された日だが、日本海軍潜水艦にとっては厄日といえ、同日真っ昼間、L4型の旧式潜水艦、呂号第64潜水艦が広島湾においての訓練中に触雷沈没し、乗り合わせた第33潜水隊司令、安久栄太郎大佐（あんきゅう・えいたろう。海兵50期）以下乗員・潜水学校練習生併せて77名総員が戦死するという惨事が起きている。第33潜水隊は呉潜水戦隊の麾下にあり練習潜水艦を運用する部隊であり、安久司令は日本海軍にその人ありといわれた歴戦の名潜水艦長。伊38潜（乙型）艦長時代にはニューギニア方面などを主として23回もの作戦輸送を成功させた大人物で、その人柄は戦中派の潜水艦長として名高い板倉光馬氏の著書『不滅のネービーブルー』に活写されている。

さて、呉に帰りついた伊４０１潜は早速この損傷の修理を実施することとなったが、その際に当時の日本海軍潜水艦としては最新の装備である水中充電装置、すなわちシュノーケルを装備することとなった。

このシュノーケル搭載も「有泉司令の発案により…」とよく書かれるのだが、触雷同日の4月12日付けで第6艦隊参謀長名で軍務局長宛に発信された「6F機密第一二〇七三七番電」には

「現下潜水艦戦力ヲ更ニ増強スル為緊急左ノ対策実施ノ要アリト認メラルルニ付可然取計ヲ得度（筆者註：みとめらるるにつき、しかるべくとりはからいをえたし）

全潜水艦ニ潜航充電装置ノ装備。差当リイ53及イ２０１型ニ施行

イ２０１型潜水艦ニ九三式水防双眼鏡装備」

とあり、すでに第6艦隊では組織的にその導入を図っていることがわかる。

実際、4月15日に門司に投錨、有泉司令座乗で予定通り翌16日に同地を発した伊４００潜は、20日に大連へと入港し、実に１，６００トンの燃料タンクに重油を満載して23日に帰途に着いた。そして関門海峡を抜け、再び機雷うごめく内海をくぐり抜けて無事に呉へと帰港してきたのは27日のこと。こののち有泉司令がシュノーケル装備を提言したとしたら、それは第6艦隊の「全潜水艦ニ潜航充電装置ノ装備」との指示よりも2週間近くもあとになってからということになる。なお、4月18日付けで伊４０１潜の大連回航は正式に取りやめる旨、通知されている。

シュノーケルはその名から連想される通り、潜航したままエンジンなどの内燃機関を運転できるようにする装置であり、第2次世界大戦のドイツ海軍でいち早く実用化された。それは潜航時に海面へ延長式の吸気口を出し、ここから空気を取り入れて機関を運転、排気ガスはディフューザーと呼ばれる一種のマフラーを介して海中に放出する仕組み（赤外線探知を避けるため。これを水中排気といった）で、機関を運転できれば二次電池にも充電ができるわけである。海面に出すのはこの吸気筒だけなのでレーダー探知される恐れも低かった。

これにより浮上航走で充電→二次電池によりモーターを運転して潜航というこれまでの潜水艦運用の常識は前時代のものとなり、何日にも渡る連続潜航が可能な、ポスト第2次世界大戦型潜水艦の登場となった。実際、ドイツのUボートは連続潜航で大戦末期の大西洋、インド洋を戦い、5月の敗戦後にドイツ本国やノルウェーなどを発し何日も潜航したまま連合国の勢力圏を脱出、中立国アルゼンチンへ無事にたどり着いたＵ－５３０（ⅨＣ／40型、昭和20年7月19日入港）、Ｕ－９７７（ⅦＣ型、昭和20年8月17日入港）のケースがある。

日本海軍の潜水艦で最初にこのシュノーケルを装備したのは輸送潜水艦として完成した伊３６１潜をネームシップとする丁型潜水艦である。日本海軍潜水艦のディーゼルエンジンは2サイクルが主で、排気圧が低いため水中排気に適しておらず、まずは4サイクル機関を搭載する丁型の片舷機用として導入されたものであった。ついで潜高小型（波２０１潜型）、潜輸小型（波１０１潜型）の主機用として、また潜高型（伊２０１潜型）の片舷機用としても搭載されている。

特型の伊４０１潜や甲型改2の伊13潜、伊14潜には補助発電機用としてこの4月以降に搭載された。これはドイツのUボートのように潜航したまま主機を動かすことができるものではなく、とりあえず発電機を運転して水中航走に必要な電気を二次電池に蓄電するためのもので、排気圧が低いため、排気ガスは同じくシュノーケルの排気筒でで海上へと排出された。

シュノーケル搭載は第1潜水隊にとってはまさに怪我の功名ということができ、のち伊14潜はこれにより虎口からの脱出に成功する。

水中充電装置「シュノーケル」の比較

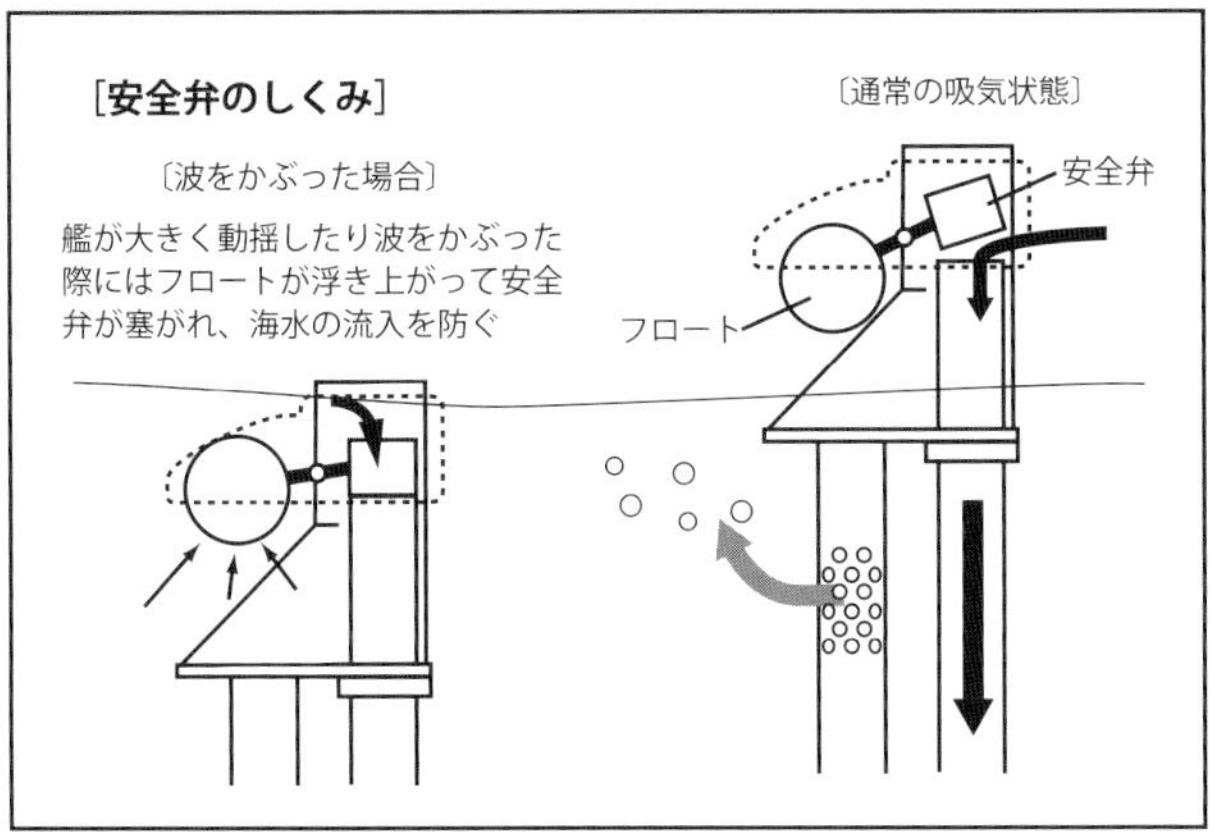

[安全弁のしくみ]
〔通常の吸気状態〕
安全弁
〔波をかぶった場合〕
艦が大きく動揺したり波をかぶった際にはフロートが浮き上がって安全弁が塞がれ、海水の流入を防ぐ
フロート

ドイツ海軍の U ボートのシュノーケル

わざわざ水中排気という手のこんだ手段をとったのは、温度の上昇する排気口が赤外線探知されないようにするためのだった（ただし、熱源探知機はドイツでは実用化されていたが、連合国軍では使用されなかった）。排気圧が低ければ、当然、ここから海水が逆流することになる。

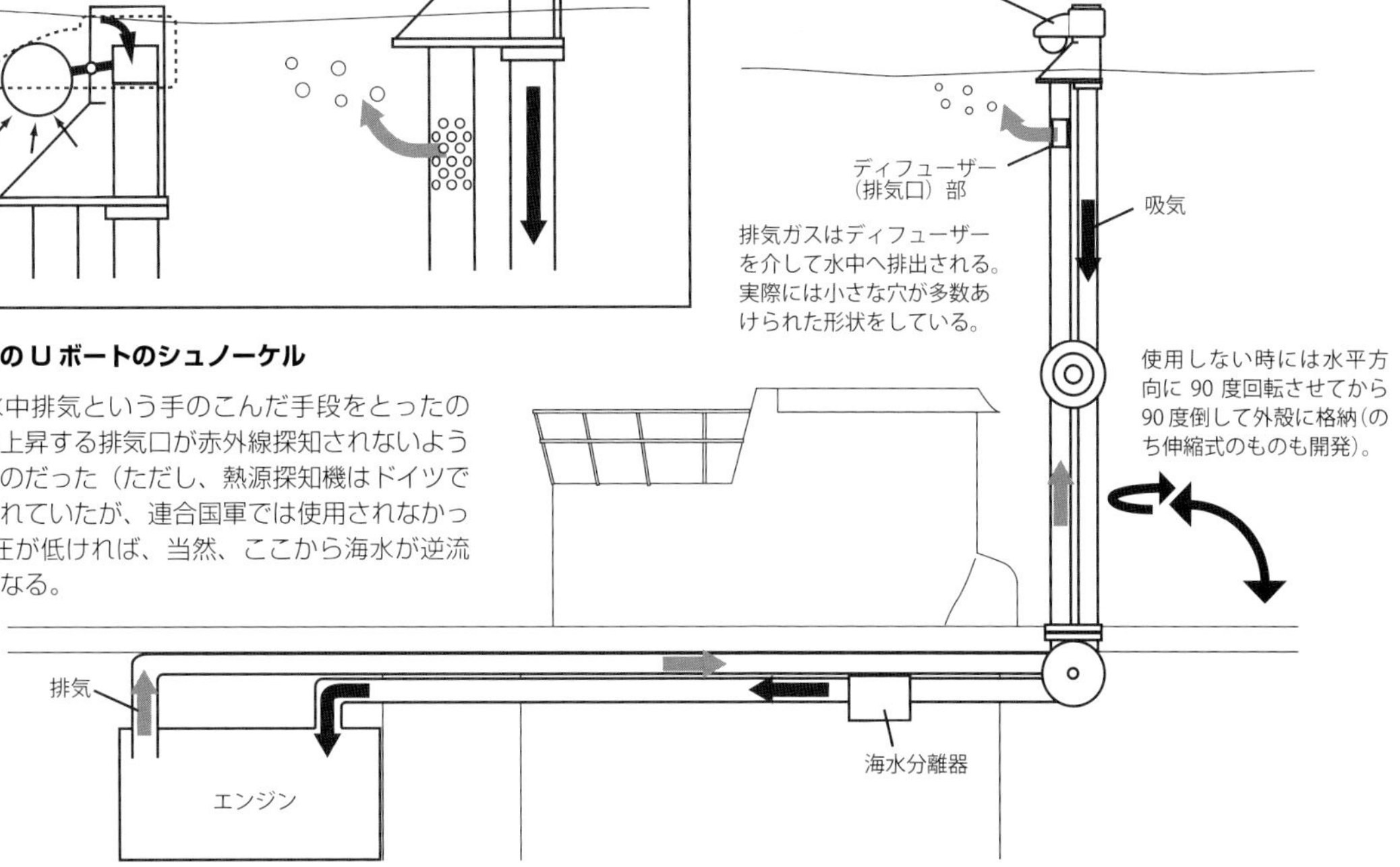

頂部は「ターンマッテ」という電波吸収被覆材で覆っていたが、イギリス海軍はこれを 4.9 ㎞の距離で探知できるレーダーを開発していた。
ディフューザー（排気口）部
吸気
排気ガスはディフューザーを介して水中へ排出される。実際には小さな穴が多数あけられた形状をしている。
使用しない時には水平方向に 90 度回転させてから 90 度倒して外殻に格納（のち伸縮式のものも開発）。
排気
海水分離器
エンジン

日本海軍の潜水艦のシュノーケル

日本海軍の潜水艦のエンジンは排気圧が低く水中排気に適していないため、排気ガスは空中へ排気される。発電用の補助発動機を運転するための装備といえ（補発がない艦は主機に繋いだが）、「水中充電装置」と呼ばれた。

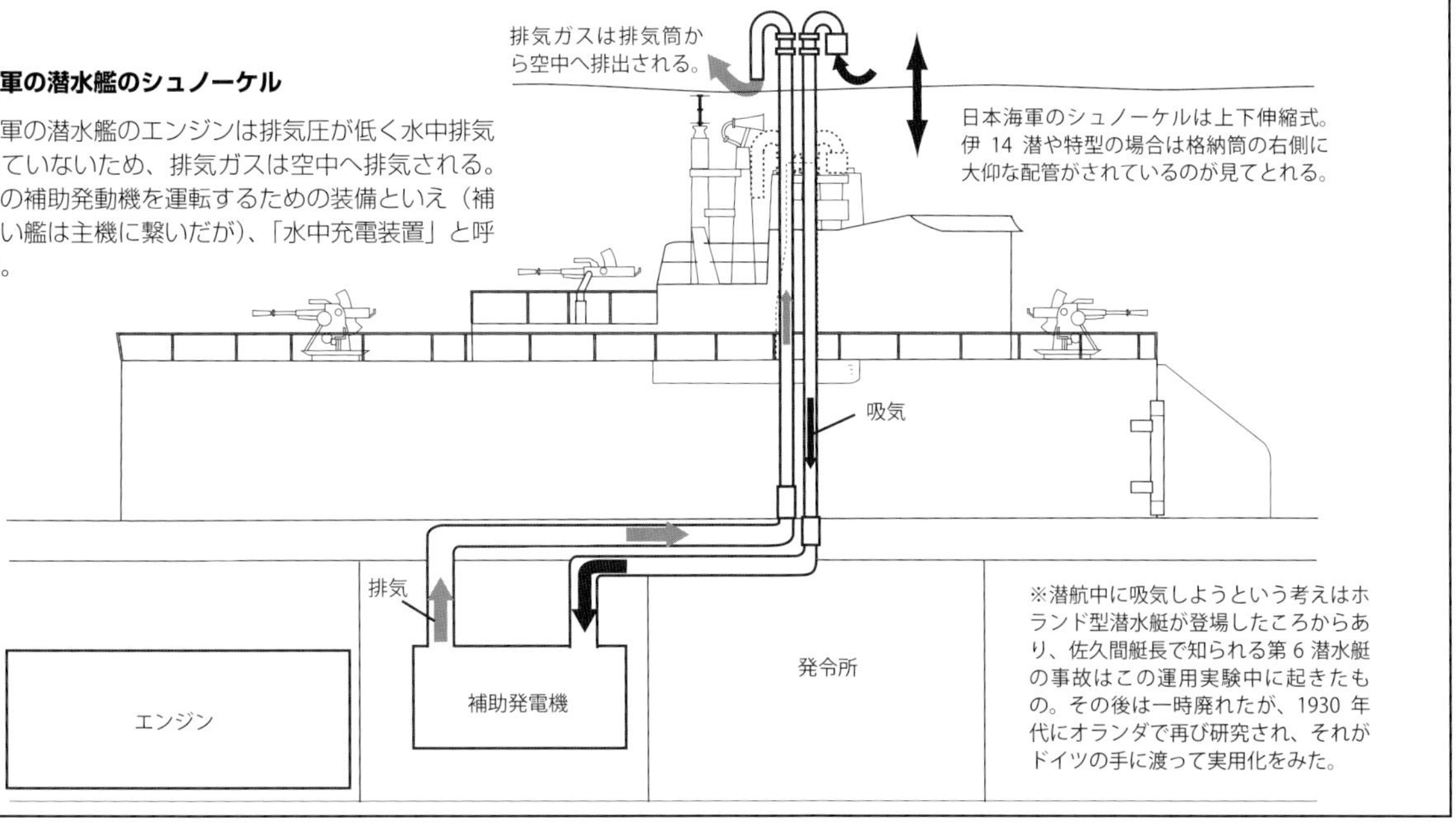

排気ガスは排気筒から空中へ排出される。
日本海軍のシュノーケルは上下伸縮式。伊 14 潜や特型の場合は格納筒の右側に大仰な配管がされているのが見てとれる。
吸気
排気
補助発電機
エンジン
発令所

※潜航中に吸気しようという考えはホランド型潜水艇が登場したころからあり、佐久間艇長で知られる第 6 潜水艇の事故はこの運用実験中に起きたもの。その後は一時廃れたが、1930 年代にオランダで再び研究され、それがドイツの手に渡って実用化をみた。

去りゆく人々

こうしたなか、内藤信太郎先任伍長は5月1日付けで海軍兵曹長に任官、伊14潜を退艦することとなった。艤装員として着任して以来、常に兵科下士官兵乗員たちの要となって錬度向上とその融和を図ってきた我らが〝先任〟の栄転であった。竣工直前、突如持ち上がった名和航海長の転勤騒動の際には一大事とばかり下士官たちをまとめ上げ、転勤願い下げの嘆願をしてくれた愛すべき先任。あるいは急速潜航訓練においては発令所に詰めて、下士官たちに発破をかけていた先任である。

横須賀海兵団で兵曹長の被服などの準備をし、5月10日から准士官学生となった内藤兵曹長は、修業後、横須賀防備隊で待機ののち千葉県島砥倉防備衛所（富津市金谷周辺）に着任、兵器分隊士として勤務することとなる。支那事変以来、潜水艦勤務と潜水学校教員、あるいは特修科練習生などで目まぐるしく戦い勤務してきた内藤兵曹長にとって、毎日釣りばかりをして過ごすような防備衛所勤務は「海軍にこんな部署があるのか」と驚きの色を隠せなかった配置という。その後、「今ごろ伊14潜はどこで活躍するやら」との想いをめぐらせつつ、無事に終戦を迎えた兵曹長は部下ひとりひとりを復員させ、自身も9月1日に復員する。

機関科では小倉 實上機曹が同じく5月1日付けで機関兵曹長に任官、彼の場合はその後も引き続き伊14潜に乗組んでいたのだが、5月10日付けで准士官学生と発令され、退艦の運びとなっている。

実はこの内藤先任や小倉上機曹と同じく、まさにこれからという時期に伊14潜を去った人物がもうひとりいた。やはり、共に名和航海長転勤願い下げの働きかけをした吉田徳二郎上曹である。

先述した内海西部での完熟訓練を実施中のある日、別府に入港した伊14潜の連管室（発射管室の別称。発射管が上下に連なって配置されているため、こうも呼ばれた）で内藤先任と吉田上曹は「日本海の海戦でもやるか」と一杯やり始めた。日本海とは2本会のことで、それぞれがビールなど2本持ちよって艦内の兵員室などで呑むことを意味する。この場合は2人で4本空ける計算だ。

この戦争ももう終わりだな、この艦が我々の棺桶だ、などと枯れた会話をしていたベテラン兵曹の2人が持ち寄ってきたビールもそろそろ空になり、さてもう寝ようかね、と話していたところへ石田掌水雷長がビールを4本ぶら下げて「君たちが呑んでいると聞いたので一緒にやろうと思ってきた。

さぁ、やろう」

と、ひょっこり現れた。はからずも八本海の海戦に発展したわけだ。激しい戦闘は翌日の0300あるいは0400頃まで続き、さらに日本酒が2本、ウイスキーが1本空になったという。

明け方になってようやく寝入った内藤先任、〝連管長（吉田上曹のこと）が血を吐いた！〟との声に揺り起こされて目が覚めた。急いで上甲板に駆け上がると軍医長に付き添われた吉田上曹が内火艇に乗っていた。これから亀川病院に行ってくるとのこと。元気そうな姿にひと安心した内藤先任は艦内に戻って再び眠りについたが、あとになって聞くと吉田上曹はそのまま病院に入院してしまったとのこと。あんなに呑まなければ……と反省することしきりであったが、実際、気心の知れた下士官同士、よく呑み歩いたふたりだった。そういえば岡田水雷長の〝新婚祝い〟と新居に押しかけ、当人がいないのをよそに痛飲したことも記憶に新しい。

こうして2人のベテラン下士官は静かに伊14潜を去っていった。

その存在は伊14潜の乗員たちにとって計り知れないほど大きく、目に見えた形としてこそ残っていないが、その功績もまた計り知れないものであったといえよう。

安息の訓練地を求めて

5月中旬、第1潜水隊各艦のシュノーケル搭載工事が終わったころには、連日のように行なわれる『B－29』の機雷投下により内海西部はすっかり危険海面となっていた。5月6日には回天搭載の玄作戦振武隊として翌日の出撃を控えた伊366潜（丁型）が光沖での調整訓練中に触雷小破し、作戦参加を断念している。

このため、第6艦隊では呉を母港に第15潜水隊として回天作戦ほかの攻撃作戦に参加している各艦と、同じく第34潜水隊に属して作戦を行なう中型・小型潜水艦（この場合の中型・小型とは大きさではなく潜水艦の型式を指すもの。中型は呂号第35潜水艦型、小型は呂号第100潜水艦型のこと）、横須賀を母港として輸送作戦に従事する第16潜水隊（第7潜水戦隊解隊後に新編された輸送作戦部隊）の各艦を除く兵力を舞鶴、並びに七尾北湾に回航することに決定した。具体的には第11潜水戦隊で錬成中の伊201潜、伊202潜や波201潜などの水中高速潜水艦や呉潜水戦隊麾

横須賀鎮守府横須賀防備隊防備衛所

海軍に比較的詳しい人のなかでも耳慣れない防備衛所という部署は、主に重要な港湾や海峡に設置され、水中聴音機や磁気探知機により湾内へ進入する潜水艦を警戒する部隊であった。東京湾の防衛を司る横須賀防備隊麾下の防備衛所は●で示した5ヶ所であった（参考までに併せて海軍の主要な飛行場を図示する）。

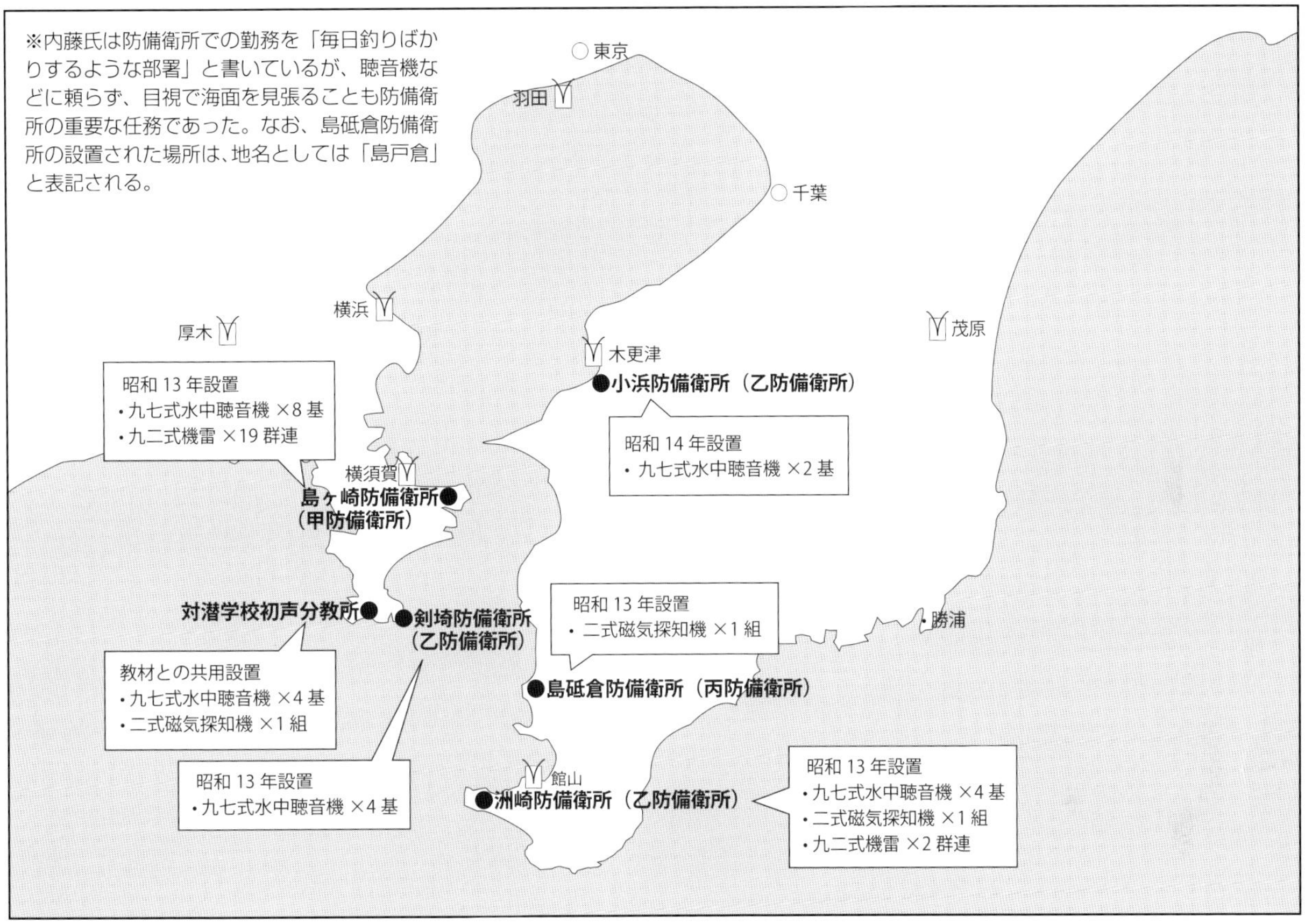
※内藤氏は防備衛所での勤務を「毎日釣りばかりするような部署」と書いているが、聴音機などに頼らず、目視で海面を見張ることも防備衛所の重要な任務であった。なお、島砥倉防備衛所の設置された場所は、地名としては「島戸倉」と表記される。
東京
羽田
千葉
横浜
厚木
茂原
木更津
小浜防備衛所（乙防備衛所）
昭和14年設置
・九七式水中聴音機 ×2基
昭和13年設置
・九七式水中聴音機 ×8基
・九二式機雷 ×19群連
横須賀
島ヶ崎防備衛所（甲防備衛所）
対潜学校初声分教所
剣埼防備衛所（乙防備衛所）
教材との共用設置
・九七式水中聴音機 ×4基
・二式磁気探知機 ×1組
昭和13年設置
・二式磁気探知機 ×1組
島砥倉防備衛所（丙防備衛所）
勝浦
館山
洲崎防備衛所（乙防備衛所）
昭和13年設置
・九七式水中聴音機 ×4基
昭和13年設置
・九七式水中聴音機 ×4基
・二式磁気探知機 ×1組
・九二式機雷 ×2群連

二式磁気探知機とは

二式磁気探知機は昭和17年に占領直後の香港から戦利品として持ち帰ったイギリス製の機材のコピーで、海中に図のようなループ状の導線（コイル）を敷設し、潜航する潜水艦の磁気を捉えるもの。昭和18年に実用化され島砥倉防備衛所のほか全国の海峡や重要港湾に配備された（最も遠い所ではソロモン諸島ショートランドに設置された例がある）。

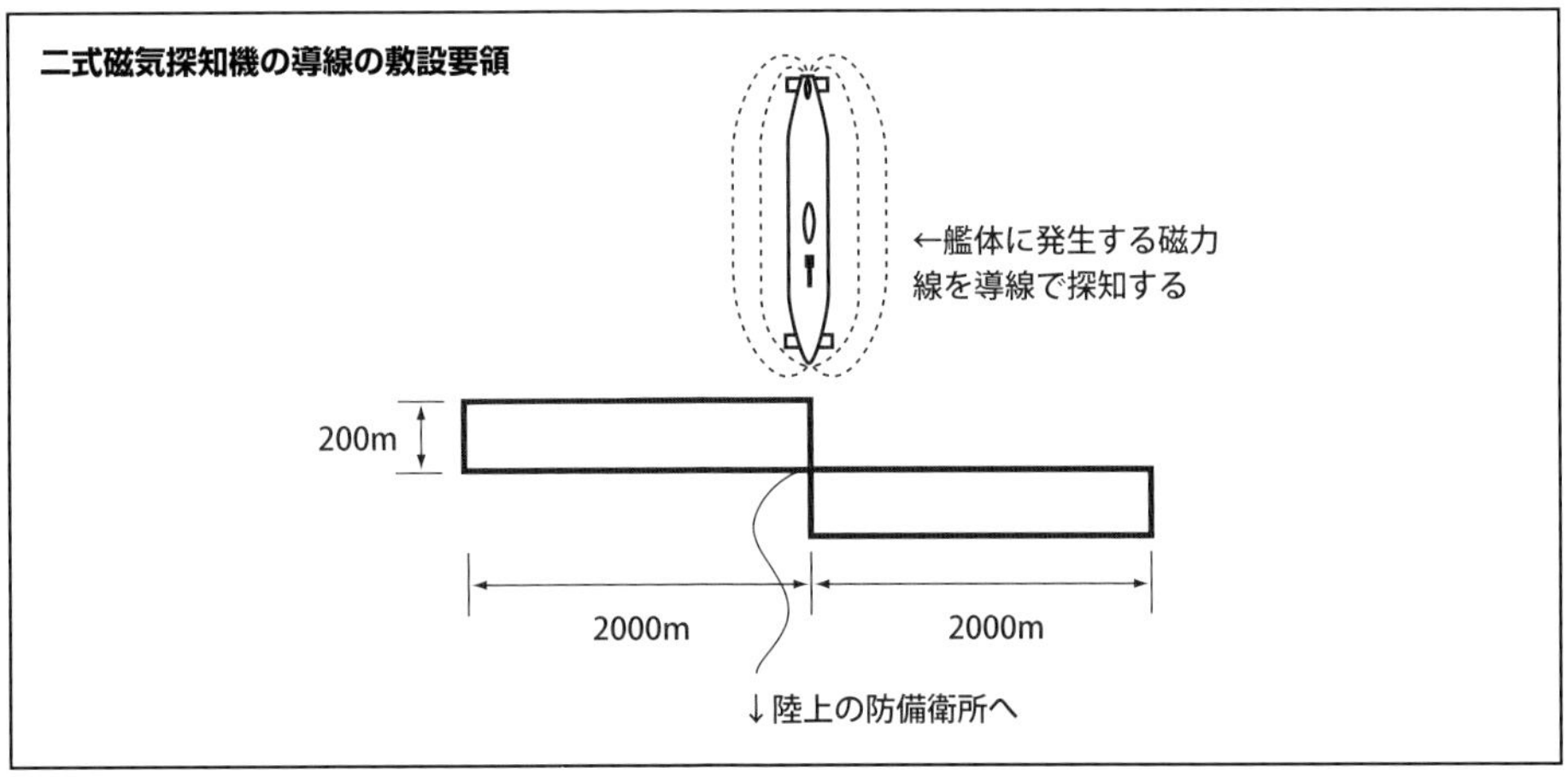
二式磁気探知機の導線の敷設要領
←艦体に発生する磁力線を導線で探知する
200m
2000m
2000m
↓陸上の防備衛所へ

下の第33潜水隊に属する練習潜水艦が主な陣容で、これすなわち本土決戦兵力と目されるものである。

「第11潜水戦隊戦時日誌」には5月10日の時点で、第6艦隊参謀長名で軍務局長、軍令部第1、第2部長、聯合艦隊司令部、呉鎮守府に向け、次のように打電があったことが記録されている。

「6F機密第一〇一九五三番電
敵空爆竝ニ機雷敷設ノ激化ニ鑑ミ11SSノ訓練ハ五月下旬以後舞鶴附近ニ於テ實施セシメラル、予定ニ付、準備ヲ進メ置カレ度」

こうした動きにならい、第1潜水隊も日本海側へと移動し、出撃前の総合訓練を実施することとなった。

ここで突然に舞鶴とともに浮上してくる七尾湾、あるいは七尾北湾という地名は日本海側の海軍根拠地である舞鶴の東方、能登半島の東側に位置するもので、その湾内に位置する穴水には昭和20年2月頃から潜水学校七尾分校の開校準備がなされており（6月1日付け開校）、我が潜水艦隊にとってにわかにゆかりのある場所となっていた。

また、昭和19年8月1日付けで新編され、佐伯に司令部を置いて主として新造の対潜艦艇の教育訓練を実施していた呉防備戦隊の「対潜訓練隊」も昭和20年4月になって七尾湾へ移動しており、その後の5月5日付けで、この訓練隊に編入されて錬成中であった海防艦10隻と標的艦の潜水艦2隻を基幹に第51戦隊を新編、舞鶴鎮守府部隊に編入していた。こちらは対潜訓練を行なうとともに日本海防衛の実施部隊を兼ねる組織である。この対潜訓練隊に所属する潜水艦というのはL4型の呂68潜とドイツからの譲渡艦である呂500潜の2隻で、奇しくも日本製イギリス流旧式艦とドイツ製第2次大戦型UボートⅨC型という新旧2隻の潜水艦が日本海軍対潜教育部隊の敵役を務めていたわけだ。

ここで今一度、伊14潜の竣工した3月14日から5月中旬に至るまでの潜水艦隊編制の変遷について整理しておきたい。

昭和20年1月1日現在、戦時編制上の第6艦隊には第15潜水隊、第34潜水隊、第7潜水戦隊、第11潜水戦隊、そしてインド洋に展開する第8潜水戦隊があった。

このうち第15潜水隊は回天搭載艦ほかの伊号潜水艦で編成された、攻撃型潜水艦の主力部隊で、第34潜水隊は中型・小型の呂号潜水艦によってなるもの。この2隊をもって軍隊区分上「第1潜水部隊」と部署されていた。第7潜水戦隊は輸送潜水艦を擁する部隊で、同じく軍隊区分上は「第7潜水部隊「と部署され、トラック島や南鳥島など、戦線から取り残された孤島への輸送任務に従事中、第11潜水戦隊は「第11潜水部隊」として新造艦の就役訓練・完熟訓練を統括するもので、第1、第7、第11潜水部隊で「先遣部隊」が部署され、その指揮官には第6艦隊司令長官が任じられていた。

このほかにインド洋で作戦に従事する第8潜水戦隊が第8潜水部隊として南西方面艦隊に編入されており、さらにこれらのほか、呉潜水戦隊に所属する旧式の海大型、L3型、L4型潜水艦などがあったが、これは戦力としては除外された勢力であった。

こうした編制のなか、まずはじめに動きがあったのは昭和17年に編成され、ディエゴスワレス湾、シドニー湾への第2次特別攻撃隊作戦を行ない、その後は長い間ペナンに司令部を置いてインド洋での交通破壊戦や特殊作戦に従事してきた第8潜水戦隊の解隊であった。第1章で触れたように一時は10隻以上の伊号潜水艦を指揮下に置き、昭和19年初頭においてでさえ伊8潜や伊37潜、伊165潜などを擁していた8潜戦もその年の暮れには小型の呂113潜、呂115潜が在籍するのみという状況で、その2隻も昭和20年1月末に第34潜水隊へ編入の上、比島方面作戦に転用されることとなって保有兵力は皆無となり、2月20日付けで消滅したのである。なお、呂113潜、呂115潜はともに1月末から2月上旬にかけての比島作戦で未帰還となっている。

ついで動きのあったのは第7潜水戦隊で、攻撃型潜水艦の不足から麾下の丁型8隻は昭和19末から順次回天搭載艦へ改装されていき、昭和20年3月20日付けで解隊。爾後は伊369潜と伊372潜、そして潜輸小型たる波101潜型をもって第16潜水隊を新編し、輸送作戦を続けることとなった。ただし、第16潜水隊の軍隊区分上の呼称は第7潜水部隊のままである。

さらに大きな動きは、〝戦力としては除外されていた〟呉潜水戦隊において練習潜水艦として使用されていた旧式伊号潜水艦の作戦部隊転用である。この当時、呉潜水戦隊麾下の第19潜水隊には6隻の旧式海大型潜水艦があり、そのいずれもが昨年末から昭和20年にかけて回天を搭載できるよう工事中であった。とはいえ、艦齢が古いこれら各艦は見かけ以上にオンボロで、頭部だけでも1トンは超える回天の搭載数はどうがんばっても前後の上甲板に1基ずつの合計2基が限度である。

そうして大本営海軍部は4月1日付けで伊156潜、伊162潜、伊165潜の3隻を、ついで4月20日には残りの伊157潜、伊158潜、伊159潜を第19潜水隊から除いて第34潜水隊に編入し、まずは回天基地への回天輸送任務に従事させることとし、このほかに同隊に所属していた伊121潜、伊122潜、伊155潜（これらは回天搭載艦ではない）は

対潜訓練隊の敵（かたき）役

昭和 20 年に呉防備戦隊の対潜訓練隊で敵役を勤めていたのは呂 500 潜と呂 68 潜の 2 隻。ドイツの第 2 次世界大戦型最新鋭 U ボートと、イギリスの L 型潜水艦の流れを汲む、大正の香り漂う旧式潜水艦であったことに因縁を感ぜずにおれない。

■呂 500 潜（旧称 U511）〔U ボートⅨ C 型〕

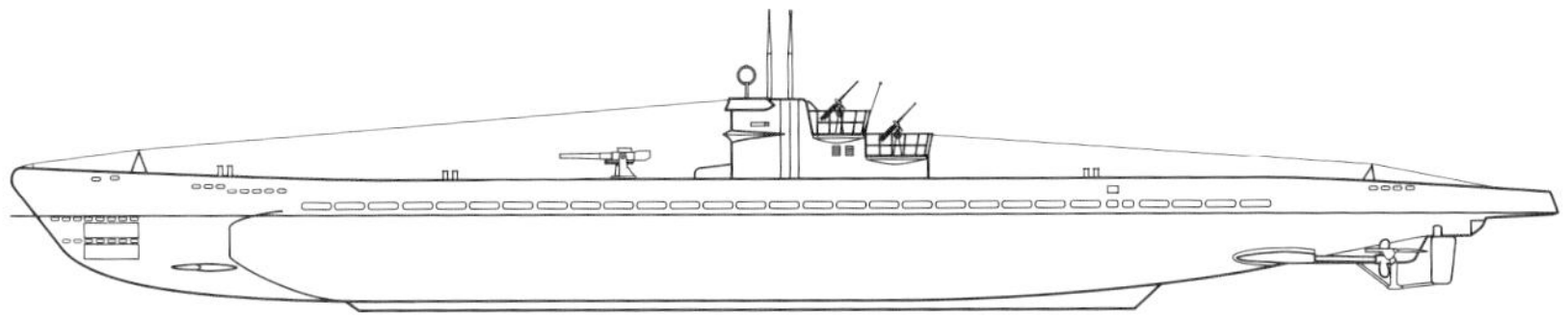

◀ドイツからの譲渡第 1 号艦で、ドイツ海軍の乗員の手により回航され、昭和 18 年 8 月 7 日に呉へ無事入港した。ドイツ側ではこれを参考に潜水艦を多量建造し、交通破壊戦を拡大してほしいとの要望だったが、調査の結果、日本の技術力では建造不可能と判断され、その後仮想敵として活躍したわけだ。

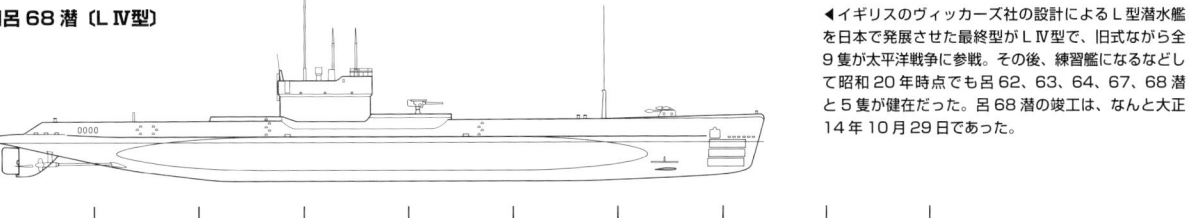

■呂 68 潜〔L Ⅳ型〕

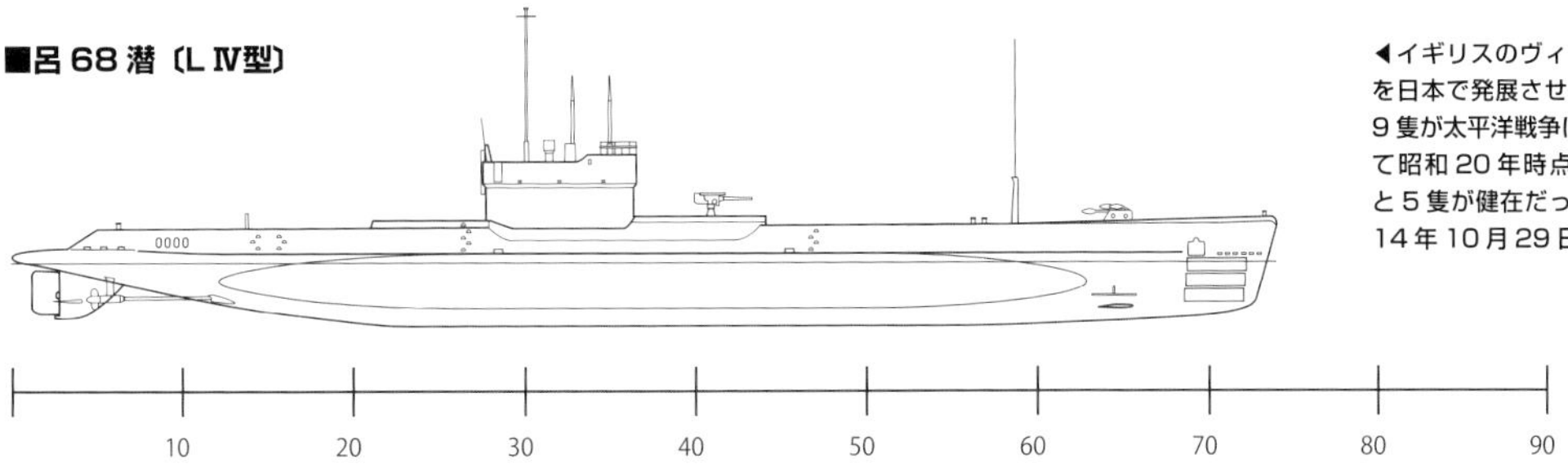

◀イギリスのヴィッカーズ社の設計による L 型潜水艦を日本で発展させた最終型が L Ⅳ型で、旧式ながら全 9 隻が太平洋戦争に参戦。その後、練習艦になるなどして昭和 20 年時点でも呂 62、63、64、67、68 潜と 5 隻が健在だった。呂 68 潜の竣工は、なんと大正 14 年 10 月 29 日であった。

※ドイツからの譲渡潜水艦は 2 隻あり、もう 1 隻は日本海軍の乗員の手で回航する手はずで、遣独潜の伊 8 潜に便乗してその乗員がドイツへ送り込まれた。この艦は U ボートⅨ C/40 型の U1224 改め呂 501 潜と命名され、さつき 2 号の呼称で昭和 19 年 3 月 30 日にキール軍港を出港、日本へ向かったが、5 月 6 日以降消息不明となった。5 月 13 日に、大西洋で米護衛空母を基幹とする対潜部隊に捕捉、撃沈されたのである。

『B-29』による機雷封鎖により、聖域ともいえる内海西部ですら身動きが取れなくなった状況を鑑み、昭和 20 年 5 月に至り、第 6 艦隊は回天作戦、または輸送作戦に従事する以外の潜水艦を日本海側の舞鶴、あるいは七尾湾へ避退させる措置をとる。写真はこれにより無事終戦を迎えることのできた残存潜水艦といえ、左から伊 121 潜、伊 201 潜、伊 202 潜、呂 500 潜の順で並んでおり、伊 202 潜と呂 500 潜の間に呂 68 潜と思われる潜水艦が見える。米軍により舞鶴で撮影。

同じ呉潜水戦隊麾下の第33潜水隊へ転入させて、同日付けで第19潜水隊を解隊した。

これらの動きを整理した昭和20年5月1日現在の第6艦隊の編制は別表のようになっていた。

潜水部隊がこうした動きを見せるなか、前記したように第1潜水隊も日本海側へ移動しての最終訓練を実施することとなる。目指す出撃予定日まででもうひと月ほどしかない。

我が伊14潜は僚艦の伊13潜とともに鎮海で重油を搭載したのち七尾湾へと向かう予定で出港準備に入る。

艦上ドンチャン騒ぎ、そして鎮海へ

5月27日は海軍記念日である。この日は伊14潜にとって2ヶ月近い間、調整訓練や在泊をして過ごした呉を出港する記念すべき日となった。

０６００に起床、朝食前に出港準備にとりかかり、０６４５には水交社の裏手の小高い丘の上にある亀山神社に清水艦長以下乗組員総員が集合、必勝と今後の作戦完遂を祈願した。

０８００、軍艦旗掲揚と共に出港用意のラッパが吹奏され、第6艦隊司令長官の醍醐忠重中将（海兵40期）以下司令部幕僚、在泊艦艇の乗員たち、地上勤務員たちの帽振れの見送りを受けて一路、鎮海回航の途についた。

本日、目指すはその中継地、門司。

マリアナの失陥からしばらく、また沖縄戦が始まって2ヶ月が経過しようとしていたこの時、地上戦闘さえ行なわれていないが本土はすでに戦場の様相を呈しており、内海西部でも前月に伊４０１潜が触雷、呂64潜が殉難したばかりである。

このため、伊14潜は機雷を避けるため掃海水道を慎重に蛇行しながら西航する。途中、触雷して半分沈みつつある油槽船が右舷に認められたが、それでも日の丸を半揚にして我が伊14潜に敬意を表する様は痛々しい限りで、任務最優先のため救助活動ができぬ身を心の中で詫びながら、漂流者を巻き込まぬよう先を急いだ。

そうして本日の目的地である門司に入港したのは夕暮れ迫る１９００。門司には伊13潜が先着していた。

ここで清水艦長は何人かの士官を引き連れて門司の町へと上陸。当直として艦に残った岡田水雷長は、艦長は今日はもう帰ってこない、鬼のいぬ

第6艦隊の最終編制～潜水戦隊の解隊

潜水戦隊という組織は大戦中期以降、順次解隊され、昭和20年初頭には第7潜水戦隊と第8潜水戦隊があるのみとなっていた。昭和20年2月20日付けで栄光の8潜戦が解隊、ついで丁型や潜輸小型の潜水艦により離島への物資輸送任務に携わっていた7潜戦も解隊され、代わりに第16潜水隊が編成された。これにより実戦組織としての潜水戦隊は姿を消す。第1潜水隊を基幹に第1潜水戦隊を編成するもくろみも、この時点で見直された可能性がある。

■第6艦隊司令部の陣容

役職	氏名	階級（　期　別　）	備考
司令長官	三輪　茂義	中将（海兵39期）	5月1日退任
	醍醐　忠重	中将（海兵40期）	5月1日新任
参謀長	佐々木半九	少将（海兵45期）	
機関長	郡島　定雄	大佐（海機28期）	
先任参謀	井浦祥二郎	大佐（海兵51期）	
水雷参謀	鳥巣建之助	中佐（海兵58期）	
機関参謀	井上勇一郎	中佐（海機40期）	
通信参謀	坂本　文一	中佐（海兵60期）	兼副官
参謀	板倉　光馬	少佐（海兵61期）	兼第2特攻戦隊参謀

■潜水艦隊の編制（昭和20年5月1日現在）

軍隊区分	艦隊編制		所属艦	備考／特徴
第1潜水部隊	第6艦隊直率	第1潜水隊	伊401潜、伊400潜、伊13潜、伊14潜	晴嵐搭載艦
		第15潜水隊	伊36潜、伊44潜、伊47潜、伊53潜、伊56潜、伊58潜	回天搭載艦
			伊361潜、伊363潜、伊366潜、伊367潜、伊351潜	回天搭載艦（丁型）
		第34潜水隊	呂46潜、呂50潜、呂109潜	中型・小型
			伊156潜、伊162潜、伊165潜、伊157潜、伊158潜、伊159潜	海大型
第7潜水部隊		第16潜水隊	伊369潜、伊372潜	輸送型
			波101潜、波102潜、波104潜、波103潜	潜小型
第11潜水部隊	第11潜水戦隊		長鯨、伊201潜、伊373潜、伊202潜、波105潜	錬成中の艦
附属	附属		631空	

※３月末から４月上旬にかけて出撃した伊44潜、伊56潜は４月21日に帰投を命じられたものの、５月１日現在未帰還。伊351潜は潜補型で回天搭載艦ではない。
※呉潜水戦隊は第６艦隊の指揮下にはない。

昭和20年5月頃の攻撃型伊号潜水艦の枯渇具合は右ページの編制表のように深刻なもので、これを補うため、昭和19年暮頃より『回天』搭載艦に改造され、順次戦列に加わったのが丁型潜水艦で、さらに海大型の旧式艦も投入されていく。写真は回天5基を搭載して出撃する伊367潜。振武隊の出撃時のものと思われる。（写真提供／大和ミュージアム）

まに…と音頭をとって、当直員も含めて艦内総出での酒宴を開始。艦上ではチンケースを叩いて調子をとるもの、はたまた盆踊りを行なう者もあり、アルコールが入って次第にボルテージが上がっていくとその歌声は高らかに門司港内に響き渡っていった。

2330、突如として警戒警報が発令され、続けざまに空襲警報が発令、総員配置となり航海科は全員が艦橋に上がって対空見張りを実施。町や港内の各船の灯火は一斉に消され、あたりは静かに海が漂っているだけである。それでもしばらくの間、敵機は現れず、伊14潜艦上でのドンチャン騒ぎはさらにヒートアップ、誠にいい気分で飲めや歌えやの大騒ぎは続く。

その内に〝敵大型機数機、八幡、小倉の工業地帯に侵入〟との情報が入ると、暗闇となった山あいから探照灯（あるいは照空灯）の光が2条、3条と夜空に伸び、敵機を探している様子が望見できた。しばらくして1機の『B－29』が捕捉されると続けざまにゆるやかな単縦陣となって侵入してくる数機の姿。高角砲（あるいは高射砲）、対空機銃が火を吹くと編隊の後方を飛んでいた1機が爆発、門司の山々の向こうへ墜落していった。今度はその模様を肴にヤンヤの大騒ぎ。

ところが、である。

帰るはずのない清水艦長が、真夜中になって突然、艦に帰ってきた。岡田水雷長が見るだにカンカンに怒っている様子。聞けば空襲警報下、灯火管制を敷いて軍、民ともに物音もたてずに警戒している門司港内に、伊14潜の面々が酒宴にて大きく気炎を上げている声が〝高らかに〟鳴り響いているとのこと。これには水雷長以下総員、こっぴどく叱られることとあいなった。

それにしても、静まり返った港内に鳴り響く奇声蛮声の発信源が我が伊14潜であることを知った時の清水艦長の驚きようは察するにあまりある。とはいえ、表向きはこうして怒りながらも、出撃を前にした我が乗員たちの行き足のよさに内心、「こやつらめ……」とニヤリほくそ笑んだのではないだろうか。

明けて5月28日0800、伊14潜は伊13潜、伊202潜と共に門司を出港、機雷原をすり抜けて日本海を一路、鎮海へと向かう。

同行する伊202潜は水中速度を重視して設計された「潜高型」伊201潜の2番艦として建造され、伊14潜竣工のちょうど1ヶ月前の昭和20年2月14日に竣工したばかりの新鋭艦。従来の潜水艦とは異なり水上最高速度は15・8ノットに留まったが（それでも甲型改2とほぼ同等である）、水中では19・0ノットの高速を発揮する。ただし、大型潜水艦としては初の水中高速艦である潜高型は主機その他に様々な問題を抱えており、伊２０２潜も4月10日に主電池火災を起こして呉工廠での修理を終えたばかりであった。

舞鶴へ直行するため東へと針路を取った伊２０２潜と別れてしばらくした１４３０になると朝鮮半島周囲の島々が左30度に認められるようになり、引き続き北上すること２１３０、無事鎮海に入港することができた。

朝鮮半島東岸に位置する鎮海湾は古くは日露戦争時に我が聯合艦隊の泊地として利用された場所で、その戦後、旅順鎮守府が開庁されるに次いで旅順軍港とともに鎮海軍港として防備隊が置かれていたのだが、大正５年（１９１６年）４月１日付けで鎮海要港部とされたものである。

その後も引き続き「鎮海軍港」と呼ばれて親しまれてきたが、厳密には大正12年4月1日付けで改めて「要港」と定められ、さらに太平洋戦争海戦直前の昭和16年11月20日付けで馬公、大湊、旅順の各要港部とともに鎮海警備府と改称・改編されて今日にいたっていた（旅順警備府は昭和17年1月15日付けで廃止、馬公警備府は昭和18年４月１日付けで高雄警備府と改称）。

内海西部までもが機雷敷設で危険海面となった今、日本海軍にとって残された数少ない拠点のひとつがここ鎮海であった。

入港翌日の５月29日、鎮海警備府からの手旗信号を受けて０８００に桟橋に横付けした伊14潜は重油の搭載作業を実施、ようやくその燃料タンクを満載するに至った。

この日の半舷上陸は右舷乗員に許された。ちょうど明日、戦死者の合同葬があるとのことで町なかは人でごった返しており、旅館はどこもいっぱいであったが、海軍軍人は要領を本分とすべしのことわりどおり、なかには現地で知り合った民家に外泊して過ごした剛毅の面々もいたようだ。

明けて30日、０９１５に鎮海を出港した伊14潜は本来の目的地、七尾湾へと針路を取る。１４３０、陸影は見えなくなった。この日の天候、西南西の風、風力3、雲量5の半晴れであった。

5月31日０４２７、急速潜航発令。潜水艦は通常の航行中でも訓練を兼ねた急速潜航を行なうのが常である。ここでも4直の急潜訓練が数回実施された。

この日はあいにくの濃霧で、同行する伊13潜の姿を見失ったが、そんな状況をものともせず、訓練を実施しながらの航海は続いた。

水中高速潜水艦の登場

伊 14 潜とともに門司を出港した伊 202 潜は蓄電池を大量に積み、水中最高速を向上させて敵駆逐艦の制圧から逃れようと計画された水中高速潜水艦「潜高型」の 2 番艦（昭和 20 年 2 月 2 日、1 番艦伊 201 潜竣工）。遅きに失した、中型潜水艦を増産すべきだったと批判するのは容易いが、日本潜水艦技術の昇華ということもできる。

第６艦隊参謀の鳥巣建之助少佐は昭和 19 年、その着任にあたり「鳥巣君、今度、水中最大速度 19 ノットの潜水艦ができるぞ」と軍令部参謀に声をかけられた。この話に「へぇ、それはすごいですね！その速度で一体何時間走れるんですか!?」と食いついたところ、「1 時間！」との答えに絶句したという。

▼公試運転中の伊 202 潜。登場時期が遅く、水中高速潜水艦としての真価を発揮することなく終わった。（写真提供／大和ミュージアム）

■潜高型

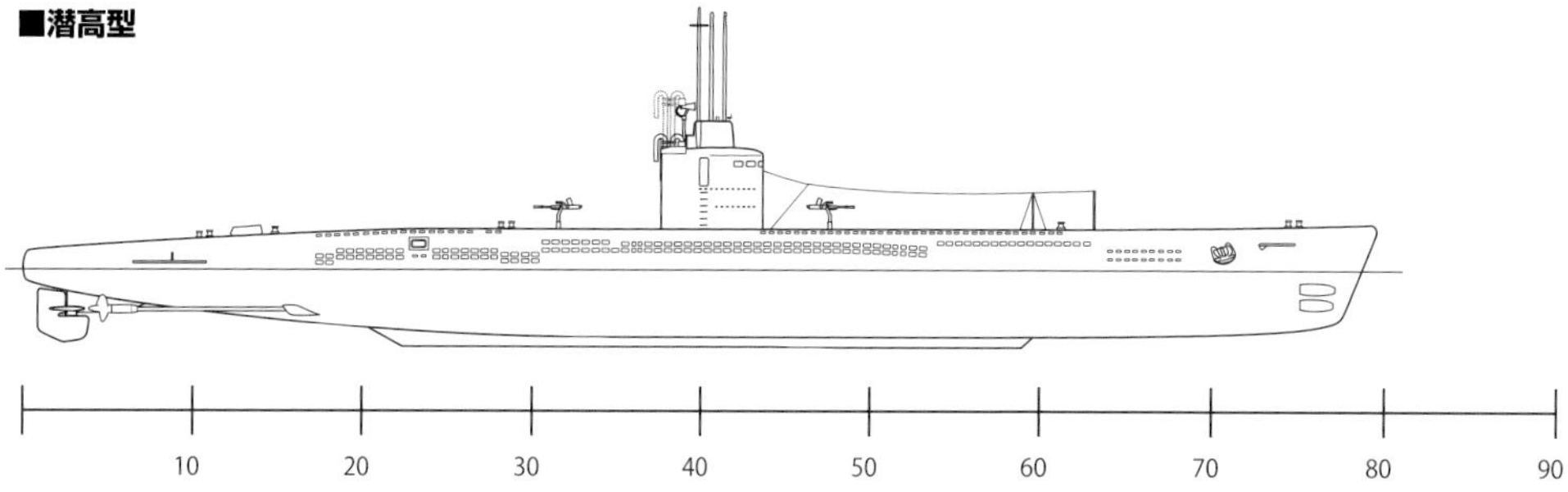

◀潜高型のサイズは呂 50 潜型などの中型潜水艦とさほど変わらないが、排水量により伊号潜と分類されている。伊 202 潜は昭和 20 年 2 月 14 日に竣工。ところが 4 月 10 日に主電池火災を起こしたため修理を実施し、七尾湾への回航が伊 14 潜の門司出港と重なった。甲板上の 25 ㎜機銃は隠顕式で、水中抵抗を減らすようになっている。

伊 14 潜の足取り

海軍記念日の 5 月 27 日に呉を出港し、その日のうちに門司へ仮泊した伊 14 潜は、朝鮮半島南端の鎮海で給油ののち七尾へ向かった。やがて『晴嵐』を搭載しての七尾湾での訓練に入る。図はその位置関係を現したもの。

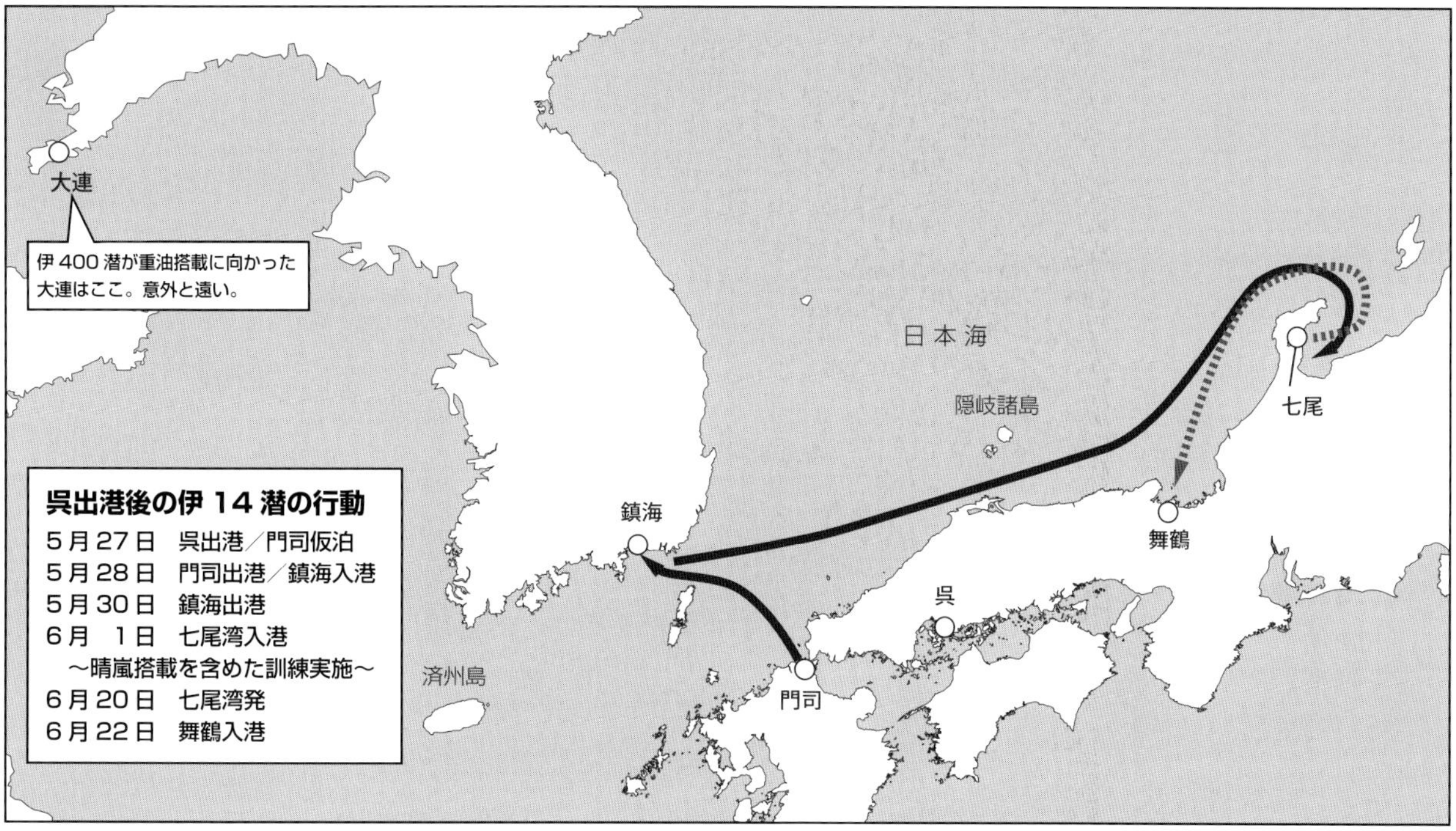
大連
伊 400 潜が重油搭載に向かった
大連はここ。意外と遠い。
日本海
隠岐諸島
七尾
鎮海
舞鶴
呉
済州島
門司
呉出港後の伊 14 潜の行動
5 月 27 日　呉出港／門司仮泊
5 月 28 日　門司出港／鎮海入港
5 月 30 日　鎮海出港
6 月　1 日　七尾湾入港
～晴嵐搭載を含めた訓練実施～
6 月 20 日　七尾湾発
6 月 22 日　舞鶴入港

第 1 潜水隊潜伏の地、七尾北湾

能登半島の東側をえぐるように所在する七尾湾。このうち、七尾北湾は水深が 20 ～ 40m と深く、古くは幕末の加賀藩の洋式軍艦が居を構えたこともある良港であった。昭和 20 年 5 月には潜水学校七尾分校が設立準備に入るなど潜水艦隊にもゆかり多い地となっている。

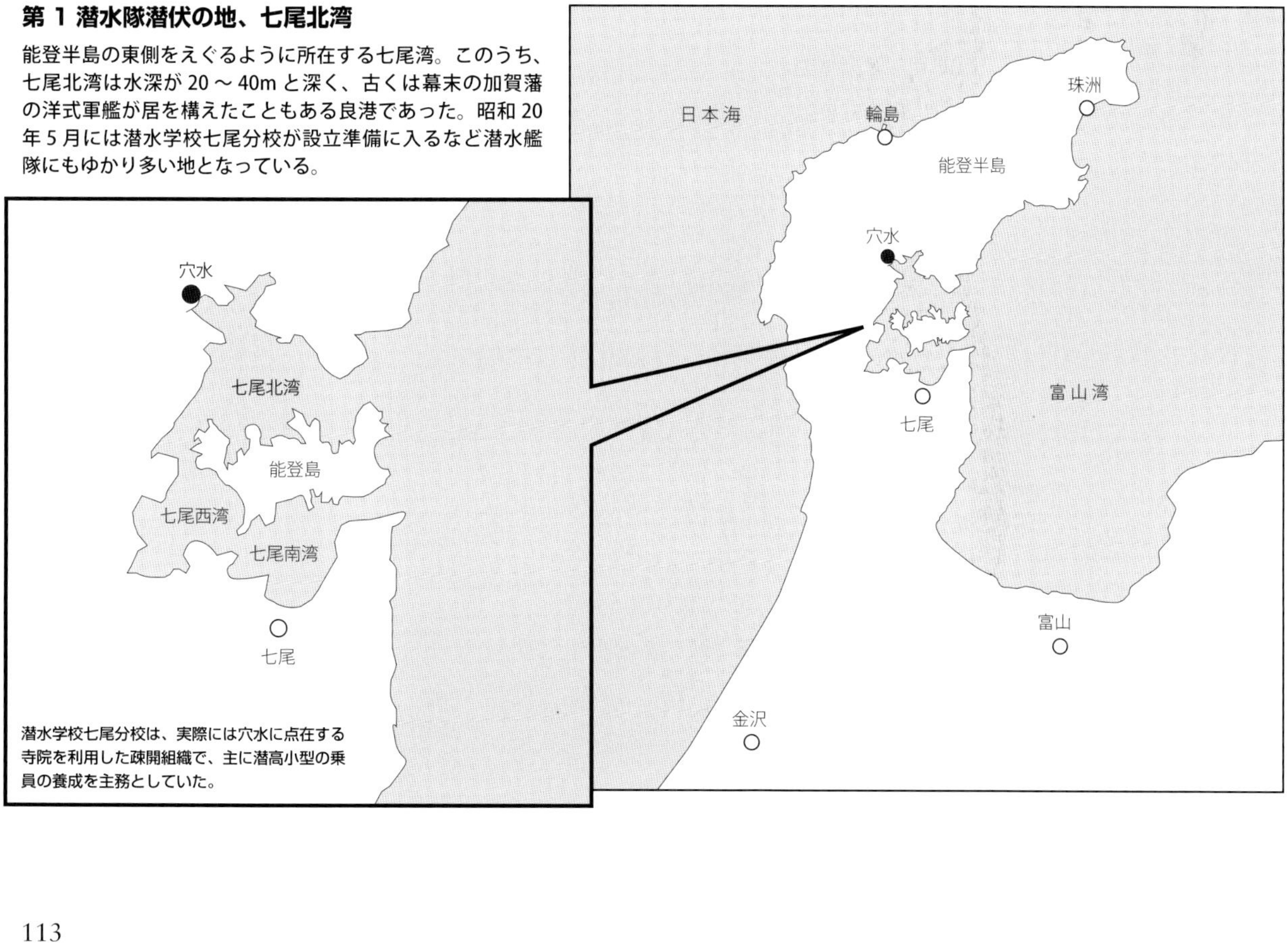
穴水
七尾北湾
能登島
七尾西湾
七尾南湾
七尾
日本海
輪島
珠洲
能登半島
穴水
富山湾
七尾
富山
金沢

潜水学校七尾分校は、実際には穴水に点在する寺院を利用した疎開組織で、主に潜高小型の乗員の養成を主務としていた。

七尾入泊、『晴嵐』初見参

6月1日１０００、陸地近くを航行しているせいか、カナリヤに似た小鳥が艦上に飛来し、吹きさらしの艦橋の潜望鏡台で羽を休めたり、清水艦長の腕にとまったりして居合わせる乗員たちをしばしなごませる。目指す七尾は能登半島東側に位置する。やがて佐渡島を左手に臨み、能登半島、輪島、珠洲岬などを右手にみて富山湾へ向かったが、濃霧のためこの日は七尾入港を取止め、１６３０に湾外において伊13潜と１，８００ｍの間隔を取って投錨、仮泊することとなった。

この日は一部士官の進級日で、海兵72期の高松砲術長、そのコレスである海機53期の松田 清機関長附、海原文雄飛行長は海軍大尉に任官している。海軍兵学校、海軍機関学校卒業後、わずか2年での大尉任官は異例の早さといえるが、それだけ初級指揮官の消耗が激しかったことの裏づけともいえよう。この時点で海兵出身者は67期以下、72期までが海軍大尉に任官していたことになる。

明けて2日、０５１５総員起床がかかり、4直の急速潜航訓練、注排水訓練、機銃訓練を実施。機密保持に関する艦長訓示があったほか、１３００からは先任将校の岡田水雷長による精神訓話があり、続いて整備作業が行なわれ、さらに１９３０からは機銃訓練と急速潜航訓練が実施されるという猛訓練ぶり。

6月3日、この日は我が伊14潜にとって初めて搭載機『晴嵐』がお目見えした日である。第1章でも触れたとおり、『晴嵐』の開発・生産は昭和19年暮からの空襲激化や2度の大地震の影響で大幅に滞って６３１空が訓練に使用する機体にも困る状況であり、新鋭機ゆえの初期不良にも見舞われ、特型、甲型改2の潜水艦をもってする第1潜水隊の搭載機はこの頃になってもようやく10機がそろうかどうかといった状況であった。

それでもこの当時、６３１空はようやく福山空に根拠を置いての落ち着いた訓練に励むことができるようになっていた。この日はそのうち4機が七尾へ飛来、伊13潜と伊14潜が2機ずつ揚収して艦上に並べると、その姿はまさに海底空母そのものといったところ。

６３１空ではちょうど2週間ほど前の5月20日に第1潜水隊の各艦への配乗を定めた搭乗割が発表され、わが伊14潜には1番機に徳永信男大尉（予学12期）－柏原隆之飛曹長（乙飛10期）ペア、2番機に中原松之助上飛曹（甲飛8期）－亀井秀夫上飛曹ペアが乗組むこととなった。

戦中に日本側で撮影された甲型改２の写真は珍しい。写真は伊１３潜か伊１４潜か特定できないが、七尾湾において搭載した631空の『晴嵐』２機をカタパルトに並べた様子を捉えた貴重なもの。これが１番機、２番機の機体展開、あるいは格納作業時の定位置と思われる。実際に『晴嵐』を搭載しての訓練が始まると、伊１４潜の乗員たちに海底空母の様相を強く感じさせたという。

631 空晴嵐隊と第 1 潜水隊の邂逅

昭和 20 年 6 月 3 日、七尾湾に回航していた伊 14 潜は福山空から飛来した 631 空の『晴嵐』を搭載し、以後、潜水空母としての本格的な訓練を開始した。第 1 潜水隊各艦への搭乗割は 5 月 20 日頃に 631 空内部で開陳されたといい、これを追いかけるように 6 月 1 日付けで海軍省から辞令が発令されている。

▲福山空で錬成中だった 631 空晴嵐隊は 6 月に入って順次七尾湾へと飛び、指定された第 1 潜水隊の各艦へ乗組んだ。淺村氏はここで各艦に乗艦している同期生たちと一緒になったという。「名和君とも、穴水の町でバッタリ会って、その奇遇を喜んだものでした」。写真は『晴嵐』の操縦席に乗り込んだ淺村大尉。ヘッドレストに設けられた“頭あて”に注意。

■ 631 空士官搭乗員の発令（昭和 20 年 6 月 1 日現在）

氏　　名	階級（ 期 別 ）	前職		補職
淺村　敦	大尉（海兵 70 期）	631 空分隊長	→	補伊 401 潜飛行長
吉峰　徹	中尉（海兵 72 期）	631 空附	→	補伊 400 潜分隊長
山本　勝知	大尉（海兵 71 期）	631 空附	→	補伊 13 潜飛行長
江上　益雄	大尉（予学 12 期）	631 空附	→	補伊 401 潜分隊長
岸　康夫	大尉（予学 12 期）	631 空附	→	補伊 13 潜分隊長
徳永　信夫	大尉（予学 12 期）	631 空附	→	補伊 14 潜分隊長
若狭　秀雄	中尉（予学 13 期）	631 空附	→	補伊 401 潜乗組
竹内　博勇	中尉（予学 13 期）	631 空附	→	補伊 14 潜乗組

◀海軍省辞令公報に記載された 631 空士官搭乗員の発令状況（特務士官や准士官、下士官兵は記載されていない）。ただし、のちに「631 空附兼伊 401 乗組」などと兼務になるよう発令しなおしている。

■第 1 潜水隊と 631 空搭乗員編制

乗艦	編制	配置	氏名	階級（期別）	備考
伊 401 潜	1 番機	操縦	淺村　敦	大　尉（海兵 70 期）	
		偵察	鷹野　末夫	少　尉（乙飛 7 期）	
	2 番機	操縦	高橋　信男	上飛曹（甲飛 9 期？）	
		偵察	野呂英五郎	上飛曹（甲飛 9 期）	
	3 番機	操縦	大橋　政雄	上飛曹（乙飛 13 期）	
		偵察	西野　友徳	上飛曹（甲飛 10 期）	
伊 400 潜	1 番機	操縦	高橋　一雄	少　尉（乙飛 6 期）	
		偵察	吉峰　徹	大　尉（海兵 72 期）	
	2 番機	操縦	渡辺　久雄	上飛曹（丙飛 3 期）	
		偵察	島岡　晃	飛曹長（甲飛 4 期）	
	3 番機	操縦	奥山　周二	上飛曹（乙飛 15 期）	
		偵察	渡辺　満	上飛曹	
伊 13 潜	1 番機	操縦	古谷喜代一	飛曹長（乙飛 8 期）	
		偵察	山本　勝知	大　尉（海兵 71 期）	
	2 番機	操縦	土井　四郎	上飛曹（甲飛 8 期）	
		偵察	津田　武司	上飛曹（甲飛 9 期）	S20.06.19 殉職
伊 14 潜	1 番機	操縦	徳永　信男	中　尉（予学 13 期）	
		偵察	柏原　隆之	飛曹長（乙飛 10 期）	
	2 番機	操縦	中原松之助	上飛曹（甲飛 8 期）	
		偵察	亀井　秀夫	上飛曹	

淺村氏の証言や高橋一雄氏の著書『神龍特別攻撃隊』、中原（戦後深井と改姓）松之助氏、奥山周二氏の手記をもとに調整したものでいまだ完璧を期しがたい。後述する江上大尉ペア、岸大尉ペアの殉職後の編制といえよう。このほか海兵 71 期の赤塚一男大尉などが終戦までに 631 空へ配属された。

耳は聞こえずとも

この搭乗割にいない人物もかなりの数にのぼっている。そのうちのひとり、高田源太郎上飛曹（乙飛 15 期）が昭和 20 年 5 月に着任している。高田上飛曹は乙飛 15 期から新設された攻撃専修者で、予科練の第 2 学年から整備術などを学んでいる。予科練卒業後は第 29 期飛行練習生（ただし飛練は偵察専修）を卒業後、串本空を経て 952 空に配属されマーシャル方面の対潜哨戒任務に就いた。その後、モナチックに派遣されたが、昭和 19 年 5 月の対空戦闘中に至近弾を受け、両耳が聞こえなくなるという障害を負いつつ、搭乗配置を続けていたのである。

徳永大尉はペナン以来の潜偵搭乗員。予学12期生は昭和20年6月1日にその半数が海軍大尉に任官しており、６３１空の徳永、岸 康夫、江上益雄の3中尉はいずれも進級の対象となっているのが興味深い。

柏原飛曹長はこの5月1日付けで准士官に任官したばかりの脂の乗り切った“新准”と呼ばれる搭乗員。開戦直後に鈴鹿空での第16期偵察飛行練習生を終えて佐世保空に勤務したのち､空母『加賀』艦攻隊へ配属され、ミッドウェー海戦での敗北という苦い経験を味わった。その後、鹿島空教員を経て昭和18年8月に横空で第11期偵察特修科練習生となり、修了後、第6艦隊司令部附となり、潜偵に関わっている。

2番機の操縦員、中原上飛曹は潜偵乗りとして長い経験を持つ人物。甲種第8期飛行予科練習生を卒業後、第28期飛行練習生操縦専修となり鹿島航空隊で水上機の中練教程へ、ついで小松島空で実用機教程に進み三座水上機専修となった。昭和18年7月27日に実用機教程を終えると同期生 甘道二三夫（かんどう・ふみお）2飛曹とともに呉空に配属され潜偵操縦員としての手ほどきを受け、9月24日付けで第6艦隊偵察機隊に転属して伊36潜に便乗、10月3日にトラックに進出し、以後、同居していた９０２空に混じって『零式小型水上偵察機』を駆っての対潜哨戒に従事している。

昭和19年2月17日のトラック空襲で第6艦隊潜偵隊も機材を全て失い、司令部は呉へ移動、中原兵曹らは飛行艇に便乗してサイパンに渡り、ここから空母『千歳』に便乗して横須賀へ上陸、呉空へと移動した。甘道兵曹はその後4月10日付けで伊10潜乗り組みとなり、6月12日にメジュロ偵察を実施して日本海軍最後の潜偵操縦員としてその名を戦史に留めることとなった。それから1ヶ月弱のちの7月4日、伊10潜はサイパン東方１２５浬で米駆逐艦に撃沈され、甘道上飛曹も艦と運命をともにしている。

中原兵曹はその後、伊38潜、ついで伊54潜乗り組みとなり（同潜は伊13潜の大橋勝夫中佐が初代艦長で、ちょうど乗り組んでいた時期が合致する）、7月1日に米本土攻撃のため出撃を予定していたところ、作戦変更により同潜を退艦、伊54潜はテニアン島への運砲筒輸送の任を帯び横須賀を出港していった。なお、本作戦では進出途上で固縛ロープが切断され運砲筒が脱落、横須賀へ帰投している。10月15日にあらためて呉を出港して比島方面に出撃した伊54潜はそのまま消息を絶ち、11月20日付けで喪失と認定された。米側資料により10月24日に撃沈されたことがわかっている。

その後10月1日付けで横空へ『晴嵐』講習員として派遣され、鹿島基地へと転進しつつ『瑞雲』と『晴嵐』の操縦をマスター。６３１空編成後しばらくした2月1日付けで同隊に転勤、3月5日に部隊とともに呉空へ移動、ついで和佐海岸に疎開してのち福山空へ移動して訓練に従事し、この5月に伊14潜配乗となったものである。

ようやく『晴嵐』がやってきたことにより、伊14潜でも以後、これまで実施してきた潜水艦としての訓練のほかに飛行機搭載潜水艦特有の発進、揚収、格納訓練が実施されることとなる。

いよいよその真価が問われる時がやって来た。

『晴嵐』発進要領

6月4日は０９００に出港、早速の『晴嵐』発進訓練にかかるべき所、伊14潜はあいにくとカタパルトが故障し、転じて各科整備作業となった。特型とともに甲型改2が装備した四式1号射出機はとかく新しい機材ということで初期不良の症状がまだ見られた。

気を取り直して１３３０出港、飛行機運用以外の各種訓練を実施して１９２０入港。この日、修理を終え、呉軍港の重油をかき集めてやっとのこと搭載した第1潜水隊旗艦の伊４０１潜が七尾へ合流した。

さらに5日朝には伊４００潜も入港し、離ればなれとなっていた第1潜水隊はここへ勢ぞろいする。七尾湾に4隻の巨鯨が堂々と居並ぶ様はいかばかりだっただろうか。

そして伊14潜はこの日１０００七尾を出港、『晴嵐』発進揚収訓練にかかった。浮上から『晴嵐』発進の手順はおよそ次のとおり。

メインタンクブローの号令で浮上、艦橋ハッチから上甲板へと駆けおりた乗員たちはまず格納筒前方の水密扉のロックを解いて開き、格納筒内とカタパルトとを結ぶ飛行機運搬軌条を油圧によって上昇させる。

格納された2機の『晴嵐』はもとより運搬台車兼滑走台車に載せられているが、これを前方に引き出し、1番機、2番機はともに組み立て用の位置へ固定されてそれぞれ艦側からの油圧ジャックを接続、主翼の展張作業に取り掛かる。油圧ジャックは1番機用と2番機用の2ヶ所が用意されている。搭乗員は浮上前からすでに操縦席・偵察席へ乗り込んでおり、機上からこうした作業に加わる。主翼展帳の油圧コックを切り替え、90度前方へ広げられた主翼をさらに90度回転させるのは操縦員の役目だ。実戦の場合は、あらかじめ格納される際に爆弾を懸吊しておく。

主翼の展張が終わると運搬台車兼滑走台車の前側支柱を起こして、折り畳まれていた垂直尾翼上端、水平尾翼先端を展張。同時に射出機後部脇の

晴嵐発進要領

格納状態〔作戦行動時〕

作戦行動の際、『晴嵐』はあらかじめ爆弾、あるいは魚雷を懸吊した状態で運搬兼射出台車に搭載され、格納筒へ納められる（図は80番爆弾を懸吊した状態）。いよいよ出撃となった場合には浮上直前に暖めておいた冷却水と潤滑油を機体へ送り込み、すでに暖機運転を終えた状態とする。搭乗員も乗り込んでおく。

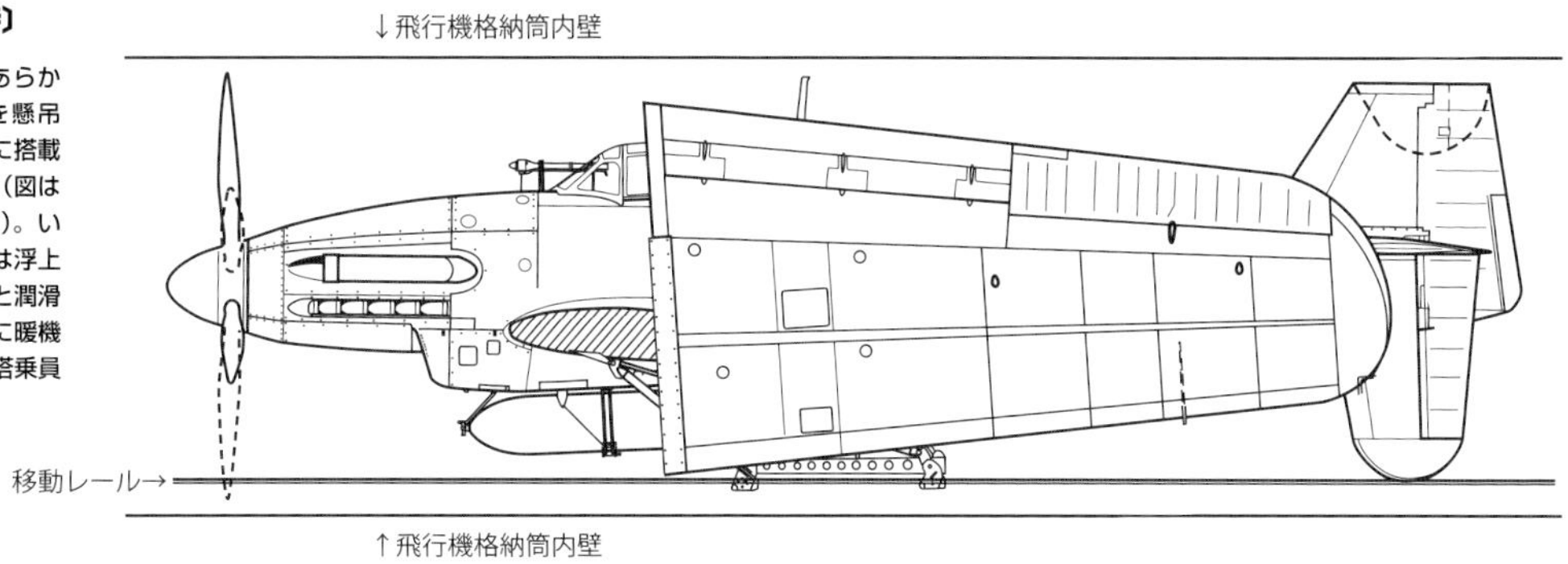
↓飛行機格納筒内壁
移動レール→
↑飛行機格納筒内壁

発艦準備その 1

艦が浮上し、「発艦用意」が下令されたら飛行機格納筒扉を開き、扉部分のレールを油圧により接続、機体を前方へ引き出す（①）。1 番機用、2 番機用の油圧ジャックの位置に台車をセットしたら運搬台車を起こして（②）、折り畳んだ各部の展張作業の準備をする。この時点でエンジンを始動、試運転を開始する。

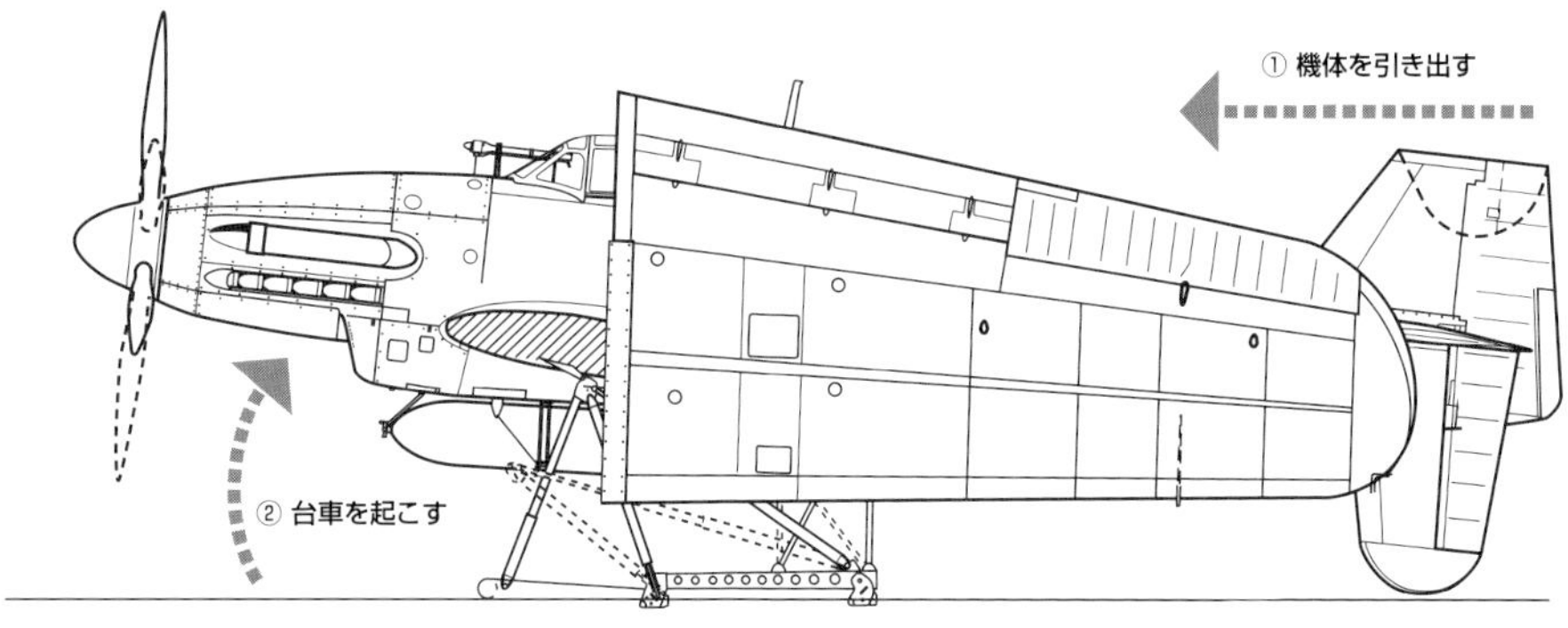
① 機体を引き出す
② 台車を起こす

発艦準備その 2

油圧により主翼を 90 度前方へ広げる（③）。

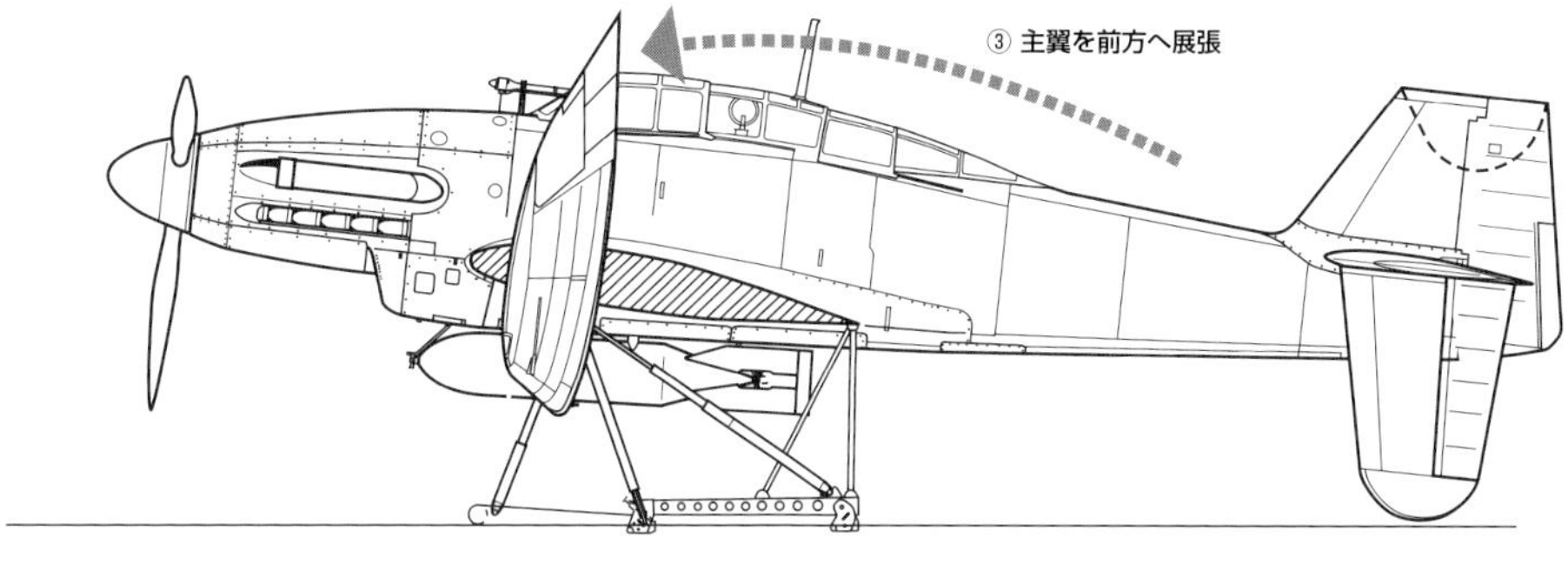
③ 主翼を前方へ展張

発艦準備その 3

操縦員が油圧コックを切り替え、再び油圧により主翼を 90 度回転させ、展張する（④）。同時に、折り畳んでいた垂直尾翼の上端と水平尾翼を人力で展張する（⑤）。搭載爆弾を 25 番とする場合はフロート、ならびにその支柱を取り付ける。

→これで準備は完了。あとは発艦指揮官の合図により射出されるのを待つばかりだ！

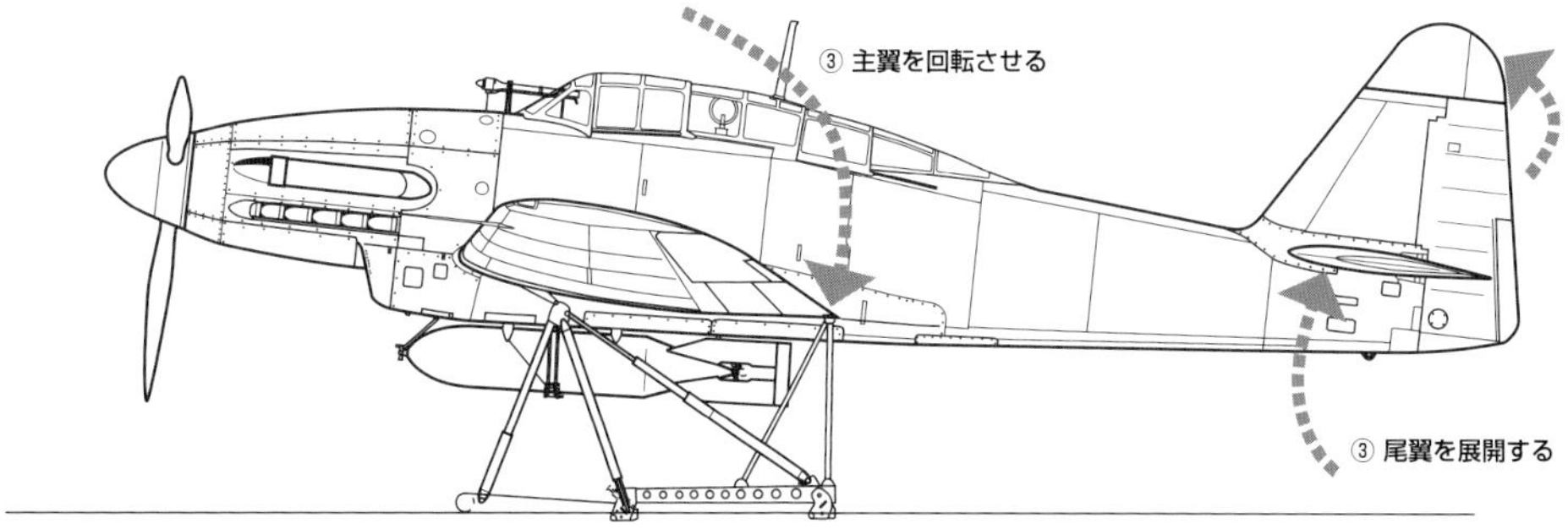
③ 主翼を回転させる
③ 尾翼を展開する

左右甲板を油圧でダウンさせて甲板下に隠顕式に装備されているフロート格納筒とレールを接続し、フロートを引き出す。特型の場合、ここには2機分のフロートが格納できたが、甲型改2では1機分しか格納スペースがなく、もう1機分はやはり飛行機格納筒に搭載しなければならなかった。外観上はこの飛行機格納筒の大きさくらいしか差異がないように見受けられる特型と甲型改2であるが、内部構造は全く別物となっていた。

飛行機の組み立てが終わったらいよいよ1番機をカタパルトへ、2番機はその後方の待機位置にセットし、エンジンを始動。潤滑油（エンジンオイル）と冷却水は潜航中に艦内暖機装置であらかじめ温めたものを各タンクへ送り込むことで、すでに暖機運転を終えた状態にする。

四式1号射出機はこれまでの潜水艦搭載射出機と同様、空気式で、発射指揮官の合図で1番機が射出されると復座した滑走台車はカタパルト中部のレール昇降部で取り除かれ、2番機をセット、待機時間4分での次発が可能だ。

初の発進訓練ということでこの日用意されたのは1番機のみ。発進の準備を終えた伊14潜は風に立ち、両舷前進原速、強速、第1戦速へと増速していく。同時にカタパルトにセットされた『晴嵐』もエンジンを全開、合成風速も手伝って艦上で風速計を持つ安保政雄（あぼ・まさお）2曹の右手も吹き飛ばされそうになる。

操縦席の操縦員が右手を上げると「発艦準備よろしい」の合図だ。これをうけて発艦指揮官たる岡田水雷長が上に掲げていた白旗をサッと下げるとカタパルト発射である。

射出された『晴嵐』1番機は一気に加速してフッと浮かび上がり、見事に発艦していった。伊14潜の乗員たちにとっては配属以来、待ちに待った搭載機発艦の瞬間。後甲板で作業を見守っていた乗員たちからは期せずして「万歳」の歓声が沸き起こった。

『晴嵐』はしばらく飛行したあとフロートにより着水し今度は揚収、格納作業である。着水した『晴嵐』は艦の左側から接近し、ちょうど格納筒の前方左側に搭載されている起倒式デリックでの吊り上げにかかる。風防にまたがり、デリックから下がっているクレーンに揚収用のワイヤーを引っ掛けるのは偵察員の仕事だ。艦と飛行機がうねりによって不規則に上下、前後左右するなかでワイヤーをセットするのはなかなか至難の業。水上機の搭乗員たちにとって腕の見せ所のひとつである。

無事に吊り上げられた機体は、運搬軌条にセットされている運搬兼滑走台車に降ろされて発進の時とは逆の手順で折り畳まれ、2番機、2番機フ

甲型改2の浮舟（フロート）格納筒

伊14潜などの甲型改2も、伊400潜などの特型と同様、内殻と外殻の間にあるスペースを利用して浮舟格納筒を設けていた。ただし、甲型改2では1機分しか搭載できず、もう1機分はやはり飛行機格納筒へ収納する。下の図は伊14潜機構説明書をもとにその設置状況を示したもの。左のフロートは艦橋側に、右のフロートは艦首側へと収容される様子がわかる。設計陣の苦労が偲ばれる。

◀フロートの出し入れはこの部分の上甲板を油圧によりスロープ状にダウンさせて行なう。写真は特型の右側浮舟格納筒を艦首側から見たもの。

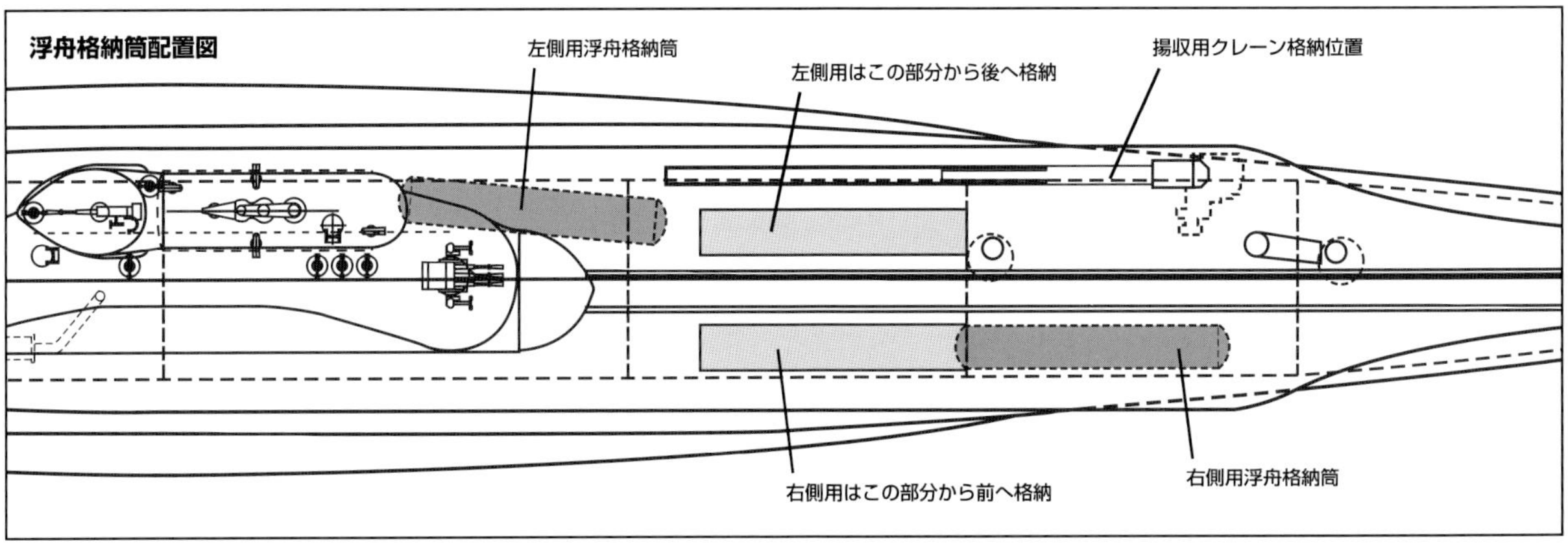
浮舟格納筒配置図
左側用浮舟格納筒
左側用はこの部分から後へ格納
揚収用クレーン格納位置
右側用はこの部分から前へ格納
右側用浮舟格納筒

▶機種は零式水上偵察機、場面は流氷漂う北方海域だが、水上機の艦上への揚収作業がどういったものかをご覧いただく。一見簡単そうに見えるが、近寄りすぎれば翼端を破損、洋上には縦波と横波があって機体が安定せず、クレーンのフックへ機体側のつり上げワイヤーをかけるのはひと苦労だった。操縦員と偵察員（写真のような三座機の場合は電信員）の呼吸がぴったり合わないと困難で、ワイヤーで首吊りとなり、死亡する事故も発生した。

ロート、1番機の順で格納筒へと引き込まれる。外された1番機フロートも専用レールにより甲板下のフロート格納筒へと収められる。

こうして無事に初射出訓練を終え七尾湾へ帰投すると旗艦伊401潜より“郵便物あり”の信号。懐かしい便りが来着したようだ。有視界でのこうした交信は発光信号が原則で、第1潜水隊の4隻がそろうとその頻度も高くなる。そんな時には当直以外の面々も艦橋や司令塔に詰めて就寝する光景がよく見られたものだった。

6月6日0545出港、あいにくの濃霧により飛行機射出訓練は中止され、4直の急速潜航訓練を実施、ところがその訓練中、低圧ポンプが故障し海水が逆流、急遽浮上することとあいなった。漂泊しての修理中、受け持ち員以外は昼食をとるなどして過ごし3時間で修理を完了、おりしも霧が晴れたので2番機射出の準備にかかる。ところがその際にフロートを破損してしまい訓練を中止、入港することとなった。

このフロートの破損については2番機発進準備時というものと格納時というものと2説あるのだが、破損させてしまった当人である大野郁夫氏は以下のように格納時と回想している。

伊14潜のフロート格納筒は前述したように上甲板下に位置しており、格納あるいは飛行機に取り付ける際には油圧でこの部分の甲板を下げ、上甲板までをスロープ状にしてレールを繋げ、その出し入れをする。その作業中、フロートが半分ほど格納庫へ入った状態で油圧担当の大野郁夫2曹は「甲板上」のバルブを開いてしまった（本人曰く「どうまちがったのか!?」とのこと。魔が指したというべきか）。

気づいた時にはもう遅く、ちょうどフロートの中央部が可動部に挟まれてグシャリ。飛行機格納を指揮していた岡田水雷長が飛んでくるや強烈な往復ビンタが飛んだ。普通に使っていてでさえ水上機のフロートは消耗が激しいのに、人為的ミスによってひとつだめにしてしまったのである。両頬を張られた以外、大野2曹にはお咎めはなかったが、本人にも「艦長、水雷長、航海長、飛行長には軍から大目玉があったのでは」と心配させる一件であった。

石河 宏中尉が通信士として着任したのはちょうどこの日の入港後のことである。

明けて7日は0740頃から小雨となったが急速潜航訓練を実施、この日は東風が強く、次第に天気は荒れ模様となった。そんな中、旗艦の伊401潜では4時間の上陸が許されたという情報で、伊14潜ではうらやましいやら不平不満で訓練終了後にアルコールも入り、久方ぶりにボルテー

伊号潜水艦の浮上要領

『晴嵐』発進要領を紹介したついでに伊号潜水艦の浮上要領について紹介する。通常、日本海軍の潜水艦は高圧排水と低圧排水の２段階の動作で浮上する。前者は艦内の気蓄機（空気タンク）により、後者は低圧ポンプを運転することによりメインタンクを排水する。

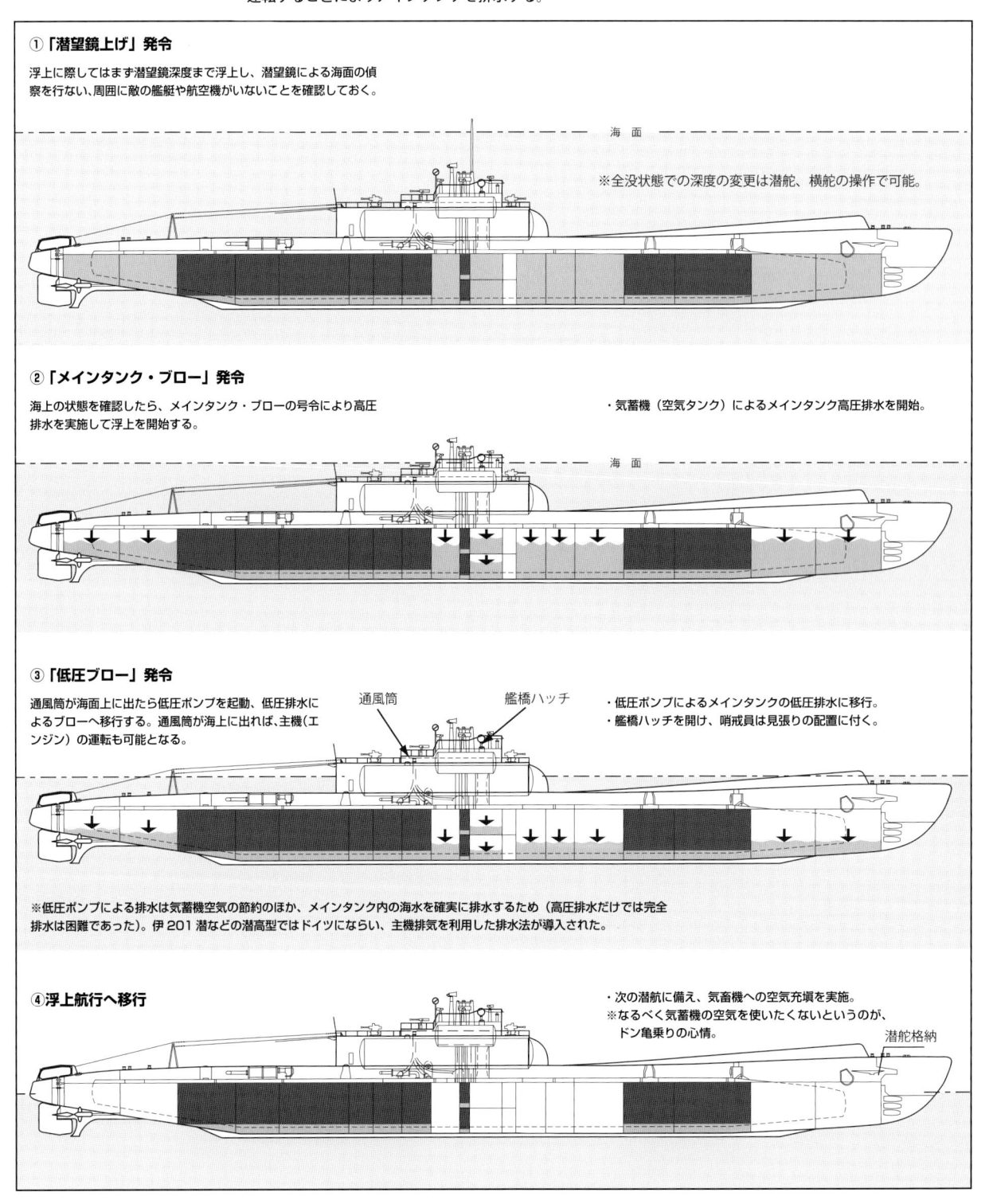

①「潜望鏡上げ」発令

浮上に際してはまず潜望鏡深度まで浮上し、潜望鏡による海面の偵察を行ない、周囲に敵の艦艇や航空機がいないことを確認しておく。

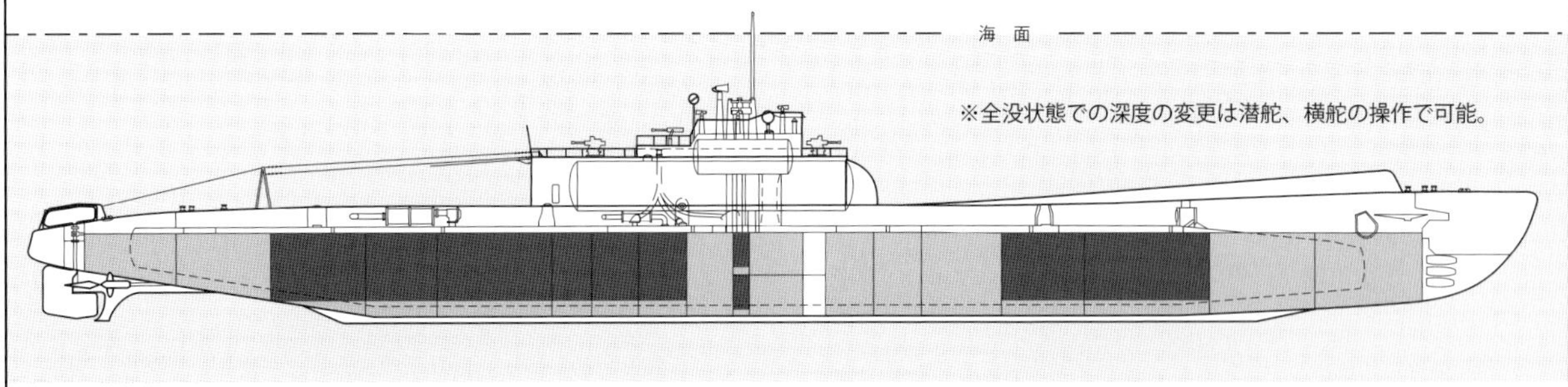
海面
※全没状態での深度の変更は潜舵、横舵の操作で可能。

②「メインタンク・ブロー」発令

海上の状態を確認したら、メインタンク・ブローの号令により高圧排水を実施して浮上を開始する。

・気蓄機（空気タンク）によるメインタンク高圧排水を開始。

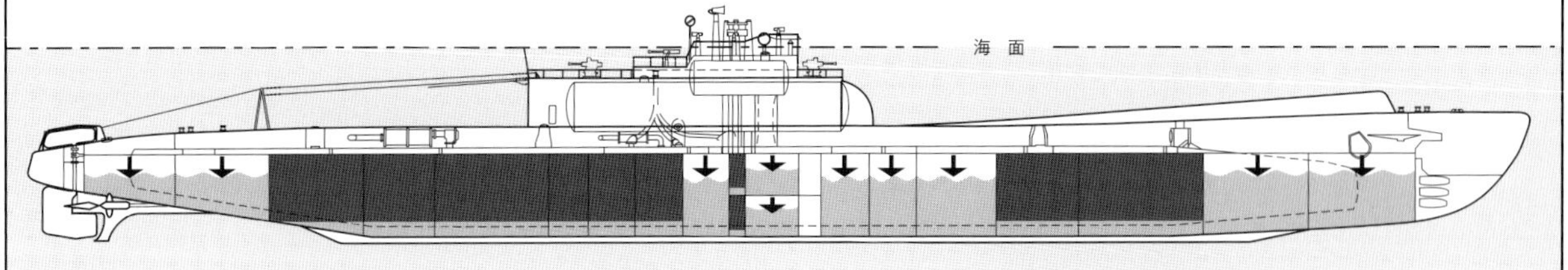
海面

③「低圧ブロー」発令

通風筒が海面上に出たら低圧ポンプを起動、低圧排水によるブローへ移行する。通風筒が海上に出れば、主機（エンジン）の運転も可能となる。

・低圧ポンプによるメインタンクの低圧排水に移行。
・艦橋ハッチを開け、哨戒員は見張りの配置に付く。

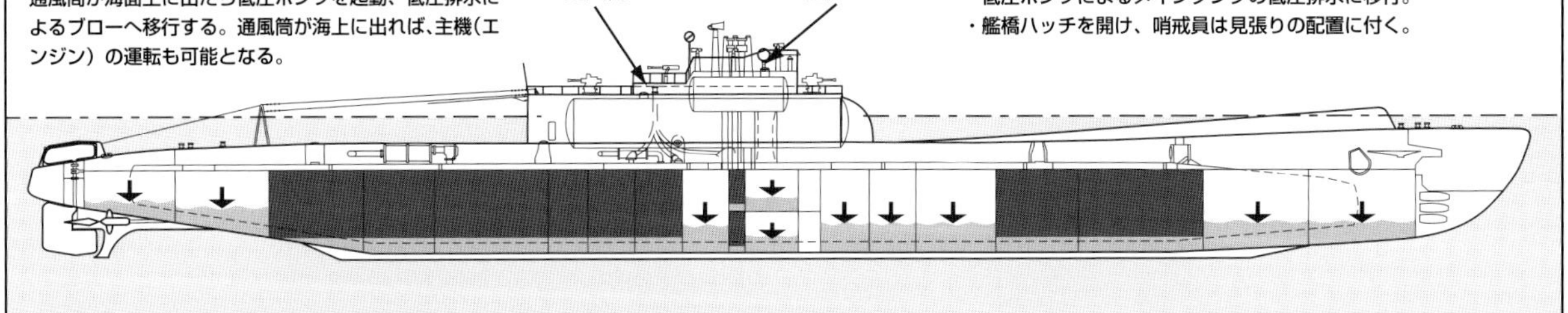
通風筒
艦橋ハッチ

※低圧ポンプによる排水は気蓄機空気の節約のほか、メインタンク内の海水を確実に排水するため（高圧排水だけでは完全排水は困難であった）。伊 201 潜などの潜高型ではドイツにならい、主機排気を利用した排水法が導入された。

④浮上航行へ移行

・次の潜航に備え、気畜機への空気充塡を実施。
※なるべく気蓄機の空気を使いたくないというのが、ドン亀乗りの心情。

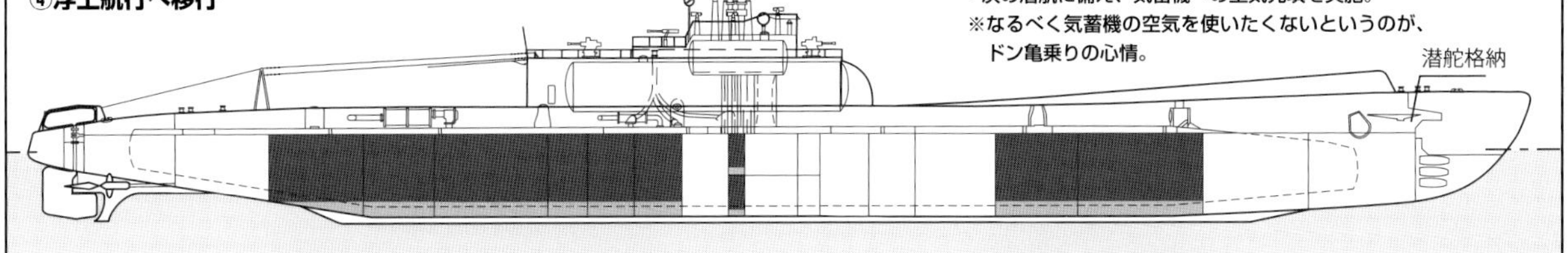
潜舵格納

ジの上がっている面々の姿も見受けられた。

翌8日の天候は引き続き雨。０５００に総員起床がかかり早朝訓練を実施し、１４４０から4時間の入湯上陸が許された。ところが今日は大詔奉戴日ということで市内の風呂屋はあいにくの休業。こういったときには心ある民家の人々がお風呂を貸してくれるのが当時の人情であった。

次いで9日は天気が回復し、湾内で『晴嵐』射出訓練が実施された。１機ずつ2回の射出、揚収を行なったのち2機連続発進を行ない無事本日の訓練は終了。翌10日にも同様に飛行訓練が行なわれたが、小隊飛行訓練中に僅かな飛行機破損（内容不詳）が発生したため訓練は中止され、１１３０に入港、１６００には右舷乗員の入湯上陸が許可された。

日本海に敵潜水艦出没

6月11日、０９３０課業始めがかかり午前中は整備作業に費やされた。この日、伊14潜には“味方潜水艦、敵潜水艦の雷撃により撃沈さる”との驚くべき情報がもたらされた。これは前日の10日に舞鶴を出港し七尾湾へ回航中の伊号第１２２潜水艦が、ちょうど能登半島の西側になる石川県禄剛岬灯台沖合いで米潜水艦『スケート (SS-305 Skate)』により撃沈されたものであった。通常、潜水艦の喪失というのは予定日を過ぎても帰投、あるいは予定地に入港してこない際に初めて発覚するものだが、その沈む模様が日本側によって観測されたため、旬日を経ずに判明したのである。

この頃、練習潜水艦として呉潜水戦隊に属していた伊１２２潜は、呉潜水戦隊の命により七尾北湾へ回航するため、5月25日に大竹（呉）を発して28日に舞鶴へ寄港し、7日間ほど入渠して船体・兵器の修理を実施したのちの6月9日１４３０に舞鶴を出港、いよいよ穴水へ向かった。

翌10日１４００、陸軍金澤師管区から突然に次のような情報が報じられた。

「１１４５、珠洲岬ヲ南東ニ進行中ノ潜水艦1隻炎上中」

当日の各潜水艦の行動状況から当該の潜水艦が伊１２２潜である疑いが高いことを感得した第33潜水隊ではその安否を気遣って無線連絡に努める一方、同じく穴水へ布陣していた第1潜水隊へ飛行機による捜索を依頼。当該海面は禄剛岬東側の目と鼻の先である。しかし１６００から１６３０に渡って『晴嵐』1機による捜索を実施したものの、多量の重油が流出している様子が望見されたほかは何も発見することはできなかった。もちろん、第33潜水隊による無線にも同潜からの応答はなかった。

その後の調査により、禄剛岬灯台の現役海軍上等兵曹の監視哨長もその撃沈される模様を目撃していたとの報告が寄せられた。

それによると１０４３頃、西方から味方潜水艦1隻が東航するのを発見、やがてその潜水艦が禄剛岬灯台の北２，０００ｍを通過後、針路を南東に転じた際には「イ１２２」の艦名が確認できたという。

ところが、１１４５にいたり、灯台の１２３度６，５００ｍ附近を航行していた潜水艦は突然に大爆発を起こして白煙に包まれたかと見るや炎上し、約5分後に火炎が鎮まった際には艦影も何も見えなくなったというのである。同様な目撃情報は付近で操業中であった漁船からも寄せられた。

伊１２２潜は第1次世界大戦後のドイツからの技術導入により建造された伊１２１潜型4隻の機雷潜水艦の2番艦である。昼間浮上航行中、しかも陸岸からさほど遠い距離でもなかったにもかかわらず、艦橋にいたはずの哨戒員を含め生存者は1名もなく、日本海軍が日本海で失った唯一の潜水艦となった。被害が拡大した理由のひとつは、高波崎の漁師が黒煙を上げた前方に大火柱が上がったのを認めていたため、当時同潜が2本だけ搭載していた八九式潜水艦魚雷が誘爆したものと推測された。

米海軍潜水艦による日本海侵入は昭和18年7月に3隻、同8月に2隻、同9月に2隻とこれまでに3度実施され、その都度、北方の宗谷海峡を通過しての作戦行動であったが、2年ぶり4度目となる今回は6月3日から5日にかけて西方の対馬海峡から10隻もが侵入した。ちょうどこの当時、対馬海峡には4月16日から6月1日まで5次に渡って日本海軍が構築した５，８２６個からなる機雷堰があったが、米軍は新式のFMソナーの精度であればそれらの探知が可能と判断、見事に全艦が対馬西水道を突破することに成功して日本海で暴れまわった。その戦果（日本側にとっては被害）は9日の『佐川丸』（１，１８９トン。佐渡西方海面）、『昭陽丸』（２，２１１トン。佐渡島沖）に始まり、20日に至るまでのわずか11日間で26隻にも登る。

日本側でも、6月7日以降に日本海での船舶の被害が続出している状況を10日になって把握し（ただし、7日の被害については米軍潜水艦に該当する戦果はないことがわかっている。機雷によるものか、あるいは後述する『ボーンフィッシュ (SS-223 Bonefish)』が撃沈される前に上げた戦果だったのか）、第1海上護衛艦隊の海防隊1隊（海防艦8隻）と対潜哨戒機を日本海へ増勢して敵潜水艦の掃蕩撃滅と、各海峡の警戒を厳重にする

他の潜水艦と同様、七尾湾への避退を図った伊122潜は、昭和20年6月11日、その目と鼻の先の能登半島珠洲岬沖で米潜水艦『スケート』の雷撃を受け、瞬時に轟沈、その様子は日本側監視所や操業中の漁船などにも望見されたという。写真はその伊122潜の在りし日の姿（艦名を「イ22」とした戦前の撮影）。タートルバック型の艦首上部形状がよくわかる。伊122潜は日本海軍が日本海で失ったただひとつの潜水艦となった。生存者なし。

対策を講じ、6月19日についにその1隻を捕捉、撃沈するに至った（米軍資料により戦後に『ボーンフィッシュ』と判明）。

なお、6月24日に宗谷海峡の西方海面に集結したこれら米潜水艦群は、25日正午に濃霧を利して浮上航行のまま、ゆうゆうとオホーツク海へと脱出することとなる。宗谷海峡には潜航潜水艦に備えて深深度機雷が敷設されていたのが裏目となった。

とはいえ日本側がこうした事情を知るよしもなく、日本海、しかも七尾湾のような本土の目と鼻の先で敵潜水艦が攻撃行動を行なう状況では、ここですら安息の訓練地ではなくなったことを意味していた。

さらば七尾湾

6月12日は午前中に配置教育が実施され、航海科では経線儀日誌を整理、午後には艦内の大掃除も実施された。またこの日は伊14潜で初めて夜間飛行機射出訓練が実施されている。慣れた作業であっても改めて夜間に行なうと大いに手間取るものである。とくに実戦では『晴嵐』の発艦を黎明時とするべく作戦が練られていたので訓練にも身が入った。

13日も午前中は各科整備作業となり午後になって飛行機射出訓練が実施された。伊14潜における飛行機訓練は大きな事故もなく順調な推移を見せている。

当時、七尾北湾の湾内にはパナマ運河の閘門を模した実物大の模型が作られていたというが、

「これは舞鶴からポンツーンを曳航してきてわざわざ造ってくれたものでした」

とその様子を淺村氏は語ってくれる。

14日は訓練もなく0845から左舷乗員の入湯上陸が許可された。

15日は0300から黎明射出訓練を実施、大成功を収める。この頃になると当初不慣れであった飛行機発艦、揚収作業も板に付いたものとなる。午前中のうちに訓練を終えて第1錨地に投錨。次いで16日には諸訓練実施後、錨泊沈座をしたが潜望鏡からの空気漏れが見つかり、結局浮上して昨日同様、第1錨地へ投錨、修理とあいなった。

6月17日も飛行機発艦収容訓練が実施された。ところが1番機の射出を無事終わり、続いて2番機の発艦準備中に天候が急変、激しい雨に落雷も加わり訓練は中止となった。七尾湾に入港後、艦内で諸訓練が行なわれ、

なかでも突入訓練では総員が上半身裸になる熱のいれよう。午後になって天候は回復し、１３１５出港、訓練を実施して再び湾内へ寄港する。伊４０１潜から「明日海軍葬施行」「明日の飛行機射出訓練取止め」の信号あり。

明けて18日は快晴、１２４５に一度伊４０１潜に集合ののち穴水国民学校へ移動、穴水町の名士、在郷軍人会、国防婦人会、国民学校生徒の参列も得て、予定通り海軍葬が挙行された。

それは６３１空の江上益男大尉と木本久義飛曹長が名古屋の愛知航空機で受領した『晴嵐』を七尾へ空輸中の６月13日に悪天候に遭遇、石川県鳳至郡三井村の山中に墜落したためであった。江上大尉は飛行予備学生第12期の出身で、伊14潜乗組みとなった徳永大尉と同期生でともにペナンに勤務していた間柄。木本飛曹長は偵練46期出身で、開戦時の水上機母艦『瑞穂』飛行機隊にその名を見ることができる。５月１日の准士官進級まで先任下士官を勤めていたベテラン偵察員の、惜しまれる殉職であった。

この日の日没後、2隻の海防艦が七尾へ入港してきたが、その艦橋附近に潜水艦と飛行機の略記号（いわゆる撃沈・撃墜マーク）とその戦果を表わす数字が記入されているのが乗員たちの目を引いていた。

６月19日、０４４５出港、この日は第1潜水隊全艦が一斉に『晴嵐』の水発訓練を行なった。水発とは搭載機をカタパルト射出で発艦させるのではなく、デリックで一度洋上に降ろして、水上滑走により飛行機が自力で離水するものである。1番機はエンジンの爆音も高らかに波飛沫を上げて離水、ところが2番機はあいにくのエンジン不調で再び艦上へ揚収、整備作業となった。上空をみると僚艦伊13潜の搭載機は2機が仲良く編隊を組んで飛んでいる。こういったときは整備のつわものも肩身が狭いもの。

「整備員は何をしているんだ、たるんでいるぞ」

などと心ない声も聞こえたが、それだけ期待が大きいということ。どうにも『晴嵐』は故障の多い新鋭機だった。

結局この日は2番機の水発訓練はそのまま中止となり、潜航訓練、魚雷発射訓練などに切り替えられた。魚雷発射訓練では擬襲ではなく本物の魚雷を実射している。軽いショックを残して馳走していく必殺の九五式53cm酸素魚雷は水雷科員が手塩にかけて整備した虎の子。酸素を燃焼することで航跡を残さず、雷速45ノットで１万２，０００ｍと射程距離の長いことが特徴の本魚雷は、実は日ごろの調整にも手間のかかるものであった。

その点、作戦期間の長いドイツのUボートでは、射程距離は短いが整備に手間が要らない電池式魚雷を多用するという割り切りのよさを見せている（技術的には我が酸素魚雷と同じものがドイツでも完成していた。これを発展させたのがワルター機関やロケット戦闘機メッサーシュミットMe１６３のエンジンである）。いずれにせよ、敵艦に１，０００ｍ近くまで肉迫する豪胆さがなければ潜水艦の雷撃は確実に命中しない。

さらに同日は伊４００潜とともに洋上補給訓練を実施、これは油槽船の代行をする海防艦から曳航索をとって行なったが、パナマ運河攻撃など遠距離作戦行動の際には伊13潜、伊14潜の2艦は燃料が足りなくなるので伊４００潜、伊４０１潜から補給を受けねばならず、真剣そのものであった。

訓練を終わり、１７３０に入港すると見慣れない潜小（せんしょう）型潜水艦が在泊しているのが見えた。輸送用の「潜輸小」型（波１０１潜型）がある手前、「潜高小（せんたかしょう）」型とも呼ばれる波２０１潜をネームシップとするこのタイプは、第一章で述べたように本土あるいは離島などの局地防衛用に建造された小型の水中高速潜水艦だ。

昭和20年5月末から終戦にかける間に続々と竣工して第11潜水戦隊での錬成を実施していたこれら各艦は本土決戦における潜水艦兵力として有力視されていたもので、第1潜水隊と同様、錬成海面を七尾湾に求めて順次

尊い犠牲

昭和 20 年に入り、訓練が本格化すると 631 空の搭乗員にも殉職者が出てしまう。しかしこれは631空や『晴嵐』に限ったものではなく、日本海軍航空隊にあっては一般的なことで、『零戦』やその他の飛行機の部隊でも日常的に訓練や試飛行で殉職者が出ていた。無念なことだが、それが当時の航空界というものだったのである。

631 空晴嵐隊 殉職搭乗員

殉職年月日 昭和 20 年	氏　名	階　級（期別）	備考
2 月 28 日	藤木　昌一	上飛曹（乙飛 15 期）	『瑞雲』事故 （第 1 章参照）
	園田　直	上飛曹（甲飛 9 期）	
4 月 10 日	市吉　頒介	少　尉（予学 13 期）	着水失敗 偵察員は無事
	―	―	
6 月 13 日	江上　益雄	中　尉（予学 12 期）	福山〜穴水 悪天候遭難
	木本　久義	飛曹長（偵練 46 期）	
6 月 19 日	岸　康夫	大　尉（予学 12 期）	夜間訓練事故
	津田　武司	上飛曹（甲飛 9 期）	

※基本的に操縦員－偵察員の順で表記し、階級は殉職時のままとしてある。

※市吉少尉機は着水時の転覆による事故で、その際、偵察員の渡辺 満上飛曹は機外へ放り出されて生還している。岸大尉、津田上飛曹の亡骸はのちに佐渡島へ流れ着いたという。『晴嵐』は３機が失われたことになる。

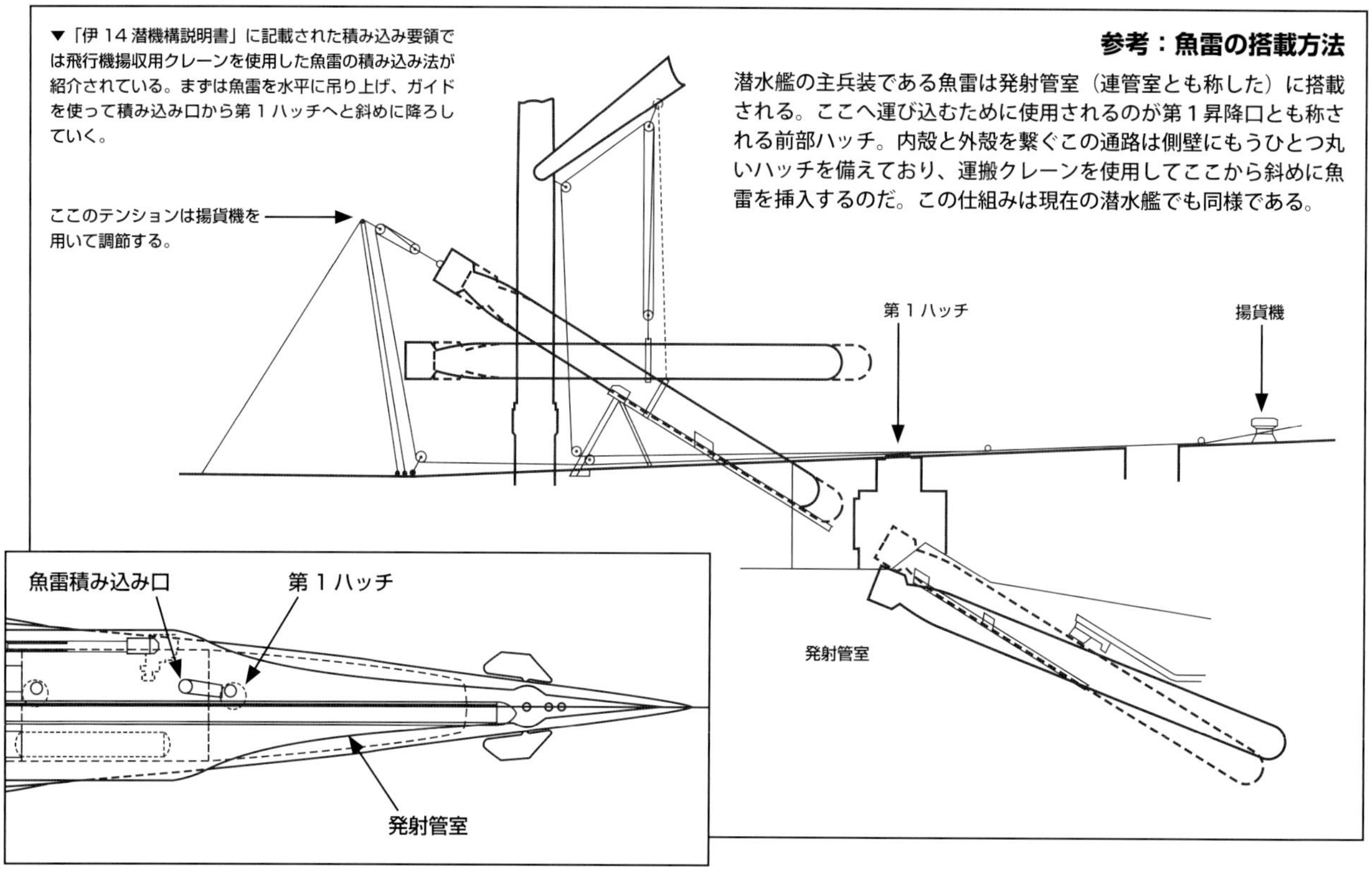
ここのテンションは揚貨機を
用いて調節する。
第１ハッチ
揚貨機
発射管室
魚雷積み込み口
第１ハッチ
発射管室

▼「伊 14 潜機構説明書」に記載された積み込み要領では飛行機揚収用クレーンを使用した魚雷の積み込み法が紹介されている。まずは魚雷を水平に吊り上げ、ガイドを使って積み込み口から第１ハッチへと斜めに降ろしていく。

参考：魚雷の搭載方法

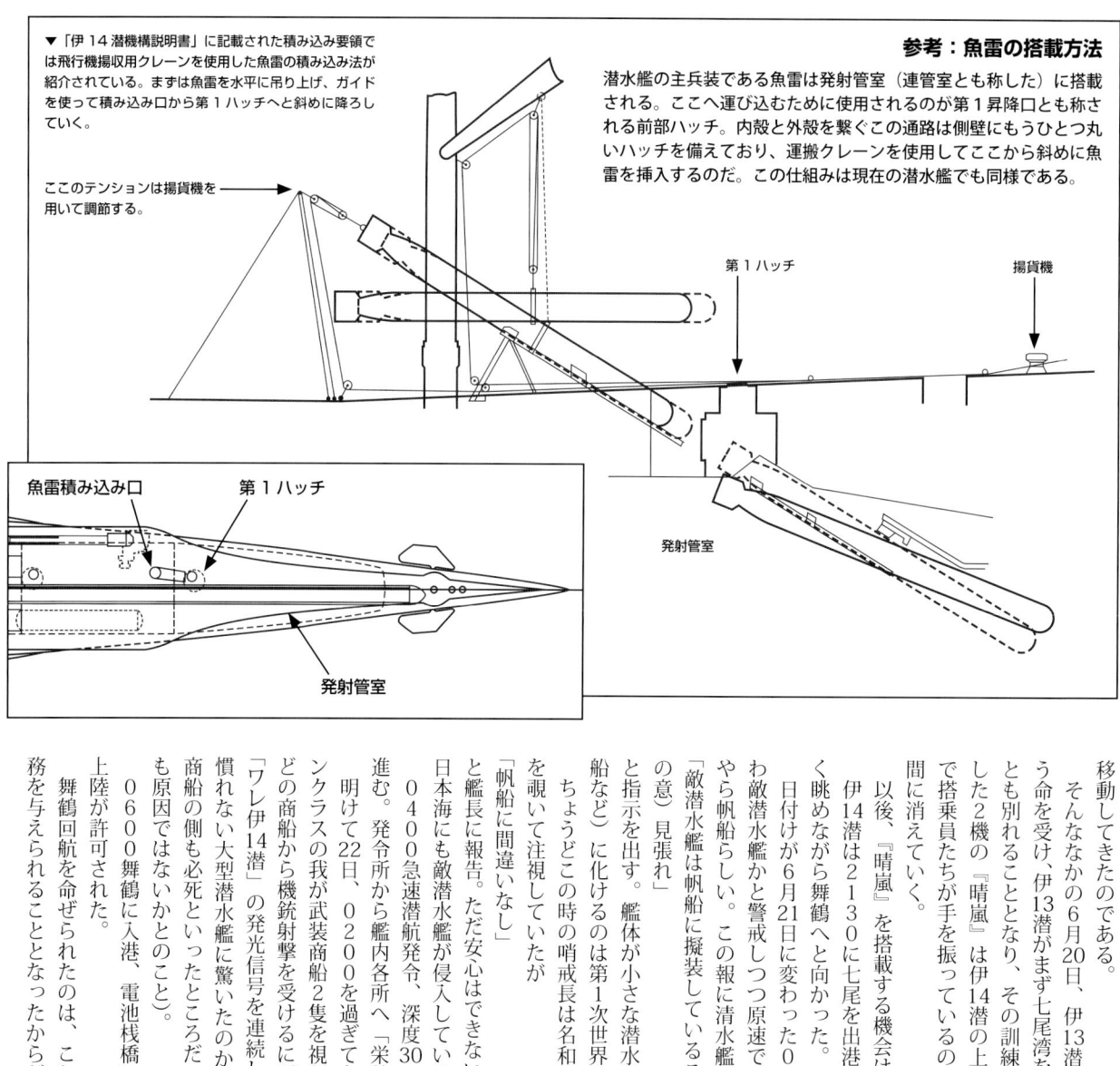

潜水艦の主兵装である魚雷は発射管室（連管室とも称した）に搭載される。ここへ運び込むために使用されるのが第１昇降口とも称される前部ハッチ。内殻と外殻を繋ぐこの通路は側壁にもうひとつ丸いハッチを備えており、運搬クレーンを使用してここから斜めに魚雷を挿入するのだ。この仕組みは現在の潜水艦でも同様である。

移動してきたのである。

そんななかの6月20日、伊13潜と伊14潜は突如として舞鶴へ回航するよう命を受け、伊13潜がまず七尾湾を出港していった。同時に搭載機『晴嵐』とも別れることとなり、その訓練はわずか20日に満たずに終わった。発艦した2機の『晴嵐』は伊14潜の上空を名残惜しそうに何度も旋回し、機上で搭乗員たちが手を振っているのが望見できた。やがて機影は南の空の雲間に消えていく。

以後、『晴嵐』を搭載する機会は二度と訪れなかった。

伊14潜は２１３０に七尾を出港、お世話になった穴水の町の明かりを遠く眺めながら舞鶴へと向かった。

日付けが6月21日に変わった０２４５、右30度水平線に黒点を視認、すわ敵潜水艦かと警戒しつつ原速で直進、黒点も次第に近付いてくる。どうやら帆船らしい。この報に清水艦長も艦橋に上がってきて

「敵潜水艦は帆船に擬装していることもあるから、よくつけて（注意しての意）見張れ」

と指示を出す。艦体が小さな潜水艦が帆船（中国沿岸や南方ではジャンク船など）に化けるのは第1次世界大戦以来の常套手段である。

ちょうどこの時の哨戒長は名和航海長だった。航海長は首かけの望遠鏡を覗いて注視していたが

「帆船に間違いなし」

と艦長に報告。ただ安心はできない。先日の伊１２２潜の例もあるように、日本海にも敵潜水艦が侵入している可能性があるのだ。

０４００急速潜航発令、深度30ｍ宜候、長時間潜航第2配備で舞鶴へと進む。発令所から艦内各所へ「栄養食を忘れるな」の伝令あり。

明けて22日、０２００を過ぎて左20度に島影と６，０００～７，０００トンクラスの我が武装商船2隻を視認、ところが０３５０になって突然先ほどの商船から機銃射撃を受けるに至った。すぐに面舵をとって右へと変針、「ワレ伊14潜」の発光信号を連続して発信するが、信号を取れないのか見慣れない大型潜水艦に驚いたのか、しばらくの間、射撃は止まなかった。商船の側も必死といったところだ（高松氏いわく、視程がよくなかったのも原因ではないかとのこと）。

０６００舞鶴に入港、電池栈橋に横付けする。この日は右舷乗員の半舷上陸が許可された。

舞鶴回航を命ぜられたのは、これまでの目的とは大きく違う、新しい任務を与えられることとなったからだった。

主敵は米空母機動部隊だが…

開戦以来の日本海軍の最優先攻撃目標は米空母機動部隊だったが昭和19年にエセックス級空母が多数就役し、レーダーやVT信管など新兵器が出現、圧倒的物量の戦闘機で艦隊防空がなされるようになると、それを捕捉、撃滅することは現実的に無理となる。昭和20年春、日本側ではその兵力を以下のように見積もっていた。

西部日本方面来襲の米第58特別任務部隊編制概要
昭和20年3月27日、軍令部第3部推定

部隊名	正規空母 艦番号 / 艦名	軽空母 艦番号 / 艦名
58.1	CV12/Hornet CV18/Wasp CV20/Bennington	CVL24/Belleau Wood
58.2	CV13/Franklin CV19/Hancock	CVL29/Bataan CVL30/San Jacinto
58.3	CV17/Bunkerhill CV 9/Essex	CVL28/Cabot
58.4	CV10/Yorktown CV11/Intrepid	CVL27/Langley
58.5	CV 6/Enterprise	CVL22/Independence

九州沖航空戦が終わった時点で通信傍受により推定したもの。『サラトガ』、『ランドルフ』は我が特攻機の攻撃により大破、戦列を離れている。

▲昭和18年にエセックス級正規空母が就役し始めると米空母機動部隊の兵力は一気に強大なものになり、マリアナ沖海戦で惨敗したあとは日本海軍が真っ正面から渡りあうことができない存在となった。写真はウルシー泊地に投錨した米空母機動部隊の堅陣ぶりをよく現したものといえ、6隻のエセックス級空母のほか、インデペンデンス級の軽空母も数隻見えている。エセックス級は防御力の優れた空母で、何隻もが大破して戦列を離れたが、1隻も戦没していない。

伊13潜と共に『彩雲』2機ずつを格納筒に搭載し、トラック島へと輸送するのである。

新たな任務、嵐作戦と光作戦

昭和19年12月、パナマ運河攻撃を企図し、最終的には第1潜水戦隊を編成する心算で第1潜水隊と第631海軍航空隊が編成されたのは第1章で述べた。その時点でパナマ運河の構造や予想される防備態勢、周辺諸国の状況についてなどの資料収集も大分進んでいたわけであるが、第1潜水隊を取り巻く全ての関係者が作戦の実施に向けて邁進しているにもかかわらず、昭和20年6月にいたり、戦局はついに最終段階に指しかかっていた。

聯合艦隊は前年10月の最後の艦隊決戦である捷1号作戦に敗れ、航空特攻である神風特別攻撃隊の連日に渡る必死攻撃や、空母機動部隊を主とする米軍艦艇の策源地たるウルシーほかの泊地攻撃に向かった人間魚雷『回天』と搭載潜水艦の奮戦にもかかわらずフィリピンを失い、2月に硫黄島へ、4月には沖縄本島への米地上軍の上陸を迎えた。沖縄決戦における我が海軍の主力もやはり航空部隊と潜水部隊であり、引き続いて苛烈極まりない戦いを展開していたのだが、その沖縄における地上戦も6月23日に組織的戦闘に終止符を打つこととなり、いよいよ陸海軍ともに本土決戦を意味する決号作戦態勢へと移行する段になっていたのである。

これらの戦いにおいてとくに猛威を振るったのは、大規模な航空兵力をもって太平洋を縦横無尽に遊弋する米空母機動部隊である。昭和17年、我が潜水部隊の鎧袖一触により一時はその可動数ゼロにまで追い込んだ米空母であったが、昭和18年以降、新造のエセックス級が次々に就役し、日本側でも沖縄作戦の始まる昭和20年3月27日時点でその兵力を正規空母10隻、巡洋空母（軽空母）6隻と推定するまでに拡充されていた。

こうした敵機動部隊を洋上で捕捉、撃滅することの困難を痛感していた聯合艦隊では、それが泊地で整備休養中に奇襲攻撃することを企図する。その回天特攻版が「玄」作戦であり、航空特攻版が「丹」作戦である。

玄作戦は捷1号作戦直後の昭和19年11月20日に伊36潜、伊37潜、伊47潜からなる第1次が、続いて12月に伊36潜、伊47潜、伊48潜、伊53潜、伊56潜、伊58潜の6隻で第2次が実施され、後者の場合はウルシーだけでなくアドミラルティ、フンボルト、パラオ（コッソル水道）、グァムなど、広範囲へ回天攻撃を行なっているが警戒は厳重で、敵空母の撃沈破を果たせなかったばかりか、初陣の伊48潜が未帰還となった。
その後、硫黄島攻略作戦に策応して昭和20年2月16日、17日に関東方面に敵空母機動部隊艦上機が来襲したことを受け、それがウルシーに帰着する好機を捉え実施することとなったのが攻撃第２６２飛行隊と攻撃第４０６飛行隊により選抜された『梓』特別攻撃隊（隊長：黒丸直人大尉、海兵67期）の『銀河』24機をもってする航空特攻、第2次丹作戦である。もともと丹作戦は中部太平洋や南東方面における米軍の根拠を攻撃するために昭和19年8月に準備がはじめられたもので、10月初めにマリアナ方面に滞留する米機動部隊に対する攻撃が企図されたが、この時は敵機動部隊が在泊海面を出撃してしまい（これが沖縄を空襲してフィリピン攻略へと向かった）、作戦が発動されなかった経緯がある。

昭和20年3月11日、南九州の鹿屋基地を発進した攻撃隊は途中脱落機を数えながらもウルシーまで１，４００㎞あまりの距離を翔破し、夕刻になって5機が泊地に突入したものと判断された。しかしトラック島を発進した『彩雲』による翌日の戦果偵察ではかえって空母の数が増加している状況が確認され、攻撃は見るべき効果を得られなかったと判断された（実際にはエセックス級空母『ランドルフ』の飛行甲板を大破させ、約1ヶ月ではあるが戦列から外すことに成功している）。

さらに沖縄作戦が始まって1ヶ月ほど経過した5月7日、再び敵機動部隊をウルシーで捕捉せんと第3次丹作戦が実施された。今度の攻撃隊は攻撃第４０５飛行隊により編成された『銀河』24機（隊長：野口克己大尉、乙飛1期）であった。前回の戦訓から、当初は攻撃隊をトラックに進出させてここから攻撃を行なう予定であったが、おりしも南鳥島やトラック島への空襲が行なわれた状況から敵にその企図を察知されたものと判断し、再び鹿屋からウルシーまで無着陸での攻撃を実施する運びとなったのである。しかし、季節的にも不安定な天候に阻まれ、沖ノ鳥島を通過した時点で攻撃隊指揮官は作戦中止を判断、この日の作戦は不発に終わった。その後、何度かの延期を経て第3次丹作戦は中止となった。

それからしばらく、ちょうど沖縄作戦が始まってまる2ヶ月が経過した5月30日、軍令部第1部では「航空作戦ニ関スル情勢判断」とする文書を作成している。

そのなかでは

「南西諸島敵基地ノ強化ハ我ノ九州方面ヨリスル『ウルシー』ニ対スル丹作戦ノ逐次困難トナルベシ」

「硫黄島及『マリアナ』方面敵航空兵力ノ増強ハ南鳥島経由『トラック』ニ対スル空輸竝ニ『トラック』ヨリスル丹作戦ノ実施逐次困難トナル可シ」

として、丹作戦によるウルシー泊地での敵機動部隊の撃滅は九州を発するものが困難となり、またトラック方面から発動するものについても今後一層困難なものになるであろうことが予測されている。

加えて今後の我が軍のとるべき対策についてが記述されているのだが、ここに次のような文章を見ることができる。

「『ウルシー』ニ対スル丹作戦ノ実施ハ台湾方面ヲ基地トスルヲ可トス、『トラック』ヲ基地トスル丹作戦ハ実施漸次困難化スルヲ以テ晴（註：晴嵐）作戦ヲ以テ之ヲ補フヲ可トス」

「『トラック』偵察兵力ノ充実、八月中彩雲十二機程度保有セシムルヲ要ス」

「『トラック』ニ対スル彩雲ノ補給ハ南鳥島ノ利用困難ナルヲ以テ潜水艦ニ依ル輸送ヲ行フヲ可トス」

丹作戦は3月の第2次（実質的には第1回目）と5月の第3次の2回の実施により、現実問題としてウルシーに近付くことすら困難であることが明白となった。そのため、ここでは代わって台湾からのウルシー攻撃を視野に入れるべきと明示されているのだが、これではその難度は少しも下がるものではない。もっとも、敵の策源地はウルシーをそのままにフィリピンのレイテ湾へと前進するので結果的には台湾を発動する第4次丹作戦に帰結することとなるのだが。

ここで新たに浮上してきたのが第1潜水隊の『晴嵐』をもってするウルシー泊地奇襲である。そしてウルシーを偵察するための在トラック島の偵察兵力の増勢・整備も作戦成功の重要なファクターであった。

そして6月20日、軍令部第1部は一歩進んで「決号航空作戦要研究事項」を作成し、ここにおいて、現状では「機動部隊攻撃用兵力ノ劣勢（約三三〇機）」であるため、正攻法でこれを撃退することが困難として「前進拠点ニ於テ奇襲シ機動部隊来攻兵力ヲ減殺」することが必要であるとして次の3つの作戦が提示された。

（イ）丹作戦　『銀河』による泊地特攻
（ロ）嵐作戦　『晴嵐』による泊地特攻
（ハ）玄作戦　『回天』による泊地特攻

敵空母機動部隊の勢力をそぐために、全力を挙げて泊地攻撃を実施するのである。

それではパナマ運河攻撃についてはどうなったのであろうか。

これについては実は6月上旬の軍令部定例会という、第1潜水隊のあずかり知らぬところですでに中止が決定されていた。この定例会は当時、海

ウルシー泊地への特攻と回天作戦

米機動部隊の一大策源地ともいうべきウルシー泊地へは昭和19年11月から回天特攻、航空特攻が行なわれている。しかし、とくに防潜網が張り巡らされた海中の回天特攻は警戒が厳重で次第に洋上航行艦襲撃へとシフトし、『銀河』による航空特攻と第1潜水隊による『晴嵐』特攻が有力視されるようになっていった。
舞鶴
呉
横須賀
佐世保
鹿屋基地
ウルシーへの回天特攻は都合2回
回天特攻菊水隊（昭和19年11月）
伊36潜、伊47潜
回天特攻金剛隊（昭和20年3月）
伊36潜、伊48潜★
第3次丹作戦
沖縄
台湾
硫黄島
南鳥島
回天特攻千早隊（昭和20年2月）
伊368潜★、伊370潜★、伊44潜
回天特攻神武隊（昭和20年3月）
伊58潜、伊36潜
ウェーク島
第2次丹作戦
フィリピン
マリアナ諸島
サイパン
テニアン
グァム
回天特攻菊水隊（昭和19年11月）
伊37潜★
回天特攻金剛隊（昭和19年12月）
伊53潜
回天特攻金剛隊（昭和19年12月）
伊58潜
マーシャル諸島
ウルシー
パラオ
メレヨン
トラック諸島
ホーランディア
アドミラルティ諸島
回天特攻金剛隊（昭和19年12月）
伊56潜
回天特攻金剛隊（昭和19年12月）
伊47潜
ソロモン諸島

▲昭和20年3月11日の第2次丹作戦の梓特別攻撃隊の『銀河』の体当たりで損傷を受けた空母『ランドルフ』。飛行甲板が使用不能となり、戦列から一時離れることとなった。

◀昭和19年11月8日、菊水隊の回天攻撃を受け転覆炎上した油槽船『ミシシネワ』。これ以後、警戒はさらに厳重になり、海中からの攻撃は不可能となった。

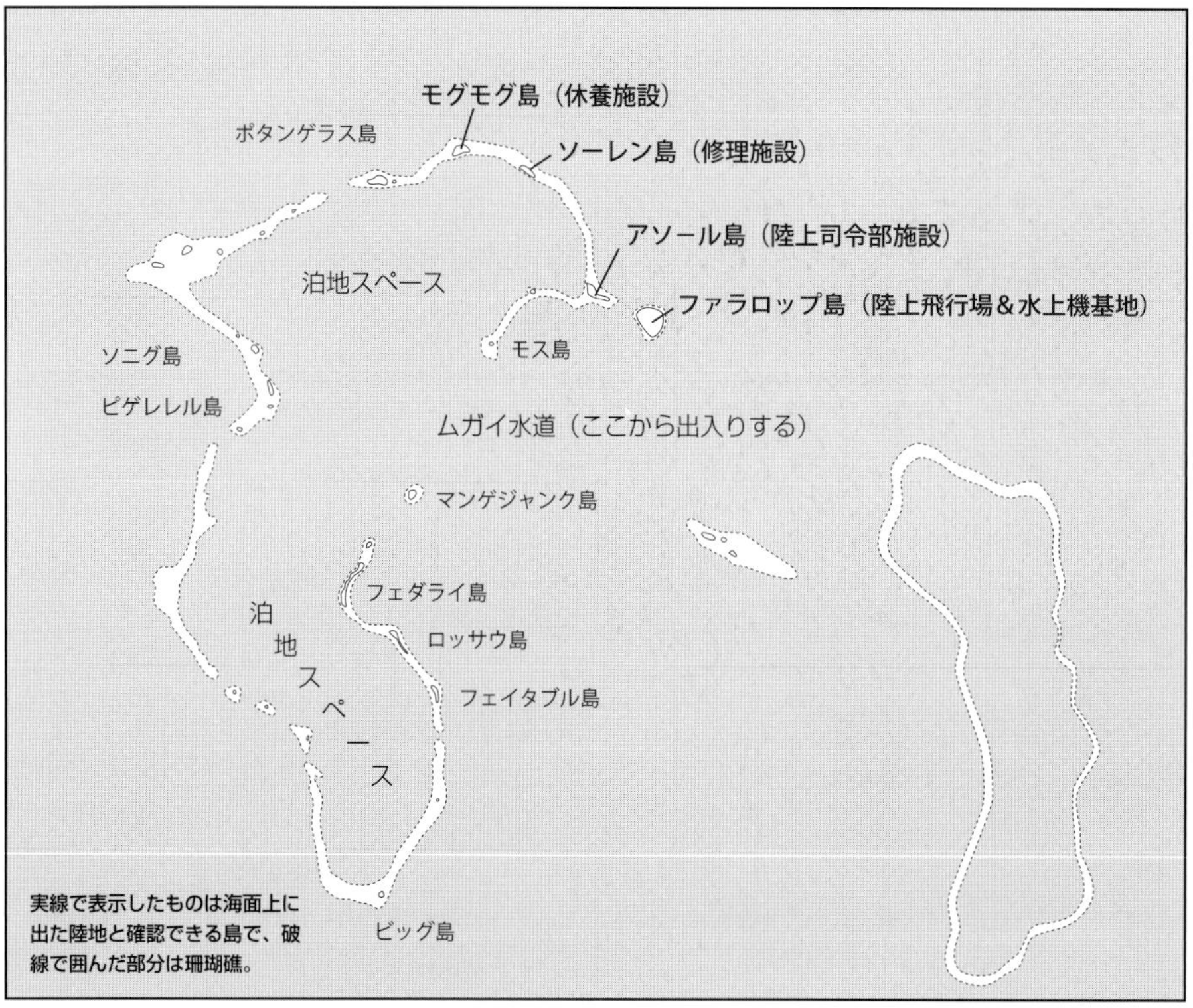

モグモグ島（休養施設）
ポタンゲラス島
ソーレン島（修理施設）
アソール島（陸上司令部施設）
泊地スペース
ファラロップ島（陸上飛行場＆水上機基地）
モス島
ソニグ島
ピゲレレル島
ムガイ水道（ここから出入りする）
マンゲジャンク島
フェダライ島
ロッサウ島
泊地スペース
フェイタブル島
ビッグ島

実線で表示したものは海面上に出た陸地と確認できる島で、破線で囲んだ部分は珊瑚礁。

ウルシー環礁

ウルシーは日本海軍が数ある太平洋の環礁のなかで泊地として重視しなかったところ。それは大きさは申し分がないものの、ところどころに暗礁があって泊地に適せずと判断されたからで、一時は少人数の守備隊が展開していたが、昭和19年9月にはフィリピン決戦を踏まえて撤収。アメリカ軍が上陸した際には無人島になっていた。土木技術に長じるアメリカ海軍は暗礁を取り除き、太平洋有数の艦隊泊地として運用する。

軍大臣、軍令部総長、軍令部次長、各部部長および各課長らによって毎朝8時に行なわれていたもので、前日の朝8時から当日の朝8時までの戦況の報告、確認がその主な内容であった。

第1潜水隊の仕上がり具合についてはその編成前後の昭和19年末からたびたびこの会で藤森参謀から列席者へ説明されており、軍令部次長の大西瀧治郎中将（海兵40期）にいたっては

「いつできるのだ」

と再三催促されるまでに期待をされていたのだが、6月はじめになって第1潜水隊と631空の訓練が所定の成果を得たため、改めてパナマ運河攻撃作戦実施の決裁をこの定例会で図ったところ、大西中将自身の

「中止しろ、間に合わん」

のひと声で一瞬にして計画が破棄されたのである。ここまで見てきた太平洋の戦いの状況を踏まえれば、まったく自然な判断であるといえるだろう。まさしく、軍令部潜水艦担当参謀時代に井浦氏が危惧していた“特型が戦争に間に合わない事態”となったのである。

パナマ運河攻撃中止の連絡を受けた有泉司令は、海兵同期生でもある第6艦隊先任参謀の井浦祥二郎大佐と図り、次なる目標を米本土西岸のサンフランシスコかロサンゼルスとした。

「当時、わが本土は、米空軍の無差別爆撃と、焼夷弾の仮借なき攻撃とによって、都会という都会は、次々に廃墟と化しつつあった。そして、幾十万の国民は、惨死しつつあったのである。

僅か十機をもってする空爆は、米空軍がわが本土に加えつつある攻撃の、何千分の一、あるいは何万分の一に過ぎないかも知れない。とは言え、私らは、わが潜水艦の搭載攻撃機をもって、米本土に一矢をむくい、米国民の頭上に、爆弾および焼夷弾を浴びせ、わが潜水艦部隊の意気を米国民衆に知らせたかったのである。」

と井浦氏の著書『潜水艦隊』に記述されているように、昭和19年11月以降、本格化した空襲により日本本土が焦土と化している今日、なんとしても敵本土に一太刀斬りつけたいとの想いが2人には通じ合っていたようだ。

しかし、井浦先任参謀の熱心な説得により第6艦隊司令長官の醍醐忠重中将（海兵40期）、同参謀長の佐々木半九少将（海兵45期）らの内諾を得たにもかかわらず、上級司令部（海軍総隊か？）からは

「その意見には共鳴するが、取りあえず、さし迫った戦局を打開するのが先決問題である」

と却下され、最終的には軍令部や海軍総隊司令部の思惑通り、ウルシー攻

撃にその矛先を向けることとなった。なるほど、井浦氏自身が前掲書で述べているように、米西岸空襲はそれによって潜水艦部隊の最後を飾りたいという感情論が多分に先行するものであった。

当然のことながら軍令部ではすでに「航空作戦ニ関スル情勢判断」を作成した5月末の時点で第1潜水隊はウルシー攻撃ありきで作戦計画を進めていた。

そして6月25日、海軍総隊は「機密第二五一三三〇番電」により次のような命令を第6艦隊に発し、大本営海軍部（軍令部）第1部、第1潜水隊、101航戦に向けて報じた（GBは海軍総隊の略）。

「GB電令作第94号
EB指揮官ハ光作戦後ノ次期作戦準備トシテ晴嵐ノ昭南空輸（約一〇機ヲ目途トス）ヲ計画準備スベシ」

さらに同日、続けて以下の電文を発している。

「GB電令作第95号
先遣部隊指揮官は左の要領により作戦を実施せしむべし
一、トラックに対する彩雲輸送（光作戦と呼称す）
イ、使用兵力　第一潜水隊の二艦
ロ、輸送物件　彩雲四機、その他トラック向け物件若干
ハ、輸送時期　七月下旬トラック着を目途とす
ホ、揚陸後の行動　次期作戦のため昭南（シンガポール）又は内地に回航するものとして追って令す
二、PU（ウルシー）奇襲作戦（嵐作戦と呼称す）
イ、使用兵力　第一潜水隊の二艦、晴嵐六機
ロ、攻撃目標　機動部隊
ハ、攻撃時期　七月下旬より八月上旬にわたり月明期間
ニ、攻撃要領　事前偵察はトラック所在兵力をして協力せしむるほか先遣部隊指揮官所定
ホ、攻撃後の行動　昭南に回航、次期作戦準備を実施」

これにより、先遣部隊（軍隊区分上の第6艦隊の呼称）に対し第1潜水隊と631空による「嵐」作戦と、5月30日に軍令部第1部で作成された「航空作戦ニ関スル情勢判断」にも記述されているトラック島への『彩雲』輸送を「光」作戦として下令したのである。

ウルシーの敵機動部隊に対する攻撃は丹作戦、嵐作戦、玄作戦の3本立てで企図されていたのは既述のとおりだが、その成功如何は主目標である空母の在泊を事前に、確実に偵知できるか否かにある。

▶戦前に日本海軍が想定していたような本来の活躍の場が少なくなったため、工廠に山積みになっている九三式酸素魚雷を有人化、必死必殺の人間魚雷として開発されたのが『回天』だ。昭和19年にウルシー泊地攻撃に投入されて以後、伊号潜水艦に搭載されて多くの若者たちが決戦海面へと赴き、散っていった。写真の『回天』は訓練用のため、海面下に沈んでもその位置をわかりやすくするよう、艇体の上半分を白く塗装している。（写真提供／大和ミュージアム）

そこで、『晴嵐』による直接攻撃を実施するだけでなく、この際にトラック島の偵察兵力も第1潜水隊の潜水艦の格納筒を利用して増強しておこうというのである。作戦命令には艦名が明記されていないが、光作戦に伊13潜、伊14潜を、嵐作戦に伊４０１潜、伊４００潜を充当するのは輸送物件や使用兵力の項目を見れば明らかだ。

そして、嵐作戦は丹作戦、玄作戦と同様、必死必中体当たり特攻であった。否、パナマ運河攻撃と同様、というべきかもしれない。

パナマ運河攻撃については第1潜水隊、並びに６３１空の編成以前からその最も効果的な攻撃法が練られ、『晴嵐』の試作機が完成したのちはその性能を踏まえ、一時は爆撃と雷撃の併用も検討されたのだが、最終的に特攻に落ち着いたというのが実状である。

昭和19年11月以降、横空水上機班、ついで６３１空分隊長として『晴嵐』に携わった浅村 敦氏は

「南部艦長の手記などには書かれていませんが、パナマ運河攻撃は一貫して特攻であったと思います。ウルシーも同様。ただ、海軍としては命令ではなく自発的に体当たりした、という形にしたかったようですね。だから命令には明文化されていない。訓練も八〇番爆弾を抱いて緩降下突入を念頭において行ないました。出撃の時にはフロートは装着しない。」

と証言する。

このあたり、ことパナマ運河攻撃について、有泉第1潜水隊司令兼６３１空司令や同飛行長の福永正義少佐らが、昭和19年暮から20年はじめにかけて横空第2飛行隊隊長の高橋 定少佐（海兵61期）、同分隊長の中島巽少佐（海兵65期）の意見を聞いた上で爆撃案、雷撃案を廃止して体当たりに決定したとする向きもあるのだが、そもそも高橋、中島両少佐は熱心な特攻反対論者であり、『晴嵐』の攻撃についても体当たりを推進したとは思えない。

福永少佐と同期生である高橋少佐は空母『瑞鶴』艦爆隊長として南太平洋開戦に参加、未帰還となりながらも海上に不時着生還し「不死身のお定」との異名をとる急降下爆撃のオーソリティ、中島少佐は同じく雷撃の神様で、横空第2飛行隊艦攻分隊の分隊長（実質、艦攻隊長）の立場だった。

おそらく高橋少佐に降爆の難しさを、中島少佐に雷撃の難しさを確認して〝だから確実にパナマ運河を破壊するには特攻しかない〟という裏づけ、既成事実を作ることに利用されたのではないかと思われる。

確かに、降爆も雷撃も、水上機出身の６３１空隊員たちにはなじみの薄い戦術だ。例えば万能水上機として発展してきた二座水偵では降下爆撃もその訓練項目のひとつに入ってはいたが、エアブレーキを使って大角度で突入する艦爆の急降下爆撃に比べればいささか勝手が違う。閘門を破壊するには雷撃によって水面下を破壊することも有効だが、静止目標とはいえ雷撃の技倆は一朝一夕で身に着けることができるものではなく、浅深度雷撃の不安も残るものであった。

攻撃目標がウルシーの敵空母に変わったとて、『晴嵐』隊の攻撃法は変わらない。緩降下で舷側にぶち当たるのみである。

「格好いいことをいうわけではありませんが、その時は何とかして敵の侵攻を留めねばならぬ、如何にして攻撃を成功させるか……、1ヶ月近くも潜航したままで飛行機はちゃんと飛んでくれるのか、また艦内に缶詰状態で自分たちの操縦感覚は狂わないのか、技倆は落ちないのか、八〇番爆弾を積んでの初めての発艦は無事成功するのか、などということばかりを考えていました。適当な表現かどうかはわかりませんが、オリンピックの代表選手が国の威信を背負ってのプレッシャーを感じるような、といえばいいのでしょうか？　命が惜しいとかそういうことには想いが至りませんでした。そういう時代でした。」

と、前出の浅村氏はこう語ってくれたが、日本本土の喉もとにまで迫りくる外敵の脅威をいかに撥ねのけるかは、平和に過ぎる現代の世の中では計り知れない、切実な問題であった。戦後になって、特攻を単なるヒューマニズムで片付けようとする風潮は、まさしく特攻隊員たちを冒涜するものであろう。ただし、それを命じ、実行させた上級司令部の責任は重大であり、別問題といえる。

トラック島への『彩雲』輸送を終えた伊13潜と伊14潜、『晴嵐』をウルシーに突入させた伊４０１潜と伊４００潜はシンガポールに回航し、次期作戦に備えること、と「ＧＢ電令作第94号」に書かれている。

攻撃終了後に『晴嵐』が帰投した場合は海上不時着により搭乗員のみ収容する心積もりもあったのかもしれないが、いずれにせよ飛行機隊を使い捨ての観は拭いさることができない。

困難なトラック島への『彩雲』進出

光作戦と嵐作戦が命令として正式に発せられたのは6月25日であるが、本稿のプロローグで記述したように名古屋空陸偵隊や７５２空偵察第１０２飛行隊によって『彩雲』4機が6月20日以降にあいついで大湊へ空

嵐作戦と光作戦

ウルシーでの敵空母撃滅はいかにその在泊時を捉えるかにある。そのためにトラック島の偵察能力を強化すること。それが光作戦だ。

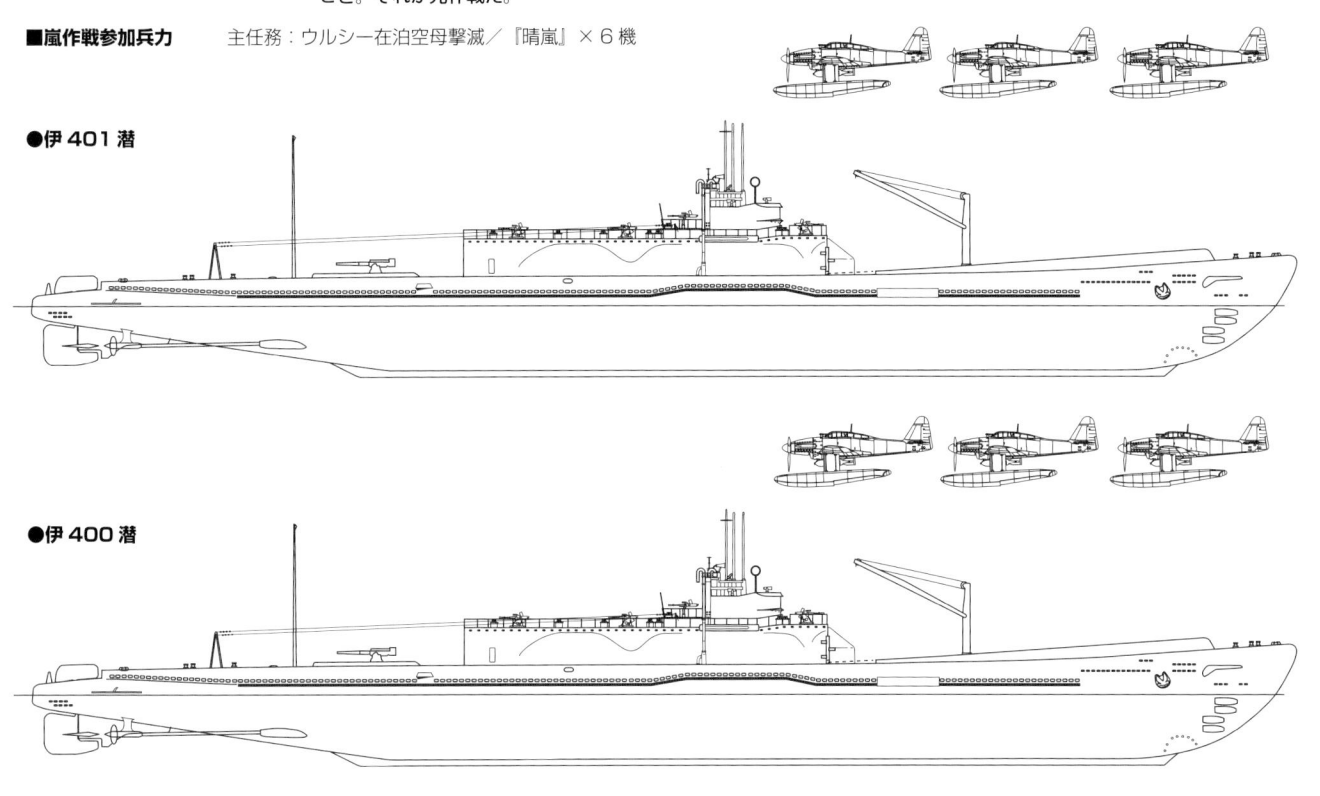

■嵐作戦参加兵力　　主任務：ウルシー在泊空母撃滅／『晴嵐』×６機

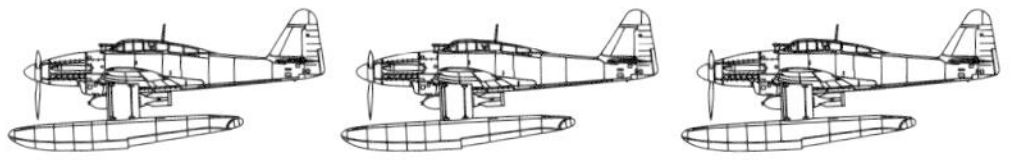

●伊 401 潜

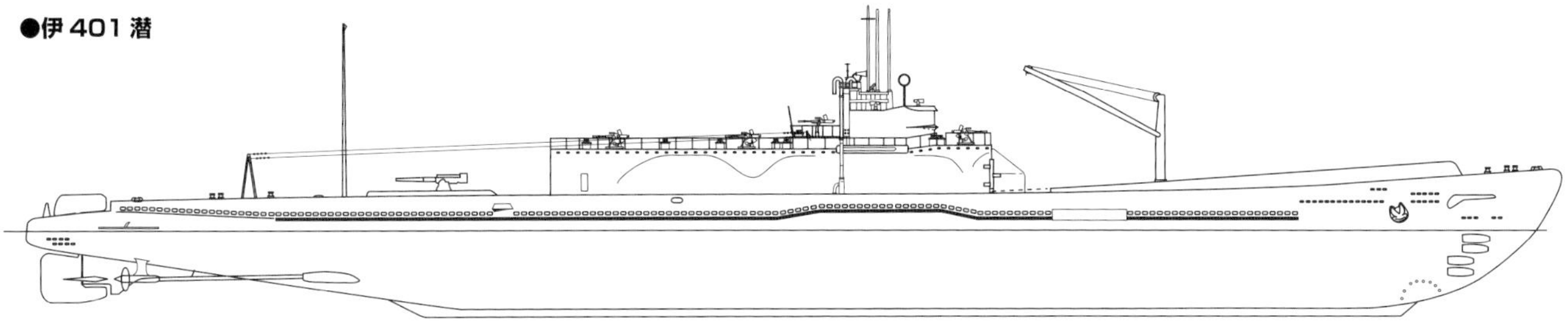

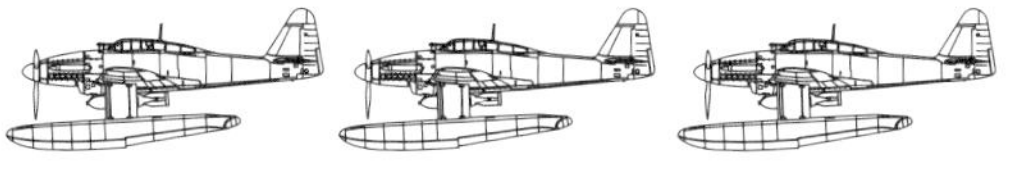

●伊 400 潜

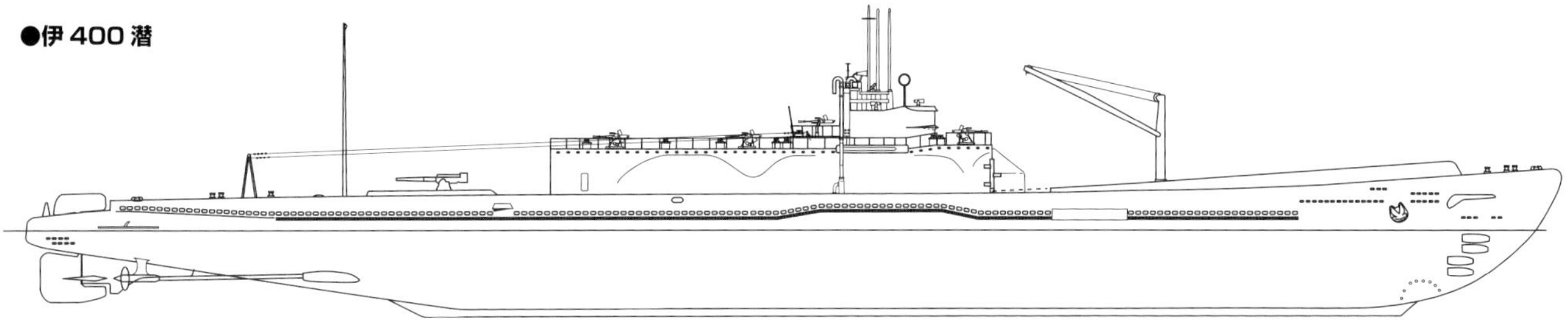

■光作戦参加兵力　　主任務：偵察機トラック島輸送／『彩雲』×４機

●伊 13 潜

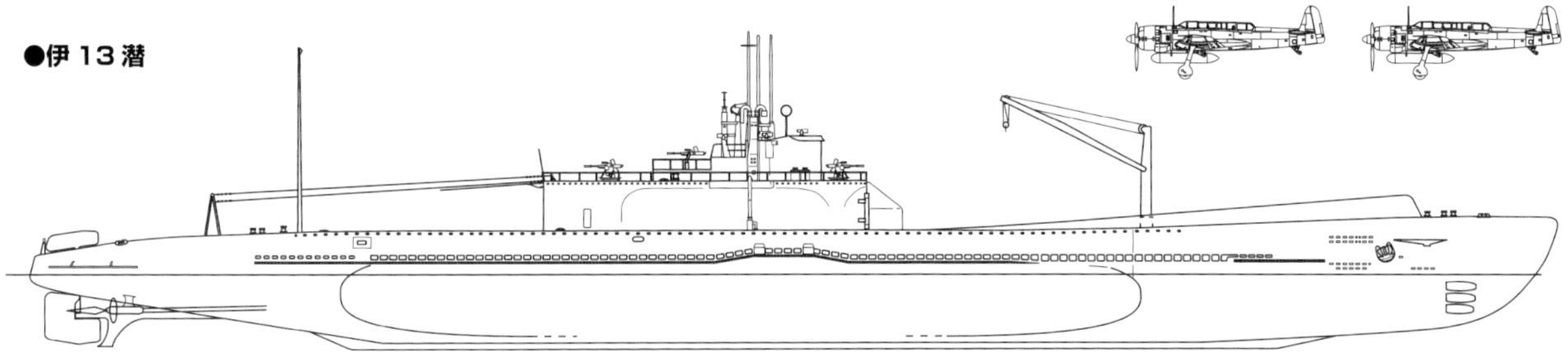

●伊 14 潜

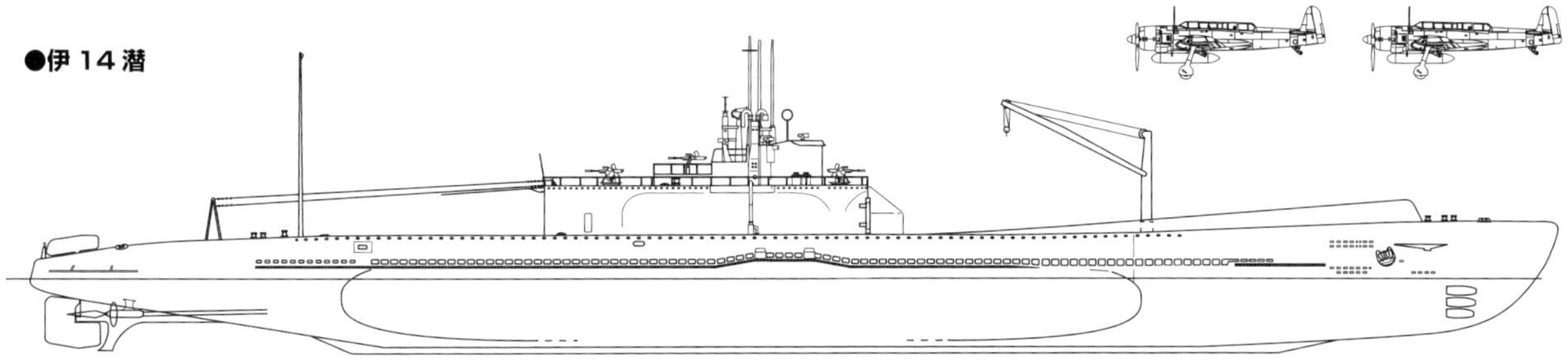

※晴嵐と彩雲の縮尺は 1/700 ではない。

輸されている状況から、すでに6月中旬以降、その準備は着々と進められていたことがうかがえる。

それは前述の「決号航空作戦要研究事項」が作成されるより1週間も前の6月13日に、次のような電文が海軍総隊参謀長名で発せられていることからも裏付けることができる。

「機密第一三二二〇二番電

發　GB参謀長

宛　第四艦隊司令部、東通、第六艦隊司令部、第一潜水隊司令

通報　大本營海軍參謀部、航本總務部、大本營海軍戰力補給部

七月初頭、潜水艦二隻大湊發、貴地ニ向ケ彩雲四機ノ輸送作戰實施セラル豫定ニ付、右便ニテ緊急輸送スベキ物件急報アリ度（句読点筆者）」

この時点ではっきりと2隻の潜水艦で4機の『彩雲』を輸送することがトラック島の第4艦隊司令部に知らされており、同時に輸送してほしい必要物件を知らせるようにと記述がされている。

実はトラック島の航空偵察兵力を増強するための『彩雲』の進出はこの時が初めてのものではない。

トラック島は第1次世界大戦後に国連からの委任統治領とされたため我が国と親交が深かっただけでなく、開戦以来、聯合艦隊の一大拠点として、まさに南方への玄関口として長らく使用されてきた要衝であり、昭和19年2月17日に米機動部隊の奇襲によって壊滅したのちも、水上艦艇の進出こそなかったとはいえ太平洋各方面の敵策源地に対する我が偵察拠点として、あるいは経由地として機能していた。

とくに、敵機動部隊をウルシーで叩くための丹作戦では、本土を発進した『銀河』が航続距離いっぱいにまで飛行して片道体当たり攻撃を実施するわけであり、行ってみたら敵艦隊は留守でしたということがないように、事前に、確実にその在泊を偵知しておかなければならない（潜水艦による玄作戦であれば日時の調整は可能）。その手段としてはトラック島からの『彩雲』による偵察が唯一可能な方法といえたが、昭和20年6月のこの当時は、在トラックの航空兵力も減少の一途をたどっており、その期待にそえる状況とはいえなかった。

例えば従来こうした任務に携わっていた偵察第11飛行隊や偵察第12飛行隊の『彩雲』は木更津から硫黄島を経由してトラックに進出、ウルシーなどのほか敵手に落ちたマリアナ諸島の偵察を実施しており、作戦終了後は再び硫黄島を経て本土へと帰投するという形であった。

ところが、トラック空襲から1年後の昭和20年2月17日に硫黄島へ米軍が上陸して中継地点を失うと、途端にトラック進出の難度は高くなってしまった。

その直前の2月11日に偵察第3飛行隊と偵察第１０２飛行隊から選抜された6機の『彩雲』が、間一髪、敵上陸直前の硫黄島を経由してトラックへ向かった。

このうち無事にトラックへたどり着いたのは指揮官の三木琢磨大尉（海兵70期）機を含む4機であったが、2月24日に武田誠治郎少尉（予学13期）機が、4月28日に広瀬遼太郎中尉（海兵72期）機が未帰還となり、1ペアは健康上の理由で搭乗割に入れなくなって、三木大尉－伊藤國男飛曹長（甲飛4期）－幡谷茂上飛曹（甲飛8期）が唯一の作戦可能ペアとなった。この間、3月11日には第2次丹作戦が発動、この事前偵察並びに戦果確認のためウルシーへ何度も飛んだのは三木大尉のペアである。

4月28日には偵察第11飛行隊から青木春雄飛曹長（甲飛2期。5月1日少尉進級）と佐々木三次上飛曹（普電練55期）がそれぞれ機長を勤める2組6人のペアが『二式大艇』に便乗してトラックに進出。

5月7日には第3次丹作戦が実施されているが、ここでも三木大尉ペアが活躍。この頃、在トラックの可動機はこの1機のみとなっていた。

翌8日、本来は第3次丹作戦と連動してトラックに進出するはずだった5機の『彩雲』が木更津を発した。偵察第１０２飛行隊から編成された今回の偵察隊は南鳥島を経由地として設定されていたが、敵哨戒機との交戦や機体の不調により無事トラック島へ進出できたのは大河内長市上飛曹（丙飛10期）－岩野定一中尉（海兵73期）－河合信次上飛曹（甲飛11期）ペアの1機のみであった。

南鳥島はメレヨン島やウェーク島などと同様、米軍の攻略地とはならなかったとはいえ日本側守備隊が飢餓との戦いを繰り広げていた場所で、いわばこれまでは戦線から取り残された島であったのだが、ここへきて戦略上の利用価値が急上昇したのである。なお、ただ1機進出に成功した『彩雲』の機長の岩野中尉は、本書のプロローグで登場する名古屋空陸偵隊の尾形誠次中尉と海兵同期生であった。

ついで5月28日と30日に前後して木更津を発進した偵察１０２の2機の『彩雲』は経由地の南鳥島を発進したあと、相ついで消息を絶つ。うち1機は中島正三郎中尉（操練22期）－井上三千人飛曹長（乙飛9期）－葛西義輔上飛曹（甲飛10期）ペアの機体で、老練な操縦員と開戦以来の歴戦でベテランの域に足を踏み入れた偵察員による航法でもトラックへの進出が困難であることを物語っていた。

トラック島と『彩雲』

昭和19年7月のマリアナ決戦後、トラック島へ大規模な航空兵力が配備されることはなくなったが、その戦略的価値は航空偵察能力の維持により失われていなかった。しかし、昭和20年2月に硫黄島での地上戦が始まると中継地点を失い、航空機単独でのトラック進出は非常に困難なものとなった。

▲艦上偵察機『彩雲』一一型。昭和19年の登場以来、連合艦隊の目としてその活躍に期待がかけられた。

▶三木琢磨大尉機の偵察員、伊藤國男飛曹長（甲飛4期）。偵察の特練を修了した経験を持ち、昭和20年2月に偵察第3飛行隊から選抜され、トラック島へ進出して以来、常に三木大尉のペアとして飛ぶ（電信員は甲飛8期の幡谷 茂上飛曹）。その技術は卓越したもので、ウルシー環礁を目視偵察して機上から報知した在泊艦船の概要は、帰還後に写真を現像して判読したものと相違がなかったと伝えられる。

▶昭和20年5月の第2次丹作戦を成功に導くため、トラック島への増援として岩野定一中尉（海兵73期）を指揮官とする5機の派遣隊が偵察第102飛行隊から編成された。写真は木更津基地で撮影された派遣隊員一同。1列目左から加藤幸雄上飛曹、河合信次上飛曹、中尾 厚1飛曹、多賀谷桂一1飛曹。2列目左から船津農夫木知飛曹長、青柳日出男少尉、森田利明中尉、岩野定一中尉、松下清春少尉、野木二郎少尉。3列目左から大河内長市上飛曹、大久保 明上飛曹、柴田 栄上飛曹、野村盛万上飛曹、磯野政嗣上飛曹、高橋敬一上飛曹。搭乗員の数が3の倍数ではないのは船津飛曹長が航法の補助に乗り込んだ4人乗りの『彩雲』があったから。

▶操練22期のベテラン、中島正三郎中尉。昭和20年5月28日、中継地の南鳥島からトラック島へ向かった際に行方不明となった。偵察員は乙飛9期の井上三千人飛曹長で、老練なペアにとってもトラックまでの道のりがいかに厳しかったかを物語っている。双眼鏡に頭文字を○で囲んだマークを書き入れているのに注意。

▼老練集う偵察102の特務士官・准士官たち。前列左端の吉野治男少尉は8月に八丈島まで進出し、トラック前進への機会をうかがった。後列左端は『彩雲』を大湊へ空輸した狩谷謙治少尉。

さらに7月2日、同じく偵察102から4機の『彩雲』が八丈島へ前進、再び南鳥島を経由してのトラック進出を試みた。

今回は5月30日に作成された「航空作戦ニ関スル情勢判断」にある「『トラック』偵察兵力ノ充実、八月中彩雲十二機程度保有セシムルヲ要ス」という記述による、嵐作戦にも関係が深い進出といえたが、うち1機は八丈島への降着時に大破。残る各機も夏の気圧配置に阻まれ、また7月中旬以降の敵機動部隊本土近海出没の報により、待機することしばらくして木更津へ帰還している。

こうしてみると硫黄島が使えなくなった5月以降のトラック進出は、天候が大きく影響を与えていることがわかる。

そして結局、米軍の硫黄島上陸以降、トラックへ無事に進出できたのは『二式大艇』に便乗した2ペア6名と、岩野中尉機の1機3名のみという状況であった。

つまり、光作戦によるたった4機の『彩雲』の潜水艦輸送はそれだけ期待度が高く、意味を持つものだったのである。

幸いにして搭乗員と整備員はトラックにいる。燃料もある。栄養状態は悪いのだろうが、食糧や医薬品などをともに輸送すれば、少なくとも偵察能力だけは取り戻すことができる。

全ては鎧袖一触、ウルシー泊地において敵機動部隊を撃滅せんがため。

こうして我が伊14潜は僚艦伊13潜とともに次期作戦の準備に邁進することとなったのである。

舞鶴の日々

話を伊14潜の動きに戻す。

舞鶴に入港した翌日の6月23日には左舷乗員の半舷上陸が許された。

航海科の安保2曹は久保法間2曹、田村睦彦兵長とともに、１０４３舞鶴を発し、列車を乗りついで伊14潜なつかしの地である神戸を目指した。ところが、１６３０にようやく神戸へたどり着き、艤装員時代の下宿先を訪ねると3月17日の夜間空襲によって跡形もなくなっていた。転居先の立て札が立っていたことからお世話になった人々が無事であるのがわかって幸いであったが、せっかく来たのに再会を果たせず寂しい限り。雨の中、福知山から2時間半もかけて神戸へ帰り、貨物列車に便乗して、日付けの変わった24日０３００にやっとのことで東舞鶴に帰着することができた。

舞鶴軍港

日露戦争直前の1901年に鎮守府が置かれた舞鶴は、一時「要港」に格下げされたが、再び「軍港」となった。日本海軍の最後の拠点ともいえるところだったが、ここもやがて機雷で封鎖される運命にあった。

▶舞鶴湾は東湾と西湾に分かれ、軍港が置かれたのは東湾のほう。画面左下の部分は舞鶴工廠で、ドックや船台が、画面右上の岬には丸い重油タンクがあるのが判読できる。

〔写真提供／国土地理院（撮影は終戦後、米軍によるもの）〕

また機関科の堀井機兵長の故郷が京都の嵐山であることを配慮した松田分隊士はこの頃一日休暇を許してくれ、嵐山の伯父、伯母、友人と会って積もる話に花を咲かせている最中に堀井機兵長の実父がひょっこり横浜から現れる、という偶然も起きていた。みんな不思議がるやら怖がるやら。しかし出撃を前に心おきなく別れをすることができたという。

そのほか、呉で途中乗艦した当初は、遅れを取り戻そうと艦内機構の勉強の毎日であった大垣村三2機曹は、この舞鶴入港時になってようやく上陸する余裕ができ、少ないながらもよい思い出を作ることができたという。

またこの時分に飛行科の広瀬 勇整兵長は同年兵の野崎三郎整兵長と共に舞鶴の町で白鞘の短刀を買い求め、以後大事に携行することとなる。『晴嵐』とその搭乗員は七尾湾で伊14潜を去って６３１空本隊が展開する福山空へと戻ったが、飛行長の海原大尉ほか整備員たちは光作戦で『彩雲』を輸送したあと、そのままシンガポールへ回航して『晴嵐』を搭載、第2次嵐作戦に備えるため艦に残っていた。伊13潜の場合も同様だ。

やっとのことで安保2曹らが帰艦した24日、伊14潜は１３００に曳航されて1番ドックへ入渠し、約1ヶ月ぶりで艦体の整備を行なった。この日は右舷乗員の半舷上陸が許される。

こうした舞鶴入港中、機関科では千葉電機長が総員へ毎晩の出撃を下令、シへんに酉（トリ、つまり酒のこと）との戦いは翌朝の０８００ころまで続いたという。

「この時が一番バテた」

とは袴田機械長戦後の回想。いかに古い機関兵曹長といえども、自分より古い特務士官にはかないません。

25日、引き続き入渠しての整備作業を行なう。出撃に備えて食糧も搭載。伊14潜のように行動日数の長い巡潜型の伊号潜水艦の食糧搭載はまた骨の折れる仕事だ。出撃を目前に控えた艦内は、通路や兵員室、士官室などありとあらゆる場所の床全面に、まんべんなく腰の高さくらいまで缶詰や米袋が積み込まれ、腰をかがめて歩かねばならないほどになる。今日はその手始めである。

この日は入湯上陸が許され、乗員たちは短時間の外出を楽しんだ。

老兵伊１６５潜の最後

6月26日、2日間にわたるドックでの作業を終えた伊14潜は０６００に出渠、1番ブイに繋留する。航海科には海図、図書類の返納入のため鎮守府の文庫を3回も往復するという大仕事が待っていた。

明けて6月27日、28日の両日は午前午後ともに整備作業に費やされた。27日には次のような電文が第6艦隊参謀長名で発せられている。

「機密第二七一八二七番電
發　六F参謀長
宛　十方面艦隊司令部・海軍總隊司令部・十根司令部・伊三五一
GB電令作九四號ニ依ル晴嵐昭南空輸ノ為伊號第三五一潜水艦ニテ派遣セル整備員ノ基地設營ニ關シ後援助ヲ得度
尚右訓練並ニ作戰用トシテ航空潤滑油六竏（筆者註：キロリットル）準備アリ度」

伊351潜により進出する631空整備員の基地設営に協力を求め、併せて潤滑油6kℓを準備する内容だ。シンガポールに腰を据えて作戦を行なう腹積もりといえよう。

潜補型の1番艦である伊351潜は全長111・0m、水上排水量2,650トンと特型の伊400潜につぐ巨大潜水艦だ。飛行艇での遠距離作戦を行なう際の中継補給基地として起工されたもので、建造途中で離島への補給用、あるいは航空揮発油輸送用に改造されて昭和20年1月28日に竣工、第11潜水戦隊での完熟訓練を終えて4月4日に第15潜水隊に編入された艦である。伊401潜艦長の南部伸清少佐が、当初その艤装員長として発令されたことは第1章で述べた。

艦長の岡山 登少佐（海兵64期）指揮の下、6月3日にシンガポールからの航空揮発油輸送に成功して佐世保に入港した伊351潜は、束の間の休息を終えて631空分隊長の石原大尉以下の整備員を載せ（このほかドイツ降伏の際ペナンで接収したUボートの新艦長や乗員となる士官も便乗していた）、6月22日に佐世保を出港、先の電文が発せられたこの頃には東シナ海を南下していたところであった。そして、7月6日に無事シンガポールへ入港したのだが、再び航空揮発油500kℓを搭載し、内地へ転進する936空の村山利光中佐（海兵57期）以下人員46名（42名とする資料もある）を便乗させて7月11日に同地を発した同艦はそのまま消息を絶つこととなる。

沖縄作戦がたけなわであったこの時期に、丸腰同然の補給用潜水艦が敵の制空・制海圏内を突破して2度もシンガポールにたどり着いたこと、そして1度は本土への航空揮発油輸送に成功したことは賞賛に値する。

ここでもうひとつ、老雄伊165潜の最後について記しておかねばなるまい。

伊165潜はいわずと知れた清水鶴造伊14潜艦長のかつての乗艦であり、ビアク輸送作戦で損傷して昭和19年夏に内地へ回航、大修理を終えたあとは老朽化という背景もあって練習潜水艦となった。その後、昭和20年4月1日付けで第34潜水隊に編入され、再び実戦兵力となったことは先刻記述した通りだが、同潜に待っていたのは目も覆いたくなるような過酷な運命であった。回天輸送任務だけでなく、回天作戦そのものへの出撃が下令されたのである。

たしかに、4月に第19潜水隊から第34潜水隊に編入された6隻の老海大型潜水艦の型式を見ていくと伊158潜が海大3型aと最も古く（伊153潜も同型）、伊156潜、伊157潜、伊159潜が海大3型b、伊162潜が海大4型で、海大5型の伊165潜がこのなかでは一番新しい潜水艦ではあった。しかし、その竣工はまだ大正の香りが色濃く残る昭和7年のこと。潜水艦は他の水上艦艇とは違い、飛行機などと同様に最新兵器でなければ充分に敵とわたりあうことはできない。昭和7年に開発、あるいは製造された飛行機（例えば『九〇式艦上戦闘機』のレベルである）がどんなに改良を重ねたとしても昭和20年の第1線で戦えるわけがないことを考えればそれが納得できるだろう。

ところが、攻撃型の伊号潜水艦はおろか、輸送潜の丁型をも回天搭載艦に改装して戦線に投入し、しかもそれらが出撃のたびにクシの歯が欠ける如く未帰還となる状況で、ついに第6艦隊は伊165潜の回天作戦投入すを決定した。当時の第6艦隊回天特攻担当参謀が元伊165潜の艦長である鳥巣建之助中佐であったことは、ある意味、皮肉である。

第8次の回天特攻玄作戦として5月22日に丁型の伊361潜、伊362潜の2隻をもって轟隊が編成され、その後これに増勢された兵力が伊36潜と伊165潜である。その作戦企図は沖縄へ殺到する米軍の補給路を遮断するため、マリアナ諸島東方海域で航行艦攻撃を実施することであった。

ところが、光基地で2基の回天を搭載、その搭乗員である水知創一少尉（予兵4期）と北村十二郎1飛曹（甲飛13期）、2名の回天整備員を乗せて6月15日に出撃した伊165潜はそのまま消息をたち、ついに未帰還となった。日本側の喪失認定は7月29日付けである。

戦後になってアメリカ側資料により判明したことは「サイパン東方沖で浮上停止中のところを哨戒機のレーダーが発見、続けざまに攻撃を実施し、これを撃沈」という最後の状況である。

伊351潜の整備員輸送と
伊165潜の回天作戦出撃

第2次嵐作戦に備えてシンガポールへの『晴嵐』進出を画策するため、伊351潜で631空の整備員の輸送が実施された。また、清水鶴造艦長の前任艦であった伊165潜は内地帰還後、練習艦となっていたが、攻撃用潜水艦の不足からついに回天作戦へ投入されることとなった。

■伊351潜〔潜補型〕

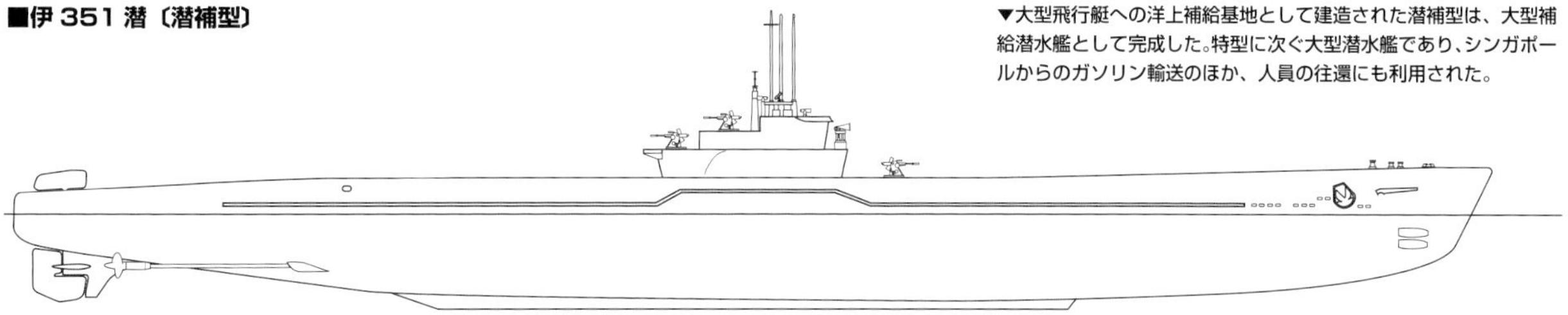

▼大型飛行艇への洋上補給基地として建造された潜補型は、大型補給潜水艦として完成した。特型に次ぐ大型潜水艦であり、シンガポールからのガソリン輸送のほか、人員の往還にも利用された。

■伊165潜 回天搭載時

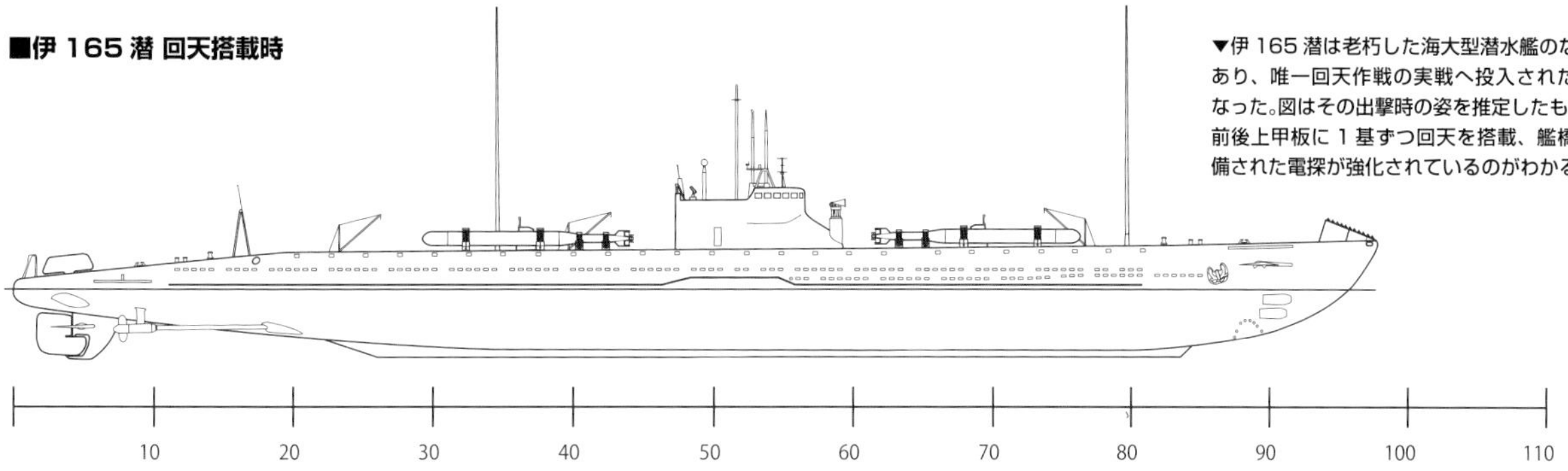

▼伊165潜は老朽した海大型潜水艦のなかにあり、唯一回天作戦の実戦へ投入された艦となった。図はその出撃時の姿を推定したもので、前後上甲板に1基ずつ回天を搭載、艦橋に装備された電探が強化されているのがわかる。

▶昭和20年6月15日、艦橋の前後に1基ずつの回天を搭載して出撃する伊165潜。戦前に一応の近代化改装がなされたとはいえ潜水艦は一般の水上艦艇と違って老齢化が早く、旧式な艦から未帰還となる状況が多かった。が、時局は老馬の温存を許すことができず、ついに回天作戦への投入となったのだ。回天の上に立つのは搭乗員と整備員で、艦橋上に鈴なりになった乗員の合間に増設された13号電探の八木アンテナが高くそびえているのが印象的。回天特攻轟隊として伊165潜に乗組んだのは回天搭乗員の水知創一少尉（予兵4期）と北村十二郎1飛曹（甲飛13期）、整備員の阿部福平上曹と恵比寿忠吉一曹の合計4名で、北村1飛曹は訓練中に殉職した矢崎美仁上飛曹の遺骨を抱いての出撃であった。

その撃沈された日というのがこの6月27日であった。清水中佐の後任艦長である大野保二少佐以下乗員、回天隊員計106名が戦死。

この時期、夜間であれ昼間であれ戦場真っただ中のサイパン東方沖でのんびりと浮上停止するという状況は通常であれば考えられない行為である。あるいは老朽艦ゆえの機械故障（新鋭艦でもこれは充分にあり得ることだが）などの理由で浮上修理を余儀なくされたものかもしれない。

ともあれ、伊165潜は海大型で唯一回天作戦に参加した潜水艦となり、同じく回天作戦に参加した最も古い潜水艦として戦史にその名をとどめることとなった。

そして奇しくもその1ヵ月後、伊165潜が撃沈されたその同じ海へ、我が伊14潜が突入していくのである。

軸管焼きつき事件

6月29日は食糧搭載作業が実施された。

明けて30日、伊14潜は舞鶴を出港する予定で準備をしていたのだが、『B－29』により投下された機雷の影響で延期となり、海防艦と掃海艇がそれぞれ2艦1組で掃海している様子を望見して過ごす。

この日、機関長の釘宮 一少佐はついに退艦することとなった。実は少佐には6月18日付けですでに呉鎮守府附の転勤辞令が発せられていた。艦隊勤務、とくに単艦秘匿行動の多い潜水艦の場合はひとつの作戦行動が終わるまで、あるいは後任者が着任するまではそのまま勤務を続けることが多く(これが命運を分ける場合もあった)、釘宮少佐もそのつもりであった。ところが、ここで後任の増野正寿大尉の舞鶴での乗艦が間に合い、もはや退艦を拒否するわけにいかなくなったのである。

第1章で述べたようにり、釘宮少佐は伊14潜機関長予定者として昭和19年7月、最初に神戸川崎造船所へやってきた。千葉電機長、袴田機械長をスカウトし、これまで機関科員の融和と全力発揮を目指して実践してきた機関長は、本格的な作戦への出撃を前に、ひとりとり残されるような寂寥感を抱きながら、また伊14潜の奮戦を祈りつつ、静かに去っていった。

その後、8月1日付けで大浦の第2特攻戦隊附と補せられた釘宮少佐は、その配置のまま終戦を迎えている。同戦隊は小型潜水艇甲標的丁型『蛟龍』を主力として編成された本土決戦部隊であった。

新機関長の増野大尉は海軍機関学校第49期の出身。海機49期は海兵68期とコレスだから、岡田水雷長の1期上の関係となる。前配置は潜高型の伊202潜の機関長だから、先刻伊14潜とともに門司を出港していたことになる。

7月1日、この日は岡田水雷長から防毒面（マスク）の検査と斬込隊に関する戦術というちょっと変わった話があった。潜水艦から上陸斬り込みを行なうことも第1章で述べた通り、日本海軍でも日ごろから研究されてきたものである。こうした訓話は無聊をかこつ乗員たちにとっては良い刺激になったようだ。

7月2日1250、潜望鏡に「非理法権天」の幟旗を掲げる。大幅の軍艦旗、短波檣に掲げた長旗も翩翻（へんぽん）とひるがえっている。1255出港用意、1300出港、両舷前進微速。

陸上、あるいは海上に浮かぶ艦艇上から「武運長久と成功を祈る」の信号が次々と寄せられる。我が伊14潜からは「誓って成功を期す、ご健闘を祈る」と返信。帽子や鉢巻をうち振りつつ別れ、湾口をあとにして一路、日本海の北上を開始した。目指すは陸奥湾大湊要港だ。

明けて3日はひたすら夏の日本海を北上、夜間の無灯航行中になんと艦上の厠灯が点灯しているままとなっていることがわかり、当直の哨戒員をあわてさせた。危うく闇夜の提灯、敵艦に我が所在を暴露するところであった。この夜、艦内では各室の時計の整合が実施された。

出港2日目となるこの日の天候は快晴。両舷原速で之字運動を実施中、左40度に小島を、左20度に白神灯台(北海道最南端の白神岬にある灯台)を、右30度に竜飛岬を認め、さらに権現崎灯台、小泊が見えてくる。朝もやの中には松前城、弁天島も見える。第123号監視艇が荒波にもまれている姿も望見された。

陸奥湾を経て1030に大湊へ入港、先行した伊13潜はすでに入港していた。こののち2日ほどは訓練もなく整備作業を実施、大湊潜水艦基地隊で風呂を借りる面々も。同基地隊は昭和18年9月1日付けで大湊警備府内に開隊したもので、横鎮に軍籍を置く伊14潜の乗員たちの何人かはここでの勤務経験もある懐かしい場所だ。いきおい、当直将校の許可を得て一升瓶を持ち出し、潜水艦基地隊の旧友たちと呑む機会も増える。

7月6日0930、猛雨の降りしきる中を出港、3直急速潜航訓練ののち錨泊沈座を実施。1530には温泉で有名な浅虫港へ投錨、しかし残念ながら波浪が高く、この日は上陸の許可はされなかった。

7月7日、昨日の嵐はどこへやらと天気は快晴、海上も静穏。キングストンバルブのパッキン不良とのことで出港して試験潜航を実施する。キン

伊 14 潜出撃の地、大湊要港

日露戦争直前に大湊海軍修理工場が置かれ、その戦後の明治 38 年（1905 年）に設置された大湊要港部は昭和 15 年に大湊警備府へと改編、小さいながらも北の要として、北方作戦にあたる第 5 艦隊の母港となるなど存在感を発揮した。昭和 8 年には大湊海軍航空隊も置かれている。

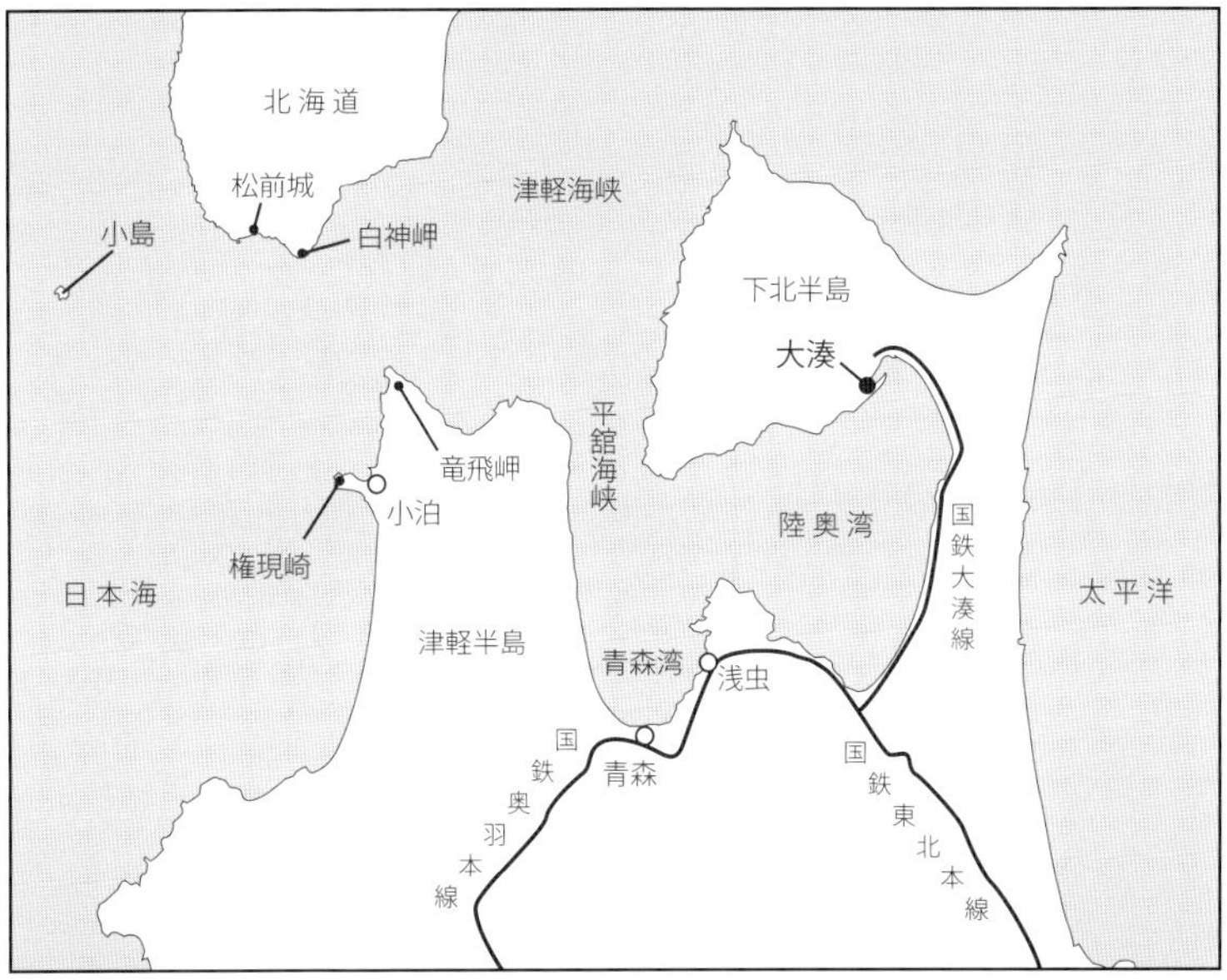

▶光作戦に際し、『彩雲』を搭載するため舞鶴を出立した伊 14 潜は本州さいはての地、大湊へ７月３日に無事入港した。下北半島の南部に位置する大湊へは津軽海峡から平舘海峡に入り、陸奥湾を経て入港する。図中の地名は本文中に登場するものを示す。舞鶴工廠へ修理用の部品を取りにいった高橋１機曹は大湊線で野辺地駅まで行き、ここで東北本線に乗り換えて仙台経由で向かったようだ。

▶大湊は警備府が置かれた「海軍要港」のひとつ。もともと戊辰戦争で新政府軍に敗れた会津藩が移封されて斗南藩となった際に、ここを港町として藩財政を発展させようと試みたのが端緒で（廃藩置県により藩そのものがなくなり、自然消滅）、芦崎の内部は芦崎湾と呼ばれ、天然の良港となっていた。画面中央部分が本部庁舎などが建ち並ぶ区域で、やや左側には大型艦が入渠できるドックも見えている。左下部分には湊航空基地の滑走路の一部。冒頭部の空撮写真も併せてご覧いただきたい。

〔写真提供／国土地理院（撮影は終戦後、米軍によるもの）〕

グストンバルブはメインタンクの底に設けられた開口部に装備された「金氏弁」とも呼ばれるもので、現代の潜水艦ではフラッド弁などと称されている。日本海軍の潜水艦では作戦行動中は常にキングストンバルブはオープンにしてあり、メインタンク上部に設けられたベント弁を開けばここから空気が抜け、開口部から海水が流れ込んで潜航するのである。

実験の結果、交換の要有りと判断され急ぎ大湊へ入港、翌8日に再度陸奥湾内で急速潜航を実施、やはり同様にパッキン不良の症状が出たため、ドックへ入渠して修理にかかることとなった。

ちょうどそれと時を同じくして伊14潜に起こったのが軸管焼き付き事件である。

艦の内殻を貫通したスクリューシャフトは、スクリューの直前でいわゆる「軸管」によって支えられている。これにはパッキンがあり、磨耗を防ぐため常にオイルが指されていて、その注油バルブが艦内にあった。このバルブは機械室からの手先信号で操作することになっており、これに触れることは厳に戒められていた。

ところが岡田梅吉2機曹がそのバルブの傍らにいると、某兵曹が上部から降りてきた。岡田2機曹の2年先輩にあたる某氏は普段は下部に降りて直接作業に手を下すような立場ではない。何事ならんと見ていると排水関係の配管をたどって一生懸命な様子。すると、そのうち軸管の注油バルブに触れるや、ちょっと回して次へ行ってしまった。

「あぁ、いけない。ちゃんと元へ戻さねば」

と岡田2機曹が思った瞬間、急に士官室への呼び出しがかかった。当時、従兵長を兼ねていた彼はこうしてちょくちょく呼び出されたものだ。

やがて訓練へ出港するとさぁ大変、軸管パッキンがオイルの不足で磨耗、発熱してしまったのである。増田機関長に呼ばれ、袴田機械長にも呼ばれた岡田2機曹、ついにことの次第を説明することができなかった。バルブは誰が処置したものか、すでに元の位置に戻っていた。

これが、戦史にまれに取り上げられることがある伊14潜軸管焼付き事件の真相である。

結局、軸管パッキンを交換する大工事となり、出撃は大幅に延期しなければならなくなった。

パッキンの予備品を受け取る大役を仰せつかったのは高橋 栄1機曹。烹炊所から赤飯やいなりずしの缶詰など4、5日分を受け取って鉄道に乗り、舞鶴の工廠へ向かったが空襲警報のため途中途中で列車は止まってなかなか進んでくれない。それでもなんとか舞鶴に到着、連絡は行き届いて

■キングストンバルブ側面図

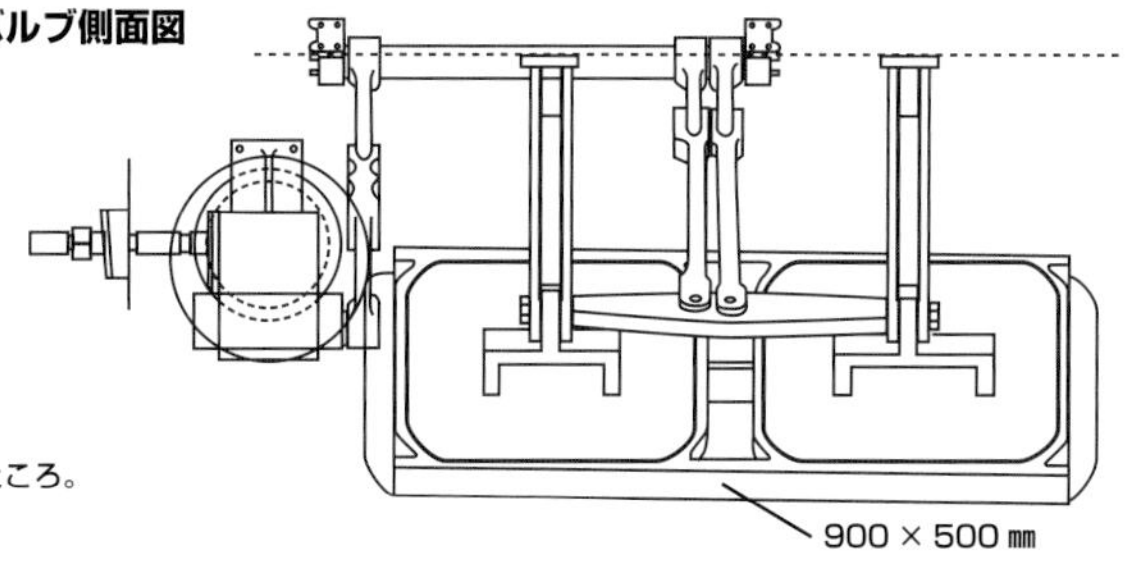
900 × 500 ㎜

内側を側面から見たところ。

金氏弁（キングストンバルブ）

潜水艦の潜航にとくに関わるのがキングストンバルブとベント弁だ。キングストンバルブは、通常はバラストキールを挟んで左右2個を1組にしてメインタンクの分だけ設置されていた。急速潜航に備えて、作戦行動時は常に開放しておくのが日本海軍潜水艦での慣例。現代ではフラッド弁（あるいはフラッドホール）と呼ばれるのが一般的。

■甲型改2のキングストンバルブ配置図

伊14潜機構図を参考にキングストンバルブの位置を図示したもの。メインタンク以外の部分は専用の重油タンクなどである。

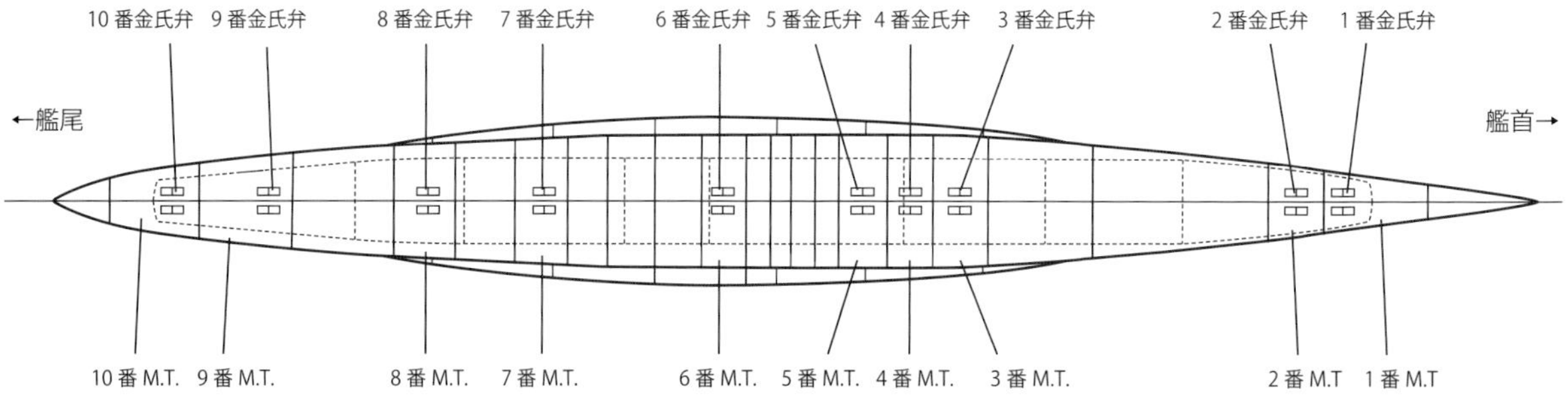
10番金氏弁
9番金氏弁
8番金氏弁
7番金氏弁
6番金氏弁
5番金氏弁
4番金氏弁
3番金氏弁
2番金氏弁
1番金氏弁
←艦尾
艦首→
10番M.T.
9番M.T.
8番M.T.
7番M.T.
6番M.T.
5番M.T.
4番M.T.
3番M.T.
2番M.T
1番M.T

スクリューとスクリュー軸、スクリューブラケット

蒸気船の出現時は外輪式などの推進型式があったが、結局、近代的な船舶の推進装置はスクリュー（より正式には“スクリュープロペラ”という）に落ち着いた。潜水艦を含む通常の艦艇では艦体からスクリュー軸が長く飛び出し、その先端にスクリューが付く。これを支えるのがスクリューブラケットだ。

▶艦体の貫通部やスクリューブラケットなど、スクリュー軸と接触する部分には摩耗防止のため潤滑油がさされており、この油量調整ハンドルを誤って操作してしまったのが伊14潜での軸管焼き付きの原因だった。写真は昭和16年3月12日、建造中の乙型伊31潜の艦尾付近を撮影したもので、スクリュープロペラが付いていないのでブラケット周辺の様子がよくわかる貴重な1葉といえる。なお、模型などではスクリュー軸を金色で再現する傾向があるが、実艦では海棲生物対策もあり艦底色となっている。
（写真提供／大和ミュージアム）

いてすぐにパッキンを受け取り、休む間もなく帰路に着いたが、往路と同様、列車は思うように進まない。とくに仙台駅に差しかかった時には空襲直後だったようで周辺がまだくすぶっていた。盛岡を越えると列車はついに立ち往生、一時は全く進まなくなり、出港に間に合わなくなるとヤキモキさせられたがなんとか艦へたどりつき、役目を果たすことができた。

この軸管焼きつき交換により当初は伊14潜、伊13潜の順で大湊出撃の予定であったところ、伊13潜、伊14潜の順で出撃することとなった。ただし一部に誤解があるようだが、伊13潜は自艦に予定された期日通りに出撃したものであり、伊14潜の出撃予定日に繰り上げたのではない。

この部分を取り違えると“伊13潜は伊14潜の身代わりとなって撃沈された”との観が強くなり、大きな間違いの素になりかねない。

もっともこれは伊14潜の乗員全てが他人事としてではなく、そう痛感していることではある。

結局、部品の交換を終えて調整をなし、出撃できるようになるまで1週間を要することとなった。こうした部分に手を加えることは振動や騒音発生などの原因になるケースもあるのだが、そうした影響がでなかったことは不幸中の幸いといえた。

出撃を前に

7月8日付けで隈田一美通信長は大湊警備府附となり伊14潜を退艦していった。これは健康を害してのもので、7月6日の項で述べたようにすでに艦内編制は3直に改編されている。

これにより同日高松大尉へ通信長の辞令が発せられているのだが、なぜか艦内での呼称はそれまでと変わらず“砲術長”のままであった。

当の高松氏自身も

「突然に通信長が退艦することになり、慌しく3直に編制し直したことを思い出します。通信長は結局欠員のまま、出撃しました。」

と証言しているのが興味深い。

また、同日付けで海兵73期の蓬田秀雄中尉が潜水学校普通科学生から伊14潜乗組みを発令されているが、乗艦することなく7月15日付けで第6艦隊司令部附となり、同じく海兵73期の丸岡 勇中尉が7月15日付けで伊14潜乗組みとなっているが、これは後述するように出撃わずか2日前のことで彼が乗艦することは間に合わなかった。本来であれば新たに乗り組む彼

ら73期生が高松大尉の後任の砲術長となるはずだったと思われる。

　このため高松大尉はひとり二役、艦内を忙しく駆け回らねばならなくなった。なお、終戦時に作成された伊14潜乗組員名簿（後述）にはしっかりと「通信長兼砲術長兼二分隊長（第2分隊長）」と大尉の役職が記されている。

　7月9日、先任艦となった伊14潜が表示旗を掲げる。

　翌10日、出撃を前にして近郷者に2昼夜の慰労休暇がでた。士官以外の乗員は横須賀鎮守府に軍籍を置く者たちばかりなので、ぎりぎり行って帰ってくることのできる時間といえよう。家族の下へ帰る戦友たちの嬉しそうな顔が並ぶ。ただし北海道出身者だけは青函航路に何かあった場合、出撃に間に合わなくなるとの懸念から帰郷は許されず、代わりに家族を呼び寄せることが許可された。

　この日1200に調整訓練を終えた伊13潜が大湊へ入港してきた。同潜の出撃は明日と予定されている。帰郷する乗員たちを送り出した伊14潜では当直員以外の総員を海岸に集めて3組に分け、それぞれ相撲、排球（バレーボール）、遊泳などの体育を実施して鋭気を養う。大湊潜水艦基地隊で風呂をかり、1630総員帰艦する。

　7月11日0830、大湊軍港内にある1万トン級ドックに入渠、整備作業を実施する。僚艦伊13潜いよいよ出撃。伊14潜の乗員は内火艇に乗って伊13潜へ近寄り、出港していく同潜を見送る。本来ならば伊14潜が見送られる立場であったのだが。

　7月12日は断続的な雨の降るあいにくの天気。大湊警備府長官（宇垣莞爾中将か？）の巡視があるとのことで0800から艦内清掃を実施。0840、海軍中将の襟章もいかめしく長官来艦、清水艦長としばし会談ののち艦内を巡視する。ひととおり見終わった長官は後甲板で少しばかり休憩して1030退艦していった。

　休暇を兼ねた連日の上陸、呼び寄せた家族が大湊にやってきたのはちょうどこの頃のことだ。

　北海道下士幌出身の富樫2機曹は帰郷できなかったひとりだが、ご母堂と妹の華子さんが面会に来てくれた。3年前に帰郷した時に水兵服を着ていた兄は、2種軍装といわれる下士官の白い詰め襟の軍服を着て“つば”のある軍帽をかぶり一段と頼もしく見えた、と華子さんは回想する。

　出撃前に生後4ヶ月の娘の顔を見ておこうと電報を打っておいた増淵三郎上機曹のもとへも、奥さんが遠路はるばる赤ちゃんを連れて、本州さいはての地まで面会にやってきてくれた。交通事情の悪いなか、乳児を連れて遠出をするのは並たいていのことではない。そんな苦労を知ってか知らずか、機関科の若い衆は増淵夫妻の泊まっている旅館に押しかけてのドンちゃん騒ぎ。

　入浴の際には我が子を抱いて旅館の湯船に浸かった増淵上機曹。一緒に入る下士官連は赤ちゃんの顔をのぞきこんで
「増淵兵曹に良く似ている」

「もう少し大きければ嫁に貰うんだがなぁ」

などと言いたい放題。顔を見合わせて笑いあったのも出撃前の良い思い出となる。

　7月13日、修理を終えて出渠、大湊国民学校（国民学校は今でいう小学校）の立派な小国民たちの見送りを受けて試運転のため大湊を出港する。修理箇所の調子は良好。何日ぶりかで諸訓練を実施し、2100浅虫へ入港。ここは先日入港するも波高く上陸できなかった因縁の地。上陸が許され、温泉街の旅館を満喫することができ、出撃前の良い休養となった。

　電機部の先任下士である中原貞次上機曹と行動を共にする岡田梅吉2機曹は、夏だというのに下士官用の外套を着こんだ。その片方の袖口をしっかりと糸で縫い、その中に一升瓶を1本入れると、それを内側にして左手にかける。右手は敬礼用に空けておき、営門を出るいつもの手段でまんまと持ち出すことに成功。2人で1本ずつ、計2本の計算だ。これは当時、艦内、隊内、あるいは軍の敷地内から娑婆へ物品を持ち出すことは厳禁だったからだが（自分たちが飲み食いするぐらいいいではないかと思われるかもしれないが、エスカレートすると軍の物資横流し……などということになりかねないからだ）、世間一般での食糧事情が悪いなか、宿泊先の旅館で飲むために公然と艦外持ち出しが行なわれていたのも実状だった。

　浅虫の街を歩き、かつて皇族が泊まったという立派な旅館に投宿を決め、持ってきた2本の一升瓶を飲み干した2人、べろんべろんに酔ってしまった。無理もない。

　翌朝、帰艦時刻も迫ってきたため朝食もとらず玄関に出ると、入り口に立派な鏡がかけられているのが目に止まった。

　やおら、

「女将、これ、船にいただいていきます」

と岡田2機曹が言い、例の外套の片袖にそれを突っ込むと、女将さんも心得たもの、

「兵隊さん、死なないで必ず帰ってきて、持ってきてくださいね」

と粋（いき）に応じる。この「必ず帰ってきて」の一言は戦後になっても

長く岡田氏の耳に残っていたという。

こうして伊14潜にやってきたこの鏡は、以後、後部兵員室にかけられて、起居する乗員たちに朝夕愛用されることとなる。

7月14日、０６４５浅虫を出港、諸訓練を実施後、派遣員を降ろすため浅虫へ再入港する。１８３０に大湊へ帰投するまでにおよそ9時間以上の潜航訓練を実施して艦内の雰囲気を引き締めた。

明けて15日、この日、寝苦しさのあまり早朝に起きた進藤庫治1機曹は艦橋に上がり、朝の空気を堪能していた。昨夜から半舷上陸実施中の艦内はいささか静か。当直員だけが配置についている。

ふと艦首方向の上空へ目を転じると、飛行機2機が飛んでいるのが見えた。随分早くから訓練しているなー、などと眺めているると、この2機がひらり身をひるがえし、沖合いを航行する2隻の貨物船に襲撃運動をとり始めた。と、突然に貨物船の後甲板付近で火花が散ったと見るや炎が吹き上がった。

「空襲だ！」

「総員起こ〜し!!」

一気に艦内は騒然となる。

幸いにしてこの2機の敵機は浮上停泊中の伊14潜に気づかず飛び去っていったが、見つかっていればただでは済まなかっただろう。こんなところも我が艦が幸運艦たる所以だ。

その後、〝敵機動部隊本土東方に接近、艦砲射撃中〟との情報で警戒警報、ついで空襲警報発令、北海道に敵機１１０機来襲の報、やがて大湊へも敵艦上機が侵入した。伊14潜は０５１５から１２４０まで24ｍの海底へ沈座してこれをやり過ごす。潜水艦はこうして敵の目を逃れれば安全だが、大湊に呼び寄せた家族たちは陸上にいるわけでその安否が乗員たちの心配の種であった。

こうした様子を富樫2機曹の実妹、華子さんが港の見える旅館の窓から見ていた。

「突然キューンという音より早く戦闘機と思われる小型飛行機が4機次々に急降下して、停泊中の艦上に働いている人たちを目がけてピュン、ピュン、ピュンと機銃掃射をあびせて、またすうーと上空に帰っていくのを目撃し腰が抜けるくらい驚いていたたまれない気持ちでございました。母が一心に般若心経を唱えておりました姿が目に浮かんで参ります」

断続的に続いた空襲が落ち着き、１７１０にようやく警報は解除され、１８００に浮上、大湊の外港に投錨する。

7月16日１２４０、大湊のＤ１番ブイに繋留、分解された『彩雲』2機を格納筒へ搭載する。伊13潜ともども、甲型改2の2艦にどのように『彩雲』が積載されたのかは残念ながらつまびらかではない。

このあたりについて生存幹部のひとりである高松氏には

「積み荷の積載に立ち会う立場にはなく、飛行機にも興味はなかったので見に行きませんでした」

と回答していただいたが、おそらく胴体、主翼と分解してのものと思われ、それにしても『晴嵐』のようにコンパクトに折りたたむことのできない『彩雲』を格納筒の中によく収められたものといえよう。とくに直径3・65ｍの格納筒に胴体と主翼をどのように組み合わせて収容したのかについては興味が尽きない。

さはあれ、これで光作戦の合戦準備は整った。

いよいよトラックへ向けて、出撃の刻、来たる。

伊 14 潜の搭載兵器及び物件
「機構説明書 兵科之部」より

海軍艦艇の主要スペックについてはこれまでにも広く流布されているが、艦体に造作された砲熕、水雷兵装以外にどのような兵器が実際に積まれていたのかについては判然としない部分が多い。

そんななか、伊 14 潜については国立公文書館に「伊號第十四潜水艦 機構説明書 兵科之部」という米軍接収史料が収蔵されていて、その詳細を知ることができる。

本ページで紹介するデータは本書冒頭の折り込み図面下に掲載した「要目 船體及艤装」に連なる項目で、とくに興味深いのは各兵器、機器の数はもちろんのこと、型式名が細かく明記されていることである。

もっとも、建造中に並行して製作されたマニュアルという性質上、竣工時に実際に搭載されていた機器や数とは若干の差異があったはずで、また、「特Ｓ型射出機」のように試作名のままで掲載されているものもあり、注意が必要だ（それがまた興味をそそるのだが）。

三、兵器

項目		要目		記事		
		名称	数			
水雷科	発射管	九五式潜水艦発射管一型	艏 6	〔※ 1〕		
	魚雷〔※ 2〕	九五式魚雷二型	12			
		九一式魚雷改三	3			
	縦舵機	九八式縦舵機改一	16			
	方位盤	九八式潜水艦方位盤改一	1			
	聴音機	九三式水中聴音機二型甲潜水艦用	1	〔※ 3〕		
砲術科	大砲	（原文空欄）		弾薬定数	常備	
					満載	
	機銃	九六式二十五粍三聯装機銃四型	2 基	弾薬定数	常備	（空欄）
		九六式二十五粍単装機銃四型	1 基		満載	11200
	小銃	九九式小銃	3 挺	弾薬定数	常備	（空欄）
					満載	3970
	拳銃	一四式拳銃	2 個	弾薬定数	常備	（空欄）
					満載	584
	測距儀	（原文空欄）				
	「防毒面」	九七式四号防毒面	97			
		九三式四号防毒面	32			
通信科	送信機	九九式短三号送信機	1 組			
		九九式特四号送信機	1 組			
		試製二式中五号送信機改一	1 組			
	受信機	九二式特受信機改四	7 組			
		試製超短波受信機	1 組			
	方位測定機	假称二号電波探信儀二型改三	1 組	〔※ 4〕		
		丁式五号方位測定機三型	1 組			
		假称電波探知機	1 組			
	電信機	TM 式軽便無線電信機改二	1 組			
	測定器	九九式測波器	2 組			
		九九式短測波器	2 組			
		九六式測波器一型	1 組			
		九七式短測波器一型	1 組			
		九六式中測波器一型	1 組			
	鑑査機	（原文空欄）				
	受聴装置	テー式一号受聴器	29 個			
	印字機	三式換字機	1 組			
飛行科	射出機	假称特Ｓ型射出機	1 組			
	飛行機	（原文空欄）〔※ 5〕	2			
	爆弾〔※ 6〕	八〇番通常爆弾	2 個			
		九九式二五番通常爆弾	8 個			
	機銃	十三粍旋回機銃	定 2	弾薬定数 1600		
			補 1			
航海科	測距儀	九六式六六糎測距儀	1			
	羅針儀	九五式水防羅針儀二型改一〔※ 7〕	1 組			
		安式二号転輪羅針儀改二	1 組	複式 220V		
	測深儀	九九式測深儀	1 組			
	測程機	九二式一号測程儀一型	1 組			
		九六式航跡儀二型	1 組			
		九三式十五糎双眼望遠鏡	1 個			
		八八式十米潜望鏡三型	1 個			
		八八式十米潜望鏡四型改一	1 個			
		（判読できず）				
		亜式信号燈改一	2 個			
		九〇式信号拳銃	1 挺			
		九七式信号拳銃	1 挺			
		九七式山川燈二型	2 個			
		投射銃（肩當用）	1 挺			

※ 1：「艏」は図面などで艦首を表す記号として使われる漢字。
この場合は艦首に６基装備の意。
※ 2：九五式魚雷は潜水艦本体の発射管用で直径 53 ㎝、九一式魚雷は『晴嵐』用で、予備を含め３本搭載。
※ 3：三式探信儀のほうは本書に記載がない。
※ 4：１３号電探は説明書本文には記載があるのだが、本表には記述がない。
※ 5：飛行機名については空欄で機数だけ「2」とある。
※ 6：魚雷は水雷科の所轄だが、爆弾は飛行科というのがおもしろい。海軍でいう「通常爆弾」とは対艦用。
※ 7：水防羅針儀は艦橋に装備されたもので、潜航の際には水に浸かる。

四、機関及其ノ他

機関科	項目	名称（要目）				数	記事
	主機械	二二号十型内火機械（過給）				2	
	補助発電機	特 450kw 補助発電機				1	
	主電動機	特八型				2	
	主蓄電池	一号蓄電池十三型				240	
	燃料（軽油共）	常備	715.6	予備	269.6	合計	985.2
			48.2		18.2		66.4
	真水	32.9 瓲					
	糧食	3 ヶ月分 25.3 瓲					

第三章

光作戦発動

出撃、針路ＳＥ宜候

昭和20年7月17日、伊14潜は出撃の朝を迎えた。

０８００、軍艦旗掲揚、出撃準備下令。１２００、出撃祝宴会を開く。１４００、総員集合。出撃に際して清水艦長から訓示があり、続いて歴戦の名和航海長から作戦任務達成に関しての指示がなされた。その後、各分隊ごとに艦内神社に参拝し、我が伊14潜の武運長久を祈願する。水上艦艇では例えば戦艦『伊勢』であれば伊勢神宮の、巡洋艦『鹿島』であれば鹿島神宮、『香取』なら香取神宮などとゆかりのある神社の御神体を艦内神社に祀ることがあった。ことナンバーで艦名が示される潜水艦の艦内神社はおよそ伊勢神宮を祀ったものが多かったが、伊14潜の場合がどうだったのかは判然としない。

１４４５、航海当直配置につけ、次いで岡田水雷長の「鉢巻をつけ」の号令により、総員はそれぞれ菊水マークを挟んで必勝と墨書された湊川神社押印の鉢巻をしっかとその額（ひたい）に巻きつけた。

１５００、清水艦長より「出港用意」の号令を受けて出港用意のラッパが吹奏される。次いで、

「舫い放て（もやいはなて）」

「両舷前進微速」

の号令で艦はゆっくりと動き始めた。東の風、風速８・９ｍ。第1潜望鏡の先端には竣工時に逆さまに括りつけて皆を慌てさせた「非理法権天」の幟旗が翻り、第2潜望鏡では「長旗」と大幅の軍艦旗がはためいている。

陸（おか）の上では大湊潜水艦基地隊の関係者や面会に来た乗員の家族たちが日の丸や軍艦旗の小旗、ハンカチを打ち振って盛大に見送ってくれている。中には大きな風呂敷のような布を振り回している人の姿も見える。夫や兄弟、我が子など身内の名前を叫ぶ声、声、声。つい先日、我が艦だけの見送りを受けて先に出撃していった伊13潜の静かな出撃とは対照的だ。

艦橋で当直配置にあった安保2曹が前方を見張る潜望鏡をふと陸岸に向けると、わらぶき屋根の小さな家が目に入った。その庭先に右手の不自由そうなおばあさんが中腰で無表情のまま左手を盛んに振っている。何か呟いているようでもあるその姿に自身の母親の姿を重ね、「きっと勝ちます。待っていてください」と気持ちを引き締める。

岡田水雷長の「帽振れ」の号令で、伊14潜の艦上からも見送る人々に向かって帽振れで答える。

実兄、富樫雅平2機曹への面会にきて、そのまま大湊へ逗留していた華子さんは、陸上からのこうした見送りの様子を次のように語っている。

「生まれて初めて目の前に見た巨大な黒々と光る潜水艦上に軍艦旗の赤も眩しいハチマキ（ママ。菊水のハチマキという証言もあり、あるいは双方用いられていたのかもしれない）をキリッと締めて、一列横隊に並んだ軍人さんたちが片手に白い軍帽をうち振りつつ、遠く重大な任務を帯びて故国を離れていったあの日、あの時、今は亡き母と二人、流れる汗を拭おうともせずはるか、沖合いに点のように小さく見えなくなるまで立ちつくしておりました。私が十八才になったばかりの暑い夏の午後でした。」

つい先日、旅館での宴席にやってきた兄とその戦友たちの頼もしい姿を目の当たりにした華子さんにとって、感慨ひとしおな瞬間であった。その日の空の青さはなんとも虚しいものだったという。

◀第一種軍装に「必勝」と書かれたハチマキを締め、花束を抱えた安保政雄2等兵曹。航海科の彼は哨戒員として３直の見張り配置に就いた。５月27日以来、克明に日誌を書き留めており、それが今、伊14潜の行動を追いかける格好な史料となっている。写真は出撃をひかえた昭和20年6月13日の撮影という。右胸の潜水艦徽章に注意。

航海中は司令塔ハッチのみを開ける

通常の伊号潜水艦には前後の上甲板に２つずつと司令塔、合計５つのハッチを有していた。浮上航行の際には、不意の浸水や急速潜航への対処を考え、司令塔昇降口と呼ばれる艦橋ハッチのみを使用する。給排気筒を除けば、艦内から唯一、外界とつながった場所がこことなる。つまり、浮上中であっても艦全体は閉鎖空間となっていた。

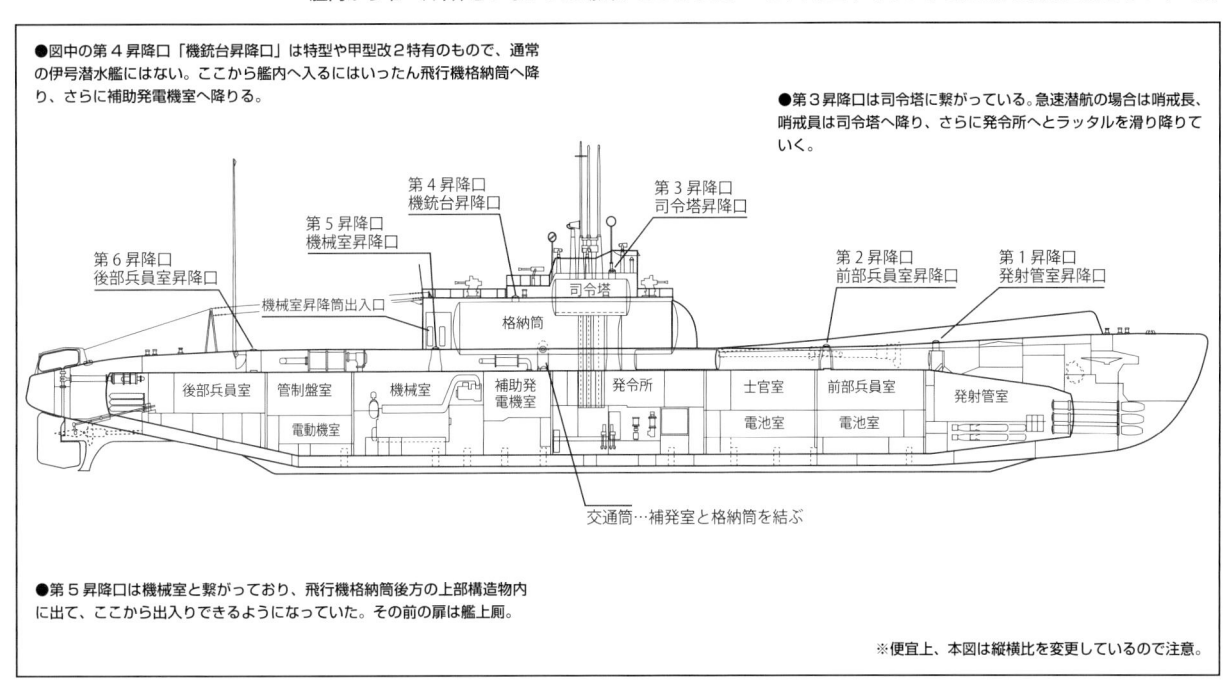

●図中の第４昇降口「機銃台昇降口」は特型や甲型改２特有のもので、通常の伊号潜水艦にはない。ここから艦内へ入るにはいったん飛行機格納筒へ降り、さらに補助発電機室へ降りる。

●第３昇降口は司令塔に繋がっている。急速潜航の場合は哨戒長、哨戒員は司令塔へ降り、さらに発令所へとラッタルを滑り降りていく。

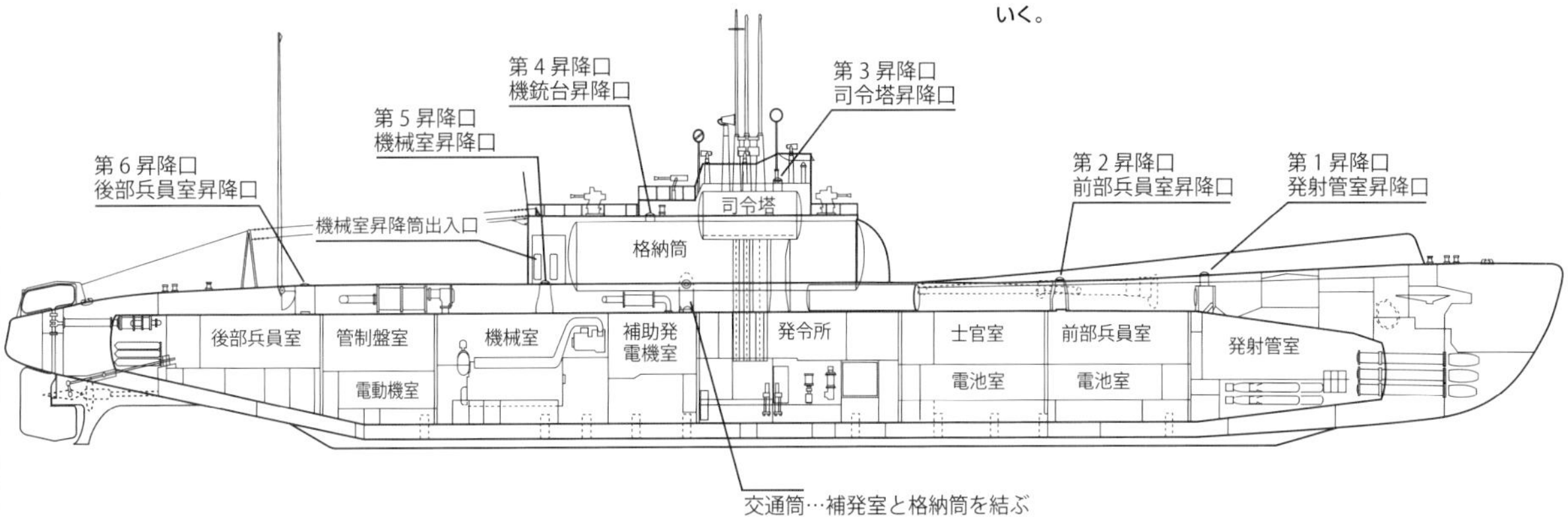
第４昇降口
機銃台昇降口
第３昇降口
司令塔昇降口
第５昇降口
機械室昇降口
第６昇降口
後部兵員室昇降口
第２昇降口
前部兵員室昇降口
第１昇降口
発射管室昇降口
機械室昇降筒出入口
司令塔
格納筒
後部兵員室
管制盤室
電動機室
機械室
補助発電機室
発令所
士官室
電池室
前部兵員室
電池室
発射管室
交通筒…補発室と格納筒を結ぶ

●第５昇降口は機械室と繋がっており、飛行機格納筒後方の上部構造物内に出て、ここから出入りできるようになっていた。その前の扉は艦上厠。

※便宜上、本図は縦横比を変更しているので注意。

やがて増速した艦は陸奥湾を直進して港外へ出て行く。

清水艦長の「合戦準備」の号令で艦上のハッチは艦橋の1箇所を残し、全てが堅く閉鎖され、準備のできた艦内各部から「合戦準備よし」の報告がヤマビコのようになされる。以後は哨戒員（見張員）として艦橋の当直に出る者以外、艦内配置の乗員たちにとってはこのハッチから吸入される空気だけが唯一外界とのつながりとなる。

すぐさま試験潜航を実施、各所の点検結果は良好。

日本地図をご覧いただければわかるように、大湊から太平洋に出るためには下北半島をぐるりと３６０度、時計回りをする。

津軽海峡を進撃中、早速、逆探に敵潜水艦からと思われる電波を探知する。実戦の緊張感が高まるなか、艦橋上では左手に北海道の白神灯台と函館山を認め、敵艦うごめく太平洋へ躍り出て針路はＳＥ（サウスイースト。つまり南東）宜候。

まずはマリアナから硫黄島へと伸びる敵の警戒圏を充分に外し、その後、南へと変針する心算だ。

早くも敵と遭遇

7月18日、０３００、急速潜航、そのまま長時間潜航して進撃する。循環通風空気清浄実施、しかし艦内は炭酸ガスの発生多く一時は呼吸困難になる。１８３０、総員配置、日課手入順行。１９１５、魚雷戦訓練実施。２０００、浮上航行に移行した。

通常、潜水艦は昼間に潜航して敵の目を逃れ、夜間に浮上航行してディーゼル機関で距離を稼ぎつつ電池に充電という行動を取るのだが、昭和18年に濃霧のアリューシャン方面で何隻もの味方潜水艦を敵の電探射撃の前に失った経験、あるいは夜間に浮上充電中に暗闇から突然に射撃、雷撃を受けた経験から、昼間に浮上航行して有視界の見張りを強化しながら充電し、夜間に潜航するという方法に切り替わった。たとえ電探の性能が劣っていようとも、こちらが2～2万5，０００ｍの距離（これは潜水艦の艦橋から水平線を見渡した距離で、気象条件にもよるが戦艦の艦橋トップからだと3万ｍかなたを行動する艦船のマストを望見できた）で敵艦・敵機を発見することができればそれから潜航して対処できるということだ(ただし、末期になると米軍の組織的な対潜戦術の向上によりこれでは充分に対応ができなくなった)。しかし、伊14潜はあえて以前のセオリーどおり昼間潜航、夜間浮上航行充電実施という行動を取った。

7月19日、激しい波浪に揺さぶられながら艦は進む。艦橋の哨戒員たちは頭の上からつま先まで波飛沫をかぶりながら両足を踏ん張って双眼鏡を覗き、水平線を見張っている。見張りの当直はそれぞれ8時間ごと交代の3直で、岡田水雷長、名和航海長、高松砲術長の哨戒長たちは8時間とおしで、双眼鏡につく哨戒員たちは2時間見張りをすると同じ直の乗員と交代、次の2時間は艦内で配置につきながら休憩を取り、また次の2時間、双眼鏡につくというようなローテーションである。潜水艦に限らず、洋上航行中の艦上における双眼鏡での見張りは揺れや潮風の影響のため、なかなか過酷であり、貴重な真水で目を洗いながらという任務であった。

0300、急速潜航、潜っての進撃に移る。

と、0430、聴音室で受聴機（ヘッドフォン）を耳にして九三式水中聴音器の整相ハンドルをゆっくり回転させながら四周の水中音に注意を払っていた竹中勇吉上曹は、突然に右160度にかすかなピストン音を感じ取った。距離は2万から3万mか。すぐさま

「司令塔！　右160度、推進器音らしきもの、感1」

と報告すると、司令塔からは

「引き続き精密聴音」

「追尾」

「刻々と報告せよ」

と矢つぎばやに指示してきた。

艦内に緊張が走る。今日で出撃3日目、すでに敵の勢力圏深く入り込んだ形だ（もっともこの頃は本土周辺ですら制空・制海権が敵に奪われた形であったが）。

潜航中の艦内は節電と艦内温度の上昇を防ぐため多くの電灯が消されていてほの暗い。湿度は不快指数マックスといった状況で、当直員2人が詰める聴音室だけが機材の発する光で煌々と明るく、また暑かった。

しばらくした0540、右130度にディーゼル音を探知、感1。次いで同じ船のものか右90度にエンジン音を探知、感2。敵は単独行動の商船であろうか。

「ソーイン（総員）、配置につけ〜」

司令塔からの号令で各員はそれぞれの戦闘配置に散っていく。

清水艦長からの

「チャンスなら雷撃する」

との力強い発言が、高田耕作水兵長により艦内各所へ伝達されていく。高田水兵長は艦長附伝令。清水艦長の一言一句を薄暗い艦内で懐中電灯を照らしながら懸命に航海日誌に記入するのも彼の仕事だ。

清水艦長は南西方面で商船2隻を屠った経験の持ち主である。実戦経験のある指揮官というのはとかく心強い。若いながらも伊8潜での戦闘経験豊富な名和航海長もいる。岡田水雷長だって潜水艦勤務は初めてとはいえ、水上艦艇では開戦以来、百戦錬磨の指揮官だ。

士官室と発令所の間に設置されている超音波聴音室に移動した竹中上曹は仮称三式4型探信儀を作動させ、精密聴音を開始。慌しく高松砲術長もここへやってきた。

◀伊14潜の敏腕聴音員、竹中勇吉上等兵曹は昭和15年1月に横須賀海兵団へ入団（徴兵）、昭和16年1月に第1期普通科水測術練習生を、昭和18年9月に第9期高等科水測術練習生を修了した聴音のエキスパートだ。伊14潜については「巡洋艦級の超大型艦」と回想しており、最新式の三式探信儀の性能についても「指向性は抜群で敵速も一定時間に発振すればすぐ判明する」と取り扱いに大いに自信を持っていた。写真は昭和16年11月3日、明治節を記念して撮影されたものと思われ、前列で座るのが3等水兵時代の竹中氏。帽子のペンネントは「海軍水雷学校」と読める。後のふたりは竹中氏の従兄弟の瀧尻哲夫氏（左：ペンネントは海軍航海学校）と瀧尻良二氏（右：ペンネントは海軍通信学校）。

水中聴音機（パッシブソナー）と水中探信儀（アクティブソナー）

水中聴音機は水上艦艇や潜水艦の艦首部に装備される装置で、艦外の音を捉えて活用する、現在パッシブソナーと呼ばれるもの。水中探信儀は音波を出してそれが目標から跳ね返ってくる時間で距離を測る、アクティブソナーだ。ともに深々度潜航中の第 2 次大戦型潜水艦では外界の様子を探ることのできる唯一の手段といえた。日本では水中聴音機も水中探信儀もソナー（海上自衛隊ではソーナー）と呼ばれるが、これは Sound navigation and ranging の頭文字 “SONAR” にちなみ、イギリスではアスディックと呼ばれる。これは第 1 次世界大戦時の対潜探知情報委員会 Anti-Submarine Detection Information Comittiee の頭文字 “ASDIC” に由来する。

■九三式水中聴音機

九三式水中聴音機は戦前戦中を通して水上艦艇や潜水艦の艦首部に装備された（自艦の推進器音の影響を避けるため）。16 個の捕音機（マイク）を水平面で円形になるように配置し、ここで捉えた音を電気信号に変換し、音の来る方向、距離を探知するだけでなく、さらには音源のリズムにより艦種を特定するもの。探知距離はおよそ２万5000 mほどといわれたが、艦隊や船団などの集団音であれば３万mの距離（潜水艦の艦上からの視界では、水平線のさらに先の位置となる）まで探知可能だった。なお、大和型戦艦や翔鶴型空母には零式水中聴音機という、円陣が２列になったものが搭載された。

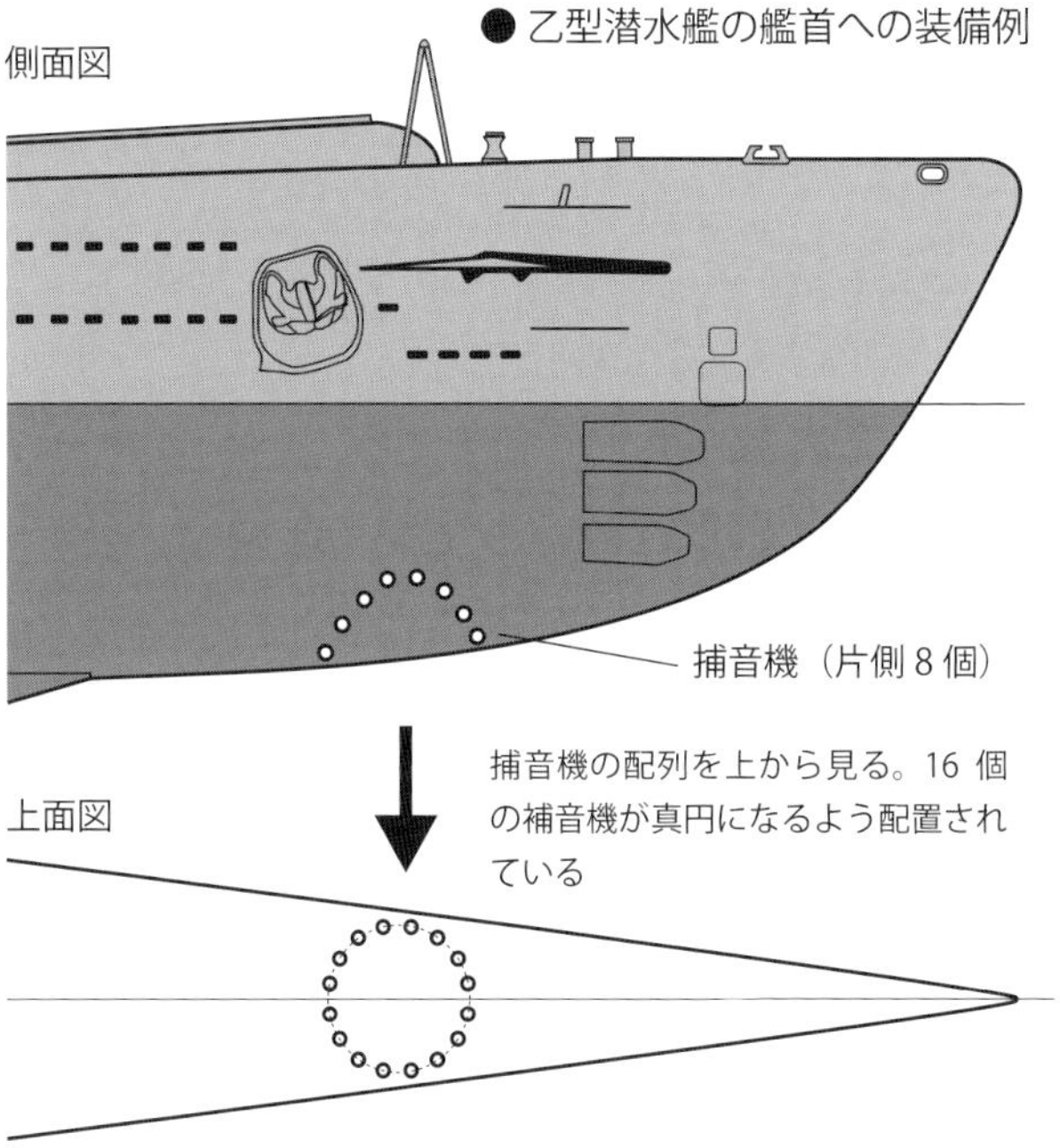

● 乙型潜水艦の艦首への装備例
側面図
捕音機（片側 8 個）
捕音機の配列を上から見る。16 個の補音機が真円になるよう配置されている
上面図

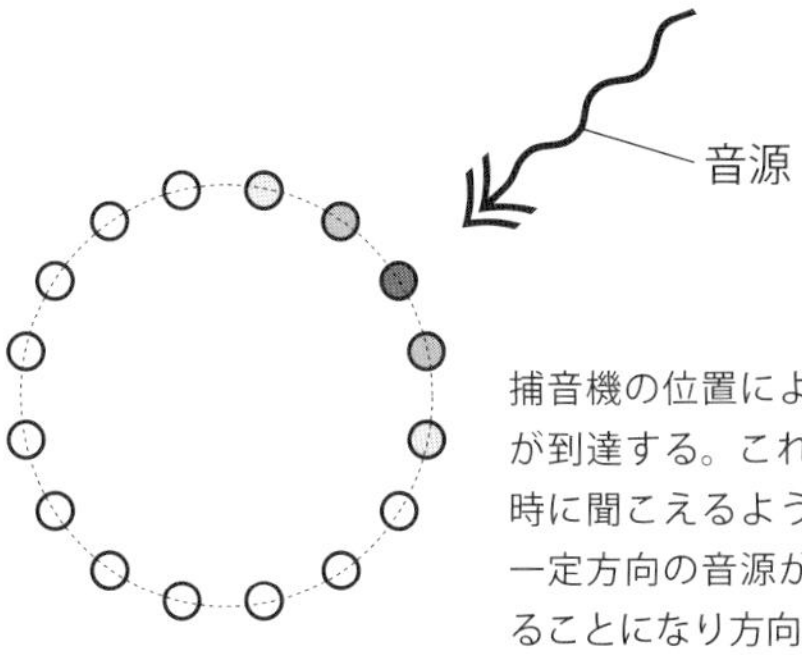

音源

捕音機の位置により時間差で音が到達する。これを回路で同一時に聞こえるように調整すると一定方向の音源が大きく聞こえることになり方向がわかる。

■三式水中探信儀

日本海軍が大戦中期に実用化したアクティブソナーで、音波の送受信機能を備えた送受波器（磁歪式発信子）を水上艦艇や潜水艦の艦底に隠顕式に搭載、使用する際には手動で下方へ展張させる。音波を発し、その跳ね返る時間で目標との距離を測るものだが、こと潜水艦では逆探知を懸念してこうした使い方はせず、逆に精度の高さを利用してパッシブソナーとして使用して効果を上げた。

〔送受波器装備の概念図〕

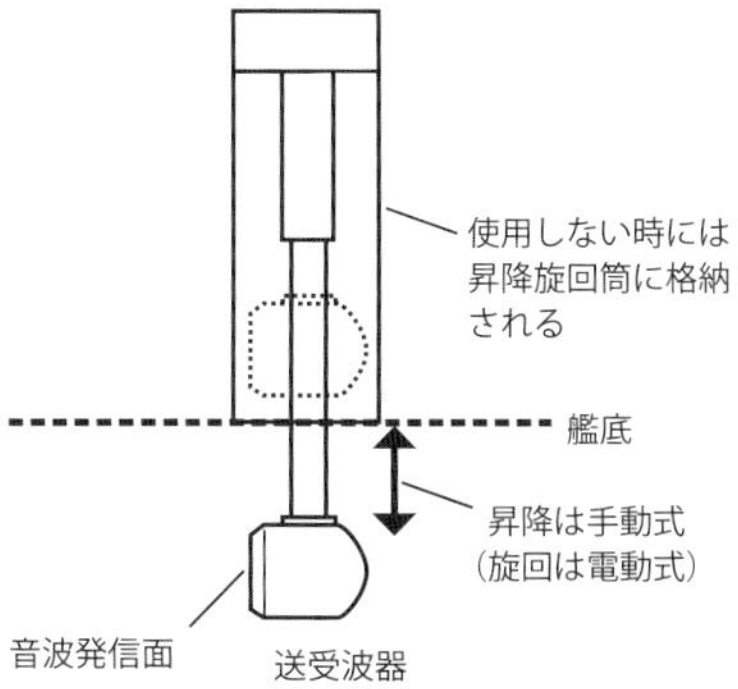

使用しない時には昇降旋回筒に格納される
艦底
昇降は手動式（旋回は電動式）
音波発信面
送受波器

〔ブラウン管への写り方〕

▼目標が正面にいる場合

▼目標が右 45゜ にいる場合

▼目標が左 30゜ にいる場合

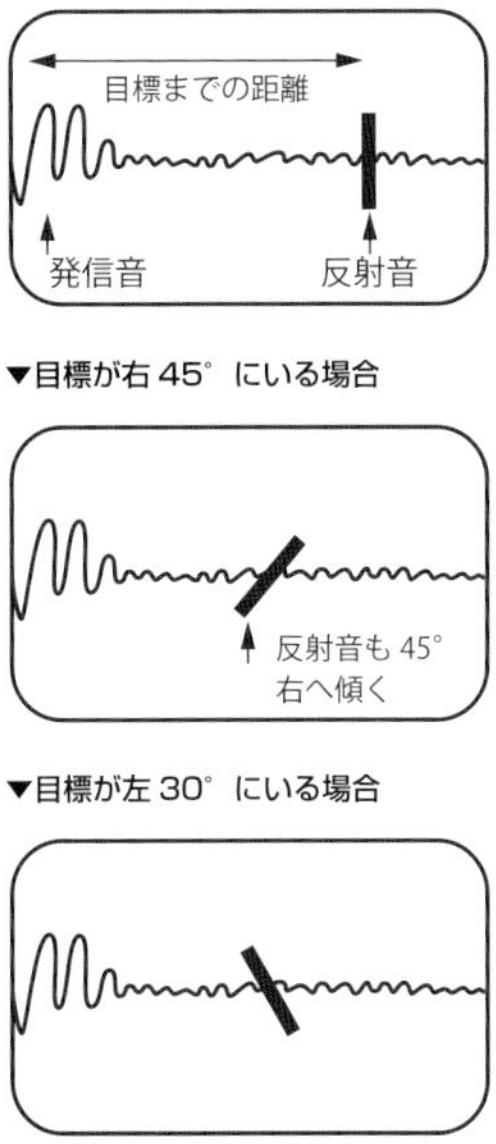

目標までの距離
発信音
反射音
反射音も 45°右へ傾く

※「伊 14 潜機構説明書」には、あとづけされた水中充電装置（シュノーケル）とともにこの三式探信儀については記載されていない。

▼目標が艦の正面にいる場合、反射音は垂直になってブラウン管に写る。ブラウン管の大きさは 12 インチであった。

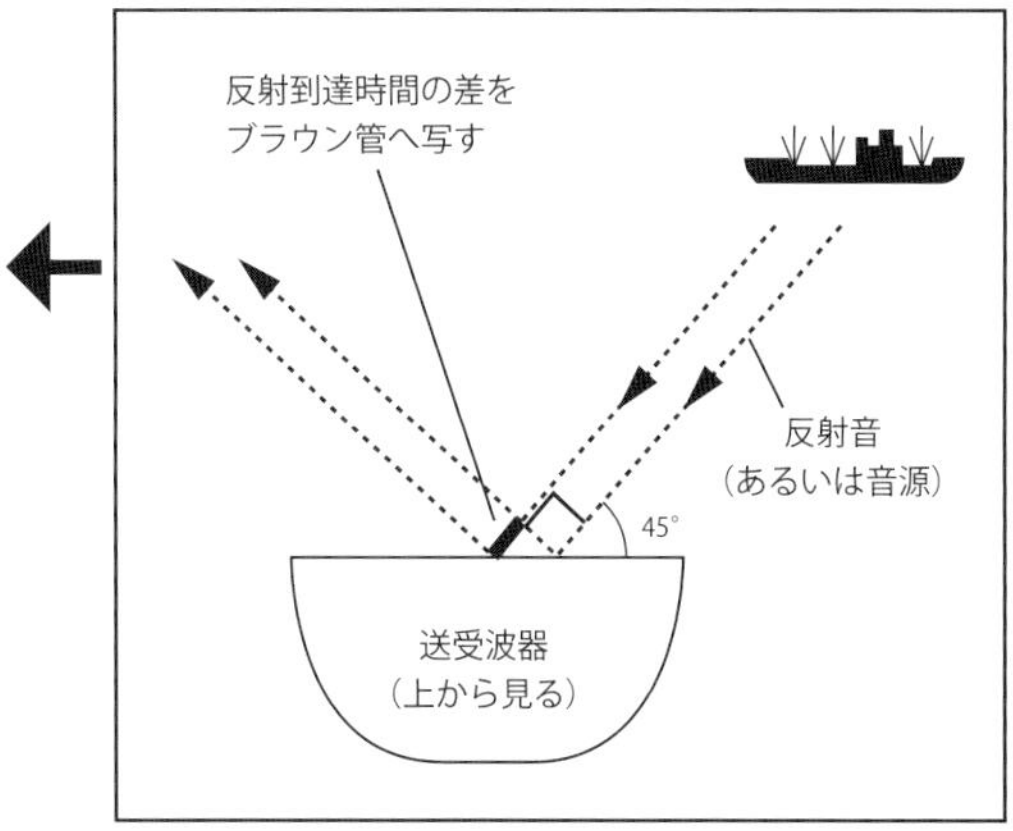

反射到達時間の差をブラウン管へ写す
反射音（あるいは音源）
45°
送受波器（上から見る）

探信儀の名からもわかるように、本機は音波を発信して敵を探信するアクティブソナーで、聴音員の耳だけを頼りとする九三式と違い、ブラウン管に目標の方向、距離を表示するしくみだ。格納された送受波器を手動で艦底から下へ展開させる。受信機として使用すればパッシブソナーとなる。竹中上曹は艤装員時代から本機の取り扱いを特訓して手の内にしていた。

やがてこの仮称三式4型探信儀のブラウン管は敵艦の音源を鮮やかに緑色の線で描き出した。2人とも実際の敵を捉えるのは初めてである。異常な興奮状態で喉の渇くこと。画面上では敵が刻々と近付いてくる様が見て取れる。

先ほどいた九三式の聴音室から

「司令塔、感度いっぱ〜い！」

と叫ぶ声が聞こえてきた。しかし、こちらは九三式の10分の1ほどの細かい精度で敵を捉えている。敵はまだ遠い。

伊14潜は深度40mで一時静止。転舵して水中速力1・5ノットで離脱を図る。１０５０、右１６６度で先刻の音源消滅。ついに敵艦との接触は途絶えた。

本来、単独航行の商船襲撃は潜水艦の最も得意とするところだ。しかし、光作戦『彩雲』輸送の大任を負っている状況では、例え戦果を上げ得たとしても、せっかくの秘匿行動が露見してしまえば元も子もない。

「これは戦後になって知ったのですが、敵もさるもの、大事な物資を運んでいるときは護送船団で行動。米本土へ帰る空船を囮（おとり）として単独航行させて、これを好機と攻撃にやってくる日本潜水艦をおびき出し、捕捉したのち対潜部隊……空母1隻と駆逐艦5隻を呼び寄せ、これがあとを引き受けて追跡、まんまと始末するという戦術をとっていた。もし我が伊14潜がこれを攻撃していたら……」

と元砲術長の高松氏は語るが、清水艦長の大局を見据えた判断が功を奏したといえるかもしれない。

やがて１８３０、総員日課手入、続いて魚雷戦訓練を実施。２０００に浮上し、強速で警戒航行に移行する。

機関故障もなんのその

7月20日、０３００、日試潜航、3直急速潜航訓練を実施、自動懸吊装置の発動を確認する。

０４４０浮上。０９４０天測実施。本日快晴。海上には漂流物があり、海鳥たちがそれに掴まって羽を休めている姿がそこかしこに見られる。夜になって天候は雲量9の曇りとなった。雲間から差し込む月の光が雷跡のように見え、自艦の航跡に光る夜光虫に緊張が高まる。

7月21日、潜航中の時間を利用して袴田機械長以下の機械部員が主機械のクランク室を検査したところ、ピストンの締め付けボルトがガタガタに緩んで、そのうち数個が脱落している状態が確認された。これまでにも述べてきたように、もともと甲型改2の搭載する艦本式22号10型ディーゼルエンジンは馬力が小さく、それでいて重く大きな艦体を運ぶためにいきおい連続全力運転となる傾向にあった。仮に運転馬力に余力のある時には電池充電を実施するので負荷は変わらず大きいまま、今日まで常に無理を強いて酷使してきた愛するエンジンだった。ここにおいて、ついに片舷が故障状態となっているのがわかったわけで、深度30mで潜ったまま修理が行なわれた。

針路１４０度、1・4ノットの微速で深度を40mに下げて航行中の１９４５、真方位３５４度に突如として発動機船、感度3の聴音あり。ところがその1分後には方位が85度も変わって真方位２６９度となり、急激に感度は低減して消滅した。奇怪な現象に“自艦音ではないか？”との意見もささやかれたがついに原因は不明。この日、主機械はついに直らず、乗員の不安は募るばかりであった。

7月22日０６１５、右50度に電探で水上艦艇を捕捉、艦橋から視認できる距離ではない。ようやく主機械の修理が完了。猛雨降りしきる中、遅れを取り戻すべく原速で航行。艦橋で見張りにつく哨戒員はまたもや全身濡れねずみだ。

7月23日、雨は弱まったが波高く、浮上航行する我が伊14潜は飛行機格納筒附近まで波をかぶる始末。当直の安保2曹、「『轟沈』の歌にある『しぶき厳しい見張りは続く〜』とは、かくあるや」などと自らに言い聞かせながら両足を踏ん張り、水平線をしっかと見張る。

出撃後、はや1週間が経過。艦内が急に湿気を帯びて天井に水滴が溜りはじめ、防暑服がべたつく有様。

機械部、電機部ともに機関科の乗員たちは出撃以来ずうっと艦内におり、浮上航行中に通風筒から届けられる、艦橋ハッチから取り込まれた空気が唯一外界との結びつきともいえるものであった。

そんななかでの唯一の楽しみといえるのが艦内のゴミを上甲板から海上へと投棄する作業である。潜水艦というのは1日に1回、艦内にたまった

自動懸吊（じどう・けんちょう）装置とは

潜航中の潜水艦は海流や水圧、また海水比重など様々な影響を受けている。こうしたなか、電気を使うポンプに頼らずに一定の深度を保てるようにと日本海軍で独自に開発されたのが自動懸吊装置だ。これにより長時間の無音潜航も可能となった。

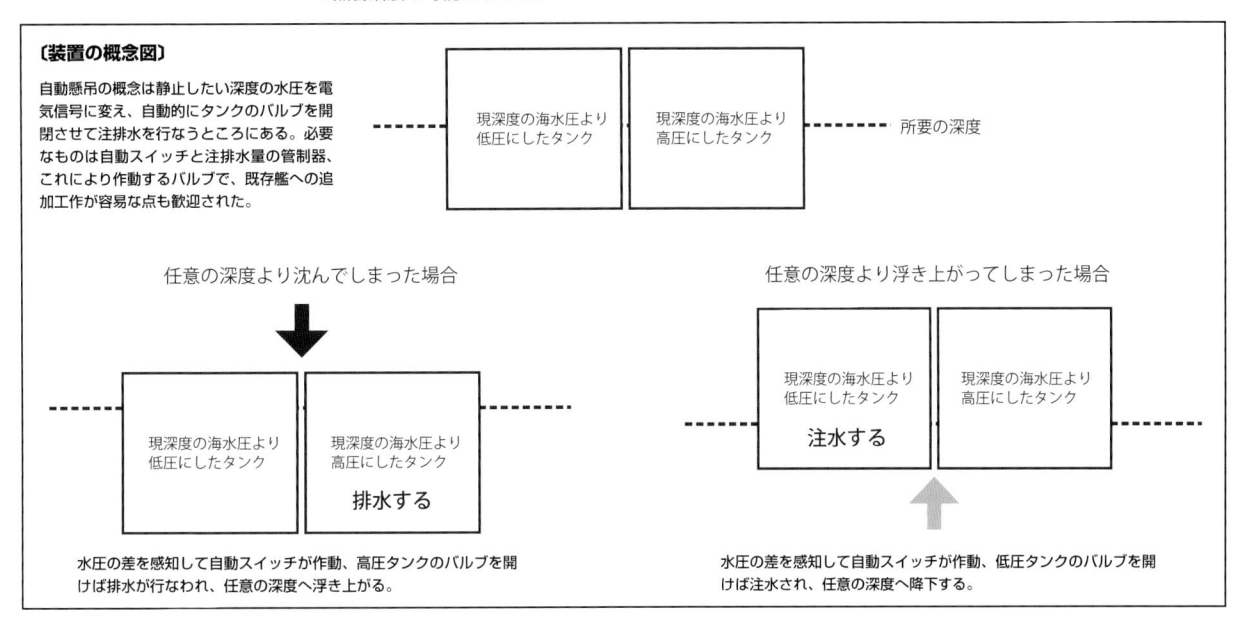

〔装置の概念図〕

自動懸吊の概念は静止したい深度の水圧を電気信号に変え、自動的にタンクのバルブを開閉させて注排水を行なうところにある。必要なものは自動スイッチと注排水量の管制器、これにより作動するバルブで、既存艦への追加工作が容易な点も歓迎された。

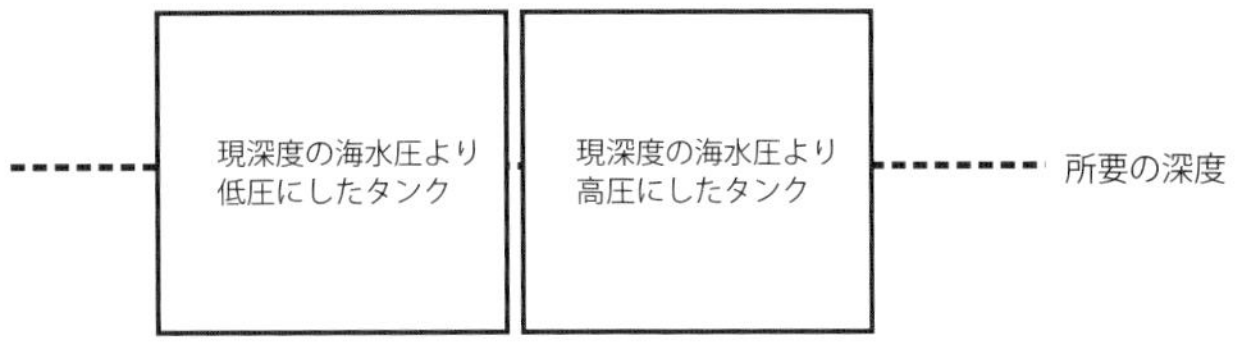

現深度の海水圧より低圧にしたタンク
現深度の海水圧より高圧にしたタンク
所要の深度

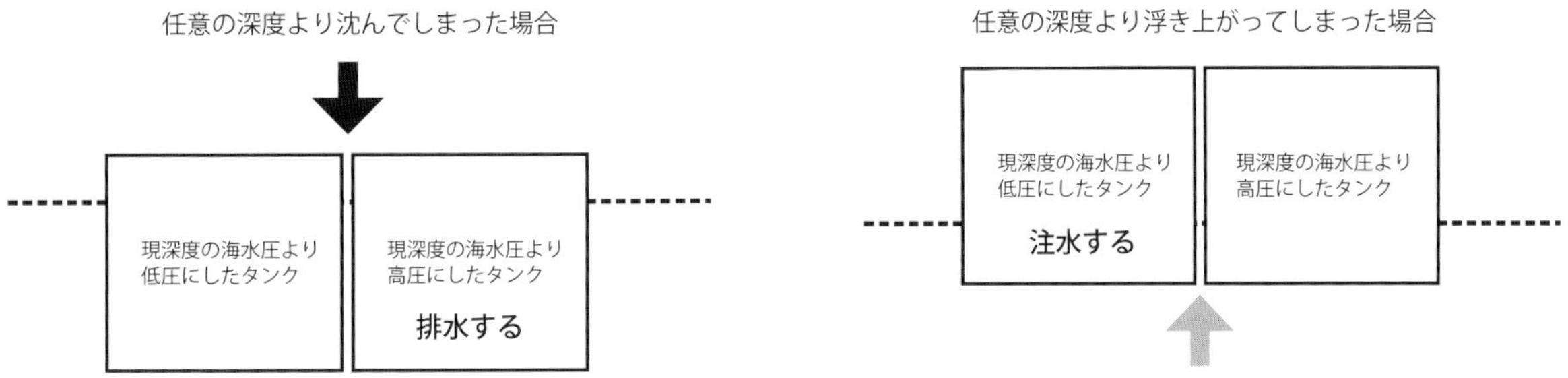

任意の深度より沈んでしまった場合
現深度の海水圧より低圧にしたタンク
現深度の海水圧より高圧にしたタンク
排水する
任意の深度より浮き上がってしまった場合
現深度の海水圧より低圧にしたタンク
注水する
現深度の海水圧より高圧にしたタンク

水圧の差を感知して自動スイッチが作動、高圧タンクのバルブを開けば排水が行なわれ、任意の深度へ浮き上がる。

水圧の差を感知して自動スイッチが作動、低圧タンクのバルブを開けば注水され、任意の深度へ降下する。

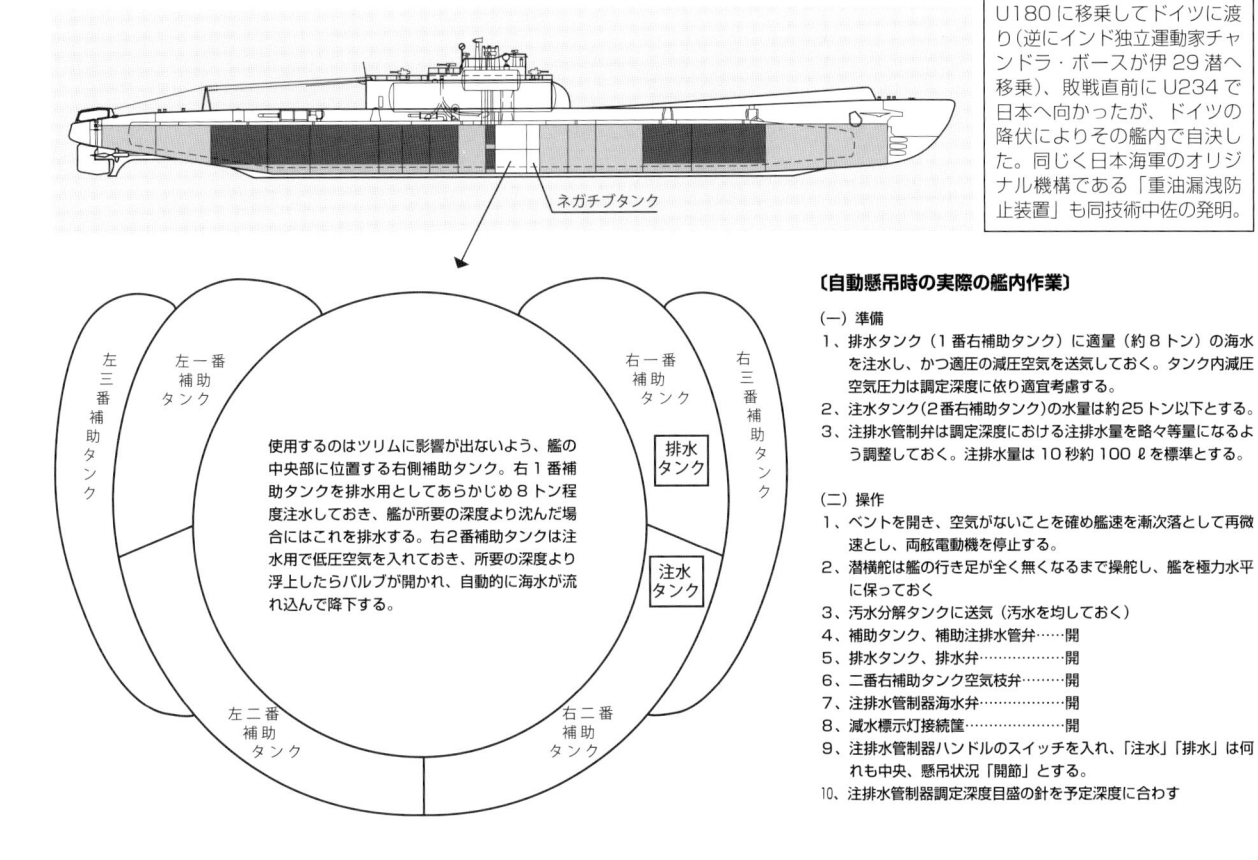

自動懸吊装置の開発者、友永英夫技術中佐は技術交換のため昭和18年4月、インド洋で伊29潜からUボートU180に移乗してドイツに渡り（逆にインド独立運動家チャンドラ・ボースが伊29潜へ移乗）、敗戦直前にU234で日本へ向かったが、ドイツの降伏によりその艦内で自決した。同じく日本海軍のオリジナル機構である「重油漏洩防止装置」も同技術中佐の発明。

〔自動懸吊に使用するタンク〕

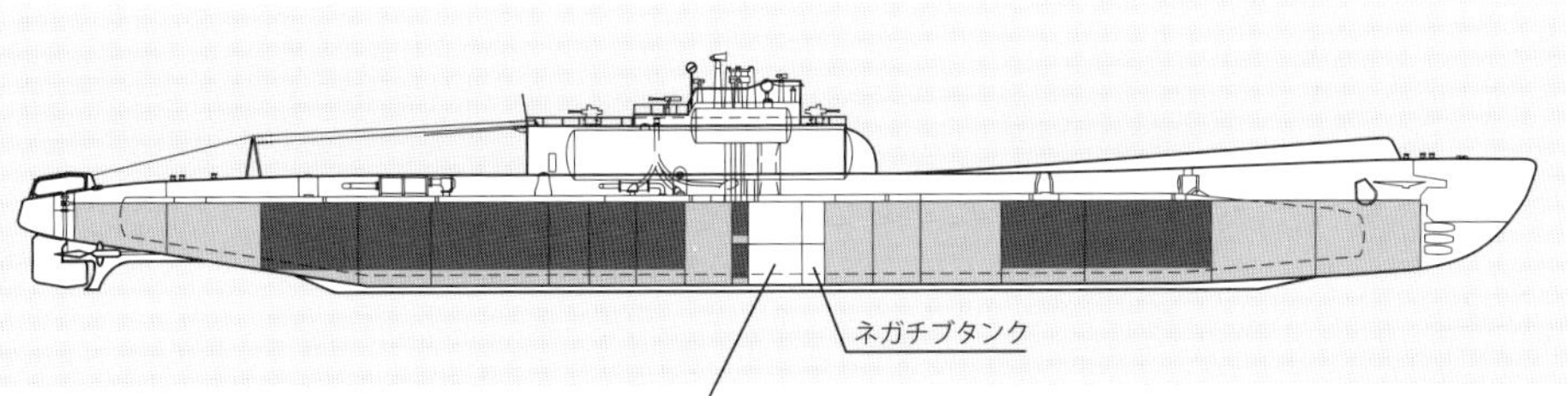

ネガチブタンク

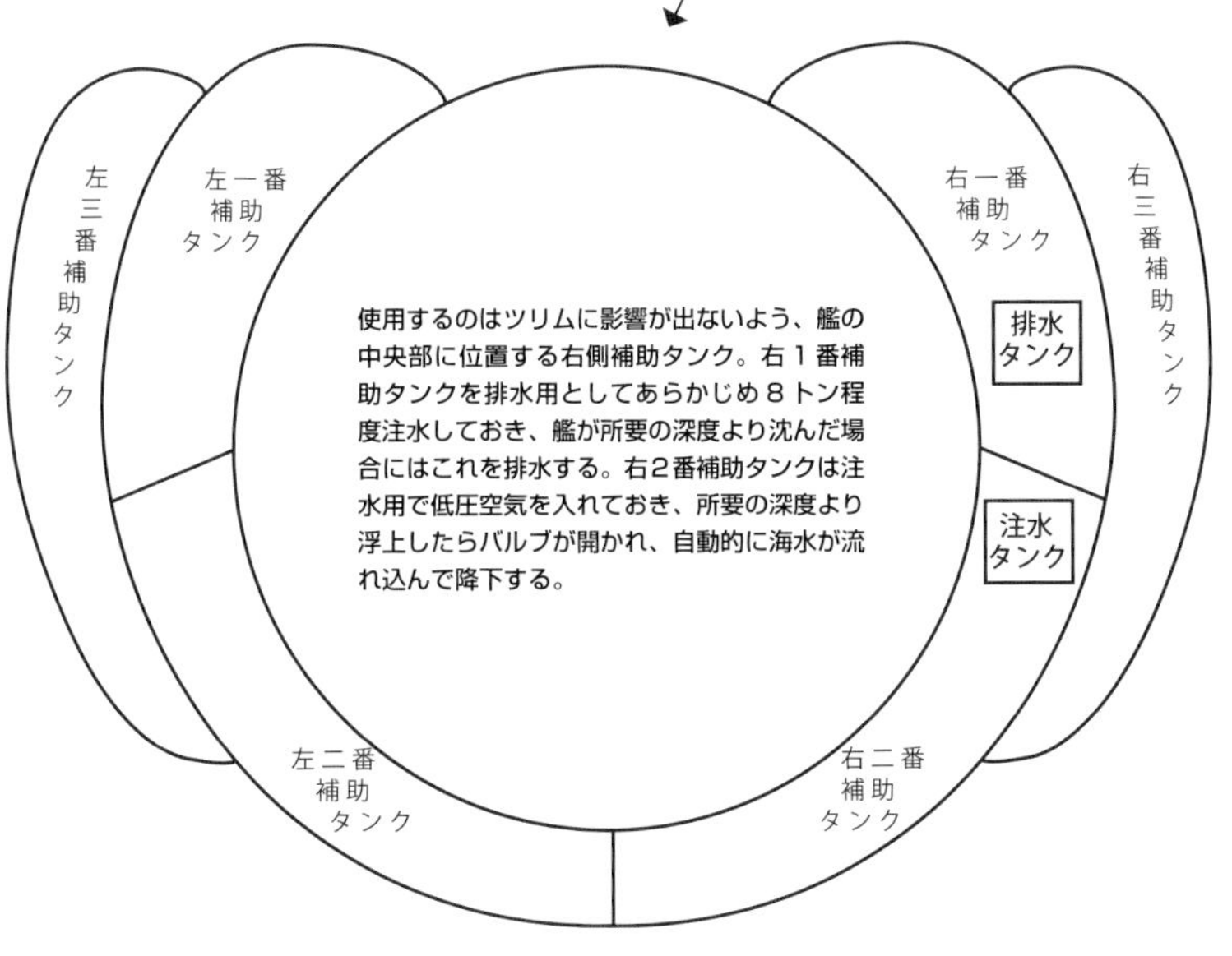

左三番補助タンク
左一番補助タンク
右一番補助タンク
右三番補助タンク
排水タンク
注水タンク
左二番補助タンク
右二番補助タンク
使用するのはツリムに影響が出ないよう、艦の中央部に位置する右側補助タンク。右１番補助タンクを排水用としてあらかじめ８トン程度注水しておき、艦が所要の深度より沈んだ場合にはこれを排水する。右２番補助タンクは注水用で低圧空気を入れておき、所要の深度より浮上したらバルブが開かれ、自動的に海水が流れ込んで降下する。

〔自動懸吊時の実際の艦内作業〕

（一）準備

1、排水タンク（1番右補助タンク）に適量（約８トン）の海水を注水し、かつ適圧の減圧空気を送気しておく。タンク内減圧空気圧力は調定深度に依り適宜考慮する。

2、注水タンク(2番右補助タンク)の水量は約25トン以下とする。

3、注排水管制弁は調定深度における注排水量を略々等量になるよう調整しておく。注排水量は10秒約100ℓを標準とする。

（二）操作

1、ベントを開き、空気がないことを確め艦速を漸次落として再微速とし、両舷電動機を停止する。

2、潜横舵は艦の行き足が全く無くなるまで操舵し、艦を極力水平に保っておく

3、汚水分解タンクに送気（汚水を均しておく）

4、補助タンク、補助注排水管弁……開

5、排水タンク、排水弁………………開

6、二番右補助タンク空気枝弁………開

7、注排水管制器海水弁………………開

8、減水標示灯接続筐…………………開

9、注排水管制器ハンドルのスイッチを入れ、「注水」「排水」は何れも中央、懸吊状況「開節」とする。

10、注排水管制器調定深度目盛の針を予定深度に合わす

◀伊14潜が搭載した艦本式22号10型ディーゼルエンジンは戦時量産を優先して製造されたもので、馬力が低く、勢い全力で長時間運転する傾向があり、出撃からしばらく、袴田機械長以下、機械部員は潜航中に大修理を実施せねばならなくなった。写真は伊400潜の艦本式22号10型ディーゼルエンジンで、通路を挟んで2基据え付けられている。特型は壁の向こうへもう1対（2基）、エンジンがあるわけだ。

ビルジ（汚水）や様々なゴミをまとめて艦外に捨てるのが日課のひとつだが、ゴミについては海中に沈むように重石を入れて包むなどの細工が施された上で上甲板から放られる。瓶類に至っては万が一にも海上に浮かばないよう粉々に砕いて投棄する。こうしたゴミひとつでも秘匿行動が露見してしまうからだ。そしてこうした作業の時だけが彼ら機関科員が外界の空気に直接触れられる瞬間、ささやかながら楽しいひと時だった。

なお、ビルジはいったん汚水タンクに集められ、水と油に分離して水分だけを捨てるようになっていた。これは、わずかな油紋で艦の所在を露呈しないための工夫であったが、結果的に現代でいう地球に優しいエコロジーな行為となっていた。

さてこの日、第1潜水隊司令、有泉龍之介大佐から、作戦行動中の伊13潜、伊14潜へ向けて伊401潜、伊400潜や631空の嵐作戦後の行動についてを知らせる次のような電文が発せられていた。

「機密第二二一七二二番電

發　神龍部隊指揮官

晴嵐ES（昭南）空中輸送ノ場合、第一次六機八月末頃OD（香港）着ノ見込ニシテ一番隊ハ嵐作戦終了後、特令ナクレバMQM（ルソン海峡）経由OD又ハFAC（カムラン湾）ニテ晴嵐収容ESニ回航ノ豫定、OD配備整備員輸送困難ナルコトアルヲ以テ光作戰後ES回航ノ場合モODニ避退現配乗整備員ヲ以テ基地設營、六三一空ノ基地員到着後撤収ESニ回航スベシ、其ノ際出来得レバ晴嵐ヲ搭載回航スベシ、寄港地碇泊中晝間ハ沈坐セヨ」（句読点筆者）

『晴嵐』をシンガポールへ空輸する場合は第1次として6機が8月末頃に経由地の香港に到着する見込みとして、嵐作戦終了後、特例なければ伊401潜、伊400潜は香港かカムラン湾でこれを収容しシンガポールへ向かう、光作戦終了後の伊13潜と伊14潜がシンガポールへ回航する場合は今配乗されている整備員をもってまず香港に基地を設営、631空の基地員が到着次第これを撤収し、できれば『晴嵐』を搭載してシンガポールへ向かえとの指示であった。

7月24日、天候半晴。時おり南方特有のスコールと遭遇する。この日、潜航中に清水艦長から艦内総員へ向け

「今日から南鳥島とミッドウェーを結ぶ戦場に入る。敵艦船、及び飛行機の行動がひんぱんになるから、尚一層緊張してそれぞれの持ち場で頑張ってもらいたい」

旨の訓示あり。

7月25日、１００ｍの深深度潜航後、０８００に浮上、風向左60度。天気はいいが波飛沫は艦橋の哨戒員たちに容赦なく降りかかってくる。明けて26日も昨日同様の波浪大のなか、伊14潜はひたすら南へと突き進んでいく。

あわや海底へ急降下

7月27日、この日は朝から激しいスコールに遭遇する。０７００、日試潜航実施。その後、名和航海長が哨戒長として艦の指揮をとっていたところ、電探に敵機の反応があったため急速潜航を下令。

ところが、「ベント開け」の号令ののち、航海長が深度計を眺めていると針は異常な速さで40、50、60ｍと刻んでいく。潜舵、横舵ともに上げ舵いっぱい5度なのに艦首は下を向いたまま一向に水平に戻ろうとしない。

ただならぬ事態に

「ベント閉め、メインタンクブロー！」

と令するが、艦はどんどん沈んでいき、深度計が安全潜航深度を大きく割った１４０ｍを指してようやく沈降が止まった。間一髪、水圧による圧壊寸前であった。

その原因は長い間不明であったが、戦後20年ほど経て、発令所が知らぬ間にネガチブタンクが満水になっていたことと判明した。伊14潜会の会合での昔話のひとつとしてである。

ことの次第はこうであった。

その日、そろそろ当直も交代、持ち場である補機室の掃除をすませ、各部の点検、引き継ぎ準備をしていた和田京一2機曹は、ふとネガチブタンクの空気コックから海水がジャバジャバと噴き出しているのに気がついた。水面計が満水を示しているのを確認した2機曹が空気コックを閉め、〝さてどうしよう、潜航長に報告して排水してもらおうか〟と思った矢先に急速潜航のベルが艦内に鳴り響いた。これにより補機室を戦闘配置とする富樫2機曹、鈴木重吉2機曹らが前部兵員室からやってきたため、富樫兵曹に小声で訳を伝えて和田2機曹が自分の戦闘配置である前部発射管室へと急ぎ着いた時には傾斜はさらに増大。艦首を下にしてドンドン沈んでいくように感じた

何も知らない発射管室配置のほかの乗員たちは

「艦長、思いきった潜航をするじゃねぇか」

伊号潜水艦の安全潜航深度比較

第2次世界大戦型の潜水艦の潜航深度は100m前後で、伊号潜水艦であれば、およそ艦の全長と同じ長さの深度ということになる。これは意外に思われるかもしれない。また、老朽艦の場合はカタログデータからかなり割り引かねばならなかった。

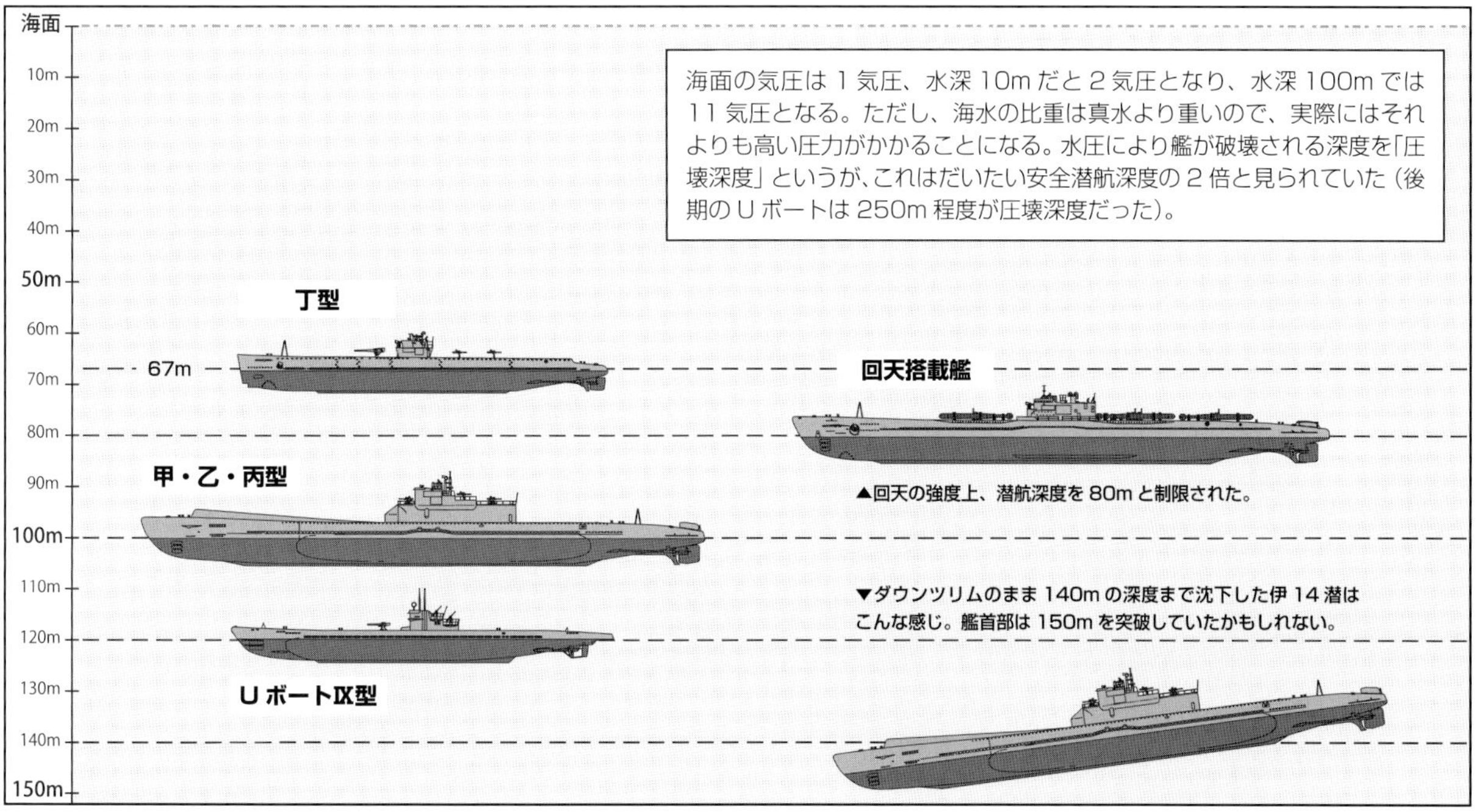

海面
10m
20m
30m
40m
50m
60m
70m
80m
90m
100m
110m
120m
130m
140m
150m
海面の気圧は1気圧、水深10mだと2気圧となり、水深100mでは11気圧となる。ただし、海水の比重は真水より重いので、実際にはそれよりも高い圧力がかかることになる。水圧により艦が破壊される深度を「圧壊深度」というが、これはだいたい安全潜航深度の2倍と見られていた（後期のUボートは250m程度が圧壊深度だった）。
丁型
67m
回天搭載艦
▲回天の強度上、潜航深度を80mと制限された。
甲・乙・丙型
▼ダウンツリムのまま140mの深度まで沈下した伊14潜はこんな感じ。艦首部は150mを突破していたかもしれない。
UボートⅨ型

※アメリカのガトー級は90mだったが、改ガトー級とも呼ばれるバラオ級は120mとなった。

「やっぱり訓練の時とは違って、戦争だなぁ」などとのん気な批評をしていたという。知らぬがホトケ。

一方、和田2機曹から「ネガチブタンク満タン」との引継ぎを受けた富樫2機曹はすぐに危険を悟ったが、急速潜航を前にして各バルブ操作の指示に対応するのが精一杯で潜航長に連絡をとっている暇がない。そこで独断で一緒に詰めている菅原金次郎機兵長にバルブを開く指示を出し、移水用のポンプ（モーター）を起動させた。艦長の「ベント開け」の指示が出る前に通常に戻せれば幸いである。

潜航を前に発令所下部に鳴り響くキーンと甲高いモーター音を聞きつけた上原潜航長はチラリと発令所から下を覗き込んだ。いつも中央で下士官たちの指揮をとっている富樫2機曹が自らモーターの操作をしていることにオヤッと思ったかどうか。

それに気づいた富樫2機曹が「潜航長！」と声をかけようとした刹那に、ついに「ベント開け」が下令された。報告よりも一瞬早かった。

「しまった」と目をつぶる富樫2機曹。艦は艦首を下にしてどんどん下降していく。上原潜航長は富樫2機曹が自ら作業をしているのに安心したのか発令所に戻った様子。“安全潜航深度を突き破るのでは!?”との心配をよそに艦はどんどん沈んでいるようだ。富樫2機曹も「だめか、だめか」と気が気ではない。

その後、なんとか艦が水平に戻り、安全潜航深度を4割もオーバーして釣り合いがとれたわけである。沈降が止まった伊14潜は徐々に浮き上がり始め、一同をホッとさせた。名和航海長の指揮がちょっとでも悪ければ最悪の事態に至るところであった。搭載物を後部へ移動してバランス確保に努めた乗員ひとりひとりの働き、ネガチブタンクの満水に気がついた和田2機曹、令なくしてその排水（移水）を行なった富樫2機曹の判断も評価されるべきだろう。

それにしてもなぜネガチブタンクが満水となっていたのかはついにわからずじまい。ただ富樫2機曹は機械部員たちを集め、再びこのような事故のないように戒めあったとのこと。

以上が急降下事件として伊14潜会で語り継がれていたエピソードの顛末である。

ところで、ネガチブタンクというのは第2章の冒頭部でも述べたように急速潜航時にあらかじめ注水をして、より艦を沈みやすくするためのいわば重石となるべき補助タンクのことである。

つまり、急速潜航を行なう場合はネガチブタンクが満水となっていても、それは必要かつ正常な状態であるといえ、潜航後に用済みとなった負浮力をブローして排水すれば何ら問題があるわけではない。

このあたりについて、名和航海長と海軍兵学校同期であり、伊10潜乗組（いわゆる砲術長として）でインド洋通商破壊戦に、伊３６６潜航海長としてトラック島、並びにメレヨン島などへの輸送作戦に従事した海兵70期の小平邦紀（こだいら・くにとし）氏に伺ったところ、次のような証言を得ることができた。なお、伊３６６潜では水雷長が特務士官であったこともあり、小平大尉が航海長にして潜航指揮官たる「先任将校」を勤めている。

「ネガチブタンクは急速潜航をよりスムーズに行なうためにあらかじめ満水にして負浮力を付けておくもの、という理解は正しいものです。艦によって違いはありますが、タンクの容量はだいたい数十トン程度だったと思います。

伊14潜型の潜航では一挙に1，000トンほどの浮力がなくなり、僅か数十トンのネガチブタンクの負浮力が加わったとしてもその比率は極めて少なく、艦の落ち込みがこんなに加速されることは理解できません。これが事故の主因であるならば日常的に頻発していたはずです。

潜航時に艦の沈降に加わる要素はネガチブタンク以外に補助タンクの状態、艦の潜入角度、速力、潜横舵の操作状況、また海水比重などが何らかの影響を及ぼしているかもしれません。例えば海水比重が異常値を示す海域も存在します。

限られた情報で考察するに伊14潜の場合、何かほかに異常な錯誤があったと考えるのが必要かもしれません。たとえばツリムの不均衡などがあったのではないでしょうか？」

以上が小平氏の分析だ。

例えば潜水艦には艦を潜航、浮上させるメインタンク（燃料タンクを兼ねる）の他に補助タンク、釣合タンクと呼ばれるものが装備されているが、これは乗員、兵器、食糧の積み込み、消費のほか搭載物件、便乗人員など、その時の艦の状態に応じて注排水して、艦の前後左右のツリム（平衡）を保つためのものである。確かにネガチブタンクの注排水は浮力の増減に作用するが、艦首を大きく突っ込むようになるなど、ツリムには大きな影響を与えないように計算されているはずだ。

これらを総合して、異常沈降はネガチブタンクの満水が原因ではなく、あるいはこれら補助タンク・釣合タンクに潜航指揮官の把握していなかった負浮力があったのではないかとも推測されるのである。

実際、小平氏は伊３６６潜でのパガン島輸送作戦の際、その潜航中に、

伊 14 潜異常沈降の原因は他にあった？

急降下事件として語り継がれてきた伊 14 潜の異常沈降。その原因とされたのはネガチブタンクが不意に満水になっていたことという。ところが、その性質を理解するとまた違った原因が浮かび上がってくるようだ。

■ネガチブタンクとは？

ネガチブタンク（負浮力タンク）は外殻に設けられたいわゆる艦外タンクのひとつで、「急速潜航に際しあらかじめこれに満水しておき艦に若干の負浮力を与え、その沈降速度を大ならしむるため設けられたるもの（伊 14 潜機構説明書の表現。現代訳筆者）」。潜望鏡深度（露頂深度）で敵を発見した場合など、急に深く潜らねばならない時にも使われた。

■釣合タンクとは？

前後部の内殻に設けられた艦内タンクで、2つのタンクは移水管で繋がっていて、この注排水により千変万化する前後のツリムを水平になるよう調整するのが潜水艦水雷長の重要な任務のひとつであった。場合によってはダウンツリムとして降下速度を速めることもできた。

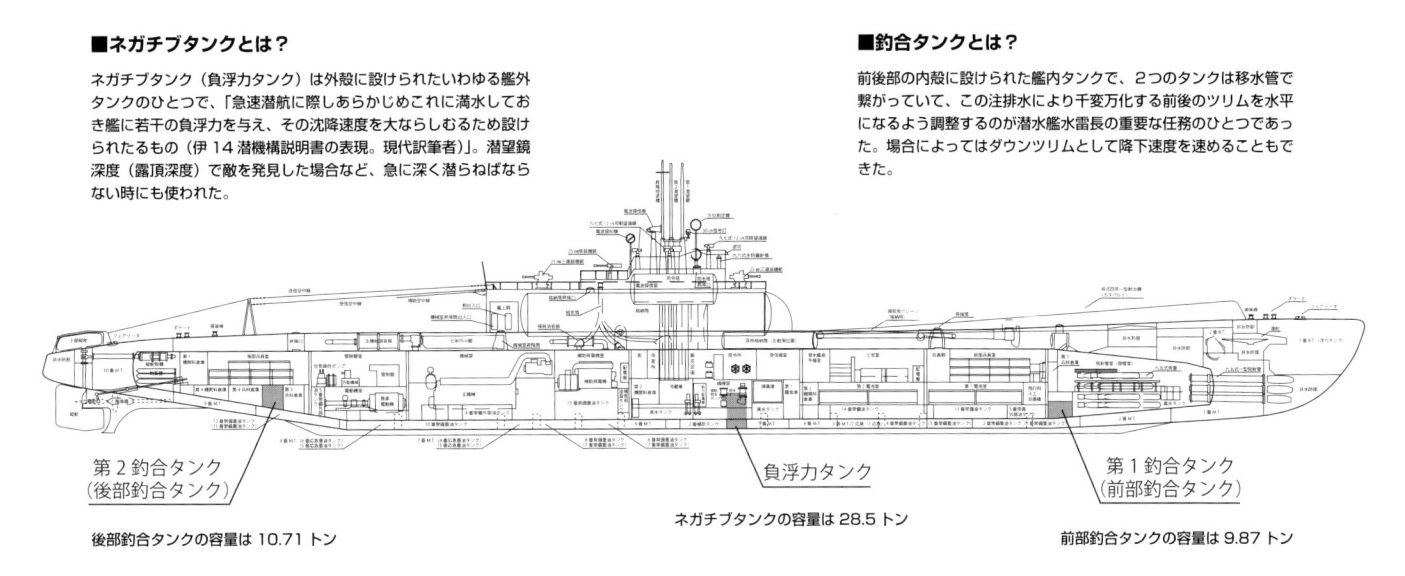

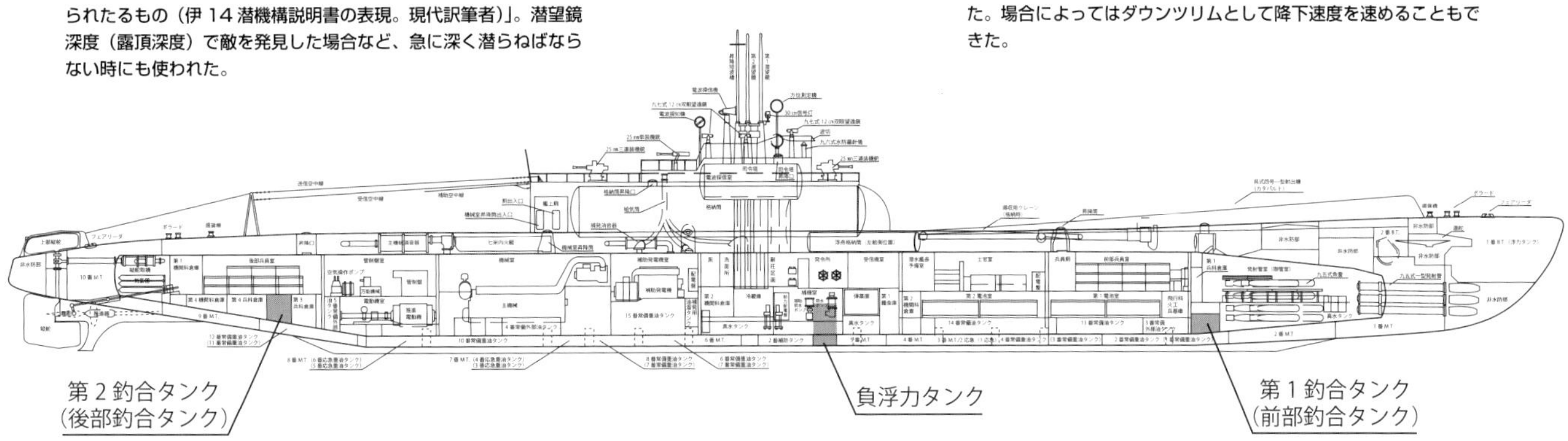
第 2 釣合タンク
（後部釣合タンク）
負浮力タンク
第 1 釣合タンク
（前部釣合タンク）

ネガチブタンクの容量は 28.5 トン

後部釣合タンクの容量は 10.71 トン

前部釣合タンクの容量は 9.87 トン

※数値は「伊 14 潜機構説明書」による。

■異常沈降は釣合タンクのツリムを失ったのが原因か？

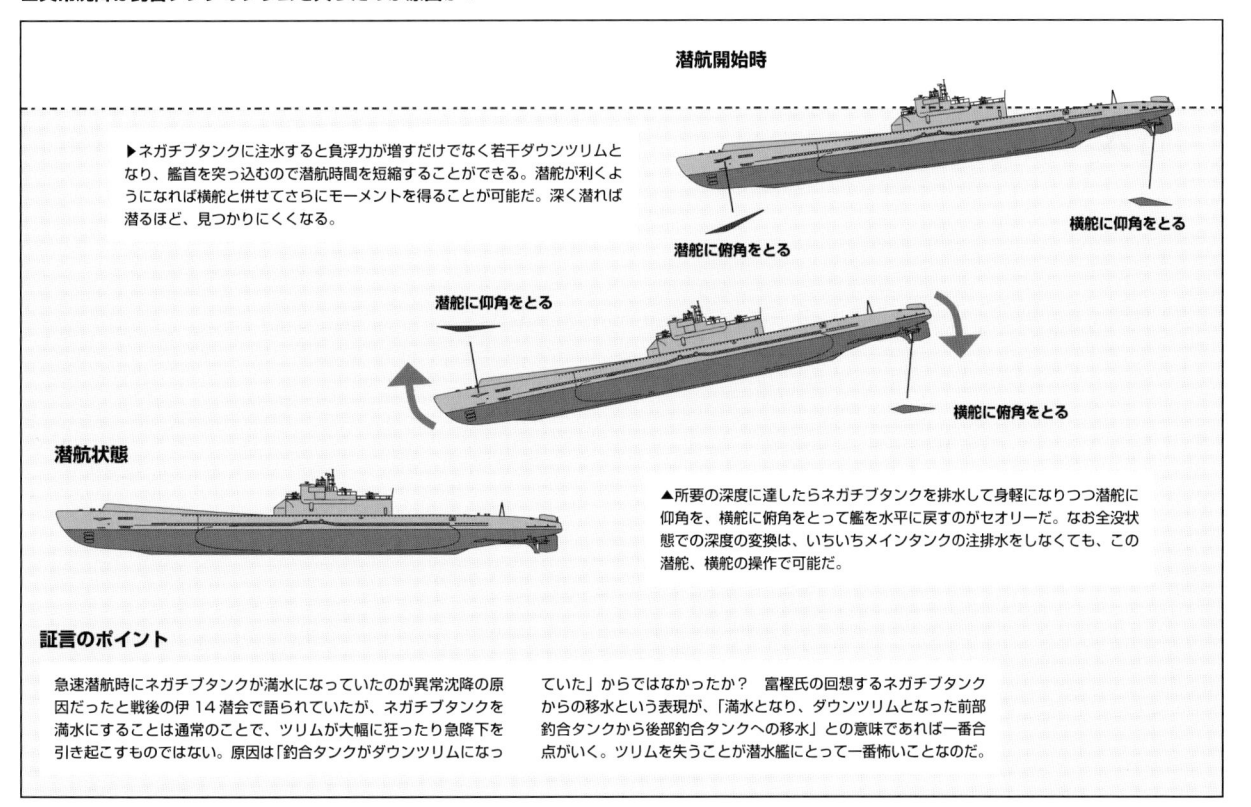

潜航開始時

▶ネガチブタンクに注水すると負浮力が増すだけでなく若干ダウンツリムとなり、艦首を突っ込むので潜航時間を短縮することができる。潜舵が利くようになれば横舵と併せてさらにモーメントを得ることが可能だ。深く潜れば潜るほど、見つかりにくくなる。

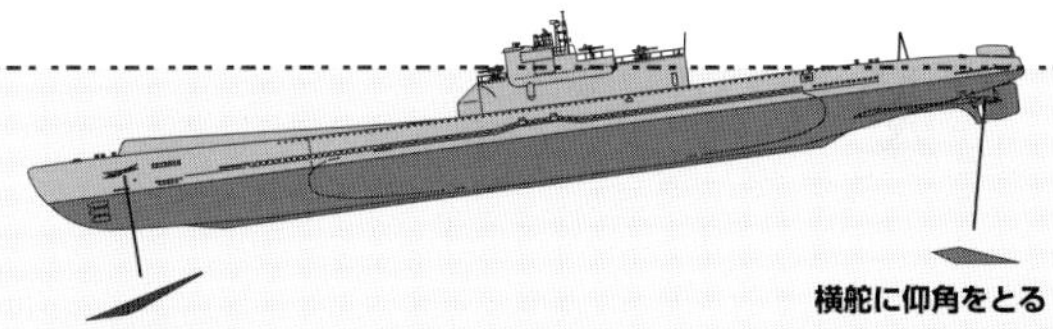
横舵に仰角をとる
潜舵に俯角をとる

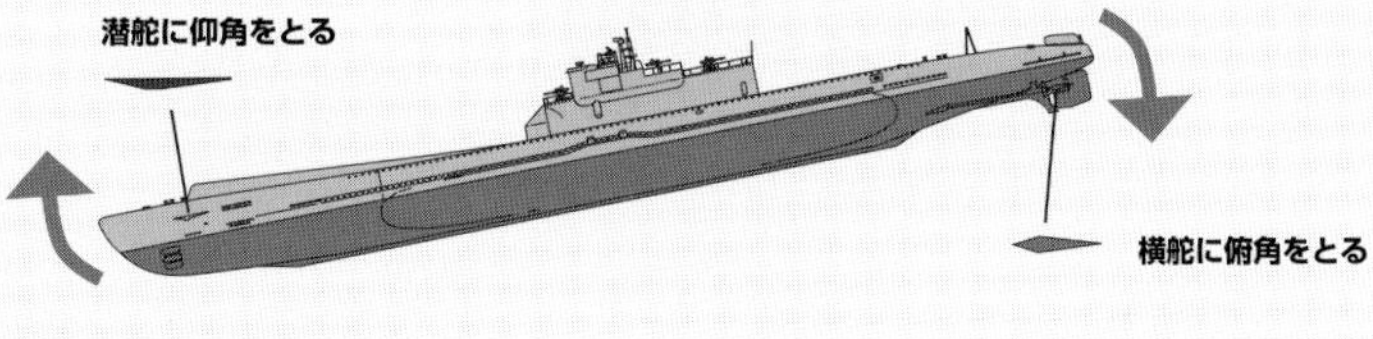
潜舵に仰角をとる
横舵に俯角をとる

潜航状態

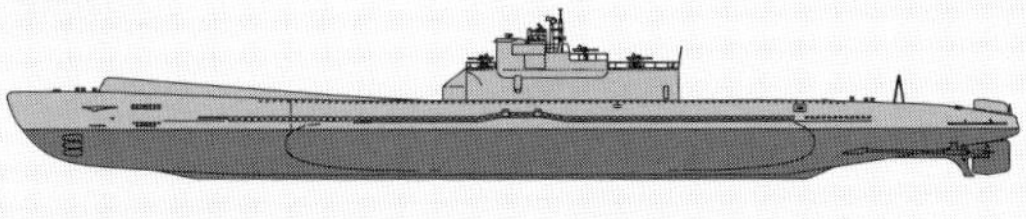

▲所要の深度に達したらネガチブタンクを排水して身軽になりつつ潜舵に仰角を、横舵に俯角をとって艦を水平に戻すのがセオリーだ。なお全没状態での深度の変換は、いちいちメインタンクの注排水をしなくても、この潜舵、横舵の操作で可能だ。

証言のポイント

急速潜航時にネガチブタンクが満水になっていたのが異常沈降の原因だったと戦後の伊 14 潜会で語られていたが、ネガチブタンクを満水にすることは通常のことで、ツリムが大幅に狂ったり急降下を引き起こすものではない。原因は「釣合タンクがダウンツリムになっていた」からではなかったか？　富樫氏の回想するネガチブタンクからの移水という表現が、「満水となり、ダウンツリムとなった前部釣合タンクから後部釣合タンクへの移水」との意味であれば一番合点がいく。ツリムを失うことが潜水艦にとって一番怖いことなのだ。

全く突然に艦首を突っ込んでの異常沈降状態となり、急ぎ発令所に駆けつけ（自室で仮眠中であった）メインタンクブローの命令を出して艦を浮上させ、危機を脱した経験を持っている。この時は注排水手の手違いからツリムを失ったのが原因であった。

　おそらくこの一件について名和氏自身は原因不明のまま年月を経て、戦後の伊14潜会で初めて顛末を耳にしたものと思われる。昔話に華が咲いた際に「実は…」と暴露話を聞いて、笑って終わったものだろう。そこに事故原因を究明しようとする考えがなくても不思議ではない。

　今となってはその真相を究明すべくもないが、伊14潜におけるこうした異常沈降はこれ一度きり。以後、何度もネガチブタンクを用いての急速潜航を実施するが、同じような現象は二度と起きなかったのもまた不思議である。

ピンチ到来

　7月28日、０６００の当直員交代とともに各室の時計整合を行なう。０９４０から長時間潜航を開始。艦内の湿度が高く当直員は裸同然で司令塔に詰めている。１７４０、浮上、夜間警戒航行に移行する。

　7月29日０３３０、急速潜航、深度60ｍ、速度は微速１・５ノット。この日、ディーゼル音を聴音探知するも音源消失。１７３０に浮上する。

　7月30日０３３０、日試潜航。そのまま潜航を続け、１７３０浮上。

　ところが、日没後しばらく経った２１００、13号電探が突然に敵機を探知したため急速潜航、総員配置が下令された。約30分して浮上。するとその直後に信号長が右10度に再び敵機が行動するのを発見し、再度急速潜航。

　その1時間後に浮上するとまたまた電探が2～3㎞の距離に敵機の反応を探知したため急速潜航を実施するというあわただしさ。約1時間30分後、精密聴音と電探索敵を実施して敵の不在を確認し、おそるおそる浮上する。当直の哨戒員はハッチから飛び出して持ち場に着き、望遠鏡で担当区域を見張りはじめた。潜航中の電探索敵とは、潜望鏡深度に浮上して13号電探が装着されたマストだけを海上に露頂して電波探信を行なうことだ。

　それからしばらく時間が経過した時、突如として左90度、1万ｍに敵航空母艦1、駆逐艦1を発見する。それはちょうど哨戒長が名和航海長に代わって20分ほどした時だった。

　すぐさま面舵一杯を下令、敵と逆方向へ艦首を向け最大戦速に増速。敵を艦尾に見て離脱を図る。

　しかしそれも束の間、今度は右１２０度、距離2万ｍに敵機を発見、すぐに急速潜航に移り、深度85ｍへ潜った。「無音潜航」の指示により敵の聴音に備え、物音を立てないように息を潜める。続いて「爆雷防御」下令。各区画のハッチが閉鎖された。

　敵駆逐艦の接近を警戒して聴音探知するも近寄ってくる気配はない。かえって「だんだん遠ざかる」の報告。０４１５音源消滅。

　ところが、ほっと胸をなでおろした刹那、新しい音源が現れる。それも右に、左に、前方へと周囲をうろつく始末。ついに敵に発見されてしまったのだ。

　感1、感2、感3と矢つぎばやに感度は上がり、すぐに最高値の感5になったと思うや
「直上！」

と聴音員が叫ぶ。駆逐艦のスクリュー音がシュッ、シュッと音を立てて頭上を通り過ぎる。30日０３３０の日試潜航から断続的に25時間も潜航を続けており、艦内には炭酸ガスが充満、気圧も上がって頭はもうろう、手足は痺れ、呼吸も困難となっていた。

　司令塔に詰めていた安保2曹に対し、清水艦長が「安保兵曹、頑張れ、頑張れ」と2回言ったが、その艦長自身も羅針盤と深度計をにらみながら肩で大きな呼吸をして苦しそうにしている。傍らにいる名和航海長は音を立てないよう海図にデバイダーと定規をあてていたが、やおら艦長のそばに寄ると「艦長、本艦の艦位はブラウンとサイパンの線上です」と報告。それを聞いた艦長は小さくうなずいた。名和航海長の顔も脂汗で光って見えた。

　空気清浄装置を発動、循環通風を実施する。乗員たちは酸素の消費を抑えるよう、体をできるだけ動かさないようにして過ごす。呼吸を大きくすると苦しいので、なるべく小さく息をするようにする。さらに後続部隊と思しき音源を探知する。

　深度85ｍから徐々に浮上、深度18ｍで「潜望鏡上げ」。清水艦長が第1潜望鏡に取り付いて海上に浮かぶ敵艦を観測する。時々潜望鏡を持つ手が止まり、「これ駆逐艦」との艦長の言にすぐさま信号長が潜望鏡の向いている方位の目盛りを読み取って記録していた。

　こうした観測で数えられた敵艦は空母、巡洋艦、武装商船、艦種不明の大型艦に駆逐艦など8隻。

　これと同時に電力が底をつき、浮上用の高圧空気もなくなってしまった。

露頂深度での電探索敵

もともと日本海軍の潜水艦には昇降式短波無線檣（短波マスト）が艦橋に装備されており、露頂深度でこれを海上に出し、電波の送受信ができるようになっていた。この短波マストを利用したのが13号電探の無方位アンテナで、これは目標の方角は出せないが、敵の航空機が近くにいるかいないか確認するのには充分有効であった。

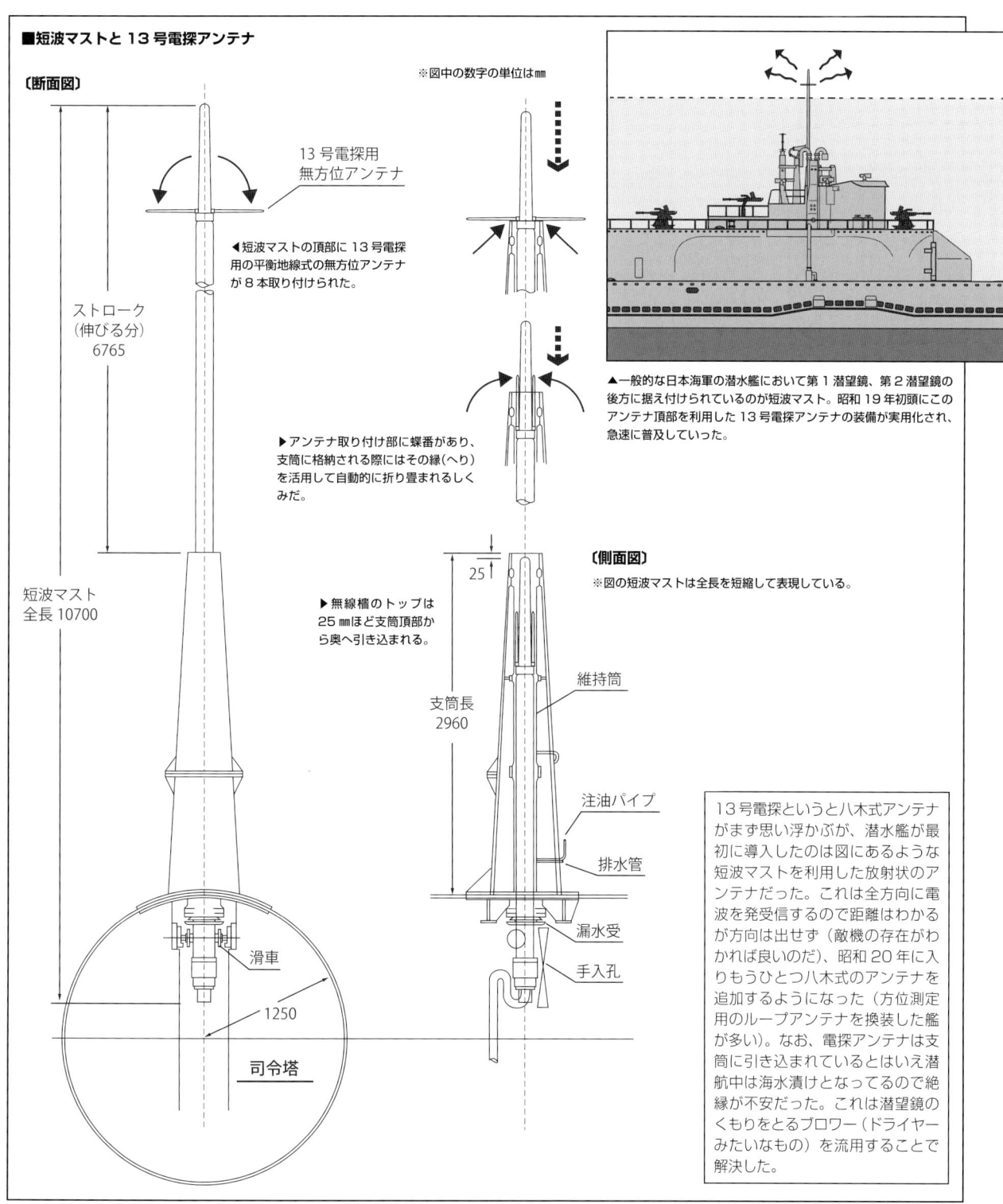

■短波マストと13号電探アンテナ

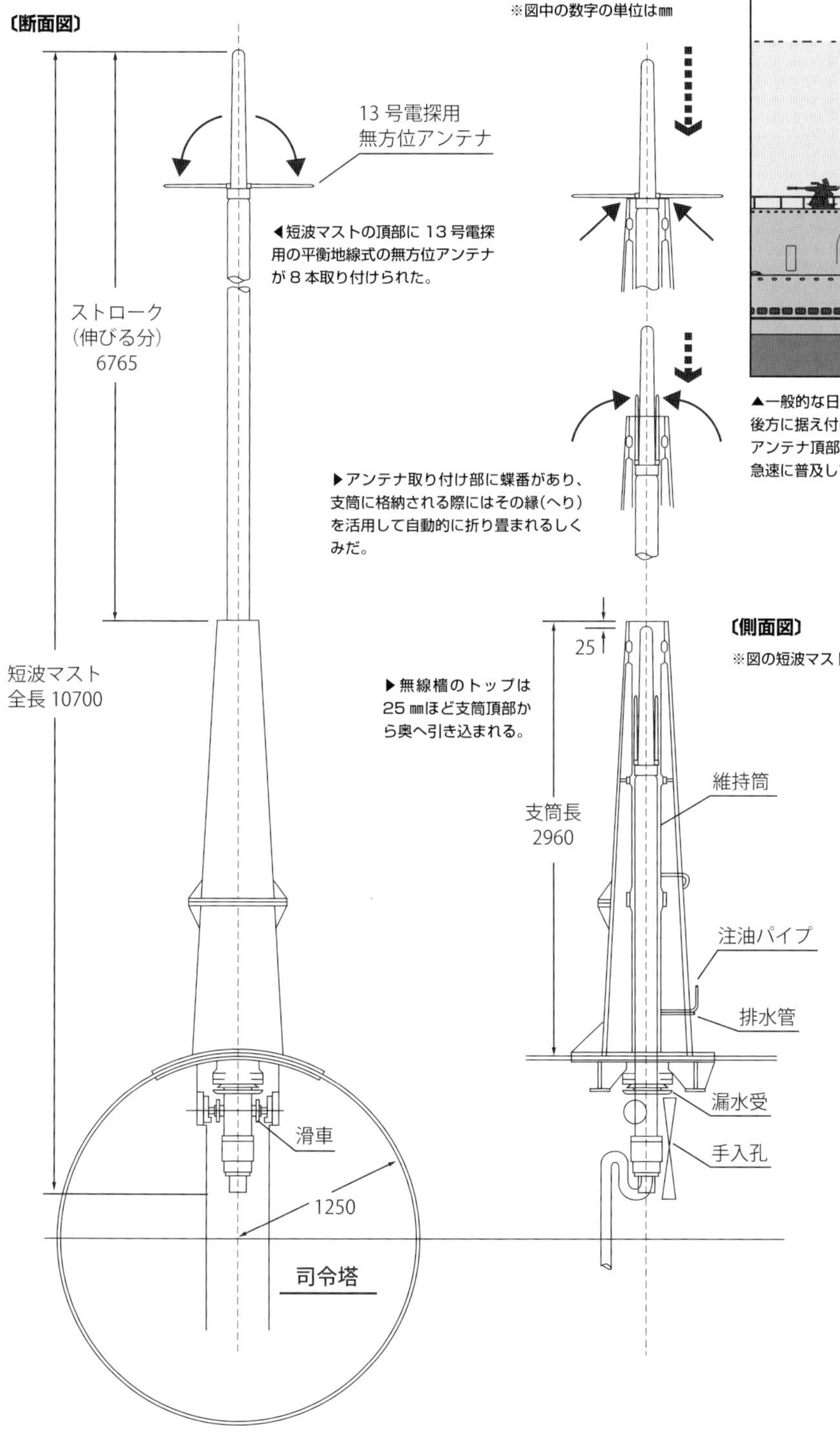
〔断面図〕
※図中の数字の単位は㎜
13号電探用
無方位アンテナ
◀短波マストの頂部に13号電探用の平衡地線式の無方位アンテナが8本取り付けられた。
ストローク
（伸びる分）
6765
▶アンテナ取り付け部に蝶番があり、支筒に格納される際にはその縁(へり)を活用して自動的に折り畳まれるしくみだ。
短波マスト
全長10700
25
〔側面図〕
※図の短波マストは全長を短縮して表現している。
▶無線檣のトップは25㎜ほど支筒頂部から奥へ引き込まれる。
維持筒
支筒長
2960
注油パイプ
排水管
漏水受
滑車
手入孔
1250
司令塔

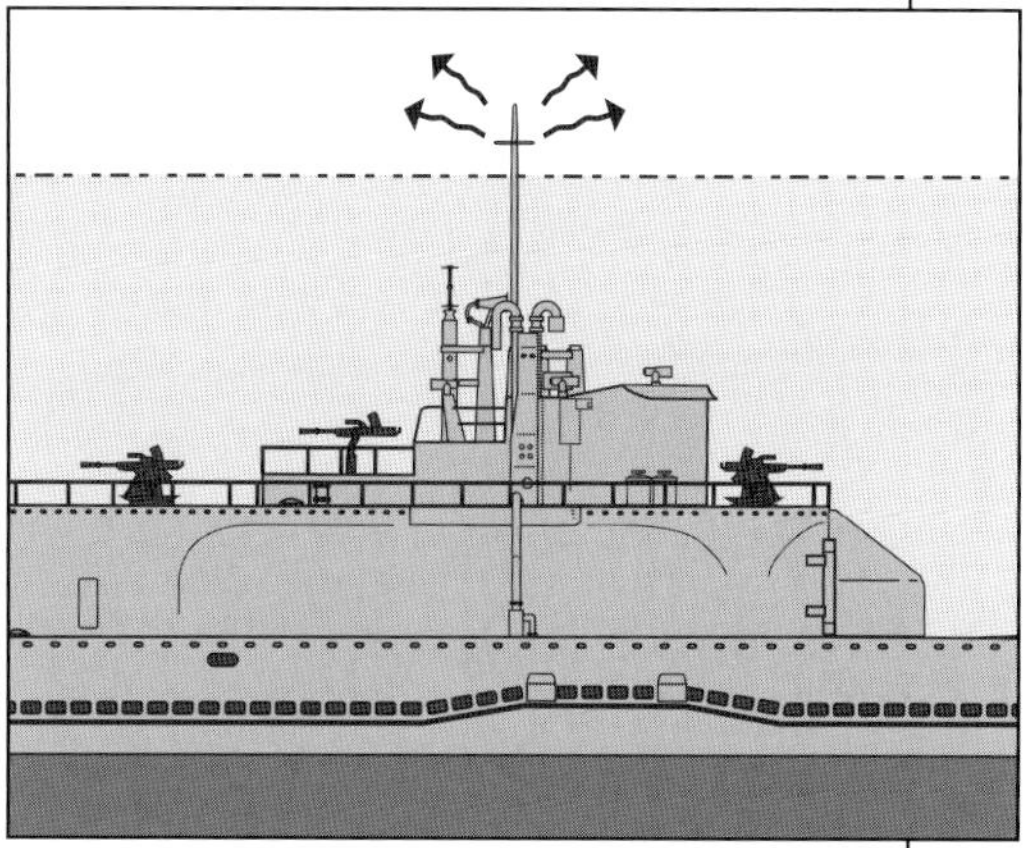

▲一般的な日本海軍の潜水艦において第1潜望鏡、第2潜望鏡の後方に据え付けられているのが短波マスト。昭和19年初頭にこのアンテナ頂部を利用した13号電探アンテナの装備が実用化され、急速に普及していった。

13号電探というと八木式アンテナがまず思い浮かぶが、潜水艦が最初に導入したのは図にあるような短波マストを利用した放射状のアンテナだった。これは全方向に電波を発受信するので距離はわかるが方向は出せず（敵機の存在がわかれば良いのだ）、昭和20年に入りもうひとつ八木式のアンテナを追加するようになった（方位測定用のループアンテナを換装した艦が多い）。なお、電探アンテナは支筒に引き込まれているとはいえ潜航中は海水漬けとなってるので絶縁が不安だった。これは潜望鏡のくもりをとるブロワー（ドライヤーみたいなもの）を流用することで解決した。

司令塔と発令所

日本海軍の潜水艦には昼間用の第１潜望鏡と夜間用の第２潜望鏡の２つが搭載されていた。昼間用は被発見を防ぐため鏡面が小さく造られており（親指大などと言われた）、夜間用の頂部は拳大の大きさで、倍率も高く、視野も明るかった。一般的な伊号潜水艦の場合、潜望鏡は司令塔で見る構造となっている。

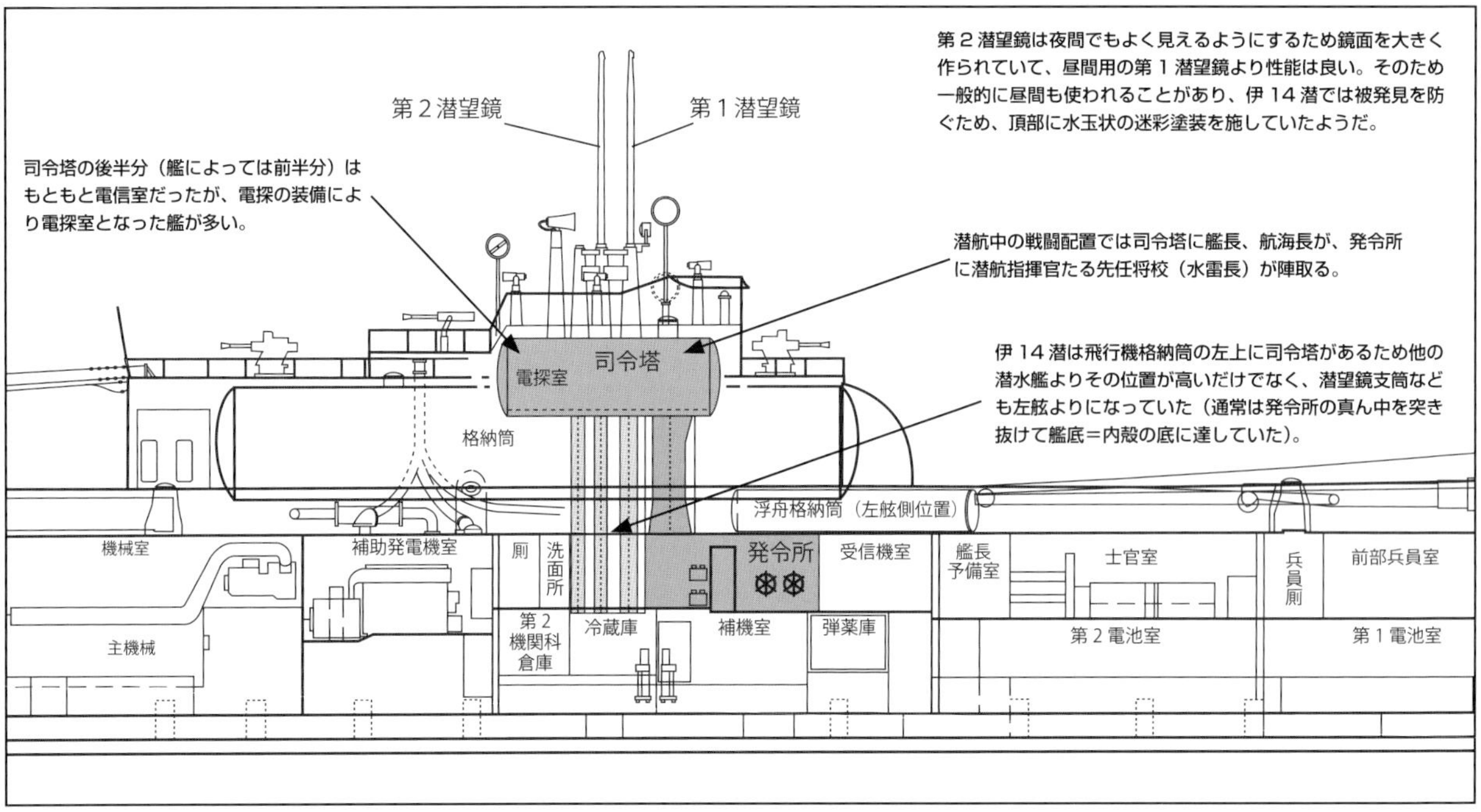

第２潜望鏡は夜間でもよく見えるようにするため鏡面を大きく作られていて、昼間用の第１潜望鏡より性能は良い。そのため一般的に昼間も使われることがあり、伊14潜では被発見を防ぐため、頂部に水玉状の迷彩塗装を施していたようだ。
第２潜望鏡
第１潜望鏡
司令塔の後半分（艦によっては前半分）はもともと電信室だったが、電探の装備により電探室となった艦が多い。
潜航中の戦闘配置では司令塔に艦長、航海長が、発令所に潜航指揮官たる先任将校（水雷長）が陣取る。
電探室
司令塔
伊14潜は飛行機格納筒の左上に司令塔があるため他の潜水艦よりその位置が高いだけでなく、潜望鏡支筒なども左舷よりになっていた（通常は発令所の真ん中を突き抜けて艦底＝内殻の底に達していた）。
格納筒
浮舟格納筒（左舷側位置）
機械室
補助発電機室
厠
洗面所
発令所
受信機室
艦長予備室
士官室
兵員厠
前部兵員室
主機械
第２機関科倉庫
冷蔵庫
補機室
弾薬庫
第２電池室
第１電池室

潜望鏡は司令塔で扱う

日本の潜水艦映画などで、潜望鏡のまわりに集まって艦長以下の乗員がワイワイ打ち合わせやっていたり、発令所の脇で潜望鏡を覗くような演出をしているのは誤り。旧式の呂号潜水艦などは例外として、潜望鏡は司令塔に据え付けられており、巡潜型の伊号潜水艦の司令塔の直径はわずかに2.5mほどだから、潜望鏡の周囲には艦長以下、数人しか詰められないのである。

▲丙型の伊47潜の司令塔内部で、伊14潜もほぼ同様と考えて差し支えはない。司令塔前方から後方を向いた光景であり、手前で覗いているのが第１潜望鏡、その奥に第２潜望鏡の支筒が見える。この狭いスペースが潜水艦の“リアル”である。

▼伊400潜の潜望鏡支筒の拡大。昼間用の第１潜望鏡は露頂した際に被発見を防ぐため非常に鏡面が小さく工作されているのが、手前の人物と比べておわかりいただけるだろう。

■第２潜望鏡
■第１潜望鏡

ここでついに水中充電装置（シュノーケル）の出番となる。吸排気筒を海面に出して補助発電機を起動、電池への充電を始めると共に艦内の換気も実施される。

こうした間にも艦長は第1潜望鏡で、名和航海長は第2潜望鏡で海面の監視を行なっている。潜航指揮官の岡田水雷長が発令所からラッタルを静かに上ってきて司令塔内の空気を見るや無言のまま、再びラッタルを降りていった。

その直後、艦の後方向を見張っていた航海長が

「艦長、駆逐艦近付きます」

と報じる。これを受けて清水艦長、

「水中充電止め、深さ60（m）、急げ」

と下令。深度計の目盛りは急速に下がって、艦はどんどん沈降する。

このちしばらく、水中聴音で近くに敵のいないことを確認して浮上、充電、敵艦の接近で再び深深度へ潜航という動作を繰り返すことじつに3回に及んだ。

２３３０精密聴音実施。厳重哨戒のもと浮上、敵の制海・制空権下を反転、原速で北上し、危険海域からの離脱を図る。

30日の会敵以来の潜航時間は44時間にも及び、艦も人も疲労困憊。極限状態。艦内温度は48℃、湿度も高く、乗員たちはパンツ（フンドシ）一丁にタオルを腹に巻いて流れ出る汗を食い止めるほか全身裸。4、5分おきにタオルを絞ると床にぼたぼたと水分がこぼれ落ちていた。

敵艦の気配がなくなったことを確認して浮上。ようやく虎口を脱し、乗員一同、改めて新鮮な大気を全身で味わう。そのおいしかったこと。

8月1日、総員配置のまま日付けが変わる。０２００、第2配備。０４００に天測を実施すると艦位は30日０３００と同じ。敵水上艦艇との戦いで回避連続の結果、まる2日進んでいないことがわかる。０５３０、敵大型武装商船を発見、０６００潜航に移る。針路は２７０度、微速で海中を進みトラックへと近づけていく。１７３０、総員配置につき精密哨戒を実施後、浮上。

8月2日、０２００に安保2曹が艦橋見張りの当直に立つとブラウン島より敵哨戒機発進の無線情報が耳に入る。０３００、移動電波30㎞と電探が知らせてくるが視界には敵機影は入らずに時間は過ぎていく。

と、強速で南進中、急速潜航の発令も何もなく艦首がみるみる沈み始めた。艦橋の哨戒長、哨戒員らは驚くと同時に異常事態を察知し、瞬時にして総員艦橋ハッチから艦内へ突入、間一髪でハッチを閉める。こんな時は日ごろの訓練がものをいう。先日の急速潜航時の異常沈降とはまた違った事態であった。こちらも原因は不明。

０４００、ディーゼル音探知。感度が高くなったり低くなったりするたびに乗員の緊張も上下する。１８００浮上、警戒しつつトラックを目指す。

トラック入港

8月3日０３５０、左60度にマスト及び艦影を発見、ただちに急速潜航、総員配置が下令された。洋上では駆逐艦と思しき敵艦艇は何度もソナーを発して伊14潜を探している。

息を潜めること2時間あまり、聴音室では一時、敵艦の発する探信音が感度一杯に入り、万事休すと身構えたそうだが、次第にこれらの音源は遠のき、やがて消滅、事なきを得た。しかしこのため本日トラック入港の予定であったところ、1日延期することとなった。

明けて4日、０８００になり右60度方向の水平線にトラックの島影を認める。島影発見の見張員の報告がひときわ弾んだのとほぼ同時に3番見張員が飛行機発見を報じたため、すぐさま急速潜航。しばらくして先ほどの飛行機は味方の哨戒機らしいことがわかり、０９００に浮上し、強速で之字運動を実施しながら珊瑚礁の狭い水道を抜けてトラックの環礁内へ入っていく。トラック環礁に数ある水道のうち、このころは南水道だけが掃海水道となっていた。

陸地を見ると春島の山頂付近に設置された見張所から手旗信号が発せられてくる。その他の各所でも旗や手を振る人影がみえる。誰もが伊14潜の入港を歓迎しているのだ。

ところが錨地まであと6浬となったところで突如警戒警報発令、続いて空襲警報も発せられたため、ただちに潜航に移る。約1時間後に浮上、錨地へと急ぐ。１７３０ようやく錨地に入港。7月17日の大湊出撃以来、実に18日目のことである。敵の勢力権下、よくぞ無事たどり着いたものだった。しかし、乗員たちに気がかりだったのは先発した僚艦の伊13潜の姿が泊地のどこにも見えないことだった。

3年前、駆逐艦『朝雲』乗組み時代にトラックに来たことのある安保2曹、また以前に戦艦『武蔵』乗組みで来たことのある永田正勝2機曹は、その変わり様に驚かされたという。かつてのトラック島は聯合艦隊の前進泊地として戦艦、空母、巡洋艦がそこかしこに投錨し、威容を誇っていた。今

見るその光景は沈没船のマストが海面に林立し、竹島などの島々には飛行機の残骸が集積されるといったあり様で、見る影もないものだった。

無事に入港した伊14潜では１８３０～２０３０までトラック島潜水艦基地隊への入湯上陸が許可され、乗員たちは長い航海の垢を存分に落とした。正式な部隊名を「第85潜水艦基地隊」という同隊は、昭和17年5月15日付けで第4艦隊の麾下に編成されたものだ（この当時は第6艦隊直率）。

下士官たちが基地隊の戦友に聞いた話ではやはり伊13潜はまだ入港していないとのこと。

実はさかのぼること7月31日に第6艦隊参謀長からトラックの第4艦隊司令長官に宛てて次のような電文が発せられていた。

「機密第３１１０３３番電
伊號第13潜水艦ハ7月11日大湊出撃以後連絡ナク當方ニ於テモ状況不明ナリ」

秘匿行動、無線封止が常とはいえ、潜水艦が予定日を過ぎて入港せず、何の連絡もないことは不吉としかいいようがない。

また、彼らの話では、この1年あまりの間で水上艦艇（潜水艦は含まれない）は一度も姿を現していないとのことであった。昭和19年2月17日、18日のトラック空襲、その後のマリアナ諸島をめぐる戦いで制空権、制海権ともに失った日本海軍が太平洋に点在する島嶼に展開する友軍に対してとることのできる唯一の補給手段は潜水艦輸送であった。

トラックへも伊３６２潜（昭和19年9月。このときの艦長が南部伸清少佐で、帰還後に伊３５１潜艤装員長となる。昭和20年1月に再びトラック輸送のため内地を出港するも到着せず、消息不明）、伊３６３潜（昭和19年10月）、伊３６５潜（昭和19年11月。帰路消息を絶つ）、伊３７１潜（昭和20年1月。帰路消息を立つ）、伊３６６潜（昭和20年2月。前出の小平邦紀氏の乗艦）、伊３６９潜（昭和20年5月）などの丁型潜水艦が入港し、ここからさらにメレヨン、ヤップなどへ物資輸送、人員の還送に赴いていたが、それ以外の艦艇はついぞやってくることはなかったのである。

トラックの基地隊員たちの主食はパンの実にバナナを挟んだもの。もみから稲を育てた1坪あまりの水田がもう少しで収穫できそうだ、これまでは南方ほうれん草で食いつないで……などの話には憐憫の情を隠せなかったという。ポケットに入っていたタバコを彼らに進呈すると大変喜んでくれた。

編制		所在
第４根拠地隊	第41警備隊	トラック夏島
	第42警備隊	ポナペ
	第43警備隊	トラック
	第44警備隊	メレヨン
	第47警備隊	トラック春島
	第48警備隊	
	第49警備隊	
	第67警備隊	ナウル
	第４通信隊	トラック
	第４港務部	トラック
第６根拠地隊（※１）	第62警備隊	ヤルート
	第63警備隊	マロエラップ
	第64警備隊	ウォッゼ
	第65警備隊	ウェーク
	第66警備隊	ミレ、オーシャン
附属	東カロリン海軍航空隊	トラック春島
	マリアナ海軍航空隊（※２）	ロタ、パガン
	横須賀鎮守府第２特別陸戦隊	ナウル
	第216設営隊	メレオン
	第221設営隊	ポナペ
	第223設営隊	ロタ
	第227設営隊	エンダービー
編制外	第85潜水艦基地隊（※３）	トラック夏島

第４艦隊最終時の編制

その名のとおり第４艦隊事件などで知られる第４艦隊だが、太平洋戦争に参陣したのは昭和14年に新編された３代目。緒戦時は軽巡『天龍』『龍田』の第18戦隊や軽巡『夕張』を旗艦とする第６水雷戦隊、第７潜水戦隊を擁し、主に内南洋の防衛を司る部隊であったが、昭和19年２月17日の米空母機動部隊空襲を受けたあとは艦艇を抽出し、マリアナ決戦後は地上部隊を指揮下におくのみとなっていた。左は伊14潜入港当時の第４艦隊の様子。昭和19年２月19日以降、終戦までの司令長官は、開戦時の第５航空戦隊司令官でお馴染み、原 忠一中将（海兵40期）であった。

※１：第６根拠地隊はマーシャル諸島の警備を担当する部隊だが、昭和19年２月のクエゼリン島地上戦で第61警備隊とともに司令部が玉砕。ここに記載される各警備隊はマーシャル諸島の玉砕を免れた島に展開する部隊で、実質は第４艦隊直率。

※２：昭和19年７月10日付けでマリアナ諸島に点在する航空基地を指揮下におく乙航空隊として新編成されたが、サイパン、テニアン、グァムは玉砕。ロタ島、パガン島の残存人員のみという編制。

※３：第85潜水艦基地隊はトラック所在部隊で、かつては第４艦隊附属だったが、昭和19年４月25日付けで第６艦隊直率となる。

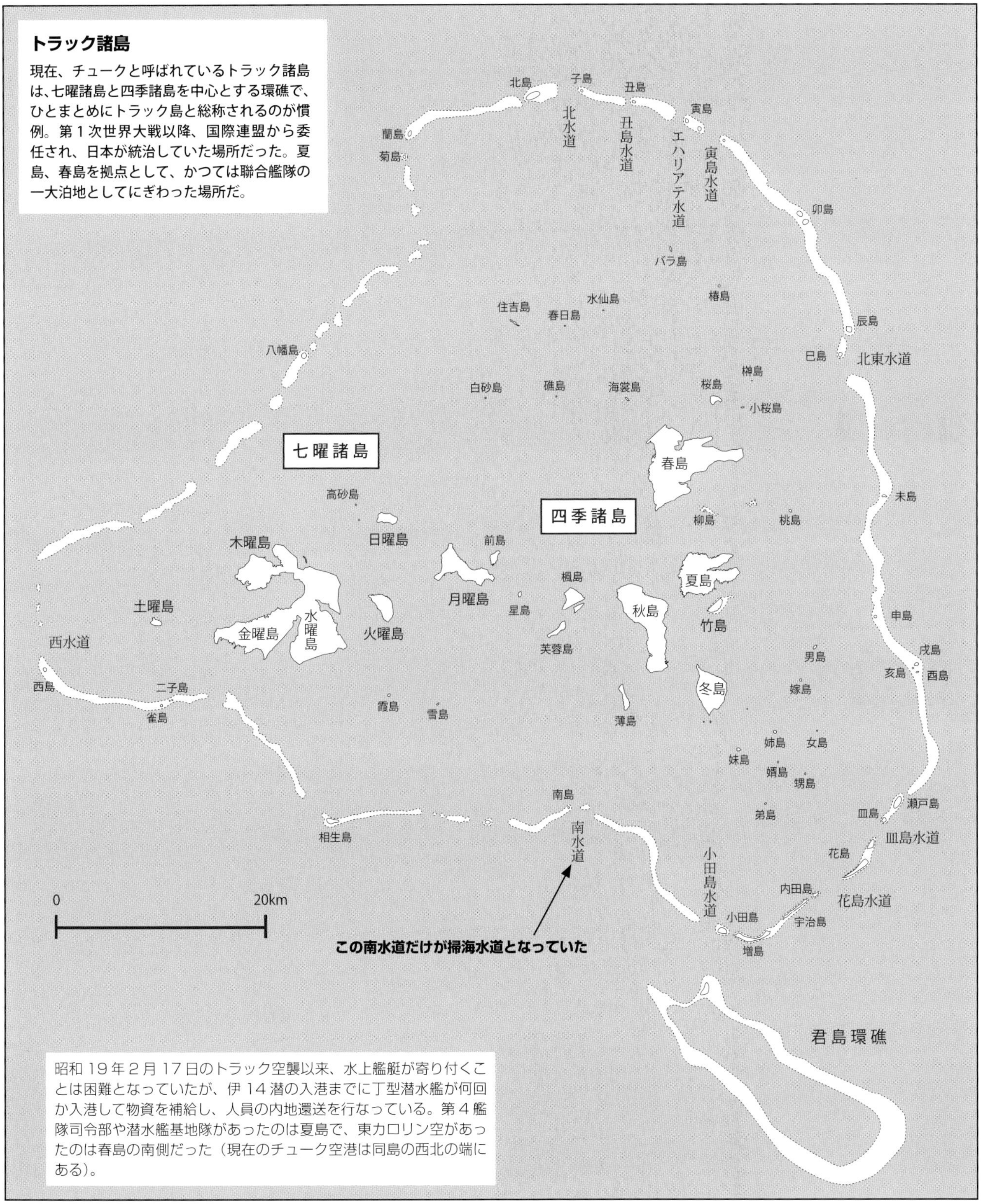

トラック諸島

現在、チュークと呼ばれているトラック諸島は、七曜諸島と四季諸島を中心とする環礁で、ひとまとめにトラック島と総称されるのが慣例。第１次世界大戦以降、国際連盟から委任され、日本が統治していた場所だった。夏島、春島を拠点として、かつては聯合艦隊の一大泊地としてにぎわった場所だ。

昭和 19 年２月 17 日のトラック空襲以来、水上艦艇が寄り付くことは困難となっていたが、伊 14 潜の入港までに丁型潜水艦が何回か入港して物資を補給し、人員の内地還送を行なっている。第４艦隊司令部や潜水艦基地隊があったのは夏島で、東カロリン空があったのは春島の南側だった（現在のチューク空港は同島の西北の端にある）。

『彩雲』陸揚げ

光作戦によって伊13潜と伊14潜が輸送する4機の『彩雲』にどのような意味がこめられ、いかなる期待がなされていたのかについてはこれまでにしつこく述べてきた。

もちろん、伊14潜入港の報により東カロリン空は早速機体を受領し、組立てに取りかかることとなった。伊４０１潜、伊４００潜による嵐作戦の決行まであと少ししかない。

当時、東カロリン空彩雲隊の搭乗員のトップは2月にトラックへ進出し、第2次丹作戦の事前偵察以来、自ら操縦桿を握って幾度となくウルシー泊地への偵察行に飛んできた三木琢磨大尉（海兵70期）であった。

5月にただ1機、トラック島への進出に成功した『彩雲』の機長である岩野定一中尉（海兵73期）は、その三木大尉に引率されて伊14潜を訪問している。

「伊14潜が入港してきた時には三木大尉に連れて行ってもらい、見せてもらいました。三木大尉と伊14潜の名和航海長は海兵70期の同期生です。当時、トラックには私たちが乗ってきた機体と併せ2機の『彩雲』がありましたが、これに2機が加わり4機となったわけで、その整備、試飛行に全力を挙げることとなりました。」

こう岩野氏は語ってくれるが、三木大尉はこの時、嵐作戦の空中指揮官がやはり同期生の淺村 敦大尉であることを名和航海長から聞かされたようだ。

「これは戦後しばらくして三木君と会った時のこと。昔話は終戦直前の嵐作戦のことにも及び、『淺村、俺はあの時、攻撃隊の隊長が同期生のお前だって聞いて俄然張り切ったよ。敦（とん）がやるなら俺もやるってね』と言われたのを今でも覚えています。」

ある海兵70期の古老は「分隊長、飛行隊長って呼ばれていたって、ちっとも偉くなんかない。我々が一番の使いどころ（海軍に都合のいいように使われた、の意）だっただけだ」と謙遜して語ってくれたことがあるが、嵐作戦の成否はこのふたりの若き空中指揮官の双肩にかかっていたと評しても過言ではない。

なお、三木大尉とそのペアとして第2次丹作戦以来ウルシー偵察に従事してきた伊藤國雄飛曹長（甲飛4期）と幡谷 茂上飛曹（甲飛8期）の3人にはその功により8月1日付けで聯合艦隊司令長官 小沢治三郎中将から個人感状が授与されている。

感　状

東「カロリン」海軍航空隊分隊長　海軍大尉　三木琢磨
東「カロリン」海軍航空隊附　海軍飛行兵曹長　伊藤國男
同　海軍上等飛行兵曹　幡谷　茂

昭和二十年二月十六日以来九次ニ亘リ内南洋方面敵要地ノ偵察ヲ実施シ困難ナル状況ノ下精魂ヲ傾倒シテ毎回克ク任務ヲ完遂シ各重要戰機ニ有効適切ナル敵情ヲ齎セルハ全般作戰ニ寄與セル所大ニシテ其ノ功績抜群ナリ

仍テ茲ニ感状ヲ授與ス

昭和二十年八月一日

聯合艦隊司令長官　小澤治三郎

◀トラック島へ入港した伊14潜を訪問した東カロリン空彩雲隊の分隊長、三木琢磨大尉は、海軍兵学校第70期の同期生である名和友哉大尉から、嵐作戦の攻撃隊長がやはり同期生の淺村 敦大尉であることを聞かされ、俄然奮起したという。写真はその三木大尉（左）と名和航海長（右）。短い期間に撮影された貴重な1葉。その左は8月5日に聯合艦隊参謀長名で海軍省人事局長宛「感状授與ノ件」として通知された感状の文面。

▶限られた攻撃兵力をいかに最大限効果的に投入するか？　日本海軍ほど偵察を重視した組織はない（緒戦期に緩さを見せたが……）。本書をご覧の読者には改めて説明する必要はないだろう。そういった意味で伊１４潜が輸送した２機の『彩雲』の価値は計り知れないものがあった。写真はトラック島で終戦を迎えた東カロリン空の『彩雲』一一型〔HK-72〕号機。プロペラは外されているが大きな破損はないようだ。この機体が三木大尉や岩野中尉らが乗っていたものだったのか、伊１４潜が輸送したものだったのかは不明である。

授与式はささやかながら心を尽くして挙行され、その直後に撮影された何葉かの写真が今に残されている。

次期作戦指令

伊14潜がトラックに入港した8月4日にはすでに第2次嵐作戦に関する指示が次のように発せられていた。

「GB電令作第１５９號

一、先遣部隊指揮官ハ６３１空司令ヲシテ概ネ9月末迄ニ晴嵐約10機ヲ香港（状況ニ依リ「カムラン」湾）ニ逐次空輸セシメ第２次嵐作戦ヲ準備スベシ

二、右空輸並ニ整備ニ要スル燃料ハ作戦用トシテ基地在庫燃料ヲ充當スベシ

三、１０１航戦司令官ハ先遣部隊指揮官（６３１空司令）ノ協議ニ應」

伊13潜、伊14潜はトラック島への『彩雲』輸送後、伊４０１潜と伊４００潜は第１次嵐作戦によるウルシー攻撃実施後に香港、また状況によってはカムラン湾に回航、ここで『彩雲』と搭乗員を搭載して第２次嵐作戦攻撃に備えることとなっていたが、そのための『晴嵐』を9月末までに空輸しておくようにとの指示である。

なお、文中にある１０１航戦とは第１０１航空戦隊のこと。第１００１海軍航空隊や第１０８１海軍航空隊を指揮下に置き、主に飛行機の空輸や人員の輸送を司る組織であり、この『晴嵐』空輸に協力するよう同戦隊に指示しているのがわかる。

入港2日目となる8月5日は０４００総員起床、朝拝ののち体操を行なう。午前午後ともに整備作業と運んできた輸送物件の揚陸作業に費やされた。午後は右舷の半舷上陸許可。その間にも午前と午後1回ずつ敵の定期便が来襲、錨泊沈座を実施した。

ちょうどこの日、再び南鳥島経由で空路トラックを目指した5機の『彩雲』があった。木更津を発した偵察１０２の分隊長 市川妙水大尉（海兵70期）を指揮官とする一団である。

光作戦が無事に成功し『彩雲』４機が増強されたとしても、5月30日に軍令部第1部で製作された「航空作戦ニ関スル情勢判断」で延べられた『トラック』偵察兵力ノ充実、八月中彩雲十二機程度保有セシムルヲ要ス」との希望数字には程遠い。

沈座とは？ 一般の水上艦艇であれば座礁でもしない限り艦底を海底につけることはないが、こと潜水艦の場合、入泊時に空襲を受けた際などには注水して海底に沈み身を潜めることができる。これを沈座という。水深が浅い海域で敵駆逐艦に制圧された際には沈座することにより海底と同化することができ、実際にこうして生還したケースが多々あった。

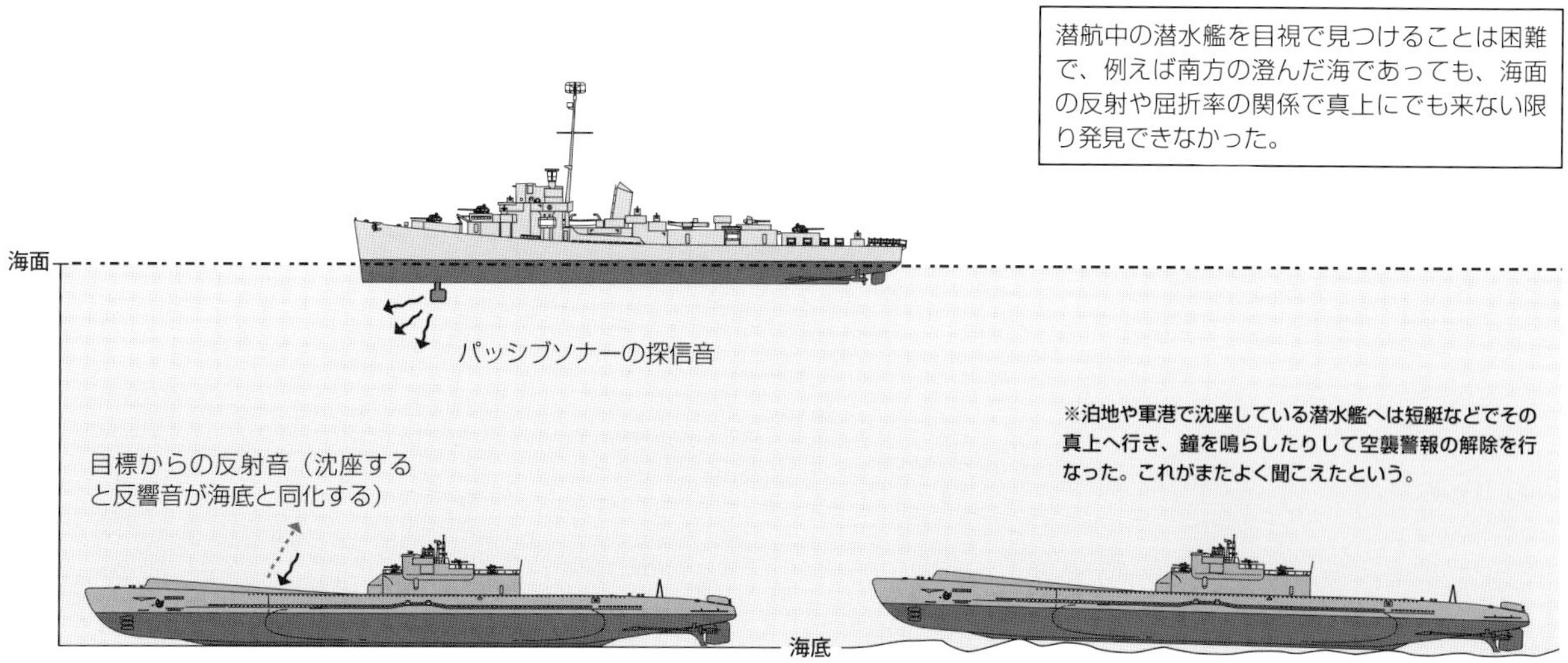
潜航中の潜水艦を目視で見つけることは困難で、例えば南方の澄んだ海であっても、海面の反射や屈折率の関係で真上にでも来ない限り発見できなかった。
海面
パッシブソナーの探信音
※泊地や軍港で沈座している潜水艦へは短艇などでその真上へ行き、鐘を鳴らしたりして空襲警報の解除を行なった。これがまたよく聞こえたという。
目標からの反射音（沈座すると反響音が海底と同化する）
海底

▲水深が安全潜航深度内であれば、たとえ泊地などの外海（そとうみ）であっても海底に沈座することができる。メインタンクへの海底泥の流入を防ぐため、キングストンバルブは締めておかねばならない。

▲場所によっては海底が必ずしも水平になっているとは限らないので、アップツリムやダウンツリム、また左右に傾いた状態で沈座することになる。あまりダウンツリムが大きいと、舵やスクリューを損傷する危険がある。

次期丹作戦、嵐作戦を確実に成功に導くためにはさらなる偵察能力の増強が必須であり、光作戦のように潜水艦に頼った、いわば他力本願なものよりも自力での航法によるトラック進出は海軍偵察隊の腕の見せ所でもあった。

ところが、同日に八丈島へ前進することに成功した5機の『彩雲』のゆく手にはあいにくと夏の気圧配置による不連続線がたちこめており、その後も10日弱ほど待機を続けたもののこれを突破する好機を掴むことはできず、結局、終戦前日の８月14日に木更津へ帰還することとなる。

８月６日、日課手入れ実施。午後から左舷乗員の半舷上陸。

安保２曹は潜水艦基地隊に行き洗濯と入浴。のんびりとレコードを聞きながらトラックの戦友からサツマイモとパンの実のもてなしを受けた。日が暮れると映画も上映された。ここには同郷の鈴木兵曹がいたが、その話では米の飯は天長節でもない限りお目にかかれないとのこと。主食はやはりサツマイモとパンの実。安保２曹が艦から持参した弁当を進呈すると、鈴木兵曹はこれを６、７人の仲間で分け、みなでゆっくりと噛み締めるようにして食べていた。過酷な潜水艦勤務とはいえ毎日銀飯を腹いっぱい食べることができる自らの身と比較し、気の毒やら申し訳ないやら。

それでも基地隊の彼らが一心に案じるのは内地のこと。話題も「内地は大丈夫か、故郷の静岡はどうだろうか」とのことに及ぶ。安保２曹をはじめ伊14潜の乗員たちも「国民全部が一体となって頑張っている、どうかトラックの皆さんも身体に気を付けて戦ってください」とこれに答えたが、一人一人の家族が無事でいる確証がないのがもどかしい。

時おり、空襲の合い間に立ちのぼる煙は、戦病死者を荼毘にふしているものだという。ここトラックでは栄養失調で毎日30～40名が亡くなっているとの話しだ。安保２曹らが帰艦する際にメロンの手土産を持たせてくれる気遣いも痛々しい。

８月７日、０９００敵機来襲錨泊沈座。１０５０浮上、ところがその10分後、３０５㎞に敵編隊発見との信号で再び沈座する。１５４０浮上。夕食後、右舷の半舷上陸が許可された。本日の空襲による地上の被害は甚大、その復旧作業に忙しい様子が艦上からも読み取れた。

８月８日、潜水艦基地隊へ打ち合わせに出かけていた清水艦長から０８２０に「予定通り沈座せよ」の信号があり、０９００から１５００まで沈座する。空襲を避けるためでもあり、偵察機に見つかったらまた厄介なことにもなるからだ。

「艦長が在艦の時の沈座は怖くありませんが、こうした不在の際に哨戒長になると随分心配でした。もっとも、沈座そのものは心配ないのですが、空襲による被弾などで『次にうまく浮上してくれるだろうか』とちょっと不安になる。潜航長（註：上原 覚兵曹長）が経験豊富な人だったのでこれは心強かった。また、空襲が終わったのをどうやって海中の潜水艦に知らせるのか疑問でしたが、これは沈座している我が艦の真上に小船で来て鐘を鳴らすという按配。この鐘の音がまたよく沈座中の艦内に聞こえました。」

トラック島での日課となっていた沈座についてこう語るのは元砲術長の高松道雄氏。

浮上後は左舷乗員の半舷入湯上陸の許可あり。地上のいたるところに爆撃の爪あとが残っているが、浴場の屋根にもまた大穴があいて風呂に浸かりながら夜空をみることができた。入浴後はたいてい自由時間で、伊14潜の乗員たちは物珍しそうにあちらこちらを見学して回る。内地の梨にも似た男ヤシがいたるところに鈴なりに成っている。男ヤシはトラックだけの特産と聞き、どんなものかと4、5人で石を投げつけてみるがブラブラするだけで一向に落ちてくる気配がなかった。

8月9日、０５００総員起床、軍艦旗掲揚、日課手入れ実施。０８００から恒例となった沈座を行なう。１４００には沈座中の艦内で応急訓練がなされた。１５００浮上、本日は右舷の半舷上陸が許される。

8月10日、０５００総員起床、０８００から沈座。１５００浮上、夕食後、左舷入湯上陸。

8月11日、快晴。この日は珍しく０７３０という朝方から右舷乗員の半舷上陸が許される。０８００から残った当直員による定例沈座を実施。この日は安保2曹が伊14潜艤装員を命じられてからちょうど1年目に当たる。同僚とともに衣嚢をかつぎ、帽子罐を持った海軍の下士官転勤者特有のいでたちで横須賀潜水艦基地隊を出発、楽しい陸行、熱海での途中下車の思い出も今は昔。

１５００浮上、上陸していた右舷人員の帰艦で艦内はちょっとにぎやかな雰囲気に包まれる。

8月12日、早朝に3直突入訓練実施、０７００軍艦旗掲揚。０７３０、今日は左舷の半舷上陸が許される。安保2曹、０９３０から同僚たちと一緒に登山、山頂の見張所に向かう。ちょうどスコールが過ぎたあと、鮮やかな南方特有の樹木に見とれることしばし。小学生の遠足のようにはしゃぎ回り、斜面で転倒する者も続出する。

嬉々として見張所へたどり着くと、ここへ詰めている面々も非常に喜んでくれた。持参したお弁当、副食物などを進呈して、島の様子や風習など見張員たちの話に耳を傾ける。ここから見渡すと湾内の片隅に2、3隻の監視艇が頑張っているのが望見された。昔日の聯合艦隊今いずこ。その勇姿を知っているだけに乗員たちの感慨もひとしおであった。

そして島はとみれば敵機の爆撃でヤシの木はなぎ倒され、各所には大穴があいてスコールの水がたまり、池のようになっていた。

１２３０、特別警戒警報発令、『Ｂ－17』と思われる4発機（『Ｂ－24』の海軍型で1枚尾翼の『ＰＢ４Ｙ』が妥当か？）1機が高度1万ｍで10分ほど旋回しているのを見る。伊14潜は残った当直員たちにより沈座しているので発見される恐れはない。１４００に下山した彼らは潜基付近で水泳を楽しんだのち風呂を借り、１６２５に帰艦。

１９０９日没とともに軍艦旗降下ののち、艦内総員で10分ほど「潜航の歌」、「轟沈」、「軍艦マーチ」などの軍歌演習、ついで夜間訓練を実施。

この日の夕食後、大湊を先発した伊13潜が撃沈されたらしいことが乗員たちに伝えられた。

8月13日、整備査閲があるとのことで０５１５から中掃除を実施。０７４５、望Ｂ（見張所の符号）の信号員が連絡のため来艦。０８００から定例沈座。今日は海底の凹凸によりアップ（艦首が仰角になること）6度で着底。０９１５整備査閲アリ。乗員たちには明後日の15日トラック出港、香港経由で内地回航の予定と知らされる。１５００浮上、半舷入湯上陸許可。

8月14日、０５００総員起床、朝拝、体操を行なう。今日は我が伊14潜竣工からちょうど5ヶ月目。多くの人々に見送られて神戸川崎造船所を発し、呉へと向かった記念すべき日を乗員一同思い起こす。０８００定例沈座。１５００浮上。１６３０からトラック島最後の入湯上陸を楽しむ。

明日はいよいよ出港。敵艦が多数うごめく太平洋を西へ横断し、次の目的地、香港を目指す予定である。

挺身偵察隊個人感状

三木琢磨大尉機によるウルシー偵察６回、ブラウン偵察１回、マリアナ偵察１回という他に例を見ない功績（ウルシーに行って還ってくるだけでも至難の業だ）は、昭和 20 年８月１日付けで聯合艦隊司令長官小澤治三郎中将より個人感状の授与という形になって表彰された。

◀感状授与式のあと記念撮影した３人で、手前で座るのが三木琢磨大尉(海兵 70 期)。後列左が偵察員の伊藤國男飛曹長（甲飛４期)、右が電信員の幡谷 茂上飛曹（甲飛８期)。あまり日の目を見ることのない偵察隊としては面目躍如といったところで、晴れ晴れとした表情からもその心中がうかがい知れるというもの。５月のマリアナ偵察以外は、わずか１ヶ月間で行なわれた作戦行動であった（下表参照）ことにも驚かされる。

三木大尉機の行動

昭和 20 年	作戦行動	記事／備考
２月１１日	木更津発、硫黄島進出	７機木更津発進
２月１２日	硫黄島発、トラック島進出	進出成功４機［※ 1］
２月１６日	ウルシー偵察（第１回）	偵察成功。
２月２６日	ウルシー偵察（第２回）	偵察成功。
３月　５日	ブラウン偵察	［※ 2］
３月　９日	ウルシー偵察（第３回）	偵察成功。空母 10 隻を含む敵機動部隊を確認
３月１１日	ウルシー偵察（第４回）	第二次丹作戦戦果確認［※ 3］
３月１２日	ウルシー偵察（第５回）	偵察成功。空母 19 隻を含む敵機動部隊を確認
３月１４日	ウルシー偵察（第６回）	
５月１２日	マリアナ偵察	

※ 1：硫黄島発進時１機離陸失敗、１機は編隊についてこず行方不明、またグアム偵察後のトラック進出を命じられた１機、サイパン偵察後のトラック進出を命じられた１機は行方不明となった。

※ 2：同日ウルシー偵察に向かった１機が未帰還となり、２月 14 日にブラウン偵察に向かった１機が海没（搭乗員は救助）していたため、この時点で彩雲は１機となる。

※ 3：攻撃が日没後となり戦果確認は翌日に持ち越された。

第四章

合戦要具収め

終戦の詔勅

8月15日0500、総員起床。朝拝、体操を終えると名和航海長から我らの行動、米国の状況、9日のソ連の参戦、その他、国際情勢などについての訓話あり。続いて信号長から「0450頃に、基地隊へ上陸中の清水艦長から『明16日1500当地発、内地に帰投する』旨の信号があった」との話。一昨日に香港行きを伝えられたばかりだが、トラック入港後10日あまりが過ぎ、内地に帰れるとの報に艦内の乗員たちは急にそわそわしだした。

この日、士官室の片隅で遅い昼食をとっていた上原 覚潜航長のもとへ地元桐生市出身のトラック潜水艦基地隊員が尋ねてきた。同郷の誼で仲がよい下士官氏だが懐かしい故郷の思い出や内地の様子などを話し終えると、やおら

「潜航長、今日私は長文の新聞電報を受信したところ、司令部の通信参謀にすぐ取り上げられて持っていかれてしまいました。極めて重大なニュースのようでしたが…」

と話し始めた。

内地出撃前に、もはや日本の敗戦は決定的と聞かされていた上原潜航長は急いで電信室へ行き、「電信長、新聞電報を見せてくれ」と伝えると、終戦の詔勅を告げる長文の電報がそこに綴られてあった。

急いで士官室へ戻った潜航長が岡田水雷長にことの次第を伝えると

「潜航（潜航長の略）、それはサイパンのデマ放送だろう!?」

と一蹴されてしまった。

新聞電報は一日12回、定期的に発信されるもので、潜水艦ではころあいを見て短波マストを海上に出し受信する(周波数自体は超長波)。ところが、終戦を告げる詔書は平文で入っていた。まさしく怪しい文章、米軍謀略説もまんざらではないものであった。

やがて潜基から清水艦長が帰艦してきた。陸上司令部で重大放送を聞かず、伊14潜艦上で初めて勅語を拝読した艦長は、その文面からまさに大御心より出たものに間違いないと直感したが、

「敗れた悲しさよりも、陛下に対して申し訳ないという感情でいっぱいであった」

とその時の思いを後年述べている。

すぐに総員集合をかけた清水艦長は、上級者ほど敗戦の責任は大きいとして乗員たちに自らのいたらざりしを詫びた。そして締めくくりとして

「乗員一人一人には家族がいる。艦長は責任をもって君達を無事内地まで送り帰すから（心配するなの意）」

といった主旨の発言をすると乗員たちの緊張の面持ちも少し和らいだかに見えた。

これ以前に艦長室に呼ばれ、敗戦の事実を伝えられた高松砲術長は非常に残念でならなかった。トラック島は健在、我が艦も無傷。

「とうてい負けたとは思えなかった。第1次大戦で敗れたドイツの海軍士官の想いもこうであったろう」と。

その日の夜遅く、ひとり上甲板に出た岡田水雷長は、あたりに人影がないことを確かめてから艦首にうずくまり、男泣きに泣いた。そして

「この日本が負けた。負けるはずがないじゃないか！」

と叫び続けた。負けたという実感は少しもなかった。

もちろん、厳しい戦局の推移は開戦以来第1線で戦い続けていた本人の良く知るところであった。実際、空母、巡洋艦、駆逐艦と乗りついできた自分が、いまや乗る艦もなく、自ら希望したとはいえ潜水艦に乗っている。

それでも日本が負けて敵に降伏するという事態は一度も考えたことはなかったし、頭に浮かんだことなどなかった。

「死ぬということは当然のことといわば割り切っていた。死に対する恐怖がないといえば嘘になるが、いつでもどこでも死地に飛びこんでいく、ましてや場合によっては切腹ぐらい平気の平左という心境であった。事実これまで私はこのように教育されてきたし、そしてこのように訓練をうけて私の血肉の一部となって堅く定着していた。一種の宗教における信仰みたいなものといえようが、それにしてもこの特異ともいえる精神構造はひとり私だけに限ったものではない、当時日本国民を広く支配していたともいえよう。」

その日のことを振り返り岡田安麿氏は後年こう語っているが、伊14潜の乗員ひとりひとりが皆、同じ思いであったことだろう。

その後、幹部を集めた艦内ではこれからの伊14潜の行動について協議された。ある者はサイパン斬りこみを、ある者は潔く洋上での自沈を唱えた。第1次世界大戦におけるドイツの巡洋艦『エムデン』のように南洋やインド洋で暴れ回り、刀折れ矢尽きたあかつきにはいさぎよく自沈あるいは自決しよう、それが本来の日本の武士道というものだ。

しばらく黙ってこれを聞いていた清水艦長は、やおら口を開くと我が艦と乗員を無事に内地へ帰すことこそ最良の道であると提言、その全ての意

終戦当時の可動潜水艦の陣容

昭和 20 年 8 月 15 日終戦。その時、いまだ日本海軍潜水艦隊の存在は連合国軍の脅威の対象であったが、その実状は惨憺たるものだった。それは下表を見れば瞭然で、かつて精強を誇った巡潜系列の伊号潜水艦は、伊 14 潜を除き、第 15 潜水隊にわずかに 4 隻しか残存していないという事実に愕然とする。

所属			
艦名（型式）	終戦時の状況	所在海面（※ 1）	備考
第 1 潜水隊			
伊 401 潜（特型）	作戦行動中	ウルシー近海	
伊 400 潜（特型）	作戦行動中	ウルシー近海	
伊 14 潜（甲型改 2）	作戦行動中	トラック	
伊 402 潜（特型）	軽微損傷修理中	呉	7 月 24 日竣工。空襲による損傷修理実施
第 15 潜水隊			
伊 36 潜（乙型）	7 月 6 日帰投（轟隊）	呉	
伊 47 潜（丙型）	8 月 13 日帰投（多聞隊）	呉	
伊 53 潜（丙型改）	8 月 10 日帰投（多聞隊）	呉	
伊 58 潜（乙型改 2）	8 月 14 日帰投（多聞隊）	呉	
伊 363 潜（丁型）	8 月 13 日帰投（多聞隊）	呉	
伊 366 潜（丁型）	作戦行動中（多聞隊）	東シナ海	8 月 18 日呉帰投
伊 367 潜（丁型）	作戦行動中（多聞隊）	東シナ海	8 月 16 日呉帰投
第 34 潜水隊（8 月 15 日付け解隊→所属艦は第 15 潜水隊へ編入）			
呂 50 潜（中型）	7 月 3 日帰投	舞鶴	
伊 156 潜（海大Ⅲ型 b）	7 月 2 日大連→呉入港（燃料輸送）	呉	回天輸送任務従事艦（2 基搭載可能）
伊 157 潜（海大Ⅲ型 b）		呉	回天輸送任務従事艦（2 基搭載可能）
伊 158 潜（海大Ⅲ型 a）		呉	回天輸送任務従事艦（2 基搭載可能）
伊 159 潜（海大Ⅲ型 b）	作戦待機中（神州隊回天 2 基搭載）	平生	8 月 16 日出撃、8 月 18 日作戦中止帰投
伊 162 潜（海大Ⅳ型 b）		呉	回天輸送任務従事艦（2 基搭載可能）
伊 201 潜（潜高型）	錬成中	舞鶴（七尾）	6 月 15 日、第 34 潜水隊へ編入
伊 202 潜（潜高型）	錬成中	舞鶴（七尾）	6 月 15 日、第 34 潜水隊へ編入
波 103 潜（潜輸小型）		呉	7 月 1 日、第 34 潜水隊へ編入
第 16 潜水隊			
伊 369 潜（丁型）	揮発油搭載機能追加工事中	横須賀	
波 101 潜（潜輸小型）	揮発油搭載機能追加工事中	横須賀	
波 102 潜（潜輸小型）	揮発油搭載機能追加工事中	横須賀	
波 104 潜（潜輸小型）	揮発油搭載機能追加工事中	横須賀	
波 105 潜（潜輸小型）	揮発油搭載機能追加工事中	横須賀	
第 11 潜水戦隊（※ 2）			
伊 203 潜（潜高型）	錬成中	呉	
呉潜水戦隊第 33 潜水隊（呉鎮守府直轄）（※ 3）			
伊 121 潜（機雷潜型）	潜水学校実習艦	舞鶴（七尾）	
伊 153 潜（海大Ⅲ型 a）	潜水学校繋留	呉	昭和 19 年 1 月 31 日、予備艦籍編入
伊 154 潜（海大Ⅲ型 a）	潜水学校繋留	呉	昭和 19 年 1 月 31 日、予備艦籍編入
伊 155 潜（海大Ⅲ型 a）	潜水学校繋留	呉	昭和 20 年 7 月 30 日、予備艦籍編入
波 107 潜（潜輸小型）	潜水学校実習艦	呉	
波 108 潜（潜輸小型）	潜水学校実習艦	呉	

終戦直後、日本の和平軍使がマッカーサー司令部のサザーランド参謀長に「回天を搭載した潜水艦は現在何隻が太平洋を行動中であるか？」と訪ねられ、「およそ 10 隻」と答えたところ、「すぐに作戦中止命令を出してほしい」と懇願されたという逸話が伝えられるが、実際には伊 366 潜と伊 367 潜の 2 隻だけが行動中だった。

※ 1：表記はだいたいの在泊海面で、必ずしもピンポイントでそこにいるわけではない（呉であれば広い意味で内海西部も含んでいる）。
※ 2：錬成中の潜高小の波 201 潜型各艦は除く。
※ 3：この他、呂 62 潜、呂 63 潜、呂 68 潜があり、呂 67 潜は 7 月 20 日付けで老齢除籍。
■ この他、波 106 潜、第 51 戦隊所属の呂 500 潜、またペナンやシンガポールにあった接収 U ボートがあった。

見を退けた。曰く
「成り行きに任せる」と。
　まずは情報を集めつつ軽挙妄動を慎もうということだ。さすがに1艦の乗員の命運を握る艦長、大人であった。
　8月16日、0530総員起床。天候快晴、微風有り。朝拝、朝食を終え、艦内総員出港準備にかかる。航海科では上構物の固縛、12㎝水防双眼鏡の手入れに大わらわ。0700軍艦旗掲揚。
　この日は早朝から内地への便乗者の乗艦や托送品の積載作業に艦内も忙しくなる。
『彩雲』2機を積んできた格納筒にはトラックで戦病死した将兵の遺骨が山のように積み込まれ、話には聞いていたものの伊14潜の乗員たちはその様子に心中複雑。便乗者の中には両脇を支えられてやっとのことで舷梯(それも潜水艦の“短い”舷梯である)を上がってくる者、その途中で貧血を起こして転倒する者などがおり、彼らがこれからの長い航海に耐えられるのか心配し、気の毒やら、また暗然とした気持ちになる。トラック入港の直前に、敵艦隊との遭遇によるまる2日間の連続潜航を実施してからくも虎口を脱したことは先述のとおり。そんな過酷な艦内環境にこれらの便乗者は耐えられるのだろうか。
　0800、定例沈座、1500、浮上。ところが、出港は1日延期とのことで1615から2時間あての短時入湯上陸が許可された。
　出港の延期は第4艦隊の配慮からで、この日、第4艦隊参謀長から第6艦隊参謀長に向け
「機密第一六〇八三五番電
伊號第一四潜水艦ニ對シテハ現下ノ状況ニ依リ差當リ出港ヲ延期ノコトトナシ一時見合ス
何分ノ指令可然ト思考ス。」
と発せられている。
　またこの日、次のような電報が先遣部隊麾下に向けて発せられており、伊14潜でも受信されている。
「機密第一五二〇三五番電
先遣部隊電令作第一一四號
本日〇〇〇〇更ニ決一、二、一一、一二、一三號作戰警戒発令セラル、待機中ノ潜水艦ハ所定ノ整備ヲ促進、訓練ヲ励行スベシ
昨日和平詔發セラレタルモ停戰協定成立セルモノニ非ザルヲ以テ各潜水艦ハ所定ノ作戰ヲ續行、敵ヲ發見セバ決然之ヲ攻撃スベシ。」
　この、「昨日和平の詔勅が発せられたがこれは停戦協定が成立したものではない。各潜水艦は所定の作戦を続行、敵を発見したら決然とこれを攻撃せよ」との一文は、昨日の平文の新聞電報を半信半疑、あるいは米軍の謀略ではと考えていた伊14潜の幹部たちに、皮肉にも改めて敗戦を決定づけるものとなったという。
　なお、この日深夜になり「貴下は攻撃兵器、重要書類を処理せよ。針路、帰投地、到着日時を報告せよ」との命令が入電した。
　8月17日、便乗者退艦の指示により、せっかく内地へ帰ることができると乗艦した面々は0600以降、伊14潜から降りていった。0800より定例沈座。1430浮上するや総員集合がかかり、清水艦長から我が大日本帝国の立場、本艦の作戦任務、出港延期の理由についてなど詳細に訓示がされた。
「乗組員の大事な生命をあずかっている艦長としては忍び難きを忍んで内地へ帰航することに決定した。諸君の両親に対し健全な身体だけでも無事に届けてやりたい。健全な身体さえあれば何とか道も開けるであろうから、命令に従って帰航作業にかかるように」
と最後に付け加えられた。
　その後、昨日同様、短時入湯上陸が許され、1845に潜水艦基地隊へ風呂を借りに行った安保2曹らはここで「無条件降伏」の報を耳にする。
　彼ら伊14潜の下士官たちが帰艦する際、基地隊の田所少佐がわざわざ岸壁に内火艇を見送りに来て
「伊14潜の諸君よ、最後の小便をこの浜辺でやっていけ。そしてタンポポを忘れるな。踏まれても、踏まれても、花咲く時がきっとくる」
「決して悲観することはない、帝国海軍はなお健在である。強固な意思をもって頑張っていこう」
と絶叫しつつ男泣き。送られる乗員たちの頬にも涙が流れ伝わった。

トラック出港

　8月18日、艦内では機密書類の赤本を整理ののちこれを浜辺へ持ち出し、3箇所ほど穴を掘ってガソリンをかけ焼却処分する。敵機が飛来したため作業を中断すること2回、1030に作業は終了した。

　1500出港、潜水艦基地隊見張所から「帰艦の安全なる航海を祈る」旨の信号があり、伊14潜からは「御厚意を謝し御元気で再会を待つ」など

参考：終戦当時の攻撃型潜水艦の陣容

前ページで紹介した第 15 潜水隊の攻撃型伊号潜水艦を並べるとこのようになる。第 1 潜水隊を除けば、これが終戦時の日本海軍潜水艦隊の打撃力ということになる。

■伊 36 潜〔乙型〕

◀回天作戦でも歴戦の伊 36 潜はシュノーケルを未装備のまま終戦を迎えた。

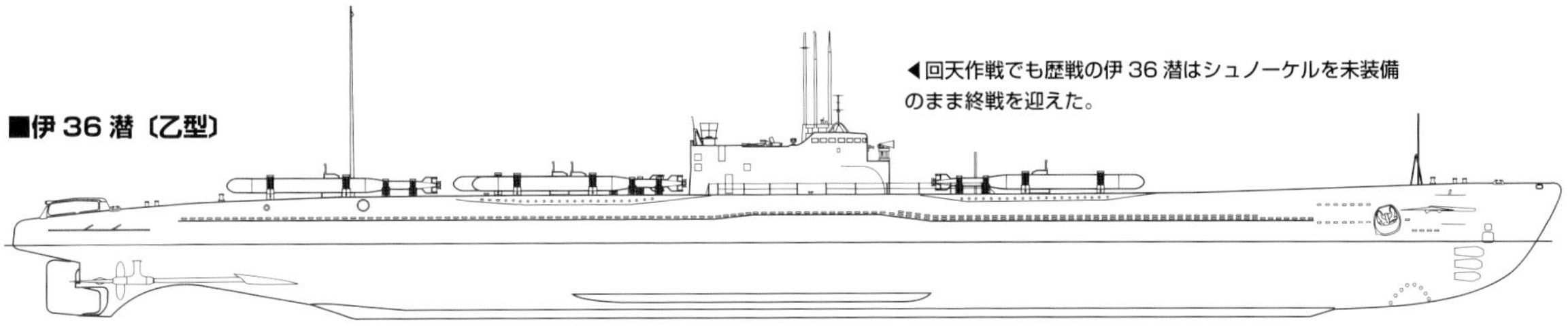

■伊 47 潜〔丙型〕

▼終戦時の写真を見ると、伊 47 潜もシュノーケルを未装備のままだったようだ。

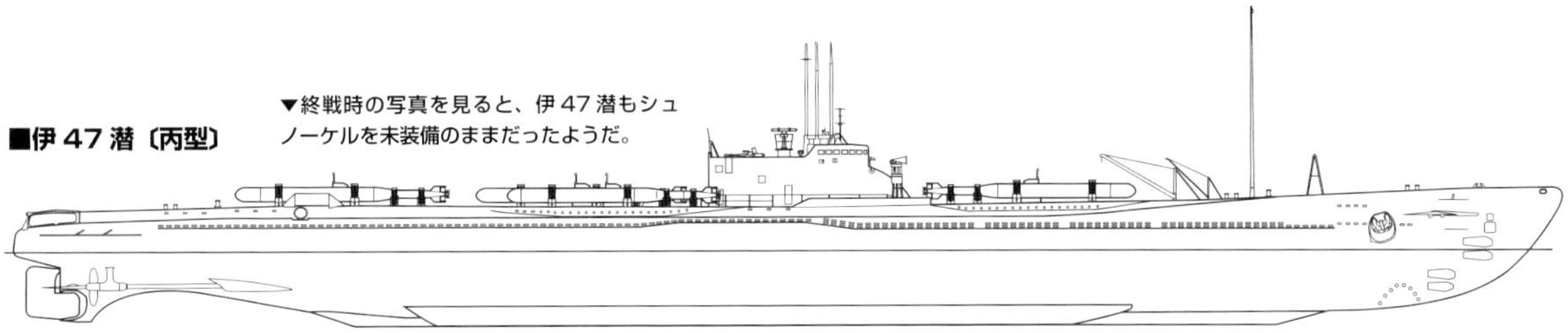

■伊 53 潜〔丙型改〕

◀終戦直前の 7 月 14 日に回天戦で米駆逐艦『アンダーヒル』を撃沈。

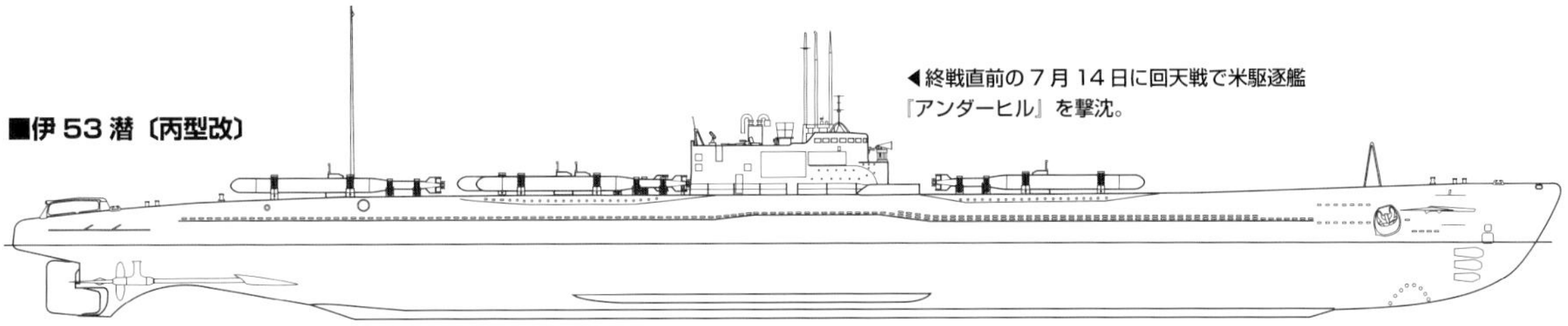

■伊 58 潜〔乙型改 2〕

◀ 7 月 30 日に米重巡『インディアナポリス』を撃沈、8 月 12 日に回天戦で米駆逐艦『トーマスニッケル』を損傷させた武勲艦。

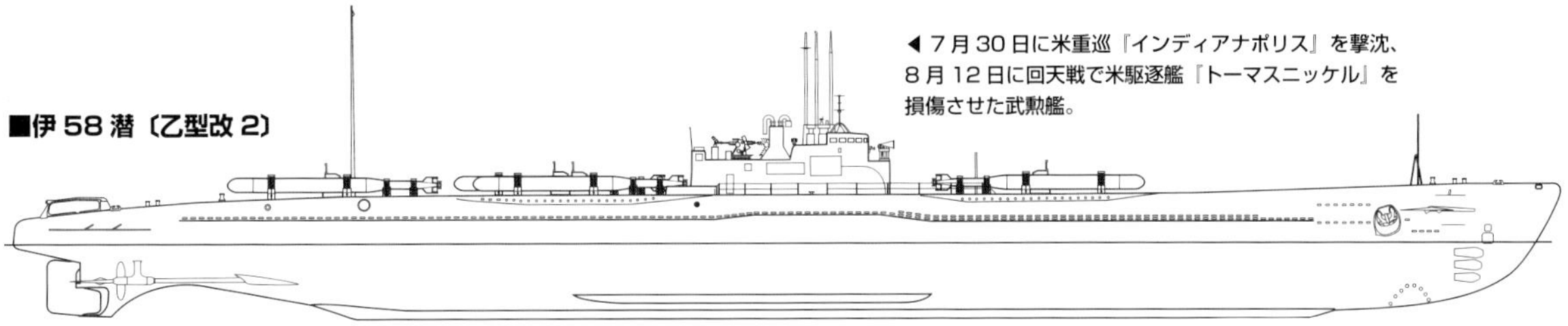

「残存の巡潜は伊 14 潜、伊 36 潜、伊 47 潜、伊 58 潜で、伊 25 潜を欠として考えると最初の 14 に 11 を足していった数字となっている。これにイレギュラーな伊 53 潜を加えた 5 隻と考えると覚えやすい」とは高松道雄氏の談。ナルホドである。

■伊 363 潜〔丁型〕

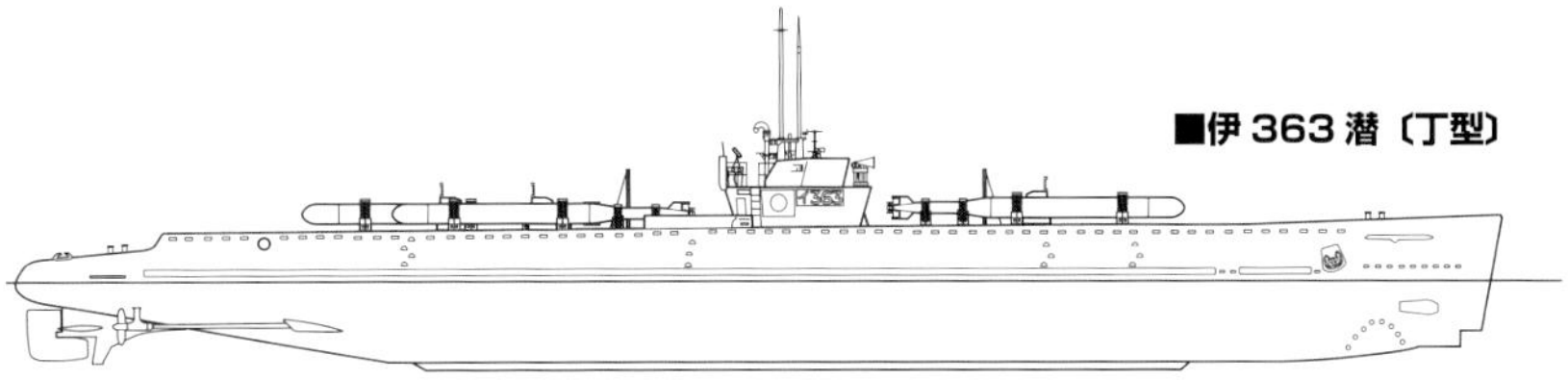

▲伊 363 潜は終戦時残存していたが、10 月 29 日、佐世保へ回航する際に触雷して木原 栄艦長以下 35 名が殉職する。

■伊 366 潜〔丁型〕

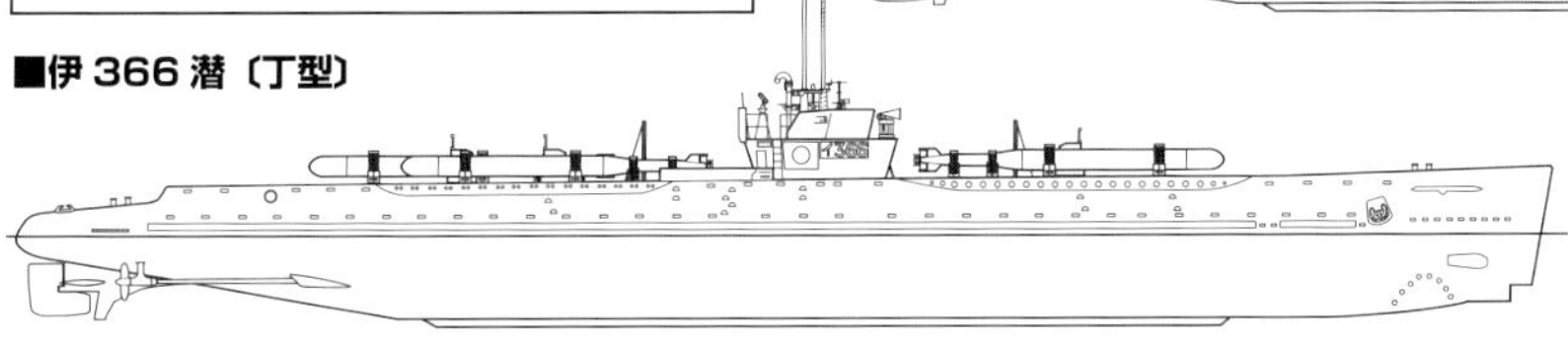

■伊 367 潜〔丁型〕

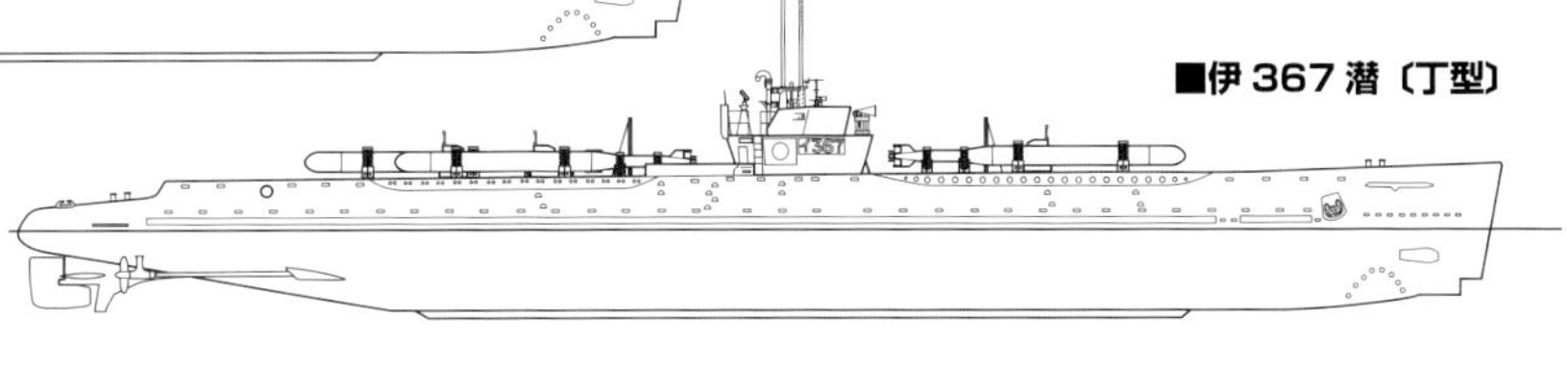

※丁型はこの 3 隻以外に、回天搭載艦に改造されずに引き続き補給任務についていた伊 369 潜が残存していた(終戦時は揮発油搭載機能追加工事中)。

の返信。短い間だがお世話になったトラック島よさらば。

礁外へ出るまで、飛来した水上機1機（あるいは伊14潜が運んだ『彩雲』だったかもしれないが、今回の調査では機種の確定ができなかった）が上空を旋回して見送りをしてくれている。

南水道を出ると両舷前進強速、太平洋の荒波をけって針路はＮ（エヌ。真北のこと）宜候。

出港にあたり、増淵三郎上機曹は潜水艦基地隊の下士官からタバコの御礼にと大きなバナナを2房ほど進呈された。兵員室にぶら下げられたバナナは当直後の下士官たちのささやかな楽しみとなる。

８月19日、０８００急速潜航、１５００浮上予定で潜ったまま航海を続ける。１３３０商船と思われるピストン音を探知するが30分後に消滅。浮上航行に移ったのち１５５８、右80度、距離３万ｍに空母もしくは大型商船のマストを発見、急速潜航発令、聴音潜航で警戒を続ける。１６５６、右１０３度にピストン音、感3を探知するも1時間後に消滅したため浮上、ところが１８５０にさらに中型商船を発見したため再び急速潜航、２１１５にようやく音源が消滅する。これら敵船は航海灯を点じて警戒もせず、ゆうゆうと航行していた。やはり戦争は終わったのだ。

右方向の水平線には激しい雷光が望見され、まるで水上艦艇の夜戦のようであった。南方の洋上ではよく見られる光景である。

８月20日、０２４５に電探が飛行機感度20㎞を捕捉したため急速潜航。敵艦船の航路に入ったらしく聴音員はその探知の報告に忙しい。１７４５浮上、原速で航行。１８３０、右50度に商船を発見したが潜航はせず、こちらの艦尾を見せて正面面積を小さくし、離脱を図る。

８月21日、黎明に右１６０度、1万ｍに商船1隻発見。これから明るくなるので被発見の確率が高くなるため潜航する。１７４５浮上。

「本艦はただ今ブラウン、サイパン線上にあり」

と伝令の声が伝声管を通じて艦内各所へ鳴り響いた。

８月22日に日付けが変わった００３０、右80度、1万2，０００ｍに空母もしくは大型商船を発見、急速潜航する。水中聴音による音源はだんだん遠ざかり、０５３０浮上、異常なし。１１００、電探に飛行機感度有り急速潜航、１４００浮上。充電、通風（艦内の換気）を実施する。この日は天気晴朗、波静か。

23日、24日はところどころスコールに見舞われたほか天気良好、平穏にして過ぎ、その間にも秘密書籍や軍機海図の整理が行なわれる。

25日にはだいぶ本土に近付いた空気が感じられたが、一般の乗員たちには

海軍艦艇の速度の標示（呼称）

日本海軍の艦艇で使われていた微速、半速、強速などという言葉は、速力を指示する命令表現のひとつで、これは艦の大きさや性能によって異なっていた。速度通信器のことを「テレグラフ」といい、艦橋にあるものが「発信器」、機関室にあるのが「受信器」である。

速度標示はその艦の最大速度によって異なる。例えば時速34ノットの空母は第5戦速の上が最大戦速となり、「一杯」はそれ以上に機械を運転することを命じるものだ。また、強速までは「前進原速」、「後進半速」などと前後進を併せて令する。速力の遅い砲艦や特務艦では強速の上に「戦速（一戦速とはいわない）」「最大戦速」「一杯」となっていた。このほか「黒15」「赤10」などとスクリューの回転数を指示する命令がある。黒は回転数をプラス、赤はマイナスすることで、5＝0.5ノット換算。40（4ノット）までの微調整が可能。

戦艦・空母・巡洋艦・駆逐艦などの速力通信器の標示

▲主機をディーゼルエンジンなどの内燃機関とする艦艇では間違いを避けるため「停止」と「後進微速」の間に「後進用意」が設けられていた。

戦艦など	空母・巡洋艦 駆逐艦など		潜水艦の場合（浮上航行中）
	■一杯		一般的な巡潜型、海大型の場合。伊14潜など戦時型は強速の上が最大戦速になった。
	■最大戦速	33ノット	
■一杯	■第５戦速	30ノット	
■最大戦速	■第４戦速	27ノット	
■第３戦速	■第３戦速	24ノット	■最大戦速
■第２戦速	■第２戦速	21ノット	■第２戦速
■第１戦速	■第１戦速	18ノット	■第１戦速
■強速	■強速	15ノット	■強速
■原速	■原速	12ノット	■原速
■半速	■半速	9ノット	■半速
■微速	■微速	6ノット	■微速

潜水艦の速力通信器の標示規程

▲潜水艦の場合は「電動機用意」「機械用意」と独特な標示が加えられている。最大速度の関係で、実際にはもう少し前進側が間引かれたもの（第三戦速、第四戦速がない）となっていた。

▶岡田水雷長の発案により、トラック島から内地へ向けて帰還中の艦内で製作された「伊號第十四潜水艦総員名簿」の表紙。誰が描いたのか、イラストは太平洋を進撃する伊14潜に、その上空を飛翔する『晴嵐』がデザインされた何とも絵心のあるもので、舷側のバルジや飛行機格納筒の型状なども実物をうまくアレンジしているのがわかる。この名簿が、戦後の伊14潜会の大きな宝となった。

内地のどこへ入港するのかはまだ知らされていなかった。実はトラック出港時は第6艦隊司令部の陣取る呉へ帰投する予定であったのだが、それでは高知沖へ集結しているであろう敵艦隊に捕捉、接収される恐れがあるということで、出撃地の大湊に入港して一時様子をうかがってからその後の行動を決めると変更されたのである。

この日は旗旒の整理が行なわれたほか、岡田水雷長の発案で艦内総員名簿が作成された。これは終戦時に上部組織の指示により作成されて現在残っている各艦船や部隊の復員名簿とはいささか趣が異なり、内地帰還後に伊14潜の乗員たちがバラバラとなったとしても、連絡を取って助け合うことができるようにと講じられたものであった。その意の通り、この名簿がのちのち伊14潜の乗員たちにとって大きな財産となるのだが、もちろんそんなことはこの時の誰もが知るよしもなかった。

8月26日は爆発物の投棄、機銃弾の発射、搭載魚雷12本の処分など多忙な一日であった。第2章の冒頭でも述べたように艦内から上甲板まで機銃弾倉を運び上げるのは危険かつ大変な重労働であった。魚雷は駛走しないよう閉止弁を閉めて発射すると、発射管を出た直後に海底に向かって沈んでいく。日本海軍の誇る酸素魚雷、そして潜水艦独自の無気泡発射管の最後の咆哮もむなしい限りである。

このほか個人所有の軍刀、拳銃なども艦上から捨てられたが、これは個人差があって、思い思いに持ち場の通風筒や床下に隠す者もいた。

ついに米艦に捕捉さる

8月27日、快晴にして海上には白波が少々見える。早朝に試験潜航を実施して以降は浮上航行に転ずる。０９２０、右20度、距離2万mに艦上機らしい飛行機4機を発見するも、すぐに見失う。敵機動部隊の近接が予測される。

高松砲術長が哨戒長当直だった１０２０ころ、突如として右方向の水平線に駆逐艦のマスト数本が現れた。

「信号員、配置につけ」の号令で非番直であった安保2曹らが艦橋に駆け上がり、固定眼鏡につくとすでに清水艦長は携帯眼鏡で水平線を注視していた。右方向に眼鏡を回すと艦尾方向１３０度の水平線に敵機動部隊のマスト10数本を発見。

「三角旗揚げ」の令により黒色三角旗を第1潜望鏡の先端に結びつけ、相手側からも確認しやすいよう潜望鏡をいっぱいにまで上昇させた。停戦を表わすこの旗は指示により特別にこしらえたものだ。

「潜航しますか?」

との砲術長の問いに

「このままいこう」

と答える艦長。

我が伊14潜は大湊への針路を変えることなくそのまま増速して直進、この艦隊をどんどん遠ざけていく。

ところが1045頃、あっという間に左艦首方向から現れた1機の敵艦上機（アメリカ側の記録によれば空母『ベニントン（CV-20 Bennington)』を発艦したグラマン『TBM』アベンジャーで、このほんの3分前に伊400潜を発見していた）が本艦へ接近してきた。先ほど発見した敵機動部隊から発艦して周囲を哨戒していたものであろう。

通常であれば間髪をいれずに発する「急速潜航」の号令が、何の気なしか一瞬遅れたと元艦長の清水鶴造氏は回想する。これまでに何度も発してきた号令である。

20～30m上空をゆっくりと旋回して我が艦を観察しているかつての敵機。操縦席の搭乗員の顔まではっきりと見える距離だ。爆弾が降ってこないのはいいが万事休す。米艦に気づかれずに内地へ帰投するのは困難となった。

ふと後方を見ると、この敵機が呼びよせたと思われる駆逐艦2隻が追いかけて来るのが見えた。時計は1100になっていた。艦首に蹴立てた白波の様子から30ノットは出ているようだ。駆逐艦と潜水艦とでは追いかけっこにはならない。恨めしい敵艦はぐんぐん迫ってくる。

追いつかれるのは時間の問題と判断した伊14潜の艦上では、いよいよ……と、整理しておいた暗号書など諸々の機密書類を艦橋ハッチから運び上げ、純白キャンバス製の袋の中に鉛でできた錘と共に入れてその口を紐で入念に締め、後甲板へと運び降ろすや敵艦から見えないよう反対舷から次々と海へ投棄してく。

敵駆逐艦は……と見ると、ついに後方3,000mの位置にまで追いすがるや旗旒、発光信号、手旗などあらゆる手段を使って「降伏せよ、停止せよ」と催促してきた。

見ると2隻は200～300mの距離をとって我が伊14潜を左右から挟むように併走し、その艦上では青い軍服に白いセーラー帽を被った乗員たちが右へ左へ飛びまわり、それまで艦首尾線方向に固定されていた全砲門はピシャリ照準を合わせてこちらに向けられている。

双方沈黙したまま並走することしばし、米駆逐艦から発光信号が送られてきた。

〝What is your name?（汝の船名やいかに?）〟

これを見た我が艦上、急いで「イ14」のネームが入ったキャンパスを艦橋脇に掲げる。入港中にはいつも使っているこの艦名標示を探し出すのにも慌てているためか意外や時間がかかってしまう。

続けて

〝Make your speed half dawn（速力を半速となせ）〟

の指示で、速度を落とすと、さらに

〝Stop your ship（停止せよ）〟

ときた（註：文中の英文は高松道雄氏による。なお、高松氏は戦後英語教師となるが、この時の英語力は「兵学校でならった程度」と謙遜する）。

清水艦長、名和航海長の顔に緊張の色が走る。意を決した艦長は「両舷停止」を命じた。白波を蹴立てていた艦首は次第にいき足を失い、とうとう停止した。機関を止めた艦上は静寂に包まれ、海流の影響で艦は左へ60度首を振った。するとちょうどその軸線上に艦首を見せていた米駆逐艦は魚雷発射を警戒してか急いでその位置を変えた。海上には大きなうねりがあり、停止した艦はそれに大きく翻弄されている。

やがて

〝We are going to send you a boat(我、今より汝に短艇を派遣しつつあり)〟

との信号があり、高松砲術長が手漕ぎのカッターでも来るのかしらと密かに想像していると、意に反して距離100mあまりの米駆逐艦から内火艇が降ろされたとみるや、エンジン音も高らかに艦へと向かってきた。

その時艦橋では清水艦長と岡田水雷長が舷梯を降ろすかどうかで揉めていた。舷梯を降ろそうとする艦長に対して「我々は降伏したのではありません。彼らは勝手に来たのです」と反論する水雷長。

艦長の指示でロープを取りに艦内へ入った平本庫次2曹が艦内を走り回ってようやくロープを見つけ、上甲板に上がると、ちょうど米軍のボートが横付けして何人かが舷側を這うようにして自力で後甲板へと登ってきたところだった。何とかロープは間に合い、これによって米軍兵士たちが続いて登ってきた。

この時に乗り込んできたのは将校12～13名ほど（アメリカ側資料で12名）。こちらの艦橋には艦長、航海長のほか、岡田水雷長、高松砲術長がいてこれに対峙、安保2曹ら下士官の信号員や見張員たちがこれを見守っ

▲８月 27 日、伊 14 潜はついに米駆逐艦に捕捉されてしまった。写真はその直後の様子を捉えたもので、行動中の伊 14 潜を撮影した数少ない、貴重な写真のひとつといえる。画面左右ににぶら下がっているロープから、双方がかなりの至近距離にまで近づいていることがわかる。

伊 14 潜に乗り込んだ米兵が自艦『マレー』を撮影したもの。手前に見えるモーターボートで両艦の間を行き来したのだろう。よく見ると、全ての５インチ砲の砲口（厳密には砲身基部の黒い防水キャンパス）がこちらを向いているのが読み取れる。

ている。

彼らは年齢や貫禄から感得したのか、誰に尋ねるでもなく清水艦長を取り巻いて銃を突きつけ、こう言った。

〃Will you swrender?（降伏するや?）〃

その場に居合わせた高松氏はその時の模様を次のように語る。

「私だったらどう答えるだろ。未だかつて降伏を教えられざる帝国海軍軍人の、そしてまた１４０数名の生命をあずかる艦長の回答や如何？　私が艦長から学ぶべきはこのことであると全神経を集中して見守りました」

清水艦長はためらいなく

〃Yes I will.〃

と答えた。

ここにおいて潜望鏡に掲げられていた黒色三角旗、そして我が軍艦旗は米側の手によりさぁっと降ろされ、代わりに星条旗が掲揚された。伊14潜にとっては屈辱に耐えない瞬間であった。

ところが、これを見た伊14潜の幹部、悲憤慷慨して

「我々は陛下の命により武器弾薬を投棄して本土へ帰投の途上であるが、米軍に降伏したわけではない。」

「軍艦旗を降ろされるくらいなら、今すぐ我が艦は自沈する。」

と息巻いた。

潜水艦はその気になれば誰かひとりに弁のハンドルを捻らせて注水するか、あるいはツリムを狂わせただけで海底へ向かってまっしぐらである。

我ながらとんでもない脅迫行為だが、勝ち誇った米軍を困惑させるには充分だった。困った米軍、ついに折衷案として軍艦旗の上に星条旗を掲げる条件を提示してきた。こうなってはどちらが立場が上なのか分かったものではない。ささやかながら意地の張り合いは伊14潜側に軍配が上がったとみるか、米軍側が勝者の余裕を見せたとみるか。

こうして星条旗の下に翻った軍艦旗。それも一番大きなもの（その幅、星条旗の2倍ほどの大きさであったという）を掲げたことで、ともすれば下から見上げた星条旗は我が大軍艦旗に隠れてしまう有様となった。

伊14潜を捕捉したこの2隻の駆逐艦はいずれもフレッチャー級の『マレー（DD-576 Murray）』と『ダシール（DD-659 Dashiell）』で、鹵獲員は『マレー』から派遣されたものだった。『マレー』は１９４３年8月20日に竣工、カリブ海で調整訓練を終えて以来、太平洋の各戦域で活躍した、歴戦の駆逐艦だ。九州沖航空戦中の１９４５年3月27日には特攻機の攻撃により損傷し、真珠湾で大きな修理を実施したこともあり、終戦直前の7月２日にはウェニトクで日本の病院船『高砂丸』を臨検するという珍しい経歴を持っている。

さて、その後も艦橋上では長い間、清水艦長以下の幹部と米軍将校たちとの間での交渉が繰り広げられた。

交渉の主な内容はこれからの伊14潜の行動についてであった。

まず「硫黄島へ行け」と指示する米軍将校、するとこれに機転を利かせた増野正寿機関長が「それには燃料が１００浬分足りない」と反論。清水艦長も「天皇陛下の命令で横須賀へ帰港したい」と意見を述べた。

哨戒員のひとりとして引き続き艦橋に詰めていた安保2曹はその耳に「マニラ」という地名が入ってきたため、交渉の様子を覗おうと身をひるがえして前かがみになると身の丈6尺あまりの米兵がその横腹へギューっと自動小銃を突きつけてきた。抵抗もできずににらみ返せばその米兵は顔面蒼白で相当緊張している様子。銃口もガタガタ震えている。無理もない。相手にしてみれば何をしでかすかわからない連中がうごめいている敵艦に乗り込んでいるのだ。

交渉は横須賀に入港することで一応の決着をみて反転南下を開始する。伊14潜には武装した米兵30人あまりが新たに艦上、また艦内に乗り込んで、監視の目を光らせることとなった。まず軍刀、拳銃などの武器狩りが行なわれ、艦上へと持ち去られた。先日までに武器類の海中投棄処分が暫時行なわれてはいたのだが、まだかなりの数量が艦内に残っていたようだ。

機関科当直将校の背後にもトルコ機銃を構えて引き金に指をかけた水兵と拳銃を撃発にした水兵の２人が目を離さずつき、千葉電機長や運転下士官が号笛（ホイッスル）を吹いたり、速力通信器や回転増減器が鳴るたびにビクッ、ビクッとするので危なくて仕方がなかったという。米駆逐艦との開距離４００mを保つ目的で頻繁に機械運転への指示が行なわれたため、これらの通信器が鳴る回数が多かったのもその一因であったようだ（のち６００mにゆるめられた）。

また小谷野2機曹は乗り込んできた米兵が岡田水雷長の案内で艦内を見回った際、電機室の配電盤後方に下げてあるヤシの実を見て「これは爆弾か？」とたびたび聞いていた様子を覚えている。ヤシの実は、小谷野２機曹自身がトラックで手に入れ、ぶら下げていたものだった。

１５００には監視の駆逐艦は3隻となり、左右後方を取り囲むようにして同航する。目指す横須賀はこれまで一度も入港したことこそないが、本来我が伊14潜が艦籍を置く母港である。

米駆逐艦との邂逅：その１

トラック島を発し、隠密行動のまま大湊への入港を画策していた伊14潜は8月27日、あと少しというところで米駆逐艦に捕捉されてしまった。明治建軍以来、“負け方” を知らない日本海軍のオフィサーたちにとって、それは最大の“外交手腕”を試される機会となる。

▶伊14潜を捕捉したDD-576『マレー』は、フレッチャー級の1艦であり、1943年8月下旬の就役以来、太平洋戦線で戦ってきた歴戦の駆逐艦。写真は大戦末期の同艦の様子を伝えるもので、前檣や後檣に電波兵器を増備しているほか、「メジャー22」と呼ばれる、ネイビーブルー（下面の濃い部分）とヘイズグレー（上甲板から上に塗られた薄い部分）の迷彩塗装の様子がよくわかる。艦首部に艦番号を白で記入していることに注意。

▶第1潜望鏡に星条旗と軍艦旗の両方を掲げた伊14潜の艦橋部を撮影した1葉。左から13号電探用アンテナ、22号電探用電磁ラッパ、短波無線檣（放射状に13号電探用の無方位アンテナが付いている）、第2潜望鏡、高く掲げられた第1潜望鏡でその基部付近に逆探用のE27アンテナ、右に水中充電装置（シュノーケル）が写っている。第1潜望鏡と第2潜望鏡の頂部は水玉模様の迷彩が施されているようだ。こうして星条旗と軍艦旗を同時に掲げた例は、後述する伊400潜でも見られた。

潜航離脱計画

「記憶に間違いがなければ、当時の一番の急進派は士官室では海原整備長、上原潜航長と私の三人ではなかったろうか」

　こう往時を回想するのは水雷長（先任将校）だった岡田安麿氏である。

「血の気は多いし、どだい三人とも『負けた』という実感がなかった。陛下の聖断とその命令があったからこそ本当に涙をのんでそれこそやむを得ず敵さんにつかまってやったのだ。捕虜になったのでは絶対にない。自らの意志で進んで敵にだ捕されてやった。だから、もし敵さんがわれわれ帝国軍人の面子なりプライドを少しでも傷つけるようなことを起そうものならば、その時はいささかのちゅうちょもない。」

　つまり、ことあらば我に考えあり、急速潜航でさようならだ、ということ。

　この時、艦橋には清水艦長と名和航海長、その他、哨戒員の名残りの若干名と米兵たちがいた。大変申し訳ないが彼らは米駆逐艦に救助してもらおう、また、米駆逐艦に挟まれる形でいるのだから、同士討ちを避けて撃ってはこないだろう、あとは九十九里浜にでものし上げて、そこで我々は解散だ。

　艦橋ハッチからはレピーターの太い電線、発光信号用の電線が艦内から伸ばされており、急速潜航の際には大きな障害となる。これらの電纜（コード）を艦内から切断するのは前田光弘上曹の役目と決まった。

　袴田機械長の下へも「非常ベルが鳴ったらキングストン弁（バルブ）を開いて自沈」という最悪の場合の申し合わせが寄せられた。機械室にも7人の米兵が乗り込んできたが、オドオドして落ち着かず、どちらが囚われの身かと疑いたくなるような状況。非常ベルが鳴ったらまずこの7人を始末しなければならないが、誰が誰を亡きものにするのかについての申し合わせもなされた。ちょうど機械長の後ろには自動小銃を構えたひとりがいたが、これはそのさらに後に伝令員として位置していた川橋儔雄2機曹が非常ベルと同時に銃口を上へと逸らし、その刹那に機械長が1発喰らわせるところにまで話しはできていた。

　そんな緊張感の中で袴田機械長がチラと後を見ると、くだんの米兵は機械長の肩を叩きながらペラペラとなにかしゃべったかと思うとチョコレートを進めてきた。そのときちょうどチャンチャンチャンとベルが鳴った。しかしそれは非常ベルではなく、速力通信機（テレグラフ）が司令塔からの機械停止の合図を告げる音であった。

　自沈、あるいは自爆の不穏な空気が艦内に蔓延していくなか、各自は持ち場、あるいは兵員室で来たるべき時の来るのを待った。

　その間、戦（いくさ）の前の腹ごしらえ、と取っておきのサイダーや羊羹を口にした小曾根純三2機曹であったが、緊張のためか何の味もしなかったことが印象的であった。

「家族の写真、千人針も身に付けた時、ふと思ったことは自分はここで死ぬが父母兄弟にはどこでどんな様子で死んだか解らないのが残念でたまらなかった」

と小曾根氏はこの時のことを回想する。

　ところが、艦上、そして艦内におけるこういった緊迫した状況を自然と柔和な雰囲気に転じさせたのが、武装した米兵とともに乗り込んできた通訳のクラーク中尉の存在であった。

「だ捕されたときに米軍通訳のミスター・クラークの果たした役割りは高く評価されていい性質のものといえる。もし彼がおらなかったならば事態は或いは変わっておったかもしれない。人のいいハンサムで、また肩を張っていばることのない好紳士であった。」

　岡田水雷長はクラーク氏を思い起こし、こう評している。

　伊14潜にもゆかり深い日本の神戸で幼児期を過ごしたというミスター・クラークは、牧師の実父と共に日本と日本人をこよなく愛し懐かしむ人物であり、殺伐かつ一触即発ともいえる伊14潜幹部の空気を和らげるにうってつけであった。

「日本の海軍は実に強かった。そして又よく戦った。日本は負けた。しかし負けた原因は海軍にはない。日本が貧乏だったからだ」

　諭すでもなく慰めるでもなく岡田水雷長らにこう語るクラーク氏の言葉は誠、真心溢れるものであり、急進派、過激派と見られた彼らの心をほぐすに充分のものであった。

米艦に乗り込む

　28日１６４０、新たな米駆逐艦が伊14潜を取り巻く艦影に加わった。護衛駆逐艦の『バンガスト (DE-739 Bangust)』である。同艦は１９４３年6月6日に就役したキャノン級の1艦で、第32護衛隊の旗艦として太平洋を転戦、艦隊や船団の護衛任務に従事し、昭和19年6月には呂１１１潜水艦を撃沈している手練れであった。

米駆逐艦との邂逅：その２

伊14潜に乗り込んできたアメリカ海軍のオフィサーたちとの交渉は、つまるところお互いの腹の探り合いに似たものとなり、結局は負けた側であるはずのこちらの要求がほとんど通った形となった。ここではその前後の様子を捉えた写真をご覧にいれる。

▶艦橋後方の機銃甲板に立ち、艦長らと米海軍将校たちとのやりとりを見守る岡田安麿水雷長（左）と高松道雄砲術長（右。本来は通信長兼分隊長）。高松砲術長が飛行服のようなつなぎの服を着ているのが目をひく（略帽は夏用の白い第２種軍装か？）。履いてる靴が半長靴（いわゆるゴム底の飛行靴）であるのも一目瞭然だ。岡田水雷長御本人いわく、「当時の一番の急進派は海原整備長（飛行長）と上原潜航長と私の３人だったのでは？」とのこと。写真から伝わってくる水雷長のたたずまいは達観しているようにも、不敵なようにも感ぜられる。

◀伊14潜の飛行機格納筒左脇（上写真のラッタルの下）でアメリカ海軍の回航員と交渉中の清水鶴造艦長（中央背中を向けている人物）と名和友哉航海長。名和航海長が柔和な表情をしていることから、一時の緊迫した場面が去ったあとの様子と思われる。ふたりの被っている第３種軍装の略帽は士官を現す２本の黒い線が巻かれている(下士官は１本。兵には付かない)。画面右上を見てもわかるようにこのラッタルは“はしご”状ではなく、足掛けと手摺りの棒が別構造となっていて、両手でブレーキをかけながら滑り降りることができた。

DE-739 バンガスト “BANGUST”

拿捕から一夜明けた8月28日に本職の潜水艦回航員たちを乗せて伊14潜と邂逅した『バンガスト』は、アメリカ海軍の護衛駆逐艦シリーズのうち、キャノン級と呼ばれる72隻のうちの1艦。小さいながらも対潜能力にすぐれ、呂111潜撃沈の戦功を立てている。

◀キャノン級はエバーツ級（97隻建造）、バックレイ級（154隻建造）に続く第2次世界大戦型の護衛駆逐艦で72隻が就役した（建造は80隻で8隻が途中キャンセル）。基準排水量1,240トン、全長93.27mという小柄な艦体に3インチ単装砲3基、ボフォース40㎜連装機関砲1基と533㎜三連装魚雷発射管1基を備えたほか、当時最新の対潜兵器だった“ヘッジホッグ”を1番主砲後方に備えていたのが特筆される（魚雷発射管を撤去して対空兵装を強化した艦もあった）。草創期の海上自衛隊の『あさひ』『はつひ』はこのキャノン級の貸与を受けたものである。写真は大戦末期の『バンガスト』の姿で、先に紹介した『マレー』と同様、メジャー22迷彩をまとっている。

『バンガスト』は竣工から終戦までにじつに11個のバトルスター勲章を授与された名誉ある艦だった。これは護衛駆逐艦DE-185『リドル(Riddle)』に次ぐトップクラスの戦功である。

■ DE-739 バンガスト

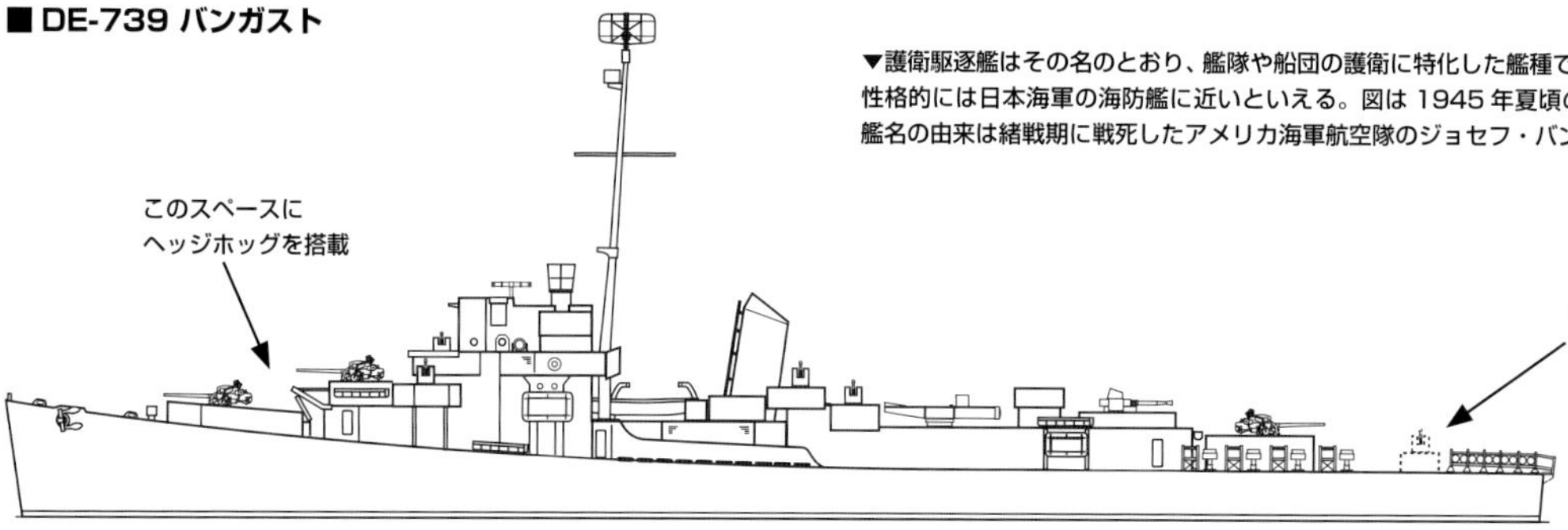
このスペースに
ヘッジホッグを搭載
同艦にはこの部分の
20㎜機銃座はなかった？

▼護衛駆逐艦はその名のとおり、艦隊や船団の護衛に特化した艦種で、魚雷発射管を備えてはいるが、性格的には日本海軍の海防艦に近いといえる。図は1945年夏頃の『バンガスト』を現したもの。艦名の由来は緒戦期に戦死したアメリカ海軍航空隊のジョセフ・バンガストに由来する。

■ DD-576 マレー

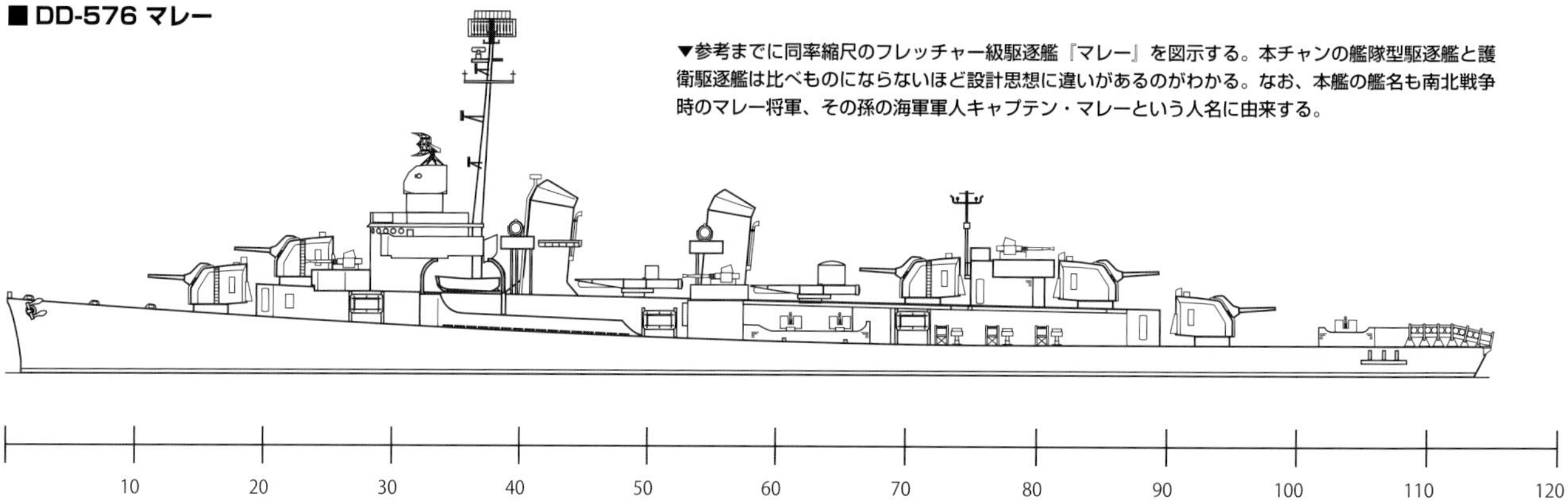
10
20
30
40
50
60
70
80
90
100
110
120

▼参考までに同率縮尺のフレッチャー級駆逐艦『マレー』を図示する。本チャンの艦隊型駆逐艦と護衛駆逐艦は比べものにならないほど設計思想に違いがあるのがわかる。なお、本艦の艦名も南北戦争時のマレー将軍、その孫の海軍軍人キャプテン・マレーという人名に由来する。

終戦時、第30・8任務群の1艦として本土近海を行動していた『バンガスト』は、8月27日のうちに拿捕した伊14潜の回航員を送り届ける任務を仰せつかっていた。『マレー』には潜水艦専門の要員がいなかったためだ。

この回航員は、自身も潜水艦長の経験を持つクライド・B・スティーブンスJr.中佐 (Clyde B. STEVENS, Jr.) を指揮官とする潜水艦拿捕隊で、グアムから東京へと向かう潜水母艦『プロテウス』から洋上で乗り移ったものだったが、『バンガスト』が当初指示された伊14潜との予定邂逅点に不備があり、ランデブーが半日遅れるというハプニングがあった。

伊14潜に乗り込んだスティーブンスJr.中佐はすぐに艦内の不穏な空気を感じ取ったようで、清水艦長に士官1名と乗員の3分の1に当たる40名ほどを『バンガスト』へ移乗させることを要求してきた。

早速人選に想いをめぐらす艦長の姿を見た高松砲術長は、そのひとりの士官は自分以外ないだろうと考えていた。

すなわち

・なるべく兵科士官であること
・日本回航までの艦内配置上、比較的重要でない配置の者であること
・米軍に派遣された場合、総合的判断と行動ができ、艦長の意思を充分反映できる人物であること
・英語がかなりわかること

などの条件から自己分析したものであった。

だから、間もなく清水艦長に呼ばれ

「砲術長、陛下の命令だと思って、行ってくれ」

と伝えられた時には、素直にすぐ応じることができたという。

同日1830頃に総員集合がかかり、清水艦長から我が伊14潜は横須賀に回航する、入港すればその時点で全員を解散させる旨の説明がなされた。

ただし……

「横須賀までの間、乗組員の3分の1を駆逐艦に移乗させるよう米軍より申し入れがあった。これに対しては強行に拒んだが決して聞き入れられず、大変申し訳ないが、のちほど指名された者たちは、ご苦労であるが国のために尽くすつもりと決意して任務を果たしてほしい。生命その他に危険を加えることはあり得ない、安心してくれ。」

「伊14潜に残る者が無事に早く帰国できるか、駆逐艦に行く者の方が早く帰れるか、いずれとも分からない。今後我々の行動も制限されるが、各自の行動、態度は帝国海軍軍人として恥ずかしくないようにしてもらいたい」

と、命令とも依頼とも取れるような訓示が併せてなされた。

さらに、

「解散後は全員常日頃から用意してある清潔な下着に取替え、服装を正しておくよう、また駆逐艦に乗り込むものは貴重品や家族の写真など見に付けられるものは全て持参しておくこと」

などの指示がなされ、いよいよ解散となった。

前田道広氏（旧名金次郎、当時1等兵曹）はその際、これが今生の別れになるかもと、清水艦長に続き名和航海長が涙ながらに訓示をした様子を覚えている。

平本庫次2曹は発令所配置で空気手（くうきしゅ）でもある自分は該当しないだろうと半ば安心していたのだが、上原潜航長がやおら持ってきた名簿に自分の名前を見つけるにつけ、油圧手（ゆあつしゅ）の佐藤兵曹とともにいよいよ潜航長に食って掛かった。重要な配置の我々が駆逐艦行きになるわけがない、と。

これには厳格で知られる上原潜航長も上層部が決めたことなのだと困り顔。おそらくは潜航に関わる人員をあえて優先的に選んだものと思われる。

覚悟を決めた平本2曹がフンドシから下着類のわずかな小物を身に着けて身支度を調えると、伊14潜に残る大竹寅喜2曹が

「いよいよ行くか」

と声をかけてきた。これに対し平本2曹は

「貴様が無事に帰郷できた時は、俺の家へゆき始終を話してくれ。潔く死んだと伝えてくれ。逆に俺がもし生きて国へ帰れたならば、きっと貴様の家を訪ねよう。そして、お前が立派に死んだ、と家族に伝えるのを約束しよう」

とお互いに固い握手を交わし上甲板へ出た。今から見れば滑稽にも思えるが、この当時、米艦船へ乗り込むということはまだ、それだけの覚悟が必要だった。

夏とはいえすでにあたりはとっぷりと日は暮れ、伊14潜の後甲板には高松砲術長以下の“米艦派遣隊”が集合した。あたりが真っ暗になったなか、並走する米駆逐艦だけが煌々と明かりを灯している。

「暗闇の夜は何度も経験していましたが、人質として米艦に乗り込む夜はいかにも悲壮に感じられました」

とは高松道雄氏の談。向こうに行っても、よもや殺されることはあるまいと考えていたが、あるいは……という思いもあった。

下士官乗員たちはまだこの時点では“なんで俺だけが…”と不満たらたらであったが、やがて内火艇に乗り込むや不思議な一体感が生まれ、砲術

◀8月28日夕刻、『バンガスト』から乗り込んできたクライド中佐の要望で、伊14潜から高松砲術長以下40名の乗員が『バンガスト』へ移乗することとなった。写真はそのメンバーのひとりである平本庫次氏（前列右側）。その軍装からまだ下士官に任官する前の「水兵長」時代に撮影されたものとわかり、それでも左腕の普通科マークが確認できる。なお、一緒に写っている外国人はアメリカ人ではなく、「ドイツのUボートの乗員と、生前に父が言ってました」とは御令息の平本閣氏の談。確かにドイツ海軍の略式な軍装であり、いずれも左胸ポケットの上に「2級鉄十字章」のリボンを巻いたものを、左胸ポケットに「Uボート戦功章」を佩用しており、右後の人物はさらに「1級鉄十字章」を左胸に付けているのがわかる。あるいはペナンの日独潜水艦基地で撮影されたのかもしれない。

長以下一丸となって与えられたこの“役目”に邁進することとなる。

用意された2隻の内火艇で駆逐艦の右舷につけるとその上甲板から舷側にかけて縄梯子がわりの網が張られていた。なるほど一度でたくさんの人間が登れるよう工夫されたもの、狭い舷梯を利用するよりも合理的と高松砲術長は感心した。

駆逐艦の艦上ではコックのような水兵帽に青い囚人服のような軍服を着た米兵たちが大勢たむろしていた。砲塔の上などあらゆるところに立ち並ぶ姿はだらしないの一言であったが、彼らは彼らで動物園の猿でもからかうような態度である。口をもぐもぐとしてガムを噛む様子もまた異様な光景だった。

まず高松砲術長が艦上へと登り、下士官たちがこれへ続く。その間にも艦上の米兵たちは歓声を上げて冷やかしていた。なかにはカメラを構えた軍人らしからぬ輩がファインダーを覗いているのが見受けられ、誰言うともなく「皆、一斉に顔を隠せ」との指示が飛び交った。明日の新聞に、自分たちの顔写真がさらされるかもといった危惧からであった。

米駆逐艦の上甲板に上がった伊14潜の乗員たちは次々と後部上甲板へと集められた。艦上の探照灯は全てここに向けられ、さながら昼間のような明るさである。前方の上部構造物の上では米兵20～30人ほどが小銃を手にしてこちらを警戒している。

一列に並べとの指示に高松砲術長を最右翼にして整列する。

「いよいよ太平洋の真ん中で銃殺か、どうせ殺されるなら他人の死ぬのをみることのない一番最初がいいや」

との想いが砲術長の胸に一瞬よぎった。我が伊14潜の姿はすでになく、それが一層心細さを助長した。その間にも下士官たちは次々と網をつたって上甲板へ這い上がり、砲術長の左側へと整列、ようやく全員が集合した。

さぁ、いよいよか、と高松砲術長が覚悟を決めると、やおら右横にいた米兵が

〝Who can speak English？（英語が話せるのはだれか）〟

と大声で叫んだ。

〝I can speak English〟（私だ）

すぐに高松砲術長が答えると、それじゃぁ、ちょっと俺について来いと案内され、艦内に入った。艦上は灯火管制のためかほの暗かったが、艦内はまぶしさに目がなれるまで時間がかかるほど明るかった。

一室に招き入れられるといろいろと取り調べられた。机の上にはまだ終戦直後だというのに我が日本陸海軍に関する資料が山のように積まれてい

バンガスト艦内：その1

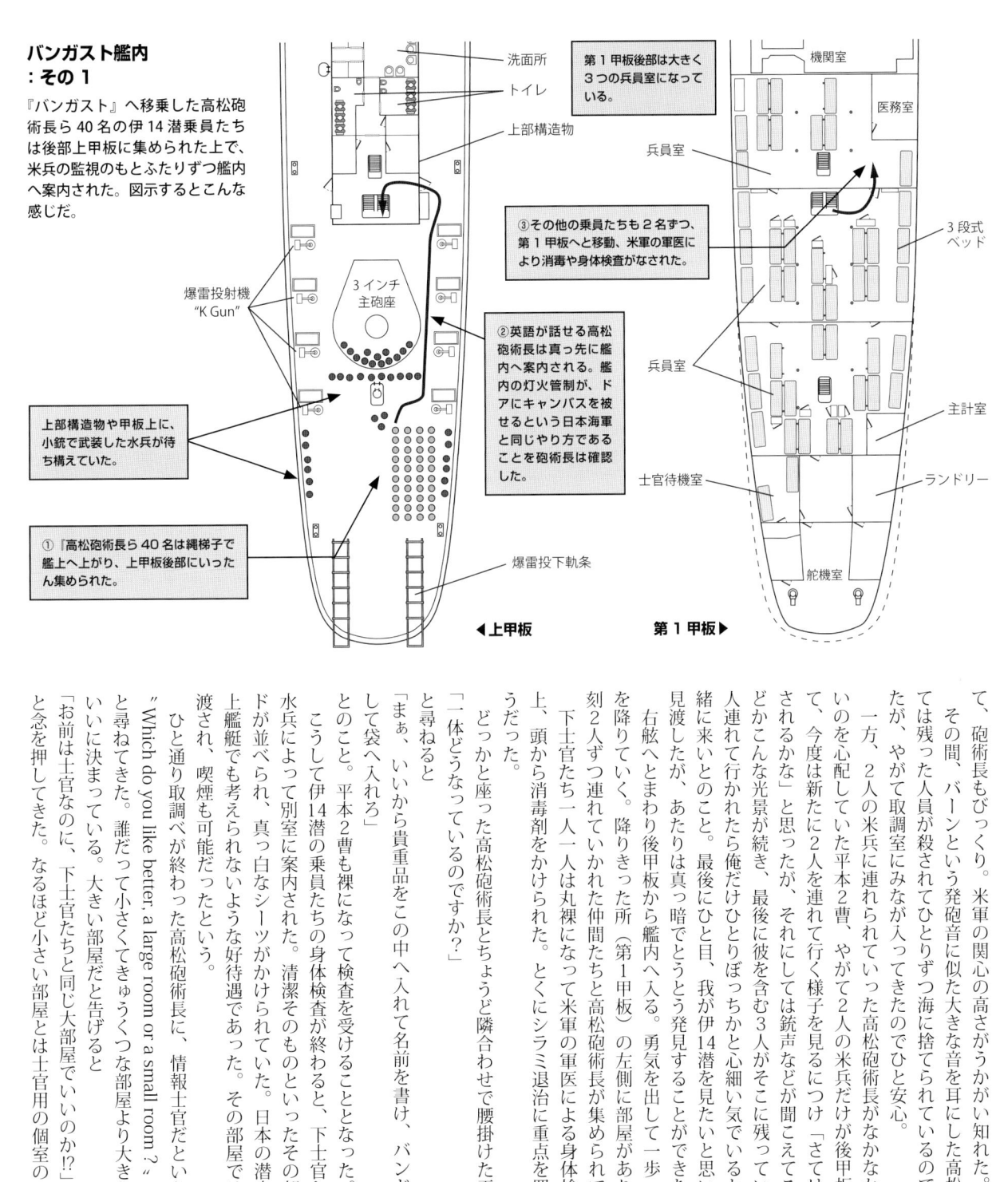

『バンガスト』へ移乗した高松砲術長ら40名の伊14潜乗員たちは後部上甲板に集められた上で、米兵の監視のもとふたりずつ艦内へ案内された。図示するとこんな感じだ。

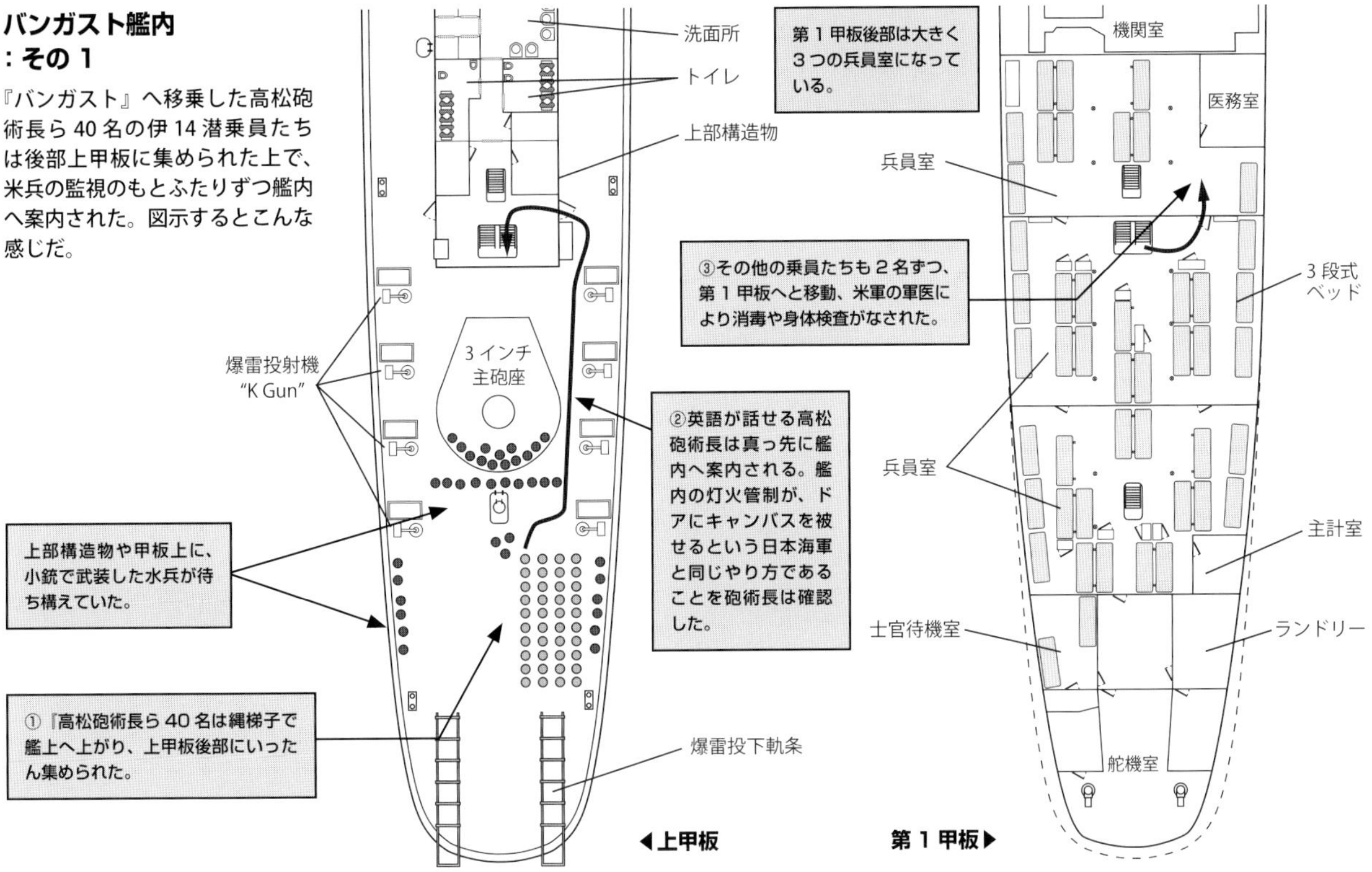

洗面所
トイレ
上部構造物
3インチ主砲座
爆雷投射機 “K Gun”
上部構造物や甲板上に、小銃で武装した水兵が待ち構えていた。
①『高松砲術長ら40名は縄梯子で艦上へ上がり、上甲板後部にいったん集められた。
②英語が話せる高松砲術長は真っ先に艦内へ案内される。艦内の灯火管制が、ドアにキャンバスを被せるという日本海軍と同じやり方であることを砲術長は確認した。
爆雷投下軌条
◀上甲板
第1甲板後部は大きく3つの兵員室になっている。
機関室
医務室
兵員室
③その他の乗員たちも2名ずつ、第1甲板へと移動、米軍の軍医により消毒や身体検査がなされた。
3段式ベッド
兵員室
主計室
士官待機室
ランドリー
舵機室
第1甲板▶

て、砲術長もびっくり。米軍の関心の高さがうかがい知れた。

その間、バーンという発砲音に似た大きな音を耳にした高松砲術長、さては残った人員が殺されてひとりずつ海に捨てられているのではと心配したが、やがて取調室にみなが入ってきたのでひと安心。

一方、2人の米兵に連れられていった高松砲術長がなかなか帰ってこないのを心配していた平本2曹、やがて2人の米兵だけが後甲板に帰ってきて、今度は新たに2人を連れて行く様子を見るにつけ「さては艦内で銃殺されるかな」と思ったが、それにしては銃声などが聞こえてこない。なんどかこんな光景が続き、最後に彼を含む3人がそこに残っていた。次に2人連れて行かれたら俺だけひとりぼっちかと心細い気でいると今度は皆一緒に来いとのこと。最後にひと目、我が伊14潜を見たいと思い左右の海を見渡したが、あたりは真っ暗でとうとう発見することができなかった。

右舷へとまわり後甲板から艦内へ入る。勇気を出して一歩一歩タラップを降りていく。降りきった所（第1甲板）の左側に部屋があり、そこに先刻2人ずつ連れていかれた仲間たちと高松砲術長が集められていた。

下士官たち一人一人は丸裸になって米軍の軍医による身体検査をされた上、頭から消毒剤をかけられた。とくにシラミ退治に重点を置いていたようだった。

どっかと座った高松砲術長とちょうど隣合わせで腰掛けた平本2曹が

「一体どうなっているのですか？」

と尋ねると

「まぁ、いいから貴重品をこの中へ入れて名前を書け、バンドも時計も外して袋へ入れろ」

とのこと。平本2曹も裸になって検査を受けることとなった。

こうして伊14潜の乗員たちの身体検査が終わると、下士官たちは米軍の水兵によって別室に案内された。清潔そのものといったその部屋にはベッドが並べられ、真っ白なシーツがかけられていた。日本の潜水艦、いや水上艦艇でも考えられないような好待遇であった。その部屋ではタバコが手渡され、喫煙も可能だったという。

ひと通り取調べが終わった高松砲術長に、情報士官だという人物が

〝Which do you like better, a large room or a small room ?〟

と尋ねてきた。誰だって小さくてきゅうくつな部屋より大きな部屋の方がいいに決まっている。大きい部屋だと告げると

「お前は士官なのに、下士官たちと同じ大部屋でいいのか!?」

と念を押してきた。なるほど小さい部屋とは士官用の個室のことかと納得

したがあとの祭り。しかし、結果的には下士官たちと一緒に行動できたことのほうが良かったようだ。多くの下士官氏たちは英語のわかる高松砲術長がその都度、米軍の話を通訳してくれたので非常に気持ちが安らいだと語っている。

　こうした破格の待遇に驚きの色を隠せないでいた平本2曹、「まだ食事をしていない者はいないか?」との問いに思わず手を挙げてしまった。佐藤元吉2曹とともに米兵に案内されるままについていくと内地のレストランよりよっぽどマシな食堂に連れてこられた。ほかの伊14潜の仲間たちは楽しそうに食事をしていたが、「さては銃殺を前に最後の晩餐でもくれてやろうとの米軍の思し召しか、そんなメシなんか食ってたまるか」とスペシャルサービスだ食え食えと勧める米兵を尻目に2人だけ手をつけずに先刻の部屋へ戻ってきた。

　室内には見張りもおらず、高松砲術長だけが待っていたのでそこでいろいろと話をする運びとなった。

　ひとまず殺される心配はないものと感得した彼ら伊14潜の乗員たちの最大の懸念はこのあとどこへ連れて行かれるのかということになった。しかし、海図はないし手元にコンパスやジャイロがあるわけでもない。幸いにして時計はとられず、便所へ行く時には上甲板に出る事ができたので、高松砲術長は夜間は北極星がどの位置にあるか、昼間は太陽が艦のどの位置にあるかなどを注意して観察してくるように下士官たちに指示を出し、それによっておおよその船の位置を割り出すことにした。こうした的確な砲術長の指示に「さすがは士官だ」と平本2曹は感服せざるを得なかったという。それにしても夜中は腹が減り、没収された乾パンなどを返してくれるよう高松砲術長から米兵に頼んでもらったが、これは一切だめであった。服毒自殺を恐れたためと言われている。

　翌29日の朝食時、平本2曹が佐藤2曹に

「もう我慢できない、食っちゃおうか」

と言うと、彼も

「面白くねえが、やはり食うことにしようか」

との反応で、2人とも不承不承ながら食べることに決心。その瞬間は張りつめていた糸がぷつりと切れたように気が抜け、2人ともが顔を見合わせて苦笑したという。

　食事をはじめた2人に伊14潜の乗員たちが

「昨日の食事の方がまだうまかった」

「お前らは馬鹿だ」

とからかうのはまだいい方で、

「昨日みたいに食べないほうがいいのではないか!?」

などと冷やかす口の悪い連中の存在もまたほほえましいもの。確かに、そんなにうまいんだったら早くから食べておけばよかった。

　一方で、取調べにおける米軍の質問は戦術的なことから彼らの精神面についてにも及んだ。

　高松砲術長にも「お前たちは天皇のために戦争をしたのか?」との質問がされ、これについては当時の世情から当然のように「そうだ」と答えたが、

「封建制度を持たない新しい(アメリカという)国家で、民主主義で育ってきた彼らにとっては理解しがたいことだったらしく、納得できないような顔つきでした」

と高松氏は往時を回想する。

　こうした取調べ中、米駆逐艦の艦長らしき人物が腰に拳銃のホルスターを吊り下げてやってきたが、みながおとなしくしているのに安心したのか次からは丸腰で姿を現すようになった。

　また、こんなことがあった。

米兵が日本人には英語がわからないだろうと

「こいつらの紅茶に砂糖を入れましょうか? どうしましょうか?」

「いや、こいつらに砂糖なんかいらないよ。砂糖なしの紅茶をやれ」

などと言葉を交わしているのを高松砲術長は耳にした。

　そんなこともあり食事のあとに出された紅茶を注意して見ると案の定、砂糖が用意されていなかった。

　そこで「砂糖をもって来い!」と怒鳴りつけるように高松砲術長が英語で言うと、くだんの米兵は

"I'll ring sugar for you(お前のために砂糖をもってくる)"と言って、コップに山盛りの砂糖を持ってきた次第。

　40人の部下の命を預かっている責任感から、極力笑顔を絶やさぬように努めていた高松砲術長であったが、心底笑っていたわけではない。また、ほかの乗員たちには食事をすすめたが自分自身は食欲がわかなかった。それは"出すもの"を出ださなかったからでもあった。

　一度、食欲をつけてやろうと奮起して、洗面所と一緒になっている便所にいったところがドアがない。とくに高松砲術長が行くと日本兵のボスがやってきたものと小銃に剣を着けた若い米兵が一層顔をこわばらせて睨んでいる。これではとても落ち着いて用足しができるわけがない(米国ではトイレがこうしたオープンになっているのが当たり前であった)。

バンガスト艦内：その２

72隻建造されたキャノン級護衛駆逐艦は戦後の我が国をはじめブラジル海軍やギリシャ海軍でも使用され、2014年現在、最後の１隻がフィリピン海軍で現役だ。ここに掲げる写真はアメリカに唯一現存し、Destroyer Escort Historical Museum（護衛駆逐艦歴史博物館とでも訳そうか？）となっているキャノン級護衛駆逐艦『スレイター（DE-766 SLATER）』のレストアされた艦内。伊14潜乗員たちがカルチャーショックを受けた光景とほぼ同様と見てよいだろう。

※本ページの掲載写真は Destroyer Escort Historical Museum のご好意により提供いただいたもの。ニューヨークからハドソン川を北上したアルバニーという町に繋留された DE-766 を機会があればぜひ訪れていただきたい。
Destroyer Escort Historical Museum
phone：(518) 431-1943
Adress：Broadway and Quay · Albany, NY 12202
開館：４月～ 11 月、水曜日～日曜日、10：00-16：00

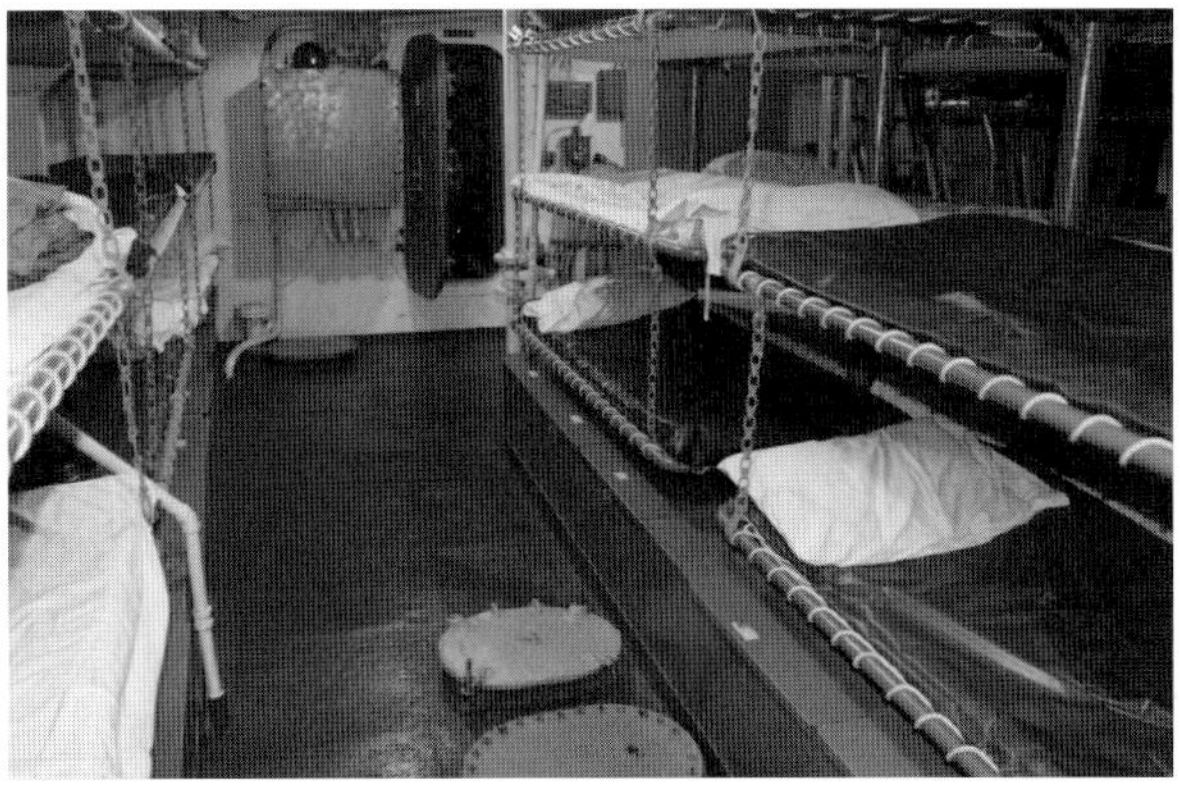

▲第１甲板の兵員室は３段ベッドが立ち並ぶ。伊 14 潜の乗員たちは白いシーツがかけられたその様子に目を見張った。各ベッドはチェーンで繋がれており、使用しない時には一気に上へ引き上げて腰掛けることができる。腰掛けはチェストとしても使用できた。

▲『バンガスト』の第１甲板前部を大きく占めるのが「内地の食堂よりよっぽどまし」と評された食堂だ。第１甲板の中央部は機関スペースとなっているので、ここへ行くには一度上甲板まで上がり、上部構造物を通ってラッタルを降りなければならない。

▲左写真の反対側から食堂を見る。艦の動揺で卓上のお皿が落ちないよう、テーブルの縁にはストッパーが付けられているのが見てとれる。作戦行動中の潜水艦から比べればきちんとしたキッチンで調理された食事は格段においしく感じられたことだろう。

▲高松砲術長が閉口したというトイレ。むき出しの洋式便座（板を渡しただけ……）が３つ並んでいるが、日本と違い、アメリカではトイレがこうしたオープンになっているのが当たり前（並んで済ます）で、場所によっては今現在もこうした形のところがあるようだ。

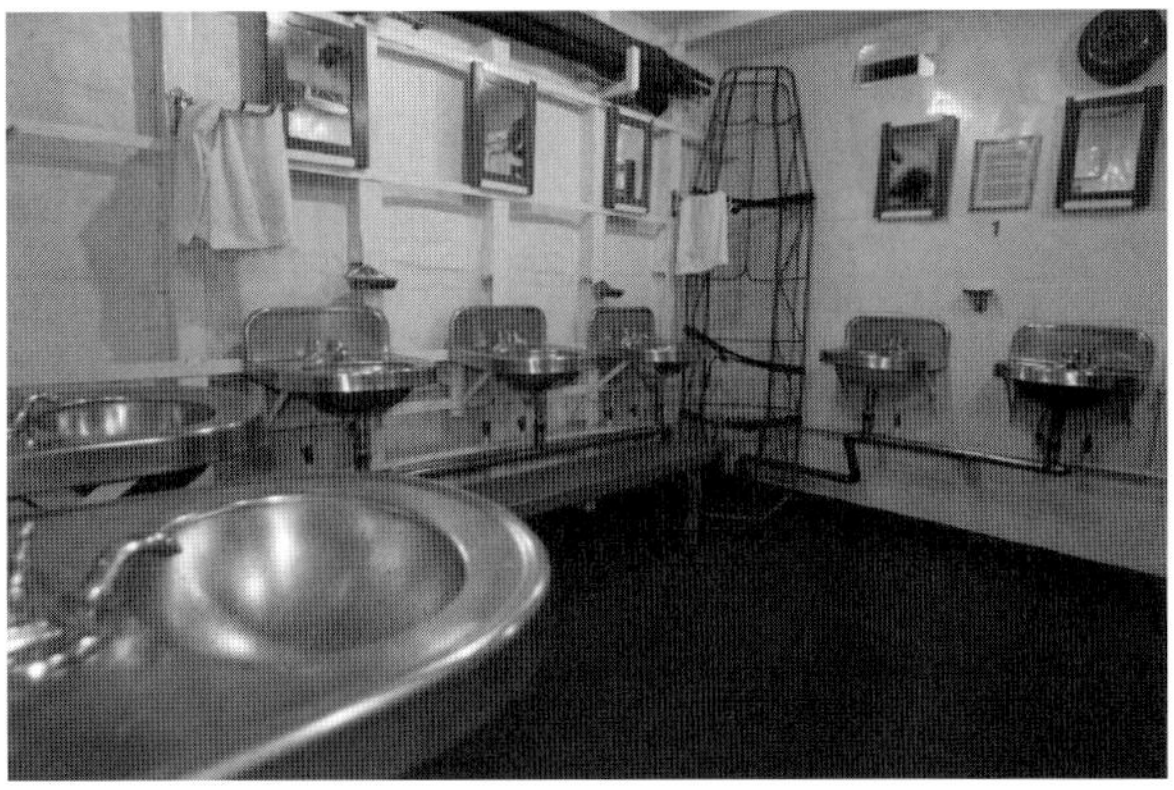

▲トイレの隣に洗面スペースがある。ここは館内の廊下と繋がったオープンスペースで、仕切られた部屋にはなっていない。顔を洗った高松砲術長が鏡ごしに目にしたのは、監視役の米兵が緊張して色を失った顔だったという。

しかたなく洗面所で顔でも洗おうとした時、鏡に反射したむこうで若い米兵とパッタリ視線が合った。何をしでかすかわからない危険な日本の兵隊に対して全くおどおどした様子で身構える姿はもはや我が敵ではない。そう考えた高松砲術長は多少便秘ぎみな体調もなんのその、悠然として居住区へ帰った次第。

さて、29日の朝食を終えると、各自、身の回りの整理をせよとの指示がなされ、乗り込んできたときに集められた貴重品や預けた物品が一斉に彼らに返されてきた。高松砲術長の話によると何か他の艦に乗り換えることになるかもしれないとのこと。再び米本国やグァムなどへ連れて行かれるのではとの不安が頭をよぎる。

全員集合して上甲板へ出ると『バンガスト』の周りは見渡す限りの艦艇で埋めつくされていた。米軍の物量もかくやと驚かずにはおれない光景であったが、これでもまだ米艦隊の一部であることを聞いて二度びっくり。高松砲術長、「これではとても勝てるわけがない」とその物量を思い知らされたという。

やがて前方に見覚えのある風景が見えてきた。江ノ島が見える。あれは三浦半島だ。相模湾も見えてきた。視界に入った大小艦艇の数は２００隻余り。反射的に我が伊14潜の姿を探すが見当たらない。誰かが「旗だ！」という言葉で半島の小高い山の上を見ると、大きな白旗が翻っているのが見えた。

しばらくすると上陸用舟艇が『バンガスト』に横付けし、その船に乗り換えるよう指示された。これで昨日来お世話になった駆逐艦とはお別れ。この上陸用舟艇でどこに連れて行かれるのであろうか？

伊14潜、横須賀入港

一方、８月28日に相模灘に着いた伊14潜はその夜を仮泊で過ごし、翌29日１０００、米駆逐艦を従えて相模湾へ入港した。すると、終戦から２週間過ぎた湾内はすでに大小さまざまな米艦艇でいっぱいとなっていた。

ここで突然に碇泊中の潜水母艦『プロテウス』に横付けするよう指示がされた。

潜水母艦の左舷に接近していくと、数段になった甲板の舷側には日本の潜水艦をひと目見ようと米軍の乗員たちが鈴なりになっている。

「その時チラホラと婦人兵が見えたのは異様であった」

と清水艦長は回想するが、左右に大きく揺れている母艦に見事にドンピシャリと横付けし、付き添いの米海軍中佐(クライド中佐か)を感嘆させた。

伊14潜の周囲には米軍の将兵がやじ馬状態になっており、なかには小船をしたてて艦のそばにまで近寄ってくる有様。またカメラマンがハッチから艦上にでる乗員たちを撮影しており、思わず顔をそむける一幕もあった。

横付け後、間もなく通訳のミスター・クラークが清水艦長を呼びにきた。行ってみると司令官クラスの高級将校や幕僚たち20〜30人ほどが待っていて、通訳を経ない勢いで次々と尋問をしはじめた。

彼らの関心は第１に日本の一般潜水艦の性能、第２に米国沈没潜水艦の情報、第３にソ連海軍に関する情報で、そのひとつ

「日本潜水艦の聴音距離は？」

という問いに艦長が

「３万（註：３０，０００ｍ）くらい」

と答えると、通訳氏

「０がひとつ多いのでは？」

と確認してきた。

伊14潜ほか日本海軍の多くの伊号潜水艦が搭載していた「九三式水中聴音器」については前章で紹介したが、これのカタログ上の集団音可聴距離は25〜30㎞であり、なるほど、海面の状態が良く、相手が船団の場合には決して無理からぬ距離ではないのだ。

そうして再び清水艦長が

「多くない！」

と胸を張って答えると、居並ぶ米軍の将校たちは目をまん丸にして驚いていた。

一方で高松砲術長以下の一団を乗せた上陸用舟艇は日が高くなってから動き出し、大小艦艇が停泊している湾内を奥へと進み、やがて前方の大きな輸送船に向かって進んでいく。いよいよあれに乗せられて米本国やグァムに連れていかれるのだな、との思いが再びよぎる。

やがて取舵をとって左へと回頭、ついで面舵でその船尾をかわして反対側に出ると突然伊14潜の左舷が見えてきた。

「いるぞ！」

「14号が見えたぞ!!」

と大声で叫ぶ面々。別々となったのではと思われた伊14潜との思いがけない再会であった。

期せずして舟艇の上で「万歳！」が４、５回唱和された。

米駆逐艦を去る

8月28日の夕刻にクライド中佐の指示で『バンガスト』に乗組んだ高松砲術長以下40名の伊14潜乗員たちは、一夜明けた29日、朝食をとり終えると預けてあった個人の所持品を返還された上、別の艦に乗り移るように指示をされた。再び後部上甲板に集められた彼らが目にしたのは、『バンガスト』の周囲を十重二十重と取り巻く米艦隊の圧倒的な物量であった。点呼の上、横付けされた上陸用舟艇（日本でいう大発と同様のもの）に移乗した彼らは、「我々は捕虜になったのではない。日本海軍の軍人として対等な立場でお前たちの艦に乗ってやったのだ」との高松砲術長の思いを体現するため、日本海軍独特の“帽振れ”を胸を張り堂々と実施して『バンガスト』と別れた。以下は『バンガスト』艦上で撮影されたその一連の光景を紹介するものである。

▶８月29日の朝、『バンガスト』の艦内から後部上甲板に集められた伊14潜の乗員たち。3インチ主砲の砲座やその向こうの上部構造物上には野次馬たちが鈴なりになって眺めている。右側では何やら米軍士官と話しているが……「この光景はよく覚えていて、集合した下士官のうちのひとりが頬を赤く腫らしていたのを米軍士官がめざとく見つけて、『何かトラブルでもあったのか』と問われているところです。幸わい艦内で自分でぶつけたためとわかりひと安心でした」と高松道雄氏は語ってくれた。

▶同じく『バンガスト』の後部上甲板に集合した伊14潜の乗員たち。服装はおよそ緑色の第3種軍装を着用しているが、被っている帽子は第1種（冬用の紺色）の制帽あり、同じく第1種の略帽あり、第3種（緑色）の略帽ありと様々なのがおもしろい。米軍から「お前たちの艦へ返してやる」とは言われたがまだ半信半疑で、その表情もあまり晴れやかとは言えないようだ。

◀潜水母艦『プロテウス(AS-19 Proteus)』に舫をとった伊400潜(左手前)に接舷しようとする伊14潜。諸説あるのだが、8月30日に横須賀沖へ移動した時の撮影ではなかろうか？　相模湾で最初に『プロテウス』に接舷した際に見せた清水艦長のドンピシャリの操艦には、乗り合わせた米軍中佐も目を丸くしていたという。

上陸用舟艇に乗る前に「これからお前たちを艦に帰してやる」とは言われていたが、半信半疑であった彼らは伊14潜の姿を見て初めて「命があったのだなぁ」と感慨を新たにしたのである。

伊14潜の上甲板で作業をしていた者たちもこれに気づき、どよめきが起こる。

接舷するや愛しの我が艦に転げ落ちるように飛び移る乗員たち。出迎える者もみな目頭を熱くしてその生還を喜んでくれた。

「米軍は我々のことを捕虜にしたつもりだったのかもしれません。しかし我々は対等な立場で米駆逐艦に乗り組んだのだ、そんな気持ちで、米駆逐艦から上陸用舟艇が離れる際には『帽振れ』で別れました。せめてもの抵抗でした」

と、この米駆逐艦乗組みの責任者であった高松道雄氏は語るが、実際、彼らひとりひとりがうろたえることなく立派な態度で振舞ったことはその役割を充分に果たしたものと高く評することができるだろう。

平本庫次氏は後年、一連の思い出を締めくくって次のように述べ、若き砲術長を絶賛している。

「短い時間ではあったが、あの時の最高責任者であった砲術長は全く大変だったと思われる。いち軍人として、いち将校として、苦労もまたあったことと察せられる。笑顔をみせつつもその奥に秘めた胸中を思えば、頭が下がる。各人各様の心の中にも祭するにあまりある去来が、感銘深くその瞬時を飾った。我々は常に命をかけて真摯にそれを見つめてきたといえよう」

この直前に伊４００潜が邂逅しており、伊14潜と『プロテウス』との間に割って入るように舫を取っていた。翌30日にこの2隻は東京湾へと移動、31日に横須賀近くの長浦に移ると、旗艦伊４０１潜がここへ合流し、伊４００潜と我が艦との間に舫をとった。

ここに七尾で別れて以来の伊14潜と、大湊を出撃して以来別行動となっていた伊４０１潜、伊４００潜がひとつに集結した。

嵐作戦の顛末

光作戦参加のため伊14潜が七尾から舞鶴へ回航されてから8月末に横須賀沖で邂逅するまで、伊４０１潜と伊４００潜の2艦とは全く会うことがなかった。それではこの僚艦たちはそのあとどのような行動を経てここへ

“帽振れの” 瞬間

▶高松道雄氏の回想にある「『バンガストから退艦して別れる際に帽振れをした』という一瞬の出来事が、なんと撮影されていた。前ページ写真から連なる1葉で、いわゆる大発型の上陸用舟艇に移乗した 40 名の伊 14 潜乗員たちが晴れやかな表情で帽を振っている様子がわかる。

▼潜水母艦『プロテウス』に接舷した伊 400 潜（中央）と伊 14 潜（右）。右ページ写真に連なるものといえ、伊 400 潜の艦上ではまさに総員が上甲板に集合し、米軍の調査中といったところ。清水艦長が目にした「舷側に鈴なりになった米兵の姿」というのは、この写真のような光景だったのだろう。特型と甲型改 2 の艦橋、飛行機格納筒扉の違いなどが見てとれ、また既存の艦体に飛行機格納筒を増設した伊 14 潜の機銃甲板は、若干だが特型より高い（格納筒前扉の上部を見比べるとわかる）のが興味深い。

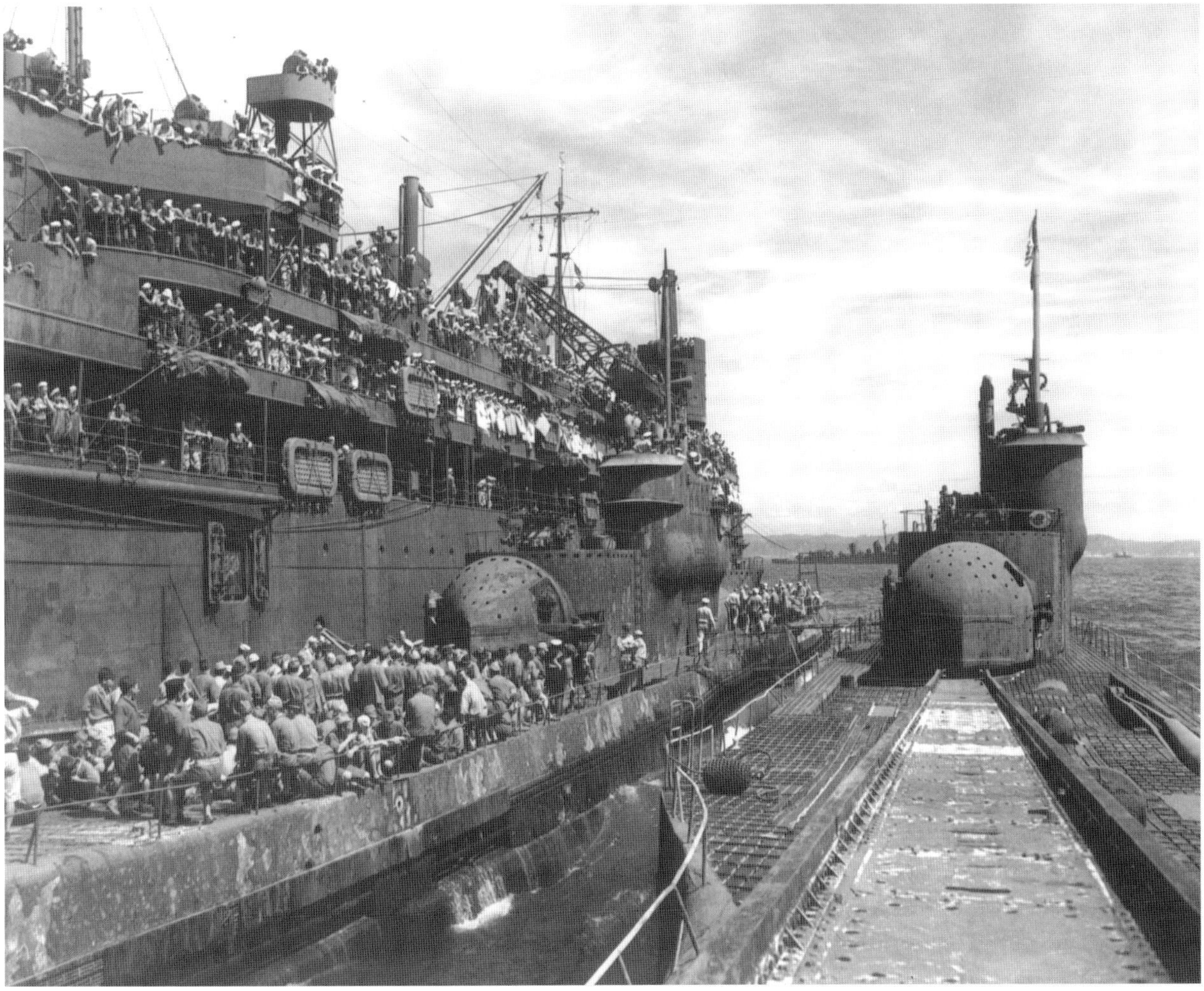

やってきたのであろうか？

伊４０１潜と伊４００潜が舞鶴に回航されて嵐作戦の準備に入ったのは7月上旬になってからのこと。伊14潜と同じように3ヶ月行動するための糧食、弾薬、燃料を搭載。床一面に敷きつめられた食糧で天井が低くなるのは出撃前の潜水艦では恒例となった光景である。今回はシンガポールで作戦をするために伊３５１潜に便乗して進出予定の６３１空の整備員ほか基地員たちの分も搭載。飛行機整備は万全に行なわれ、飛行機格納塔には南方での作戦行動を考慮して可能な限り除湿剤が詰められる。

7月19日には第6艦隊司令長官 醍醐忠重中将（海兵40期）、先任参謀 井浦祥二郎大佐（海兵51期）、通信参謀 坂本文一少佐（海兵60期）臨席のもと、第1潜水隊幹部列席により白糸旅館で出撃壮行会が行なわれ、その際、出撃搭乗員に授与される白鞘の短刀が有泉司令に託された（多くの搭乗員はこの壮行会には出席していないため）。

翌20日、伊４０１潜、伊４００潜は舞鶴を出港し、翌21日に大湊へ入港。すでに伊13潜と伊14潜は出撃したあとである。ここで『晴嵐』を米軍機に擬装するよう、甲板に引き出して銀色に塗り替える作業を実施。ところが国籍マークを星に書き換えた直後に友軍機が飛来し、あわてて整備員たちが翼に腹ばってこれを隠したというエピソードが伝わっている。

両艦の大湊出撃日は23日（終戦時の処分により資料がなく、関係者の記憶もまちまちなのだが、６３１空通信士であった佐藤次男氏の調査と考証により、この23日説が有力。このあたりの経緯は佐藤氏の著書『幻の潜水空母』に詳しい）。１４００に伊４００潜、１６００に伊４０１潜の順で出港し、ウルシー攻撃の壮途に就く。

大湊を出撃した2艦は別々にマリアナ諸島からトラック諸島を結ぶラインの東方へ航路をとって南下、ポナペ島南方で右折し、北緯5度線上を西へ向かいウルシー南東で会合、ウルシー泊地へ接敵する手はずとなっていた。

しかし、太平洋はすでに敵のものとなっており、往来する機動部隊や輸送船団を電探、あるいは見張員たちが次々に発見する始末。南部艦長も「13号電探は１２０㎞の距離で敵機を捕捉していた」とその性能を高く評価しているが、いつまでも回避が成功するとは思えないとの有泉司令の判断により、南鳥島の南西で針路を大きく東へとり、クェゼリンとマーシャルの東側を迂回してポナペ島南方の会合点へ進出するよう変更、伊４０１潜は8月14日の日没30分前にポナペ島１００浬の洋上に浮上した。

ところが、夜通し目を皿のようにして周囲を見渡しても伊４００潜は姿を現わさない。しかたなくもう1日待つことにして潜航、翌15日の日没30分後に浮上したが、やはり伊４００潜は現れない。艦位に誤差があって互いに違う地点で探しあっているのではないだろうか、あるいは途中で撃沈されてしまったのだろうかなど、いろいろな原因が考えられた。

14日の夜から15日の朝にかけて「日本降伏近し」という敵信を傍受したが、15日夕刻に浮上した時には様々な情報が飛びかっており、そのなかに終戦の詔勅もあった。有泉司令、南部艦長以下、幹部は半信半疑である。伊４００潜を待つことを止め、単艦でウルシーに向かった伊４０１潜は16日の夜明けとともに潜航、日没とともに浮上すると海軍総隊司令部からの「即時戦闘行動停止せしむべし」との命令であった。

伊４０１潜の艦内では自沈論も主張されたが、有泉司令の意見によりまずは内地へ帰還することと決定、ただし途中で敵に拿捕されてハワイやグァムに回航されるようなことがあれば、そのときは自沈しようとの合意に至った。米軍に発見されることを避けるため呉や横須賀を避け、大湊、あるいは七尾湾を目指すというのは、はからずも伊14潜の艦内で話されたことと同様である。

その後、我がもの顔で航行する米軍の艦隊や船団をときには潜航してやり過ごし、8月26日には魚雷をはじめとする武器弾薬を処分。虎の子の『晴嵐』も翼を折りたたんだままカタパルトで射出、海中に投棄したが、最後の３番機を射出した際、前方から流れ着いてきた機体がしばらく名残惜しそうに艦首に引っかかっていた姿には涙を禁じえなかった。

そしてあと少しで内地へたどり着くという30日の夜明け直前についに米潜水艦に発見されてしまった。この潜水艦は『セガンド(SS-398 Segundo)』であった。

折あしく、伊４０１潜は左舷機械が故障、通常であれば追いつかれることのない米潜にみるみる距離をつめられピタリと付かれてしまう。敵信傍受班は敵潜がしきりにグァムと交信して指示を仰いでいる様子を伝えてくる。万事休す。

やがて夜があけ、「停船せよ」の旗旒信号（国際信号の符号であった）が掲げられたため停船、ついで「降伏せよ」ときた。

軍使（交渉役）としてこの時、伊４０１潜で活躍したのは航海長の坂東宗雄大尉である。坂東大尉は伊14潜の名和航海長と同じ海兵70期出身。こうした際に艦の代表となるのは航海長の役目である。なお、伊４０１潜には『晴嵐』攻撃隊長の淺村大尉と通信長の片山伍一大尉の３人の海兵同期生が乗組んでいた。

第 1 潜水隊各艦の実際の行動図

大湊出撃後（伊 14 潜にとっては七尾湾で別れて以来）、単艦行動をとっていた第 1 潜水隊は、8 月 31 日に旗艦伊 401 潜が横須賀へ入港してきたことで再び顔を合わせることとなった。この時の模様は米軍が撮影した何枚かの写真でうかがい知ることができるが、伊 13 潜が依然として行方不明となっており、勢揃いというわけにはいかなかった。ここに第 1 潜水隊各艦の行動、並びに伊 351 潜と関係諸隊の動きなど図示する。

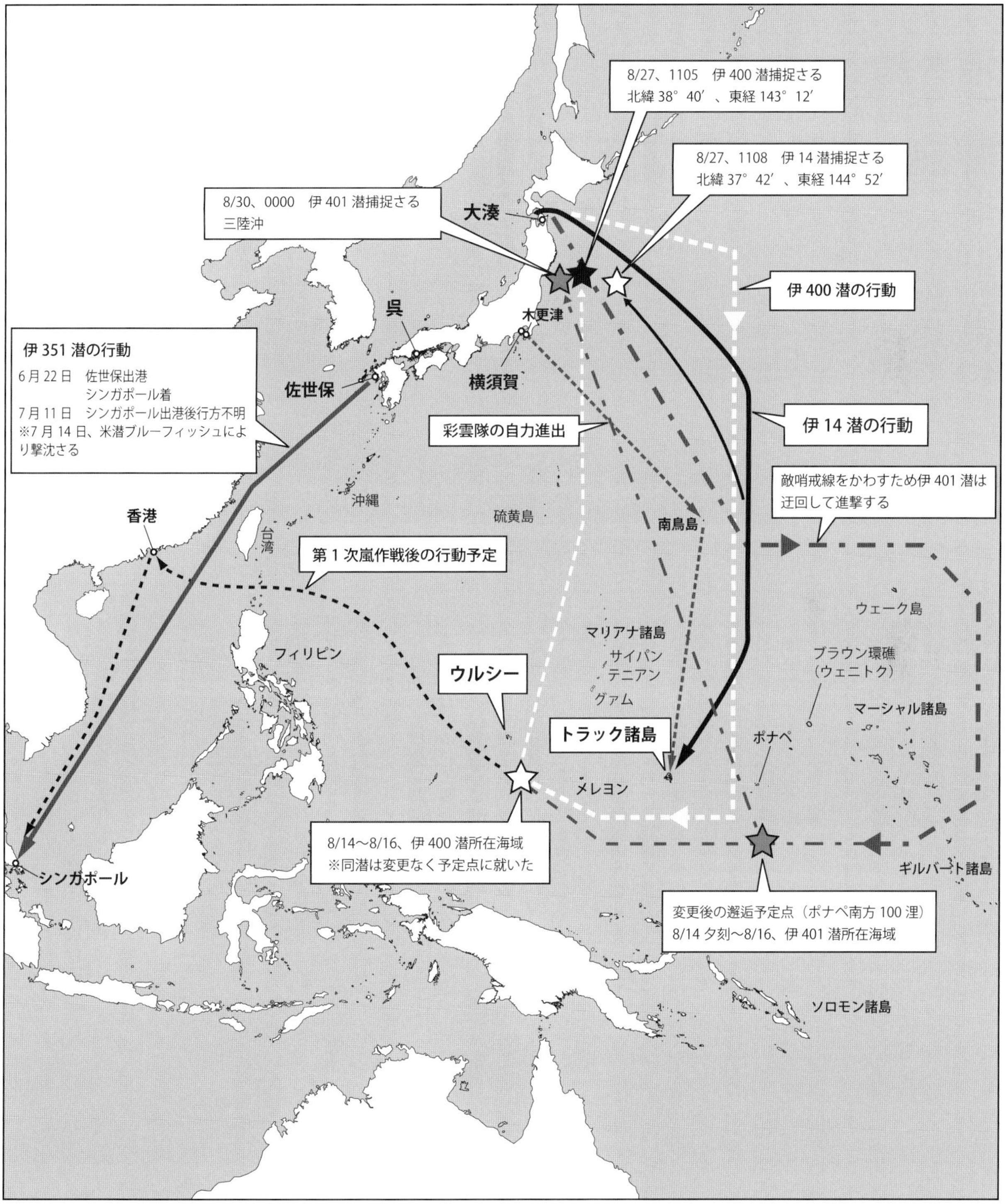
8/27、1105　伊 400 潜捕捉さる
北緯 38°40′、東経 143°12′
8/27、1108　伊 14 潜捕捉さる
北緯 37°42′、東経 144°52′
8/30、0000　伊 401 潜捕捉さる
三陸沖
大湊
伊 400 潜の行動
呉
木更津
横須賀
佐世保
伊 351 潜の行動
6 月 22 日　佐世保出港
シンガポール着
7 月 11 日　シンガポール出港後行方不明
※7 月 14 日、米潜ブルーフィッシュにより撃沈さる
彩雲隊の自力進出
伊 14 潜の行動
敵哨戒線をかわすため伊 401 潜は迂回して進撃する
沖縄
硫黄島
南鳥島
香港
台湾
第 1 次嵐作戦後の行動予定
ウェーク島
マリアナ諸島
サイパン
テニアン
グァム
フィリピン
ブラウン環礁
（ウェニトク）
ウルシー
マーシャル諸島
トラック諸島
ポナペ
メレヨン
8/14～8/16、伊 400 潜所在海域
※同潜は変更なく予定点に就いた
ギルバート諸島
シンガポール
変更後の邂逅予定点（ポナペ南方 100 浬）
8/14 夕刻～8/16、伊 401 潜所在海域
ソロモン諸島

米軍迎えのエンジン付ゴムボートへ乗り込んで単身米潜へ向かった坂東航海長は「横須賀へ回航せよ」という指示を持って米潜の士官を伴い帰還してきた。この指示に対し、有泉司令が難色を示すというひと幕があったのだが、大勢はすでに我に利あらず。横須賀回航の指示に従うことと決定、この士官が米潜に帰還すると入れ代わりに5名の監視員が乗り込み、反転南下を開始した。

そしていよいよ横須賀入港という31日の0420、有泉司令は司令室で拳銃自決を遂げた。第3種軍装に帯勲し、左手に軍刀を、右手に拳銃を握っていたという。あとには3通の遺書が残されていたが、1通は南部艦長への今後の指示が、1通は海軍宛の内容で、自身のいたらざりしにより敗戦となった責を詫びることが書かれており、1通は家族宛のものとなっていた。南部艦長は米軍の目を盗んで司令の遺体を水葬に付すことを決意。毛布にバラストを入れて包まれた遺体は軍艦旗で巻かれ、前部2番ハッチからそっと洋上へ旅立っていった。

0500に指示どおり軍艦旗を降下した伊401潜が相模湾にさしかかるとさらに米兵が乗り込んできた。やがて同潜が米潜水母艦『プロテウス』に横付けした時にはすでに伊14潜と伊400潜の姿がそこにあった。

一方の伊400潜は大湊を出撃したあと、津軽海峡を出るとすぐに針路を南東にとり、米軍の哨戒圏と推測される海域を離れるとすぐに変針、浮上航行での高速をもって伊401潜との邂逅点へ急いだ。27日には猛烈な台風に遭遇、激しい動揺を突いて進むうち13号電探が故障、8月5日には夜間の水上航走で充電ののち潜航したところ電機室の配電盤から出火、有毒ガスが発生したため朝の日差しもまぶしい洋上に浮上すると米船団を発見し、再び潜航というきわどい状況もあった。

8月14日、会合予定地点のウルシー南方洋上で浮上した伊400潜は旗艦伊401潜の姿を求めたが、発見することができない。それもそのはず、この時点で伊401潜はポナペ島南方にいたわけである。

このあたりの経緯について、伊401潜艦長の南部氏は

「進撃途中で会合点の変更を打電したが伊400潜へ不達だった」

「しかし会合点の変更の電報を打った記憶が私にはない。司令は打ったといっていたが」

と自著やインタビューで述べているのだが、同じく氏の著書では航路の変更は明示されているが、会合点ははじめからポナペ島南方となっており合点がいかない。

伊400潜艦長であった日下氏は

「伊401潜は会合点をポナペ島の南百浬に変更の指令を出したそうですが、伊400潜はこの電報を受信していません。従って伊400潜は最初に決められた会合点に直航していました」(『幻の潜水空母』P196より)

と述べているので、やはり当初の会合点はウルシー南東方と見るべき(前ページでの記述はこれに則っている)かも知れないが、このあたりを裏付ける一次史料は残されていない。

伊400潜はその後も会合点の周囲を遊弋しつつ伊401潜を探していたが、8月15日の夕刻に浮上した時に終戦の詔勅を告げる新聞電報を受信。しかしこれは伊400潜への具体的な指令ではないので、旗艦伊401潜、あるいは第6艦隊(先遣部隊)司令部からの指示が待たれ、翌16日の「作戦行動ヲ取リ止メ呉ニ帰投スベシ」との命令により針路を北へ向けた。

その伊400潜が米軍に捕捉されたのは8月27日夕刻のことであった。この日1040頃、哨戒中の第38任務部隊の『TBM』が、金華山沖240浬の洋上で黒色三角旗を掲げて北上する巨鯨を発見。駆逐艦『ブルー(DD-744 Blue)』を呼び寄せて接触すると、これが伊400潜だった。

指示どおり停船すると米軍の乗員が乗り込んできて、艦長以下に降伏の意思を確認してきた。各艦の捕捉された際の状況を比較すると、どうも米軍は当初、拿捕潜水艦のグァムへの回航を画策していたようだが、どの艦も燃料不足との理由を述べるなど機転を利かせて横須賀入港という妥協案を容認させていることがわかる。

明けて28日朝に米駆逐艦は潜水母艦『プロテウス』の乗員によって編成された日本潜水艦拿捕移乗班が乗組んだ『ウィーバー(Weaver DE-741)』に交代。本職の潜水艦関係者らが改めて伊400潜に乗り込み、各バルブをロックして潜航できないようにするなどの措置がなされた。翌29日、横須賀に入港。すでに潜水母艦『プロテウス』には伊14潜が横付けしていたが、この間に割って入るように伊400潜が舫をとった。伊401潜が入港してきたのはこの2日ほどあとということになる。

こうして第1潜水隊の3艦がそろったが、伊14潜とともに光作戦に従事した伊13潜のゆくえはようとして知れなかった。

伊13潜、帰還せず

僚艦伊13潜の最後が確認されたのは、戦後処理の段階で日米双方の戦闘

伊 400 潜の武装解除

伊 14 潜とほぼ同時に米駆逐艦に捕捉された伊 400 潜にも、一夜明けた 28 日に専門の潜水艦拿捕隊が乗り込んできた。彼らには新聞記者とカメラマン数名が同行しており、こうして劇的な状況を後世に残している。

▲浮上航行中の伊 400 潜。その姿を一目見た米軍は感嘆の色を隠せなかったという。駆逐艦『ブルー (DD-744 Blue)』に捕捉された翌 28 日に、護衛駆逐艦『ウィーバー (DE-741 Weaver)』に便乗して到着した潜水艦拿捕隊によって撮影されたもの。よく見ると短波無線檣に掲げられているのが「黒色三角旗」であるのがわかる。

▶ 28 日 0900 になり遅延した護衛駆逐艦『ウィーバー』から乗り込んできた、ハイラム・カセディ中佐を指揮官とする潜水艦拿捕隊に応対する伊 400 潜艦長の日下中佐（彼らの到着で『ブルー』の乗員たちは引き継ぎをするための数名を除いて自艦へ帰っていった）。老練かつ歴戦の日下艦長の風貌はまさに古武士といったところ。その左に緊張した面持ちで立つのは前日来、通訳として活躍した通信士の伊藤正道中尉（兵科予備学生出身）。

拿捕隊はさすがに専門家の集団（自分たちがもともとの潜水艦乗り）であり、伊400潜のハッチに鎖をかけたり各種バルブを固定して戦闘力を無効化（潜航できないよう）した。写真は伊400潜の艦橋後部に備えられた旗竿に星条旗と日本海軍の軍艦旗を結びあわせて掲揚しようとしているシーンで、伊14潜でのエピソードをほうふつとさせる。旗のすぐ右に立ち、正面を向くのが拿捕隊の指揮官を勤めたカセディ中佐。

行動・戦果被害の照合がなされた時のこと。７月11日に大湊を出撃した伊13潜は、ちょうど日本本土近海に出現した第38任務部隊指揮下の第30・8任務群の空母『アンツィオ（CVE-57 Anzio）』を旗艦とするハンターキラーグループ（護衛空母1隻と駆逐艦5隻で編制された対潜専門部隊）に遭遇する形となった。

７月16日０７０７、『アンツィオ』を発進して周辺海域を哨戒中であったＶＣ－13（第13混成飛行隊）所属の『ＴＢＭ』アヴェンジャー雷撃機が浮上して南下中の潜水艦を発見、捕捉ののち12・７㎝ロケット弾を発射した。当該の潜水艦は急速潜航に移っていたがロケット弾が命中、潜航していく船体から重油の漏出が確認された。

やがて燃料が心もとなくなったこの『ＴＢＭ』と入れ代わりに新手の『ＴＢＭ』が到着し、再び攻撃を実施。０９２０には効果的な成果が上がる。続いて駆逐艦『ローレンス・Ｃ・テイラー（DE-415 Lawrence C Taylor）』と『ロバート・Ｆ・ケラー（DE-419 Robert F. Keller）』の２隻（いずれもジョン・Ｃ・バトラー級護衛駆逐艦）が急行し、『ＴＢＭ』の誘導を受けて１１００に『ローレンス・Ｃ・テイラー』がヘッジホッグ24発を斉射すると海中から2度の轟音が上がった。

その15分後、今度は『ロバート・Ｆ・ケラー』がソナーに反応を見せた海底の目標にヘッジホッグを撃ってみたが、すでに粉砕されていたのか手ごたえは得られなかったという。

これが、僚艦伊13潜の最後と推定されるものであった。

艦長の大橋勝夫中佐以下１４０名総員戦死。日本側の喪失認定日は昭和20年８月１日付けとなっている。

なお、『アンツィオ』は１９４３年（昭和18年）７月８日から１９４４年７月８日までの1年間で50隻、じつに1週間に1隻のペースで竣工させてアメリカがそのマスプロ能力を見せ付けたカサブランカ級護衛空母の３番艦で、建造当時の艦名を『アリクラ・ベイ（Alikula Bay）』といったが、進水直前の１９４３年４月３日に『コーラル・シー（ACV-57 Coral Sea）』と改めて命名され、竣工就役後1年あまりがたった１９４４年９月15日付けで『アンツィオ』と改名されたいわくつきの艦である（カサブランカ級計画時は『…・ベイ』という湾名に一貫させて命名されていた。なお、アンツィオとはイタリア戦線の激戦場にちなんだ名）。

カサブランカ級の2番艦は昭和18年11月に伊１７５潜が撃沈した『リスカム・ベイ』であったが、その当時は本艦も『コーラル・シー』の名で、同じカサブランカ級4番艦『コレヒドール（CVE-58 Corregidor）』とともに『リスカム・ベイ』とマキン攻略に参加しており、伊１７５潜の放った

CVE-57 アンツィオ
“Anzio”

▶２隻の護衛駆逐艦と共同で伊13潜を撃沈した『アンツィオ』は、カサブランカ級護衛空母の３番艦。昭和19年秋から対潜部隊“ハンターキラーグループ”の旗艦として行動し、搭載するVC-13は何隻もの日本潜水艦を撃沈した手練れであった。写真は艦番号57を大書した同艦で、飛行甲板上には『FM-2』（右側の２機）と『TBM』が乗っており、対潜哨戒への出撃時を連想させる。

伊13潜の仇敵

『アンツィオ』とともに伊13潜を撃沈した『ローレンス・C・テイラー』と『ロバート・F・ケラー』は第2次世界大戦型護衛駆逐艦の完成形と言われるジョン・C・バトラー級だった。

▶第2次世界大戦の米護衛駆逐艦は大きく6タイプ（※）で、ジョン・C・バトラー級は83隻が建造されたその最終型。基準排水量1,350トン、全長93.2mでキャノン級と同サイズの艦体に5インチ単装砲2基、ボフォース40㎜連装機関砲2基と533㎜三連装魚雷発射管1基を備えたほか、やはり当時最新の対潜兵器“ヘッジホッグ”を1番主砲後方に装備していた（やはり魚雷発射管を撤去して対空兵装を強化した艦もある）。写真はメジャー22迷彩を施されたDE-415ローレンス・C・テイラーの艦影。

※エバーツ級、キャノン級、エドサル級の3つ、ラッデロウ級とジョン・C・バトラー級の2つは基本的に同一の艦体型式で、搭載機関の違いにより分類される。外観上は3型式ということになる。

■DE-415 ローレンス・C・テイラー
■DE-419 ロバート・F・ケラー

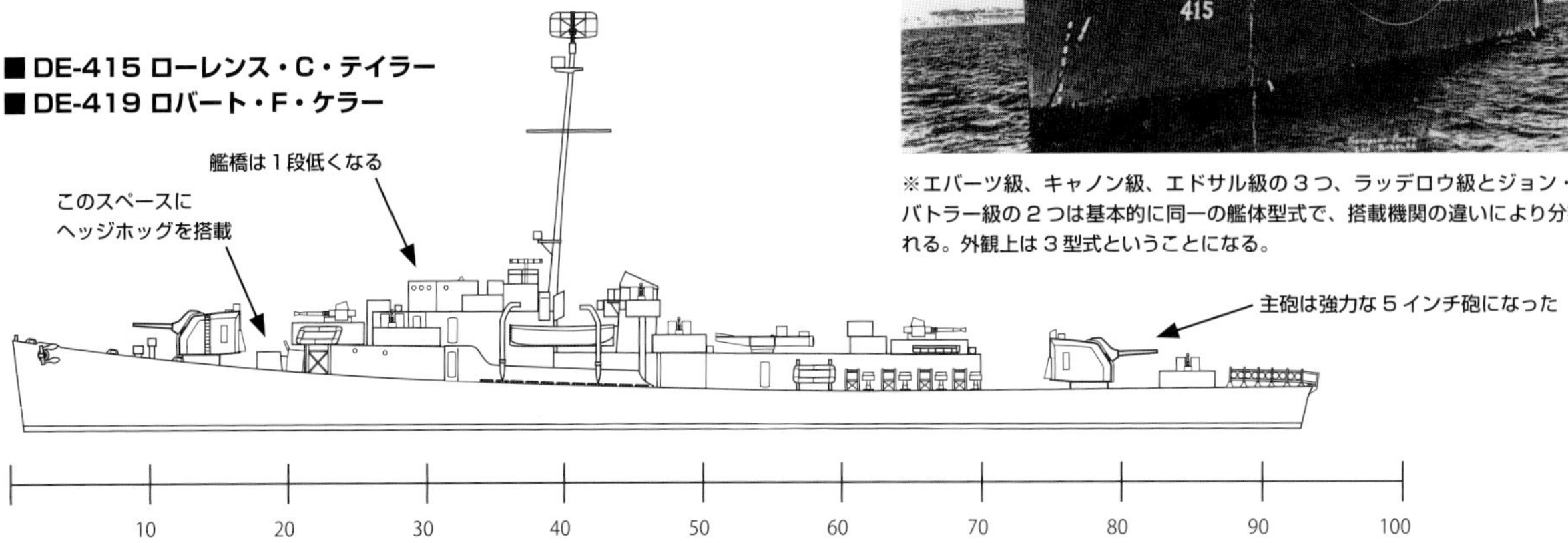
艦橋は1段低くなる
このスペースにヘッジホッグを搭載
主砲は強力な5インチ砲になった
10
20
30
40
50
60
70
80
90
100

魚雷をからくもかわした経緯がある。

こうした太平洋の離島攻略に参加したのち、対潜任務専門に従事するようになったのは『アンツィオ』と改名されたのちの1944年秋ごろからで、硫黄島攻略作戦中の1945年2月26日にはやはり哨戒中の『TBM』がレーダーで2隻の潜水艦を探知したのちソノブイとMk24魚雷を用いての撃沈を報じており、戦後の調査でこれが伊368潜と呂43潜と断定されるにいたっている。敵ながらなかなかの手練れであったといえよう。

伊14潜の乗員たちにとっては出撃順序が入れ代わったことで伊13潜が我が艦の身代わりとなったという観が強い。しかし、仮に伊14潜が予定通り7月7日に出撃していれば敵機動部隊が本土に近接する前にその行動圏内を離れていたはずで、その後に2日以上の間隔をとって出撃する伊13潜はやはり敵機動部隊遭遇という可能性が高く、こうした客観的事実に基づけば必ずしも伊13潜を身代わりにしたというわけではないことがわかる。

とはいえ、それだけ僚艦との絆が強かったのだ、ともいえよう。伊14潜乗員たちひとりひとりが伊13潜の戦友たちのことを忘れたことは1日たりとしてないのである。

巻末にその伊13潜乗員の名を掲げ、冥福を祈りたい。

冠たり伊14潜

現在我々が目にすることのできる、米軍の撮影による第1潜水隊の伊401潜、伊400潜、伊14潜の3艦が並んで繋留されている写真はまさに壮観の一語に尽きるが、この頃、当の乗員たちの胸中は敗戦の憔悴、敵愾心、恐怖感など複雑な想いが渦巻いており、いきおい艦内にこもりがちとなっていた。

この様子を見かねた清水艦長は米側に交渉、日本側の日課を行なうことを快諾させ、上甲板に出ての海軍体操の実践などで乗員たちの士気の維持に務めている。

乗員たちの就職先や退職金などについて陸上基地と連絡をとりたいと思った清水艦長が米軍に相談すると、厳重な監視を付けて横須賀鎮守府に上がる小海桟橋まで内火艇を出してくれた。

用件を話して、トラックで借りた軍資金5万円を司令部へ返納したのだが、横鎮ではこの清水艦長の来訪により初めて第1潜水隊の3隻が横須賀に入港していたのを知ったと言われて驚いた。もちろん、海軍中央では依

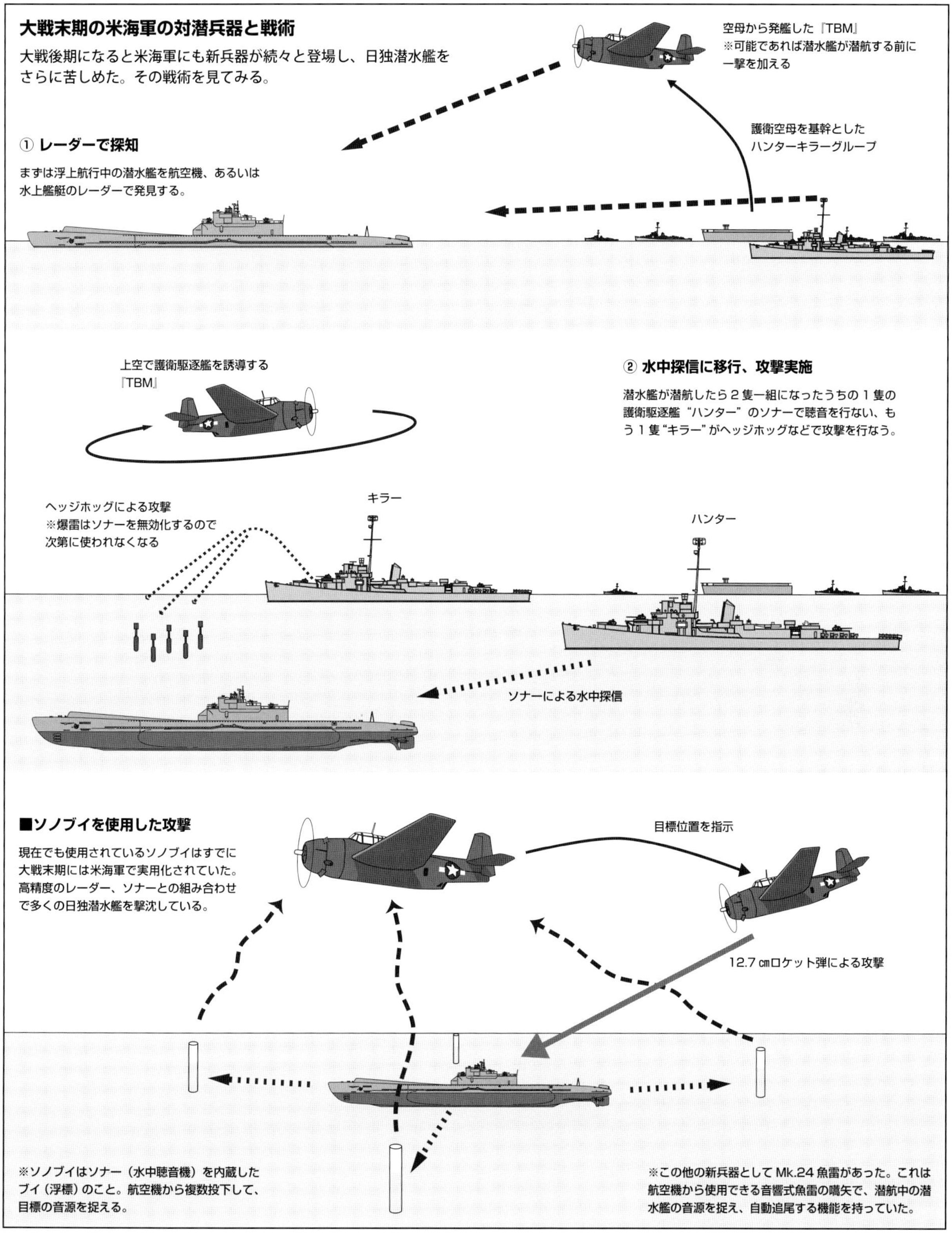
大戦末期の米海軍の対潜兵器と戦術
大戦後期になると米海軍にも新兵器が続々と登場し、日独潜水艦をさらに苦しめた。その戦術を見てみる。
空母から発艦した『TBM』
※可能であれば潜水艦が潜航する前に一撃を加える
護衛空母を基幹としたハンターキラーグループ
① レーダーで探知
まずは浮上航行中の潜水艦を航空機、あるいは水上艦艇のレーダーで発見する。

上空で護衛駆逐艦を誘導する『TBM』
② 水中探信に移行、攻撃実施
潜水艦が潜航したら２隻一組になったうちの１隻の護衛駆逐艦“ハンター”のソナーで聴音を行ない、もう１隻“キラー”がヘッジホッグなどで攻撃を行なう。

ヘッジホッグによる攻撃
※爆雷はソナーを無効化するので次第に使われなくなる
キラー
ハンター
ソナーによる水中探信
■ソノブイを使用した攻撃
現在でも使用されているソノブイはすでに大戦末期には米海軍で実用化されていた。高精度のレーダー、ソナーとの組み合わせで多くの日独潜水艦を撃沈している。

目標位置を指示
12.7 ㎝ロケット弾による攻撃
※ソノブイはソナー（水中聴音機）を内蔵したブイ（浮標）のこと。航空機から複数投下して、目標の音源を捉える。
※この他の新兵器としてMk.24魚雷があった。これは航空機から使用できる音響式魚雷の嚆矢で、潜航中の潜水艦の音源を捉え、自動追尾する機能を持っていた。

※『TBM』はグラマン開発の『TBF』アベンジャーをゼネラルモータースでライセンス生産した型式。

潜水母艦『プロテウス』に接舷した第1潜水隊の潜水空母たち。手前から右へ伊400潜、伊401潜、伊14潜の順に並んでおり、衛生管理のため伊400潜の艦内から物資を運び出して検査されているところ。この角度でも伊14潜の飛行機格納筒の高さが目をひく（特型は上構にだいぶ沈み込んでいる）。

然として行方不明のままの扱いとなっていたという。

それからしばらくして乗員は田浦の潜水艦基地隊の建物に移動して起居し、米軍の要請に応じて艦内作業に出かける毎日となった。そして特型の伊４０１潜、伊４００潜とともに米軍士官たちの興味の的となり、艦内清掃、消毒を実施した伊14潜は再びその視察を受けることとなった。

艦内の密閉消毒の際は、米軍が何を警戒したものか一度に多数の機関科員を艦内に入れることを許さなかったため、薬剤を使って一通り消毒を行なったあとに千葉電機長と袴田機械長の２人だけが防毒面を着けて艦内に入り、電動機起動の方法で右舷機械を運転、黄色く漂っていた空気が40分ほどで換気され、きれいになったという。

我が艦を世界に冠たる一等潜水艦と自負する清水艦長は、高い誇りをもってこれら見学者たちを案内。無気泡発射管、酸素魚雷、自動懸吊装置、防探塗料、12㎝水防双眼鏡などいずれも日本海軍自慢の兵器・機構についてはやはり米軍よりも数段すぐれた装備であったとみえ、その反応からとくに関心を持っていた様子がうかがえた。また米軍将校たちが勝ち誇るでもなく敗残側の兵器を熱心に観察する姿には感心させられた。

この時も横須賀入港後も、同じ戦勝国であるはずのソ連に対する米軍将校の敵愾心の強さには非常に驚かされた。米ソ冷戦のはしりは対日戦に勝利したこの時すでにあったのである。

さらにその後1ヶ月にわたり、艦内の整備作業、錆び落とし、ペンキ塗り、各科兵器の整備が行なわれた。

このころになると監視役の米兵ともうちとけ、甲板掃除などに励む乗員たちに「イージーワーク、イージーワーク」などと声をかけてくることもしばしば。それが「適当にやってりゃいいよ」という意味だとわかるまでしばらく時間がかかったのも、今となってはほほえましい限りだ。

愛煙家の袴田機械長はこの作業中、タバコの入手にだいぶ苦労したとのことだが、これを知った原田兵長はどこでどうしたものか絶えず洋モクを調達してきてくれた。機械長にとって忘れられない思い出のひとつとなった。

その作業も終わりに近付いたある日、千葉電機長は通訳のミスター・クラークに潜水艦乗りのベテランだという胸毛の濃い下士官や赤ヒゲ、頭の禿げた屈強な野郎どもを紹介された。伊14潜を独力で米国へ回航するための操艦・運転法を指導してほしいのだという。同様な要望は伊４０１潜や伊４００潜など第1潜水隊の僚艦にもなされている。

彼ら米軍乗員の作業の覚えは割合に早く、電機部と機械部に渡るこの講

▶以前から知られているこの写真は、伊14潜の士官室を横須賀入港後に米軍が撮影したもの。士官室といっても狭い潜水艦内のこと、ご覧のように部屋としてしきられておらず、椅子の背もたれを兼ねた右手前のパーテーションからこちら側が艦内通路という位置関係だ。通路を挟んで反対側が士官用のベッドなどになっている。高松道雄氏によるとテーブルの奥側に座る左端はコレスの海原文雄飛行長、1人おいて右は岡田輝夫軍医長という。右奥の隔壁部分に扇風機やケースに入った日本人形が見てとれる。

◀こちらも以前から知られている写真で、伊14潜の発射管室を撮影したもの。米軍への引き渡しのため、艦内清掃や整備を手伝っていた頃のもので、写真右の人物は水雷科の“先任下士”であった前田道広上等兵曹。戦後初めてこの写真が誌面に公表された際には「前田家の第1級の家宝になるぞ！」と伊14潜会で冷やかされたそうだ。よく見ると各発射管の後部扉には「一番管」「三番管」（右側）「二番管」「四番管」（左側）と銘板が付けれているのがわかる。甲型などの新巡潜型が装備した発射管は九五式潜水艦発射管一型と呼ばれるもので、魚雷発射の際に使用する空気を艦内に循環させて、無気泡での発射を可能とした画期的なものだった。

習は1週間ほどで終わり、40名の人員で何とか動かせるまでに仕上げることができた。

この間の昭和20年9月15日付けで伊４０１潜、伊４００潜、伊14潜は日本海軍艦籍から除籍された。未だ多くの日本海軍残存艦艇が放置状態となっていたなかにあってこれは異例のことだが、米本国へ回航しての調査に備えてのものである。潜高型の伊２０１潜、伊２０３潜も追って同様の措置がとられている。

そして昭和20年10月、伊14潜は万全の状態でかつての敵、米海軍へ引き渡され、11月1日、米軍乗員の訓練の総仕上げとして佐世保へと回航されていった。

戦後が始まった

伊14潜を無事に米海軍へと引き渡したあとの乗員たちは、田浦の潜水艦基地隊から久里浜の工作学校へと移り住んで、ここで解散の日を迎えた。その間、清水艦長はこれが最後の機会になるであろうと察し、たびたび乗員たちを集めて訓辞を行なっている。その内容は

「我々は物量に敗れたが、物量以外に米海軍に学ぶべきものは何物もない。米国に対して卑屈になるな。神洲男児の誇りを捨てないで、祖国の再建に努めよう」

とのものであった。

しかし、清水氏本人の回想では、この頃から艦長としての仕事がなくなって使命感を見失ったこと、また今さらの如く陛下に対し、部下に対しての敗戦の責任を感じ、乗員たちとの接触を避けたいほどのノイローゼになっていたという。

そして、久里浜から軍令部と海軍省に出頭し、一応艦長としての責任から開放された清水中佐は、軍令部の潜水艦主務参謀 藤森康男少佐（海兵は清水艦長より2期先輩）から、やがて戦犯容疑をかけられるであろうから、一日も早く復員したほうがいいですよと勧められた。

もとより乗員ひとりひとりの就職先を決めて復員させた上で、最後に自身が復員するつもりでいた清水艦長は、これによりはなはだ不本意ながら、その翌日に復員第1号として久里浜を去ることとなった。

残された乗員たちは岡田水雷長の下に一致団結、統制のとれた復員を実施する。幸いにして下士官以下は全て横鎮に兵籍を置くものばかりだ。

復員に当たって乗員たちに手渡されたのは米5合に缶詰2個というささやかなものであった。終戦当時、自隊の保有する物件を分配した話はよく聞かれるところだが、米軍により艦内からの物品の持ち出しを禁じられた伊14潜ではそれは精一杯の心づくしであった。

「岡田先任将校の優れた人格と識見もあり、清水艦長が先に復員されたあとも大きな混乱はなく、粛々と復員作業ができました。私も10月のうちに富山へ復員。終戦から2ケ月も経っていたためか鉄道もちゃんと機能していて、途中で困ったことなどもなく実家へと帰り着くことができました」とは高松道雄氏の談である。

伊東竹男1曹が岩手県の故郷の小さな駅に降り立ったのは、すでに秋もだいぶ深まって水田の稲も刈り取られた姿が見られるようになってからである。敗残の痛恨に打ちひしがれた想いとは裏腹に、幼いころから見慣れた山河は、往時と変わらぬ様子で迎えてくれた。

そこから山深い実家へとたどり着いたころにはあたりの日は暮れ、ほの暗いランプがともっていた。ちょうど台所では年老いた母親が夕食の準備をしていたところ。この年の5月に父上は亡くなっていた。そこへひょっこり帰ってきた息子の姿にどんなにか喜んだことだろうか。さっそく仏壇に燈明を灯す母上の姿。4人の息子が出征した伊東家は、その全員が無事に復員することとなる。

昭和21年1月6日、伊401潜、伊400潜とともに米海軍の乗員のみでハワイへと回航された伊14潜は綿密な調査を受けたのち、同年5月28日にオアフ島沖の北緯21度13分、西経158度8分の洋上で『ブガラ（SS-331 Bugara）』の雷撃により処分され、帰還しえなかった多くの日本海軍潜水艦たちと同様に、その身を太平洋の海底に横たえた。

それが、すでに東西冷戦の兆しが見え隠れしはじめたこの時、社会主義陣営に決して見せることのできない〝日本潜水艦技術の結晶〟に対しての措置であったことに、大きな意義が存在するのである。

▶整備されたのち、揃って待機中の伊14潜、伊401潜、伊400潜（左から右へ）。艦上ではすでにその操艦を手のうちにしたアメリカ海軍将兵たちが思い思いに腰掛けている。この角度から見ると特型の艦幅の巨大さがいっそう強調されるようだ。各艦はこののちハワイを目指した。

補遺その１：佐世保への回航

横須賀の沖合にあった第１潜水隊の各艦は、アメリカ側乗員だけによるハワイ回航を行なうための試験航海を兼ねて昭和 20 年 11 月 1 日にまずは佐世保へ向かい、その後、ハワイへ旅立った。ここに紹介するのは伊 14 潜を中心としたその時の様子だ。

潜水母艦『プロテウス』に接舷した潜水空母たち。各艦とも飛行機揚収クレーンを展開しており、右手前のベストポジションが伊 14 潜、奥へ伊 401 潜、伊 400 潜と並んでいる。伊 400 潜の艦橋には白ペンキで「I-400」と記入されているのが目をひく。伊 14 潜と伊 400 潜の短波マストには星条旗と一緒に日本海軍の軍艦旗がまだ掲げられているのが興味深い。

◀昭和20年8月29日に相模湾の『プロテウス』に舫をとって間もない伊14潜（手前）と伊400潜。やや不鮮明ながら、伊14潜の第1潜望鏡がマスト代わりに使われていること、伊400潜の艦橋に黒ペンキで書かれた「イ400」の文字が読み取れる（前ページの写真では「I-400」と白ペンキで記入し直している。本来は艦名の書かれたキャンバスを括り付けるのだが、拿捕前に投棄してしまったのか？）。

潜水母艦『プロテウス（AS-19 Proteus）』の全景を捉えた戦中の写真は少ない。昭和19年（1944年）1月31日にフルトン級潜水母艦の3番艦として竣工した『プロテウス』は、排水量9,890トン、全長161.39mという支援艦艇としては大型のもので、日本の潜水母艦が補給能力を重視されていたことに比べ、潜水艦の整備や修理という「工作能力」を重視されていたのが特筆される（艦上に搭載された大型クレーンからもそれがうかがえる）。就役後はミッドウェイや真珠湾で潜水艦の整備を実施していた同艦は、終戦直後の昭和20年8月28日に相模湾に投錨し、以後、東京湾エリアで接収した日本潜水艦、人間魚雷や魚雷艇、特攻艇の武装解除を行なう第20潜水戦隊の作戦を支援。11月1日まで伊14潜など第1潜水隊の各艦の補修などを行なって、本国帰還の途についた。

▲第 1 潜水隊各艦の旧乗員からレクチャーを受けた米海軍の潜水艦乗りたちは、昭和 20 年 11 月 1 日に完熟訓練の仕上げとして横須賀から佐世保へ向かった。写真は無事に佐世保に入港した伊 14 潜が、『プロテウス』とバトンタッチしてこの回航を支援することになった潜水空母『エウリュアレ』(詳細は後述) に接舷するところ。やや逆光気味だが、この時点でも単装、三連装の 25 ㎜機銃がそのまま据え付けられ、電探などの艦橋回りの装備品が損なわれていないのが目をひく。短波マストの頂部には、アメリカ側によってなにがしかの機器（航法灯か？）が増設されているようだ。画面右奥でこちら側に向かってくるのは伊 400 潜、伊 401 潜のどちらであろうか？

▶『エウリュアレ』とともに 3 隻の潜水艦の佐世保回航を支援した潜水艦救難艦『グリーンレット (ASR-10 Greenlet)』。本艦は排水量 2,073 トン、全長わずか 76.61 mと伊 14 潜に比べても小さな船（全長は護衛駆逐艦より短い！）であったが、航行中の不慮の事態に対処できるようにという配慮だったのだろう。昭和 18 年 5 月に就役すると真珠湾やミッドウェー、グァムと前進して潜水艦作戦の支援にあたっており、『プロテウス』と同様、8 月 28 日に相模湾に入港した 1 艦だ。

▲前ページ写真に続き、取舵をいっぱいに切って艦尾を『エウリュアレ』へと接舷しようとする伊 14 潜で、艦尾の縦舵の角度や艦尾左舷（画面では右側となる）の海面の様子に注意。両写真ともに奥に見えるのは二等輸送艦の第 172 号輸送艦と病院船『高砂丸』で、その向こうには、奇しくも日本海軍における行動可能な最後の 1 等巡洋艦（重巡洋艦）となった旧装甲巡洋艦の『八雲』が見えている。『高砂丸』は昭和 20 年 7 月 3 日にウェーク沖で米駆逐艦『マレー』の臨検を受けたエピソードを持っており、伊 14 潜とは奇縁を感じる。メレヨン島で終戦を迎え、餓死寸前であった将兵を救出することに成功した『高砂丸』は別府に帰り着き、以後、佐世保を母港として大陸方面からの復員輸送に活躍した。第 172 号輸送艦は昭和 20 年 3 月に竣工したばかりの船で、終戦後は佐世保にあって復員輸送に従事した。

伊 400 潜初代航海長の蒲田久男氏は第 137 号輸送艦の艦長となり復員輸送に活躍するが、その手はじめとして博多にあった同艦を佐世保に回航したのが昭和 20 年 12 月 24 日で、12 月 1 日に各艦がハワイへ向けて発したあとだった。少し時日がずれていれば感動の再会となったはずだ。

▶右ページから連なる写真で『エウリュアレ』に横付けした伊14潜（手前の左端に艦尾の無線支柱が見えている）に続き、伊400潜がその外側へと接舷しようとしている。画面右奥に見えているクレーン船の位置は前掲2葉と変わっていない。その左に見えるのは第172号輸送艦とはまた別の二等輸送艦のようだ。

▼同じく伊14潜に接舷しようとする伊400潜のカット。こちらのほうが伊14潜の艦尾がよく写っていて位置関係がわかりやすい。はじめから攻撃機を積むために設計されている伊400潜（特型）は全体的に余裕を持った大柄なデザインであり、その様子が凹凸の少ない艦型からもよく伝わってくる。その分、伊14潜の姿は無骨に映え、ややもすれば戦闘的なシルエットを与えるにいたっている。

▲◀前ページに続き『エウリュアレ』に接舷した伊14潜と伊400潜の艦橋部。両者を比較して、伊14潜のシュノーケル装備位置がだいぶ前寄りになっているのがわかる。本艦の12㎝双眼望遠鏡は艦橋に5基搭載されていたが、そのうち前側の2つが外されており、その前には速力通信器や水防式羅針儀などが見えるという貴重なアングルだ。浮上航行中にはこの水防式双眼鏡に哨戒員たちがついて見張りを行なうほか、第1潜望鏡前の見張り台に哨戒長が陣取って艦の指揮をとる（哨戒長の目が一番高い位置にくるわけだ）。30㎝信号灯の装備方法も両艦で異なっている。方向探知用のループアンテナは他の潜水艦では13号電探用の八木式アンテナを装備するために換装されているが、これもそのままで、潜望鏡支基の後方に改めて支筒を設けて装備している様子もわかる。

第 1 デリックポストに据え付けられたレーダーアンテナがものものしい潜水母艦『エウリュアレ (AS-22 Euryale)』に横付けした伊 401 潜、伊 14 潜、伊 400 潜（左から右へ。並び方が前掲写真と異なっている)。『エウリュアレ』はご覧のように C3 型と呼ばれた戦時標準商船タイプの艦型に潜水母艦としての諸装備を施したもの。排水量 7,600 トン、全長 150.11m というサイズで、日本潜水艦のハワイ回航にあたっては本艦と『グリンレット』が航海の支援を行なっている。なお、あまり馴染みのない艦名はギリシャ神話のゴーゴン三姉妹の次姉の名にちなんだもの。そういえば末妹の名が工作艦『メデューサ (AR-1 Medusa)』として使われている。

▲▶『エウリュアレ』に横付けした伊 14 潜、伊 401 潜、伊 400 潜（左から右へ)。2 枚の写真をパノラマ調に配置してみた。伊 401 潜と伊 400 潜の間に見えるのは未成に終わった空母『伊吹（あるいは笠置？)』のようだ。伊 14 潜と伊 401 潜のカタパルトには内火艇とボートが搭載されている。© Sheri Lytle and the USS Euryale Association

◀前ページで紹介した写真と同じような状況を別角度で捉えたもので、伊 400 潜の外側に接舷した LST704（左手前）から撮影。奥にいる『エウリュアレ』の甲板上がなかなか複雑な形状をしているのが興味深い。この角度から見た伊 400 潜、伊 14 潜の艦橋の様子がなかなか新鮮だ。
© Sheri Lytle and the USS Euryale Association

▼伊 14 潜の艦橋並びに機銃甲板左舷の様子を伝える写真は珍しい。奥に見える伊 401 潜とのディテールの違いもよく比較できる。飛行機格納筒を擁する上部構造物の最後に見える出入り口は第 5 昇降口へアクセスするためのもの。上部にキャンバスがかけてあるのはもともと灯火管制用だった。
© Sheri Lytle and the USS Euryale Association

▼伊 401 潜（写真奥）と伊 14 潜（中央）の飛行機格納筒前部を撮影したもの。奥と手前（伊 400 潜）に見える特型のものに比べ、格納筒前部扉がなだらかな曲線で構成されているのが興味深い。飛行機格納筒の上構への埋まり具合を比較でき、やはり伊 14 潜の方が腰高であることが読み取れる。艦橋前部に斜めに取り付けられた水密格納筒は本写真でのみ観察できるディテールだ。
© Sheri Lytle and the USS Euryale Association

▶前後する写真で、やはり伊 400 潜の外側に接舷している LST704 から撮影。前ページからの 4 枚の写真はこれら 3 艦をハワイへ回航するのに必要な物資を LST704 から補給する際に、その乗員である John B. Dunlap 氏により撮影されたもの。なお P.209 からの『エウリュアレ』との一連の写真は、Sheri Lytle 氏と『エウリュアレ会 (the USS Euryale Association)』のご好意により、今回掲載が実現した。
© Sheri Lytle and the USS Euryale Association

※エウリュアレ会オフィシャルウェブサイト：www.usseuryale.com

補遺その２：ハワイにて

▲12月1日に佐世保を出発した『グリーンレット』と3隻の潜水艦はグァム、ウェニトクを経由して1月6日にハワイ、オアフ島のパールハーバー（真珠湾）に入港した。写真はハワイへ勢揃いした3艦で、左から伊400潜、伊14潜、伊401潜。舷外消磁電路は途中で切断されている。画面左手前に見える伊400潜のキャプスタンの形状に注意。

◀上掲写真と連続して伊400潜から撮影された、伊14潜（手前）と伊401潜（奥）の艦尾を比較する。上部縦舵と上部構造物との関係が両艦で大きく異なっているのがわかる。またペースト状に厚塗りされた防探塗料が剥がれ落ち、表面に凹凸となって表れている様子が興味深い。図面では伊14潜の上部縦舵にはガードが設けられているが、実際にはなかったようだ。P218下写真も併せて参照されたい。

▲同じく伊400潜から撮影された伊14潜と伊401潜の艦橋付近。非常に似通った両艦の様子が改めてわかる。各部に設けられた水抜きの大きさにも相違が見られるが、これは伊400潜と伊401潜の間でも位置や大きさが異なっているので注意が必要。補助発電機のある位置の関係か、特型と甲型改2ではシュノーケルの搭載位置が異なっている様子（伊14潜のほうが前より）もよくわかる。

▶パールハーバーに勢揃いした5隻の日本潜水艦。伊201潜と伊203潜は『エウリュアレ』にエスコートされて昭和21年1月13日に佐世保発、同じくグァム、ウェニトクを経由して2月13日にパールハーバーへ入港した。左奥が伊14潜。手前の潜高型と比較してその大きさがわかるが、特型は本艦よりもさらにひと回り大きいことに驚かされる（写真ではパースの関係でそれがわかりづらい）。各艦は5月末から6月初めにかけて海没処分に処せられた。

●日本潜水艦5隻の海没処分日

伊203潜	昭和21年5月21日
伊201潜	昭和21年5月23日
伊14潜	昭和21年5月28日
伊401潜	昭和21年5月31日
伊400潜	昭和21年6月 4日

631空の終戦と残存『晴嵐』

昭和20年8月15日、福山基地で終戦を迎えた631空の留守隊員たち。その陣容は福永正義少佐をトップとして山本勝知大尉、赤塚一男大尉、澤 達生大尉ら3人の海兵71期生の分隊長に、伊13潜や伊14潜から退艦した士官・下士官搭乗員を筆頭に、整備員をはじめとする地上員たちというもの。搭乗員についてはここから選抜された10ペアがシンガポールへ進出し、第2次嵐作戦に参加する予定だった。

631空の復員は内地の他の航空部隊と同様、米軍の進駐を前に厄介払いをされるように8月20日前後に実施され、終戦の混乱のなか、各自の実家や親類縁者の元へと下野していった。他の航空隊では組織的に飛行機で復員したケースもあるが、631空の場合おおかた鉄道で、澤大尉などは長距離バスに一昼夜揺られて名古屋の実家に帰ったところ、空襲で自宅が全焼していたという。

その後、10月初めのうちに赤塚・元大尉と澤・元大尉はそれぞれ地元の復員局に呼び出されて再び福山基地へ舞い戻り、現隊復帰を呼びかけるラジオを聞いて帰隊してきた整備員たちとともに米軍への『晴嵐』引き渡し準備に取りかかった。

終戦直後に東京都成増の陸軍飛行場に進駐してきたTAIU（技術航空情報隊）は、日本陸海軍機のサンプルを持ち帰るため、希望する機種や機数を日本側へ提示、横須賀空のあった追浜基地へ空輸するよう指示していた。これまでにも太平洋の各地で数々の航空機を鹵獲していた米軍であったが、最新鋭の第1線機や試作機の入手をもくろむものであった。例えば、日本本土にしか展開していなかった雷兼爆『流星』や新型戦闘機『紫電改』、試作機ではロケット戦闘機『秋水』やジェット攻撃機『橘花』などで、どこから嗅ぎ付けたのかそのなかに『晴嵐』も含まれていたのだ。

米軍の希望数は基本的に1機種1型式につき4機が単位であったようで、試作機や、機体サイズが大きいものは1機ないし2機となっていた。

陸軍機については昭和20年10月8日作成、同月11日追加改訂の「飛行試験用航空機送付準備計画表」という史料があり、海軍機については日付の記載がないものの同じような「要求一覧表」があるので、ほぼ同時期に指示がなされていたと推定される。

前記史料による米軍の『晴嵐』希望数はやはり4機となっていたが、日本側の回答は横須賀に1機、福山に1機というものだった。

なるほど、終戦時に631空が作成した米軍への「引渡目録」に記載された『晴嵐』の保有機数は8機で、そのうち3機が損品状態というもの。ほかに補助機材として使用していた『零式水上偵察機』や『九三式水上中間練習機』もあったが、いずれも放置されたままの状態で、しかも終戦直後に通り過ぎていった台風により、破損が倍加した状況であった。

それでも整備員たちの努力で何とか1機を飛行可能状態に仕上げると、10月下旬（日付が定かではない）に赤塚元大尉－澤元大尉の同期生ペアが乗り込んで福山を離水、米海軍の『PBY』飛行艇の誘導を受けて東行し、いったん愛知県知多半島の河和基地へ着水。ここで3日ほど待機したのち同じ『PBY』に誘導されて無事に横須賀基地まで飛行することができた。

これがアメリカに渡り、スミソニアン博物館の技術部門であるポール・E・ガーバーでオリジナル状態に忠実に復元され、現在、ウドバー・ハージセンターに展示されている『晴嵐』第28号機かと思われるかもしれないが、復元作業時に確認された機体の状態（胴体内部から未使用のリベットや木片、針金などが多数見つかったほか、燃料タンクのなかにメーカーでの検査表のシートが紛れ込んでいたなど）により、どうも第28号機は実際に飛行していた機体ではないことが判明した。

第1章の『晴嵐』開発に関わる記述でも参考にさせていただいた渡辺哲国氏の考察によると、第28号機は昭和20年7月15日の愛知航空機永徳工場への空襲で被弾し、海軍に領収されないまま庄内川沿いの水上機駐機場で終戦を迎えた機体で、修理を施されたのち海路、横須賀へ転送されたのではないかという。

収集された日本陸海軍機は3隻の空母『バーンズ（CVE-20 Barnes）』『コア（CVE-13 Core）』『ボーグ（CVE-9 Bogue）』に分散して搭載され、米本国へと輸送された。そのうち、『バーンズ』だけは詳細な明細と日本陸海軍機を飛行甲板に満載して輸送中の写真が見つかっており、これにより『晴嵐改』こと陸上機型も1機が横須賀から同艦に積み込まれて太平洋を渡ったことがわかっている。

横須賀から搭載された『晴嵐』が1機だけだったのか、2機だったのかについては定かではないが、最終的に1機が忠実な復元を施されたことは我々日本人にとっても感慨深いものだ。

なお、第1次嵐作戦隊長であった淺村 敦氏はその復元作業に協力しただけでなく、完成した機体に対面を果たしていることを付記しておく。■

『晴嵐』の製造数と残存数など

第１潜水隊の攻撃力たる『晴嵐』はいったい何機作られ、終戦時には何機が残存していたのか？　いまだ解明されざる部分も少なくないが、わかるかぎりここで整理しておこう。併せて、終戦後にアメリカ側で撮影された『晴嵐』と『晴嵐改』の写真を掲げ、その関心の高さを裏付けたい。

■愛知航空機での製造数内訳

通算製造数	名　目	備考
0	強度試験機	機体のみ製作。強度試験で破壊
1	試作１号機	昭和 18 年 11 月完成
2	試作２号機	昭和 19 年２月完成
3	増加試作１号機	昭和 19 年６月完成
4	増加試作２号機	昭和 19 年６月完成
5	増加試作３号機	昭和 19 年７月完成
6	増加試作４号機	陸上機型。昭和 19 年８月完成
7	増加試作５号機	陸上機型。昭和 19 年８月完成
8	増加試作６号機	昭和 19 年 10 月完成。海軍未納の陸上機型？
9	量産第１号機	昭和 19 年 10 月完成
10	量産第２号機	昭和 19 年 11 月完成
11	量産第３号機	昭和 19 年 12 月完成
12	量産第４号機	昭和 20 年１月完成
13	量産第５号機	昭和 20 年２月完成
14	量産第６号機	昭和 20 年２月完成
15	量産第７号機	昭和 20 年３月完成
16	量産第８号機	昭和 20 年３月完成
17	量産第９号機	昭和 20 年４月完成
18	量産第 10 号機	昭和 20 年４月完成
19	量産第 11 号機	昭和 20 年５月完成
20	量産第 12 号機	昭和 20 年５月完成
21	量産第 13 号機	昭和 20 年５月完成
22	量産第 14 号機	昭和 20 年５月完成
23	量産第 15 号機	昭和 20 年６月完成
24	量産第 16 号機	昭和 20 年６月完成
25	量産第 17 号機	昭和 20 年７月完成
26	量産第 18 号機	昭和 20 年７月完成
27	量産第 19 号機	昭和 20 年７月完成。ここまで海軍領収？
28	量産第 20 号機	終戦時愛知航空機工場在

▶現存する『晴嵐』第 28 号機の銘板部分。復元時に忠実にリタッチしたもので型式は「晴嵐」とだけ記入され、試製も一一型も付いていない。「護國第 160 工場」というのが愛知航空機の秘匿名で、製造番号にもそれが反映されている。（写真提供／清水郁郎）

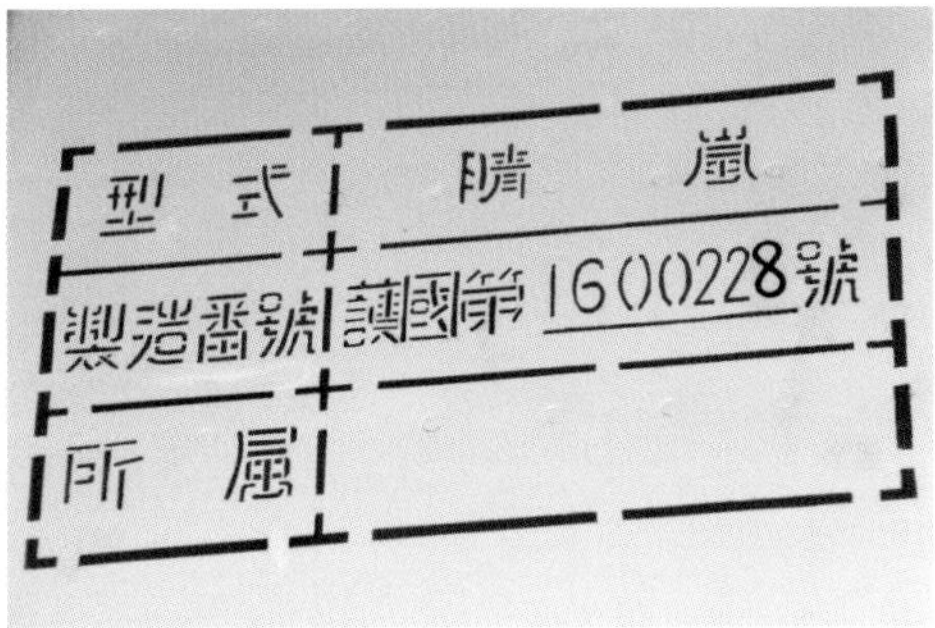

■損耗数と残存数

		晴　嵐	晴嵐改（陸上機）
製造数（海軍領収数）		24 機	２機
損耗	訓練中（※１）	３機	
	作戦中（※２）	６機	
終戦時残存	631 空（福山基地）	８機	
	横須賀空（追浜基地）	１機	１機？
消息不明（※３）		６機	

※１：631 空で訓練中や空輸中に失われた機体で５名の搭乗員も殉職している。詳細は P.123 参照。

※２：伊 401 潜、伊 400 潜に搭載、終戦時洋上投棄。

※３：補用部品の少なさから何機かは部品取り機に利用したと推測。空襲などで失われた機体もあったか？

■６３１空引渡目録

品名	数量	記事
晴嵐一一型	8	内３機破損
零式水上偵察機一一型	6	
九三式水上中間練習機	1	
二式十三粍旋回銃改一	15	
一式七粍九旋回銃改一	6	
二式十三粍機銃曳跟弾	2,000	
同焼夷通常弾薬包	3,000	
同演習弾薬包	5,000	
一式七粍九旋回機銃弾薬包	5,000	
三〇瓩演習爆弾	140	
一瓩演習爆弾	750	
無線電信機	31	前部損品
「アツタ」発動機三〇型	6	
晴嵐用「プロペラ」	2	
同浮舟	7	
金星発動機四三型	4	
零式水上偵察機用「プロペラ」	2	
同浮舟	2	
同外翼	2	
九六式二五粍機銃二型	2	
九九式軽機関銃	2	
九九式小銃	25	
拳銃	4	
二五粍機銃弾薬包	2,800	
九九式小銃實包	2,000	
鉄兜	450	
防毒「マスク」	450	

▲終戦直後に製作された「六三一空引渡目録」には『晴嵐一一型』との記載がある。『晴嵐』は制式採用されず、書類上は試作機のまま実戦に参加したというのが定説だが、史料に欠落のある昭和 20 年春以降に制式化されたのだろうか？　ただ『流星』の場合、海軍での呼称とは別に、愛知社内では昭和 19 年春頃から『流星一一型』として扱われている。便宜上、現場でそう呼称しただけという可能性も否定できない。なお、昭和 19 年６月７日付けの愛知資料には「試製晴嵐一一型」という表現も見られる。

◀終戦直後の昭和20年秋に愛知航空機永徳工場で撮影された『晴嵐』で、米軍の調査官が主翼に上がって、カバーを外されたエンジン後部を興味深げに覗き込んでいる姿が面白い。整備をすればすぐにでも飛び立てそうだが、垂直尾翼が大きく損なわれて工場の奥が見えている。本機が修復されて横須賀へ海路運ばれた「28号機」と思いたくなるが、固定風防前部には筒式の「二式射爆照準器」の取り付け支基が見えており（調査官の右肘の左側。28号機は「三式射爆照準器」を搭載）、別の機体の可能性もある。いずれにしても『晴嵐』のオリジナル状態の塗装を知るための貴重なサンプルといえる。画面左奥に見える機体は『彗星』四三型。

▲右写真の撮影からしばらく、太平洋を横断したのちパナマ運河を通過中の『バーンズ』。左端手前に『晴嵐改』が見える。『晴嵐』が同運河攻撃を第一目標にしてきたことを考えると感慨もひとしおだ。

▲昭和20年11月16日、アメリカ本国への日本陸海軍機輸送の第1陣が護衛空母『バーンズ（CVE-20 Barnes）』に搭載されて横須賀を出港した。写真はその飛行甲板に所せましと並べられた様子で、画面中央の『天雷』双発局地戦闘機の向こうに『晴嵐改』こと陸上機型が見える。

▲『晴嵐』の方は『バーンズ』とはまた別の空母で輸送された。写真はアメリカで公開中の『晴嵐』で、右ページ上段写真の機体と塗装が大きく違い、前方固定風防の前に照準器支基もないのがわかる。現存する第28号機が本機と思われるが、同一機を修復して米軍へ引き渡す際にこの状態になったのか、もともと両機が別の機体なのかは今のところ不明。フロート支柱の前面の折りたたみ式ステップに注意。

▶復元されたのち、アメリカ国立航空宇宙博物館ウドバー・ハージ・センター (National Air and Space Museum's Steven F. Udvar-Hazy Center) に展示された『晴嵐』第28号機を訪れた淺村 敦氏（左から2人目）と同館の関係者たち。左端は同博物館で近代軍用機の主任学芸員として活躍した Dr. Dik Alan Daso 氏。淺村氏の右が当時同博物館の次席ディレクター（のちに Steven F. Udvar Hazy Center ディレクター）であった Joseph T. Anderson 元海兵隊少将、右端は同博物館のボランティアスタッフで元アメリカ海軍 Senior Executive Service の Thomas Sadahiko Momiyama（籾山定彦）氏。淺村氏は2002年にもポール·E·ガーバーを訪れているがこの時はまだレストア中で、完成した状態を目にしたのは、この日（2004年6月3日という）が初めてだった。画面左に見えるのは『紫電改』と『B-29』。

ハワイ沖に眠る伊14潜

ハワイ海中調査研究所（The Hawaii Undersea Research Laboratory 略してＨＵＲＬ）は、オアフ島ホノルルにあるハワイ大学内に本部を置く、アメリカ合衆国の公的な研究機関である。

その本来の目的はアメリカ地質調査所と連携して海底の火山活動に目を光らせ、地震対策に努めるというもので、併せてサンゴ礁生息地や漁場の保護などを行なう一方で、２０００年代に入ってからは第二次世界大戦に関連した海洋遺跡～ハワイ近海の海底に沈む艦船や航空機の残骸など～の調査もその調査範囲に含むようになった。

そんななかの２００５年3月17日、新しく搭載したナビゲーションシステムのテストを行なっていたＨＵＲＬの潜水艇は、バーバースポイント沖の海底で偶然にも伊４０１潜の残骸を発見、続いて伊14潜と伊２０１潜を見つけることに成功した。

ここに海底に眠る伊14潜の姿をご覧にいれよう。

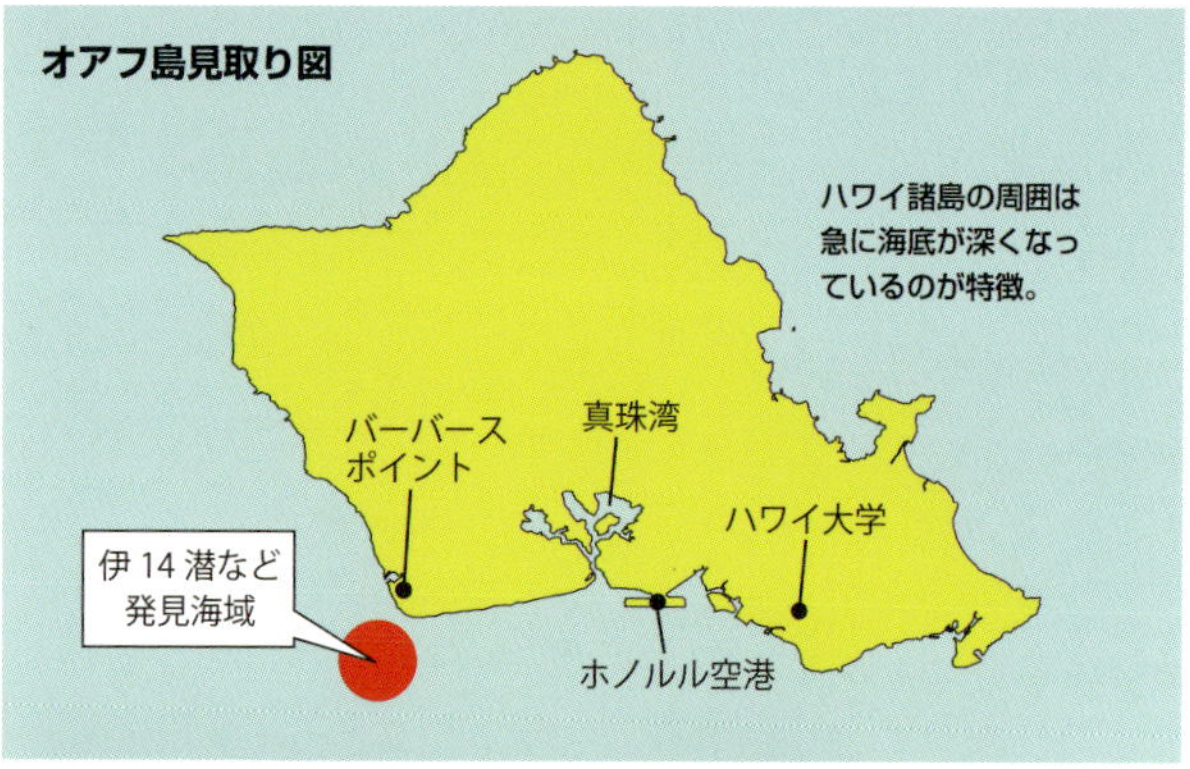
オアフ島見取り図
ハワイ諸島の周囲は急に海底が深くなっているのが特徴。
バーバースポイント
真珠湾
ハワイ大学
伊14潜など発見海域
ホノルル空港

■艦橋右舷の艦名標識

◀横須賀で米軍により直接ペンキで記入された「イ14」の艦名標識が鮮やかに残っていた。右舷側は各字体に白でシャドウを付けた凝った記入法だった。

■特四式射出機先端部

◀特型に比べて背が高く、先端部が垂直に切り立ったような形状をしている本艦のカタパルトを捉えたもの。手前には「く」の字型のデリックが見える。

■艦首右舷潜舵

◀浮上航行時に外殻内へと引き込まれる隠顕式の艦首潜舵は日本海軍の潜水艦の特徴のひとつ。写真ではやや展開気味に出ているのが見てとれる。

■艦尾灯

◀右写真の中央部分にも見えているのがこの艦尾灯。P.217下段の写真にもこれが写っている。なお、伊14潜には縦舵上部のガードは付いていなかった。

■艦尾上部縦舵&プロペラガード

◀こちらは艦尾部分。画面左上に縦舵がみえ、それと垂直にクスリュープロペラのガードが設置されている。特に艦幅の狭い潜水艦にとってプロペラガードは非常に重要な装備品だ。

■艦橋前方部分

▶浮上航行中に哨戒長と哨戒員が詰めるところがここ。中央上下に見える丸い孔は十二糎水防式双眼鏡の取り付け部。そのすぐ左にあるのが速度指示用のテレグラフ。その左（前部ブルワーク）には伝声管が見えている。

■艦橋上部の潜望鏡支基群

▶艦橋の潜望鏡支基群を後上方から見たところ。手前から22号電探（蟹が乗っている）、短波無線檣、第二潜望鏡、第一潜望鏡の各支基で、右に飛び出ているのがE27逆探アンテナ取り付け部。右はシュノーケルの給排気筒。

■飛行機格納筒前部

▶扉ははずれてしまっているが、飛行機格納筒を右舷やや前方から見たところ。特型に比べ背が高い機銃甲板と飛行機格納筒の様子がわかる。

■艦橋左舷の艦名標示

▶艦橋左側の艦名標示は右側とは逆に、白字にシャドウが付いたデザイン。画面左側に機銃甲板前部、その側面に設置されたラッタル（縦棒は欠落してしまった？）が見える。

■一番25粍三連装機銃［2］

▶同じく一番25粍三連装機銃を左舷方向から捉えたもの。垂直に近い大仰角をとった姿は、虚空（海面）を睨んでいるかのよう。

■一番25粍三連装機銃［1］

▶機銃甲板前部の一番25粍三連装機銃。すのこ状の機銃甲板はだいぶ抜け落ちてしまっているが、複雑な側面型の一部がうかがえる。

HURLの誇るピスケスV深海潜水艇について

HURLの潜水艇は代々「ピスケス（魚座）」と名付けられており、現在は「ピスケスⅣ」と「ピスケスⅤ」の２艇が現役。2005年に伊14潜を発見したのは「Ⅴ」の方。全長6m、全没排水量13トンという大きさで、調査海域まで母船で運ばれてから潜水する。艇内にパイロット１名と２人のオブザーバーが乗り、緊急時には最大140時間までの生存が可能。最大潜航深度は2000mとなっている。スラスターの噴射による推進で、３ノットで９時間の航続力を持つ。写真は伊14潜の舷側バルジと思われる部分を調査中の「ピスケスⅤ」。

なお、HURLの活動の詳細について、また同じく海底に眠る伊401潜、伊400潜、伊201潜などの写真は同研究所のウェブサイト（下記URL）でご覧いただくことができる。

必見である。

http://www.soest.hawaii.edu/HURL/index.html

エピローグ　伊号第14潜水艦の絆

航海長を救え！

「旧軍隊関係での会合は数多く存在している。そしてこれらのなかにあって、わが『伊十四潜会』の集まりも長い年月にわたって親睦をその目的として今日に及んでいる。しかしながらわが伊十四潜会にはその発足においてほかの会合とは多少違った色合いの動機がひとつあった。」

元乗員たちで組織された「伊十四潜会」が編纂した『伊十四潜水艦記録』のなかで、岡田安麿元水雷長は冒頭、こう書き出している。

日本の主要都市のほとんどを焼き尽くし、本土決戦一歩手前で敗れた太平洋戦争から10年あまりがたつと、各地で旧陸海軍関係者による同期会や戦友会が組織されるようになった。それは生き残りえた者が、亡き戦友、先輩、同胞たちの慰霊をする想いで醸成されていった動きといえる。

ところが、伊十四潜会は当初別の目的で集まり始めたのだという。

発端は、まだ終戦直後の混乱の空気が色濃く残っていた昭和23年3月。東京裁判（昭和21年5月～昭和23年11月）に代表される戦争指導者たちの戦争責任の弾劾と並行して、直接戦闘に携わった現場クラスのBC級戦犯の追及がなされた際、昭和19年の印度洋における伊号第8潜水艦の行動が「国際法違反」として取りざたされることとなった。

遣独任務を終えた伊8潜は新艦長に有泉龍之介中佐を迎えて昭和19年3月初頭にマレー半島のペナンに進出、インド洋交通破壊戦に従事した。開戦以来、参謀畑を歩んできた有泉中佐は潜水艦長としての実戦経験が豊富なほうではなかったが、その指揮ぶりは目覚しく、3月26日にオランダ商船『チサラック』を雷撃により撃沈、続く30日にはイギリス商船『シティ・オブ・アデレイド』を砲雷撃で撃沈。再出撃後の6月29日にイギリス商船『ネロア』を雷撃で、7月2日には米船『グラン・ニコレット』を砲雷撃で撃沈と、短期間に大きな戦果を挙げるにいたった。

このうち『チサラック』と『グラン・ニコレット』の撃沈後の行動について、中立国のスウェーデン経由で、すでに昭和19年中に抗議並びに問い合わせを受けている。現存する「抗議事件資料第九號　潜水艦ニ依ル撃沈事件（條約局第二課調）」に記載された概要は次のようなものである。

『チサラック』を撃沈した伊8潜は、救命艇に脱出した生存者をその艦上に引き上げ、数珠つなぎにした上で掠奪暴行を加えて海中に投げ込み、イギリス人船客5名と土人水夫（原資料ママ）21名を行方不明にしたというもの。このほかの生存者が多数あったため露見した。本件は昭和19年7月28日付けで東京のスウェーデン大使館から連絡を受け、同年11月28日には「当該事実なし」との回答を出している。

『グラン・ニコレット』については撃沈直後に海上に漂う救命艇や救命筏を銃撃してその使用を不可能にした上、漂流者、浮遊者を機銃掃射。さらに生存者を艦上に引き上げて縄や電線などで縛りあげ掠奪暴行をして推進器（スクリュー）に向けて海中に投げ入れ、また、甲板上にまだ生存者多数が乗っていたにもかかわらず、そのまま潜航、その際に船長と一等運転手（原資料ママ）を拉致。75名が虐殺され、95名～１００名程度がこうした虐待を受けたとのもの。昭和19年12月29日付けでスウェーデン大使館から連絡を受け、資料作成時にはその対応について「未回答」となっているが「米國政府ハ本件ヲ特ニ重視シ居ルモノノ如シ」と添え書きされている。

この時の伊8潜の通信長が、のち伊14潜の航海長となった名和友哉大尉であった。

抗議事件資料「潜水艦ニ依ル撃沈事件」に記載された船舶

本資料には９隻の船舶撃沈が記されており、このうち『セントール』は病院船であった。表の順序は資料への掲載順と同じ。

船名	国名	発生日時	攻撃潜水艦
ダイアリー・モーラー (Dairy Moller)	イギリス	S18.12.13 GMT2150	呂 110 潜
ブリチッシュ・シヴァルリー (British chivalry)	イギリス	S19.02.22 GMT0530	伊 37 潜
サットレー（Sutley）	イギリス	S19.02.26 GMT1835	伊 37 潜
アスコット（Ascot）	イギリス	S19.02.29 (時刻記載なし)	伊 37 潜
ナンシー・モーラー［※］(Nancy Moller)	イギリス	S19.05.18 GMT0800	伊 165 潜
リチャード・ホーヴェー (Richerd Hovey)	アメリカ	S19.03.29 GMT1120	伊 26 潜
チサラック（Tjisalak）	オランダ	S19.03.26 (時刻記載なし)	伊 8 潜
グラン・ニコレット (Gran Nicolet)	アメリカ	S19.07.02 GMT1407	伊 8 潜
セントール（スペル記載なし）	オーストラリア	S18.05.14 (時刻記載なし)	伊 177 潜

※抗議資料の日付は５月 18 日となっているが、実際には３月 18 日。

・発生日時の表記は「GMT」とあるようにグリニッジ標準時で記載されている。日本時間では９時間プラスするので、日付が１日先になる場合もある。

・伊 165 潜艦長の清水鶴造氏、伊 26 潜艦長の日下敏夫氏も収監された。

・伊 177 潜艦長の中川 肇氏が伊 37 潜の艦長に転任している。

同様な行動は、同じ時期にインド洋で作戦していた伊37潜でもとられていたことが、『晴嵐』搭乗員としてもお馴染みの高橋一雄氏の手記『神龍特別攻撃隊』（光人社刊）に記述されている。ただ、資料に記載された艦が必ずしもそうした行為を行なった訳ではないのをお断りしておく。

そして、じつはこうした行動は同盟国ドイツからの強い要望という政治的背景があった。昭和18年9月、ドイツのリッペントロップ外相は「物量を誇る連合国に対しては艦船を撃沈しただけでは効果は薄い。生き残った乗員がすぐに新しい船に乗り換えて任務に戻ってしまうからだ。そうさせないために撃沈艦船の生存者は抹殺して、人的資源から枯渇させることが肝要である」と日本側に要請していたのである。

終戦翌年の昭和21年、東京大学に入学していた三浦節（みうら・たかし）氏は名和友哉氏の戦犯容疑巣鴨収監の知らせを受けた。三浦氏は海兵70期の同期生で、大戦後半を駆逐艦『霞』砲術長として、捷一号作戦（レイテ沖海戦）、禮号作戦（ミンドロ殴り込み）、天一号作戦（戦艦『大和』の沖縄水上特攻作戦）など戦史に残る戦いに参加した経験の持ち主である。

1号生徒時代を同じ分隊で過ごしたふたりはお互いの両親とも顔馴染み。三浦氏が砲術学校普通科学生として横須賀にいた昭和18年ころには、逗子の名和家へちょくちょくお邪魔したものだった。名和氏の父上は本書でもおなじみ、名和 武技術中将である。

容疑はやはり伊8潜の条約違反行為についてであった。当時、早稲田大学に在学していた名和氏は追及を逃れることができない立場にあった。

東京裁判やBC級戦犯裁判が、およそ「裁判」と呼べるようなものではない、戦勝国による独善的な「復讐ショー」であったことは、今日世界的にも認識されるようになった。

例えば、同じ行為であっても戦勝国側によるものは不問にされているのが偽りのない事実だ。

先の大戦におけるアメリカ潜水艦も交換船を沈める、日本船舶を撃沈後に浮上して砲撃、機銃掃射を行なっているし、航空機による攻撃の場合であっても沈みゆく艦上や洋上に漂う生存者に対して執拗に銃撃を加えるのが当たり前であった。その様子を捉えた写真が、「我が戦果」として誇らしげに公表されているわけで、それが戦争なのである。

さて、名和氏収監の情報は当時東京にいた元伊14潜乗員たちにすぐに知れ渡った。元水雷長の岡田安麿氏は、内藤信太郎氏、袴田徳次氏と3人で逗子の名和氏の御尊父を訪ね、横浜にあった米軍の検察機関にも幾度となく足を運び、さらに担当の弁護士に会って被告側の証人として法廷に立つための打ち合わせを行なうなど、すぐに行動を起こした。

やがて石河 宏、海原文雄、平本庫次、小渡和夫、武藤保男、田口正之の各氏など、やはり在京のメンバーらも集まるようになり、のちの伊十四潜会世話人の母体ができ、まずは減刑嘆願書を作ろう、そのために急いで伊14潜の会合を開こう、乗員だけでなくその近親者や知り合いなどなるべく範囲を広げ、より多くの署名を集めようではないかということとなった。

こうした準備を経て伊十四潜会の第1回の会合が持たれたのは昭和23年3月21日のこと。場所は東京目黒にあった「たいこ鰻」という店だった。

こうした迅速な動きができたのは、終戦直後に岡田水雷長の発意で製作された「伊14潜乗組員名簿」の存在が大きく貢献したといえよう。多くの艦や部隊では、元乗員たちの行方がわからず、昭和40年代くらいから連絡をとりあって徐々に会としての体をなすようになっている。

ただし、占領下の世相をはばかって、会の名は「一四会」としていた。以来、時代が平成に移り変わるまでその結びつきは強く続くこととなった。

「好漢名和大尉を不法理不尽な弾圧から救援しよう、というこのスローガンは十四潜会の発足の姿勢として、また伊14潜のもっていたあの当時の性格なり艦の気風からみてもまことに意義深いものをいまなお感じているわけである。たい廃と混乱のあの当時の世相下においてささやかではあるが

▲すでに戦闘力を失った敵へも執拗に銃撃を加えるアメリカ軍の様子を最も良く伝える写真で、以前からよく知られているもの。ここでその是非を問うものではないが、これが戦争の現実である。被写体となった第一号海防艦の艦上、周囲にまだ多くの生存者が見えるが、結局誰も生還しなかった。

親睦を中心とした一種の旧同志的な結合の場をもち得たことはわれわれの一つの喜びであったし、また一つの誇りともなって今日に至っているともいえよう。全海軍広しといえども一つの艦が殆ど全員一応の連絡をとりながらあの敗戦の直後から今日まで親睦の会合をもっているのはわれわれ伊十四潜会をおいて他にその例はないであろう。」
と岡田氏は伊十四潜会の発足を振り返って書き記しているが、戦友会としての結集の早さと活動開始はやはり群を抜いたものであった。

やがて名和氏の戦犯容疑は晴れ、その後は三井物産などで活躍、伊十四潜会の幹部としても尽力していたが、突如難病を患い、1年間の闘病生活を経て昭和59年8月17日に62歳で他界した。

前出の三浦節氏が名和氏の父上から直接うかがった話によると、「友哉」の名の由来は内田康哉氏と加藤友三郎海軍大将にあやかったものという。その願うところは
「人生万事友なる哉」。

名和友哉氏のその生涯は、まさしくその名が表わすような、良き友人たちに恵まれたものであったといえるだろう。

なお、清水鶴造元艦長も昭和23年10月に収監されたが、12月には赦免されている。

見つからない「仇敵」

かつて戦場であいまみえた日米の敵同士が、戦後の平和（アメリカはその後も戦いの歴史を繰り返したが）で心穏やかとなって、懐旧の念からその相手を探し出して出会い、握手を交わす光景はたびたび見られる。

昭和20年7月、光作戦のため大湊を出撃した伊14潜の危機は数あったが、7月30日からの連続44時間にもおよぶ長時間潜航とは別の危機の存在を高松道雄氏は提唱する。
「作戦中、何度も敵艦、敵機と遭遇、いずれも早期適切な対応で事なきを得ましたが、じつは8月3日に遭遇した敵艦もきわどかったのです」

その日、哨戒長として艦橋にあった高松砲術長は「左１３５度黒いもの！」との哨戒員の報告を自分の目で確かめたあと急速潜航を下令、敵の執拗なソナー探信をからくもかわしたことをそう語ってくれた。

その相手とは一体誰だったのか？

終戦直後に駆逐艦『梔』（丁型駆逐艦）や第16号輸送艦（一等輸送艦）での復員輸送に携わったのち郷里に戻り、新制中学の英語教員となった高松氏は終戦50年を前にアメリカに問い合わせの手紙を差し出した。

その内容は左ページに掲げるような、自己紹介と伊14潜の行動を概説し、我々を攻撃した艦艇やその艦長はだれか、追跡をやめた理由はなんだったかを問うものである。

終戦時に多くの公式文書を処分してしまった日本とは違い、戦勝国の米国であれば記録がしっかりとしているだろうと推測しての調査依頼だったが、その回答は意に反して
「該当する報告はありません。撃沈したのなら記録に残ったのでしょうが」
とのものだった。

実際、僚艦伊13潜を撃沈した空母『アンツィオ』と駆逐艦からなるハンターキラーグループの第30・8任務群の場合は、撃沈ほぼ確実ということで記録が残っていた。しかし、伊14潜の場合は、効果的な成果が上がらなかったと判断されたのか攻撃が行なわれた報告もないようだ。同様なケースは偵察飛行などで敵機と交戦しなかった場合などでも見られるようで、とくに昭和20年7月から8月の終戦までの期間で多いという。

もっとも、高松氏が調査の手紙を米国に出してから20年近くが経過し、データベースが整ってきた今日であればまた別の調査方法や埋もれていた記録にたどり着くことができるかもしれない。

今後も調査を進めていきたい部分である。

伊14潜の魂は沈まず

戦史を紐解いていると、様々な偶然や幸運が重なって大きな戦功に繋がったり、からくも生還したというケースに出会うことがある。逆に、戦運に見放されたかのような悲劇的な最期を遂げた例に枚挙のいとまがない事も事実だ。

こうして伊14潜の戦史をじっくりと観察してみるとやはりそこに人の力ではあらがうことができない、何らかの大きな力がかかり、幸運に結実しているような感覚を覚えずにいられない。

そうした想いに対するひとつの答えは、昭和53年に編集された『伊十四潜水艦記録』に元艦長の清水鶴造氏が寄せた次の一文に求めることができるかもしれない。

「潜水艦の乗組員は一人の間違いが艦の運命を決定します。と同様われわ

れの地域職域社会で、否々この人生そのものが、大きな網の如きもので、一つの目が破れても全体の網としての価値は無くなります。と云うことは一人一人が全体を荷負う重責を負っていることであります。

皆様一人一人に心から感謝と敬意を捧げますと共に、あなたが今所属する社会は、あなたの双肩にかかっていると云っても過言ではありません。

ご多幸とご成功とを祈って止みません。」

伊14潜はラッキーだったと片付けるのは簡単だ。

だが、「運は自ら運ぶなり」という言葉があるように、ここに掲げたような理念を持った清水鶴造艦長が、艤装段階から乗員ひとりひとりを錬成し、作戦にあたっては挙艦一致で最大限にその力を発揮させた努力こそが、伊14潜を幸運艦たらしめた要因だったといって過言ではないだろう。

そうした意味では、例え伊14潜そのものが太平洋の海底に沈んだとしても、その敢闘精神は決して忘れ去られることがない。

（終わり）

December 21 1994

Dear Sir

I am now 71 years old. I was a navy officer of the Imperial Japanese Navy 50 years ago. My last ship was the submarine I-14,which was so big enough to be able to carry two aero-planes inside. We were ordered to go to Truk Islands just one month before the end of the Pacific War to carry these planes with our submarine. On the way to the Truk Islands, we were found by a U.S. submarine-chaser or a small boat like that (less than 1000 tons) about 150 ～ 200 miles East (or Nothern East) off the Islands, at 3:30 a.m. on August 3,1945.(Japan time)

Of course we immediately dived under the water and we were narrowly able to escape from the chaser. However, if this chaser had tried to continue water searching a few minutes more, our submarine would surely have been destructed by her, because we had almost been captured with the "sonar" of this boat.

As you know, the coming year 1995 is the 50th anniversary of the end of the pacific War (the World War two). I am now making up the documents of my submarine, so I would like to know about this U.S. boat.

What was the name of this boat?

Who was the captain of this chaser?

Why did this ship give up the water-searching?

I would like to know what kind of help you can give me.
If you can't, I would like to know what books (or which books) are suitable to fill my desire. This is why I have written to you, Sir!

I am looking forward to listening to you.

Sincerely,

My personal history is as follows ;

1943	Graduated from the Naval Academy (Japan)
1944	Gunnery officer of the I-14
1953	teacher of English and mathematics (at junior high schools)
1983	principal of primary school
1984 to 1991	Teacher of English (at a private senior high school)
	Experiences of visiting USA three times

▲高松氏がアメリカへ向けて出した手紙。「中学生レベルの英語です。是非翻訳にチャレンジしてみてください」とさすが中学校の先生らしいコメントをいただいた。読者の皆さん、いかがかな？

伊14潜会のひと幕

昭和21年3月以来会合を持ってきた伊14潜会は戦後50年を節目に解散した。ここに掲載するのは昭和51年5月30日から能登で二泊の会合を持った際のひとコマ。その仲の良さが伝わってくるようだ。

▲伊 14 潜潜伏の地、七尾湾に近い能登半島北東の鵜飼海岸で見附島（通称：軍艦島）をバックにファインダーに納まった伊 14 潜のかつての幹部たち。左から内藤信太郎元先任伍長、高松道雄元砲術長、釘宮 一元機関長、袴田徳次元機械長、清水鶴造元伊 14 潜艦長、千葉忠行元電気長。千葉電機長のちょびヒゲは今日も健在だ。

▲能登半島の最北端、禄剛崎灯台（通称：狼煙灯台）を背景にした伊 14 潜会一同。1 列目右端に内藤氏が、2 列目中央に高松氏が、その右に袴田氏、釘宮氏がおり、立っている一番右が名和友哉元航海長。清水艦長は 3 列目右から 3 番目に白シャツ姿で立っている。

巻末資料

- 伊号第 14 潜水艦乗員名簿
- 伊号第 13 潜水艦乗員名簿
- 伊号第 14 潜水艦内規

巻末史料 その1

伊号第十四潜水艦総員名簿（昭和20年8月15日現在）

ここに掲げる名簿は、第四章で紹介した、終戦直後、トラック島から内地へ向けて行動中の伊14潜の艦内で作成された名簿を元に作成したもの。表中の表現はこの名簿にならっているが、士官については備考として出身期別を追加し、下士官兵の住所については都道府県別の表記に限定した。

本書に登場する人物以外にも多くの人員が乗り、一丸となって戦った証である。

役職	階級	氏名	備考
艦長	中佐	清水 鶴造	海兵58期
機関長	大尉	増野 正寿	海機49期
水雷長兼一分隊長	大尉	岡田 安麿	海兵69期
航海長兼三分隊長	大尉	名和 友哉	海兵70期
通信長兼砲術長兼二分隊長	大尉	高松 道雄	海兵72期
五分隊長兼機関長附	大尉	松田 清	海機53期
飛行長兼整備長兼四分隊長	大尉	海原 文雄	海機53期
通信士	中尉	石川 宏	
電機長	中尉	千葉 忠行	特務
軍医長	医中尉	岡田 輝夫	
電測士	少尉	仲山 俊彦	
潜航長	兵曹長	上原 覚	
機械長	機曹長	袴田 徳次	
掌水雷長	兵曹長	石田 茂	

分隊	階級	氏名	出身地
一分隊	上曹	前田 光弘	静岡県
	上曹	小澤 勲	千葉県
	上曹	石橋 一郎	千葉県
	上曹	竹中 勇吉	東京都
	一曹	古橋 允倪	静岡県
	一曹	佐々木敬二	岩手県
	一曹	管原 喜男	宮城県
	一曹	品田勝四郎	群馬県
	一曹	前田金次郎	青森県
	一曹	伊東 竹男	岩手県
	一曹	坂口 正義	北海道
	二曹	堀越 定雄	茨城県
	二曹	瀧井 清市	静岡県
	二曹	小島 作英	新潟県
	二曹	廣瀬三三男	茨城県
	二曹	小林 榮	栃木県
	二曹	植田 穫司	静岡県
	二曹	佐藤 元吉	福島県
	二曹	大野 郁夫	静岡県
	二曹	平本 庫次	埼玉県
	二曹	小林 寛	栃木県
	二曹	大野 威	秋田県
	二曹	鈴木 馨	岩手県
	二曹	大竹 寅喜	福島県
	二曹	山田 勝	長野県
	二曹	小渡 和夫	青森県
	二曹	田口 正	埼玉県
	二曹	筒井 俊明	長野県
	水兵長	古橋 正	静岡県
	水兵長	和田 嘉吉	長野県
	水兵長	高岸 盛雄	栃木県
	一曹	山崎 武	静岡県
二分隊	上曹	伊藤彦三郎	東京都
	一曹	上島 直志	長野県
	二曹	塚田 一郎	茨城県
	二曹	坂井 三郎	富山市
	二曹	久保 法間	長野県
	二曹	内田 早人	山口県
	二曹	今井 敬一	兵庫県
	二曹	上田昭太郎	山梨県
	二曹	加藤 二郎	新潟県
	二曹	石井 政治	茨城県
	二曹	武蔵 保男	岩手県
	水兵長	関根 一男	埼玉県
	水兵長	田村 睦彰	静岡県
	水兵長	中村 輝美	長野県
	水兵長	土屋 政敏	長野県
	水兵長	和田 力春	北海道
	水兵長	今野 春雄	北海道
	水兵長	佐藤壮之助	秋田県
	水兵長	奥村 利男	福島県
	水兵長	山中 茂	千葉県
三分隊	上曹	浜田 耕作	山口県
	上曹	板垣 春男	青森県
	一主曹	鈴木 照吉	茨城県
	一曹	中村 貞三	岩手県
	二曹	安保 政雄	茨城県
	二主曹	小林 好造	山梨県
	二主曹	高山 巖	静岡県
	二主曹	杉本貫太郎	静岡県
	二曹	佐藤 友吉	群馬県
	主兵長	沖村 博	北海道
	衛兵長	高橋 宏	秋田県
	水兵長	高田 耕作	北海道
	主兵長	佐藤 正雄	秋田県

四分隊		
上整曹	千葉　久夫	宮城県
上整曹	林　滋	山口県
上整曹	吉田　勇	和歌山県
上整曹	武藤　庄平	岩手県
一整曹	井口　高士	大分県
一整曹	山本　昇	大阪府
二整曹	稲森　又作	静岡県
二整曹	大石　増夫	岡山県
整兵長	廣瀬　勇	福島県
整兵長	野崎　三郎	茨城県
五分隊		
上機曹	増渕　三郎	栃木県
上機曹	細貝　武	静岡県
上機曹	中原　貞次	静岡県
上機曹	三橋　末吉	神奈川県
上機曹	野末壮二郎	静岡県
一機曹	高橋　栄	岩手県
一機曹	野島　幹男	東京都
一機曹	星　利平	福島県
一機曹	佐藤　梅吉	埼玉県
一機曹	進藤　庫治	秋田県
一機曹	稲葉　正男	栃木県
一工曹	近藤　収治	群馬県
二機曹	富樫　雅平	北海道
二機曹	田口　正之	千葉県
二機曹	渡辺　栄治	千葉県
二機曹	松橋佐一郎	青森県
二機曹	市川　徳松	秋田県
二機曹	梶原　孫吉	秋田県
二機曹	笠松　清造	宮城県
二機曹	大越　実	新潟県
二機曹	佐藤　松蔵	宮城県
二機曹	鈴木延二郎	栃木県
二機曹	佐藤　文平	神奈川県

二機曹	中島　武男	千葉県
二機曹	原田　義弘	北海道
二機曹	角田　清	千葉県
二機曹	和田　京一	静岡県
二機曹	堀川　章二	千葉県
二機曹	佐藤　昌介	福島県
二機曹	杉木　時雄	神奈川県
二機曹	武藤浦次郎	群馬県
二機曹	鈴木　重吉	千葉県
二機曹	小曽根純二	栃木県
二機曹	伊藤　豊司	宮城県
二機曹	高橋　行雄	宮城県
二機曹	川橋　儔雄	樺　太
二機曹	野地　文蔵	福島県
二機曹	関根　武男	埼玉県
二機曹	三田十四二	東京都
二機曹	岡田　梅吉	神奈川県
二機曹	元橋　保次	千葉県
二機曹	星野　良信	栃木県
二機曹	大垣　村三	東京都
二機曹	藤野　啓一	静岡県
二機曹	永田　正勝	北海道
二機曹	村上　正一	岩手県
二機曹	宮　了	東京都
二機曹	小谷野倍次	群馬県
機兵長	臼井　至男	静岡県
機兵長	高橋　一秋	神奈川県
機兵長	樋口外次郎	石川県
機兵長	原田　金二	千葉県
機兵長	菅原金次郎	東京都
工兵長	岩下次郎吉	東京都
機兵長	堀井　正雄	神奈川県
上機兵	菅野　眞雄	福島県

兵科別の分隊編制

日本海軍の人的編制の基本は「分隊」と呼ばれる単位で、これは艦隊勤務（艦艇などの乗組み）も地上勤務も航空隊も同様だ。

下士官兵は必ずこの分隊に組み込まれ、その上に分隊士（准士官以上）がいて、分隊のトップが分隊長となる。

伊14潜の編制も同様で、ここに掲げるような5個分隊に編制されており、分隊はさらに配置別の「班」編制に分かれていたがその詳細、また構成人員の内訳はＰ２３１の「伊號第十四潜水艦内規」の「第四項　分隊区分」に詳しいので併せてご覧いただきたい。

なお、各分隊は

第一分隊＝水雷科・砲術科
第二分隊＝通信科
第三分隊＝航海科・特務員
第四分隊＝飛行科・整備科（ただし搭乗員なし）
第五分隊＝機関科

という兵科別であった。

艦籍と兵籍

管理職である士官は海軍省に軍籍があり、発令によってどの鎮守府に艦籍を置く艦艇にも乗艦するが、特務士官・准士官や下士官兵は基本的に出身地を管轄する鎮守府に艦籍を置く艦艇に乗艦する。

伊14潜は横須賀鎮守府に艦籍を置く艦なので乗員も同鎮守府管轄の都道府県からの出身者であることがわかる（ただし、これは帰国後の連絡先を各自が任意で書いたものなので、必ずしも兵籍と対応していないようだ）。

例外は作戦上の臨時措置として乗組む飛行科・整備科の第四分隊で、大阪府や山口県など、他の鎮守府の出身者が見られる。■

巻末史料　その2

伊号第13潜水艦乗員名簿（昭和20年7月15日戦没時）

単艦行動の多い潜水艦という艦種ではあるが、同一部隊の僚艦との結びつきは他の艦種以上のものがある。

とりわけ身代わりの観が強い伊13潜に対する伊14潜乗員たちの想いは、戦後長らく強いものだった。

ここに還らざる同潜乗員の名前を掲げ、その冥福を祈りたい。

※階級は没後進級を加味したもので、一段低いものが戦没時の階級ということになる。

役職	階級	氏名	出身地
潜水艦長	大佐	大橋　勝夫	岐阜県
機関長	中佐	内本　忠男	鹿児島県
乗組（機）	少佐	林　清之輔	島根県
航海長	少佐	大曲　昂介	長崎県
水雷長	少佐	重村　道夫	東京都
通信長	少佐	柏屋　憲治	石川県
乗組（砲）	少佐	松田　幸夫	京都府
	少佐	三浦　深	鹿児島県
軍医	医大尉	大河内民雄	大阪府
	中尉	玉井　泉	広島県
	中尉	平岡　正孝	大分県
	中尉	福島次郎治	愛媛県
	中尉	塩見　貞郎	岐阜県
	少尉	早野　久通	熊本県
	少尉	小林　三郎	長野県

階級	氏名	出身地
兵曹長	木幡　敦芳	宮崎県
兵曹長	川東　善一	熊本県
兵曹長	桑原秋太郎	熊本県
兵曹長	伊原　吉雄	福岡県
兵曹長	山口　清臣	長崎県
兵曹長	安藤　政喜	宮崎県
兵曹長	谷口　武雄	鹿児島県
兵曹長	中町　幸重	長崎県
兵曹長	上原　一雄	香川県
兵曹長	坂本　洋	熊本県
兵曹長	小笠　文七	徳島県
兵曹長	山路　義信	鹿児島県
兵曹長	横松　善美	長崎県
兵曹長	村上　房雄	熊本県
兵曹長	原田　広男	熊本県
兵曹長	福満　秀敏	鹿児島県
兵曹長	高浜　一義	熊本県
機関兵曹長	菊永　純	兵庫県
機関兵曹長	坂本　幸介	熊本県
機関兵曹長	佐藤　竹広	鳥取県
機関兵曹長	木下　武明	大分県
機関兵曹長	小田　治男	福島県
機関兵曹長	藤田　一雄	香川県
機関兵曹長	小川　万作	長崎県
機関兵曹長	武田　勝茂	広島県
機関兵曹長	上野　晃	熊本県
機関兵曹長	久保　時義	鳥取県
機関兵曹長	黒岩　栄	宮崎県
主計兵曹長	中川　勇夫	大分県
上等兵曹	藤下　月義	鹿児島県
上等兵曹	田中　輝次	佐賀県
上等兵曹	山口　辰樹	福岡県
上等兵曹	内藤　稲生	宮崎県
上等兵曹	井上　清徳	鹿児島県
上等兵曹	山中　等	長崎県
上等兵曹	越智　清明	愛媛県
上等兵曹	矢野　幸夫	鹿児島県
上等整備兵曹	苅込　菊次	千葉県
上等整備兵曹	西口　正	北海道
上等整備兵曹	高原正之進	福井県
上等機関兵曹	武田　正一	愛知県
上等機関兵曹	山岡　唯雄	愛媛県
上等機関兵曹	宮崎　喜好	長崎県
上等機関兵曹	近本　昇	愛媛県
上等機関兵曹	大村　一義	香川県
上等機関兵曹	新田　昇	徳島県
上等機関兵曹	小寺　昇	福井県
上等衛生兵曹	山本　清	岐阜県
一等兵曹	入尾野　晃	鹿児島県
一等兵曹	船越　源次	福岡県
一等兵曹	永森　武男	高知県
一等兵曹	川上　良清	福岡県
一等兵曹	日野　春男	大分県
一等兵曹	甲斐　博	大分県
一等兵曹	先崎　幸徳	鹿児島県
一等兵曹	広渡　金作	鹿児島県
一等兵曹	山地　正義	香川県
一等兵曹	長友　光雄	宮崎県
一等兵曹	中内　清	徳島県
一等兵曹	三好　唯喜	香川県
一等兵曹	岡田　善一	石川県
一等整備兵曹	土屋　広	山形県
一等機関兵曹	出口　一	長崎県

一等機関兵曹	藤浦　清	宮崎県
一等機関兵曹	今福　春好	熊本県
一等機関兵曹	東　守夫	熊本県
一等機関兵曹	石丸　正行	佐賀県
一等機関兵曹	入江　年男	大分県
一等機関兵曹	近藤　藤夫	大分県
一等機関兵曹	野口　守之	福岡県
一等機関兵曹	堂地　入香	鹿児島県
一等機関兵曹	塩崎　尚義	大分県
一等機関兵曹	立野　次雄	鹿児島県
一等機関兵曹	中小路家幸	鹿児島県
一等機関兵曹	幸本　彦吉	長崎県
一等機関兵曹	中村　薩郎	鹿児島県
一等機関兵曹	田中　昇	鹿児島県
一等機関兵曹	木村　藤一	長崎県
一等機関兵曹	三谷良太郎	香川県
一等機関兵曹	臼井　種一	兵庫県
一等機関兵曹	岩下　武光	鹿児島県
一等機関兵曹	竹本　繁則	兵庫県
一等機関兵曹	仮谷　茂光	高知県
一等機関兵曹	福山　好美	徳島県
一等機関兵曹	川本　宗人	熊本県
一等機関兵曹	迫野　明義	長崎県
一等機関兵曹	川野　一徳	大分県
一等工作兵曹	藤井　武男	徳島県
一等衛生兵曹	永吉　義光	鹿児島県
一等主計兵曹	多田　武	徳島県
一等主計兵曹	村上収納生	熊本県
二等兵曹	菅沢　訓	島根県
二等兵曹	梅本　武春	香川県
二等兵曹	井上　寿美	福岡県
二等兵曹	田中　光	熊本県

二等兵曹	笹井　孝	熊本県
二等兵曹	田中　勉	長崎県
二等兵曹	川原　勝	徳島県
二等兵曹	白野　義成	大分県
二等兵曹	光永　和夫	福岡県
二等兵曹	中村　昭	佐賀県
二等兵曹	松島　茂生	福岡県
二等兵曹	井出　高雄	愛媛県
二等兵曹	薄井　一生	大分県
二等兵曹	島之江　惇	福岡県
二等兵曹	石村　一美	愛媛県
二等兵曹	向林　平作	石川県
二等兵曹	坂上吉次郎	滋賀県
二等整備兵曹	十田　貞夫	鹿児島県
二等整備兵曹	内田　直己	島根県
二等整備兵曹	新井　一男	群馬県
二等整備兵曹	三宅千代四	新潟県
二等機関兵曹	岩切　房芳	宮崎県
二等機関兵曹	岡崎　光男	高知県
二等機関兵曹	上薗　松男	宮崎県
二等機関兵曹	北崎　芳己	福岡県
二等機関兵曹	葛本　利男	愛媛県
二等機関兵曹	中村　邦広	熊本県
二等機関兵曹	江上　巌	長崎県
二等機関兵曹	前田　宗秋	高知県
二等工作兵曹	藤井　繁芳	香川県
二等主計兵曹	石井　福	徳島県
二等主計兵曹	渡瀬　義夫	熊本県
二等主計兵曹	石田　秀雄	新潟県
機関兵長	井上　久一	宮崎県

以上、総員１４０名

伊13潜の艦籍について

本艦について、先行文献では呉鎮守府艦籍と記述しているものがとくに多く見受けられるが、ここで掲げる名簿をご覧いただければわかるように整備科を除く下士官兵乗員の出身地は四国と九州であり、そうであれば佐世保鎮守府艦籍でなければならないはずだ（P227下段の「艦籍と兵籍」の項をお読みいただければご理解いただけるだろう）。

そんな疑問から調べてみると、事実、昭和18年10月1日付けで発せられた「内令第二千四十五號」により伊13潜の艦籍は「佐世保鎮守府と仮定」されており、竣工直前にそれが確定した（昭和19年8月以降の内令が現存しておらず、確定された日付が判然としない。なお、仮定されたものが変更されるケースはまれ）ようで、昭和20年1月現在の艦船類別における艦籍も「佐世保鎮守府」と記載されていることがわかった。

やはり伊13潜は佐世保鎮守府艦籍だった。これにより何かが変わるというわけではないが、誤った情報が流布されていくのも忍びなく、また戦没各位に対しても失礼車にも失礼である。

ここに謹んで訂正しておく。

巻末史料　その3

伊号第十四潜水艦内規

本書の最後に、表題の史料の一部を掲載する。これは伊14潜で勤務する艦長以下乗員総員の行動の規範となる艦内規程であるが、その内容は人的編制から艦内の区分、各部の呼称だけでなく、各種の点検、儀礼の要領などを示した大変興味深いものだ。

原資料に則り、旧漢字旧カナで表記したが、その雰囲気を感じ取っていただければ幸わいである。

伊號第十四潜水艦内規

總則

一、本艦乗員ノ服務並ニ日課週課ニ關シテハ艦船職員服務規定、軍艦例規及所屬隊所定ノ規程ニ據ルノ外、本内規ニ依リ之ヲ實施ス

二、本内規ハ本艦ノ戰闘及保安作業部署ノ要求ニ適應セシムルヲ以テ要旨トス

三、本内規ニ使用スル職名及略語ハ部署總則ニ規定スルモノニ同ジ

第一章　乗員心得

一、常ニ勅諭ノ五ケ條ヲ奉體シ之ガ實踐躬行ニ務メ旺盛ナル軍人精神ヲ涵養シ以テ奉公ノ大任ヲ全ウスベシ

二、潜水艦ノ本務ハ奇襲能ク敵ヲ撃滅スルニ在リ故ニ潜水艦乗員タル者ハ常ニ其ノ全能發揮ニ務メ以テ千載一遇ノ好機ニ臨ミ悔ヲ千載ニ残サザル覺悟アルヲ要ス

之ガタメ特ニ留意スベキ事項左ノ如シ

(一) 身心ノ鍛錬ニ努メ細心且剛氣能ク困苦缺乏ニ堪エ得ルヲ要ス

(二) 技能ノ練磨ニ努メ之ガ圓熟ノ域ニ到達スルヲ要ス

(三) 精巧複雑ナル機構ヲ究メ之ガ取扱ニ習熟シ常ニ各部ヲ完備ノ状態ニアラシムルト共ニ改善事項ニ對スル資料ノ提供ニ努ムルヲ要ス

三、機密保持ニ關シ關係法規ヲ嚴守シ萬遺憾ナキヲ期スベシ

四、保安上左記諸項ヲ嚴守スベシ

(一) 主水罐金氏弁發射管前扉及艦外開口部ノ開閉及諸「タンク」ノ注排水移水等ニ際シテハ本艦部署ニ依ルノ外、艦長又ハ主管者（當直將校）ノ許可ヲ受クベシ

(二) 主要部分ノ分解又ハ取外シ作業ハ事前艦長ノ許可ヲ受クルト共ニ復舊後其ノ結果ヲ報告スベシ

(三) 各部指揮官ハ各種變災事故ニ對スル應急處置ヲ研究演練シ置クヲ要ス

(四) 壓縮空氣及蓄電池ハ常ニ充實シ置クヲ要ス

(五) 蓄電池作業中金屬性物及其ノ他ノモノヲ落下セザル様注意ヲ要ス

(六) 蓄電池液ノ漏洩ニ基ク艦底ノ腐蝕ハ不測ノ災害ヲ招ク虞アルヲ以テ常ニ漏洩ノ有無ニ注意ヲ要ス

(七) 艦内及艦橋蓄電池排氣口並ニ揮發油「タンク」附近ニ於テハ裸火ヲ使用スベカラズ

五、航泊ヲ問ハズ常ニ艦内重量ノ變化ヲ明ニシ潜航即應ノ準備アルヲ要ス

六、許可ナクシテ私有物品特ニ重量物ノ積卸シ或ハ之ガ移動ヲナスベカラズ

七、常ニ艦威容保持ニ努ムルト共ニ艦内外ノ清潔整頓ニ留意スベシ

八、工員等艦内ニ於テ作業ヲナス場合ハ乗員ヲシテ之ガ監督ヲナサシムルヲ要ス

九、外來者ニ關シテハ海軍觀覧規定ニ依ルモノトス

[註]
四－（四）の「圧縮空気及び蓄電池は常に充実しおくを要す」は潜水艦にとって最も重要といえる、潜航時間に関わる意識づけといえる。
また、六の「許可なくして私有物品、特に重量物の積み卸しあるいはこれが移動をなすべからず」という一文はツリムにかかわってくるので、こちらも非常に重要だ。

第二章　職務分擔及呼稱

職名		官階	分擔	呼稱
艦長		中佐	全般	艦長
航海長兼分隊長		大尉	航海長、軍醫長主管兵備品取扱主任、第三分隊長	航海長
水雷長兼分隊長		少佐、大尉	水雷長、潜航指揮官、主計長主管兵備品取扱主任、第一分隊長	先任將校
通信長兼分隊長		大尉	通信長、暗號長、電測指揮官、第二分隊長	通信長
機關長兼分隊長		少佐、大尉	機關長、應急部指揮官、第五分隊長	機關長
乗組	兵科尉官	同上	飛行長、第四分隊長	飛行長
乗組	中（少）尉	同上	砲術長、庶務主任、第一、二、三分隊士	砲術長
乗組	中（少）尉	同上	機關長附、後部電氣分掌指揮、第五分隊士	機關長附
乗組	中（少）尉（水）	同上	掌水雷長、掌砲長職務執行、第一應急班指揮官	掌水雷長
乗組	中（少）尉（機）	同上	機械長兼掌機長職務執行甲板士官、第二應急班指揮官	機械長
飛行兵曹長		同上	掌飛行長、第四分隊士	掌飛行長
兵曹長		同上	掌潜航長兼掌航海長、掌通信長職務執行	潜航長
整備兵曹長		同上	掌整備長	掌整備長
機關兵曹長		同上	電機長兼前部電機分掌指揮	電機長

備考　飛行長缺員ノ場合ハ通信長職務ヲ執行ス

第三章　艦内編成

第一項　砲台區分

一、機銃砲台　一番九六式四型二十五粍三聯装機銃
同彈藥庫及水密彈藥包筒
二番九六式四型二十五粍単装機銃
同彈藥庫及水密彈藥包筒
三番九六式四型二十五粍三聯装機銃
同彈藥庫及水密彈藥包筒

第二項　水雷砲台區分

一、水雷砲台　一番聯管、一、三、五番管
二番聯管、二、四、六番管
二、發射幹部　九二式潜水艦方位盤二型改一
三、水中測的部　九三式水中聽音機二型甲潜水艦用
試製超音波聽音器

第三項　機關科區分

一、機械部
主機械　左右主機械
補助機械　過給氣「ポンプ」冷却水「ポンプ」注油兼冷却油「ポンプ」造水装置油清浄装置其ノ他
工作機械　萬能旋盤其ノ他
補助發電機　左右補助發電機

二、電機部
主電動機　左右主電動機
主蓄電池　第一、二群主蓄電池
補助電動機　各種補助電動機及冷却機
及補助装置　高壓空氣壓縮「ポンプ」其ノ他

第四項　分隊區分

第一分隊（水雷科、砲術科）
分隊長　少佐大尉一　分隊士　中少尉一（兼）

戦闘配置			下士官 特	下士官 高	下士官 普	下士官 無	兵 普	兵 無	計	記事
水雷科員	發射機員	一番聯管員	一	三			二		六	
		二番聯管員		三	一		二		六	
	發射幹部員	方位盤員		一					一	
		通報器員					一		一	
	水中測的員	聽音員		一			二		三	
		通信傳令員		一					一	
砲術科員	二十五粍機銃員	一番機銃員		一			一		二	
		二番機銃員		一					一	
		三番機銃員		一			一		二	
計			一	一二	一		九		二三	

第二分隊（通信科）
分隊長　大尉一　分隊士　中少尉一（兼）

戦闘配置 ＼ 下士官兵特技章別		下士官 高	下士官 普	下士官 無	兵 普	兵 無	計	記事
通信科員	電信員	四			五		九	
	暗號員				一		一	
電測員		二			二		四	
計		六			八		一四	

第三分隊（航海科、特務員）
分隊長　大尉一　分隊士　中少尉一（兼）

戦闘配置 ＼ 下士官兵特技章別		下士官 高	下士官 普	下士官 無	兵 普	兵 無	計	記事
航海科員	信號員	一			二		三	
	操舵員	二					二	
特務員	烹炊員	一				三	四	
	經理員	一					一	
	看護員				一			臨時増置員
計		五			三	三	一二	

第四分隊（飛行科、整備科）
分隊長　大尉一　分隊士　中少尉一

戦闘配置 ＼ 下士官兵特技章別		下士官 高	下士官 普	下士官 無	兵 普	兵 無	計	記事
飛行科員	搭乗員	四					四	
	整備員	五			五		一〇	
計		九			五		一四	

［註］
搭乗員は「飛行練習生教程」を修了すると全員が「高等科マーク持ち」扱いとなる。ここでは定員を下士官４名としているが、実際には士官や准士官の搭乗員を含めて合計４名となった。

第五分隊（機關科）
分隊長　少佐、大尉一　分隊士　中少尉一

戦闘配置 ＼ 下士官兵特技章別			下士官 高	下士官 普	下士官 無	兵 普	兵 無	計	記事
機械部	右舷機械	機械部下士官	三					三	
		運轉員	二			四		六	
		運轉員兼工業員				一		一	
		通信傳令員				(兼)一		(兼)一	
	左舷機械	機械部下士官	三					三	
		運轉員	二			四		六	
		運轉員兼工業員	一					一	
		通信傳令員							
		機關科要具庫員	一(兼)					一(兼)	機械部ヨリ適宜一名兼務
電機部	前區電機	電機部下士官	三					三	
		補機員	一			四		五	一名通信傳令員兼務
		發電機員	(内火)一			(内火)三		(内火)四	
		電池員				二		二	一名通信傳令員兼務
		通信傳令員				二(兼)		二(兼)	
	後區電機	電機部下士官	三					三	
		補機員	一			一		二	
		電動機員	一			二		三	
		通信傳令員				一(兼)		一(兼)	一名通信傳令員兼務
計			二一(兼)			二一(兼五)		四二(兼五)	

第五項　班編制

班	配置	人員
第一班	一番聯管員、二番聯管員	一二
第二班	發射幹部員、機銃員、水中測的員	一一
第三班	電信員、暗號員、電測員	一四
第四班	操舵員、特務員、信號員	一一
第五班	飛行員、整備員	一四
第六班	右舷機員	一〇
第七班	左舷機員	一〇
第八班	前電機部員	一四
第九班	後電機部員	八

第四章　艦内居住區分

第一項　兵員室居住區分

室名	食卓	食卓員	員数	寝台数
發射管室	一、二	兵科員（發射機18、發射通報器2、整備4）	18	17
前部兵員室	三、四	兵科員（先伍1、信號3、暗號1、電信9、電測4、水測4、搭乘員4、整備6）	44	42
	五	機關科員（前區電機員10、機械部8）		
後部兵員室	六	兵科員（機銃5、操舵2、看護1、主計兵5）	43	41
	七、八	機關科員（機員部16、補發員6、後區電機員8）		

第五章　艦内各部呼稱

第一項　區劃及諸室

第一區　發射管室

　第一兵科倉庫、第一飛行科倉庫

第二區　前部兵員室

　水中聴音室、兵員厠、第二兵科倉庫、第二飛行科倉庫

　飛行科火工兵器庫、第一電池室

第三區　士官室

　准士官以上食堂、准士官以上寝室、艦長室、艦長豫備室

　第二電池室、第二機關科倉庫

第四區　發令所

　一、上部　受信器室、送信器室、發令所探信室

　　主計科事務室、糧食小出庫、烹炊所、洗面所

　　准士官以上厠

　二、下部　補機室、彈火薬庫、第三機關科倉庫

第五區　機械室、補助發電機室

第六區　管制盤室、電動機室、工業場

第七區　後部兵員室

　兵員厠、第一機關科倉庫、氣蓄機格納所、第三、四兵科倉庫

　第四機關科倉庫

第八區　司令塔、電探室

耐壓區劃外

　二十五粍機銃水防彈薬包筒、艦上厠、飛行機及同浮舟格納筒

　艦上流場

第二項　取入口、昇降口及防水扉

一、取入口

　魚雷取入口

二、昇降口

　第一昇降口（發射管室昇降口）　發射管室

　第二昇降口（前部兵員室昇降口）　前部兵員室

　第三昇降口（司令塔昇降口）　艦橋司令塔間

　第四昇降口（機銃台昇降口）　補發室及格納筒

　第五昇降口（機械室昇降口）　機械室

　第六昇降口（後部兵員室昇降口）　後部兵員室

三、防水扉

名稱	所在
第一防水扉	發射管室前部兵員室間
第二防水扉	前部兵員室士官室間
第三防水扉	士官室發令所間
第四防水扉	發令所補助發電機室間
第五防水扉	補助發電機室機械室間
第六防水扉	機械室管制盤室間
第七防水扉	管制盤室後部兵員室間

第六章　各部受持並ニ主管區分

一、本艦各部受持並ニ主管ヲ左ノ通リ定ム

（一）（イ）本艦戰闘及保安作業部署所定ノ船体兵器機關各部ニ對シテハ當該配置員ノ受持トス

（ロ）右部署中特別ノ配置員ヲ定メアラザルモノニ對シテハ各主管別各科員全部ノ受持トシ居住區ハ當該居住者ノ受持トス

（ハ）前二項ノ外特別受持ヲ定ムルコト左ノ如シ

區分	名稱	受持員
兵器	九三式防毒面二型	各自
船体	洗面所	厠番

（二）艦内諸装置ノ主管區分ニ關シテハ「軍艦船体主管別並ニ分擔別標準」ニ依ルモノトス

第七章　日課週課

軍艦例規ニ準據スル外左記ニ依ル

一、總員起床

（イ）當直将校ハ定時ニ總員ヲ起シ直ニ寝具ヲ収メ室内ヲ整頓セシム

（ロ）總員起床十五分後總員体操（約十五分間）ヲ行フ

二、上甲板拭（洗）ヒ方並ニ短艇洗ヒ方

（イ）体操終了後上甲板拭（洗）ヒ方並ニ短艇洗ヒ方ヲ行フ

（ロ）上甲板拭（洗）ヒ方ハ必要ナル當直及役員ノ外總員ニテ行フヲ例トス

三、洗面

（イ）下士官兵洗面ハ上甲板洗場及艦内洗面所ヲ併用ス

四、診療

（イ）診療ヲ受ケントスル時ハ當日朝食前先任伍長又ハ特務下士官ニ申出テ先任伍長及特務下士官ハ朝食後之ヲ衛生兵ニ通知ス

（ロ）衛生兵ハ需診簿ヲ調整シ速ニ當直将校ノ許可ヲ受ケ母艦又は指定セラレタル軍醫科士官ニ申出テ診療ヲ受ケシメ其ノ結果ヲ先任伍長又ハ特務下士官ニ通知ス　先任伍長及特務下士官ハ關係分隊長及先任将校ニ報告スルモノトス

五、下甲板拭ヒ掃除

（イ）各室受持區分ニヨリ拭ヒ掃除ヲ行フ

（ロ）先任伍長及兵科機關科甲板下士官ハ各部ヲ監督巡視シ作業終ラバ當直将校ニ報告スルモノトス

六、日課手入

下甲板拭ヒ掃除終ラバ左記順序テ日課手入ヲ行フ

（イ）武器手入

各自受持兵器ノ儉査手入ヲ行フ

（ロ）配置手入

主トシテ潜航配置ニ就キ各部ノ手入ヲ行フ特ニ滑動部及水防部ハ常ニ良態ニ保ツベシ

（ハ）金物手入

常時受持區分ニ依リ金物手入ヲ行フ

七、課業

（イ）定時當直将校（機關科當直将校）ハ始業整列ヲ令シ水兵員ハ前甲板機關科員ハ後甲板ニ整列ス

（ロ）水兵員特務員ハ先任将校機關科員ハ機關長ヲシテ教育若クハ作業ヲ課セシム

「備考」午后始業前約十五分間体操ヲ行フヲ例トス

八、補課

（イ）當直将校監督ノ下ニ補課表ニヨリ實施ス

（ロ）補課ハ三十分乃至一時間トシ日没時刻ヲ斟酌シテ行フヲ例トス

九、寝具卸シ方

（イ）定時當直将校ハ「寝具卸セ」ヲ令シ寝具ヲ準備セシム

一〇、甲板掃除初夜巡儉用意

（イ）甲板掃除巡儉用意ノ令ニ依リ上下甲板ノ掃除及室内ノ整頓ヲ行ヒ先任伍長（在艦兵科首席下士官）ハ下點儉ヲ行ヒ先任将校（當直将校）ニ整備ヲ報告ス

一一、初夜巡儉

（イ）巡儉ハ先任将校之ヲ行ヒ終ツテ機關部ヲ取纏メ状況ヲ艦長ニ報告ス

（ロ）機關科當直将校ハ定時機關部ヲ點儉シ状況ヲ機關長ニ報告スルト共ニ先任将校ニ通報ス

（ハ）巡儉路

（1）兵科

士官室→食器室→前部兵員室→發射管室→前甲板→後甲板→後部兵員室→管制盤室→機械室→補發室→烹炊室→發令所→司令塔→艦橋

（2）機關科

第一蓄電池室→第二蓄電池室→補機室→補發室→機械室→管制盤室→電動機室

（ニ）先導者

兵　科　先任伍長（在艦兵科先任下士官）

機關科　特務下士官（在艦機關科先任下士官）

一二、銃器手入

毎週木曜日機銃甲板（雨天ノ場合ハ前部兵員室）ニテ小銃及拳銃手入ヲ行フ

一三、洗濯

（イ）洗濯ハ特令シテ行ハシム

（ロ）洗濯場ヲ後甲板流場及同附近乾燥場前甲板定所トス

一四、艦内大掃除

（イ）「艦内大掃除用意」ノ令ニテ總員諸物件ヲ上甲板ニ揚ケ居住甲板大掃除用意ヲナス

（ロ）「總員居住甲板大掃除」ノ令ニテ各員ハ食卓腰掛等ノ石鹸洗ヒヲナシ各受持部ノ艦底居住甲板及室内ノ大掃除ヲ行フ
（ハ）厠番倉庫員及食卓番ハ各受持部又ハ器具ノ拭ヒ方石鹸洗ヒ等ヲナス
一五、寝具乾方
（イ）毎月夏季ハ二回冬季ハ一回ノ標準ニテ特令シテ行ハシム
（ロ）寝具乾方ヲ實施セントスル時ハ前日補課終了後之ガ準備ヲナシ置クモノトス

第八章　諸點檢

第一項　分隊點檢

一、整列位置並ニ點檢巡路

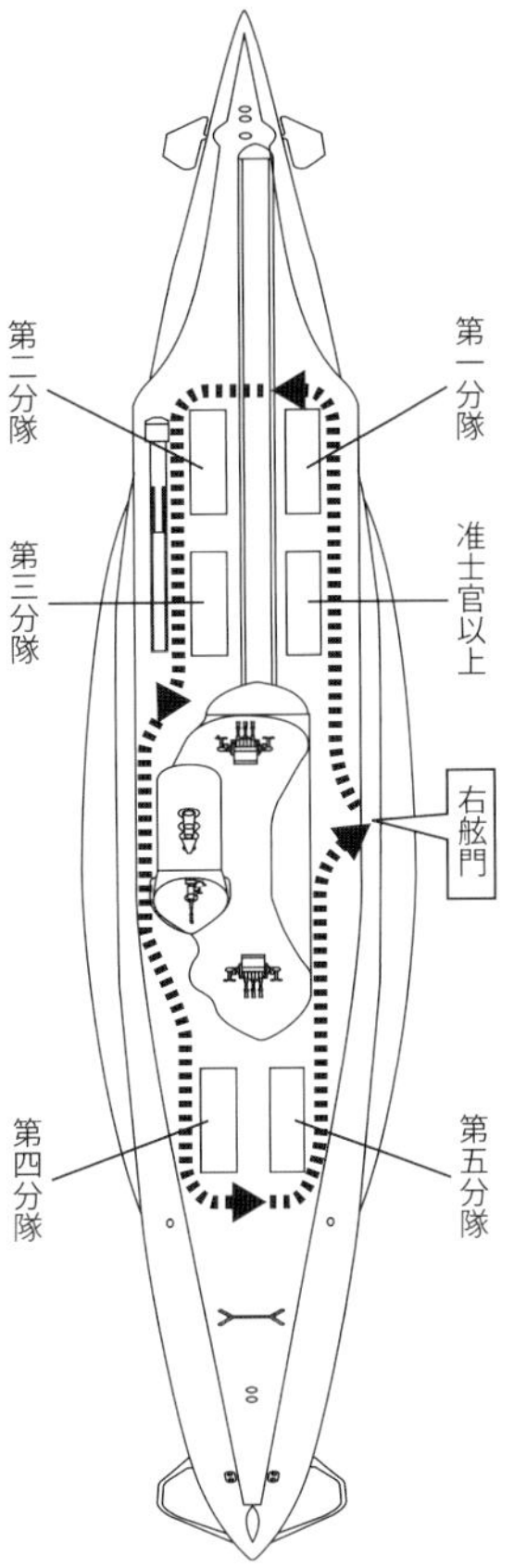

第一分隊
准士官以上
右舷門
第五分隊
第二分隊
第三分隊
第四分隊

二、先導者及隨従者並ニ其ノ順序
先任伍長→分隊長→點檢者→點檢者随員
三、諸點檢中ノ當直将校ヲ砲術長トス
諸點檢ニ列セザルモノ左ノ如シ
先任伍長、當直信號員、當直下士官、當番、當直電信員、従兵（一名）、機關科當直下士官、機關科當直員、烹炊員（二名）

第二項　艦内點檢及倉庫彈薬庫點檢

一、艦内點檢ト同時ニ倉庫彈薬庫點檢ヲ行フヲ例トス
二、「艦内倉庫彈薬庫點檢用意」ノ令ニテ受持員ハ各室格納所（倉庫彈火薬庫）ノ點檢用意ヲナシ各順序ヲ經テ潜水艦長ニ報告ス
三、點檢通路
前甲板→發射管室→前部兵員室→士官室→電信室→發令所→補機室→補發室→機械室→管制盤室→電動機室→後部兵員室→後甲板→艦橋（左舷ヨリ昇ル）→司令塔→電探室
四、食卓腰掛等ハ通行ノ支障トナラザル様整頓シ食器手箱ハ飾ラザルヲ例トス
五、昇降短波檣、方位測定機、潜望鏡、見張兵器、測距儀ハ機密保持上差支ナキ場合ハ使用状態トナシオクモノトス
六、各室彈火薬庫倉庫及烹炊室ニ受持員一名ヲ配シ點檢ヲ受クソノ際點檢者ニ受持部ノ名稱ヲ申告スルモノトス　尚倉庫彈火薬庫ニ於テハ庫内格納品一覧表ヲ見易キ所ニ準備スルモノトス
七、先導者及隨従者並ニ其ノ順序
先任伍長（機關科點檢ノ際ハ特務下士官）→艦長→點檢者→點檢者随員→先任将校→各主管者→掌水雷長
「備考」艦長點檢ノ際ハ當直将校ヲ除キ准士官以上随従スルモノトス

第三項　武器點檢

一、艦内倉庫彈火薬倉庫點檢ノ項記載ノ武器ニ配置スルノ外左記ニ依ル
二、諸兵器ノ豫備品要具等ハ成可ク固有装備位置並ニ格納位置ニテ見易キ様配列スル外各科ノ配列位置ヲ左ノ通リ定ム
但シ艦内點檢ト同時ニ武器點檢ヲ施行スル場合ハ本項ヲ省略ス

科別	配列位置	
	晴天ノ時	雨天ノ時
水雷科	發射管室	同上
砲術科	機銃附近	前部兵員室
航海科	艦橋	發令所

第四項　銃器點檢

銃器手入ニ引續キ行フヲ例トス

第五項　軍事點檢

一、點檢五分前『總員「バルブ」調べ』ノ令ヲ下シ總員潜航配置ニ就キ各受持部ノ状態並ニ「海水弁コック」及「ベント」弁ノ閉鎖ヲ確認ス
二、軍事點檢ノ令ニテ各區長ハ順序ヲ経テ整備ヲ艦長ニ報告ス

第六項　寝具點檢

一、寝具乾方ノ時其ノ他特令ヲ以テ上甲板ニ於テ行フヲ例トス

第七項　被服點檢

一、被服點檢施行場所左ノ通リ定ム（雨天ノ場合）

第一分隊　前甲板前部（上部發射管室及前部兵員室ノ一部）
第二、三分隊　同　後部
第四分隊　後甲板右舷（前部兵員室ノ一部及後部兵員室）
第五分隊　同　左舷（後部兵員室）

第八項　短艇點儉

一、艦内點儉ト同時ニ行フヲ例トス
二、短艇ハ上甲板ト同ジ高サニ吊リ（状況ニヨリ適宜舷側又ハ艦尾ニ■■ス）短艇要具ハ附近上甲板ニ配列ス
三、艦内點儉ト同時ニ短艇點儉ヲ行フ場合ハ艇長ヲ點儉番トシ點儉者ニ■シテ「短艇」ト■■ス

［註］■部分判読できず

第九項　甲板要具點儉

一、「點儉用意」ノ令ニテ甲板要具掛及各受持員ハ掃除具及索具等ヲ各格納所附近ニ準備シ點儉用意ヲナス
二、「要具點儉」ノ令ニテ甲板士官ハ掌帆長ト共ニ之ヲ點儉シ點儉終ラバ順次収納解散セシム

第十項　艦底點儉

一、艦底點儉ノ施行ハ各區劃（タンク）同時又ハ特令ニ依リ一部區劃（タンク）ヲ指示シ潜水艦長之ヲ命ズ
二、艦長點儉ノ際ハ先任将校（機関長）、甲板士官、掌帆長之ニ随従シ先任伍長（特務下士官）先導ス

第九章　諸整列位置

第一項　總員整列

一、儉閲官巡視官等ニ對スル送迎（儀禮）ノ場合
（イ）號令
「總員送迎ノ位置ニ就ケ」
（ロ）整列位置
送迎スベキ舷ニ於テ舷門附近ヨリ第四昇降口（後部兵員室昇降口）ノ間ニ艦首ヨリ准士官以上第一第二第三第四第五分隊ノ順序ニ適宜ノ伍ヲ以テ外舷ニ面シ整列ス
二、退艦者見送リノ場合
（イ）號令「總員見送リノ位置ニ就ケ」
（ロ）整列位置
見送ルベキ舷ニ於テ准士官以上ハ舷門附近第一、二、三分隊ハ舷門ヨリ前方第四、五分隊ハ同後方ニ外舷ニ面シ一列ニ整列ス

第二項　總員集合

一、（イ）號令
「總員集合後部」

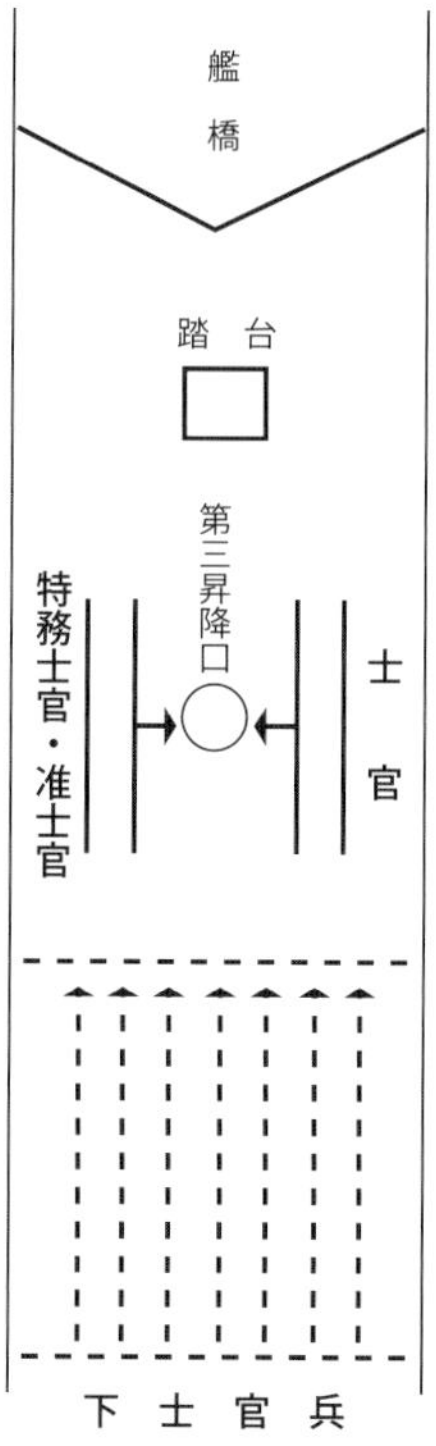

（ロ）號令
「總員集合前部」

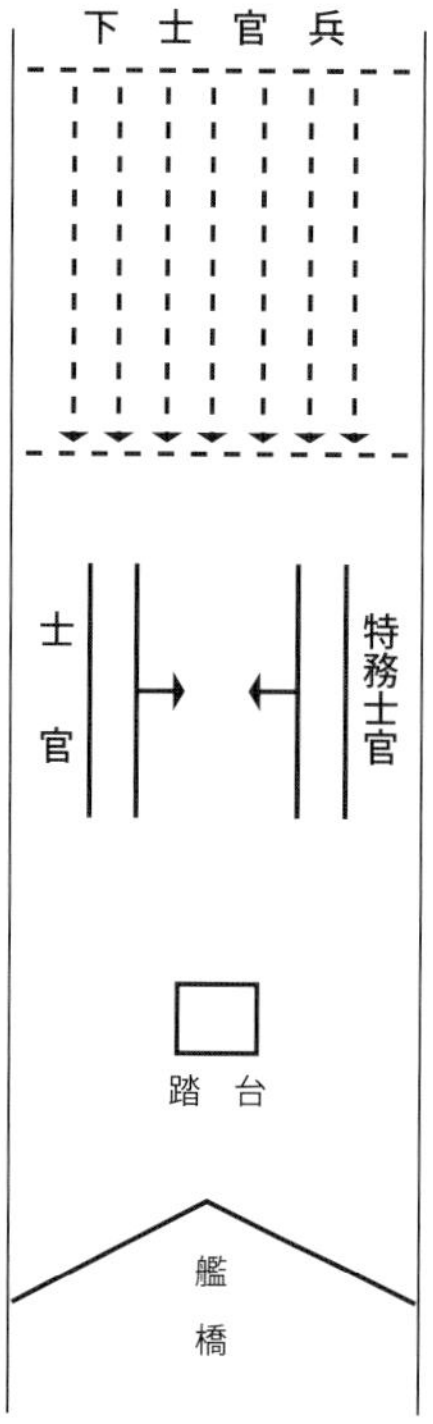

備考
一、下士官ハ前方、兵ハ後方ニ整列スルモノトス
二、雨天ノ際ノ集合場所ハ特令ナケレバ兵科ハ前部兵員室トス

第三項　遙拝式整列位置
分隊點儉ノ位置

第四項　課業整列
水兵員特務科員ハ前甲板、機關科員ハ後甲板ニ整列ス

第十章　當直及役員

第一項　當直

一、破泊當直
（一）當直下士官（當直下士ト呼稱ス）
（イ）當直将校ノ命ヲ受ケ服務シ衛兵伍長掌帆長屬信號員ノ職務ヲ兼ネ常ニ軍装（夏季ハ事業服）ヲ着用シ總員起床十五分

前ヨリ初夜巡検終了迄勤務ス
（ロ）當直下士官ハ兵曹一名輪番之ニ服務スルモノニシテ午前八時交代トス
（二）當番
甲板當直下士官ヨリ後任ノ者一名ヲ以テ之ニ充ツルヲ例トシ甲板當直下士官ヲ補佐シ取次信號員ヲ兼務スル外服務要領ハ甲板當直下士官ニ準ズ
（三）夜間甲板當直（初夜巡検後ヨリ總員起床迄）
（イ）在艦兵科員之ニ服スルモノトス
（ロ）先任下士官ハ毎日當直割ヲ定メ之ヲ當直将校ニ報告スベシ
（四）機關科當直下士官
（イ）機關科當直将校ノ命ヲ受ケ服務シ命令傳達並ニ電池通風ノ外日課ノ實施ニ任ズ
（ロ）機關科當直下士官ハ機關兵曹一日一名輪番之ニ服スルモノニシテ午前八時交代トス

第二項　役員
（一）甲板下士官
（イ）甲板下士官ハ甲板士官（掌水雷長職務ヲ執行ス）ノ命ヲ受ケ服務シ艦ノ外容保持各部ノ掃除整頓及保存整備ニ關スル事項ヲ掌ルモノトス
（ロ）甲板下士官ハ兵曹中適任者ヲ以テ之ニ充テ三ヶ月乃至六ヶ月交代トス
（ハ）甲板下士官ハ艦内ニ於テ左腕ニ規定ノ腕章ヲ纏フモノトス
（二）機關科甲板下士官
（イ）機關科甲板下士官ハ機關科兵曹中適任者ヲ以テ之ニ充ツルノ外甲板下士官ニ準ズ
（三）従兵
（イ）士官室ニ従兵三名ヲ置ク　従兵ハ兵科飛行科機關科各一名トシ二ヶ月交代トス　但シ交代時期ハ同時ナラザルヲ要ス
（ロ）母艦ニ於ケル従兵ハ其ノ都度之ヲ定ム
（四）厠番
水兵機關兵各一名（舷ノ異ル者）宛之ニ充テ一ヶ月交代トス
（五）掃除番兼甲板要具掛
甲板下士官ヲ補佐シ居住甲板ノ清潔整頓及受持甲板要具ノ保存手入ニ任ズルモノトシ各居住區ヨリ一名宛之ニ充テ一ヶ月交代トス
（六）食卓番
各食卓毎一名宛之ニ充テ一ヶ月交代トス
（七）衛生掛
食卓番之ヲ兼務ス
（八）艦底掛
水兵員三名ヲ以テ之ニ充テ三ヶ月交代トス
（九）内火艇員
（イ）艇長ハ水兵員一名（舷ノ異ル者）ヲ以テ之ニ充テ一ヶ月交代トス
（ロ）艇員ハ機關科一名（舷ノ異ル者）ヲ以テ之ニ充テ一ヶ月交代トス
（ハ）艇首員ヲ必要トスル場合ハ其ノ都度之ヲ定ム
（二）艇長ハ内火艇他艦船（隊内ヲ除ク）又ハ陸岸棧橋等ニ赴ク際ハ軍装（夏季ハ事業服）ヲ着用スルモノトス
（十）嗜好食委員　委員附
先任将校、軍醫長、士官室食卓長ヲ委員トシ兵曹機關兵曹各一名宛ヲ同委員附ニ充テ一ヶ月交代トス　但シ其ノ交代時期ハ同時ニナラザルヲ要ス
（十一）文庫係
文庫圖書ノ保管整理ニ任ズルモノトシ兵曹機關兵曹各一名宛ヲ以テ之ニ充テ二ヶ月交代トス
（十二）娯楽係
娯楽器具ノ保管整理ニ任ジ文庫係之ヲ兼務スルモノトシ二ヶ月交代トス
（十三）理髪係
各居住室ヨリ一名宛之ニ充テ一ヶ月交代トス
（十四）艦内神社係
各班輪番之ニ當ルモノトシ一ヶ月交代トス

第十一章　彈藥庫鎖鑰並ニ取締内規
（以下略）

御協力者一覧

（取材後に御亡くなりになった方もそのまま掲載させていただいております）
本書の執筆にあたり次の方々に談話・手記・資料・写真の御提供をいただきました。謹んで御礼申し上げます。

〈伊14潜水艦関係〉
伊14潜会
（終戦時に乗艦されていた御本人は略、P.226名簿を参照）
釘宮 一、内藤信太郎、吉田徳二郎
安保季代子（安保政雄令夫人）、稲森敏行（稲森又作御令息）、釘宮公一（釘宮 一氏御令息）、竹中謙之（竹中勇吉氏御令息）、平本 閣（平本庫次氏御令息）

〈第１潜水隊、及び第631海軍航空隊関係〉
淺村 敦、坂東宗雄、蒲田久男（以上海兵70期）、高橋一雄（乙飛6期）、富田（旧姓柏原）隆之（乙飛10期）、深井（旧姓中原）松之助（甲飛8期）
日下 聡（日下敏夫伊400潜艦長御令孫）

〈東カロリン空／偵察第3飛行隊／偵察第102飛行隊関係〉
三木三恵子（海兵70期三木琢磨令夫人）、森田政江（予学13期森田利明令夫人）
森田禎介、市川妙水（以上海兵70期）、岩野定一、河野忠雄（以上海兵73期）、工藤讓治、福田太朗（以上予学13期）、吉野治男（甲飛2期）、横溝 潔（甲飛6期）、西村友雄（甲飛8期）、神橋 暁、高橋敬一（以上甲飛11期）、竹内英次（甲飛12期）、佐々木三次（普電練55期）、大貫孔男（乙飛18期）

〈第210海軍航空隊＆名古屋海軍航空隊関係〉
尾形つな（海兵73期尾形誠次氏令夫人）
中川好成（海兵72期）、泉山 裕（乙飛3期）、河野幹夫、前田賢二（以上海兵73期）、荒澤辰雄（操練39期）、森 康夫（甲飛13期）

〈海軍兵学校関係〉
岩下邦雄（海兵69期）、三浦 節、小平邦紀（以上海兵70期）、湯野川守正（海兵71期）、泉 五郎（海兵72期）、木曽康太、佐藤正次郎、深田秀明、松永 榮、矢島哲男（以上海兵73期）

〈乙種飛行予科練関係〉
予科練雄飛会、片岡五郎（乙飛10期）、平野耕一（乙飛15期）、住友勝一（乙飛16期）

〈甲種飛行予科練関係〉
全国甲飛会、前田 武（甲飛3期）、林 正一（甲飛4期）、田中三也（甲飛5期）、石原司郎（甲飛9期）

〈丙種飛行予科練関係〉
丙飛会、大原亮治（丙飛4期）

〈戦史研究家ならびに関係団体〉
勝目純也、鎌田 実、吉良 敢、清水郁郎、高橋順子、平田慎二
ヘンリー境田
愛知時計電機株式会社
潮書房光人社
フェルケール博物館
呉市大和ミュージアム
防衛庁戦史室
アメリカ国立公文書館(U.S. National Archives)
アメリカ海軍(U.S.Navy)
サンディエゴ航空宇宙博物館(San Diego Air & Space Museum)
アメリカ海軍エウリュアレ会(USS Euryale association)
ハワイ海中調査研究所(HURL)
護衛駆逐艦歴史博物館(Destroyer Escort Historical Museum)

参考資料

「海軍航空機製作に関する資料／愛知航空機」
「晴嵐製作に関する資料」
「第六艦隊戦時日誌」
「第十一潜水戦隊戦時日誌」
「呉潜水戦隊戦時日誌」
「第三十三潜水隊戦時日誌」
「六三一空引渡目録」
「東カロリン空行動調書」
「電報綴」
「海軍省辞令公報」
「横須賀鎮守府辞令公報」
「伊号第十四潜水艦内規」（以上、防衛庁戦史室収蔵資料）
「伊號第十四潜水艦機構説明書」（国立公文書館収蔵資料）

参考文献

・『戦史叢書　マリアナ沖海戦』
・『戦史叢書　捷一号作戦（上／下）』
・『戦史叢書　大本営海軍部・連合艦隊（七）』
・『戦史叢書　本土方面海軍作戦』
・『戦史叢書　沖縄方面海軍作戦』
・『戦史叢書　南西方面海軍作戦』
・『戦史叢書　海軍航空概史』
・『戦史叢書　潜水艦史』
（以上、防衛庁防衛研究所戦史室編著／朝雲新聞社刊）

・『潜水艦　その回顧と展望』（堀 元美著／出版共同社／1959年）
・『彩雲偵察機隊戦記』（伊藤國男著／土曜通信社／1961年）
・『伊号四〇一潜史』（伊号四〇一潜会編著／非売品／1969年）
・『あゝ伊号潜水艦』（板倉光馬著／光人社／1969年）
・『丸スペシャル日本海軍艦艇シリーズNo.13　伊号潜水艦 イ400潜型 イ13潜型』（潮書房／1977年）
・『丸スペシャル日本海軍艦艇シリーズNo.31　日本の潜水艦Ⅰ』（潮書房／1979年）
・『日本海軍潜水艦史』（日本海軍潜水艦史刊行会／非売品／1979年）
・『丸スペシャル日本海軍艦艇シリーズNo.37　日本の潜水艦Ⅱ』（潮書房／1980年）
・『丸スペシャル日本海軍艦艇シリーズNo.43　日本の潜水艦Ⅲ』（潮書房／1980年）
・『潜水艦隊』（井浦祥二郎著／朝日ソノラマ／1983年）
・『海鷲の航跡』（海空会編著／原書房／1983年）
・『海軍水測史』（海軍水測史刊行会編著／非売品／1984年）
・『軍艦メカ開発物語』（深田正雄著／光人社／1988年）
・『幻の潜水空母』（佐藤次男著／図書出版社／1989年）
・『米機動艦隊を奇襲せよ！』（南部伸清著／二見書房／1999年）
・『梓特別攻撃隊』（神野正美著／光人社／2000年）
・『日本海軍潜水艦物語』（鳥巣建之助著／光人社／2002年）
・『人間魚雷回天』（ザメディアジョン編著・刊／2006年）
・『伊四〇〇と晴嵐 全記録』（高木晃治著／学研／2008年）
・『神龍特別攻撃隊 潜水空母搭載「晴嵐」操縦員の手記』（高橋一雄著／光人社NF文庫／2009年）
・『日本海軍の潜水艦 その系譜と戦歴全記録』（勝目純也著／大日本絵画／2010年）

あとがき

「伊14潜の本を書きたいって、それはありがたいことなんだけど、他にも歴戦の潜水艦がいっぱいあるでしょうに、本当に伊14潜でいいの？」

今から10年ほど前、高松道雄氏にはじめてご連絡を差し上げたときに、まずこういった反応をされたことを覚えています。

海軍航空戦史という分野を調べてきた筆者が、「航空母艦」ではなく「潜水艦」の本を書くにいたったのは、非常にささいなきっかけからでした。

その頃、拙著『流星戦記』の最終執筆段階にあった筆者は、ともに木更津に展開していた偵察第102飛行隊や名古屋空陸偵隊、またその他の『彩雲』装備部隊についての調査に並行してとりかかっていました。

本文にも述べたように、太平洋の戦いにおける日本海軍の主敵は最初から最後まで敵空母機動部隊であり、大戦後半になるとウルシー泊地などでのその撃滅を図りますが、限られた兵力で最大限の戦果をあげるため、『彩雲』による挺身偵察が重要な動きとなりました。

そのため、トラック島の偵察能力を向上させる目的で、硫黄島玉砕後も幾度となく『彩雲』が南鳥島を経由して進出を図りましたが、結局こうしてたどり着いたのは1機だけで、終戦直前に伊13潜と伊14潜の2隻が『彩雲』を2機ずつ搭載して大湊を発ち、伊14潜だけがその輸送に成功したということを、漫然と意識はしていました。

そうしたある日、名古屋空陸偵隊にいた尾形誠次氏の手記に本書の冒頭で紹介した大湊空輸行の話が載っていることに出会い、また彩雲一〇二会の会報に小国 勉氏の手記を見つけたことで三者の戦史がひとつのベクトルのもとにあったことに驚かされました。

では『彩雲』輸送に成功した伊14潜とはどのような艦だったのか？

つまり、本書の取りかかりは、最初に「『彩雲』ありき」だったということになります（伊14潜会の皆さん、ごめんなさい）。

取りかかったタイミングが絶妙でした。

前記した彩雲隊の調査が先行していた関係もあり、それまでにもご指導をいただいていた名古屋空陸偵隊の中川好成氏から海兵72期の同期生である高松道雄氏をご紹介いただき、伊14潜に関する調査が始まります。戦後50年を節目に伊14潜会は解散しており、連絡の付かない方も多数あるなか、初代機関長の釘宮 一氏が大阪でご健在であること（なんと現在99歳！）、高松氏とともに米駆逐艦に乗り込んだ平本庫次氏の御令息、平本 閣氏、聴音の竹中勇吉氏の御令息である竹中謙之氏、数少ない整備科の乗員である稲森又作氏の御令息である稲森敏行氏との出会いもありました。

また搭載機『晴嵐』の代名詞とも言える浅村 敦氏は『晴嵐』のことは語り尽くされた観があって遠慮したいが、名和君のこと、三木君のことを書くという言葉の通りなら一肌脱ぎましょう」と、並々ならぬ御協力をいただきました。そうした背景には同じく海兵70期生の三浦 節氏、森田禎介氏の陰ながらのバックアップも忘れることができません。

さらに伊400潜の日下敏夫艦長のお孫さんと知己になれたことも大きな力添えとなりました。

今回はアメリカにパイプを持つ鎌田 実氏にだいぶんお世話になり、またヘンリー境田氏には貴重なアメリカ国立公文書館蔵の写真を提供いただけたことも感謝しなければなりません。編集の最終段階では清水郁郎氏の御協力もいただきました。

筆者の拙い取材、そして研究が1冊の本になるまでには長い年月がかかります（能力の問題でしょうか？）。

取りかかった最初の頃に取材させていただいた何人かは鬼籍に入られ、ご覧いただけなかったことには何の申し開きもできませんが、平成27年（2015年）3月14日という、伊14潜の竣工70周年の節目になんとか間に合ったことでお許しを願いたいと思います。

そして毎度、最後に書いておりますが、改めまして本書を最後まで読んでくださった皆さん、そして上梓の機会を与えてくださった大日本絵画さんに御礼を申し上げます。

平成27年1月7日

吉野泰貴

【著者】

吉野泰貴（よしの・やすたか）

昭和47年（1972年）9月、千葉県生まれ。

平成7年3月、東海大学文学部史学科日本史専攻卒。

在学中から海軍航空関係者への取材をはじめ、とくに郷土である千葉県に関係の深い航空部隊の研究を行なってきた。現在は都内の民間会社に勤務のかたわら調査活動を続けている。

著書に『流星戦記 海軍攻撃第5飛行隊史話』、『真珠湾攻撃隊隊員列伝（吉良 敢共著）』『日本海軍艦上爆撃機 彗星 愛機とともに』『海軍戦闘第八一二飛行隊 日本海軍夜間戦闘機隊“芙蓉部隊”異聞』（いずれも大日本絵画刊）がある。

Imperial Japanese Navy Super Submarine I-14 “I-Go-Dai14-Sensuikan”

潜水空母 伊号第14潜水艦
パナマ運河攻撃と彩雲輸送「光」作戦

発行日　2015年4月5日　初版　第1刷

著者　吉野泰貴

デザイン・装丁　梶川義彦
DTP　小野寺 徹

発行人　小川光二
発行所　株式会社 大日本絵画
〒101-0054
東京都千代田区神田錦町1丁目7番地
TEL.03-3294-7861（代表）
http://www.kaiga.co.jp

編集人　市村 弘
企画／編集　株式会社アートボックス
〒101-0054
東京都千代田区神田錦町1丁目7番地
錦町一丁目ビル4階
TEL.03-6820-7000（代表）
http://www.modelkasten.com/

印刷・製本　大日本印刷株式会社

ISBN978-4-499-23156-5 C0076

内容に関するお問合わせ先：03（6820）7000　（株）アートボックス
販売に関するお問合わせ先：03（3294）7861　（株）大日本絵画